GENERAL TREE PHYSIOLOGY

일반 수목 생리학

김판기, 마수모리 마사야, 박영대, 이경철, 이계한 (가나다 순)
Kim Pan-Gi, Masumori Masaya, Park Yeong-Dae, Lee Kyeong-Cheol, Lee Kye-Han

머리말

　수목생리학은 살아 있는 나무, 즉 수목의 생리적 기능과 구조, 생장과 생식 그리고 환경과의 상호작용을 종합적으로 탐구하는 학문이다. 본래 식물생리학의 한 분야에서 출발하였으나, 오늘날에는 목본식물이 지닌 고유한 생리 현상과 구조적 특수성, 장기 생존 전략, 다양한 응용 가능성으로 인해 독립된 학문 영역으로 확고히 자리매김하고 있다.

　수목은 줄기와 뿌리의 지속적인 비대생장을 통해 해마다 지상부와 지하부가 굵어지며, 광합성, 호흡, 수분 수송과 같은 기본 생리 작용도 단순한 반복이 아닌, 수고의 증가, 연륜의 발달, 계절에 따른 조직 기능의 변화와 맞물려 전개된다. 그 결과 수목의 생리는 구조적으로 더 복잡하고, 생리적으로는 더 장기적인 양상으로 나타난다. 특히 수십 년에서 수백 년에 이르는 장대한 생애 주기 속에서 구조적 누적성과 생리적 안정성을 동시에 유지하는 수목의 특성은 단기 생장을 전제로 하는 초본식물과는 본질적으로 다른 접근이 필요하다.

　일반 식물생리학이 초본식물을 중심으로 1차 생장과 단순한 조직 구조에 초점을 둔다면, 수목생리학은 형성층, 수피, 연륜, 심재 등의 장기 구조 형성과 기능, 수분과 양분의 장거리 수송, 광합성과 호흡의 계절성 변화 그리고 세포 수준에서의 정교한 대사 조절 등 더 폭넓고 심화된 주제를 포함한다. 특히 살아 있는 세포와 기능을 유지하는 죽은 조직이 공존하는 수목의 독특한 조직 구조는 수분 이동, 탄소 저장, 방어 기능 등에서 고도로 특화된 생리적 기작을 가능하게 한다.

이처럼 수목생리학은 생리학적 이론을 넘어서, 산림생태, 탄소순환, 기후변화 대응, 도시조경, 산림자원 관리 등 다양한 실천 분야와 긴밀하게 연계된 학문이다. 예컨대 숲은 지구 생태계에서 수분 순환과 탄소 고정, 생물다양성 유지의 핵심적 기능을 수행하며, 도시의 수목은 열섬현상 완화, 미세먼지 저감, 경관 개선 등 실질적인 생태계 서비스를 제공한다. 이러한 기능을 제대로 이해하고 현장에 적용하기 위해서는 수목 고유의 생리 기능과 구조적 특성을 과학적으로 이해하는 능력이 필수적이다. 이 능력은 산림과학, 조경학, 환경과학 등 다양한 학문 및 실무 영역에서 핵심 전문 역량으로 요구된다.

이러한 인식과 필요에 따라 본 서적은 수목생리학에 대한 체계적이고 통합적인 이해를 제공하고자 총 10장으로 구성하였다. 각 장은 세포 및 조직 수준의 생리 현상에서 기관의 기능, 수목 전체의 생장 전략과 환경 적응 기작에 이르기까지 내용을 점진적으로 심화하였으며, 수목의 독자적 특성을 시각적으로 이해할 수 있도록 다양한 그림과 표를 수록하였다.

수목생리학의 학습은 단순한 지식 습득에 그치지 않는다. 그것은 곧 지속 가능한 산림경영, 탄소중립 실현, 도시 녹지 설계, 생태계 회복력 강화 등 현대 사회가 직면한 다양한 환경 과제의 해결에 기여할 수 있는 실천적 기반을 마련하는 과정이다. 본 서적이 수목생리학에 관심을 갖고 학습하고자 하는 학생, 연구자, 실무자들에게 신뢰할 수 있는 이론적 토대이자 실무적 안내서가 되기를 기대한다.

저자 일동

머리말 • 2

제1장
식물의 기원과 진화
심판기

1.1 식물의 기원과 범주   12
   1.1.1 식물의 기원   12
   1.1.2 생물의 분류 체계와 식물의 범주   15

1.2 식물의 진화   18
   1.2.1 해양 식물의 진화   18
   1.2.2 육상식물의 진화   21
   1.2.3 종자식물의 진화   23

1.3 식물 세포의 특이적 소기관   30
   1.3.1 엽록체   30
   1.3.2 세포벽   34
   1.3.3 액포   37

제2장
수목의 구조와 기능
김판기 · 마수모리 마사야

2.1 세포   44
   2.1.1 유세포   44
   2.1.2 후각세포   45
   2.1.3 후벽세포   46
   2.1.4 수분 통도세포   47
   2.1.5 당분 통도세포   48
   2.1.6 분비세포   50

2.2 조직   51
   2.2.1 분열조직   51
   2.2.2 영구조직   64

2.3 조직계   72
   2.3.1 표피 조직계   72
   2.3.2 관다발 조직계   76
   2.3.3 기본 조직계   83

2.4 기관   85
   2.4.1 잎   85
   2.4.2 줄기   91
   2.4.3 뿌리   96

제3장
수목의 영양생장과 생식생장
김판기

3.1 영양생장 100
3.1.1 수고생장 100
3.1.2 직경생장 109
3.1.3 뿌리생장 115

3.2 생식생장 123
3.2.1 식물의 생식 123
3.2.2 침엽수의 생식생장 133
3.2.3 활엽수의 생식생장 144

제4장
수목의 생장과 물
이계한

4.1 물과 식물 세포 158
4.1.1 식물 세포와 물 158
4.1.2 물의 구조와 특성 159
4.1.3 물의 수송 과정 161

4.2. 수목의 수분 균형 167
4.2.1 토양 내의 물 167
4.2.2 뿌리의 물 흡수 169
4.2.3 초본식물의 근압과 수목의 수간압 170
4.2.4 물관부를 통한 물의 이동 171
4.2.5 키가 큰 나무에서의 물의 이동 172
4.2.6 응집력-장력 173
4.2.7 물관부 물 수송의 물리적 어려움 175

4.3. 잎에서 대기로의 물 이동(증산) 176
4.3.1 증산의 추진력 177

제5장
토양과 무기양분
마수모리 마사야

5.1 식물의 구성 원소 ... 184

5.2 무기양분의 흡수와 전류 ... 190

5.3 토양 중의 양분 동태 ... 195

5.4 수목을 지지하는 토양의 성질 ... 201

5.5 토양 조사와 개량 ... 206

제6장
빛과 광형태형성
이경철

6.1 빛의 성질과 굴성 ... 216
6.1.1 태양광선의 생리적 효과 ... 216
6.1.2 굴광성과 굴지성 ... 219

6.2 광형태형성 ... 221
6.2.1 광형태형성과 암형태형성 ... 221
6.2.2 광수용체 ... 221

제7장 광합성과 호흡
이경철

7.1 광합성 228
7.1.1 광합성 기구 228
7.1.2 광합성 진행 과정 233
7.1.3 수목의 광합성에 미치는 요인 243

7.2 호흡 247
7.2.1 에너지 생산과 역할 247
7.2.2 호흡작용의 기작 248
7.2.3 수목의 호흡에 미치는 요인 252

제8장 물질대사
박영대

8.1 탄수화물 대사 258
8.1.1 탄수화물의 기능 258
8.1.2 탄수화물의 종류 259
8.1.3 캘빈 회로와 탄수화물 생성 263
8.1.4 탄수화물의 축적과 분포 265
8.1.5 탄수화물의 이용 266
8.1.6 탄수화물의 계절적 변화 269
8.1.7 탄수화물 운반 270

8.2 단백질과 질소 대사 274
8.2.1 주요 질소화합물과 기능 274
8.2.2 수목의 질소 대사 276
8.2.3 질산환원 277
8.2.4 암모늄 동화작용 280
8.2.5 질소의 체내 분포 282
8.2.6 질소의 계절적 변화 283
8.2.7 낙엽 생성과 질소 이동 283
8.2.8 질소 고정 284
8.2.9 산림 내 질소 순환 289

8.3 지질 대사 293
8.3.1 지질의 종류와 기능 293
8.3.2 지방산과 지방산 유도체 294
8.3.3 아이소프레노이드계 화합물과 분포 변화 301
8.3.4 페놀계 화합물과 분포 변화 304

제9장
식물호르몬
이계한

9.1 식물호르몬의 개념 310	**9.6 에틸렌(ethylene)** 336
9.1.1 식물호르몬이란? 310	9.6.1 에틸렌의 구조와 생합성 336
9.2 옥신(auxin) 312	9.6.2. 에틸렌 생합성 촉진 336
9.2.1 옥신의 생합성과 대사 312	9.6.3 에틸렌 작용의 저해제 337
9.2.2 옥신의 수송 312	9.6.4 에틸렌의 식물 발달 조절 338
9.2.3 옥신의 생리적 효과 314	9.6.5 잎의 이층에 작용 339
9.3 지베렐린(gibberellin, GA) 319	**9.7 브라시노스테로이드(brassinosteroid, BR)** 340
9.3.1 지베렐린의 발견 319	9.7.1 브라시노스테로이드의 출현과 구조 340
9.3.2 지베렐린의 생합성과 대사 및 수송 319	9.7.2 BR의 생합성, 대사, 수송 341
9.3.3 지베렐린이 생장과 발달에 미치는 영향 321	9.7.3 BR이 생장과 발달에 미치는 영향 341
9.4 사이토카이닌(cytokinin) 324	**9.8 재스몬산(Jasmonic acid, JA)** 343
9.4.1 사이토카이닌의 발견 324	9.8.1 초식 동물의 피해에 의한 전신 방어 유도 343
9.4.2 합성 화합물의 사이토카이닌 활성 324	9.8.2 초식 곤충의 섭식으로 유도되는 휘발성 물질 344
9.4.3 사이토카이닌의 생합성, 대사, 수송 325	9.8.3 호르몬 상호 작용과 식물-곤충 간의 상호 작용 345
9.4.4 사이토카이닌의 생물적 역할 326	**9.9 살리실산(salicylic acid, SA)** 346
9.5 아브시스산(abscisic acid, ABA) 330	9.9.1 SA의 생합성 346
9.5.1 ABA의 생합성 330	9.9.2 SA의 작용 346
9.5.2 ABA의 생물적 역할 331	**9.10 스트리고락톤(strigolactone)** 347
9.5.3 종자의 휴면과 식물호르몬의 작용 334	9.10.1 생합성 347
	9.10.2 식물-균류 상호 작용 347

제10장
환경스트레스와 수목의 적응
박영대

10.1 환경스트레스 ... 350
10.1.1 스트레스의 뜻과 요인 ... 350
10.1.2 수분 및 염류스트레스 ... 352
10.1.3 고온에 의한 스트레스 ... 357
10.1.4 저온에 의한 스트레스 ... 360
10.1.5 내한성 ... 364
10.1.6 오존 및 자외선스트레스 ... 367
10.1.7 토양 답압스트레스 ... 370
10.1.8 바람에 의한 스트레스 ... 371
10.1.9 독성에 의한 스트레스 ... 375

참고 문헌 ... 378
국문 색인 ... 390
영문 색인 ... 397

> **일러두기**
> 화합물명명은 IUPAC 명명법(IUPAC chemical nomenclature)에 따라 대한화학회에서 재규정한 것을 준용하였다.

　식물은 지구 생태계에서 물질의 순환과 에너지 흐름을 조절하는 중심 생물군이며, 이들의 기원과 진화 과정을 이해하는 일은 식물 계통의 구조적·생리적 특성을 이해하는 데 매우 중요하다. 약 15~20억 년 전, 광합성 세균의 활동으로 대기 중 산소가 급격히 증가하는 산소혁명이 일어났고, 이 시기와 맞물려 진핵세포가 출현하였다. 이 진핵세포는 원핵생물 간의 세포내 공생을 통해 마이토콘드리아와 엽록체를 획득하였고, 이로써 독립적인 광합성이 가능한 식물 계통의 조상이 되었다. 초기 식물은 해양 환경에서 회청조식물, 홍조식물, 녹색식물로 분화하였다. 이 중 녹색식물은 육상으로 진출하여 유배식물로 진화하였으며, 이후 다양한 육상 환경에 적응하면서 고등식물로 분화하였다. 고등식물은 생장 방식에 따라 목본식물과 초본식물로 구분되며, 이들은 제각각의 독자적인 생존 전략을 발전시켜 왔다. 현대 계통분류학에서는 1차 세포내 공생을 통해 엽록체를 획득한 생물을 식물의 주요 범주로 간주하며, 2차 또는 3차 세포내 공생을 통해 진화한 갈조류, 규조류 등은 별도로 유색조식물로 분류한다. 식물 세포는 엽록체, 세포벽, 액포 등 독특한 세포 소기관을 갖추고 있으며, 이러한 구조는 광합성과 물질 저장, 수분 조절, 세포 간 구조 통합 등 다양한 기능을 수행함으로써 육상 환경 적응의 기반이 된다.

　본 장에서는 식물의 기원과 계통분류 체계를 개관하고, 목본식물과 초본식물에서 공통되거나 구별되는 세포 소기관의 구조와 기능을 탐구함으로써 식물의 진화 과정과 생리적 특성에 관한 종합적 이해를 도모하고자 한다.

제1장

식물의 기원과 진화

김판기

1.1 식물의 기원과 범주
1.2 식물의 진화
1.3 식물 세포의 특이적 소기관

1.1 식물의 기원과 범주

식물의 기원에 대해서는 진핵생물의 출현과 세포내 공생 과정이 중요한 실마리를 제공한다. 원핵생물 간의 공생을 통해 마이토콘드리아와 엽록체가 형성되었고, 이를 통해 광합성 능력을 갖춘 진핵생물이 등장하였다. 이러한 과정은 당시 지구 환경 변화와 밀접하게 연결되며, 식물의 기원과 계통적 분화를 설명하는 핵심 개념이 된다. 또한 식물의 범주는 전통적으로 육상식물을 중심으로 정의되었으나, 현대의 계통분류학에서는 엽록체의 기원과 공생 관계를 반영하여 보다 확장된 개념으로 해석된다. 여기서는 식물의 기원과 진화 과정을 살펴보고, 현대 생물 분류 체계에서 식물이 어떠한 범주로 정의되는지 알아본다.

1.1.1 식물의 기원

식물을 비롯한 동물, 균(진균) 등 모든 진핵생물의 시조(始祖)는 약 15~20억 년 전에 등장한 것으로 추정되며, 이는 대기 중 산소 농도가 급격히 높아진 *산소혁명사건(Great Oxidation Event, GOE)의 영향을 크게 받은 것으로 여겨진다. 산소 농도의 급격한 상승은 기존의 혐기성 생물(嫌氣性生物, anaerobic organism)에게는 심각한 스트레스 요인이 되었으나, 이와 동시에 새로운 대사 경로와 복잡한 세포 구조가 필요한 환경을 조성하여 진화적 혁신을 촉진하였다. 이러한 변화 속에서 진핵세포가 출현하였으며, 그 기원을 설명하는 가설 중 가장 널리 인정받는 것은 원핵생물의 *세포내 공생설(細胞內共生說, endosymbiotic theory)이다.

(1) 원핵생물의 세포내 공생

세포내 공생설에 따르면 한 원핵생물이 숙주세포(宿主細胞, host cell)가 되어 산소 호흡 능력을 지닌 α-프로테오박테리아(Alphaproteobacteria)를 내부로 받아들이면서 공생 관계를 맺었다(그림 1-1). 이 공생체는 점차 특수화되어 오늘날 마이토콘드리아(mitochondria)라 불리는 세포 소기관이 되었고, 숙주세포는 효율적인 ATP 합성 능력을 갖추어 대사 능력이 비약적으로 향상되었다. 이를 기점으로 진핵생물의 출현이 이루어졌다고 해석된다.

그로부터 약 3~5억 년이 지나 마이토콘드리아를 갖춘 진핵세포가 숙주세포가 되어 광합성 능력을 지닌 남세균(Cyanobacteria: 남조류)을 내부로 포획하면서 또 다른 세포내 공생 사건이 일어났다. 남세균은 광계 I, II(photosystem I, II)와 캘빈회로(Calvin cycle)를 통해 이산화탄소를 유기물로 전환하고, 물을 *전자공여체(電子供

---

*산소혁명사건
원생누대 기간 중 2번에 걸쳐서 산소가 크게 증가했던 현상을 말한다. 한 번은 고원생대 초에 있었고, 다른 한번은 신원생대 끝날 무렵에 있었다. 산소급증사건 또는 대산소 발생사건이라고도 부른다.

*세포내 공생설
서로 다른 성질의 원핵생물들이 생존을 위해 공존을 모색하다가 진핵생물로 진화하게 되었다는 가설이다. 다른 원핵생물에게 먹힌 원핵생물이 소화되지 않고 남아 있다가 공생하게 된 것으로 생각된다. 린 마굴리스(Lynn Margulis)가 처음 주장하였다.

*전자공여체
전자 또는 수소를 다른 화합물에 제공하는 분자 또는 이온을 말한다. 생물의 전자전달계에서는 산화환원전위가 높은 물질이 전자를 제공하는데, 이 과정에서 전자공여체는 산화되면서 환원제로 기능한다.

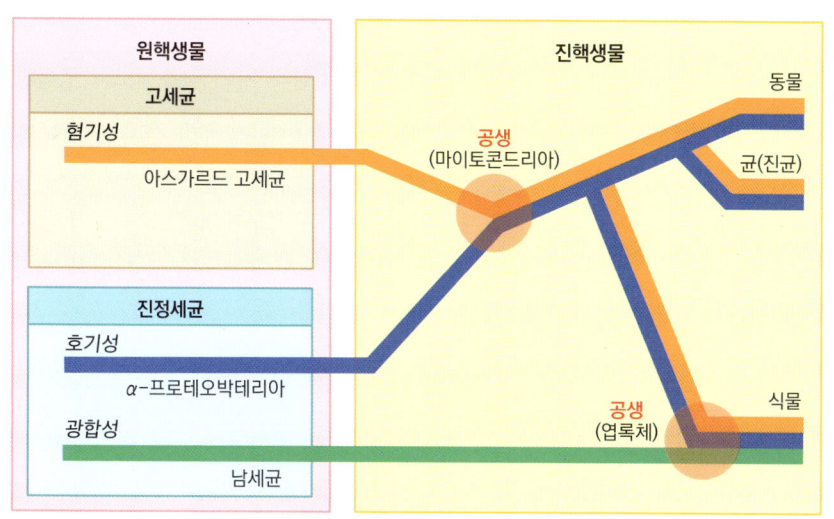

그림 1-1 세포내 공생설 모식도

與體, electron donor)로 활용하여 산소성 광합성(oxygenic photosynthesis)을 수행할 수 있었다. 이를 통해 숙주세포는 *대사(代謝, metabolism) 과정에서 많은 이점을 얻었고, 포획된 남세균은 세포 내에서 특수화되어 오늘날 식물 세포의 엽록체(葉綠體, chloroplast)로 진화하게 되었다.

결과적으로 식물은 두 차례의 세포내 공생을 통해 마이토콘드리아와 엽록체를 획득함으로써 생겨났다. 이러한 공생 과정을 흔히 1차 세포내 공생이라고 부

*대사

생물이 외부로부터 섭취한 물질을 내부에서 분해하고 재합성함으로써 에너지와 생체 구성 성분을 얻고, 이 과정에서 불필요한 물질을 체외로 배출하는 일련의 생명 유지 활동을 말한다.

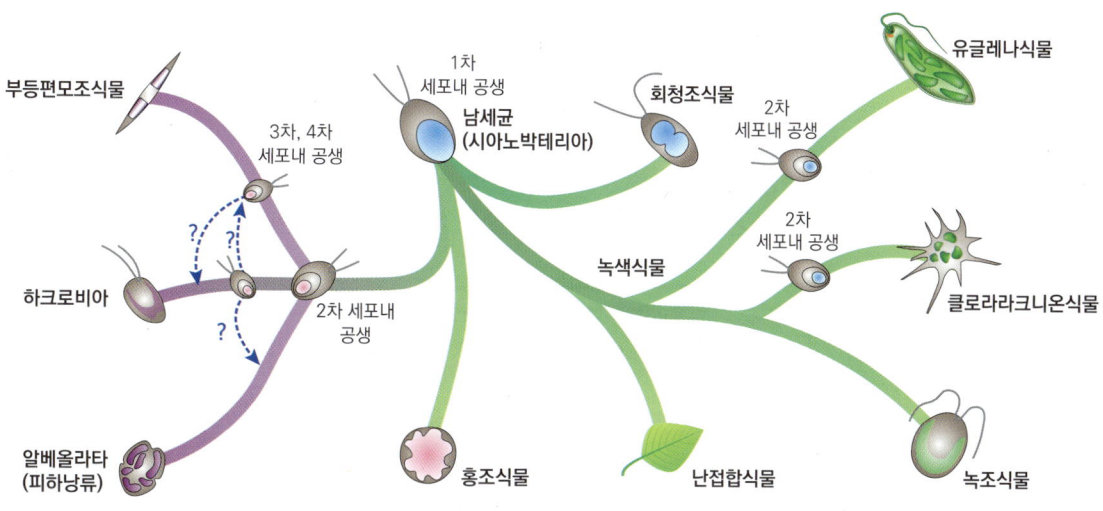

그림 1-2 1차 및 2차 이상의 세포내 공생

1.1 식물의 기원과 범주

른다. 이러한 엽록체를 지닌 진핵생물은 이후 다른 진핵생물에게 다시 포획되어 2차 이상의 세포내 공생 과정을 겪기도 했다. 그 결과 기존 숙주세포의 엽록체가 새로운 숙주세포 안에서 또다시 특수화되어 갈조류, 규조류, 와편모조류, 은편모조류, 착편모조류 등 다양한 *유색조류(有色藻類, lineages of colored algae)로 분화되었다(그림 1-2). 이와 같은 세포내 공생 사건들은 지구에서 산소 농도가 급격히 높아진 시기와 맞물려 있으며, 진핵생물이 복잡한 세포 구조와 다양한 대사 경로를 갖추는 데 결정적인 계기가 되었다.

(2) 엽록체와 원시색소체생물

세포 내부로 포획된 남세균은 숙주세포 안에서 독립적 기관인 엽록체로 특수화되었다. 이 과정에서 남세균이 원래 가진 일부 유전자는 숙주세포의 핵(核, nucleus)으로 옮겨 갔고, 양쪽 생물은 점차 서로 의존하는 관계로 발전했다. 현재의 엽록체는 외막과 내막으로 구분되는 이중막 구조와 독자적인 환형(環型, circular) DNA를 보유하고 있어, 남세균에서 유래했음을 잘 보여 준다(그림 1-3). 특히, 세포내 공생 후 초기 단계에 갈라져 나온 *회청조식물(灰靑藻植物, glaucophyta)에서는 엽록체의 외막과 내막 사이에서 세균성 세포벽인 *펩티도글리칸(peptidoglycan) 층이 남아 있어, 세포내 공생설을 더욱 뒷받침한다.

이처럼 엽록체를 획득한 진핵세포의 후손을 통칭하여 원시색소체생물(原始色素體生物, Archaeplastida)이라고 하며, 회청조식물, 홍조식물(紅藻植物, Rhodophyta), 녹색식물(綠色植物, Viridiplantae)이 모두 여기에 속한다. 이들 세 계통은 남세균에서 유래한 1차 공생 엽록체를 공통 조상에게서 물려받았다는 점에서 공통점이 있다. 특히, 녹색식물과 그 후손인 육상의 유배식물(有胚植物, Embryophyta)은 원시색소체생물 내에서도 중요한 위치를 차지한다. 유배식물은 녹색식물 중 윤조식물

*유색조류
엽록체를 보유한 다양한 광합성 진핵생물을 포괄하는 개념으로, 유색조식물(Chromista)보다 넓은 개념으로 다양한 2차·3차 세포내 공생 계통들을 포함하는 용어이다.

*회청조식물
흔히 회조식물이라고도 불리며, 담수 환경에 서식하는 광합성 진핵생물이다. 이들은 청록색을 띠는 특이한 색소체를 지니며, 이는 남세균에서 유래된 것으로 추정된다. 회청조식물의 색소체는 원형질막을 이중으로 감싸고 있어 1차 세포내 공생의 초기 단계를 보여 주는 살아 있는 '화석 생물(living fossil)'로 간주된다.

*펩티도글리칸
다당류와 펩타이드로 구성된 고분자 물질로, 세균의 세포벽을 이루는 주요 성분이다. 그람양성세균에서는 펩티도글리칸 층이 두껍고 외부에 존재하지만, 그람음성세균에서는 얇은 층으로 내막과 외막 사이의 공간에 위치한다.

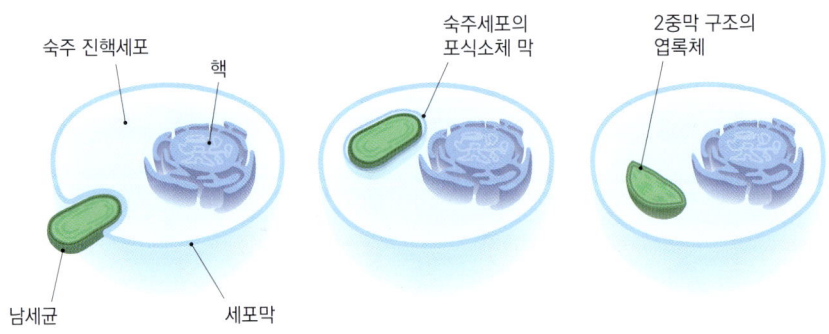

그림 1-3 1차 세포내 공생체의 엽록체막

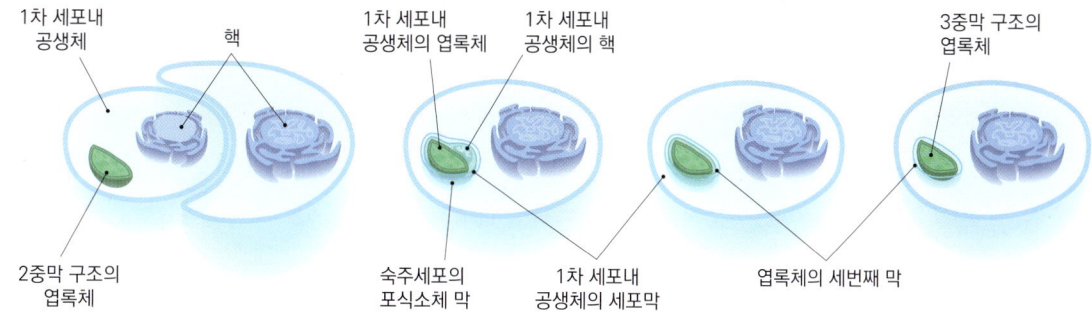

그림 1-4 2차 세포내 공생체의 엽록체막

(輪藻植物, Charophytes)과 가까우며, 이들이 육상 환경에 적응함으로써 현재의 유배식물로 분화되었다고 여겨진다.

한편, 2차 이상의 세포내 공생을 통해 광합성 능력을 갖춘 유색조류는 엽록체의 막 수와 내부 구조 등 여러 면에서 1차 공생 엽록체와 다른 특성을 보인다. 예를 들어, 갈조류나 규조류, 와편모조류 등 다양한 유색조식물(有色藻植物, Chromista: 유색생물)이 이러한 공생 과정을 통해 분화하였으며, 이들의 엽록체는 막이 3~4겹으로 구성되어 있다는 점에서 차이를 보인다(그림 1-4).

광합성 기능을 획득한 원시색소체생물과 유색조식물은 엽록체를 통한 유기물 생산을 넘어 지구 생태계 전반에 막대한 영향을 미쳤다. 특히, 광합성을 통한 대규모 산소 방출은 대기 조성을 바꾸어 산소 농도를 높였고, 이는 더 복잡한 생명체와 풍부한 생태계 구조가 나타나는 발판이 되었다. 또 효율적인 에너지 생산이 가능해지면서 다세포 생물의 출현과 생태계 내 에너지 흐름 변화에 결정적인 역할을 하였다.

1.1.2 생물의 분류 체계와 식물의 범주

지구상 생물들은 약 40억 년 전 공통 조상인 *루카(Last Universal Common Ancestor, LUCA)로부터 시작해 오랜 진화 과정을 거쳐 현재 300만~1,000만 종(種, species)에 이를 만큼 방대한 다양성을 보인다. 이러한 생물 다양성을 이해하고 연구하기 위해서는 일정한 규칙에 따라 여러 단계의 그룹으로 분류하는 체계가 필요하다. 이 분류 체계는 생물들이 공통 조상에서 갈라져 나온 진화적 과정을 명확히 보여 주며, 유사점과 차이점을 기준으로 진화적 관계를 이해하는 데 도움을 준다.

*루카
현재 지구상의 모든 생물의 공통 조상으로, 계통수에서 가장 근원적인 지점에 위치한다. 이 개념은 찰스 다윈이 모든 생명체는 단일한 공통 조상에서 유래했을 가능성이 있다고 언급한 데서 기초를 찾을 수 있으나, 현대 분자생물학과 비교유전체학을 통해 더 구체적으로 정립되었다. 루카는 완전한 세포 구조를 갖춘 생물이었을 가능성이 크며, DNA 또는 RNA를 유전물질로 사용하고, 단백질 합성을 위한 라이보솜과 기본적인 대사 경로를 보유했을 것으로 추정된다.

(1) 생물 분류 체계

그림 1-5 린네
(Carl von Linné)

생물의 분류 연구는 고대 그리스 아리스토텔레스(Aristoteles) 시기부터 이어져 왔지만, 근대적 분류법의 기틀은 린네(C. Linné)가 확립한 것으로 알려져 있다(그림 1-5). 린네는 생물을 식물과 동물의 2계(界, kingdom)로 나눈 뒤, 그 아래에 강(綱, class) → 목(目, order) → 과(科, family) → 속(屬, genus) → 종(種, species) 같은 계층적 단계를 설정하였다. 또 종을 표기할 때 속명(屬名, genus name)과 종소명(種小名, specific name)을 함께 사용하는 이명법(二名法, binomial nomenclature)을 도입해, 종의 학명(學名, scientific name)을 국제적으로 통용될 수 있도록 하였다.

이후 학자들이 역(域, domain)이나 문(門, phylum)과 같은 상위 계급을 추가하면서 오늘날 널리 사용하는 '역 → 계 → 문 → 강 → 목 → 과 → 속 → 종'의 구조가 확립되었다. 현대의 분류 체계에서도 린네가 제안한 계층적 단계와 이명법의 기본 원칙은 변함없이 유지되고 있지만, 계급 사이를 좀 더 세분화하고 초기 이론의 일부 오류를 수정하여 현재의 형태에 이르렀다(표 1-1).

한편, 우리나라에서는 얼마 전까지 3역 6계 분류 체계를 적용해 왔는데, 이는 먼저 생물을 진정세균, 고세균, 진핵생물의 세 역으로 구분하고, 진핵생물을 다시 식물, 동물, 균, 원생생물의 4계로 나눈 뒤, 진정세균과 고세균을 각각 하나의 계로 추가해 총 6계로 설정하는 방식이다. 그러나 이 체계에서는 서로 다른 진화 계통의 원시적 진핵생물을 모두 원생생물계 하나에 모두 포함해 계통적 실체를 충분히 반영하지 못한다는 한계가 드러났다.

표 1-1 생물 분류 체계의 변화

Linné 1735	Haeckel 1866	Chatton 1925	Copeland 1938	Whittaker 1969	Woese et al. 1990	Cavalier-Smith 1998, 2015
2 kingdoms	3 kingdoms	2 empires	4 kingdoms	5 kingdoms	3 dimains	2 empires, 6/7 kingdoms
(not treatde)	Protista	Prokaryota	Monera	Monera	Bacteria	Bacteria
					Archaea	Archaea(2015)
		Eukaryota	Protoctista	Protista	Eucarya	"Protozoa"
						"Chromista"
Vegetabilia	Plantae		Plantae	Plantae		Plantae
				Fungi		Fungi
Animalia	Animalia		Animalia	Animalia		Animalia

이 문제를 보완하고자 다양한 대안이 제시되었으며, 국내 여러 학술단체와 연구기관은 진화적 역사와 계통을 더 세밀하게 반영하고자 기존의 원생생물계를 원생동물(原生動物, Protozoa)과 유색조식물(有色藻植物, Chromista: 유색생물) 2계로 분할하고 일부 생물군을 동물, 균, 식물에 재배치하여 총 7계로 구분하는 새로운 분류 체계를 도입하고 있다. 이 같은 분류 체계의 변화는 식물의 정의와 범위 역시 재정립하게 만든다.

(2) 식물 정의와 범주

3역 6계 분류 체계에서는 대체로 광합성을 하며 육상 환경에 적응한 다세포 생물을 식물계로 규정했다. 구체적으로는 선태식물, 석송식물, 양치식물, 종자식물 등 육상의 유배식물이 핵심이며, 일부 학자는 *윤조식물(Charophytes)의 일부도 식물계에 포함하였다. 반면, 전통적으로 조류(藻類, algae)로 분류되던 대부분의 원생생물계에 속했고, 2차 세포내 공생 계통의 유색조류도 또한 원생생물계에 포함되었다. 이 때문에 광합성 능력을 지닌 많은 다세포 조류가 육상식물과 분리되어 취급되는 등 복잡한 문제가 발생했다.

반면, 7계 분류 체계가 적용되면서 1차 세포내 공생으로 남세균에서 유래한 엽록체를 지닌 진핵생물을 대체로 식물계로 보는 경향이 커졌다. 예컨대, 회청조식물, 홍조식물, 녹색식물 등 원시색소체생물을 식물계에 포함하는 방식이 대표적이다. 하지만 기관이나 학자에 따라 녹색식물(녹조식물+윤조식물+육상식물)만을 엄밀히 식물계로 보며, 회청조식물과 홍조식물은 별도의 계로 설정하기도 한다. 또 2차 이상의 세포내 공생으로 엽록체를 얻은 유색조류는 새로 설정된 유색조식물계로 분류되어, 광합성 능력을 지녀도 식물계가 아닌 별도의 계로 취급한다.

결과적으로, 3역 6계 분류 체계에서는 식물이 육상식물 위주로 정의되어 광합성 조류의 대부분이 원생생물계에 분리되는 경향이 있었다. 그러나 7계 분류 체계에서는 진화적 계통을 더 중요시하여 1차 공생 엽록체를 지닌 생물 전체를 식물계로 확대하거나, 혹은 녹색식물만 엄밀히 식물로 제한하는 등 여러 해석이 가능해졌다. 이는 곧 식물이라는 범주가 과거의 형태·생태 기반에서 벗어나, 분자생물학적 및 계통발생학적 근거를 중심으로 다시 정의되는 현대 분류학의 흐름을 반영한 것이다.

---

*윤조식물

과거에 민물에 서식하는 녹조류의 일종으로 간주되어 차축조식물이라는 명칭으로 알려져 있었다. 그러나 최근의 분자계통학적 연구에 따라 윤조식물은 전통적인 녹조류와는 구별되는 별도의 계통군으로 분류되며, 단세포 녹조류의 일부와 접합녹조류를 포함하는 상위 분류군으로 재정의되었다.

1.2 식물의 진화

식물은 약 15~20억 년 전에 시작된 1차 세포내 공생을 통해 엽록체를 획득한 원시색소체생물에서 기원하였으며, 해양 환경에서 회청조식물, 홍조식물, 녹색식물로 분화한 뒤 육상으로 진출함으로써 진화사에 큰 전환점을 마련하였다. 이러한 해양에서의 분화와 육상 진출은 단세포 조류에서 다세포 조직을 갖춘 식물로의 발달, 관다발 조직과 종자 형성 등 연속적인 혁신이 이어지는 과정이었으며, 결과적으로 지구 생태계 전반에 막대한 영향을 미쳤다. 해양 및 육상을 거쳐 종자식물로 이어지는 식물 진화의 흐름을 살피는 것은 생물 다양성의 뿌리를 이해하고, 식물학 전반에 걸친 핵심 개념을 종합적으로 파악하는 데 매우 중요하다.

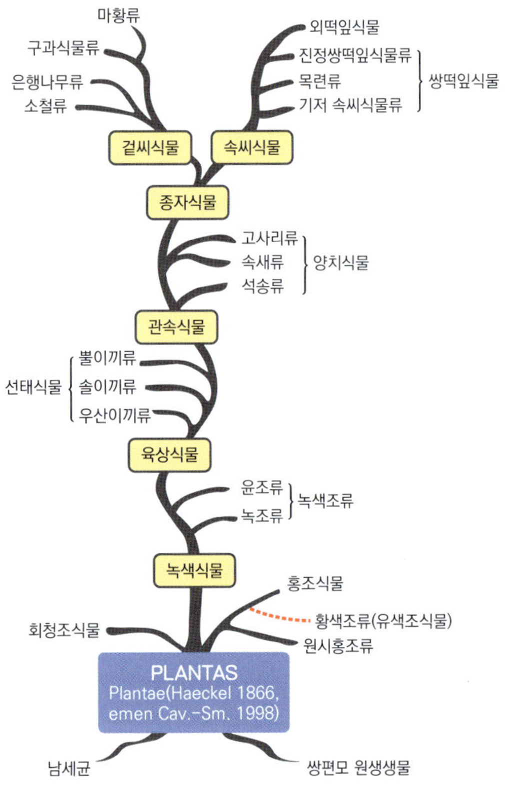

1.2.1 해양 식물의 진화

해양에서 식물의 진화는 원시색소체생물(原始色素體生物, Archaeplastida)의 출현에서 시작된다(그림 1-6). 원시색소체생물은 7계 분류 체계에서 정의하는 식물계의 범주와 대체로 일치하며, 회청조식물, 홍조식물, 녹색식물이 모두 여기에 포함된다. 과거에는 회청조식물과 홍조식물을 통합하여 담색식물아계(Subkingdom: Biliphyta)로 분류하기도 하였다. 녹색식물은 독립된 녹색식물아계(Subkingdom: Viridiplantae)로 분류된다. 이들 세 계통은 모두 단 한 번의 1차 세포내 공생으로 남세균에서 유래된 엽록체를 획득한 후, 각각 독자적인 진화 경로를 걸어왔다.

(1) 회청조식물과 홍조식물

원시색소체생물 중 가장 이른 시기에 분화한 회청조식물(그림 1-7)은 남세균을 포획해 특수화된 '공생남세균(cyanelles)'이라고 하는 독특한 엽록체를 갖고 있다. 이 엽록체는 외막과 내막 사이에 펩티도글리칸 층이 남아 있어 남세균 기원의 흔적을 생생히 보여 주며, 이러한 특성 때문에 무로플라스트(muroplast) 또는 사이아노플라스트(cyanoplast)라고도 불린다. 비록 현존하는 종 수는 적지만, 이들의 기

그림 1-6 원식색소체 생물의 진화 계통
(Haeckel 1866, emend. Cav.-Sm. 1998)

본적인 구조와 특징은 홍조식물과 녹색식물이 진화하고 환경에 적응해 온 과정을 이해하는 데 중요한 비교 대상으로 쓰인다.

한편, 홍조식물은 회청조식물에서 비교적 이른 시기에 갈라져 나온 계통으로, 약 15~20억 년 전 1차 세포내 공생 사건 이후 빠르게 분화한 것으로 알려져 있다. 홍조식물은 *피코빌린(phycobilin) 계열의 색소, 특히 피코에리트린(phycoerythrin) 등을 풍부하게 함유해 광량이 비교적 낮은 해양 깊은 곳에서도 효율적으로 광합성을 수행할 수 있다. 이러한 색소 체계는 빛의 흡수 스펙트럼(absorption spectrum)을 확장해 다양한 수심에서 생존과 번성을 가능하게 하며, 홍조식물은 단세포에서 복잡한 다세포 조직에 이르기까지 폭넓은 형태적 다양성을 지닌다. 또 일부 홍조식물은 세포벽을 석회화하여 암초나 산호초 형성에 기여함으로써 해양 생태계에서 중요한 역할을 한다.

그림 1-7 회청조식물

(2) 녹색식물아계

녹색식물(綠色植物, Viridiplantae)은 엽록소 a와 b를 공통으로 보유해 녹색을 띠며, 광합성을 통해 유기물을 합성하는 주요 1차 생산자로서 역할을 한다. 과거에는 녹색식물을 독립된 식물계로 보기도 했지만, 현대 분류 체계에서는 식물계 아래 녹색식물아계로 두고, 이를 2가지 차아계(Infrakingdom)로 나눈다. 하나는 주로 수중 환경에 서식하는 녹조식물(Chlorophyta)이고, 다른 하나는 육상 생활에 적합하게 진화하는 난접합식물(Streptophyta)이다.

녹조식물은 주로 담수와 해양에서 단세포, 집합체 또는 사상체(絲狀體)의 형태로 존재하며, 비교적 조직 구조가 단순하다. 이들의 세포벽은 주로 *셀룰로스(纖維素, cellulose)로 구성되며, 보조 색소인 카로티노이드(carotenoid)를 활용하여 광합성 효율을 높이며, 수중 생태계에서 에너지 흐름과 영양 순환에 크게 기여한다.

난접합식물에는 윤조식물상문(Superphylum: Charophyta)과 육상의 유배식물상문(Superphylum: Embryophyta)이 포함된다. 이들은 녹조식물과 공통의 조상에서 갈라져 나왔지만, 분자적·형태학적으로 뚜렷한 차이가 있다. 난접합식물은 예컨대 세포가 분열될 때 *격벽형성체(隔壁形成體, phragmoplast)가 형성되고, 세포벽에는 인접하는 세포의 *원형질(原形質, protoplasm)과 서로 연결되는 원형질연락

---

* **피코빌린**

남세균이나 담색식물 등에서 발견되는 광합성 색소로, 빛을 흡수하여 반응중심의 엽록소 a에 에너지를 전달하는 역할을 한다. 이는 피코사이아닌(phycocyanin), 피코에리트린(phycoerythrin) 등으로 구성되며, 단백질과 결합하여 피코빌리솜(Phycobilisome) 복합체를 형성한다.

* **셀룰로스**

포도당으로 된 단순 다당류의 하나로, 식물 세포벽의 주성분이다. 지구상의 유기 고분자에서 가장 풍부한 물질로 주로 판지나 종이를 제조하는 데 사용된다.

* **격벽형성체**

식물 세포분열 후 두 딸세포 사이에 새로운 세포벽(격벽)이 형성되는 과정에서 중요한 역할을 하는 구조이다. 미소관과 미소섬유로 구성되어 있으며, 세포막 물질의 운반과 배치를 조절하여 격벽의 형성을 돕는다. 세포분열이 완료되면 격벽이 완성되고, 그에 따라 격벽형성체는 소실된다.

* **원형질**

세포를 이루는 세포질과 세포핵을 통틀어 이르는 것이며, 세포막 내에 존재하는 물, 이온, 효소, 유기 분자 등의 물질 전부를 의미한다. 원형질과 대조되는 용어로 후형질(後形質)이 있는데, 이는 생명 활동에 직접 관여하지 않는 비활성 물질들로 이루어져 있다.

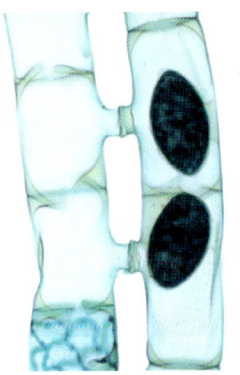

그림 1-8 접합으로 생식하는 해캄

*펙틴
펙틴은 젤(gel) 형태 다당류의 총칭으로, 1차 세포벽 구성 성분 중 가장 높은 비중을 차지한다. 친수성이며 세포벽 사이의 중간층(middle lamella)에 높은 농도로 존재하여 세포 간 접착에 중요한 역할을 한다.

*마디
식물의 줄기에서 잎이 나는 위치를 마디 또는 절이라고 하며, 마디와 마디의 사이를 마디 사이(절간, 節間)라고 한다.

*자매군
계통분류학의 계통수에서 하나의 조상에서 Y자처럼 두 갈래로 진화된 두 그룹을 말한다.

*접합포자
동종에 속하는 두 개체의 세포가 접합하여 만드는 포자를 말하며, 이 포자는 두꺼운 세포벽으로 둘러싸여 있어 환경 스트레스로부터 보호되며, 휴면 상태를 유지할 수 있다. 적절한 조건이 마련되면 접합포자가 발아하여 새로운 개체로 발달하게 된다.

사(原形質連絡絲, plasmodesmata)가 만들어지며, 정단 세포의 분열을 통해 생장하는 특징을 지닌다. 또 6개의 단백질 복합체로 구성된 섬유소-합성효소(hexameric cellulose synthase)를 갖추어, 셀룰로스를 주성분으로 하는 세포벽에 다당류와 *펙틴(pectin) 등을 결합하여 기계적 강도, 수분 보존, 환경 스트레스에 대한 내성을 강화하였다. 이러한 세포분열과 조직 분화 기작을 통해 난접합식물은 단세포 또는 단순 다세포 형태에서 더욱 복잡한 조직과 기관을 갖춘 형태로 진화해 왔다.

특히, 윤조식물강(Class: Charophyceae)은 생장 축(軸, axis)을 형성하고 가지가 *마디(節, node) 부위에서 돌려나는 등 비교적 복잡한 구조를 지니고 있어, 과거에는 육지식물의 직접적인 조상으로 여기기도 했다. 그러나 최근 유전체 비교 분석 결과 육상식물의 *자매군(姉妹群, sister group) 관계에 있는 것은 오히려 해캄(그림 1-8)이나 물먼지말류처럼 사상체 또는 반달형 몸체를 갖고 접합(conjugation) 방식의 유성생식을 하는 접합조류(zygnematophyceae)로 밝혀지고 있다.

(3) 접합조류의 육상 진출

식물의 육상 진출 시기는 대기의 오존량이 현재와 유사한 수준에 도달한 고생대(古生代) 오르도비스기(Ordovician Period)에서 실루리아기(Silurian Period)로 추정된다. 이때까지 식물은 물속에서 생활하면서 자외선으로부터 보호받고, 비교적 안정적인 온도 환경에서 생활하였다. 또 물의 부력(浮力)으로 중력을 거의 느끼지 않고 이동하거나 생장할 수 있었으며, 필요한 수분 또한 쉽게 확보할 수 있었다.

그러나 육상 환경에서는 강한 자외선, 심한 일교차(日較差), 건조 등 다양한 스트레스를 수반하며, 체중을 지탱할 수 있는 튼튼한 구조가 필수적이다. 이러한 어려움을 극복하고 육상 진출에 성공한 식물은, 구조가 매우 단순한 접합조류로 추정된다. 접합조류는 원시적인 유성생식 방식인 접합을 통해 번식하고, 세포벽과 함께 형성된 표면 보호층(각피나 점액질)에 의해 수분 손실을 효과적으로 줄일 수 있다. 특히, 접합 과정에서 생기는 *접합포자(接合胞子, zygospore)는 두꺼운 세포벽을 갖추어 건조, 자외선, 온도 변화 등 극한 환경에서도 내성(耐性)이 높다.

최근 유전체 분석 결과에 따르면 접합조류는 자외선 및 산화 스트레스, 수분 부족 등을 극복할 수 있는 다양한 유전자와 신호 전달 경로를 보유하는 것으로 밝혀졌고, 이러한 유전적 적응 능력이 육상으로의 진출에 중요한 역할을 한 것으로 평가된다. 또 접합조류는 편모(鞭毛, flagellum)를 갖지 않고 접합이라는 배우자(配偶子, gamete) 교환 방식을 사용하는데, 이는 물을 매개로 이동하는 정자(精子)를 통해 유성생식을 하는 육상식물과도 부분적으로 공통점을 보인다.

1.2.2 육상식물의 진화

육상의 식물은 물속에서 생활하는 식물과 달리 수정란(受精卵)이 다세포의 배(胚, embryo: 어린 포자체)로 발달해 부모 식물의 조직 내부에서 보호받고 영양을 공급받는다. 이러한 배의 보호 기작은 건조한 육상 환경에서 초기 식물들이 생존하고 번성하도록 한 핵심 요인이 되었을 것으로 평가되며, 이러한 특성 때문에 육상식물을 유배식물(有胚植物)이라고 부른다.

유배식물은 분류 체계에서 유배식물상문(Superphylum: Embryophyta)에 속하며, 그 아래로 뿔이끼문(Anthocerotophyta), 우산이끼문(Marchantiophyta), 솔이끼문(Bryophyta), 관속식물문(Tracheophyta)의 4개 문이 포함된다. 이중 관다발 조직을 갖춘 것은 관속식물문 뿐이며, 나머지 3개 문은 관다발 없다. 따라서 관다발 조직이 없는 식물들을 통칭해 비관속식물(非管束植物, non-vascular plants)이라고 하며, 이를 선태류라는 명칭으로도 부른다.

(1) 비관속식물

선태류(蘚苔類, Bryophytes)는 육상 진출 초기에 등장한 가장 원시적인 식물 계통으로, 관다발 조직 없이 육상 환경에 적응한 최초의 식물로 여겨진다. 선태류의 큰 특징 중 하나는 배우체(配偶體, gametophyte) 세대가 우세한 생활사(生活史, life cycle)를 가진다는 점이다. 이는 관속식물에서 포자체(胞子體, sporophyte) 세대의 우세한 생활사와 대조적이며, 선태류의 포자체는 배우체에 부속되어 있어 독립적 생존 능력이 극히 제한적이다. 또 선태류는 수정(受精, fertilization) 과정에 운동성 정자가 물을 통해 이동해야 하므로 주로 습윤한 환경에서 자란다. 이러한 생식적 특성 때문에 건조한 환경에서 확산하기 어렵다.

더불어, 선태류는 관다발 조직을 발달시키지 못했으므로 물과 양분을 세포 간 확산, 모세관 현상, 원형질유동 등으로 이동시킨다. 그 결과 크기가 크게 발달하지 못하고, 수분 공급이 원활한 환경에서만 번성하는 경향이 있다.

선태류는 크게 뿔이끼류, 우산이끼류, 솔이끼류로 나뉘며, 각각은 고유한 생리적·형태적 특징이 있다. 뿔이끼류는 가장 원시적인 특성을 지니고 있으며, 세포당 하나의 엽록체를 지녀 접합조류와 유사성이 높다. 우산이끼류는 가장 형태가 단순하며, 각피가 거의 발달하지 않아 습윤한 환경에서만 생존할 수 있다(그림 1-9). 반면, 솔이끼류는 종이 다양하고 넓은 지역에 분포하며, 헛뿌리(rhizoids)를 통해 기질에 부착하고 물과 양분을 흡수하는 특성이 있다.

그림 1-9 습윤한 환경에서 자라는 우산이끼류

비록 선태류는 관다발 조직이 발달하지 못했지만, 극지방이나 고산지대, 습지 같은 다양한 환경에서 서식하며 토양 형성과 천이(遷移) 과정에서 *선구식물(先驅植物, pioneer plants)로 중요한 역할을 담당한다. 최근 연구에 따르면 일부 선태류는 건조, 자외선, 극한 온도 같은 환경 스트레스에 대한 내성을 지니고 있음이 밝혀져 초기 육상식물이 어떻게 극한 환경을 극복하며 생존했는지를 이해하는 데 유용한 실마리를 제공하고 있다.

(2) 관속식물

관속식물(Tracheophyta)은 관다발 조직을 갖춘 식물군으로, 물과 양분을 장거리로 수송할 수 있는 *물관부(木部, xylem)와 *체관부(篩部, phloem)를 발달시켜 육상 환경에 효과적으로 적응한 식물이다. 이러한 특징 때문에 관속식물은 더 크고 복잡한 형태로 진화할 수 있었으며, 다양한 환경 변화에도 생태적 지위를 확장해 왔다. 관속식물의 기원은 선태류의 등장보다 늦은 시기인 실루리아기 말에서 데본기(Devonian Period)에 이르는 것으로 추정된다. 이 시기 동안 포자체 세대가 우세한 생활사가 정착되고, 관다발을 통해 효율적으로 물과 양분의 수송이 이루어졌으며, 강한 기계 조직(기본 조직과 후벽조직)의 발달로 수직 생장을 할 수 있는 등 혁신적인 진화가 일어났다.

관속식물은 크게 석송식물아문(Lycopodiophytina)과 양치식물아문(Polypodiophytina)으로 나뉜다. 석송식물은 가장 원시적인 관속식물로, 선태류보다 고도로 발달한 구조를 갖추었지만, 소엽(小葉, microphylls)이라고 하는 단순한 잎 구조를 지닌다는 점이 특징이다. 소엽은 하나의 관다발만을 지니며, 이후에 등장하는 양치식물이나 종자식물에서 발달하는 대엽(大葉, megaphylls)과 구별된다. 석송식물은 데본기에서 석탄기(Carboniferous Period)에 걸쳐 매우 다양하게 번성하였으며, 레피도덴드론속(Lepidodendron)과 시길라리아속(Sigillaria) 같은 거대한 목본성 식물은 당시 주요 식생을 이루었다(그림 1-10). 그러나 페름기(Permian Period) 이후의 기후 변화와 경쟁 압력으로 대형 석송식물은 대부분 멸종하고, 오늘날에는 석송강(Lycopodiopsida)에 속하는 소형 식물만이 남아 있다.

석송식물의 진화 과정에서 중요한 특징 중 하나는 대포자와 소포자로 구분되는 이형포자성(異形胞子性, heterospory)의 출현이다. 초기의 관속식물은 대부분이 동형포자성(同形胞子性, homospory)이었으나, 부처손속(Selaginella)이나 물부추속(Isoetes) 같은 분류군에서 이형포자성이 나타남으로써 이후 종자식물의 생식 전

---

*선구식물
맨땅에 침입해서 정착하여 천이(遷移)를 시작하는 식물을 말하며, 일반적으로 양성식물로서 극단의 빈영양 조건과 건조, 습윤에 견디며 질소 고정 작용을 하는 것이 많다.

*물관부
관속식물에서 뿌리를 통해 흡수된 물과 무기 양분 등을 수송하는 통로 조직이다. 물관부는 조직 전체가 딱딱하고 목재를 구성하므로 목부(木部) 또는 목질부(木質部)라고도 한다.

*체관부
관속식물에서 광합성으로 생성된 당분이나 단백질과 같은 유기물질을 수송하는 통로 조직이다. 체관부의 체(sieve)는 가루를 곱게 치거나 액체를 거르는 도구로, 한자로는 사(篩)를 의미한다. 이러한 이유로 체관부를 흔히 사부(篩部) 또는 사관부(篩管部)라고도 한다.

략으로 이어지는 중요한 전환점을 마련했다.

양치식물은 석송식물과는 별개의 계통으로 진화한 관속식물로, 실루리아기 말에서 데본기 초기에 등장한 것으로 보인다. 양치식물의 가장 큰 진화적 특징은 대엽의 발달이다. 대엽은 석송식물의 소엽과 달리 여러 개의 관다발을 지니고 복잡한 잎맥 구조를 이루며 높은 광합성 능력을 갖추었다. 이러한 이유로 프사로니우스속(*Psaronius*)과 같은 대형 목본 양치류가 석탄기 동안에 번성했으며, 일부는 종자식물과 경쟁하면서 생태적 지위를 변화시키기도 하였다.

양치식물은 대부분이 동형포자성을 유지하지만, 일부 수생 양치류는 이형포자성을 지녀 종자식물로 이어지는 생식 전략의 중간 단계를 보여준다. 또 석송식물보다 발달된 관다발 조직을 갖추어 줄기의 중심부에 존재하는 관다발 조직이 원시적 형태부터 고도로 분화된 형태까지 매우 다양하다. 현존 양치식물에서도 열대의 거대한 나무고사리부터 온대의 작고 섬세한 나도고사리까지 형태와 서식 범위가 폭넓은 다양성을 보여준다.

그림 1-10

고생대의 레피도덴드론과 시길라리아를 재구성한 모습

이러한 관속식물의 진화 과정에서 중요한 혁신 중 하나는 포자체 중심의 생활사가 정착되었다는 점이다. 선태류에서는 배우체 세대가 우세한 반면, 관속식물에서는 점차 포자체 세대가 우세 세대로 자리 잡았다. 또 관다발 조직의 발달과 기계 조직의 강화로 물과 양분을 효과적으로 수송할 수 있게 되어, 더 크고 복잡한 형태로 진화할 수 있었다. 이와 함께 일부 계통에서 나타난 이형포자성은 종자식물로의 진화 과정에서 결정적인 전환점을 제공하였다.

1.2.3 종자식물의 진화

종자식물(種子植物, spermatophyte)은 종자를 퍼뜨려 번식하는 식물을 가리킨다. 종자는 배(어린 포자체)와 발아할 때 필요한 영양조직, 이를 둘러싼 종피(씨껍질)로 구성된다. 전통적 분류 체계에서는 종자식물을 관속식물문 내의 한 아문(Subphylum)으로 두고, 그 아래 강의 계급으로 겉씨식물(나자식물)과 속씨식물(피자식물)로 구분했다. 그러나 최근에는 종자식물의 분류 계급을 상문으로 상향 조정하고, 그 아래에 소철, 은행나무, 구과식물, 마황, 속씨식물의 5개 문을 포함하는 방식이 적용되고 있다. 그럼에도 실제 교육이나 연구 현장에서는 여전히 전통적 분류에 따라 겉씨식물과 속씨식물로 구분하는 사례가 많으므로, 여기서도 전통 체계를 중심으로 서술한다.

(1) 겉씨식물

겉씨식물(裸子植物, gymnosperm)은 고생대 데본기 후기부터 시작된 것으로 추정된다. 이 시기에는 포자식물에서 종자식물로 전환이 일어나는 중요한 변화가 일어났다. 종자의 기원을 보여 주는 화석 증거는 원시종자식물(原始種子植物, Progymnosperms: 원겉씨식물)에서 나타나는데, 대표적인 속으로 아르카이옵테리스(*Archaeopteris*)가 있다(그림 1-11). 아르카이옵테리스는 양치식물과 유사한 잎을 가지고 있지만, 비대생장(肥大生長)을 통해 목질부(木質部)를 형성했던 것으로 알려져 있다. 이는 데본기 후기에서 페름기(Permian Period)에 걸쳐 번성하였으나, 이후 출현한 겉씨식물에 의해 생태적 지위가 대체되었다.

그림 1-11 아르카이옵테리스 (*Archaeopteris*)

또 석탄기 초기에 등장한 종자고사리(Lyginopteridopsida)는 원시종자식물과 겉씨식물의 중간적 특징을 보이면서 종자를 형성하기 시작한 최초의 식물들 중 하나로 여겨진다. 이들은 엄밀하게는 진정한 종자식물로 분류되지 않지만, 겉씨식물과 속씨식물의 조상으로 이어지는 중요한 진화 단계로 해석된다.

겉씨식물은 이러한 일련의 진화 과정을 거쳐 현재의 네 개 주요 계통군(소철문, 은행나무문, 구과식물문, 마황문)으로 분화하게 되었다. 각 계통은 독립적으로 진화하였으며, 서로 다른 환경에 적응하여 다양한 형태적 및 생리적 특징을 발달시켰다.

① 소철문

소철류(Cycadophyta)는 고생대 말 페름기에 처음 등장한 후 중생대의 트라이아스기(Triassic Period)와 쥐라기(Jurassic Period) 초기에 걸쳐 현존 소철류의 조상이 갈라져 나온 것으로 추정된다. 화석 기록에 따르면 초기 소철류는 단순한 형태의 종자와 잎 그리고 단순한 분지 형태를 보였다. 현존 소철류는 살아 있는 화석이라고 불릴 만큼 원시적 특성을 많이 유지하고 있는데, 대표적으로 운동성 정자를 물속에서 헤엄치게 하는 원시적인 생식 기작이 남아 있다.

소철류는 곤충이나 바람에 의한 수분(受粉, pollination: 꽃가루받이)과 운동성 정자를 이용한 유성생식을 수행한다. 이러한 생식 전략은 초기 종자식물의 생식 방식과 밀접하게 관련되어 있으며, 이후 다른 계통의 종자식물에서 꽃과 열매를 이용한 더 효율적인 생식 전략이 등장하는 데 중요한 기초를 제공한 것으로 평가된다. 또 고대의 소철류는 대규모 숲을 형성하여 육상 생태계의 구조와 기후 조절에도 크게 기여한 것으로 보인다.

② 은행나무문

은행나무류(Ginkgophyta)는 고생대 페름기 후반에 등장한 것으로 추정되며, 원시종자식물 계통의 한 갈래다. 초기 은행나무류는 소철류와 유사하게 원시적인 생식 기작과 구조를 지녔으나, 이후 다른 종자식물과 구별되는 독특한 특성을 발전시켰다. 그럼에도 정자가 운동성을 유지하는 등 초기 종자식물의 흔적을 일부 간직하고 있다. 화석 기록에 따르면, 은행나무류는 중생대의 쥐라기와 백악기(白堊紀, Cretaceous Period)에 걸쳐 번성했으나, 이후 급격히 다양화된 속씨식물 계통에 밀려 생태적 지위를 상실하였다. 현존하는 은행나무(Ginkgo biloba)는 그 유일한 대표 종으로 남아 있으며, 오랜 진화 역사와 원시적 특성을 지닌 '살아 있는 화석'으로 불린다.

③ 구과식물문

구과식물류(Pinophyta)는 극한 환경에도 효율적으로 적응하여 성공적으로 번성한 겉씨식물 계통으로 평가된다. 이들은 고생대 석탄기 말에서 페름기 초기에 처음 등장한 후, 중생대 전반에 걸쳐 다양한 계통으로 분화하면서 현재까지 전 세계 산림의 주요 구성원이 되었다. 초기 구과식물의 조상은 단순한 생식구조를 지녔으나, 이후 점진적인 진화를 통해 운동성이 없는 정자를 형성하고 꽃가루관(花粉管, pollen tube)을 통한 수정 기작을 획득함으로써 추운 기후나 건조한 환경에서도 안정적으로 번식할 수 있게 되었다. 또 구과식물은 *목질화(木質化, lignification)된 줄기와 두꺼운 외피, 바늘이나 비늘 모양의 잎 등을 발달시켜 수분 손실을 최소화하고, 강한 바람이나 추운 기후, 건조한 환경에서도 생존할 수 있었다. 특히 중생대 이후 급격히 다양화된 속씨식물과 경쟁하면서 일부 계통은 쇠퇴했지만, 구과식물은 여전히 한랭 환경에서 생태적 지위를 유지하고 있다.

*목질화

식물의 세포벽에 리그닌(木質素, lignin) 성분이 집적되어 단단해지는 현상을 말한다. 때로는 목본식물이 자라면서 줄기, 뿌리 부분이 단단해지는 현상을 의미하기도 한다.

④ 마황문

마황류(Gnetophyta)는 오늘날 소수의 종만 남아 있는 겉씨식물 중 하나로, 화석 기록은 중생대 백악기 초기에 나타났지만, 그 기원은 더 이른 시기로 추정된다. 과거의 분류 체계에서는 마황문을 하나의 독립적 계통으로 취급하였는데, 이는 관다발 조직에서 물관세포(導管細胞, vessel elements: 도관절) 같은 속씨식물의 특징이 나타나며, 일부 종에서는 속씨식물의 중복수정(重複受精, double fertilization)과 유사해 보이는 생식 과정을 보이기 때문이다. 그러나 실제 속씨식물의 진정한 중복수정과는 다르다. 과거에는 이러한 형태학적 유사성 때문에 속씨식물과 자매군 관계에 있을 것이라는 가설이 제기되었으나, 최근 분자생물학적 분석 결과는 이를 재고(再考)하게 했다. 현재는 마황문이 다른 겉씨식물, 특히 구과식물과 공통 조상에서 분화되었다는 견해가 유력하다.

이처럼 고생대에서 중생대에 걸쳐 번성했던 겉씨식물은 백악기 말부터 급격히 다양화한 속씨식물 계통에 밀려 생태적 지위가 상당 부분 축소되었다. 속씨식물은 꽃과 열매를 이용한 효율적인 번식 전략, 동물과의 상호작용 등을 통해 빠르게 확산되었으나, 겉씨식물은 풍매(風媒) 위주의 수분과 제한적인 종자 확산 능력 탓에 환경 변화에 대한 적응력이 상대적으로 낮았다. 현재 살아남은 겉씨식물 역시 대부분 극지·건조지·난대·고산 지대 등 특정 환경에 특화된 형태로 분포하며, 은행나무나 소철류처럼 살아 있는 화석으로 여겨지는 종도 존재한다.

(2) 속씨식물

속씨식물(被子植物, Angiosperms)은 종자식물 중에서도 가장 최근에 진화한 계통으로, 중생대 트라이아스기에 등장한 뒤 백악기 초기에 급격히 다양화하여 오늘날 육상 생태계를 지배하는 주요 식물군이 되었다. 속씨식물의 기원에 관해 여러 가설이 제시되었으나, 최근 유전체 분석에 따르면 겉씨식물과 속씨식물 전체가 *단계통군(單系統群, monophyletic group)에 속한다는 결론이 지지되고 있다.

> *단계통군
> 공통 조상 및 그 조상으로부터 진화한 모든 생물을 포함하는 분류군을 일컬으며 포유류, 척삭동물, 종자식물 그룹이 대표적인 단계통군의 예시이다.

과거에는 속씨식물을 쌍떡잎식물강(Magmoliopsida)과 외떡잎식물강(Liliopsida)으로 구분하였지만, 이러한 분류는 계통발생을 정확하게 반영하지 못한다는 문제가 있었다. 따라서 속씨식물의 분류 체계를 다루는 Angiosperm Phylogeny Group(APG: 속씨식물 계통 분류 그룹)에서는 전통적인 분류 계급 대신 분류군(分類群, Clade) 개념을 사용하여, 유연한 연구 결과 적용과 계통발생학적 정확성을 동시에 추구한다. 국내 학술단체와 연구기관에서는 2016년에 발표된 *APG IV 분류 체계를 사용하는 경우가 많으며, 이 체계에 따르면 속씨식물은 크게 기저 속씨식물군(Basal Angiosperms)과 핵심 속씨식물군(Core Angiosperms)으로 구분된다. 그리고 핵심 속씨식물은 다시 목련계 식물군(Magnoliids), 진정쌍떡잎식물군(Eudicots), 외떡잎식물군(Monocots)의 세 계통으로 세분한다.

> *APG IV
> 속씨식물의 분류 체계를 다루는 Angiosperm Phylogeny Group이 2016년에 발표한 네 번째 수정안으로, 주로 분자계통학적 연구 결과에 근거한다. 2009년에 발표된 APG III 체계와 비교했을 때, APG IV에서는 여러 새로운 과(科, family)가 추가되었으며, 5개의 목(目, order)을 새롭게 분리·설정하였다. 그 결과 총 64개 속씨식물 목과 416개 과를 포함하는 최신의 속씨식물 분류 체계로 자리매김하고 있다.

① 기저 속씨식물군

기저 속씨식물군은 속씨식물 전체 계통 중 가장 이른 시기에 분화한 초기 식물군으로, 암보렐라목(Amborellales), 수련목(Nymphaeales), 아우스트로바일레야목(Austrobaileyales) 등이 포함된다.

이들 식물은 진화적 관점에서 여러 중요한 정보를 제공한다. 첫째, 이들 식물은 꽃의 구조와 생식기관에서 나중에 나타나는 핵심 속씨식물에 비해 덜 전문화된 형태를 유지하고 있다. 예를 들어, 기저 속씨식물의 꽃은 종종 다수의 꽃잎,

꽃받침, *이생심피(離生心皮, apocarpous)의 구조를 보이는데, 이는 꽃의 기원과 초기 진화 단계를 반영한다. 둘째, 이들 식물은 현존 속씨식물에서 나타나는 복잡한 생식 전략, 즉 정교한 꽃 구조와 동물 매개 수분 시스템 등이 발달하기 전의 상태를 나타내어, 속씨식물의 진화적 혁신 과정을 이해하는 데 중요한 비교 기준을 제공한다.

유전체 분석과 분자계통학 연구에 따르면, 기저 속씨식물군은 속씨식물의 공통 조상에서 갈라져 나온 후, 속씨식물 전체의 유전적 및 형태적 특성을 보존하면서도 각기 다른 환경에 적응하는 과정을 거쳐 분화되었다. 특히, 암보렐라(Amborella trichopoda)는 현재 누벨칼레도니섬(Nouvelle Calédonie I.)에 국한되어 분포하는 극히 제한적인 기저 속씨식물로, 비교적 단순한 꽃 구조와 유전체를 통해 속씨식물의 기원을 연구하는 데 귀중한 정보를 제공한다.

② 목련계 식물군

목련계 식물은 기저 속씨식물에 이어 등장한 핵심 속씨식물(核心被子植物, core angiosperms) 중 초기 분화 집단으로, 외떡잎식물과 진정쌍떡잎식물이 갈라지기 이전 계통을 대표한다. 이들 목련계 식물은 대체로 단순하지만, 많은 수의 꽃잎·수술·암술을 지니며, 비교적 원시적인 꽃 구조를 유지한다. 그러나 열매 발달이나 종자 보호 구조 등에서 속씨식물 특유의 혁신적 양상을 일부 보여 준다.

분자계통학적 연구에 따르면 목련계 식물은 단일계통으로 확인되며, 핵심 속씨식물 계통 내에서 독립적인 분지를 형성한다. 이들의 꽃은 대체로 구조가 다소 단순하지만, 꽃잎, 수술, 암술 등을 다수 지니며 각 부위가 명확하게 구분된다. 또 목련계 식물은 열매의 발달이나 종자의 보호 구조에서도 속씨식물의 전형적인 혁신 양상을 부분적으로 나타내면서도 기저 속씨식물의 흔적을 여전히 간직하고 있다. 이러한 특징은 목련계 식물이 초기 속씨식물의 형태와 기능적 혁신을 이해하는 데 중요한 단서를 제공하며, 이들의 유전체와 분자적 특성은 후속 속씨식물 분화 과정에서 나타난 대규모 유전체 중복 및 기능 분화와 뚜렷이 대비된다.

또 목련계 식물은 생태적 다양성 면에서도 중요한 역할을 담당한다. 이들 식물은 열대와 온대 지역 전반에 분포하며, 목련, 후박, 계피, 후추 등 경제적으로도 중요한 여러 과(科, Family)를 포함한다. 일반적으로 목련계 식물의 잎은 망상맥을 이루고, 목질화된 줄기와 관다발 조직의 발달은 건조한 환경에서도 수분을 효율적으로 이동할 수 있게 한다. 더불어, 이들의 꽃은 크고 향기가 있어 곤충

---

*이생심피

심피는 꽃의 암술을 구성하는 부분으로, 원래 잎이 진화 과정에서 변형된 것이다. 식물에 따라 하나의 꽃에 심피가 하나만 존재하거나 여러 개가 동시에 존재할 수 있다. 심피가 여러 개 있을 경우, 일부는 서로 융합되어 연속적인 구조를 이루기도 하고, 독립적으로 분리되어 발달하기도 한다. 후자의 경우, 즉 여러 심피가 각각 독립적으로 존재하는 형태를 이생심피라고 한다.

매개 수분을 촉진함으로써 생식 성공률을 높인다.

③ 진정쌍떡잎식물군과 외떡잎식물군

목련계 식물 이후 속씨식물 계통은 진정쌍떡잎식물과 외떡잎식물의 두 주요 분지로 분화하면서 오늘날 전 세계 육상 생태계를 지배하는 어마어마한 다양성을 이루었다.

진정쌍떡잎식물은 종자의 배에 두 개의 떡잎(子葉, cotyledon)이 있는 것이 특징이며, 잎은 그물 모양의 망상맥(網狀脈)을 형성한다. 또 꽃의 구조가 다수의 꽃잎과 수술, 암술 등으로 구성된 매우 복잡한 형태를 보인다. 분자계통학 연구에 따르면 진정쌍떡잎식물은 초기 속씨식물에서 유전체 중복 사건(Whole Genome Duplication, WGD)을 경험하면서 다양한 유전자 조합과 기능 분화를 이루었고, 이로 인해 곤충 매개 수분, 다양한 생식 전략, 고도의 생리적 적응 능력을 발달시켰다. 이러한 혁신적 진화는 진정쌍떡잎식물이 전체 현존 속씨식물의 약 70% 이상을 차지할 정도로 폭발적인 다양성을 이루는 원동력으로 작용하였다. 이 계통에는 초본식물과 목본식물이 모두 포함되며, 전 세계의 여러 생태계 내에서 중요한 역할을 한다.

외떡잎식물은 종자의 배에 한 개의 떡잎이 있으며, 엽맥이 평행맥(平行脈)이고 뿌리가 수근계(鬚根系)로 발달하는 것이 주요 특징이다. 외떡잎식물은 주로 초본식물로 이루어져 있으며, 이들의 관다발 조직은 단순하지만, 물과 양분의 이동을 효율적으로 수행할 수 있도록 특화되어 있다. 외떡잎식물 역시 진화 과정에서 하나 이상의 유전체 중복 사건을 겪었으나, 그 결과로 나타난 유전체 구조와 세포 배열은 진정쌍떡잎식물과는 다른 방향으로 발달하였다. 이러한 차이는 외떡잎식물이 주로 건조하거나 특정 열대 환경에서 경쟁력 있는 생존 전략을 발전시키도록 하였으며, 전 세계 농업과 생태계에서 중요한 역할을 담당하게 했다.

속씨식물의 유전체 중복과 진화

속씨식물이 진화하는 과정에서 생물체 전체의 유전체가 한 번 이상 복제되어 늘어나는 유전체 중복은 중요하고도 결정적인 전환점으로 평가된다. 속씨식물에서 일어난 이러한 유전체 중복은 유전자 수를 늘리는 데 그치지 않고 새로운 유전적 변이를 창출하며 환경 적응 능력을 높이는 핵심 기작으로 작용하였다. 그 결과 속씨식물은 구조적·생리적·생태적으로 폭넓은 다양성을 확보하게 되었고, 오늘날 가장 번성한 식물군 중 하나로 자리매김할 수 있었다.

유전체 분석한 결과에 따르면 속씨식물의 공통 조상은 최소 두 번 이상의 고대 유전체 중복을 겪었다고 추정된다. 가장 오래된 유전체 중복은 약 3억 1천만~3억 년 전 사이에 일어난 엡실론(ε) 중복으로, 종자식물의 공통 조상에서 발생한 것으로 추정된다. 이때 전사 조절 인자나 신호 전달 경로 등에 관련된 유전자가 중복되어 환경 스트레스 적응능력이 크게 높아졌다고 평가된다. 엡실론 중복을 통해 축적된 유전적 기반은 이후 속씨식물과 겉씨식물로 분화하는 데 결정적인 기반이 되었다는 견해가 지배적이다.

엡실론 중복 이후에도 속씨식물 계통에서는 추가적인 유전체 중복이 이어졌다. 대표적인 예가 알파(α)와 베타(β) 중복으로, 약 2억~1억 5천만 년 전에 일어난 것으로 추정된다. 이 과정에서 꽃 형성에 관여하는 MADS-box 유전자군, 관다발 조직 발달 유전자, 광합성 적응 유전자 등이 복제되어 속씨식물의 형태적 다양성을 크게 높였다. 특히, 꽃 구조 유전자의 중복은 곤충, 조류, 포유류와 같은 수분 매개체와의 상호작용이 촉진되는 다양한 꽃을 발생시켜 속씨식물이 급격히 확산하는 원동력이 되었다.

속씨식물 진화 과정에서 또 하나 중요한 유전체 중복은 감마(γ) 중복으로, 약 1억 2천만~1억 년 전에 일어났다. 감마 중복은 진정쌍떡잎식물과 외떡잎식물의 기원과 긴밀히 연결되며, 여러 유전자가 세 번 반복되는 삼중 복제(Triplication) 흔적이 발견된다는 점이 특징적이다. 이 시기에 중복된 유전자들은 원래 기능을 유지하거나 새로운 기능을 획득하는 등 다양한 경로로 진화했으며, 꽃 기관 발달 유전자가 늘어난 결과 ABC 모델에 따른 꽃 구조적 다양성이 가속화되었다. 이를 통해 속씨식물은 훨씬 폭넓은 환경 조건에 적응할 수 있는 기반을 마련했다.

유전체 중복이 일어난 뒤 중복 유전자들은 서로 다른 운명을 맞게 된다. 일부 중복 유전자는 자연선택 압력으로 일부는 불필요해져 소실되거나 비활성화되지만, 일부는 부기능화(subfunctionalization) 또는 신기능화(neofunctionalization) 과정을 거치며 새로운 기능을 유지·획득할 수 있었다. 부기능화는 중복된 유전자가 원래 기능을 나누어 서로 다른 조직이나 발달 단계에서 발현되는 경우를 말하고, 신기능화는 중복된 유전자 중 하나가 완전히 새로운 기능을 띠게 되는 현상을 가리킨다. 예컨대, 안토사이아닌 생합성과 관련된 유전자가 신기능화를 통해 다양한 꽃색을 발현하게 된 사례가 이를 잘 보여 준다.

이러한 유전체 중복은 유전자 네트워크의 확장과 함께 속씨식물의 생리·형태적 적응을 촉진하는 중추적 역할을 수행했다. 꽃, 열매, 잎 등 식물의 구조적 변화가 가속화됨에 따라 새로운 생태적 지위를 확보하기 쉬워졌으며, 실제로 감마 중복 이후 국화과(Asteraceae) 식물은 복잡하고 다양한 꽃 구조를, 벼과(Poaceae) 식물은 광합성 효율을 극대화하는 방향으로 유전체를 재편하기도 했다.

결론적으로, 속씨식물 진화에서 일어난 유전체 중복은 형태적 다양성과 생리적 적응력을 높이는 데 결정적인 기여를 했다. 엡실론 중복은 속씨식물과 겉씨식물이 분화할 수 있는 유전적 토대를 마련했으며, 알파·베타 중복을 통해서는 꽃 구조와 관다발 조직 발달이 촉진되었다. 이어 감마 중복에서는 진정쌍떡잎식물과 외떡잎식물이 갈라지는 발판이 마련되어 오늘날처럼 다양한 속씨식물이 출현하게 되었다. 이와 같은 유전체 중복 사건들은 궁극적으로 속씨식물의 폭발적인 적응방산(adaptive radiation)을 이끌어 지구상에서 가장 성공적이고 다양한 식물군으로 발전할 수 있도록 한 중요한 동력으로 작용하였다.

1.3 식물 세포의 특이적 소기관

식물 세포는 동물 세포와는 구별되는 여러 특이적 소기관을 보유하고 있으며, 이러한 구조적 특징은 식물이 독립 영양 생물로서 생장하고 환경에 적응하는 데 필수적인 역할을 한다. 식물 세포의 특징 중 하나는 엽록체, 세포벽, 액포의 존재이다. 엽록체는 빛을 이용한 광합성을 통해 화학 에너지를 저장하는 역할을 하며, 세포벽은 세포의 구조를 지지하고 외부 환경으로부터 보호하는 기능을 수행한다. 또한 액포는 수분과 영양분을 저장하고 삼투압을 조절하여 세포의 생리적 균형을 유지하는 중요한 소기관이다. 이들 세포 소기관은 각기 독립적인 기능을 수행하면서도 상호작용하여 식물의 생존과 적응을 가능하게 한다. 본 장에서는 이러한 특이적 소기관의 구조와 기능을 살펴보고, 식물 세포가 환경에 적응하는 메커니즘을 이해하는 데 중점을 둔다.

1.3.1 엽록체

엽록체는 식물뿐만 아니라 유색조식물에도 존재하는 막성 세포 소기관으로, 광합성을 통해 빛 에너지를 화학 에너지로 전환하여 유기물을 합성한다. 엽록체는 독자적으로 증식할 수 있고 자체 유전자를 보유하고 있어 반자율적으로 기능한다. 즉 엽록체는 세포의 핵(核, nucleus)과 상호작용하면서 일부 대사 과정을 독립적으로 수행함으로써 식물이 광합성과 관련된 다양한 기능을 효율적으로 조절할 수 있게 해준다.

(1) 엽록체와 색소체

엽록체(葉綠體, chloroplast)는 고대 남세균의 세포내 공생에서 유래한 광합성 기관으로, 초기 식물에서는 광합성을 주로 담당했지만 종자식물 등의 고등식물에서는 여러 기능으로 분화되었다. 이렇게 분화된 형태들을 통칭하여 색소체(色素體, plastid)라고 하며, 엽록체는 색소체의 한 형태가 된다.

색소체는 광합성, 질소 대사, 아미노산 합성, 지질 합성, 색소 합성 등 폭넓은 물질대사에 관여하며, 전색소체(前色素體, proplastid)라고 하는 미분화된 전구체(前驅體, precursor)에서 발달을 시작한다. 전색소체는 환경 조건이나 세포의 기능에 따라 엽록체, 유색체(有色體, chromoplast), 백색체(白色體, leucoplast)로 발달한다(그림 1-12).

- **엽록체**는 녹색의 엽록소(葉綠素, chlorophyll)를 다량 함유하며, 주로 잎의 *엽육(葉肉, mesophyll)에서 흔히 관찰된다. 전색소체가 빛을 충분히 받으면 녹색

*엽육
잎의 상하 표피 사이에 있는 조직 중에서 엽맥(葉脈)을 제외한 부분을 말하며, 잎살이라고도 한다.

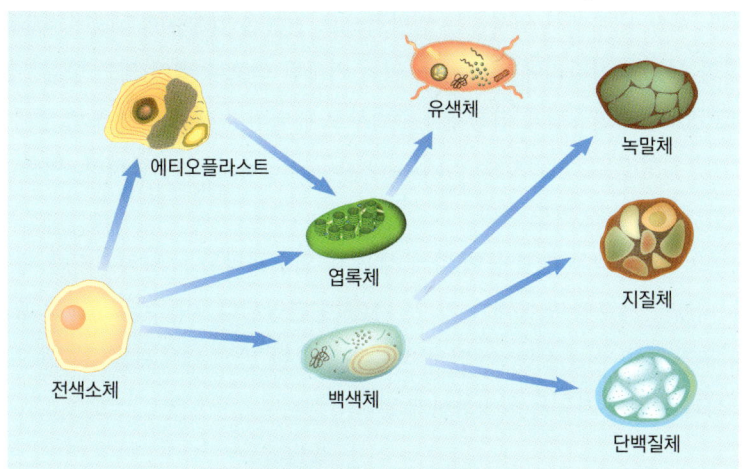

그림 1-12 색소체의 분화

의 엽록소가 합성되어 엽록체로 발달하지만, 빛이 부족하면 엽록소가 형성되지 않아 *에티오플라스트(etioplast) 상태로 남는다. 에티오플라스트는 빛을 받으면 엽록소가 생성되어 엽록체로 전환된다.

- **유색체**는 흔히 잡색체(雜色體)라고 불리며, 카로틴(carotene)이나 잔토필(xanthophyll) 등 카로티노이드 계열 색소를 풍부하게 함유한다. 주로 꽃, 열매, 잎 등에 존재하며, 엽록체가 가뭄, 저온 등 환경적 스트레스를 받으면 유색체로 전환되기도 한다.
- **백색체**는 빛이 부족하거나 특정 양분을 저장해야 할 때 형성되며, 색소는 거의 형성하지 않는다. 저장 양분으로는 녹말, 지질, 단백질 등이 있으며, 저장 물질의 종류에 따라 녹말체(綠末體, amyloplast), 지질체(脂質體, elaioplast), 단백질체(蛋白質體, proteinoplast) 등으로 세분된다.

(2) 엽록체의 분포

엽록체는 광합성이 일어나는 식물 조직에 주로 분포하며, 특히 광합성에 최적화된 엽육 조직에서 가장 많이 발견된다. 어린 줄기처럼 녹색을 띠는 부위에도 엽록체가 존재하지만, 그 수가 상대적으로 적고 광합성 효율이 낮다. 반면, 뿌리처럼 광합성이 이루어지지 않는 조직에는 엽록체가 거의 분포하지 않는다. 그러나 지상부에서 받은 빛이 뿌리까지 전달되는 구조를 갖춘 수생식물이나 습지식물은 뿌리에서도 엽록체가 관찰된다.

*에티오플라스트
전색소체의 일종으로, 빛이 없는 환경에서 엽록체로 완전히 발달하지 못한 상태를 말한다. 이 상태에서는 정상적인 타이라코이드 막이 형성되지 않고, 대신 미세막들이 규칙적으로 배열된 전박막층체(前薄膜層體, prolamellar body)라는 구조를 갖는다. 빛에 노출되면 전박막층체가 재구성되어 엽록체의 전형적인 타이라코이드 구조로 전환된다.

한편, 세포 내부에서 엽록체는 일반적으로 원형질막(原形質膜, plasma membrane)을 따라 세포 가장자리에 배열된다. 이는 커다란 액포나 핵이 세포 중심부를 차지하고 있어, 자연스럽게 엽록체가 주변부로 배열되기 때문이다. 또한 엽록체는 세포의 *원형질유동(原形質流動, cytoplasmic streaming)에 따라 이동하며, 이를 통해 광합성 효율을 높이기도 한다.

식물의 종류, 생육 환경 등에 따라 세포 내 엽록체의 수는 달라지지만, 종자식물은 대체로 세포당 엽록체가 약 75~125개 관찰된다. 이 수는 생리적 요구와 환경 조건에 따라 조절될 수 있어 식물은 필요한 만큼 엽록체를 유지함으로써 광합성과 관련된 기능을 최적화하게 된다.

(3) 엽록체의 형태와 구조

엽록체의 형태와 구조는 식물의 종류와 세포의 기능에 따라 다소 차이가 있으나, 종자식물에서는 대체로 편평한 원반 또는 가운데가 볼록한 렌즈(lens) 형태를 띤다(그림 1-13). 일반적으로 엽록체의 직경은 5~10 마이크로미터(μm), 두께는 2~3 마이크로미터(μm) 정도이다.

엽록체는 외막과 내막의 이중막 구조로 둘러싸여 있으며, 이러한 구조는 엽록체가 고대 남세균에서 유래한 소기관임을 시사한다. 외막은 비교적 높은 투과성을 지녀 작은 분자들이 자유롭게 이동할 수 있으나, 큰 분자는 *포린(porin)이라는 *채널 단백질(channel protein)을 통해 이동이 조절된다. 반면, 내막은 선택적 투과성을 갖추고 있어, 여러 운반 단백질에 의해 물질 이동이 정밀하게 조절된다.

이중막 내부에는 타이라코이드(thylakoid)라고 하는 주머니 모양의 막 구조물이 존재한다(그림 1-14). 타이라코이드는 단일막으로 이루어져 있으며, 막에는 광합성의 명반응에 관여하는 엽록소, 카로티노이드 같은 색소와 단백질 복합체가 들

*원형질유동
식물과 동물 세포 모두에서 관찰되는 현상으로, 세포질 내 액체의 유동에 의해 분자와 소기관의 이동이 촉진되는 과정을 말한다. 식물에서는 원형질유동에 따라 엽록체가 움직이는 현상이 두드러지는데, 이는 운동성 분자가 작용하여 세포 내 액체를 흐르게 하기 때문이다.

*포린
세포막에 존재하는 단백질 채널로, 주로 작은 분자나 이온이 세포막을 통과할 수 있도록 돕는다. 특히 그람 음성균의 외막과 식물의 엽록체 외막 등에서 흔히 발견된다.

*채널 단백질
세포막에 삽입되어 특정 이온이나 작은 분자들이 세포막을 통해 선택적으로 이동할 수 있도록 도와주는 단백질이다. 이들 단백질은 통로 역할을 하며, 세포 내부와 외부의 물질 교환을 효율적으로 조절하여 세포 항상성을 유지하는 데 기여한다.

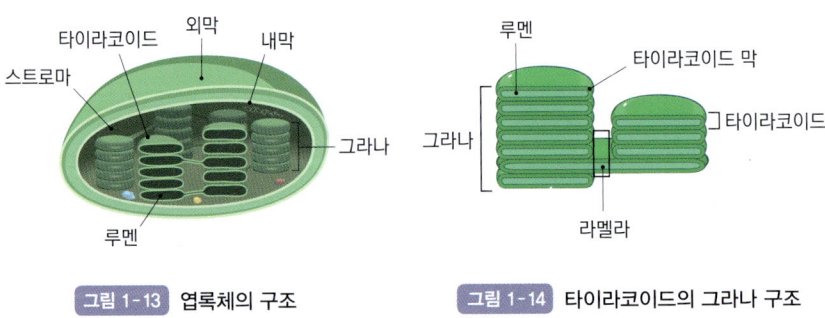

그림 1-13 엽록체의 구조   **그림 1-14** 타이라코이드의 그라나 구조

어 있다. 명반응에 의한 ATP 합성은 타이라코이드 내부 공간에서 이루어지며, 이 공간을 루멘(lumen)이라고 한다.

종자식물의 엽록체에서는 타이라코이드 막이 여러 층으로 겹쳐 쌓여 그라나(grana) 구조를 형성하여 광합성에 필요한 빛을 최대한 흡수할 수 있도록 한다. 그러나 수중에서 생활하는 원시 식물이나 육상으로 진출한 초기 식물에서는 그라나 구조가 덜 발달하거나 발달하지 않으며, 타이라코이드 막이 독립적으로 배열되는 경우가 많다. 심지어는 소철류나 은행나무 등 일부 초기 종자식물에서도 타이라코이드 배열이 단순해 그라나 구조가 관찰되지 않는 경우가 많다.

엽록체 내부의 나머지 공간은 약알칼리성의 액체인 스트로마(stroma)로 채워져 있으며, 스트로마에는 광합성의 암반응에 관여하는 *루비스코(RuBisCO) 효소와 엽록체 자체의 DNA 그리고 라이보솜 등이 존재한다. 이러한 구성은 엽록체가 세포의 핵에 의존하면서도 일부 대사 과정을 독립적으로 수행할 수 있게 하는 중요한 기작으로 작용한다.

(4) 엽록체 DNA

엽록체의 스트로마에 존재하는 DNA를 cpDNA(chloroplast DNA)라고 하며, 이는 핵의 선형 DNA(linear DNA)와는 달리 환형 DNA(circular DNA) 구조를 하고 있다. 이러한 특징 또한 엽록체가 고대 남세균에서 유래한 소기관임을 뒷받침한다. 그러나 옥수수 등 일부 식물에서는 선형 엽록체 DNA가 발견되어 cpDNA의 구조적 다양성이 존재함을 시사한다.

cpDNA는 독자적으로 복제와 단백질 합성을 할 수 있지만, 엽록체의 모든 기능에 필요한 유전자가 담겨 있는 것은 아니다. 일반적으로 cpDNA에는 약 100~200개의 유전자만 포함되어 있으며, 이는 주로 라이보솜 단백질, 전자전달계 단백질 등 광합성과 대사 작용에 필수적인 것들이다. 나머지 필요한 유전자는 세포의 핵에 존재하여, *세포질(細胞質, cytoplasm)에서 합성된 후 엽록체로 운반된다. 따라서 엽록체는 핵과 긴밀하게 협력하면서도 일정 수준 자율성을 유지하여 중요한 대사 과정을 조절한다.

더욱이 cpDNA는 마이토콘드리아 DNA처럼 변이(變異, variation)가 적고 진화적으로 안정적인 특징을 지닌다. 이에 많은 연구자가 cpDNA 염기서열을 분석하여 식물 간의 유연관계를 밝히고, 식물 계통분류와 진화적 기원을 추적하는 데 활용하고 있다.

＊루비스코

광합성의 캘빈 회로에서 탄소 고정을 담당하는 핵심 효소로, 리불로스 1,5-이중인산과 이산화탄소를 반응시켜 탄소화합물을 형성한다. 생명체가 대기 중의 이산화탄소를 획득하는 데 필수적이어서 지구상에서 가장 중요한 효소 중 하나이자 가장 풍부한 효소로 평가된다. 그러나 촉매 속도가 느리고 이산화탄소에 대한 친화성이 떨어지므로 탄소 고정 효율이 낮아 광합성 속도를 결정하는 요소로 작용하기도 한다.

＊세포질

살아 있는 진핵세포에서 핵을 제외한 세포 내의 모든 구조물과 물질을 뜻하며, 원핵세포에서는 세포 내의 모든 내용물을 뜻한다.

1.3.2 세포벽

세포벽(細胞壁, cell wall)은 세포의 가장 바깥층을 이루는 두껍고 단단한 구조로, 동물과 원생동물을 제외한 대부분의 생물군과 많은 원핵생물에서 발견된다. 세포벽은 세포 내의 *삼투압(滲透壓, osmotic pressure)을 조절하여 세포 형태를 유지하고, 외부 환경으로부터 세포를 보호하며, 다세포 생물에서는 세포 간 신호 전달과 물질 교환에도 중요한 역할을 담당한다.

식물의 세포벽은 주로 셀룰로스 등의 다당류로 구성되며, 크게 1차 세포벽과 2차 세포벽으로 구분된다. 1차 세포벽은 모든 세포에서 형성되며 유연하고 확장할 수 있는 구조를 지닌다. 2차 세포벽은 이후 특정 기능으로 분화되는 세포에서 추가로 형성되며, *리그닌(木質素, lignin)이나 *수베린(suberin) 등의 고분자 화합물이 축적되어 기계적 강도와 내구성이 한층 높아진다. 또 식물 세포벽에는 인접 세포와 물질을 교환할 수 있는 원형질연락사와 벽공(壁孔, pit)이 존재해 세포 간 상호작용 및 통합성을 유지한다.

(1) 1차 세포벽

1차 세포벽은 세포질 분열(細胞質分裂, cytokinesis)이 일어날 때 형성되는 세포판(細胞板, cell plate)에서 비롯된다(그림 1-15). 세포질 분열이 일어날 부위에 골지체(Golgi body)로부터 나온 소낭(小囊, vesicle)들이 융합되어 세포판을 만들고, 소낭에는 펙틴의 전구체가 들어 있어 물을 머금으면 점성이 높은 젤 상태가 된다.

세포판이 완성되면 하나의 세포가 두 개의 딸세포로 분리되고, 세포판 위에 셀룰로스와 *헤미셀룰로스(hemicellulose)가 배열되어 1차 세포벽을 이룬다. 이때 양측 세포를 나누는 세포판의 중앙부에는 셀룰로스와 헤미셀룰로스가 거의 침착되지 않은 얇은 층이 생기는데, 이를 중간 박막층(中間薄膜層, middle lamella)이라고 한다. 중간 박막층은 펙틴이 주성분이라 세포 간 접착과 수분 보유에 큰 역할을 한다.

---

*삼투압

농도가 다른 두 액체를 반투막으로 막아 놓았을 때, 용질의 농도가 낮은 쪽에서 농도가 높은 쪽으로 용매가 옮겨가는 현상에 의해 나타나는 압력이다.

*리그닌

식물 세포벽의 구조적 강도를 높이는 지용성 페놀 고분자이다. 셀룰로스 및 기타 다당류와 공유 결합하여 세포벽 내에서 보강재 역할을 하며, 화학적으로 매우 안정하여 쉽게 분해되지 않는다. 이로 인해 목재 세포벽의 단단함과 내구성을 유지하는 데 결정적인 역할을 한다.

*수베린

식물 세포벽에 존재하는 소수성 고분자 화합물이다. 수베린이 세포벽에 축적되면 물과 기체의 투과를 제한하는 장벽을 형성하여, 외부 환경으로부터 식물 세포를 보호하거나 특정 물질의 이동을 차단하는 기능을 수행한다.

*헤미셀룰로스

식물 세포벽을 구성하는 다당류 중 하나로, 셀룰로스와 함께 존재하며 펙틴과도 연관되어 있다. 셀룰로스보다 가용성이 크고 분해가 용이한 특성을 가지며, 세포벽의 유연성과 구조적 다양성을 제공하는 역할을 한다.

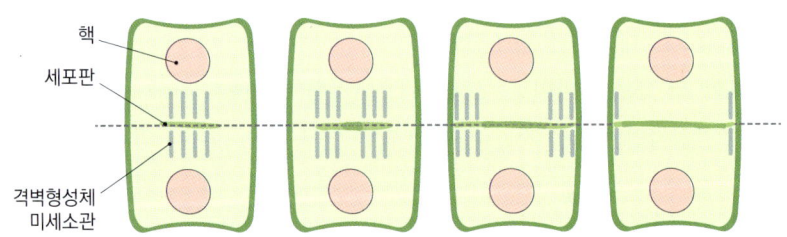

그림 1-15 세포질 분열 동안 격벽형성체와 세포판이 형성되는 과정

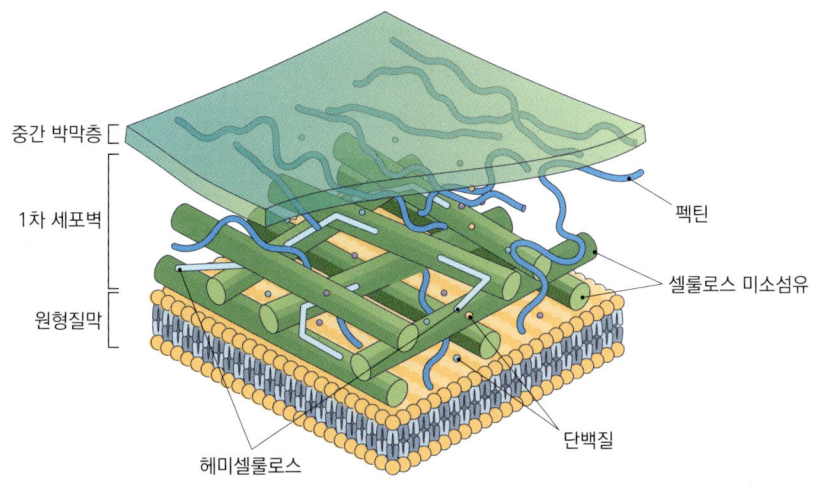

그림 1-16 1차 세포벽의 주요 성분과 배열 형태

    1차 세포벽의 주성분인 셀룰로스는 수소 결합을 통해 셀룰로스 미소섬유(cellulose microfibril)를 형성하며, 이는 세포벽에 높은 강도를 부여한다. 헤미셀룰로스는 셀룰로스 미소섬유 사이를 연결하고 간격을 채워, 세포벽에 유연성과 기계적 안정성을 제공한다(그림 1-16). 그 결과 세포가 *팽압(膨壓, turgor pressure)에 의해 팽창할 때도 세포벽은 변형 없이 견디고, 세포분열과 생장이 진행되는 동안에도 적절한 탄력성을 유지한다.

    또 1차 세포벽에는 원형질연락사(原形質連絡絲, plasmodesmata)라는 미세한 관 구조가 형성되어, 인접한 두 딸세포의 원형질을 서로 연결한다(그림 1-17). 이는 식물만의 특이적 구조로, 물질 교환과 신호 전달을 가능하게 하여 식물체 전체의 기능적 통합성을 높인다.

*팽압
세포 내부의 물질들이 세포벽을 향해 밀어내는 압력을 말한다. 세포를 원형질의 삼투압보다 낮은 삼투압을 가진 용액, 즉 저장액에 담그면 원형질이 물을 흡수하여 팽창하고, 그 결과 세포벽을 밀어내는 팽압이 발생한다. 반면, 세포벽이 없는 동물세포에서는 이러한 팽압 현상이 나타나지 않는다.

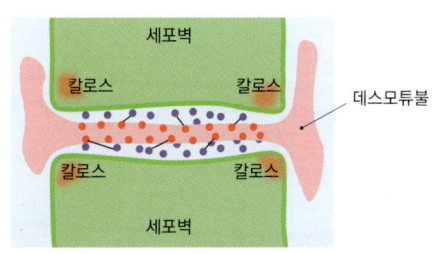
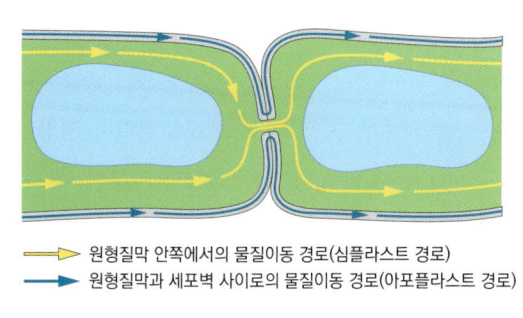

- 칼로스(callose)는 비결정 다당류로, 물질의 수송과 전원형질 수송을 조절한다.
- 데스모튜불은 인접 세포의 소포체를 연결하는 관이다.
- 붉은 점과 보라색 점은 미소섬유를 만드는 단백질이나 미확인 단백질을 나타낸다.

→ 원형질막 안쪽에서의 물질이동 경로(심플라스트 경로)
→ 원형질막과 세포벽 사이로의 물질이동 경로(아포플라스트 경로)

그림 1-17 원형질연락사 구조와 이를 통한 물질 이동

*셀룰레이스
세포벽의 주요 성분인 셀룰로스의 배당체(glycoside) 결합을 가수분해하여 분해하는 효소이다. 이 효소는 고등식물뿐만 아니라 균류, 세균, 연체동물 등 다양한 생물군에서 광범위하게 발견된다. 셀룰레이스의 작용으로 셀룰로스는 다당류에서 2당류인 셀로비오스로, 나아가 단당류(주로 글루코스)로 전환된다.

1차 세포벽은 완성된 후에도 고정된 상태가 아니라 외부 자극이나 환경 변화에 따라 동적으로 조절된다. 예를 들어, 외부 스트레스가 발생하면 *셀룰레이스(cellulase)와 같은 효소가 활성화되어 셀룰로스를 분해·재배열함으로써 세포벽의 유연성과 강도를 조절한다. 또 수분이 부족한 환경에서는 셀룰로스와 헤미셀룰로스 외에 다른 보강 물질이 추가로 침착되어 세포벽을 더 두껍고 견고하게 만들어 수분 손실을 최소화한다. 병원체 감염 시에는 세포벽 구조가 방어 기능을 강화하도록 변형되어, 외부 공격에 대한 저항력을 높이는 역할을 한다.

(2) 2차 세포벽

2차 세포벽은 1차 세포벽의 안쪽에 추가로 형성되는 세포벽으로, 특정 기능을 수행할 세포가 성숙 단계에서 만든다. 2차 세포벽은 대개 셀룰로스, 헤미셀룰로스, 리그닌, 수베린 등을 함유하며, 중간 박막층이나 1차 세포벽의 성분이 되는 펙틴은 거의 존재하지 않는다.

2차 세포벽이 형성되는 대표적 과정으로 목질화(木質化, lignification)와 수베린화(木栓化, suberization)가 있다. 목질화는 셀룰로스와 헤미셀룰로스의 사이에 리그닌이 침착되는 현상으로, 주로 관속식물의 물관부 세포 분화되는 과정에서 일어나 세포벽을 단단하고 불투과성으로 만든다. 이는 물과 영양분의 수송 기능과 기계적 강도를 증대시킨다. 한편, 수베린화는 주로 수피(樹皮, bark: 나무껍질)의 코르크층(phellem)을 형성하는 세포에서 나타나며, 세포벽에 수베린이 축적되어 세포가 수분 손실을 막고 외부 자극으로부터 보호받을 수 있도록 한다.

1차 세포벽의 안쪽에 만들어지는 2차 세포벽은 매우 두껍게 발달하지만, 원형질연락사가 밀집된 영역에는 2차 세포벽이 형성되지 않고 안쪽으로 움푹 파인 구멍의 형태가 된다(그림 1-18). 이를 벽공이라 하는데, 이것은 인접한 세포 간 물질 이동 통로를 제공하거나 원형질연락사의 기능적 경로 역할을 한다.

2차 세포벽은 성분 비율과 배열이 서로 다른 여러 층으로 이루어지는데, 대개 3층 이상의 다층 구조를 지닌다. 이렇게 2차 세포벽이 완성된 세포는 더 이상 세포분열이나 생장을 하지 않고, 기계적 지지와 방어 기능을 수행하는 성숙한 상태에 이른다(그림 1-19).

이렇듯 식물 세포벽은 1차 및 2차 세포벽으로 구분되어 각기 다른 특성과 기능을 보이며, 필요에 따라 성분 비율과 구조를 변화시킨다. 이는 식물이 여러 환경 조건과 내부 생장 요구에 대응하여 세포 수준에서 유연하고 효율적인 방어, 지지, 물질 이동 체계를 확보할 수 있도록 하는 핵심 기작이라고 할 수 있다.

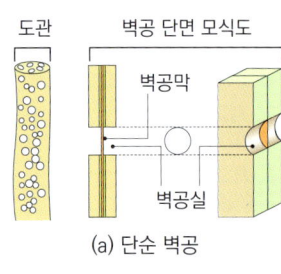

(a) 단순 벽공

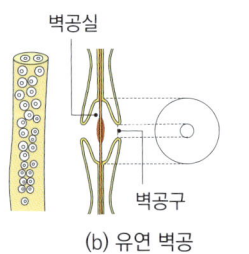

(b) 유연 벽공

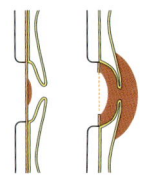

(c) 반유연 벽공

그림 1-18 벽공의 유형과 구조

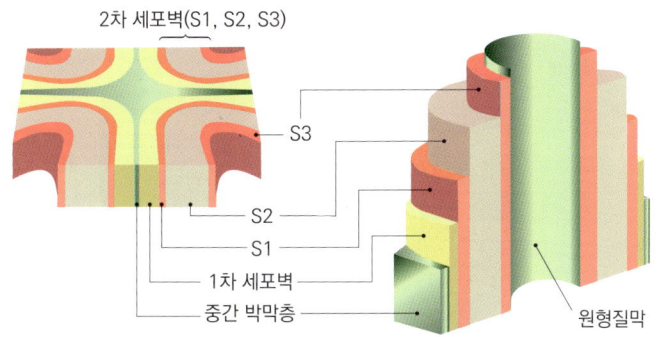

그림 1-19 1차 세포벽의 안쪽에 형성되는 2차 세포벽의 구조

1.3.3 액포

액포(液胞, vacuole)는 주로 식물, 유색조식물, 균 등에서 두드러지게 관찰되는 막성(膜性) 소기관이며, 특히 식물 세포에서는 대형의 중심 액포 형태로 존재하며, 세포의 상당 부분을 차지한다. 반면, 동물 세포에는 이러한 대형 중심 액포가 없고, 소형의 소낭(vesicle), 라이소솜(lysosome), 엔도솜(endosome) 등이 부분적으로 액포와 유사한 기능을 하지만, 식물 세포의 액포와는 구조와 기능 면에서 차이가 있다.

(1) 액포의 구조와 구성 물질

식물 세포의 액포는 여러 개의 소형 액포로 시작하여 세포가 성숙함에 따라 이들이 융합되면서 하나의 커다란 중심 액포로 발달한다. 성숙한 세포에서는 전체 부피의 80% 이상을 차지하기도 하며, 세포 형태 유지와 생리적 항상성(恒常性)에 핵심적인 역할을 한다.

액포는 크게 액포막(tonoplast)과 그 내부를 채우는 용액으로 구성된다(그림 1-20). 액포막은 *인지질 이중층(燐脂質二重層, phospholipid bilayer)으로 된 단일막으로 비교적 단순해 보이지만, 다양한 막 단백질을 내재하여 복합적인 기능을 수행한다. 양성자펌프(proton pump)로 작동하는 단백질은 ATP를 소모해 H^+ 이온을 액포 안으로 이동시켜 액포 내부를 pH 5.0~5.5 정도의 산성 상태로 유지한다. 이는 액포 내 가수분해 효소들의 활성화에 필수적이며, 저장된 고분자 물질이나 노폐물의 분해 및 재활용에 기여한다. 또 액포막에는 *아쿠아포린(aquaporin) 같은 단백질이 존재하여 세포 안팎의 수분과 *용질(溶質, solute)의 이동을 촉진하고 정교하게 조절한다.

*인지질 이중층

인지질 분자가 세포막을 구성하는 기본 구조이다. 각 인지질 분자는 인산 에스터기를 포함한 복합 지질로, 소수성 지방산 사슬은 내부에, 친수성 인산의 머리는 외부에 위치하여 배열된다. 이러한 이중층 구조는 세포막의 선택적 투과성을 유지하고, 세포의 안정성을 보장하는 데 핵심적인 역할을 한다.

*아쿠아포린

세포의 막에 있는 막 단백질로, 인지질 이중층이 기본적으로 물 분자의 이동을 제한하는 것을 극복하고, 물이 빠르게 통과할 수 있는 통로를 형성한다. 이를 통해 세포 내외 혹은 인접한 세포 사이에서 물의 이동이 촉진된다.

*용질

물질은 크게 순물질과 혼합물로 분류되며, 혼합물은 균일 혼합물과 불균일 혼합물로 나뉜다. 균일 혼합물을 흔히 용액(溶液, solution)이라고 하며, 용액에서 상대적으로 많은 양을 차지하는 물질을 용매(溶媒, solvent), 용매에 균일하게 녹아 있는 물질을 용질이라 한다.

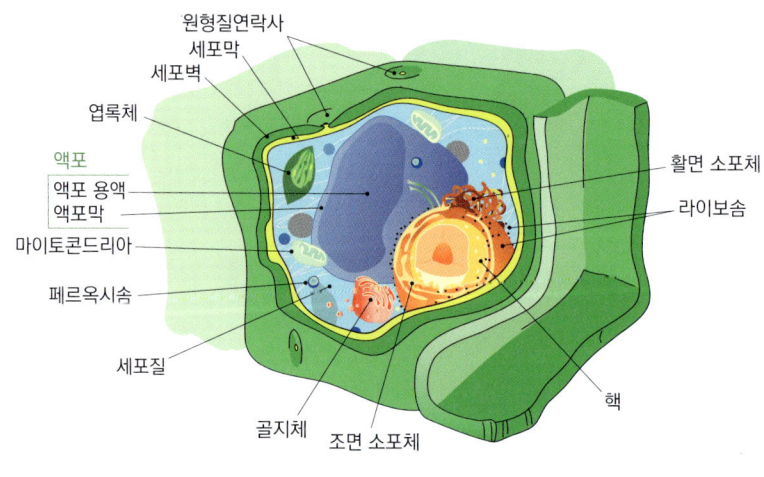

그림 1-20 식물 중심 액포의 구조

액포 내부 용액은 주로 물로 이루어져 있으나, 칼륨(K^+), 칼슘(Ca^{2+}), 마그네슘(Mg^{2+}) 등 무기 이온과 포도당, 과당, 설탕, 아미노산 등 다양한 유기물이 포함되어 있다. 이들 물질은 필요에 따라 세포질로 방출되어 광합성, 호흡, 단백질 합성 등 주요 대사 경로에 활용된다. 또 안토사이아닌(anthocyanin)과 같은 색소, 알칼로이드(alkaloid), 타닌(tannin) 등 2차 대사산물이 액포 안에 저장되기도 하며, 이를 통해 독성 물질을 격리하여 세포를 보호하고 환경 스트레스나 병원체 침입에 대응한다.

더불어 액포의 용액에는 여러 가수분해 효소가 존재하여, 노폐물이나 고분자 물질을 분해하고 필요에 따라서는 재활용 가능한 기본 분자로 전환한다. 이러한 분해 작용은 액포 내 산성 환경에서 활발하게 일어나며, *자가포식(autophagy: 자가소화작용) 과정과 연계되어 세포 내 노폐물을 처리한다.

마지막으로, 액포의 구성 물질과 기능은 세포 발달 단계, 조직 종류, 환경 조건에 따라 유동적으로 변화한다. 빠른 생장 단계에서는 수분과 저장 물질을 많이 확보하여 팽압을 높이고, 환경 스트레스가 심해지면 방어 물질이나 독성 물질을 축적하여 생존에 유리한 방향으로 변화를 유도한다.

(2) 액포의 기능과 역할

식물 세포의 액포는 단순히 물질을 저장하는 기관을 넘어, 세포의 생리적 안정과 환경 적응, 그리고 발달 과정 전반에 걸쳐 다음과 같은 다양한 기능을 한다.

＊자가포식

세포 내에서 손상되거나 불필요한 소기관과 단백질을 분해하여 재활용하는 과정이다. 이 과정은 세포의 항상성을 유지하고, 영양 부족이나 스트레스 상황에서 에너지와 구성 요소를 공급하는 데 중요한 역할을 한다. 자가포식은 세포 건강과 생존을 위한 필수적인 메커니즘으로, 질병 예방 및 치료와도 밀접한 관련이 있다.

- **팽압 유지**: 액포에 대량의 물과 용질이 저장되면 세포 내부에 높은 팽압이 형성되어 세포벽을 밀어낸다. 이 팽압은 식물 세포의 기계적 지지와 형태 유지에 중요하며, 줄기와 잎이 곧게 서고 조직이 생장·신장하는 데 필수적이다. 물 부족 시에는 액포 내 수분이 감소하여 팽압이 떨어지고, 식물 전체가 시들거나 처지는 현상이 나타난다.
- **영양소와 무기 이온의 저장 및 방출**: 액포에는 칼륨, 칼슘, 마그네슘 등의 무기 이온과 다양한 유기물이 축적된다. 세포는 대사 활동에 따라 필요할 때마다 이 물질들을 액포에서 세포질로 방출하여 광합성, 호흡, 단백질 합성 등 여러 대사 과정을 원활히 진행한다.
- **해독 및 독성 물질 격리**: 세포는 대사 과정에서 생성되거나 외부로부터 흡수된 독성 물질, 중금속 등을 액포 안에 격리하여 다른 소기관과 대사 과정을 보호한다. 이로써 세포 전체가 유해 인자에 노출되더라도 상대적으로 안전한 생리 환경을 유지할 수 있다.
- **자가포식 및 재활용에 관여**: 손상된 소기관이나 노후 단백질 등이 액포로 이동하면, 액포 내 가수분해 효소에 의해 분해되어 기본 단위로 전환된다. 이렇게 생성된 분해 산물은 다시 세포 내 대사에 재활용되며, 이는 세포가 효율적으로 자원을 사용하고 스트레스나 노화 상황에 대응하는 데 도움을 준다.
- **세포 내 신호 전달 및 조절**: 액포는 내부 이온 농도(특히 Ca^{2+})와 pH를 정밀하게 조절함으로써 세포 신호 전달에 관여한다. 예컨대 특정 자극에 따라 액포에 저장된 칼슘이 방출되면 세포가 빠르게 이에 반응할 수 있도록 다양한 신호 경로가 활성화된다. 이러한 조절 기능은 세포분열과 분화, 스트레스 반응 등 여러 생리 현상의 핵심적인 부분을 담당한다.
- **발달 단계별 기능 조절**: 초기 세포분열 단계에서는 여러 개의 소형 액포가 존재하지만, 세포가 성숙함에 따라 이들이 합쳐져 하나의 대형 중심 액포로 발달한다. 이를 통해 저장 용량과 팽압 유지 능력이 극대화되어 식물 조직의 생장과 발달을 효과적으로 지원한다.

목본식물과 초본식물 그리고 수목

종자식물은 형태적 및 생리적 특성에 따라 일반적으로 목본식물과 초본식물로 구분한다. 이러한 구분은 식물 분류 체계에 따른 것이 아니라, 조직 구조, 생장 방식, 기관의 지속성, 생활사 전략 등을 기준으로 한 생물학적 분류에 해당한다. 양자(兩者)의 차이는 단순한 외형상의 목질화 여부를 넘어서, 해부학적 구조, 생리적 기능, 환경 적응 전략의 진화적 경로와도 밀접하게 연관된다.

1. 목본식물과 초본식물의 개념과 분화

육상으로 진출한 초기 식물은 주로 물가에서 서식하며, 구조가 단순하고 식물체의 크기도 작았다. 이후 관다발이 발달한 관속식물이 출현하면서 신장생장(1차 생장)에 의해 식물체의 크기는 급격히 증가하였다. 그러나 이 시기의 식물은 줄기와 뿌리의 직경이 굵어지지 않아 구조적으로는 여전히 연약하였다.

이후 육상의 건조한 환경에 적응하는 과정에서 지속적인 세포분열을 통해 관다발 조직과 보호 조직을 생성하여 기계적 지지력, 장거리 수송 능력, 내부 보호 기능 등을 강화하였다. 이러한 진화적 변화는 식물체가 구조적으로 더욱 안정되고, 크기가 증가하는 기반이 되었다. 이와 같은 측생분열조직을 갖춘 식물을 목본식물(木本植物, woody plant)이라 하며, 이들의 비대생장과 관련된 조직 구조는 다음 장에서 상세히 다룰 예정이다.

한편, 일반적으로 사용되는 목본성 식물(木本性植物, plant with woody habit)이라는 용어는 외형상 줄기가 단단하고 목질화된 식물을 지칭하지만, 그중에는 측생분열조직이 발달하지 않았거나 비대생장을 일으키지 않는 식물도 포함되어 있다. 따라서 이 용어는 형태적 판단에 기반한 포괄적 표현이며, 반드시 목본식물의 해부학적 정의와 일치하지는 않는다. 초본식물(草本植物, herbaceous plant)은 진화적으로 후기에 파생된 생장 형태로, 다양한 식물 계통에서 목본식물과는 별개의 경로로 독립적으로 진화하였다. 초본식물은 빠른 생장, 짧은 생활사, 높은 번식률을 통해, 교란이 잦고 자원이 일시적으로 풍부한 환경에서 효율적인 생존 전략을 구현하였다. 이와 같은 초본성은 단순하거나 원시적인 특성이 아니라, 환경 적응에 기반한 고도로 특화된 진화적 결과물로 해석된다.

2. 목본식물과 초본식물의 구조와 생리

목본식물은 측생분열조직의 활동을 통해 줄기와 뿌리가 해마다 굵어지는 비대생장을 한다. 그 결과 식물체는 장기 생존 구조를 형성하게 되며, 줄기와 뿌리는 시간이 지남에 따라 목질화된다. 이러한 구조는 식물체에 높은 기계적 지지력과 구조적 안정성을 제공한다. 줄기에는 발달된 관다발 조직이 존재하여 수분과 무기양분의 장거리 수송이 가능하며, 표면에는 코르크(cork) 보호층이 형성되어 병해충이나 환경 스트레스로부터 식물체를 보호한다. 이와 같은 특성은 목본식물이 다양한 기후 조건에서도 안정적으로 생존할 수 있는 생리적 기반이 된다. 또한 목본식물은 대부분 다년생이며, 수고생장과 직경생장 그리고 영양생장과 생식생장이 기능적으로 분리되어 일어난다. 이들은 자원의 저장과 계절적 생리 반응의 누적, 장기적인 생장 전략을 통해 오랜 수명을 유지한다.

초본식물은 측생분열조직이 발달하지 않았거나 비활성화되어 있어 줄기와 뿌리에서 비대생장이 일어나지 않는다. 이들은 신장생장에만 의존하며, 줄기와 뿌리는 해마다 새롭게 형성되지만 구조는 연약하고 목질화되지 않는다. 줄기의 표면은 대개 부드러운 조직으로 이루어지며, 코르크 보호층이 형성되지 않는다. 초본식물의 지상부는 대개 개화와 종자 형성 이후 고사하며, 이는 생식생장이 완료된 뒤 자원이 종자나 저장 기관으로 전환되면서 유도되는 생리적 노화(老化, senescence)의 결과이다. 초본식물은 생활사에 따라 1년생, 2년생, 다년생으로 구분된다. 1년생은 한 해 안에 생식과 고사를 마치고, 2년생은 첫해에 영양생장을, 이듬해에 생식생장을 수행한 후 고사한다. 다년생은 지하부가 여러 해 생존하며, 지상부는 매년 새롭게 형성되고 고사하는 과정을 반복한다. 초본식물은 비록 구조는 단순하지만, 빠른 생장, 높은 번식률, 짧은 생애 주기를 바탕으로, 교란이 잦고 자원이 일시적으로 풍부한 환경에서 유리한 생존 전략을 발달시켜 왔다.

3. 경계적 형태와 해석

목본식물과 초본식물은 일반적으로 그 생장 조직의 유무와 구조적 발달 수준, 생활사 전략 등을 기준으로 구분되지만, 자연 상태에서는 이분법적인 구분만으로는 설명하기 어려운 경계적 형태의 식물들도 존재한다. 이들 식물은 구조상 목본성과 초본성의 특성을 일부 또는 모두 공유하며, 그 해석에는 생장 조직의 유무뿐만 아니라 생리적 기능, 생활사, 진화적 맥락까지 고려되어야 한다.

대표적인 목본성 초본식물(woody herb, giant herb)로는 대나무(bamboo)가 있다. 대나무는 외형상 줄기가 굵고 단단하며 비교적 수명이 길어 일반적인 목본식물처럼 보이지만, 실제로는 측생분열조직이 존재하지 않고 비대생장을 하지 않는다. 지하경(地下莖)은 다년생 구조로 유지되며, 지상부는 여러 해에 걸쳐 발생할 수 있고, 특정 시기 일제히 개화를 거친 뒤 집단으로 고사하는 특수한 생식 전략을 보이기도 한다. 이러한 식물은 해부학적으로는 초본식물에 속하지만, 외형상 목본성을 띠기 때문에 목본성 초본식물 혹은 거대 초본식물이라는 표현으로 분류된다.

이와 반대로 초본성 목본식물(herbaceous woody plant)이라 할 수 있는 식물도 존재한다. 이들은 해부학적으로는 측생분열조직이 존재하며 비대생장을 수행하지만, 지상부가 매우 작고 연약하거나 또는 환경 조건에 의해 지상부 생장이 크게 제한된다. 예를 들어, 난쟁이버드나무(*Salix herbacea*)는 버드나무속(*Salix*)에 속한 진정한 목본식물 계통임에도 불구하고, 고산 및 극지 환경에 적응하면서 초본식물처럼 낮고 퍼지는 형태로 진화하였다(그림 1-21). 이 식물은 측생분열조직을 갖고 있으나, 줄기가 지면 가까이에 위치하고 생장이 극도로 억제되어 외관상 초본식물처럼 보인다.

그림 1-21 초본성 목본식물인 난쟁이버드나무

또한 참돌매화나무(*Diapensia lapponica*) 역시 극지 고산 식물로, 목본식물 계통에서 파생되었으며 측생분열조직이 존재하지만, 지상부가 왜소하고 목질화가 미약하여 외형상 초본식물에 가깝다(그림 1-22). 이러한 식물들은 진화적 환경 적응의 결과로 초본성을 띠게 된 목본식물로, 생장 조직과 해부학적 특성은 목본식물에 가깝지만, 생활사 전략이나 형태적 표현은 초본식물과 유사하다.

그림 1-22 초본성 목본식물인 돌매화나무

4. 목본식물과 수목

우리나라에서는 목본식물과 수목(樹木, tree)이라는 용어가 일상생활이나 교육 현장에서 종종 동일한 의미로 사용된다. 그러나 식물 생리학적 또는 생태학적 맥락에서는 이 둘 사이에 용도와 관점의 차이가 존재한다.

목본식물이라는 용어는 생물학적 분류에 근거한 표현으로, 외형과 생장 특성에 따라 일반적으로 교목(喬木, tree), 관목(灌木, shrub), 만경목(蔓莖木, liana)의 세 유형으로 구분된다. 교목은 줄기가 곧고 키가 큰 목본식물, 관목은 키가 작고 가지와 줄기의 구분이 불분명한 목본식물, 만경목은 다른 구조물에 기대어 자라는 목본식물이다. 반면 수목은 주로 살아 있는 식물 개체를 지칭하는 실용적 개념으로 사용된다. 일반적으로는 교목을 가리키는 경우가 많지만, 넓은 의미에서는 관목이나 만경목까지 포함될 수 있다. 산림 조성 및 관리, 조경, 도시녹화 등 실용 분야에서는 식물의 분류학적 위치보다, 현장에서 식별되는 구조적 특성이나 이용 목적에 따라 수목이라는 용어를 사용하는 경향이 있다. 수목이라는 용어는 이러한 맥락에서 식물의 학술적 정의와 무관하게, 구조나 형태, 기능적 활용에 따라 구분 없이 폭넓게 적용된다.

요컨대, 목본식물은 생물학적 구조와 생장 방식에 따라 구분된 식물군이며, 수목은 그 중 실제로 생육 중인 개체를 지칭하는 실용 단위로 이해할 수 있다. 수목생리학에서는 이와 같은 개념적 구분을 바탕으로, 목본식물의 생리 구조와 기능을 개체 수준에서 통합적으로 해석하는 접근이 요구된다.

    목본식물인 수목은 일반적인 고등식물과 마찬가지로 세포에서 시작하여 조직, 조직계, 기관으로 이어지는 계층적 체제를 갖추고 있다. 식물체를 구성하는 기본 단위인 세포는 각각 고유한 기능을 수행하며, 동일한 기능을 하는 세포들이 모여 조직을 형성한다. 이러한 조직은 기능과 생리적 특성에 따라 분열조직과 영구조직으로 구분된다. 분열조직은 활발한 세포분열을 통해 새로운 세포를 생성함으로써 식물의 생장과 기관 형성에 기여하고, 영구조직은 분열 후 분화가 완료된 세포들이 모여 특정한 기능을 수행하는 조직이다. 영구조직에는 기능에 따라 여러 유형이 있으나, 물과 무기양분의 수송을 담당하는 물관부와 유기양분의 수송을 담당하는 체관부는 식물체 내 물질 이동에 핵심적인 역할을 한다.

    이처럼 유사한 기능을 수행하는 여러 조직이 모여 하나의 기능 단위를 구성할 때 이를 조직계라고 하며, 표피조직계, 관다발조직계, 기본조직계로 크게 구분된다. 이러한 조직계는 서로 유기적으로 통합되어 식물의 기관을 구성하며, 줄기, 뿌리, 잎, 꽃, 열매, 종자 등 6개의 기관은 생장, 수송, 광합성, 생식, 유전정보의 전달 등 다양한 기능을 수행한다. 각 기관은 식물체의 생리적 요구를 충족시키고, 변화하는 환경에 적응하는 데 기여하며, 특히 수목에서는 구조적 지지와 장기 생존에 필요한 특화된 기능이 두드러진다.

    본 장에서는 이와 같은 식물의 계층적 체제를 바탕으로 수목이 어떻게 구조적으로 조직되어 있으며, 각 구성 요소가 어떤 생리적 기능을 담당하는지를 종합적으로 고찰하고자 한다.

제2장

수목의 구조와 기능

김판기 · 마수모리 마사야

2.1 세포
2.2 조직
2.3 조직계
2.4 기관

2.1 세포

세포는 물질대사를 수행하고 생명체의 구조적·기능적 기본 단위로 작용하는 존재이다. 다세포 체제인 고등식물에서는 생식을 통해 형성된 수정란이 세포분열과 분화를 반복하면서 점차 다양한 기능을 수행하는 전문화된 세포로 변화한다. 이 과정에서 세포는 형태적 변화를 비롯하여 세포벽의 발달 또는 2차 세포벽의 형성, 세포 소기관의 구성 및 개수 조절 등 다양한 구조적 변화를 겪으며, 이러한 특수화는 각 세포가 고유한 기능을 수행하는 데 핵심적인 역할을 한다. 세포의 분열과 분화는 식물의 생장과 발달을 가능하게 하는 기반이 되며, 이를 통해 유세포, 후각세포, 후벽세포, 수분 통도세포, 양분 통도세포, 분비세포 등 다양한 유형의 전문화된 세포가 생성된다. 이들 세포는 각자의 기능에 따라 조직을 이루고, 유사한 기능을 지닌 조직이 모여 조직계를 구성하며, 다시 조직계는 기관을 형성함으로써 식물체 전체의 구조와 생리적 요구를 충족시키는 계층적 체제를 완성한다.

2.1.1 유세포

유세포(柔細胞, parenchyma cell)는 식물체 내에 폭넓게 분포하고, 세포분열, 광합성, 호흡, 유기물 합성과 저장 등 다양한 생리적 기능을 수행하는 가장 기본적인 세포이다. 이러한 이유로 유세포를 대표적인 식물 세포로 묘사하기도 한다 (그림 2-1).

유세포는 생리 활동에 필요한 원형질을 풍부하게 지니고 있으며, 세포벽이 얇고 유연한 1차 세포벽으로만 구성되어 물질 교환과 세포의 신장이 원활하게 이루어진다. 특히 생장 활동이 왕성한 조직의 유세포는 비교적 미분화된 상태를 유지함으로써 지속적으로 세포분열을 일으키고, 필요에 따라 다른 유형의 세포로 분화되기도 한다. 이와 같은 유세포의 분열 및 분화 능력은 식물의 생장과 발달에 기초가 되며, 다양한 세포로의 분화를 통해 조직과 기관을 형성하는 출발점이 된다.

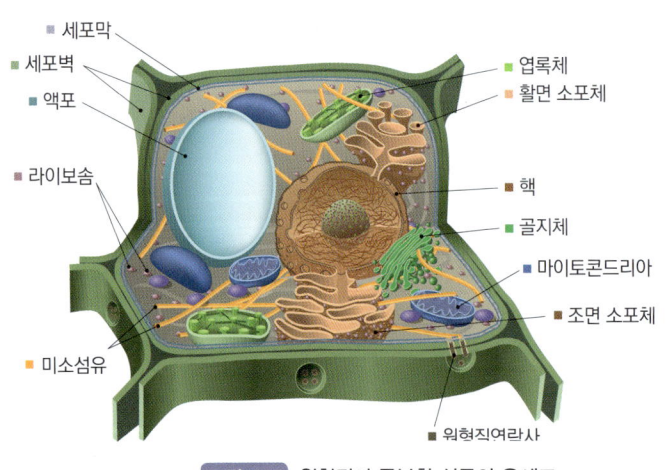

그림 2-1 원형질이 풍부한 식물의 유세포

특정한 기능을 수행하는 조직에서도 유세포가 관찰되는데, 이들은 광합성, 양분 저장, 상처 치유 등 다양한 기능을 수행한다. 잎의 엽육(葉肉, mesophyll)에 있는 유세포는 광합성으로 탄수화물을 생성하고, 이를 일시적으로 저장한 후 필요에 따라 다른 부위로 공급한다. 또 뿌리, 줄기, 종자 등에 있는 유세포는 전분, 단백질, 지질 등의 유기양분을 저장하며, 상처가 난 부위에서는 *캘러스(癒傷組織, callus)를 형성하여 조직을 재생시킨다.

> ***캘러스**
> 식물의 상처 부위에서 발생하는 비정형 세포 덩어리로, 손상된 조직을 보호하고 치유하는 역할을 한다.

더불어 유세포는 환경 변화에 대한 식물체의 적응과 생리적 안정성 유지에도 핵심적인 역할을 한다. 가뭄 같은 극한 환경에서는 유세포가 수분을 저장하여 조직의 생리적 안정성을 유지한다. 이러한 기능은 수목에서 두드러져 가혹한 환경에서도 오랜 기간 생존하도록 돕는다. 겨울철에 물과 양분을 축적했다가 봄철에 이를 신속하게 사용함으로써 빠른 생장을 일으킨다.

2.1.2 후각세포

후각세포(厚角細胞, collenchyma cell)는 어린 줄기나 엽병(葉柄, petiole)의 *피층(皮層, cortex)에서 발견되는 세포로, 유연하면서도 탄력적인 지지 기능을 수행한다. 이들 세포는 살아 있는 상태로 원형질을 유지하며, 주된 특징은 1차 세포벽이 국소적으로 두껍게 발달하는 점이다. 특히 세포의 모서리 부위에 셀룰로스, 헤미셀룰로스, 펙틴 등이 집중적으로 축적되어 세포벽이 두꺼워지므로 '두꺼운 모서리(厚角)'를 가진다는 의미에서 '후각세포'라고 명명되었다(그림 2-2).

> ***피층**
> 뿌리나 줄기 등에서 표피의 바로 아래층을 채우는 세포층으로, 세포막이 얇고 부드러운 세포로 되어 있다.

후각세포는 기본적으로 유세포가 기능적·형태적으로 분화한 결과물로, 초기에는 유세포와 유사한 구조를 보이지만, 생장 과정 중 점진적으로 두꺼운 1차 세포벽을 발달시킨다. 광합성에 관여하는 엽록체는 성숙 과정에서 소실되거나 매우 희소해지며, 액포는 물질 저장보다 세포 내 삼투압 및 압력 조절에 기능을 집중한다. 이로 인해 후각세포는 목질화가 완전히 진행되기 전의 부드러운 조직을 기계적으로 지지하며, 생장하는 식물체에 유연성과 견고함을 동시에 부여한다.

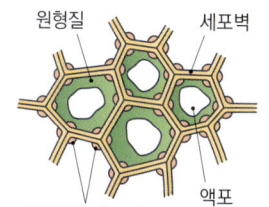

그림 2-2 세포의 모서리가 두꺼워진 후각세포

이러한 세포는 주로 줄기 또는 엽병의 가장자리 또는 엽맥(葉脈, leaf vein) 주변에 집중적으로 분포하며, 특히 초본성 식물이나 아직 목질화가 진행되지 않은 어린 조직에서 발달한다. 후각세포는 지속적인 생장 과정에서 세포벽 두께를 유연하게 조절할 수 있으므로, 바람이나 중력과 같은 외부의 기계적 자극에 대해 구조적으로 적응하며, 식물체의 형성과 환경 적응에 필수적인 조직으로 기능한다.

2.1.3 후벽세포

후벽세포(厚壁細胞, sclerenchyma cell)는 식물체의 *기계조직(機械組織, mechanical tissue)을 구성하는 세포 중에서도 가장 견고하고 단단한 구조를 지닌 세포로, 두껍게 발달한 2차 세포벽에 리그닌이 침착되어 높은 강도와 지지력을 제공한다. 이 세포는 생장 초기에는 살아 있으나, 성숙함에 따라 원형질이 소실되어 대개 죽은 세포 상태로 기능하게 된다. 성숙한 후벽세포는 식물체의 구조적 안정성을 유지하고 외부의 기계적 자극으로부터 식물체를 보호하는 데 핵심적인 역할을 한다.

후벽세포는 일반적으로 유세포가 기계적 지지 기능을 갖도록 분화하여 형성된다. 이 과정에서 1차 세포벽의 안쪽에 셀룰로스, 헤미셀룰로스, 리그닌 등의 물질이 축적되면서 두꺼운 2차 세포벽이 발달하게 되며, 이에 따라 세포의 신장은 제한된다. 세포가 성숙하면 원형질이 사라지고 죽은 상태로 존재하게 되며, 이후에는 식물체에서 기계조직으로서 기능한다. 한편, 분화 전 원형질연락사가 모여 있던 부분에는 2차 세포벽이 형성되지 않고 얇은 1차 세포벽만 남게 되면, 이 부분은 벽공(壁孔, pit)으로 남아 인접 세포와의 제한적인 물질 교환을 가능하게 한다.

후벽세포는 형태에 따라 크게 섬유세포(纖維細胞, fiber cell)와 보강세포(補強細胞, sclereid: 석세포)로 구분된다(그림 2-3). 섬유세포는 가늘고 기다란 형태로, 줄기나 뿌리 등에 밀집하여 식물체의 기계적 지지력을 제공하며, 모시풀(苧麻), 아마(亞麻), 황마(黃麻) 등과 같은 섬유 작물의 주된 원료로 이용된다. 반면 보강세포는 비교적 짧고 모양이 불규칙하며, 배나 사과의 과육 속 단단한 입자로 존재하거나, *견과(堅果, nut)의 껍데기, 종피(種皮) 등에 배열되어 외부 충격으로부터 내부를 보호한다. 후벽세포는 후각세포와 함께 식물의 기계조직을 구성하지만, 후각세포

> *기계조직
> 외부의 기계적인 힘에 대해 식물체를 튼튼하게 지탱하는 조직을 말한다. 조직의 발생학적 기원의 차이에도 불구하고 기능에 따라 분류된 조직으로서 후각조직, 후벽조직, 물관부조직 등을 포함한 것이다.

> *견과
> 단단한 껍데기와 깍정이에 싸여 한 개의 씨만이 들어 있는 나무 열매를 통틀어 이르는 말로, 도토리, 밤, 은행, 호두 등이 있다.

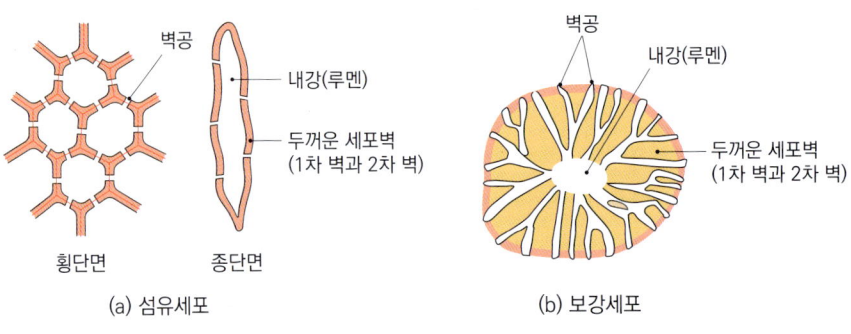

그림 2-3 후벽세포

가 주로 어린 조직에서 탄력적인 지지 기능을 하는 데 비해, 후벽세포는 목질화가 진전된 성숙 조직에서 강한 내구성과 지지력을 제공한다. 이러한 구조적 특성 때문에 식물체는 바람, 중력, 충격 등 다양한 환경스트레스에 견디며 안정적으로 생장할 수 있다.

2.1.4 수분 통도세포

수분 통도세포(水分通道細胞, water-conducting cells)는 식물체에서 물과 무기양분을 수송하는 물관부(木部, xylem)의 주요 구성 세포로서, 후벽세포와 마찬가지로 성숙 과정에서 원형질이 소실된 죽은 상태로 기능한다. 이들은 크게 헛물관세포(假導管細胞, tracheids)와 물관세포(導管細胞, vessel elements; 도관절)로 구분되며(그림 2-4), 이들 모두 두꺼운 2차 세포벽에 리그닌이 침착되어 있어 기계적 지지력과 통수(通水) 능력을 동시에 갖춘다.

헛물관세포는 모든 관다발식물(管束植物, vascular plant)에서 발견되는 원시적인 형태의 수분 통도세포로, 길고 방추형(紡錘形) 세포가 서로 겹쳐 배열되며 벽공을 통해 물과 무기양분을 교환한다. 이러한 구조는 식물체 내부의 물 흐름을 연속적으로 유지하게 하며, 두꺼운 세포벽은 외부의 기계적 스트레스에 저항력을 제공한다.

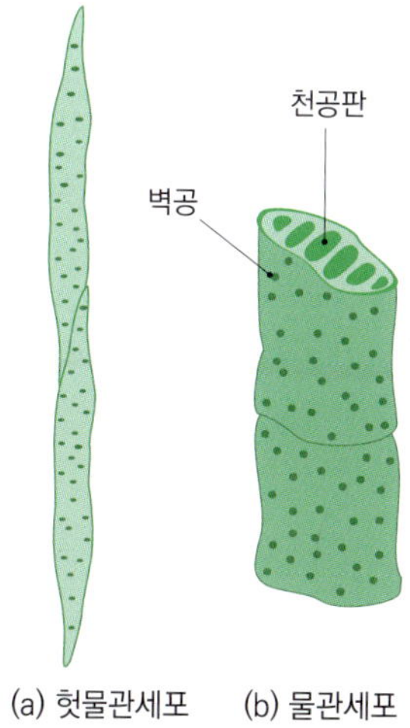

물관세포는 속씨식물에서만 발견되며, 헛물관세포보다 폭이 넓고 길이가 짧다. 세포의 양 끝부분은 뭉뚝한 모양을 하며, 세포벽이 허물어져 천공(穿孔, perforation)이라는 구멍이 생긴다. 물관세포는 이 천공을 통해 다른 물관세포와 연결되어 물로 이어지는 긴 물관(導管, vessel)을 형성한다. 물관세포가 서로 연결되는 부위를 천공판(穿孔板, perforation plate)이라고 한다. 이러한 구조는 수분 이동을 더 빠르고 효율적으로 이루어지게 하며, 대형화된 식물체의 생장을 가능하게 한다.

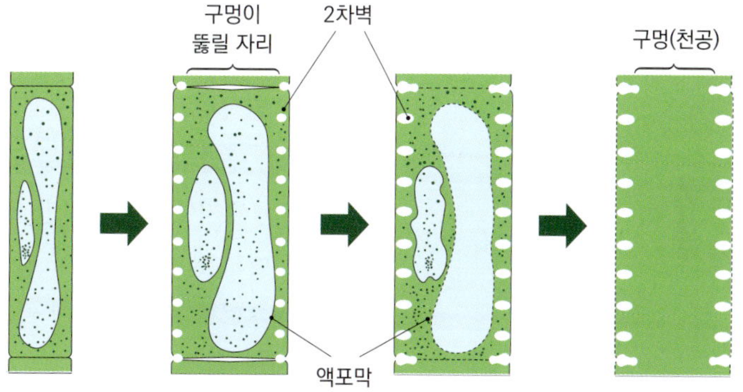

수분 통도세포는 분화 초기에는 1차 세포벽만 지닌 유세포 상태로 존재하지만, 시간이 흐르면서 2차 세포벽이 형성되어 세포의 신장이 제한된다(그림 2-5). 이어서 핵(核, nucleus)과 세포질(細胞質, cytoplasm)이 소실되면서

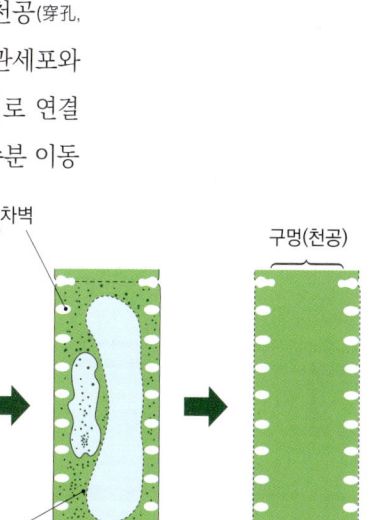

(a) 헛물관세포　(b) 물관세포

그림 2-4 헛물관세포와 물관세포

그림 2-5 물관세포의 분화 과정

세포의 내부가 빈 관형(管形) 구조가 되어 물과 양분의 통로가 된다. 한편 벽공은 2차 세포벽이 형성되지 않고 1차 세포벽만 남은 부분으로, 인접 세포와 제한적인 물질 교환을 가능하게 한다. 다만, 헛물관세포에서는 벽공이 물 이동의 핵심적인 통로로서 핵심적인 기능을 하지만, 물관세포는 천공이 물의 이동 통로로 기능하여 물의 수송 효율을 더욱 높인다.

겉씨식물이나 비종자 관속식물(非種子管束植物, seedless vascular plant)에서는 주로 헛물관세포가 물관부의 주된 요소가 되어 식물체 곳곳으로 물을 공급하며, 속씨식물에서는 물관세포가 추가로 발달하여 수송 효율을 높인다. 다만 속씨식물에서도 헛물관세포가 함께 존재하여 보조적 수송 기능과 기계적 지지를 담당한다.

이처럼 수분 통도세포의 관형 구조는 광합성과 호흡 등 기본 생리작용에 필요한 수분과 무기양분을 식물체 전반에 공급하는 역할을 하며, 2차 세포벽에 침착된 리그닌은 식물체를 물리적 충격이나 중력으로부터 지지하고 보호함으로써 식물체의 대형화를 가능하게 한다.

2.1.5 당분 통도세포

당분 통도세포(糖分通道細胞, sugar-conducting cells)는 유기양분, 특히 당분을 식물체 내에서 장거리로 수송하는 역할을 담당하며, 체관부(篩部, phloem)의 기본 구조를 구성하는 핵심 세포이다. 이들 세포는 광합성이 활발하게 일어나는 잎에서 생성된 당류를 생장점, 열매, 종자 등과 같은 수요기관(需要器官, sink organ)으로 이동시키며, 저장기관에 축적된 전분이 당류로 전환될 경우에도 그 운반을 담당하여 식물체 전체의 에너지 균형과 대사 작용을 조절한다.

당분 통도세포는 크게 체세포(篩細胞, sieve cell)와 체관세포(篩管細胞, sieve tube element: 사관절) 두 유형으로 구분되며(그림 2-6), 식물의 계통에 따라 이들 세포의 존재 양상과 구조가 상이하다. 겉씨식물이나 양치식물 등 비종자 관속식물에서는 원시적인 형태의 체세포가 당류의 장거리 수송을 담당하며, 속씨식물에서는 구조적·기능적으로 고도화된 체관세포가 이 기능을 주도한다.

체세포는 초기에는 일반적인 유세포와 유사한 원형질 구조이지만, 분화가 진행됨에 따라 핵과 소기관이 점차 소실되며 내부 구조가 단순화된다. 이들 세포는 세포벽의 특정 부위에 작은 구멍이 밀집된 체지역(篩地域, sieve area)을 통해 인접한 체세포 사이에서 유기물의 이동이 이루어진다. 겉씨식물에서는 체세포와 밀접하게 위치하는 알부민세포(albuminous cells)가 존재하여 체세

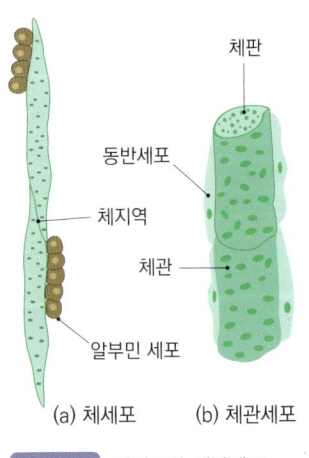

그림 2-6 체세포와 체관세포

포에 결핍된 대사 기능을 보완하고 당류 수송에 필요한 단백질 및 에너지를 공급한다. 이러한 기능적 보완은 체세포가 독자적으로 수행할 수 없는 대사 과정을 유지하게 하며, 겉씨식물의 생장 환경에 적합한 수송 체계를 제공한다.

체관세포는 속씨식물에서만 관찰되며, 초기 분화 단계에서는 핵, 라이보솜, 액포 등 일반 세포의 구성 요소를 모두 지니고 있으나, 분화가 진행되면서 대부분의 세포 소기관이 소실되고, 원형질막과 마이토콘드리아, 소포체 등 최소한의 구조만 유지한 채 기능적인 상태를 유지한다(그림 2-7). 체관세포는 세포의 양 끝이 연결되어 체관(篩管, sieve tube)을 형성하며, 인접 세포와의 경계면에는 체판(篩板, sieve plate)이 발달하여 다수의 체공(篩孔, sieve pore)을 통해 유기물이 빠르게 이동할 수 있다. 체관세포는 독립적인 대사 활동이 제한되어 있기 때문에, 동반세포(同伴細胞, companion cell)와 원형질연락사를 통해 밀접하게 연결되어 대사적 보조를 받는다. 동반세포는 동일한 분열세포로부터 분화된 자매세포로서, 체관세포에 필요한 단백질과 에너지를 제공하고, 당의 적재와 배출을 정밀하게 조절한다.

이처럼 체세포와 체관세포 모두 내부 구조가 단순화되어 유기물 수송에 최적화되어 있으며, 후벽세포나 수분 통도세포와 달리 살아 있는 세포로 기능한다. 이러한 생리적 특성은 당류 수송이 단순한 확산이나 삼투에 의존하지 않고, 능동수송(能動輸送, active transport)과 같은 에너지 의존적인 과정으로 이루어지는 데서 기인한다. 당분 통도세포는 식물의 정상적인 생장과 생식, 대사 작용을 유지하기 위한 에너지와 유기물을 필요한 부위에 효율적으로 공급함으로써 식물체 전체의 통합적 생리 기능 유지에 핵심적인 역할을 한다.

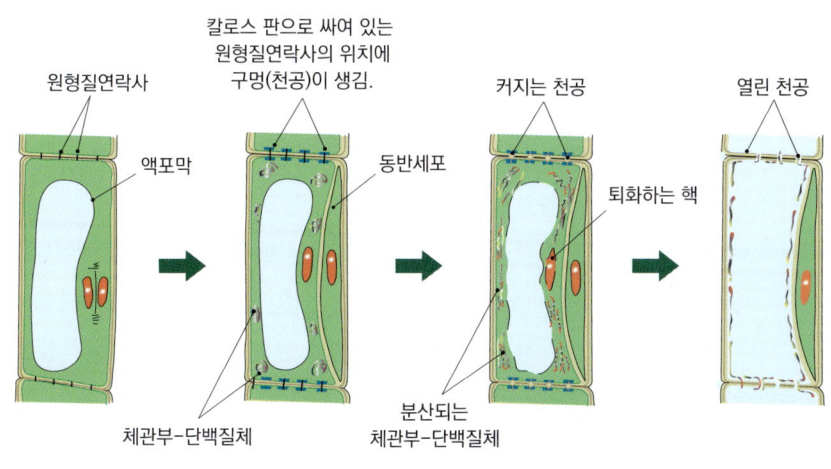

그림 2-7 체관세포의 분화 과정

2.1.6 분비세포

식물의 분비세포(分泌細胞, secretory cells)는 식물체 내부에서 특정 물질을 합성·축적하고, 이를 외부로 분비하거나 특정 부위에 저장함으로써 생장, 방어, 번식 등 다양한 생리적 과정에 기여하는 세포이다. 분비세포는 식물체 전반에 걸쳐 분포하며, 생성하는 주요 물질로는 정유(精油, essential oil), 수지(樹脂, resin), 라텍스(latex), 꿀(nectar), 점액(粘液, mucilage), 타닌(tannin), 결정체(crystal) 등이 있다. 이러한 물질은 식물의 환경 적응, 병해충 방어, 수분 유인 등 생태적 기능뿐만 아니라, 인류에 의해 약용, 향료, 산업 자원으로 널리 활용된다. 분비세포는 형성 기작에 따라 두 가지로 구분된다. 첫째, 발생 초기부터 분비 기능을 수행하도록 분화되는 방식으로, 배(胚, embryo) 또는 어린 조직에서 다른 세포와 형태적으로 구별되는 분비세포로 발달한다. 이 경우 분비세포는 골지체와 소포체가 발달하고, 액포 또는 특수 소낭을 통해 분비 물질을 합성·저장하는 구조를 갖춘다. 둘째, 이미 분화가 완료된 유세포가 생장 환경이나 조직 발달에 따른 생리적 요구에 따라 분비 기능을 획득하는 경우로, 저장기관이나 상처 부위 등에서 특정 물질의 축적이 일정 수준 이상 이루어질 때 이러한 기능적 전환이 일어난다.

특히 *2차 대사산물(二次代謝産物, secondary metabolites)의 생산과 관련된 분비세포의 발달은 식물의 생존 전략과 밀접하게 연결되어 있다. 2차 대사산물은 광합성이나 호흡 같은 생명 유지에 필수적인 1차 대사(一次代射, primary metabolism)와는 달리, 방어, 유인, 환경 반응 등 특수 기능을 담당하는 물질로서, 분비세포 내에 선택적으로 축적된다. 이들 물질은 세포벽을 통해 외부로 분비되거나, 분비세포의 세포 사멸 이후 내부에 농축되어 저장될 수 있다.

형태적으로 분비세포는 두꺼운 세포벽, 발달된 내막계, 특수 분비 소낭이나 결정체 존재 등 일반 유세포와 구별되는 특징을 보인다. 여러 분비세포가 모여 공동(空洞, cavity)이나 관(管, canal, duct) 형태의 구조를 형성하기도 하며, 이 구조 안에 물질을 축적한 뒤 필요시 외부로 배출하는 통로로 기능한다. 침엽수의 수지구(樹脂溝, resin duct)는 수지 분비세포가 배열되어 형성된 전형적인 예이다(그림 2-8). 이처럼 분비세포는 식물체 내부의 특정한 물질 대사 경로를 담당하는 고도로 특화된 세포로서, 생리적 항상성과 환경 적응 능력을 유지하는 데 핵심적인 역할을 한다. 동시에 이들이 생산하는 다양한 분비물은 인간 사회에서도 약제, 향료, 고무, 접착제 등 실용적인 자원으로서 중요한 가치를 지닌다.

---

*2차 대사산물

식물은 생명 유지에 직접적인 역할을 하지 않으나 특정 기능이 있는 물질을 생산하는데, 이와 관련된 대사과정을 2차 대사라고 하며, 2차 대사 과정을 거쳐서 생성된 물질들을 2차 대사산물이라고 한다. 반면, 광합성이나 호흡같이 생명 유지에 반드시 필요한 대사를 1차 대사라고 하며, 이때 관여하는 탄수화물, 지방, 단백질, 뉴클레오타이드와 같은 물질을 1차 대사산물이라고 한다.

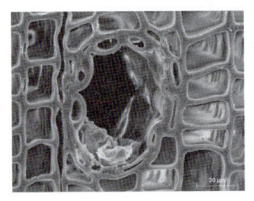

그림 2-8 수지 분비세포로 구성된 통로(수지구)

2.2 조직

조직은 유사한 구조와 기능을 하는 세포들이 모여 형성된 단위로, 식물이 외부 환경에 적응하고 생명 활동 유지에 기초가 되는 체제이다. 식물 조직은 크게 분열조직과 영구조직으로 구분된다(그림 2-9). 분열조직은 지속적인 세포분열로 새로운 세포를 생성함으로써 식물의 길이와 굵기를 증가시키는 생장의 중심이 되는 조직으로, 미분화된 구조로서 생장 활동에 특화된 세포로 구성되어 있지만, 영구조직은 분열조직에서 유래한 세포들이 분화 과정을 거쳐 수송, 지지, 저장, 보호, 대사 조절 등 여러 기능을 하는 조직이다. 이 둘은 단절된 구조가 아닌, 끊임없이 연결되고 전환되는 연속적 체계 속에서 상호 보완적인 기능을 수행하며, 식물체의 구조적 안정성과 기능적 복합성을 유지하고 생장과 환경 적응을 가능하게 한다.

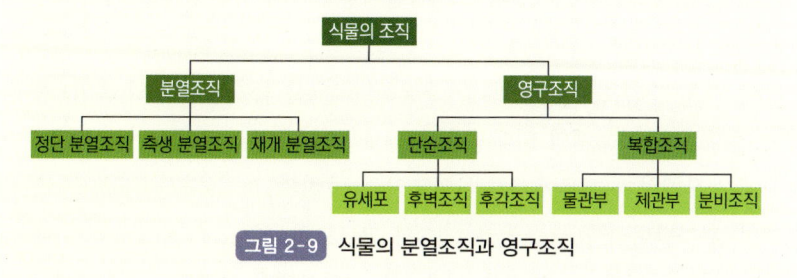

그림 2-9 식물의 분열조직과 영구조직

2.2.1 분열조직

분열조직(分裂組織, meristem)은 세포분열을 통해 새로운 세포를 지속적으로 생성함으로써 식물의 생장과 발달을 가능하게 하는 핵심적인 조직이다. 이 조직을 구성하는 세포들은 크기가 작고 원형질이 풍부한 미분화 유세포로, 핵이 비교적 크며 액포는 매우 작다. 또한 전색소체 상태의 색소체를 지니고 있으나, 엽록체나 유색체로는 아직 분화되지 않은 특징을 가진다. 이러한 분열조직은 식물체 전체에 고르게 분포하는 것이 아니라, 특정 부위에 국한되어 존재하며 그 위치와 기능에 따라 세 가지로 구분된다(그림 2-10).

첫째, 정단 분열조직(頂端分裂組織, apical meristem)은 식물체의 *슈트(shoot)와 뿌리의 끝에 위치하며, 신장생장(길이 생장)을 담당한다. 이 부위에서 활발히 이루어지는 세포분열은 줄기와 뿌리의 선단에서 조직과 기관을 새롭게 형성하게 하며, 이때 생성되는 조직을 1차 분열조직(一次分裂組織, primary meristem)이라고 한다.

*슈트
줄기를 비롯해 그 위에 달리는 잎, 꽃, 열매 등 모든 부분을 일컫는 용어이다. 과거에는 이를 줄기와 잎을 가리키는 경엽(莖葉)이라도 했다.

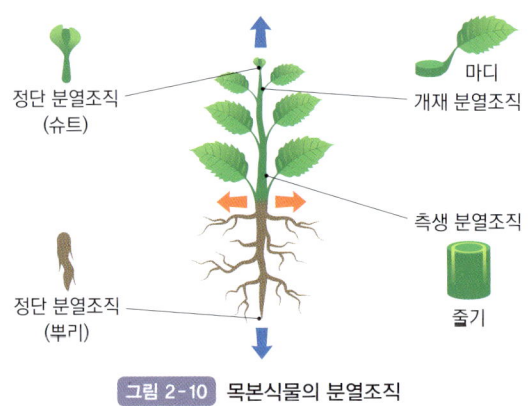

그림 2-10 목본식물의 분열조직

1차 분열조직은 표피계, 기본조직계, 관다발조직계 등으로 분화되어 식물의 1차 생장에 기여한다.

둘째, 측생 분열조직(側生分裂組織, lateral meristem)은 줄기와 뿌리의 측면, 즉 둘레에 존재하며, 식물체의 비대생장(부피 생장)을 담당한다. 측생 분열조직은 1차 조직에서 유래하기 때문에 2차 분열조직(二次分裂組織, secondary meristem)으로 분류되며, 관다발형성층(vascular cambium)과 코르크형성층(cork cambium)이 이에 해당한다. 이들은 각각 2차 물관부와 체관부, 보호조직을 형성하여 식물체를 굵게 만들고 구조적 안정성을 높인다.

셋째, 개재 분열조직(介在分裂組織, intercalary meristem)은 주로 초본식물의 마디(節, node) 부위에 존재하며, 마디사이(節間, internode)의 신장생장을 담당한다. 그러나 목본식물에서는 정단 분열조직과 측생 분열조직의 역할이 상대적으로 지배적이기 때문에, 개재 분열조직의 생리적 중요성은 제한적이다. 따라서 본 장에서는 개재 분열조직에 대한 설명은 간략히 다루고 생략한다.

(1) 정단 분열조직

정단 분열조직은 배(胚)의 발생 단계에서 형성된 *전분열조직(前分裂組織, promeristem)에서 유래하며, 식물체의 선단에서 신장생장을 유도하는 핵심 부위이다. 위치에 따라 슈트 정단 분열조직과 뿌리 정단 분열조직으로 구분되며, 각각 줄기와 뿌리의 신장생장을 담당한다. 이 조직을 구성하는 세포들은 고도로 미분화된 상태로 존재하며, 자가 재생 능력을 유지하면서 세포분열을 통해 새로운 *시원세포(始原細胞, initial cell)를 지속적으로 생성한다. 생성된 시원세포는 표피조직, 기본조직, 관다발조직 등 다양한 분열조직으로 분화되어 식물체의 각 기

---

*전분열조직

배의 발생 시기부터 존재하는 원시세포와 그것으로부터 형성된 미분화세포로 구성된 조직을 통칭한다. 세포의 기원을 기준으로 분류할 때는 전자를 promeristem, 후자를 protomeristem이라 한다.

*시원세포

조직 분화를 시작하는 모세포(母細胞)로, 세포분열을 통해 한쪽 세포는 시원세포로 남아 지속적으로 분열 능력을 유지하고, 다른 한쪽 세포는 특정 조직이나 기관의 세포로 분화하여 발달하는 역할을 한다.

관을 구성하는 1차 조직을 형성한다. 이러한 특성으로 인해 정단 분열조직의 세포는 흔히 식물 줄기세포(plant stem cell)에 비유되며, 식물체 생장의 중심축에서 새로운 조직과 기관을 형성하는 원천으로 작용한다.

① 슈트 정단 분열조직

슈트 정단 분열조직(shoot apical meristem)은 식물체의 줄기 끝에 위치하며, 슈트의 신장생장을 담당하는 핵심 조직이다. 이 조직은 기능과 위치에 따라 중앙구역, 주변구역, 수상분열구역의 세 부분으로 구분된다(그림 2-11).

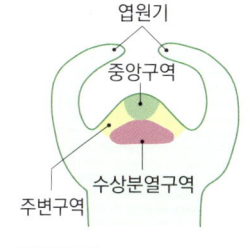

그림 2-11 슈트 정단 분열조직의 구조

먼저, 중앙구역(中央區域, central zone)은 슈트 정단의 중심부에 위치하며, 세포분열이 느리게 일어나 자가 재생 능력을 유지한다. 이 구역은 주변구역과 수상분열구역에 필요한 시원세포를 공급함으로써 식물체의 생장 잠재력을 지속적으로 유지하는 역할을 한다. 주변구역(周邊區域, peripheral zone)은 중앙구역을 둘러싸고 있으며, 활발한 세포분열이 일어나는 영역으로, 여기서 유도된 세포들은 잎과 눈(芽, bud)의 *원기(原基, primordium)를 형성하고, 이후 원표피와 기본분열조직으로 분화할 시원세포가 된다. 한편, 수상분열구역(垂狀分裂帶區域, rib zone: 늑구역)은 중앙구역의 하부에 존재하며, 줄기의 중심축을 이루는 기본분열조직과 전형성층의 시원세포가 형성된다.

*원기
기관이 형성될 때, 형태적 또는 기능적으로 완전히 성숙하기 이전의 단계를 의미한다.

슈트 정단 분열조직의 각 구역에서 유래된 시원세포들은 각각 원표피, 기본분열조직, 전형성층의 세 가지 1차 분열조직으로 분화되며, 이들은 세포분열을 통해 줄기와 잎을 구성하는 다양한 1차 조직을 형성한다(그림 2-12).

먼저, 원표피(原表皮, protoderm)는 정단 분열조직의 가장 바깥쪽에서 한 겹의 표피(表皮, epidermis)를 형성하며, 이는 외부 환경으로부터 식물체를 보호하는 기능

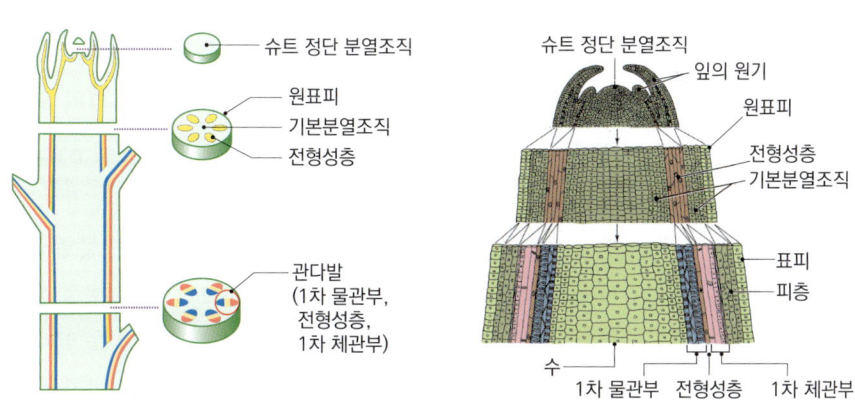

그림 2-12 슈트의 정단 분열조직과 1차 분열조직

2.2 조직 53

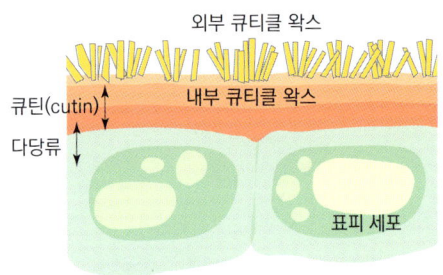

그림 2-13 각피 층의 구조

*평형세포
일반적으로 평형석(statolith)을 지닌 식물 세포를 말하며, 줄기 또는 뿌리와 같은 기관이 중력의 방향을 인식하는 데 필수적인 역할을 한다. 주로 근관에 분포하는데, 이를 관주세포(columella cells)라고도 한다.

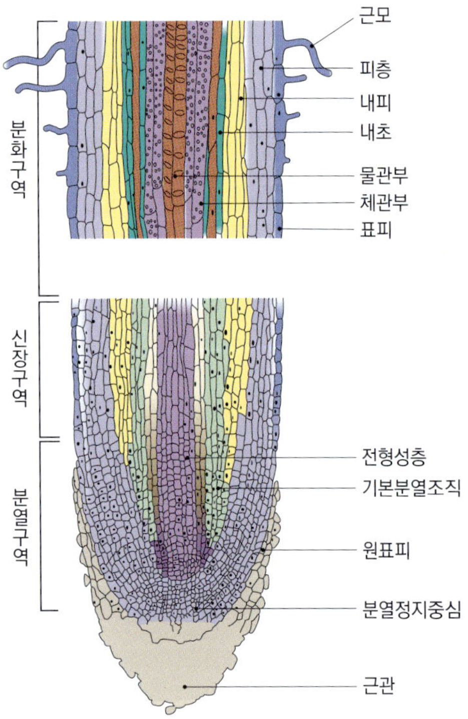

그림 2-14 뿌리 정단 분열조직의 구조

을 수행한다. 대부분의 표피 세포는 엽록체를 가지지 않으며, 왁스(wax) 성분으로 이루어진 각피(角皮, cuticle)를 생성하여 수분 손실과 병원체 침입을 억제한다(그림 2-13). 이 중 일부 세포는 공변세포(孔邊細胞, guard cell)로 분화되어 기공(氣孔, stoma)의 개폐를 조절하고, 엽록체를 보유하여 광합성도 수행할 수 있다.

기본분열조직(基本分裂組織, ground meristem)은 표피 안쪽에 위치하며 피층(皮層, cortex)과 수(髓, pith)를 형성한다. 이 두 영역은 일반적으로 '기본조직'이라고 불리며, 세포가 비교적 미분화된 상태로 남아 있어 이후에도 다양한 조직으로 분화될 가능성을 지닌다. 피층은 표피와 관다발 사이에 위치하여 생리적·기계적 기능을 수행하고, 수는 중심부에서 물질 저장과 구조 유지에 기여한다. 단, 외떡잎식물에서는 수가 발달하지 않는 경우가 많다.

마지막으로, 전형성층(前形成層, procambium)은 기본분열조직 내부에서 관다발 조직을 형성하는 전구세포 층으로, 피층과 수 사이에 원형 배열을 이루며 존재한다. 이 조직은 수분 통도세포, 당분 통도세포, 후벽세포 등을 분화시켜 물관부와 체관부를 구성하며, 이후 일부는 2차 분열조직으로 발달한다. 그러나 외떡잎식물에서는 전형성층이 산재(散在)되어 있고, 지속적인 분열 능력을 유지하지 않기 때문에 2차 생장이 일반적으로 일어나지 않는다.

이처럼 슈트 정단 분열조직에서는 정교한 분화 경로를 통해 1차 조직이 형성되며, 이를 바탕으로 줄기와 잎이 발달하고 식물체는 신장생장을 통해 외부 환경에 대한 적응력을 높이게 된다.

② 뿌리 정단 분열조직

뿌리의 정단 분열조직(root apical meristem)은 뿌리의 생장과 분화를 이끄는 핵심 영역으로, 기능에 따라 분열구역, 신장구역, 분화구역의 세 구역으로 구분된다. 뿌리의 가장 끝에는 근관(根冠, root cap: 뿌리골무)이 존재하며, 이는 분열구역에서 유래한 세포들로 구성된다(그림 2-14). 근관은 주로 유세포와 분비세포로 이루어지며, 분비세포는 점액질을 분비하여 뿌리가 토양을 뚫고 자랄 때 발생하는 기계적 마찰을 줄이고, 정단 분열조직을 외부 자극으로부터 보호한다. 근관의 세포는 토양과의 반복적인 접촉으로 마모되지만, 분열구역에서 지속적으로 생성되는 새로운 세포들에 의해 끊임없이 보충된다. 근관의 중심부에는 *평형세포(平衡細胞, statocyte)가 존재하여 중력을 감지하고, 이를 바탕으로 굴중성(屈重性, gravitropism) 반응을 유도한다(그림 2-15).

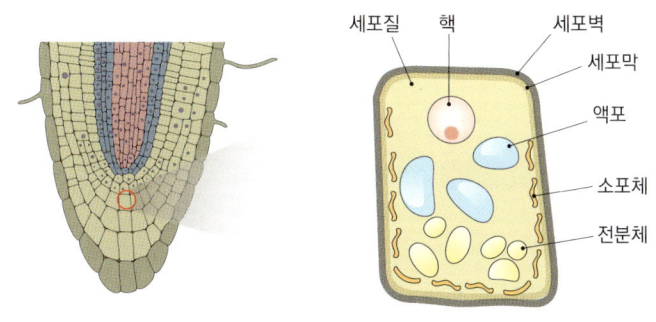

그림 2-15 근관 및 평형세포의 구조

분열구역(分裂區域, division zone)은 뿌리 정단에서 가장 활발하게 세포분열이 일어나는 부위로, 중심부의 분열정지중심(分裂停止中心, quiescent center)과 이를 둘러싼 시원세포들로 구성된다. 분열정지중심은 미분화된 세포들이 모여 있는 안정적인 영역으로, 세포분열 속도가 매우 느리거나 거의 일어나지 않지만, 인접한 시원세포가 손상되었을 때 이를 대체할 수 있는 세포를 공급함으로써 조직의 복원력을 높이는 기능을 한다. 분열정지중심을 둘러싼 시원세포들은 활발히 분열하여 원표피, 기본분열조직, 전형성층과 같은 1차 분열조직의 시원세포로 분화하고, 바깥쪽의 일부 시원세포는 근관을 구성하는 세포로 발달한다. 이러한 세포들의 지속적인 분열은 뿌리의 생장과 조직 형성의 기반을 제공한다.

신장구역(伸張區域, elongation zone)은 분열구역 바로 위에 위치하며, 이 부위에서는 분열을 마친 1차 분열조직의 세포들이 급속히 길이 방향으로 신장한다. 세포 신장은 주로 세포벽의 유연화(柔軟化)와 세포 내 삼투압의 증가에 의해 이루어지며, 외부로부터 수분이 유입됨에 따라 세포가 팽창하고 점차 커지게 된다. 이러한 세포의 길이 증가는 뿌리가 토양 내에서 아래 방향으로 뻗어나가는 신장생장을 물리적으로 가능하게 하는 핵심적인 생리 과정으로, 이후 일어나는 세포의 기능적 분화를 위한 기반이 된다.

분화구역(分化區域, differentiation zone)은 신장구역의 상부에 위치하며, 이 부위에서는 1차 분열조직에서 유래한 세포들이 원표피, 기본조직, 관다발 조직으로 각각 분화하여 뿌리의 다양한 기능을 수행하는 영구조직으로 자리 잡는다(그림 2-16).

그림 2-16 슈트와 뿌리의 1차 조직

먼저, 원표피(原表皮, protoderm)는 한 층의 표피(表皮, epidermis)를 형성하며, 슈트의 표피와는 달리 뿌리 표피는 각피(角皮, cuticle) 층이 거의 발달하지 않는다. 이는 뿌리가 토양과의 직접적인 접촉을 통해 수분과 무기양분을 흡수해야 하기 때문이다. 일반적으로 성숙한 표피 세포는 분열과 분화 능력을 상실하지만, 외부 자극이나 물리적 손상 등 특정 환경 조건이 되면 다시 분열 능력을 회복하기도 한다. 한편, 표피 세포 중 일부는 근모(根毛, root hair)로 분화하여 토양 입자와의 접촉 면적을 확대하고, 이를 통해 물과 무기양분의 흡수 효율을 증가시킨다(그림 2-17).

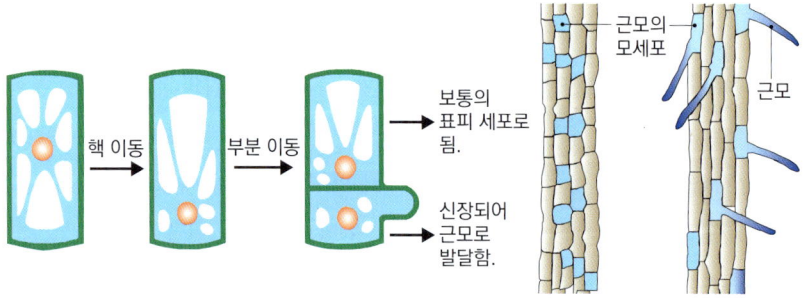

그림 2-17 부등분열(不等分裂)에 의한 근모 형성

기본분열조직(基本分裂組織, ground meristem)은 뿌리의 피층(皮層, cortex)과 내피(內皮, endodermis)를 형성한다. 피층은 표피 바로 아래에 위치하는 다층(多層)의 조직으로, 대부분 유세포로 이루어져 있으며, 물질의 저장, 일시적 이동, 구조적 완충 작용 등을 수행한다. 내피는 피층의 가장 안쪽에 존재하는 단일 세포층으로, 뿌리 중심부인 중심주(中心柱, stele)와 피층 사이의 경계 조직으로 기능한다(그림 2-18).

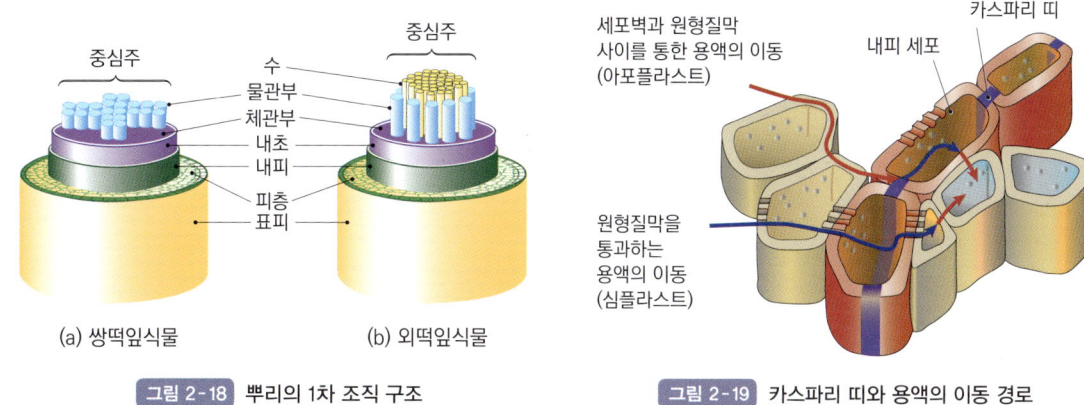

그림 2-18 뿌리의 1차 조직 구조

그림 2-19 카스파리 띠와 용액의 이동 경로

내피의 세포가 서로 맞닿는 부분의 세포벽에는 리그닌과 수베린이 침착되어, 띠 모양의 구조인 카스파리 띠(Casparian strip)가 형성된다(그림 2-19). 이 구조는 세포벽을 따라 이동하는 아포플라스트(apoplast) 경로의 물질 이동을 차단하고, 원형질막을 통과하는 심플라스트(symplast) 경로를 통해서만 물과 용질이 중심부로 유입되도록 유도한다.

한편, 뿌리의 기본분열조직은 일반적으로 중심부에 수(髓, pith)를 형성하지 않으며, 그 대신 물관부와 체관부로 구성된 중심주가 발달한다. 다만 일부 외떡잎식물에서는 예외적으로 중심부에 수가 존재하기도 하며, 이러한 해부학적 차이는 종의 계통적 특성과 생태적 적응 전략을 반영한 것으로 해석된다.

전형성층(前形成層, procambium)은 물관부와 체관부, 그리고 특이하게 내초(內鞘, pericycle)를 생성하며, 이들은 내피 안쪽에 위치하여 중심주를 구성한다. 중심주의 가장 바깥층에는 한 겹의 내초 세포가 배열되며, 이들은 분열 능력을 유지한 채 내피와 함께 용액의 이동을 조절하고, 측근(側根, lateral root)의 형성에 관여한다. 특히 내초는 측근의 발생 중심이 되는 세포층으로 기능하며, 일부의 세포는 이후에 측생 분열조직으로도 분화하여 뿌리의 비대생장에 기여한다.

중심부에는 여러 갈래로 분기된 물관부가 발달하며, 이를 구성하는 갈래의 개수에 따라 2원형, 3원형, 4원형, 다원형 등의 구조로 구분된다(그림 2-20). 물관부 주변에는 체관부가 배열되며, 이들 사이에 존재하는 전형성층은 분열조직 상태를 유지하다가 나중에 관다발형성층(維管束形成層, vascular cambium)으로 발달한다. 그러나 외떡잎식물에서는 전형성층이 조기(早期)에 소멸되고 중심부에 수가 형성되며, 그 주위를 따라 물관부가 원형으로 배열되어 있어 관다발형성층에 의한 비대생장이 일어나지 않는다.

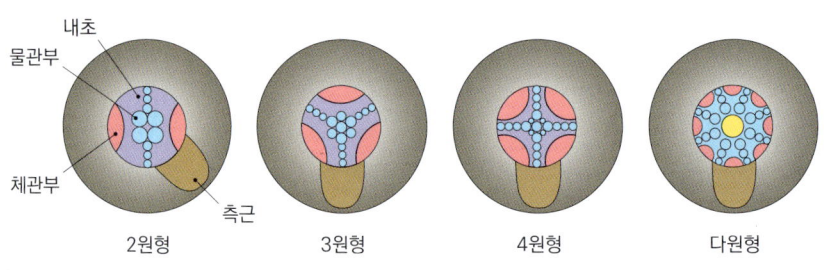

그림 2-20 물관부의 배열과 측근의 발생 위치

중심주(中心柱, stele)의 진화

중심주는 관속식물의 줄기와 뿌리에서 관다발 조직이 배열된 전체적인 구조로 전형성층에서 발달한 1차 조직을 주로 설명한다. 줄기에서는 관다발과 수(髓)가, 뿌리에서는 내초와 관다발이 중심주를 이룬다. 관다발의 배열 방식에 따라 크게 원생중심주, 관상중심주, 진정중심주로 구분된다. 이는 식물 진화 과정에서 물과 양분을 더욱 효율적으로 운반하기 위해 점차 복잡해진 결과이다(그림 2-21).

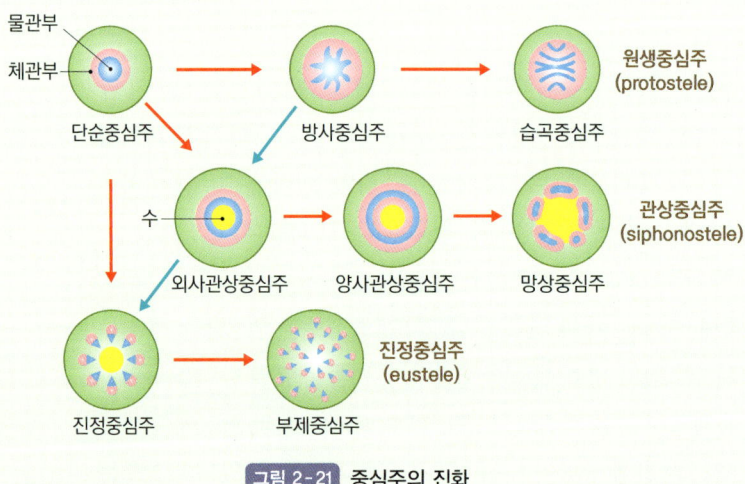

그림 2-21 중심주의 진화

원생중심주(原生中心柱, protostele)는 가장 원시적인 중심주 형태로 물관부가 중심부에 위치하고 체관부가 이를 둘러싸는 구조이다. 물관부의 안쪽에는 다른 조직이 발달하지 않으며, 고대 관속식물에서 나타나는 특징적인 구조이다. 원생중심주는 다시 단순, 방사, 습곡 중심주로 세분된다. 단순중심주(單純中心柱, haplostele)는 중앙의 물관부를 체관부가 원형으로 둘러싼 단순한 배열을 보이며, 고비속(*Osmunda*), 바위손속(*Selaginella*) 같은 원시적인 관속식물에서 관찰된다. 방사중심주(放射中心柱, actinostele)는 물관부가 방사상으로 여러 갈래로 갈라져 2원형, 3원형, 4원형, 다원형의 구조를 이루며, 그 사이사이에 체관부가 배열된 형태이다. 석송속(*Lycopodium*), 솔잎란속(*Psilotum*)에서 관찰되며, 겉씨식물과 쌍떡잎식물의 뿌리에서도 관찰된다. 습곡중심주(褶曲中心柱, plectostele)는 물관부가 여러 갈래로 접힌 상태로 분포하고 그 사이에 체관부가 배열된 구조이다. 석송속의 일부 종에서 관찰된다.

관상중심주(管狀中心柱, siphonostele)는 물관부의 내부에 수가 발달한 구조로 물관부를 체관부가 둘러싸고 있다. 이는 다시 외사관상중심주와 양사관상중심주로 세분된다. 외사관상중심주(外篩管狀中心柱, ectophloic siphonostele)는 체관부가 물관부의 바깥에만 위치하는 형태로 고사리삼속(*Botrychium*), 고비속(*Osmunda*) 등에서 관찰된다. 양사관상중심주(兩篩管狀中心柱, amphiphloic siphonostele)는 체관부가 물관부의 바깥과 안쪽 모두에 위치하는 형태로 주로 양치식물에서 관찰된다. 이 양사관상중심주가 변형되어 망상중심주(網狀中心柱, dictyostele)를 이루기도 하는데 이는 줄기에서 잎이 떨어져 나가는 자리(葉隙, leaf gap)가 중첩되어 여러 개의 구멍이 생긴 구조로 고사리속(*Pteridium*), 미역고사리속(*Polypodium*) 등에서 관찰된다.

진정중심주(眞正中心柱, eustele)는 겉씨식물과 쌍떡잎식물의 줄기 정단부에서 나타나는 중심주 형태로 물관부와 체관부가 여러 개의 독립된 관다발로 나누어지고 그 사이사이에 유조직이 배열된 구조이다. 그러나 외떡잎식물의 줄기에서는 진정중심주가 변형된 부제중심주(不齊中心柱, atactostele)가 주로 나타난다. 부제중심주는 관다발이 불규칙하게 흩어져 배열되어 피층과 수가 명확하게 구분되지 않는다.

중심주는 원생중심주에서 출발해 관상중심주, 진정중심주로 이어지며, 이 과정에서 식물의 생리적 기능과 생장 능력이 개선되었다. 물과 영양분을 더욱 효율적으로 운반하도록 중심주가 점차 복잡해지면서 식물은 건조 환경이나 다양한 생육 조건에 적응하고 대형화·장수화하는 능력을 갖추게 되었다.

(2) 측생 분열조직

측생 분열조직(側生分裂組織, lateral meristem)은 식물체의 측면에서 활발히 세포분열을 일으키며 줄기와 뿌리의 굵기를 증가시키는 비대생장을 유도하는 조직으로 주로 다년생 목본식물에서 발달한다. 이러한 측생 분열조직의 존재 여부는 초본식물과 목본식물을 구분하는 중요한 기준이 되기도 한다. 대표적인 측생 분열조직에는 관다발형성층과 코르크형성층이 있으며, 이들은 모두 1차 분열조직 또는 그에 의해 유도된 1차 조직에서 유래하므로 흔히 2차 분열조직(二次分裂組織, secondary meristem)이라고 한다. 이들 분열조직이 지속적인 세포분열을 통해 형성하는 조직을 2차 조직이라 하며, 이러한 과정에 의해 이루어지는 생장을 2차 생장이라고 한다. 관다발형성층은 물관부와 체관부를 이루는 통도세포와 유세포 등을 지속적으로 공급하여 식물체의 중심부 생장을 담당하고, 코르크형성층은 외부에 코르크피층을 형성하여 보호 기능을 수행한다. 측생 분열조직은 줄기와 뿌리 모두에서 발달하지만, 그 형성과 발달 양상은 각각의 1차 조직 구조에 따라 다소 차이를 보이며(그림 2-22), 이러한 활동은 식물체의 장기적인 생존과 구조적 안정성 확보에 핵심적인 역할을 한다.

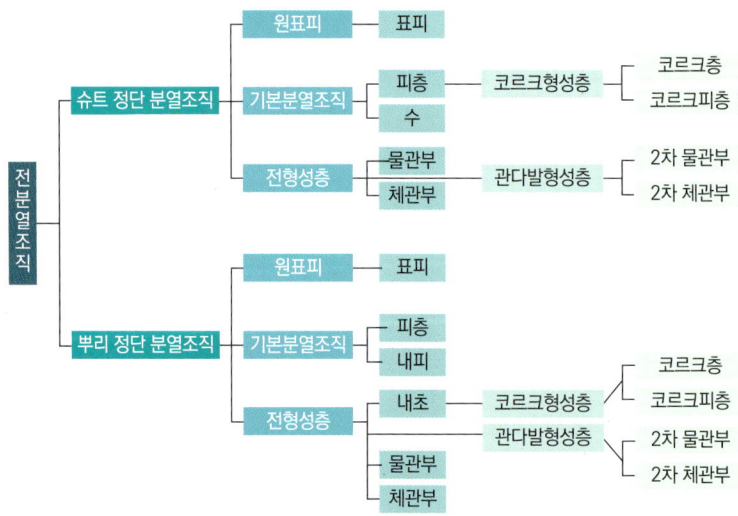

그림 2-22 분열조직과 이로부터 형성되는 영구조직

① 관다발형성층

관다발형성층(維管束形成層, vascular cambium)은 줄여서 형성층(形成層, cambium)이라고도 하며, 식물체의 비대생장을 이끄는 대표적인 2차 분열조직이다. 이 조직은 줄기와 뿌리에서 활발한 세포분열을 통해 2차 물관부와 2차 체관부를 형성함으로써 물과 양분의 장거리 이동 능력을 향상시키고, 식물체의 기계적 지지 기능을 강화하는 데 중요한 역할을 한다. 특히 다년생 목본식물에서는 형성층의 발달이 식물체의 생존과 생장에 필수적이다.

줄기에서는 1차 관다발을 구성하는 1차 물관부와 1차 체관부 사이에 존재하는 전형성층(前形成層, procambium)이 계속 분열 능력을 유지하여 속내형성층(束內形成層, intrafascicular cambium)으로 전환되고, 관다발 사이의 기본조직을 이루는 유세포 일부는 분열 능력을 회복하여 속간형성층(束間形成層, interfascicular cambium)으로 분화한다(그림 2-23). 이 두 형성층이 연결되면 줄기를 원형으로 둘러싸는 연속적인 형성층이 완성되어(그림 2-24), 이후 식물체의 둘레를 따라 균일하게 2차 조직을 생성하고, 줄기 또는 뿌리의 비대생장을 지속적으로 유도하게 된다.

뿌리에서는 관다발의 1차 물관부와 1차 체관부 사이에 존재하는 전형성층과 이를 둘러싼 내초(內鞘, pericycle)의 일부 세포가 분열 활동을 시작하여 형성층을 형성한다(그림 2-25). 전형성층은 지속적인 세포분열을 통해 속내형성층으로 발달하고, 이와 맞닿은 내초의 유세포 일부는 새로운 분열조직으로 전환되어 속간형

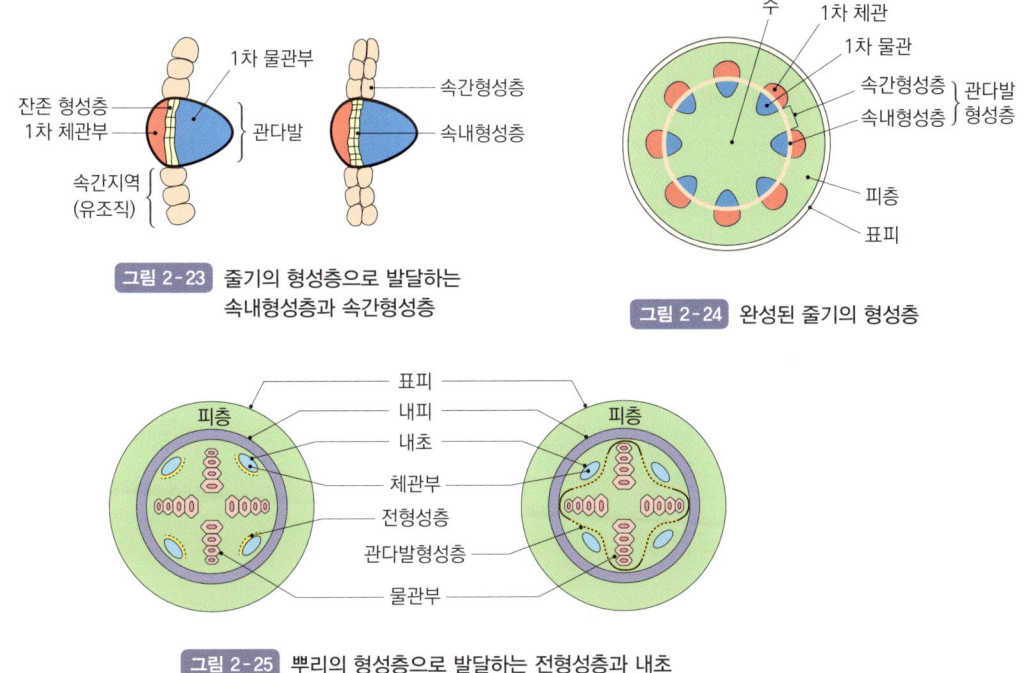

그림 2-23 줄기의 형성층으로 발달하는 속내형성층과 속간형성층

그림 2-24 완성된 줄기의 형성층

그림 2-25 뿌리의 형성층으로 발달하는 전형성층과 내초

성층으로 분화한다. 이렇게 형성된 속내형성층과 속간형성층이 서로 연결되면서 뿌리 전체를 둘러싸는 연속적인 원형의 형성층이 완성된다.

이처럼 줄기와 뿌리에서 형성된 형성층은 크게 두 가지 방식의 세포분열, 즉 병층분열(竝層分裂, periclinal division)과 수층분열(垂層分裂, anticlinal division)을 통해 새로운 세포를 생성한다(그림 2-26). 병층분열은 형성층의 평면과 나란한 방향으로 세포분열이 이루어지는 방식으로, 이때 생성된 세포는 위치에 따라 서로 다른 운명을 갖는다. 안쪽으로 생성된 세포는 2차 물관부(二次木部, secondary xylem)로 분화되고, 바깥쪽으로 생성된 세포는 2차 체관부(二次篩部, secondary phloem)로 분화된다. 이처럼 새롭게 생성된 2차 물관부는 줄기의 내부에 점차 축적되어 중심부에 가까워지며, 형성층은 점차 바깥쪽으로 밀려 나가게 된다. 이 과정을 통해 식물체는 둘레 방향으로 확장되며, 비대생장이 지속적으로 진행된다.

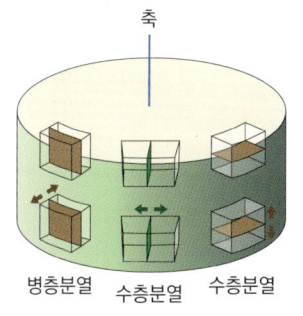

그림 2-26 형성층의 병층분열과 수층분열

반면, 수층분열(垂層分裂, anticlinal division)은 세포분열 면이 형성층의 표면과 직각을 이루는 방식으로, 주로 형성층 자체의 둘레를 확장하는 데 기여한다. 이 분열은 병층분열에 의해 줄기나 뿌리의 굵기가 증가하면서 형성층의 외곽 범위가 넓어지는 상황에 대응하여 형성층 세포의 개수를 가로 또는 세로 방향으로 보충함으로써 형성층이 연속성과 기능을 유지하도록 한다. 다시 말해, 병층분열이 2

차 물관부와 2차 체관부의 생성을 통해 비대생장을 이끄는 동안 수층분열은 그에 필요한 형성층 세포의 수를 조절하여 병층분열이 원활하게 지속될 수 있는 구조적 기반을 제공한다.

형성층의 이러한 분열 활동은 옥신(auxin)과 같은 식물호르몬(phytohormone, plant hormone)에 의해 조절된다. 옥신은 주로 형성층 인근의 분열조직이나 유세포에서 합성되어 확산되며, 형성층 세포가 어느 방향으로 얼마나 활발하게 분열할지를 결정짓는 주요 신호로 작용한다. 이로 인해 계절 변화, 식물의 생리적 상태, 빛과 온도 등 외부 환경 조건에 따라 옥신의 농도나 분포가 달라지면 형성층에서 일어나는 병층분열과 수층분열의 양상도 변동된다. 결과적으로, 옥신 농도의 조절은 2차 생장의 속도와 형태, 조직의 분화 정도에까지 영향을 미치며, 이는 목본식물의 생장 패턴과 수목의 연륜 구조 형성에도 밀접한 관계가 있다.

② 코르크형성층

코르크형성층(cork cambium)은 줄기나 뿌리의 비대생장(2차 생장)이 진행되면서 조직의 부피가 증가하고, 이로 인해 기존의 표피가 갈라지거나 탈락하게 될 경우, 그 기능을 대신할 새로운 보호 조직을 형성하는 분열조직이다. 줄기의 경우 표피에 가까운 피층의 일부 세포가 다시 분열을 시작하면서 코르크형성층을 이루고(그림 2-27), 뿌리에서는 형성층으로 분화한 뒤 남아 있던 내초의 세포들이 분열을 재개하여 코르크형성층을 형성한다(그림 2-28). 이렇게 생성된 코르크형성층은 외부 환경으로부터 식물체를 보호하고 수분 손실을 방지하는 2차 보호 조직을 지속적으로 생성한다.

코르크형성층은 세포분열을 통해 안쪽으로는 코르크피층(phelloderm), 바깥쪽으로는 코르크층(phellem)을 형성하며, 이들 세 조직을 통칭하여 주피(周皮, periderm)라고 한다(그림 2-29). 코르크피층은 주로 유세포로 구성되어 있어 생리적

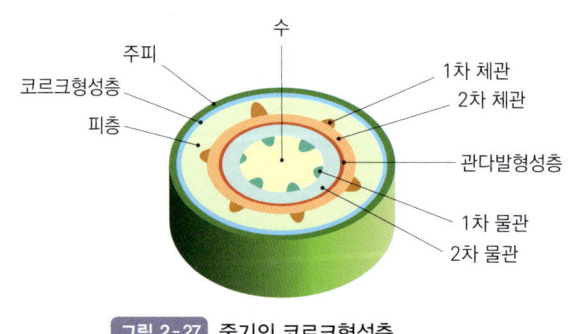

그림 2-27 줄기의 코르크형성층

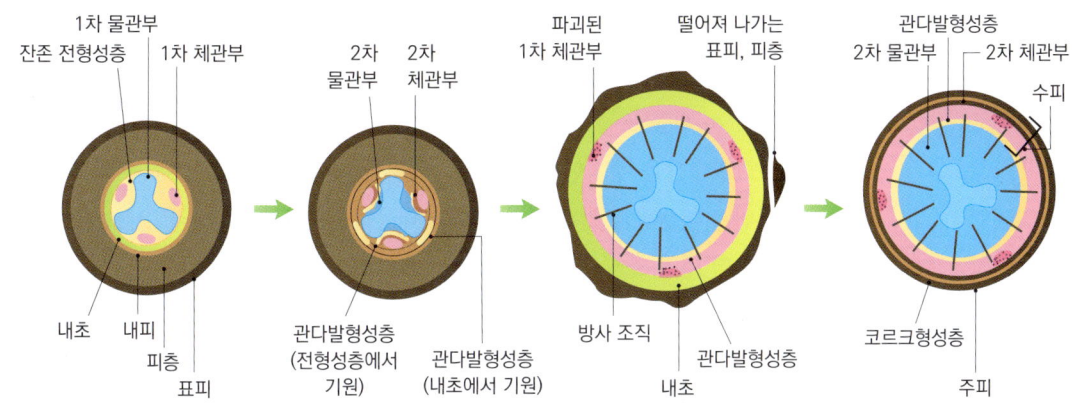

그림 2-28 뿌리의 코르크형성층

활성이 유지되며, 일부 세포는 제한적으로 광합성을 하거나 인접 조직에 양분 및 식물호르몬을 전달하는 역할을 하기도 한다. 반면, 코르크층의 세포는 1차 세포벽의 안쪽에 수베린이 축적된 2차 세포벽을 형성하며, 원형질을 상실하고 죽은 상태로 존재한다. 수베린은 지질(脂質, lipid)의 한 종류로 방수성과 기체 차단 기능을 지니며, 외부 병원체의 침입으로부터 식물체를 보호하는 역할을 한다.

주피는 표피가 기능을 상실하거나 탈락한 뒤 이를 대체하여 식물체를 보호하는 2차 조직이다. 특히 뿌리는 주피가 발달함에 따라 외부 환경으로부터 물과 기체의 유입이 차단되고, 코르크층이 물리적 장벽을 형성함으로써 표면 조직이 보호된다. 이로 인해 주피가 형성된 부위에서는 더 이상 물과 무기양분의 흡수가 일어나지 않으며, 뿌리의 흡수 기능은 주피가 형성되지 않은 어린 부위나 뿌리 끝에 존재하는 표피와 근모(根毛, root hair)에서 주로 담당하게 된다. 이와 같은 구조적 특성은 식물이 생장함에 따라 뿌리의 상부가 보호 기능을, 하부가 흡수 기능을 전담하도록 분화되는 결과를 낳는다.

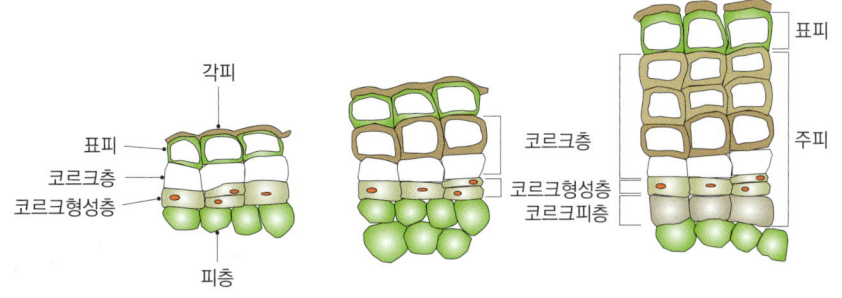

그림 2-29 코르크형성층과 주피의 구조

코르크형성층은 일회성으로 형성되어 고정되는 조직이 아니다. 기존의 주피가 더 이상 확장하지 못하거나 물리적 손상으로 기능이 저하되면, 체관부 바깥쪽에 있는 피층 또는 코르크피층의 세포들이 다시 분열 능력을 획득하여 새로운 코르크형성층을 생성한다(그림 2-30). 이러한 반복적인 형성을 통해 식물체는 지속적인 비대생장과 외부 환경 변화에 대응하면서도, 외부 자극이나 병해충 침입으로부터 내부 조직을 안정적으로 보호할 수 있다.

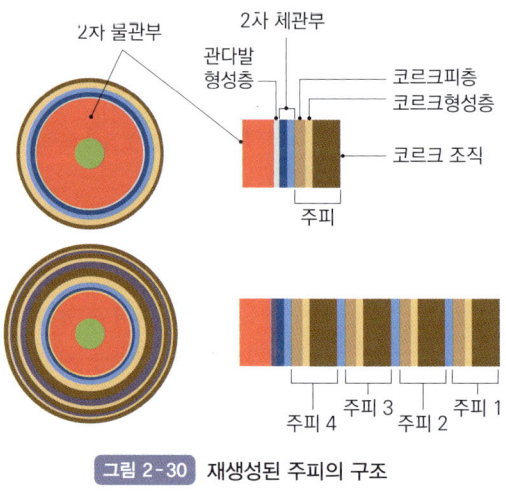

그림 2-30 재생성된 주피의 구조

2.2.2 영구조직

영구조직(永久組織, permanent tissue)은 식물의 생장 과정에서 분열조직에서 유래한 세포들이 분화·발달하여 형성된 조직으로, 식물체의 구조적 안정성을 유지하고 물질의 저장, 수송, 광합성, 보호 등 다양한 생리적 기능을 수행한다. 일반적으로 영구조직을 구성하는 세포들은 분열 능력을 상실하거나 제한된 상태로 존재하지만, 원형질을 유지하는 일부 유세포는 손상이나 환경 자극에 따라 다시 분열 능력을 회복할 수 있는 잠재력을 지닌다. 영구조직은 식물체 전반에 걸쳐 광범위하게 분포하며, 생장 이후에도 식물체의 정상적인 생리 활동과 환경 적응을 가능하게 하는 핵심 조직이다. 이들은 구성 세포의 종류에 따라 크게 단순조직(單純組織, simple tissue)과 복합조직(複合組織, complex tissue)으로 구분된다. 단순조직은 동일한 종류의 세포로 이루어져 기본적인 기능을 수행하는 반면, 복합조직은 서로 다른 형태와 기능을 가진 여러 종류의 세포가 함께 구성되어 보다 복잡하고 전문화된 기능을 수행한다.

(1) 단순조직

단순조직은 유조직, 후각조직, 후벽조직의 세 가지 유형으로 구분된다(그림 2-31). 이는 구성하는 세포의 형태와 세포벽 특성, 그리고 기능적 역할에 따라 차별화된다.

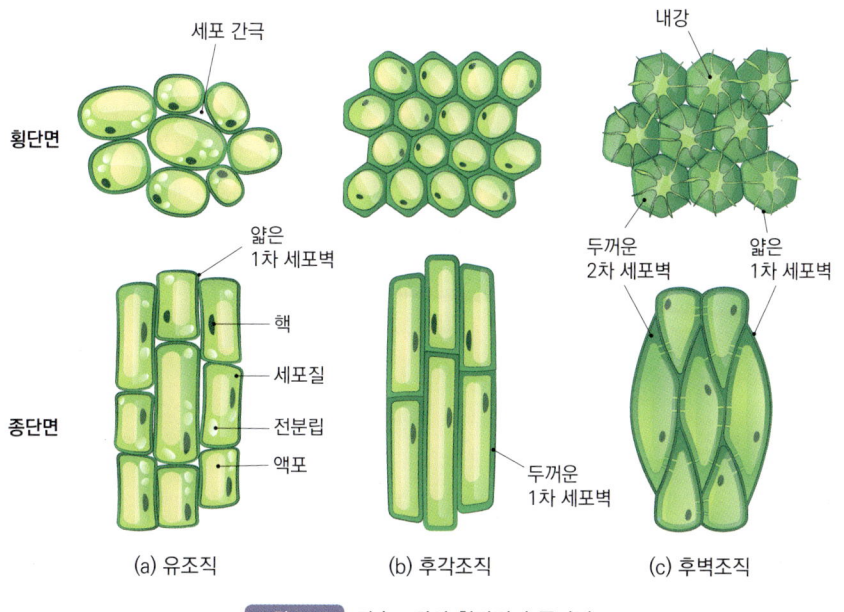

그림 2-31 단순조직의 횡단면과 종단면

① 유조직

유조직(柔組織, parenchyma)은 식물체의 모든 기관에서 폭넓게 분포하는 기본적인 조직으로, 생리적 활성을 유지하는 유세포로 구성된다. 유세포는 얇고 유연한 1차 세포벽을 지니며, 일반적으로 둥글거나 다각형의 형태를 이루고 있어 세포 간극이 넓고 물질의 이동 및 교환이 용이하다. 이러한 구조적 특성으로 인해 유조직은 식물체 내에서 다양한 기능을 수행한다.

광합성 유조직은 주로 잎과 어린 줄기 등 녹색 부위에 분포하며, 엽록체를 이용해 광합성을 수행하고, 생성된 탄수화물을 일시적으로 저장한다. 저장 유조직은 뿌리, 줄기, 종자, 과실 등에서 물, 전분, 당류, 지질 등의 물질을 저장하여 생장이나 발아 등 특정 시기에 활용될 수 있도록 한다. 또 유조직을 구성하는 유세포는 상대적으로 미분화된 상태를 유지하기 때문에 특정 자극이나 손상이 발생했을 때 세포분열 능력을 회복하고, 조직 재생이나 분화에 관여할 수 있다.

② 후각조직

후각조직(厚角組織, collenchyma)은 후각세포로 구성된 기계조직으로, 식물체에 탄력적인 기계적 지지 기능을 제공한다. 후각세포는 생리적으로 살아 있는 세포이며, 셀룰로스와 펙틴 등의 성분이 세포벽에 불균일하게 침적되어 부분적으로 두꺼워진 1차 세포벽을 형성한다. 이러한 불균일한 세포벽 구조는 후각세포가 견고함과 동시에 유연성을 갖추도록 하여, 조직이 외부의 기계적 자극에도 쉽게 손상되지 않고 적절히 휘어지거나 버틸 수 있게 만든다. 후각조직은 주로 어린 줄기, 엽병(葉柄), 엽맥(葉脈) 주변 등 생장이 활발한 부위에 위치하며, 이 부위들이 바람, 중력, 물리적 접촉 등 다양한 외부 응력(應力, stress)에 노출될 때 이를 흡수하고 조직의 형태를 유지하도록 돕는다. 특히 식물의 생장 과정에서 세포와 조직이 신장되면서 구조적 안정성을 동시에 확보해야 할 시기에 중요한 역할을 하며, 후각조직은 성숙 조직으로 전환되기 이전의 조직을 보호하고 지지하는 데 핵심적인 기능을 한다.

③ 후벽조직

후벽조직(厚壁組織, sclerenchyma)은 주로 섬유세포(纖維細胞, fiber cell)와 보강세포(補強細胞, sclereid)로 이루어진 후벽세포로 구성되어 있으며, 식물체에 강한 기계적 지지와 구조적 안정성을 제공하는 대표적인 단순조직이다. 이들 세포는 2차 세포벽이 두껍게 발달하고 리그닌이 침착되어 매우 견고한 성질을 지니며, 성숙하면 원형질이 소실되어 대부분 죽은 세포 상태로 기능한다. 일반적으로 후벽조직은 줄기나 잎맥, 종피(種皮) 등의 부위에 분포하여 식물체가 외부의 기계적 스트레스에 장기간 견딜 수 있도록 하며, 특히 종자에서는 단단한 외피를 형성해 내부를 보호하는 역할을 한다.

한편, 후벽세포는 관다발 내에도 존재하지만, 이는 물과 양분을 수송하는 복합조직의 일부로서 후벽조직에는 포함되지 않는다. 반면, 관다발 바깥에서 보강 구조로 작용하는 섬유세포는 순수한 기계적 기능을 수행하므로 후벽조직으로 분류된다. 이와 같이 후벽조직은 유연성과 탄력성을 갖춘 후각조직과는 구별되며, 생장이 멈춘 성숙한 조직에서 고도의 구조적 지지와 보호 기능을 수행하는 대표적인 조직이다.

(2) 복합조직

복합조직(複合組織, complex tissue)은 단순조직(單純組織)과 달리 서로 다른 형태와 기능을 지닌 여러 종류의 세포들로 구성되어 조직 전체가 보다 복합적이고 전문화된 기능을 수행할 수 있도록 구성된 조직이다. 이들 세포는 각기 물과 무기양분의 수송, 유기물의 이동, 기계적 지지, 보호, 특정 물질의 분비와 같은 기능을 분담하며, 상호 협력적으로 작용한다. 복합조직의 대표적인 예로는 물과 무기양분을 수송하는 물관부, 당류와 같은 유기물을 운반하는 체관부가 있으며, 이 밖에도 정유, 수지, 점액, 타닌 등을 합성하거나 저장·배출하는 다양한 분비조직도 복합조직에 포함된다. 복합조직은 이러한 구성과 기능을 통해 식물체가 생리적 균형을 유지하고 외부 환경에 효과적으로 적응하는 데 핵심적인 역할을 한다.

① 물관부

물관부(木部, xylem)는 2차 세포벽에 리그닌이 다량 축적된 견고한 세포들로 구성되어 있으며, 뿌리에서 흡수된 물과 무기양분을 식물체의 상부 조직과 기관으로 수송하는 역할을 한다. 이 조직은 일반적으로 '목부'라는 명칭으로도 불리며, 수분과 무기양분의 이동뿐만 아니라 식물체의 기계적 지지 기능도 함께 담당한다. 물관부를 구성하는 주요 세포로는 수분 통도세포(헛물관세포 또는 물관세포), 섬유세포, 유세포가 있으며, 이들은 구조적 특성과 기능에 따라 서로 협력적으로 배열되어 있다. 겉씨식물에서는 헛물관세포(tracheids)가 수분 이동의 중심적인 역할을 하며, 속씨식물에서는 이와 함께 물관세포(vessel elements)가 추가로 발달하여 보다 빠르고 효율적인 수송을 가능하게 한다. 물관부는 생성 기원에 따라 1차 물관부와 2차 물관부로 구분되며, 이들은 구성 세포의 배열 양상이나 조직 구조에서 차이를 보인다(그림 2-32).

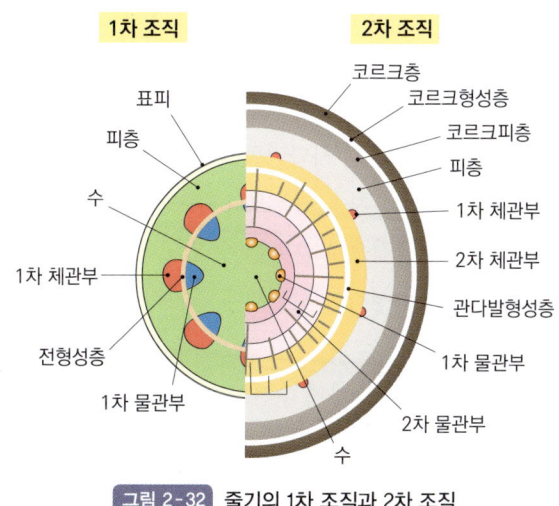

그림 2-32 줄기의 1차 조직과 2차 조직

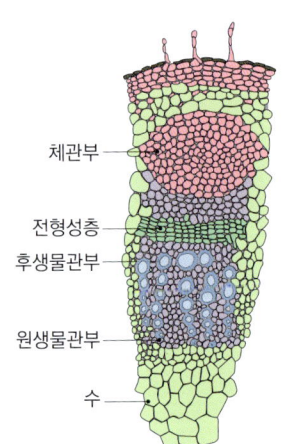

그림 2-33 줄기의 원생물관부와 후생물관부

▶ 1차 물관부

1차 물관부(一次木部, primary xylem)는 전형성층의 분열 활동으로 형성되며, 모든 관다발 내에서 관찰되는 기본적인 수분 수송 조직이다. 주요 구성 세포로는 수분 통도세포, 섬유세포, 유세포 등이 포함되며, 이들은 형성 시기의 차이에 따라 원생물관부(原生木部, protoxylem)와 후생물관부(後生木部, metaxylem)로 구분된다(그림 2-33).

원생물관부는 1차 생장의 조기 단계에서 먼저 형성되는 세포군으로, 크기가 작고 세포벽이 얇으며, 수분 통도세포는 고리형(annular) 또는 나선형(spiral)의 2차 세포벽을 지니고 있어 세포가 길이 방향으로 신장하는 동안에도 유연하게 물을 수송할 수 있다. 이 시기에 형성되는 섬유세포는 구조적 지지 기능을 수행하되, 후생물관부에 비해 비교적 얇고 덜 발달한 세포벽을 지닌다. 반면, 후생물관부는 1차 생장이 거의 마무리되는 시점에 형성되며, 이 시기의 세포들은 더 크고, 사다리꼴(scalariform) 또는 그물형(reticulate)의 두꺼운 2차 세포벽을 형성하여 강한 기계적 지지력을 제공하는 동시에 더 많은 양의 물을 효과적으로 수송할 수 있도록 한다. 후생물관부의 섬유세포는 두껍고 견고한 세포벽을 지니며, 식물체의 구조적 안정성 확보에 핵심적인 역할을 한다.

▶ 2차 물관부

2차 물관부(二次木部, secondary xylem)는 형성층의 병층분열을 통해 생성되며, 목본식물의 줄기와 뿌리에서 비대생장을 주도하는 핵심 조직이다. 이 조직은 세포의 배열 방향에 따라 방추조직과 방사조직으로 구분되며, 이 두 조직의 결합은 목재의 기본 구조를 형성한다(그림 2-34).

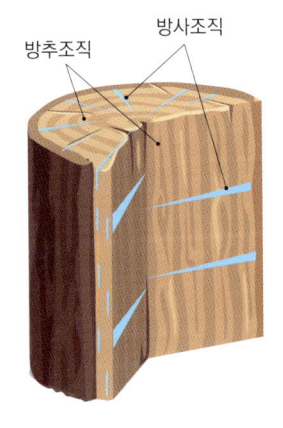

그림 2-34 2차 물관부의 방추조직과 방사조직

방추조직(紡錘組織, fusiform tissue)은 수분 통도세포, 섬유세포, 유세포 등으로 구성되며, 이들은 모두 길쭉한 방추형(紡錘形)으로 분화되어 형성층과 나란한 축 방향으로 배열된다. 수분 통도세포는 사다리꼴(scalariform) 또는 그물형(reticulate)의 두꺼운 2차 세포벽을 지니며, 1차 물관부보다 구조가 더욱 견고하고 치밀하여 대량의 수분을 신속하고 효율적으로 운반할 수 있도록 한다. 섬유세포 역시 두껍고 견고한 2차 세포벽을 형성하여 식물체에 장기적이고 강력한 기계적 지지력을 제공한다.

방사조직(放射組織, ray tissue)은 과거에 수선(髓線) 또는 사출수(射出髓)로 불리기도 하였으며, 주로 유세포로 구성된 조직이다. 그러나 일부 침엽수에서는 헛물관세포가 방사조직의 40~50%를 차지하는데, 이러한 세포를 방사 헛물관세포(放射假道管, ray tracheid)라고 부른다. 방사조직은 줄기와 뿌리의 중심부에서 바깥쪽을 향해 방사상(放射狀)으로 배열되어 있으며, 물과 무기양분을 횡(橫) 방향으로 이동시키거나 저장하는 역할을 한다. 또한 방사조직은 체관부와의 상호작용을 통해 당류 및 다양한 유기물을 분배하는 데도 관여한다. 침엽수에서는 일반적으로 1~2열의 세포로 구성된 가는 방사조직이 관찰되며, 활엽수에서는 이보다 더 많은 세포 열로 구성된 방사조직이 발달한다. 일반적으로 목본식물에서는 방추조직이 방사조직보다 높은 비율을 차지하며, 축 방향의 수분 수송과 기계적 지지 기능을 주로 담당한다. 특히 침엽수에서는 방추조직이 활엽수보다 더욱 발달하여 있어, 수분의 장거리 이동 능력과 구조적 안정성이 뛰어나다.

② **체관부**

체관부(篩部, phloem)는 식물체 내에서 광합성 및 기타 대사 과정을 통해 생성된 유기양분, 주로 당류를 다른 조직이나 기관으로 운반하는 기능을 수행하며, 일반적으로 '사부'라고도 불린다. 체관부의 핵심 구성 세포는 식물의 계통에 따라 달라지며, 속씨식물에서는 체관세포(篩管細胞, sieve tube element)가 주된 당분 통도세포로 작용하고, 겉씨식물에서는 이보다 원시적인 형태인 체세포(篩細胞, sieve cell)가 동일한 역할을 한다. 체관부는 그 발생 기원에 따라 1차 체관부와 2차 체관부로 구분된다.

▶ **1차 체관부**

1차 체관부(一次篩部, primary phloem)는 전형성층의 분열 활동으로 형성되며, 모든 관다발에 공통으로 존재하는 기본 구성 요소이다. 이 조직은 당분 통도세포를 중심으로, 섬유세포와 유세포가 함께 존재한다. 당분 통도세포는 원형질 일부를 유지하며 살아 있는 세포이지만, 핵과 일부 소기관이 소실된 상태로 기능하며, 수명이 비교적 짧아 보통 몇 주에서 몇 달에 불과하다. 유세포는 당분의 저장 및 대사 보조 기능을 수행하며, 수명은 당분 통도세포보다 길지만 장기간 유지되지는 않는다. 한편, 섬유세포는 2차 세포벽이 두껍게 발달한 죽은 세포로, 수송 기능은 없으나 조직의 기계적 지지를 담당하여 체관부의 구조적 안정성을 유지하는 데 기여한다. 1차 생장이 종료되고 2차 생장이 개시되면, 1차 체관부는 점차 기능을 상실하고 2차 체관부로 대체된다.

▶ **2차 체관부**

2차 체관부(二次篩部, secondary phloem)는 목본식물의 줄기와 뿌리에서 2차 생장 과정 중 형성층의 바깥쪽에 형성되는 조직으로, 비대생장을 이끄는 주요 요소이며 식물체 내 유기양분의 장거리 수송을 담당한다. 이 조직 또한 2차 물관부와 마찬가지로 세포의 배열 방향에 따라 방추조직과 방사조직으로 구분되며, 각각의 조직은 수직 및 횡 방향의 물질 수송을 담당한다.

방추조직은 당분 통도세포, 섬유세포, 유세포로 구성되며, 이들은 모두 길쭉한 방추형으로 분화되어 형성층과 나란한 축 방향으로 배열된다. 당분 통도세포는 1차 체관부에 비해 크고 구조적으로 더 발달하여 있으며, 비교적 긴 수명을 가지며 지속적으로 유기양분을 운반한다. 섬유세포는 1차 체관부보다 두껍고 견고한 2차 세포벽을 지니지만, 2차 물관부의 섬유세포만큼 강하지는 않다. 유세포는 수명이 길고 대사 활성이 높아 물질의 저장 및 생리적 균형 유지에 기여한다.

방사조직은 주로 유세포로 구성되고, 중심에서 바깥쪽으로 방사상 배열되며, 유기양분을 횡 방향으로 수송하거나 저장하는 역할을 한다. 특히 2차 물관부와의 연결을 통해 두 조직 간의 물질 교류를 원활하게 하여 식물체 전체의 대사 균형과 에너지 분배를 조절한다.

생장이 지속됨에 따라 2차 체관부를 구성하는 세포들은 점차 노화되어 기능이 쇠퇴하고 외측으로 밀려나며, 형성층에서 유래한 새로운 세포들로 대체된다. 이와 같이 체관부는 끊임없이 갱신되며, 식물체가 안정적으로 유기양분을 운반할 수 있는 구조적 기반을 제공한다.

③ **분비조직**

분비조직(分泌組織, secretory tissue)은 식물체 내에서 특정 물질을 합성하여 저장하거나 외부로 배출하는 기능을 수행하는 조직으로, 주로 분비세포와 이를 보조하는 세포들로 구성된다. 분비세포는 점액, 수지, 정유(精油), 라텍스, 타닌, 꿀 등 다양한 2차 대사산물을 합성하며, 이들이 생성한 물질은 생리적 조절, 방어, 유인, 상처 치유 등의 기능을 수행한다. 보조 세포는 분비물의 저장 공간을 형성하거나 분비물의 이동 경로를 유지하며, 분비세포를 외부 자극으로부터 보호하는 역할을 한다.

분비조직은 물질이 저장·작용하는 위치에 따라 크게 내분비조직(內分泌組織)과 외분비조직(外分泌組織)으로 구분된다. 내분비조직은 합성된 물질을 식물체 내부에 저장하거나 내부에서만 작용하게 하는 조직으로, 타닌 분비조직, 정유 분비조직, 점액 분비조직 등이 이에 속한다. 예를 들어, 타닌 분비조직은 식물의 방어 기작을 강화하며, 정유 분비조직은 향기 물질을 생산하여 수분 매개자와의 상호작용에 기여한다.

외분비조직은 분비물을 식물체 외부로 방출하는 구조로, 대표적으로 꿀샘(蜜腺, nectary), 라텍스관(latex duct), 수지구(樹脂構, resin duct)가 있다. 꿀샘은 주로 꽃, 줄기, 엽병 등의 표면에 위치하며, 꿀이나 당을 분비하여 곤충을 유인하는 역할을 한다. 라텍스관은 상처 부위에 라텍스를 분비하여 응고된 보호막을 형성함으로써 상처를 차단하고 병원균의 침입을 막는다. 특히 침엽수에서 잘 발달된 수지구는 분비세포가 원형으로 배열되어 내부에 수지가 저장·이동되는 공간을 형성하며, 해충의 침입이나 상처에 대응하여 수지를 빠르게 분비함으로써 보호 기능을 수행한다(그림 2-35). 이러한 외분비조직의 분비 기능은 분비세포와 보조 세포의 협력으로 정교하게 유지되며, 식물체의 생존과 환경 적응에 중요한 역할을 한다.

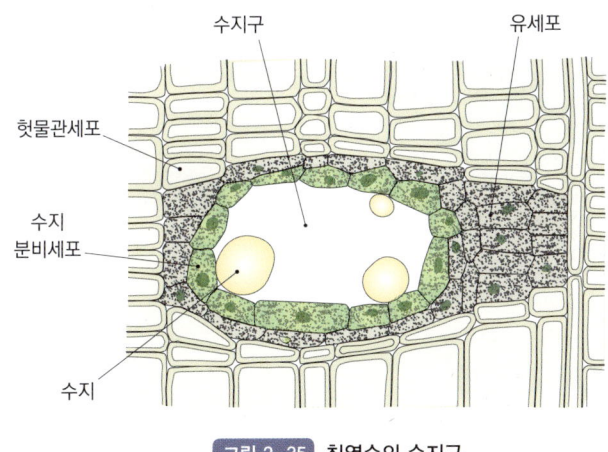

그림 2-35 침엽수의 수지구

2.3 조직계

조직계는 하나 또는 여러 개의 조직이 연관된 기능을 수행하며, 식물체의 여러 부위에 걸쳐 연속적으로 분포하는 구조적 단위로 정의된다. 이는 식물체의 구성 단계에서 조직과 기관 사이에 위치하는 중간단계로 식물에만 적용되는 개념이다. 조직계를 구분하는 기준은 관다발 조직의 구성과 위치에 초점을 맞추어 표피 조직계, 관다발 조직계, 기본 조직계의 세 가지로 구분하는 방식이 널리 채택되고 있다(그림 2-36). 이러한 구분은 식물체의 구조와 생리적 기능을 통합적으로 이해하는 데 유용하지만, 형태적 또는 발생적 관점에서 서로 기원이나 성질을 지닌 조직들이 하나의 조직계로 분류된다는 점에서 일정한 한계를 지닌다.

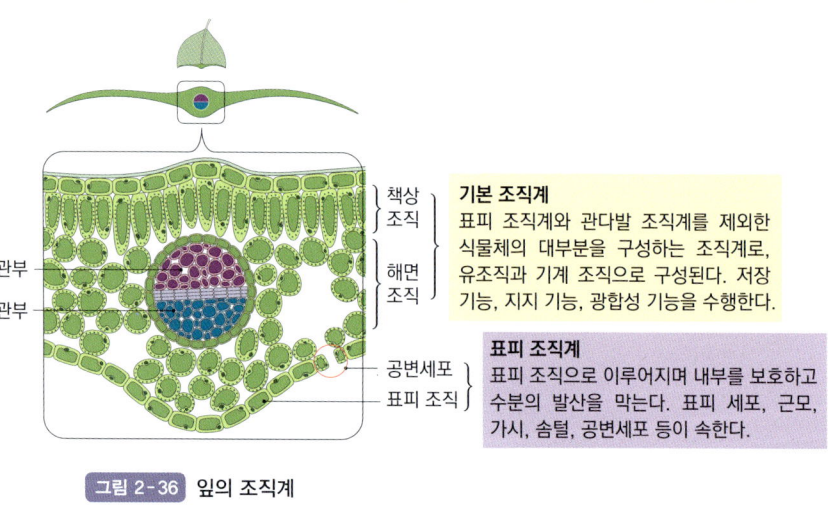

그림 2-36 잎의 조직계

2.3.1 표피 조직계

표피 조직계(表皮組織系, dermal tissue system)는 식물체의 모든 외곽을 덮어 외부 환경으로부터 보호하고, 내외부 간 물질 교환을 조절하는 조직계이다. 초본식물은 1차 생장만 이루어지므로 식물체의 모든 외곽은 원표피에서 유래된 표피의 조직으로 덮여 있다(표 2-1). 목본식물은 1차 생장이 완료된 후 줄기와 뿌리에서 2차 생장이 진행됨에 따라 원래의 표피 조직이 점차 소실되고, 그 기능을 코르크형성층에서 유래한 주피의 조직이 대신한다. 따라서 목본식물에서는 1차 생장이 이루어진 부위에서는 표피 조직이, 2차 생장이 진행된 부위에서는 주피 조직이 각각 표피 조직계의 역할을 담당한다.

표 2-1 조직계를 구성하는 분열조직과 영구조직

조직계	분열조직	영구조직	
표피 조직계	원표피	표피 조직(표피 세포, 공변세포, 털 등)	복합조직
	코르크형성층	주피 조직(주피, 피목 등)	복합조직
관다발 조직계	전형성층	1차 관다발 조직(1차 물관부, 1차 체관부)	복합조직
	관다발형성층	2차 관다발 조직(2차 물관부, 2차 체관부)	복합조직
기본 조직계	기본분열조직	유조직, 후각조직, 후벽조직	단순조직
		분비조직(분비조직은 모든 조직계에서 형성될 수 있다.)	복합조직

(1) 표피 조직

표피(表皮, epidermis)의 조직은 원표피(原表皮, protoderm)의 분열 활동으로 형성된 세포로 구성되며, 이들은 식물체의 외부를 단순히 덮는 보호층에 그치지 않고 공변세포를 통한 기공 개폐 조절, 털을 통한 방어 및 흡수 등 환경 적응과 생리적 조절에 필수적인 다양한 특수 구조를 포함하고 있다.

표피 세포(表皮細胞, epidermal cell)는 식물의 1차 생장 부위에 1~2층으로 배열된 편평한 세포로, 사각형 또는 다각형의 형태이며 슈트와 뿌리에서 서로 다른 기능적 특성을 나타낸다. 슈트의 표피 세포는 왁스 성분으로 이루어진 각피(角皮, cuticle)에 의해 외부가 덮여 있어 과도한 수분 증발을 억제하고 병원체의 침입을 방지하는 역할을 한다. 또 각피와 표피 세포 벽은 투명하여 내부의 광합성 조직에 빛이 도달할 수 있도록 한다. 반면 뿌리의 표피 세포는 각피가 거의 없거나 매우 얇게 발달하여, 수분과 무기양분 흡수에 용이한 구조를 갖추고 있다. 공변세포는 주로 잎과 어린 줄기의 표피에 분포하며, 두 개의 공변세포가 서로 마주보며 기공(氣孔)을 형성하고 이를 개폐함으로써 기체 교환과 증산을 조절한다. 이 세포들은 일반적인 표피 세포와 달리 엽록체를 포함하고 있어 광합성이 가능하며, 세포 내 팽압(膨壓, turgor pressure)의 변화에 따라 기공을 열고 닫는 능력을 지닌다. 기공이 열리면 외부의 이산화탄소(CO_2)가 유입되어 광합성이 이루어지고, 동시에 수분이 수증기 형태로 외부로 배출되는 증산이 일어난다. 또 기공이 닫히면 수분 손실이 줄어, 건조한 환경에서 수분 보존에 기여한다.

털(毛, hair)은 식물체의 다양한 부위, 특히 1차 생장이 이루어지는 부위에서 나타나며, 하나 또는 그 이상의 세포로 구성된다. 잎의 표피에서 유래한 털은 모용

(毛茸, leaf hair)이라고 하며, 이는 수분 증발을 억제하고 과도한 열을 반사하거나 병원균 및 초식 동물의 접근을 막는 역할을 한다. 일부 모용은 특정 화학 물질을 분비하여 방어 기능을 수행하기도 한다. 한편, 뿌리의 표피 세포에서 유래한 근모(根毛, root hair)는 세포의 분화구역에서 발달하며, 뿌리의 표면적을 넓혀 물과 무기양분의 흡수 능력을 극대화하는 기능을 한다(그림 2-37).

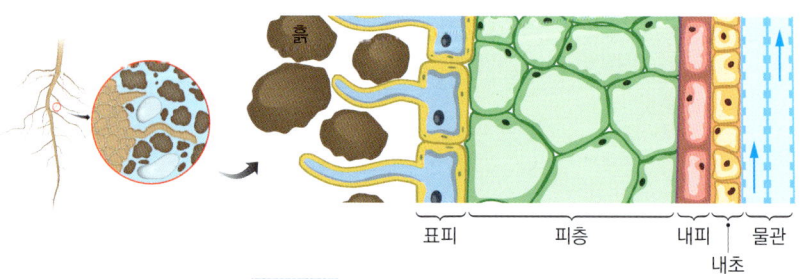

그림 2-37 근모와 표피 면적의 확대

공변세포와 기공

공변세포는 식물의 기공을 둘러싸고 있는 특수한 표피 세포로, 기공의 개폐를 정밀하게 조절함으로써 식물체 내외의 기체 교환 및 수분 증산에 중요한 역할을 한다(그림 2-38). 이러한 공변세포는 보통 특수한 부세포와 함께 기공 복합체를 이루는데, 부세포는 공변세포 주변에 위치하여 물리적 지지와 이온 농도 조절을 통해 공변세포의 팽창과 수축을 보조하는 역할을 한다.

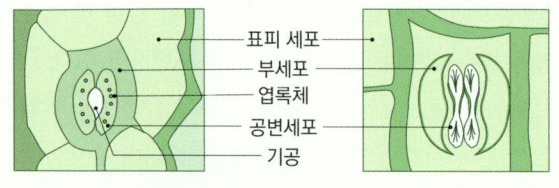

그림 2-38 공변세포의 구조

공변세포의 세포벽은 불균일한 두께를 나타내는데, 기공 쪽 세포벽은 두꺼워 상대적으로 덜 유연하고 반대쪽 벽은 얇아 세포가 팽창하면 쉽게 굽어지는 구조를 보인다. 이러한 구조적 특징은 공변세포가 내부의 팽압 변화에 민감하게 반응하여 효과적으로 팽창하거나 수축할 수 있게 하며, 그 결과 기공이 열리고 닫히는 동적인 움직임이 가능해진다.

기공의 개폐는 주로 공변세포 내의 팽압에 의해 결정된다. 공변세포로 물이 유입되어 팽압이 상승하면 세포가 팽창하면서 기공이 열리고, 반대로 물이 유출되어 팽압이 감소하면 공변세포가 수축하여 기공이 닫힌다. 이 과정에서 칼륨 이온(K^+)의 이동은 중요한 역할을 한다. 빛과 같은 외부 자극이 공변세포의 원형질막에 있는 H^+-ATPase를 활성화하면 세포 외부로 H^+가 방출되어 세포 내 전위가 음(-)전하로 변화된다. 이에 따라 이온 채널이 개방되어 K^+가 세포 내로 유입되고, 이로 인해 세포 내 삼투압이 상승하여 물이 유입되어 팽압이 증가하게 된다.

이러한 작용은 기공의 개방을 유도하며, 반대로 건조하거나 어두운 환경에서는 K^+의 유출로 인해 팽압이 감소하여 기공이 닫히게 된다. 또 식물 호르몬인 아브시스산(ABA)은 건조 스트레스 상황에서 기공 폐쇄를 유도하는 중요한 조절 인자로 작용한다.

기공은 식물체의 수분 증산 및 기체 교환에 핵심적인 역할을 하며, 외부 환경 요인인 빛, 이산화탄소 농도, 습도, 온도 등에 따라 정교하게 조절된다. 예를 들어, 낮 동안에는 광합성을 촉진하기 위해 기공이 개방되어 이산화탄소가 흡수되고 동시에 수증기가 배출된다. 반면, 밤이나 건조한 환경에서는 수분 손실을 최소화하기 위하여 기공이 닫혀 식물체의 수분 보존에 기여한다.

이와 같이, 공변세포와 부세포로 구성된 기공 복합체는 식물체가 외부 환경 변화에 능동적으로 대응하고, 효율적인 광합성과 증산을 통해 생리적 균형을 유지할 수 있도록 하는 중요한 조절 기작이다.

(2) 주피 조직

주피(周皮, periderm)의 조직은 목본식물의 2차 생장 과정에서 표피 조직이 탈락하거나 기능을 상실한 이후 이를 대체하여 외부 환경으로부터 식물체를 보호하고 내외부 간의 기체 교환을 조절하는 조직이다. 특히 줄기와 뿌리에서 1차 생장이 완료된 후 2차 생장이 시작되면, 표피 세포, 공변세포, 털 등의 구조는 외부로 밀려나 기능을 상실하고, 그 자리를 코르크형성층에서 유래한 주피의 조직이 대신하게 된다. 줄기에 주피가 형성되면, 과거 공변세포가 존재하던 부위의 바로 아래에서 코르크층의 세포들이 반

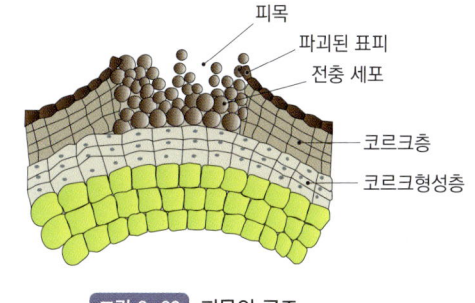

그림 2-39 피목의 구조

복적으로 분열하고 팽창함에 따라 구조적으로 돌출된 부위가 형성되는데, 이를 피목(皮目, lenticel)이라고 한다(그림 2-39). 피목은 주피 조직의 일부로, 내부에는 세포들이 느슨하게 배열되어 기체 교환을 용이하게 하는데, 이러한 세포를 전충세포(塡充細胞, complementary cell: 보충세포)라고 한다. 피목은 줄기뿐만 아니라 지표면 가까운 뿌리에서도 형성되며, 외부로부터 산소의 유입과 이산화탄소의 배출이 지속적으로 이루어지도록 한다.

피목은 공변세포와 달리 기공 개폐 능력이 없어 항상 개방된 상태를 유지한다. 이로 인해 식물체 내부에서 지속적인 기체 교환이 가능하며, 특히 산소의 공급과 이산화탄소 방출이 원활하게 이루어진다. 침엽수는 피목이 작고 미세하여 육안으로 관찰하기 어려우나, 활엽수는 뚜렷한 피목이 형성되어 수종의 동정과 분류에 유용한 정보를 제공한다(그림 2-40). 벚나무, 포플러, 자작나무 등은 가로로 길쭉한 피목이 뚜렷하게 나타나며, 참나무류나 호두나무 등은 세로 방향으로 긴 피목이 형성된다. 반면, 밤나무, 느티나무 등의 수종은 피목의 크기와 배열이 불규칙하다.

| 벚나무 | 호두나무 | 느티나무 |

그림 2-40 피목의 형태

또 피목의 크기와 개수는 식물의 생육 환경에 따라 달라질 수 있다. 습도가 높거나 토양의 통기성이 낮은 환경에서는 산소 공급이 원활하지 않아 피목이 확대되거나 그 수가 증가하는 경향을 보인다. 이러한 변화는 식물체가 환경에 적응한 결과로 해석되며, 피목의 발달 정도는 생리적 상태나 서식지의 특성을 반영하는 생태적 지표(ecological indicator)로도 활용될 수 있다.

2.3.2 관다발 조직계

관다발 조직계(維管束組織系, vascular tissue system)는 줄기, 잎, 뿌리 등 식물체의 여러 기관에 걸쳐 분포하는 관다발 조직이 연속적으로 연결되어, 마치 하나의 통합된 그물망과 같은 체계를 이루는 구조이다(그림 2-41). 이 조직계는 주로 물관부와 체관부로 구성되며, 물과 양분 등을 장거리로 운반하는 기능을 한다.

(1) 잎의 관다발 조직

잎의 관다발 조직은 전형성층의 분열로 형성되지만, 잎이 성숙하여 관다발 조직이 완성되면 전형성층은 소실된다. 일반적으로 물관부는 잎의 윗면(adaxial) 쪽에, 체관부는 아랫면(abaxial) 쪽에 위치하지만, 일부 식물에서는 이러한 배열이 다르게 나타나기도 한다. 관다발 조직은 주변을 둘러싼 후벽조직(厚壁組織)이나 유조직(柔組織)과 함께 잎의 기계적 지지와 물질 수송을 담당하는 구조적 단위를 이루며, 이를 엽맥(葉脈, leaf vein)이라고 한다. 엽맥은 엽병(葉柄, petiole)을 통해 줄기의 관다발과 연속적으로 연결되어 있어, 뿌리에서 흡

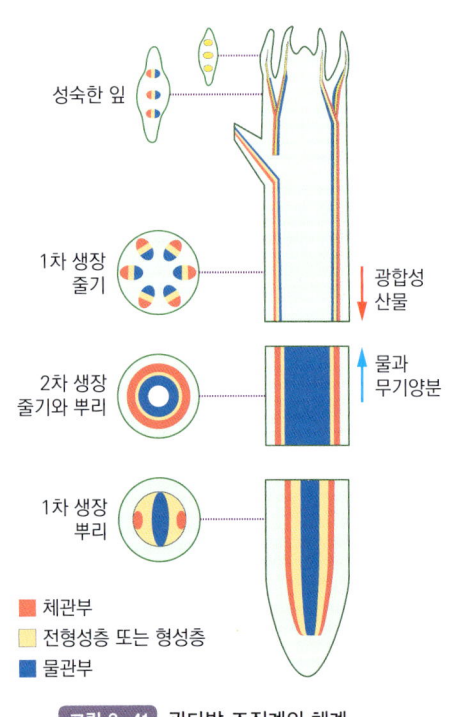

그림 2-41 관다발 조직계의 체계

수된 수분과 무기양분, 잎에서 생성된 유기양분이 식물체 내부를 따라 효율적으로 이동할 수 있도록 한다.

겉씨식물은 잎의 형태에 따라 엽맥 구조에서 뚜렷한 차이를 보인다. 넓은 잎(廣葉, broad leaf)을 갖는 은행나무는 엽병에서 10개 이상의 엽맥이 갈라져 나와 중간 지점에서 Y자형으로 분지(分枝)하여 가장자리를 향해 부채꼴로 퍼지는 차상맥(叉狀脈, dichotomous venation)을 형성한다. 반면, 소나무 같은 바늘 모양의 침엽(針葉, needle leaf)은 잎의 중심축을 따라 1~2개의 굵은 관다발이 평행하게 배치되며, 그 주위에 보조 관다발이 형성되기도 한다. 대부분의 침엽에는 1개의 관다발이 존재하지만, 소나무, 곰솔, 리기다소나무, 테에다소나무 등의 수종은 침엽에 2개의 관다발을 지닌다(그림 2-42). 또 측백나무 같은 비늘 모양의 인엽(鱗葉, scale leaf)은 침엽보다 구조가 단순하며 일반적으로 1개의 관다발만이 발달한다. 속씨식물의 엽맥은 주로 책상조직(柵狀組織, palisade tissue)과 해면조직(海綿組織, spongy tissue) 사이의 중간 부위에서 발달하며(그림 2-43), 분류군에 따라 그 배열 양상이 서로 다르다. 일반적으로 쌍떡잎식물에서는 굵은 주맥(主脈, primary vein)이 잎의 기부(基部)에서 시작하여 끝 방향으로 길게 뻗고 그 양옆에서 측맥(側脈,

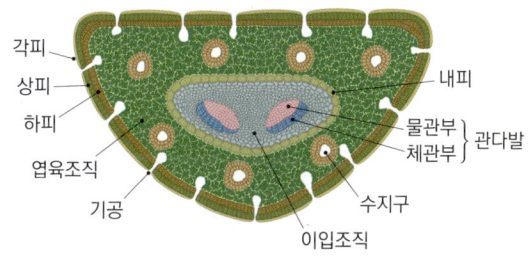

그림 2-42 소나무잎의 관다발 구조

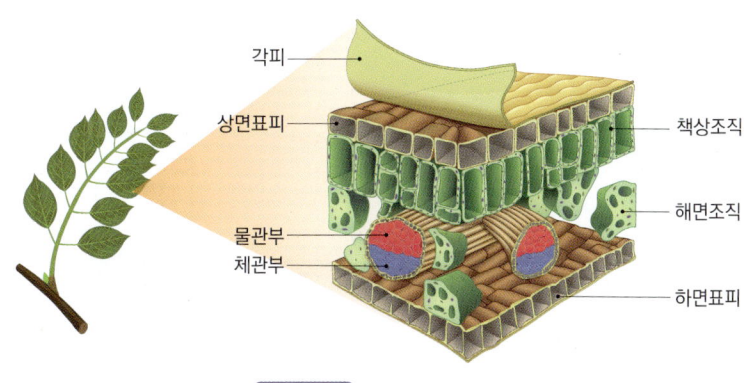

그림 2-43 쌍떡잎식물 잎의 관다발 구조

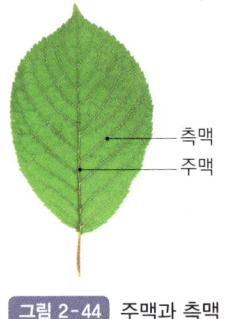

그림 2-44 주맥과 측맥

lateral vein)이 분지되어 잎 가장자리를 향해 퍼지는 형태를 이룬다(그림 2-44).

측맥은 다시 작은 세맥(細脈, minor vein)으로 분지되어 잎 전체에 미세하게 분포함으로써 그물망 구조를 형성한다. 이와 같이 주맥과 측맥, 세맥이 서로 얽혀 잎 전반에 분포하는 엽맥 배열을 망상맥(網狀脈, netted venation)이라 한다. 망상맥은 쌍떡잎식물에서 일반적으로 관찰되며, 그 형태에 따라 크게 우상맥(羽狀脈, pinnate venation)과 장상맥(掌狀脈, palmate venation)으로 구분된다. 우상맥은 주맥이 중심을 따라 뻗고 그 양옆으로 측맥이 깃털처럼 배열되는 구조이며, 장상맥은 기부에서 여러 개의 주맥이 손바닥 모양으로 갈라져 나오는 형태를 말한다. 그러나 실제 속씨식물의 엽맥 배열은 이 두 유형 외에도 다양한 변형 형태가 존재하며, 그 양상은 종마다 일정하고 비교적 안정된 형질로 나타난다. 따라서 엽맥의 배열 양상은 식물의 동정 및 계통 분류에서 중요한 기준이 되며, 이를 그림 2-45와 같이 여러 유형으로 세분화하여 활용하기도 한다.

교차세맥(交叉細脈, cross-venulate venation)

장상맥(掌狀脈, palmate venation)

종맥(縱脈, longitudinal venation)

우상맥(羽狀脈, pinnate venation)

평행맥(平行脈, parallel venation)

차상맥(叉狀脈, dichotomous venation)

호상맥(弧狀脈, arcuate venation)

망상맥(網狀脈, reticulate venation)

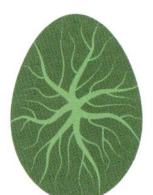
방사맥(放射脈, rotate venation)

그림 2-45 엽맥의 배열 유형

쌍떡잎식물 중 층층나무속에 속하는 말채나무, 산딸나무, 산수유, 층층나무 등은 주맥의 양옆으로 6~9쌍의 측맥이 발달하며, 이 측맥들이 잎 가장자리로 직접 퍼지지 않고, 끝 방향으로 완만한 곡선을 그리며 평행에 가깝게 배열된다(그림 2-46). 이와 같은 엽맥 배열은 겉보기에 평행맥(平行脈, parallel venation)과 유사해 보이므로, 일부 서적이나 도감에서는 이를 평행맥으로 분류하기도 한다.

그림 2-46 산딸나무의 엽맥 배열

그러나 이러한 구조는 실제로는 망상맥의 한 유형인 호상맥(弧狀脈, arcuate venation)에 해당한다. 호상맥은 측맥이 잎 가장자리 부근에서 완만한 곡선을 이루며 주맥과 평행하게 끝부분을 향해 이어지는 배열 형태로, 망상맥 중에서도 비교적 독특한 구조적 특성을 갖는다.

외떡잎식물은 일반적으로 엽맥이 엽병에서 잎의 끝까지 서로 평행하게 배열되는 평행맥을 갖는다. 그러나 예외적인 식물군에서는 이러한 전형적인 형태에서 벗어난 엽맥 구조가 관찰되기도 한다. 예를 들어, 청미래덩굴속, 천남성속, 마속의 일부 식물에서는 주로 평행맥을 가지면서도, 세맥이 서로 교차하여 그물망과 유사한 구조를 이루는 망상맥이 발달한다. 이처럼 외떡잎식물에서도 제한적인 범위 내에서 망상맥이 나타날 수 있다. 반면, 망상맥을 주요한 엽맥 형태로 갖는 쌍떡잎식물에서는 평행맥이 발달한 예는 매우 드물며, 실질적으로 평행맥을 갖는 종은 알려진 바가 거의 없다.

엽맥의 구조와 밀도는 식물이 생장하는 생육 환경에 따라 달라지며, 이는 환경에 대한 적응의 결과로 해석된다. 습윤한 환경에 적응한 식물은 엽맥 간격이 넓고 세포 간 공극이 크게 발달하여 수분과 양분을 신속하게 수송할 수 있는 구조를 형성한다. 반면, 건조한 환경에 서식하는 식물은 엽맥이 촘촘하게 배열되고 관다발이 굵고 견고하게 발달하여 수분을 장기간 보존할 수 있게 한다. 특히 겨울에도 잎을 유지하는 상록성 식물에서는 엽맥과 관다발 조직이 더욱 복잡하고 치밀하게 발달하여 수분 손실을 최소화하는 구조를 갖추게 된다. 이러한 구조적 특징은 식물이 다양한 환경에서 생존을 지속할 수 있도록 하는 중요한 생리적·형태적 적응 전략으로 작용한다. 한편, 잎의 엽맥은 엽병을 거쳐 줄기의 관다발과 연속적으로 연결되어 식물체 전체에서 물질이 통합적으로 이동하는 경로를 형성한다. 엽병의 횡단면에서는 여러 개의 관다발이 원형 또는 반원형으로 배열되어 있으며, 이들 관다발은 후각조직이나 후벽조직에 의해 둘러싸여 있어 바람이나 물리적 충격으로부터 보호된다. 외떡잎식물의 엽병에서는 이러한 관다발이 산재하여 불규칙한 분포 양상을 보이는 경우가 많다.

column

엽맥(葉脈, leaf vein)**의 진화**

　엽맥은 주로 물과 양분의 수송, 기계적 지지, 기체 교환을 담당하며, 관다발 조직과 이를 둘러싼 기계조직으로 구성된다. 엽맥은 진화적으로 구조적 복잡성과 효율성이 점차 증가하는 방향으로 발달해 왔으며, 이러한 변화는 식물이 다양한 육상 환경에서 번성하는 데 크게 기여하였다. 초기 종자식물인 겉씨식물은 물과 양분을 이동시키기 위한 구조가 덜 발달되어 있어 물과 양분의 수송이 비교적 비효율적이다. 잎이 크지 않고 단순한 구조를 가졌으며, 엽맥 또한 단순한 형태로 관다발 조직이 두꺼운 엽육조직에 묻혀서 엽맥의 형태로 두드러지지 않거나 은행나무처럼 엽맥이 Y자 모양으로 분시뇌는 차상맥이다. 차상맥은 물과 양분을 비교적 균등하게 배분할 수 있으나 엽맥이 손상될 경우 대응 능력이 제한적이라는 단점이 있다. 겉씨식물보다 진화된 쌍떡잎식물에서는 망상맥 구조가 발달한다. 망상맥은 엽맥이 그물처럼 얽혀 있는 형태로 크게 우상맥과 장상맥으로 구분된다. 우상맥은 하나의 주맥에서 깃털 모양으로 측맥이 갈라져 나가는 구조로 흔히 참나무류에서 볼 수 있다. 장상맥은 잎의 기부에서 여러 주맥이 방사형으로 뻗어나가는 구조로 단풍나무에서 관찰된다. 이러한 망상 구조는 엽맥을 통해 물과 양분을 잎 전체로 전달하는 데 효율적이며, 손상된 부위가 생기더라도 대체 경로를 통해 물질을 공급할 수 있다. 이러한 복잡한 구조는 잎이 더 큰 크기로 생장하는 데 기여하고, 다양한 환경에서 더 나은 광합성과 효율적인 물질 이동을 가능하게 한다. 한편, 외떡잎식물에서는 평행맥 구조가 발달한다. 평행맥은 주맥들이 평행하게 배열되어 잎의 길이 방향으로 뻗는 단순한 구조로, 물과 양분을 빠르게 이동시키는 데 적합하다. 이러한 구조는 주로 좁고 긴 잎을 가진 식물에서 관찰되며, 벼, 옥수수 등과 같은 식물이 이에 해당된다. 평행맥은 건조한 환경에서도 효율적인 물질 이동을 가능하게 하여, 빠르게 자라는 초본식물에게 유리한 구조적 특성을 제공한다.

(2) 줄기의 관다발 조직

　줄기의 관다발 조직은 크게 전형성층의 분열로 형성된 1차 관다발과 형성층에 의해 생성된 2차 관다발로 구성된다. 초본식물은 줄기를 포함한 식물체 전반에서 1차 생장만 이루어지므로 관다발 조직은 전적으로 1차 관다발로 제한된다. 반면, 목본식물은 1차 생장 이후 줄기가 굵어지는 2차 생장이 일어나고, 이 과정에서 형성층이 활발히 분열하여 지속적으로 2차 물관부와 2차 체관부를 생성하며 관다발 조직을 확장한다.

　1차 및 2차 관다발 조직의 형성과 기능은 분열조직에서 다루었으므로 여기서는 목본식물 줄기에 축적되는 2차 물관부, 즉 목재의 형성과 관련된 구조적 특성에 주목한다. 줄기 끝에서는 매년 새로운 1차 관다발이 생성되고 그 아래쪽의 2차 생장 부위에서는 전형성층이 형성층으로 분화하여 병층분열로 안쪽에 2차 물관부, 바깥쪽에 2차 체관부를 생성한다. 형성층은 분열 능력을 계속 유지하면서 새로운 관다발 세포를 지속적으로 공급한다. 그 결과 새롭게 생성된 물관부와 체관부는 형성층 인접 부위에 위치하고, 이전에 형성된 조직은 점차 중심부 또는 외곽으로 밀려난다. 이 과정에서 2차 물관부는 안쪽에 축적되어 목재를 형성하고, 2차 체관부는 외곽으로 이동하면서 시간이 흐름에 따라 점차 압축되거나 분해된다.

시간이 흐름에 따라 가장 안쪽의 1차 및 2차 물관부에는 수지, 타닌, 고무 등의 대사산물이 축적되어 수송 기능을 잃고 어두운색으로 변하며 단단해진다. 이처럼 기능을 잃고 변색된 부위를 심재(心材, heartwood)라고 한다(그림 2-47). 이와 달리 심재의 바깥쪽 물관부는 비교적 밝은 색을 띠며, 여전히 수분과 무기양분의 수송 능력을 유지하는 조직으로, 이를 변재(邊材, sapwood)라고 한다.

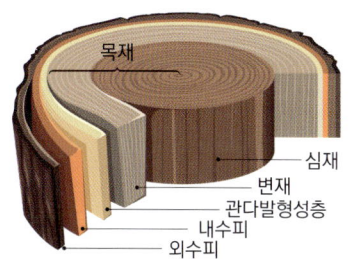

그림 2-47 목본식물의 심재와 변재

변재는 전반적으로 물과 무기양분을 수송할 수 있는 구조적 능력이 있지만, 그 전체가 실제로 수송하는 것은 아니다. 실제는 증산이 활발히 일어나는 잎과 직접 연결된 물관부, 특히 착엽기간(着葉期間)에 형성된 물관부가 수분 수송의 주된 경로가 된다. 이 시기에 형성된 물관부는 생리적 기능이 왕성하며, 수관의 잎과 긴밀히 연결되어 있어 수분을 효과적으로 이동시킨다. 반면, 이전 생육기나 생장 정지기에 형성된 물관부는 구조적으로는 수송이 가능하지만, 실제는 수송에 거의 참여하지 않으며, 이와 같은 영역은 비기능적 변재(non-functional sapwood)로 간주된다.

또 변재에서도 안쪽 물관부일수록 조직 노화, 병해, 수분스트레스 등에 의해 수송 경로가 점차 폐쇄되고, 그에 따라 수송 능력도 점차 감소한다. 이처럼 변재는 전체적으로 수송 능력을 갖추었지만, 실제 수송이 이루어지는 기능적 수송층은 제한된 범위에 불과하며, 그 범위는 수종, 수령, 생육 환경, 계절 등에 따라 달라진다. 즉 건조한 환경에서는 기능적 변재의 범위가 축소되지만, 수분이 풍부하고 생장이 활발한 환경에서는 비교적 두껍게 유지된다. 이러한 구조적·생리적 차이는 수목의 수분 수송 능력 평가, 생리적 활력 진단, 수목 관리 전략 수립에 중요한 기준이 된다.

(3) 뿌리의 관다발 조직

뿌리의 관다발 조직은 줄기의 관다발 조직과 연속적으로 연결되어 있으며, 근모나 표피 세포를 통해 흡수된 물과 무기양분을 지상부의 다양한 기관으로 운반하는 통합 경로를 형성한다. 이 조직은 전형성층의 분열을 통해 형성된 중심주

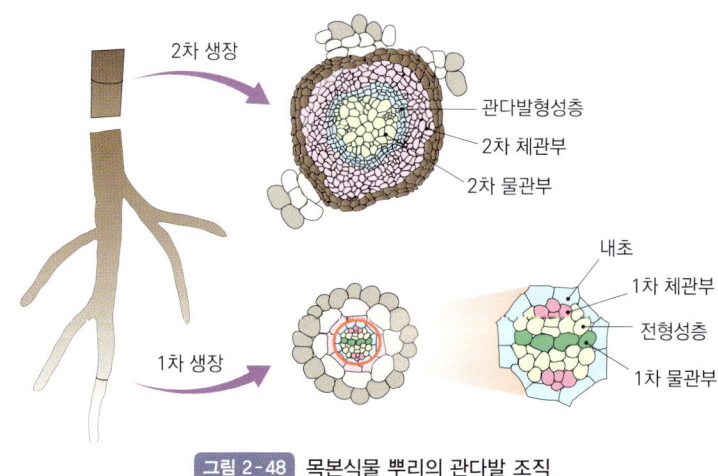

그림 2-48 목본식물 뿌리의 관다발 조직

의 관다발을 기본으로 하며, 목본식물에서는 줄기에서와 마찬가지로 형성층의 분열 활동에 따라 2차 물관부와 2차 체관부가 추가로 발달한다(그림 2-48).

목본식물의 뿌리는 줄기와 마찬가지로 2차 생장을 거치며, 전형성층과 내초의 일부 세포가 형성층으로 재분화되어 안쪽에는 2차 물관부, 바깥쪽에는 2차 체관부를 형성한다. 이때 생성되는 2차 물관부는 형성층의 안쪽으로 축적되어 뿌리의 목재를 이루지만, 일반적으로 줄기에 비해 심재가 뚜렷하게 나타나지 않거나 형성 시기가 늦게 나타나는 경향이 있다. 이는 줄기의 물관부가 장기적인 수송과 기계적 지지를 주된 기능으로 삼는 반면, 뿌리의 물관부는 주로 토양 내 수분과 무기양분을 효과적으로 흡수하고 지상부로 전달하는 기능에 집중되어 있기 때문이다. 따라서 뿌리에서는 구조적으로 심재의 분화가 지연되거나 약하게 나타나는 것이 일반적이다.

뿌리의 관다발 조직은 식물이 자라는 토양의 물리·화학적 특성, 수분 함량, 영양 상태 등 다양한 생육 환경에 따라 형태와 기능에 변화를 보인다. 예를 들어, 습윤한 환경에서는 관다발이 빠르게 발달하여 수분과 무기양분을 신속하게 흡수하고 이동시킬 수 있는 구조를 갖추며, 건조한 환경에서는 관다발이 더 치밀하고 응축된 형태로 발달하여 제한된 자원을 더 효율적으로 수송하고 보존할 수 있도록 한다. 이러한 뿌리의 구조적 특성과 2차 생장 양상은 지상부 슈트의 생장과 기능을 안정적으로 유지하는 데 기여하며, 수종에 따라 각기 다른 생리적 전략과 진화적 적응을 반영하는 중요한 생장 특성으로 작용한다.

2.3.3 기본 조직계

기본 조직계(基本組織系, ground tissue system)는 식물체 내에서 표피 조직계와 관다발 조직계를 제외한 모든 영역을 포괄하는 조직계로, 식물의 생리적 기능과 생태적 적응에 중요한 역할을 한다. 이 조직계는 유조직(柔組織, parenchyma), 후각조직(厚角組織, collenchyma), 후벽조직(厚壁組織, sclerenchyma) 등을 포함하며, 경우에 따라서는 수지, 점액, 타닌 등을 분비하는 특수한 분비조직(分泌組織, secretory tissue)이 포함된다. 이들 조직의 구조와 기능에 대해서는 앞서 영구조직(永久組織, permanent tissue)에서 이미 상세히 다루었으므로 여기서는 기본조직계의 생물학적 의의에 중점을 두어 살펴본다.

기본 조직계는 다양한 형태와 기능을 지닌 세포로 이루어졌으며, 식물체 내부에서 물질의 저장, 기계적 지지, 대사 작용, 환경 적응 등 다양한 생리적 기능을 담당한다. 또 표피 조직계 및 관다발 조직계를 둘러싸는 구조적 배경으로서 식물체의 구조적 안정성을 유지하는 데 기여한다.

환경 조건에 따라 기본 조직계는 구조를 유연하게 조절할 수 있다. 즉 건조한 환경에서는 물 저장 능력이 높은 유조직이 발달하고 기계적 지지가 요구되는 부위에는 후벽조직이 강하게 형성되지만, 습윤한 환경에서는 세포 간극이 확대되어 통기 기능이 강화된다. 구조적 유연성은 식물이 다양한 서식지에 적응하여 생존할 수 있도록 하는 핵심적인 진화적 특성이다.

유조직은 물, 당류, 전분, 지질 등의 물질을 저장하는 기능 외에도 광합성과 호흡 등 주요 대사 작용을 수행하는 중심 세포군이다. 이들은 특히 광합성이 활발한 부위에서 엽록체를 포함하여 탄소 동화 작용을 수행하며, 저장된 광합성 산물은 체관부를 통해 식물체 내 다른 부위로 수송된다. 이처럼 기본 조직계는 대사 생산과 저장의 중심이자 관다발 조직계와의 협력적 기능 수행을 통해 식물 전체의 생리 균형 유지에 기여한다.

기본 조직계는 또한 세포 간 물질 교환과 재분화 능력을 갖춘 조직으로, 유조직 내의 넓은 세포 간극과 벽공을 통해 이웃 세포와의 물질 이동이 원활히 이루어진다. 일부 유세포는 특정 조건에서 분열 능력을 회복하여 손상된 조직을 재생하거나 새로운 조직으로 분화하는 능력을 지니며, 분비조직 또한 대부분 유조직에서 유래하여 환경 반응과 방어에 중요한 역할을 한다.

기본 조직계는 표피 조직계 및 관다발 조직계와 유기적으로 상호작용하며, 식물체 내 물질의 흐름과 대사 활동을 통합적으로 조절한다. 예를 들어, 유조직에

*형태형성
식물체 내에서 세포의 분열, 신장, 분화를 통해 조직과 기관이 특정한 형태와 구조를 갖추어 가는 발달 과정을 의미한다. 이는 유전적 정보와 환경 요인의 상호작용에 의해 조절되며, 개체의 형태적 성체성을 결정짓는 핵심적인 생물학적 현상이다.

저장된 물질은 체관부를 통해 운반되고, 물관부를 통해 공급된 수분과 무기양분은 유조직 내에서 대사 작용에 활용된다. 이처럼 기본 조직계는 각 조직계 간의 기능적 연결망 속에서 중심적 역할을 한다.

마지막으로, 기본 조직계는 식물의 *형태형성(形態形成, morphogenesis)에도 크게 기여한다. 유조직, 후각조직, 후벽조직의 발달 방식과 배열 양상은 뿌리, 줄기, 잎, 꽃, 열매, 종자 등 모든 기관의 형태와 기능적 특성을 결정짓는 핵심 요소로 작용한다. 예를 들어, 잎의 두께와 질감은 유조직의 밀도와 배열에 따라 달라지며, 줄기의 직경과 강도는 후벽조직의 발달 정도에 따라 좌우된다.

테트라졸륨 염색법

테트라졸륨(tetrazolium) 염색법은 식물의 조직 내 대사 활성을 시각적으로 평가할 수 있는 생화학적 진단 기법으로, 주로 종자, 줄기와 뿌리의 정단 분열조직 및 형성층 등의 생리적 활력 상태를 판별하는 데 널리 활용된다. 이 방법은 조직의 외관이나 구조로는 확인하기 어려운 세포 수준의 생존 여부와 대사 활성을 밝혀낼 수 있어 수목 활력 진단, 종자 품질 평가, 분열조직이나 유조직의 피해 분석 등에 효과적으로 적용된다.

이 염색법은 마이토콘드리아의 전자전달계에서 작용하는 탈수소효소(脫水素酵素, dehydrogenase)의 활성을 기반으로 한다. 사용되는 테트라졸륨 염(2,3,5-triphenyltetrazolium chloride, TTC)은 무색 또는 옅은 색을 띠는 수용성 화합물로, 마이토콘드리아의 전자전달계에서 발생하는 전자($2e^-$) 및 수소이온($2H^+$)의 전달 반응에 의해 TTC가 붉은색의 불용성 화합물인 트리페닐포르마잔(triphenyl formazan)으로 환원된다. 트리페닐포르마잔은 흔히 포르마잔이라고 줄여서 부른다.

$$TTC(무색) + 2e^- + 2H^+ \longrightarrow 트리페닐포르마잔 (적색 불용성)$$

이때 대사 활성이 유지되고 있는 세포는 붉은색으로 선명하게 염색되며, 사멸하거나 대사가 정지된 세포는 TTC의 환원이 일어나지 않아 무색으로 남는다. 따라서 포르마잔의 생성 정도는 조직의 대사 활력과 정비례하며, 이를 통해 세포의 활성 상태를 정량적으로 평가할 수 있다.

조사 방법은 일반적으로 0.1~1% 농도의 TTC 용액에 대상 조직을 침지(沈漬)한 후 25~40℃에서 수 시간에서 최대 24시간까지 반응을 유도하는 방식으로 진행된다. 이때 조직은 사전에 충분한 수분을 흡수해야 하며, 반응 종료 후에는 증류수 또는 에탄올로 세척하여 반응하지 않은 TTC를 제거한다. 이후 조직 내 착색 정도는 육안 또는 광학현미경으로 관찰하며, 착색이 진하고 균일할수록 활력이 높고, 착색이 희미하거나 국소적으로 나타날 경우는 조직 손상 또는 활력 저하를 의미한다.

그러나 이 방법은 휴면기 조직처럼 대사 활성이 일시적으로 저하된 경우 실제로는 생존 상태임에도 불구하고 사멸 상태로 오인될 수 있는 한계가 있다. 또 염색의 민감도는 반응 온도, pH, 수분 함량, 조직의 종류 및 생리 상태에 따라 달라지므로 수종별·조직별 기준 설정과 반응 조건의 표준화가 필수적이다.

2.4 기관

식물의 기관은 표피 조직계, 관다발 조직계, 기본 조직계로 구성된 복합적인 구조로, 생존과 번식의 필수 기능을 수행하는 단위이다. 기관은 기능에 따라 영양기관과 생식기관으로 구분된다. 영양기관에는 잎, 줄기, 뿌리가 포함되며, 이들은 물과 무기양분의 흡수, 저장 및 수송, 광합성 등 식물의 생장과 생리작용 유지에 중요한 역할을 담당한다. 생식기관에는 꽃, 열매, 종자가 포함되며, 식물체가 번식하고 유전정보를 다음 세대로 전달하는 기능을 수행한다. 식물의 기관은 지상부와 지하부로 구분되기도 한다. 지상부에는 잎, 줄기, 꽃, 열매로 지상에 있는 기관이 포함되며, 지하부에는 주로 땅속에서 발달하는 뿌리가 포함된다. 기관은 각각의 기능을 수행하면서도 유기적으로 상호작용하여 식물체 전체의 생리적 균형을 유지한다. 여기서는 잎, 줄기, 뿌리로 이루어진 영양기관에 관해 다루고자 한다.

2.4.1 잎

잎은 정단 분열조직의 주변부에서 발생하는 작고 부풀어 오른 돌기인 엽원기(葉原基, leaf primordium)로부터 유래하며, 주로 광합성을 담당하는 주요 영양기관이다. 잎은 태양 빛이 내부의 광합성 조직에 효과적으로 도달할 수 있도록 구조적으로 발달하였다. 그러나 식물의 진화 경로, 분류군, 서식 환경에 따라 잎의 형태, 내부 조직 구조, 표면 특성, 배열 양상 등은 매우 다양하게 나타난다. 이처럼 잎의 특성은 환경 적응과 계통학적 특성을 반영하므로 매우 복잡하고 광범위한 변이를 보인다. 따라서 여기서는 잎의 모든 다양성을 설명하기보다는 목본식물이 포함되는 종자식물을 겉씨식물과 속씨식물로 구분하여 각 분류군에 속하는 잎의 대표적 구조와 특징을 중심으로 살펴보고자 한다.

(1) 겉씨식물의 잎

겉씨식물은 진화적으로 추운 지역이나 건조한 환경 등과 같은 열악한 조건에서 적응하면서 잎의 형태와 조직 구조 측면에서 커다란 변화를 겪은 분류군이다. 현존하는 겉씨식물은 계통적으로 4개의 문(門, phylum)으로 구성되며, 소철문, 은행나무문, 구과식물문과 우리나라에는 자생하지 않는 마황문이 이에 해당한다. 이들 중에서 은행나무문과 구과식물문에 속하는 식물은 모두 목본식물이며, 이들의 잎은 형태에 따라 광엽, 침엽, 인엽으로 구분된다. 잎의 형태적·구조적 차이는 계통적 특성뿐 아니라 서식지 환경에 대한 적응 전략과 밀접하게 관련되어 있으며, 겉씨식물의 분류와 생태적 역할을 이해하는 데 중요한 지표가 된다.

① 광엽

광엽(廣葉, broad leaf)은 은행나무의 잎에서 대표적으로 관찰되는 잎 형태로, 겉씨식물 가운데 유일하게 넓은 잎을 지닌 목본식물로 주목받는다. 은행나무는 단일 종으로만 은행나무문을 구성하는 계통학적으로 독특한 식물로, 다른 겉씨식물과 구분되는 형태적·생리적 특성을 보인다.

은행나무의 잎은 낙엽성으로, 엽병을 통해 줄기와 유연하게 연결되며, 부채꼴로 퍼지는 넓은 잎을 형성한다. 어린 시기에는 잎이 줄기에서 나선형으로 어긋나게 배열되며, 이를 나선상호생(螺旋狀互生, spiral phyllotaxis)이라고 한다. 이러한 배열은 개별 잎이 고르게 태양 빛을 받을 수 있도록 하여 광합성 효율을 극대화하는 데 기여한다. 식물이 성숙하면 줄기에서 짧은 가지인 *단지(短枝, short shoot)가 나선형으로 형성되며, 그 위에 잎이 밀집하여 *총생(叢生, clustered phyllotaxis)의 형태로 배열된다(그림 2-49).

잎의 표피는 한 층의 세포로 이루어져 비교적 얇지만, 바깥쪽에 각피(角皮, cuticle)가 잘 발달하여 있어 수분의 증발을 억제하는 역할을 한다. 특히 아랫면 표피에는 공변세포가 분포하여 기공을 형성하는데, 은행나무의 기공은 겉씨식물 중에서도 비교적 크고, 분포 밀도는 낮은 편에 속한다.

표피 안쪽에는 엽육조직이 발달하며, 엽육은 기능에 따라 뚜렷이 분화되어 있다. 윗면에는 광합성에 효과적인 책상조직(柵狀組織, palisade tissue)이 위치하고, 아랫면에는 세포 간극이 넓어 기체 교환에 유리한 해면조직(海綿組織, spongy tissue)이 자리한다. 엽육 내에는 관다발 조직이 포함되어 엽맥 구조를 이루며, 주된 엽맥은 잎 중앙에서 Y자형으로 분지되어 가장자리 방향으로 부채꼴로 퍼지는 차상맥(叉狀脈, dichotomous venation)을 형성한다.

은행나무는 구과식물과 달리 잎에 수지구(樹脂道, resin canal)가 거의 발달하지 않는다. 이는 은행나무가 구과식물과는 다른 진화 경로를 통해 부채꼴 광엽이라는 독립적인 잎 형태를 발달시켜 왔음을 시사하며, 겉씨식물 내에서 은행나무문이 가지는 독자적인 형태적·생태적 특성을 반영한다.

② 침엽

침엽(針葉, needle leaf)은 바늘 모양의 잎으로, 수분 손실을 최소화하는 구조적 이점을 지닌 형태이다. 이러한 침엽은 추운 기후나 건조한 환경에 적응한 식물에서 흔히 나타나며, 주로 구과식물문에 속하는 목본식물의 잎이 침엽이다. 침

---

*단지

길이가 짧은 가지를 의미하며, 영어에서는 short shoot, dwarf shoot, brachyblast 등의 용어로 표현된다. short shoot는 보통의 shoot보다 단순히 길이가 짧은 경우를 가리키며, 특정 발달 기작이나 유전적 특성이 내포되어 있지 않다. 반면, dwarf shoot는 유전적 또는 환경적 요인으로 비정상적으로 축소된 shoot를 의미한다. 또 brachyblast는 침엽수 등에서 마디 사이가 극도로 짧은 shoot를 지칭하는 전문 용어로 사용된다.

*총생

호생(互生, alternate: 어긋나기)의 한 형태로, 잎이 달리는 마디의 사이가 매우 짧아 마치 여러 잎이 한자리에 모여 있는 것처럼 보이는 배열을 말한다.

그림 2-49 단지에 총생하는 은행나무잎

엽을 가진 수종 중 일부는 연중 잎을 유지하는 상록성(常綠性), 일부는 계절에 따라 잎을 떨어뜨리는 낙엽성(落葉性)으로 구분된다. 즉 소나무속, 전나무속, 주목속, 가문비나무속 등은 상록성 침엽이며, 잎갈나무속, 낙우송속, 메타세쿼이아속 등의 수종은 낙엽성 침엽이다.

침엽인 구과식물은 대부분이 목본식물로, 잎의 특성 때문에 건조하고 추운 환경에서도 생존이 가능하여 산악지대와 같은 열악한 조건에서도 굵은 줄기를 형성하여 대량의 목재를 생산할 수 있다. 이러한 활용성 때문에 구과식물을 바늘 모양의 잎 특성을 반영한 침엽수(針葉樹, conifer)라고 부르지만, 일반적으로는 겉씨식물에 속하는 모든 목본식물을 통칭한다.

구과식물의 침엽은 줄기에 나선상호생으로 배열되거나 *이열호생(二列互生, distichous)으로 배열되어 모든 잎이 태양 빛을 고르게 받을 수 있는 잎차례(葉序, phyllotaxis)를 형성한다. 이러한 잎차례는 전나무속, 가문비나무속, 주목속, 낙우송속 등에서 흔히 나타난다. 다만, 메타세쿼이아속은 특이적으로 대생(對生, opposite: 마주나기) 잎차례이다.

한편, 소나무속 등은 여러 잎이 엽초(葉鞘, fascicle sheath)에 둘러싸여 엽속(葉束, fascicle)을 형성하는 속생(束生, fasciculate: 뭉쳐나기)하는 잎차례이며(그림 2-50), 엽속이 줄기에 나선상으로 배열된다. 엽속을 구성하는 침엽 개수는 수종에 따라 다른데, 소나무와 곰솔은 2개, 백송, 리기다소나무, 테에다소나무, 리기테에다소나무는 3개, 잣나무는 5개의 침엽이 하나의 엽속을 구성한다. 또 잎갈나무속 등의 수종은 줄기에 단지(短枝)가 나선상으로 형성되고 그 위에 20~40개의 잎이 하나의 엽속을 형성한다.

침엽의 표피는 상피(上皮, epidermis)와 그 아래의 하피(下皮, hypodermis)로 구성된 두 겹 구조를 이루며, 상피의 바깥쪽에는 두꺼운 각피가 발달한다. 공변세포는 잎의 표면보다 깊이 함몰되어 기공이 움푹 들어간 구조를 가지며, 이는 수분 손실을 줄이는 적응적 특징이다. 침엽 대부분은 기공의 크기가 작고 밀도는 상대적으로 높은 편이다.

표피 조직의 바로 아래에는 엽육조직이 발달해 있는데, 바깥쪽에는 책상조직, 그 안쪽에는 해면조직이 형성된다. 상록성 침엽에서는 이 두 조직이 뚜렷하게 분화되어 경계가 명확하지만, 낙엽성 침엽에서는 그 경계가 상대적으로 명확하지 않게 나타난다. 다만, 소나무속은 상록성 침엽이지만, 엽육조직의 분화가 미약해 책상조직과 해면조직이 구분되지 않고 잎 전체에서 광합성이 통합적으로

*이열호생

줄기의 축을 위에서 내려다봤을 때 인접한 잎들이 서로 다른 마디에서 180도를 이루게 배열되어, 두 열을 형성하는 잎차례를 말한다. 반면, 반대편의 잎이 같은 마디에서 서로 마주 보도록 배열되는 경우는 이열대생(二列對生)이라고 한다. 또 인접하는 잎들이 180도가 아닌 일정한 각도로 어긋나게 배열되는 경우는 나선상호생이라고 한다.

그림 2-50

엽초에 둘러싸여 속생하는 소나무잎

이루어진다.

대부분의 침엽에서는 표피 안쪽의 엽육조직 내에 수지를 합성하여 저장하거나 분비하는 수지구가 형성된다. 상록성 침엽에서는 여러 개의 수지구가 발달하는 반면, 낙엽성 침엽에서는 수지구의 발달이 관찰되지 않거나 극도로 미약하다. 또 상록성 침엽을 갖는 수종 중에서도 주목속은 특이하게 수지구가 거의 발달하지 않는다. 수지구의 형성 위치와 개수는 동일한 속(屬, genus)에서도 수종에 따라 차이를 나타내며, 환경적 요인이나 생리적 특성에 따라 다양하게 나타난다.

엽육의 안쪽에는 한 겹의 내피(內皮, endodermis)가 형성되어 물과 양분의 이동을 통제하며, 소나무속 일부 수종에서는 카스파리 띠(Casparian strip)가 관찰되기도 한다. 내피 안쪽에는 헛물관세포와 유세포로 구성된 이입조직(移入組織, transfusion tissue)이 자리하며, 이 조직은 관다발에서 전달받은 물과 양분을 엽육 전체로 빠르게 전달하는 역할을 한다. 이러한 구조는 건조하고 극한 지역에 적응한 상록성 침엽에서 두드러지게 발달하는 반면, 상대적으로 습윤한 환경에 적응한 주목속이나 낙엽성 침엽인 수종에서는 발달이 미흡하다. 또 내피와 이입조직은 은행나무 같은 광엽이나 인엽에서는 거의 찾아보기 어려운 상록성 침엽의 독특한 특징이라 볼 수 있다.

③ 인엽

인엽(鱗葉, scale leaf)은 구과식물의 일부 수종에서 관찰되는 특유의 잎 형태로, 좁고 얇으며 비늘처럼 겹쳐 나는 구조를 지닌다. 이러한 인엽은 잎의 표면적을 극도로 줄여 수분 증발을 최소화하고, 침엽보다도 더 압축된 구조를 지님으로써 혹독한 환경에서 생존력을 높인다. 일반적으로 측백나무속, 눈측백속, 편백속, 향나무속 등에서 발견되며, 이들 식물은 대체로 건조하거나 한랭한 기후에 적응하면서 상록성으로 생장한다.

인엽은 줄기에 겹쳐서 달리며, 폭이 매우 좁아 바늘 모양의 침엽보다도 더 축소된 형태를 보인다. 식물체 전체로 보면 잎 표면적이 극도로 적어 증산을 최소화할 수 있도록 설계된 구조이다. 측백나무속이나 편백속은 대체로 이열호생의 잎차례이지만, 마디에 3~4장의 잎이 방사상으로 배열되는 윤생(輪生, whorled: 돌려나기)을 보이기도 한다. 향나무속 등 일부 수종은 어릴 때는 침엽 형태를 나타내다가 성숙하면서 점차 인엽이 발달해 최종적으로는 인엽이 우세해지는 현상을 나타내기도 한다.

인엽은 침엽과 마찬가지로 상피와 하피 두 층으로 구성된 표피 조직을 가지며, 상피 외부에는 침엽보다 두꺼운 각피가 형성되어 있다. 공변세포는 잎의 표면보다 깊이 함몰되었지만, 침엽보다는 상대적으로 덜 함몰되었다. 인엽의 공변세포는 주로 아랫면에 부분적으로 밀집되어 분포한다. 인엽의 기공은 은행나무의 광엽보다 작고 밀도가 높으며, 침엽보다는 크고 밀도는 낮다. 엽육은 두께가 매우 얇고 내부 부피가 작아 침엽이나 광엽처럼 책상조직과 해면조직이 분명히 구분되지 않는 경우가 많다. 세포 간극도 제한적이어서 기체 교환은 주로 함몰 기공 주변으로 국한된다.

인엽은 침엽과 마찬가지로 수지구가 발달하지만, 향나무속의 일부 수종은 수지구의 발달이 미약하거나 관찰되지 않는다.

(2) 속씨식물의 잎

속씨식물은 꽃을 피워 열매를 맺으며 그 속에 종자가 들어 있는 식물군으로, 현화식물(顯花植物, flowering plant)이라고도 한다. 분류 체계에서는 속씨식물이 겉씨식물의 *자매군(姉妹群, sister group)으로 취급되어 하나의 문(門, phylum)으로 분류된다. 육상 식물 중 속씨식물이 차지하는 비율은 90%가 넘으며, 종의 수와 형태적 다양성 측면에서 진화적으로 성공적인 식물군으로 평가된다.

최근 APG(Angiosperm Phylogeny Group) IV 분류 체계에 따르면, 속씨식물은 64목으로 세분화되지만, 일반적으로는 진화 경로에 따라 초기에 분화된 기저 속씨식물과 목련군, 이후에 분화된 진정쌍떡잎식물, 외떡잎식물의 네 분류군으로 구분된다. 기저 속씨식물과 목련군은 속씨식물의 특징을 완전하게 나타내지는 않지만, 두 개의 떡잎(子葉, cotyledon)이 있다는 점 때문에 진정쌍떡잎식물과 함께 쌍떡잎식물로 통칭된다. 쌍떡잎식물은 주로 넓은 잎을 가지며 목본식물을 포함하는 반면, 외떡잎식물은 좁은 잎을 가지고 대부분 초본식물로 구성된다. 이러한 특성을 반영하여 쌍떡잎식물의 목본식물을 활엽수(闊葉樹, broadleaf tree)라고 부른다.

활엽수의 잎은 호생, 대생, 속생, 윤생 등의 다양한 잎차례를 나타낸다. 잎은 크게 엽신(葉身, leaf blade), 엽병(葉柄, petiole), 탁엽(托葉, stipule)으로 구성된다. 엽신은 잎의 넓고 평평한 부분으로, 넓은 표면적을 활용해 태양 빛을 최대한 흡수하며, 기공을 통해 이산화탄소를 받아들이고 산소를 배출하는 등 광합성 작용에 필수적인 역할을 한다. 엽병은 엽신과 줄기를 연결하는 가느다란 줄기 형태의 부분으로 잎을 줄기에서 효과적으로 지지하고, 잎이 최적의 방향으로 펼쳐져 빛

***자매군**
직전의 공통 조상, 즉 가장 최근의 공통 조상을 공유하는 생물군이다. 다시 말하면, 공통 조상에서 갈라진 그룹이 자매군이 된다. 가장 가까운 관계에 있는 서로 다른 2종은 자매종, 가장 가까운 관계에 있는 두 분기군은 자매 분기군이라고 부른다.

을 최대한 받을 수 있도록 돕는다. 탁엽은 엽병과 줄기가 만나는 부위에 양측으로 위치한 작은 돌출 조직으로, 그 모양과 크기가 매우 다양하다. 진화 과정에서 탁엽은 가시, 덩굴손, 비늘, 실 등의 다양한 형태로 변화되거나 퇴화하기도 하며, 주로 잎의 발생 초기 단계에서 신생 잎이나 봉오리를 외부의 기계적 손상이나 병원균으로부터 보호하는 기능을 한다.

이러한 잎의 구성 요소들 중에서 엽신은 광합성을 통해 목재 생산에 직접적인 영향을 미치므로 여기서는 활엽수 엽신의 구조와 기능에 대해서 좀 더 상세히 서술하고자 한다.

활엽수의 잎은 분열 상태에 따라서 크게 단엽(單葉, simple leaf)과 복엽(複葉, compound leaf)으로 구분된다. 단엽은 단풍나무처럼 하나의 엽병에 하나의 잎이 붙은 구조이며, 복엽은 아까시나무처럼 하나의 엽병에 여러 작은 잎, 즉 소엽(小葉, leaflet)이 붙은 구조이다. 복엽은 소엽의 배열에 따라 장상복엽(掌狀複葉, palmately compound leaf)과 우상복엽(羽狀複葉, pinnately compound leaf)으로 구분된다. 장상복엽은 여러 소엽이 한 지점에서 방사형으로 퍼져 나가고, 우상복엽은 소엽들이 엽병의 양쪽에 깃 모양으로 배열된다.

잎의 외부를 덮는 표피 조직은 표피 세포, 공변세포, 모용(毛茸, leaf hair) 등으로 구성된다. 햇빛을 받는 윗면의 상면표피(上面表皮, upper epidermis, adaxial epidermis)와 아랫면의 하면표피(下面表皮, lower epidermis, abaxial epidermis)는 기능과 구조에 차이가 있다. 상면표피는 투명하여 바로 아래의 엽육조직으로 빛이 잘 통과되며, 세포 표면에는 각피가 발달하여 수분 손실이 방지한다. 특히, 겨울철에도 잎을 유지하는 상록수는 낙엽수보다 각피가 두껍게 발달하여 건조하거나 추운 시기에 수분 손실을 최소화한다. 상면표피에는 일반적으로 공변세포가 적어 기공 밀도가 매우 낮지만, 일부 습한 환경에 적응된 수종은 상면표피에 낮은 밀도의 기공이 관찰된다. 또한 상면표피에는 모용이 발달하지 않으나, 건조하거나 강한 햇빛에 노출된 환경에서는 모용이 발달하기도 한다. 이러한 수종으로는 포플러류, 무화과나무, 복숭아나무 등이 있다.

반면, 하면표피는 상면표피보다 얇고 덜 투명하며, 각피도 얇으며, 공변세포가 많이 분포하여 기공 밀도가 높다. 이는 빛을 받는 역할보다는 가스 교환과 수분 조절에 초점을 맞춘 기능적 구조 때문이다. 건조하거나 햇빛이 강한 환경에 적응한 나무에서는 수분 손실을 줄이기 위해 하면표피에 모용이 발달하는 경우가 많다.

엽육조직은 잎의 주된 광합성 조직으로, 크게 책상조직과 해면조직으로 구분된다. 책상조직은 상면표피 바로 아래에 세로로 긴 유세포들로 촘촘하게 배열되어 형성된다. 이 조직의 세포에는 해면조직보다 많은 엽록체가 분포하여 더 짙은 녹색을 띤다. 일반적으로 책상조직은 1~2층의 세포층으로 구성되지만, 상록수는 2~3층으로 더 촘촘하고 두껍게 발달한다. 특히 건조한 환경에서는 책상조직이 더 두꺼워지는 경향을 나타낸다.

해면조직은 하면표피의 바로 위쪽에서 발달하며, 불규칙한 모양의 세포들이 느슨하게 배열되어 세포 간극이 넓다. 이러한 구조는 이산화탄소와 산소의 이동을 원활하게 하여, 광합성 과정에서 필요한 가스 교환이 효율적으로 이루어지도록 한다. 그러나 건조한 환경에서는 해면조직의 세포 간극이 좁아지고 밀도가 높아져서 수분 보존에 적합한 구조로 변화된다. 반대로, 습윤한 환경에서는 세포 간극이 넓어져서 기체 교환이 더욱 원활하게 이루어지도록 변화된다.

2.4.2 줄기

줄기는 지상부의 기관을 뿌리와 연결하며, 물과 양분을 수송하고 식물체를 지지하는 기능을 수행한다. 줄기의 가장 끝부분에서는 잎과 눈의 원기가 새로 형성되는데, 이때 눈의 원기는 잎 원기의 바로 위쪽에 가까이 붙어 만들어진다. 잎과 눈이 자리 잡은 부위를 마디(節, node)라고 한다.

잎 원기는 발달하여 독립된 기관인 잎이 되고, 눈 원기는 줄기의 부속기관인 눈으로 발달한다. 눈은 나중에 발달하여 꽃이 되거나 새로운 줄기를 형성하여 잎을 만들어 내는데, 꽃으로 발달하는 눈을 꽃눈(花芽, floral bud), 새로운 줄기가 되어 잎을 만들어 내는 눈을 잎눈(葉芽, foliar bud)이라고 부른다. 잎눈이 발달해 형성된 새로운 줄기는 흔히 곁줄기, 곁가지(側枝, lateral branch), 또는 간단히 가지(枝, branch)라고 한다. 이와 반해, 원래의 주된 줄기는 일반적으로 원줄기라고 하지만, 목본식물에서는 이를 수간(樹幹, stem)이라고 부른다. 따라서 목본식물의 줄기는 크게 수간과 가지 그리고 이들에 부속된 눈으로 구분할 수 있으며, 여기서는 이러한 분류에 따라 줄기의 구조에 대해서 살펴보고자 한다.

(1) 수간

수간은 신장생장과 비대생장을 통해 목재 생산의 중심이 되는 부분으로, 발달 상태에 따라 1차 생장이 일어나는 신초(新梢, current shoot) 부위와 2차 생장으로 목재가 형성되는 몸통 부위(trunk)로 구분할 수 있다.

신초 부위에는 마디가 촘촘하게 밀집되어 있으며, 이 마디 사이 세포들의 분열과 성숙 과정을 통해 줄기가 길어지는 신장생장이 이루어진다. 이 부분의 바깥쪽은 표피 조직으로 둘러싸여 있고, 안쪽에는 피층, 관다발, 수가 발달해 있다. 이들은 대부분이 1차 세포벽을 가진 세포로 구성되며, 단단한 2차 세포벽을 가진 세포는 매우 적다. 따라서 조직이 전체적으로 연한 상태를 유지한다. 온대에서는 봄철에 1차 생장이 왕성해지면서 연한 줄기인 순(筍, sprout)이 새로 발생하는데, 일부 식물의 순은 식용으로도 쓰인다. 몸통 부위에서는 표피가 기능을 잃고 떨어져 나가면서 주피가 이를 대체한다. 주피를 포함하여 형성층 바깥쪽에 있는 조직 전체를 통칭하여 수피(樹皮, bark)라고 한다. 수피는 크게 외수피(外樹皮, outer bark)와 내수피(內樹皮, inner bark)로 구분되며, 내수피에는 살아 있는 세포로 구성된 체관부, 피층, 코르크피층, 코르크형성층이 포함된다. 반면, 외수피는 죽은 세포로 구성된 코르크층으로 구성된다.

한편, 형성층 안쪽에서는 물관부 조직이 지속적으로 축적되어 목재가 형성된다. 침엽수의 목재는 수분 통도세포(헛물관세포)가 약 90%, 나머지 10%를 섬유세포와 유세포가 차지하며, 일부 침엽수는 목재에 수지구가 발달한다. 활엽수의 목재는 수분 통도세포(헛물관세포와 물관세포)가 20~60% 차지하고, 이와 비슷한 비율로 섬유세포가 존재해서 단단한 물리적 성질을 나타낸다. 이 때문에 활엽수의 목재를 경재(硬材, hardwood), 침엽수의 목재를 연재(軟材, softwood)로 구분하지만(그림 2-51), 일본잎갈나무, 편백 등 일부 침엽수는 일반적인 활엽수보다 강도가 높고, 포플러나 오동나무 등 일부 활엽수는 침엽수보다 강도가 낮다. 그렇지만 목재의 분류 체계에서는 일반적으로 침엽수의 목재를 연재, 활엽수의 목재를 경재로 구분한다.

침엽수의 연재

활엽수의 경재

그림 2-51 목본식물의 연재와 경재

*아린
눈의 연약한 분열조직을 보호하는 작은 비늘 모양의 구조물이다. 줄기의 정단 분열조직은 잎이나 꽃의 원기에 둘러싸여 보호를 받는데, 눈이 형성될 때 가장 바깥쪽 원기가 발달하여 아린이 된다. 대부분의 아린은 외부 자극이나 수분 손실 등으로부터 눈의 분열조직을 효과적으로 방어하기 위해 끈적이는 보호물질로 덮여 있다.

(2) 눈

눈은 줄기나 꽃으로 발달할 분열조직이 생장을 일시적으로 중단하고, *아린(芽鱗, bud scale)이나 털 등의 구조에 의해 보호되는 형태로 존재하는 생장 단위이다. 일반적으로 온대의 목본식물에서는 줄기의 정단 분열조직이 일정 기간 신장생장을 이끌다가 계절적 변화나 생리적 요인에 따라 생장이 중단되고 눈의 형태로 전환된다. 이러한 눈은 내·외부 조건이 적절해지면 줄기나 꽃으로 발달하게 되는데, 꽃으로 발달하는 꽃눈은 후술할 생식생장에서 다루기로 하고, 여기서는 줄기로 발달하는 잎눈을 중심으로 그 구조와 기능을 살펴보고자 한다.

① 눈의 종류

식물의 눈은 형성 부위에 따라 정아(頂芽, apical bud), 측아(側芽, lateral bud), 부정아(不定芽, adventitious bud)로 구분된다(그림 2-52). 정아는 수간의 정단부에 위치하며, 슈트 정단 분열조직을 포함한다. 정아는 생장 대기 상태에서 새로운 조직을 지속적으로 형성하고, *옥신(auxin)을 분비하여 다른 눈의 생장을 억제함으로써 정단우성(頂端優性, apical dominance: 정아 우세성)을 유지한다. 이를 통해 식물체 전체의 생장 방향과 형태가 결정된다. 그러나 정아가 제거되거나 손상되면 기존에 억제되었던 측면의 눈이 활성화되어 곁가지로 발달하고, 이로 인해 식물체의 생장 패턴이 크게 달라지기도 한다.

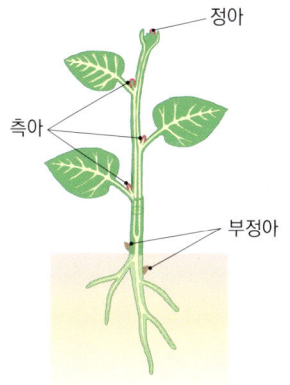

그림 2-52 눈의 형성 위치

측아는 슈트 정단 분열조직에서 유래된 눈의 원기가 잎겨드랑 등 줄기의 측면에 형성된 것으로, 조직의 정단부에는 슈트 정단 분열조직과 유사한 분열조직이 포함되어 있다. 정단우성이 작용하는 동안에는 측아의 발달이 억제되어 휴면(休眠, dormancy) 상태를 유지하지만, 정아의 영향력이 약해지면 발달을 시작한다. 또 측아는 정단우성 외에도 여러 요인으로 오랜 기간 발달이 정지될 수 있는데, 이를 잠아(潛芽, latent bud)라고 한다. 잠아는 외부 환경이나 내부의 억제 신호가 완화될 때까지 휴면 상태를 유지하다가 조건이 적합하면 다시 발달한다. 한편, 잎겨드랑이에 형성된 측아를 액아(腋芽, axillary bud)라고도 하는데, 측아는 줄기 측면에 생기는 모든 눈을 통칭하는 반면, 액아는 그중에서도 잎겨드랑이의 눈만을 가리킨다.

부정아는 정단 분열조직이 아닌 다른 줄기나 뿌리의 조직에서 형성된 눈으로, 상처나 환경 스트레스 등과 같은 외부 요인에 의해 유도된다. 여기서 혼동하기 쉬운 용어로 맹아(萌芽, sprout)가 있는데, 이는 눈이 실제로 생장하여 새싹으로 돋아나는 현상 자체를 의미한다. 따라서 부정아도 맹아가 될 수 있지만, 모든 부정아가 반드시 맹아로 발달하는 것은 아니다.

② 눈의 휴면과 발달

슈트 정단 분열조직은 줄기의 신장생장이 일시적으로 멈추어 정아가 형성되더라도, 분열 활동을 통해 새로운 잎과 눈의 원기를 만들어 내고 옥신을 생산하는 등 다양한 활동을 수행한다. 이러한 기간에 측아는 정단우성의 영향으로 발달이 억제되어 휴면 상태가 되는데, 이를 외재휴면(外在休眠, paradormancy)이라고 한다(그림 2-53). 외재휴면 상태의 측아는 생장에 적합한 환경이 되어도 곧바로 생장하지 못한다.

*옥신

식물호르몬의 한 종류로, 트립토판을 전구체로 하여 합성되는 아미노산 유도체이다. 이 호르몬은 식물의 정단우성, 굴성, 잎차례, 신장생장, 형성층의 세포분열, 뿌리 형성 등의 거의 모든 발달 과정에 관여하여, 식물체의 구조와 형태를 결정하고 다양한 환경에 적응할 수 있도록 돕는다.

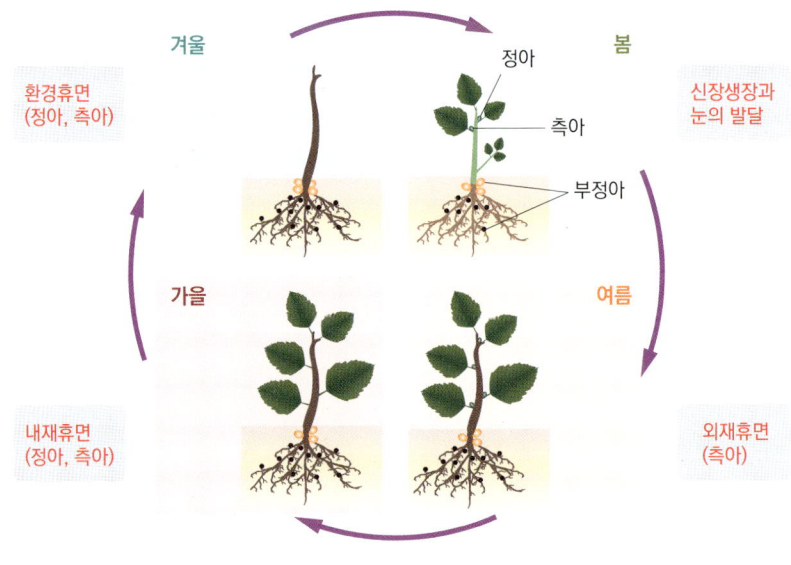

그림 2-53 계절에 따른 눈의 발달과 휴면

*****인지질**

글리세롤 분자에 두 개의 지방산과 하나의 인산기가 결합된 분자 구조를 가지며, 지방과 유사하지만 극성 부분과 무극성 부분을 모두 지니고 있다. 이러한 양친매성 성질 덕분에 인지질은 세포막과 같은 생체막의 주요 구성성분으로 작용하며, 세포 내부와 외부의 물질 교환, 신호 전달 등 다양한 생리적 기능을 수행한다.

*****불포화지방산**

지방산은 포화지방산과 불포화지방산으로 구분된다. 포화지방산은 모든 탄소 원자가 수소로 완전히 포화되어 있어 더 이상 수소가 첨가될 수 없는 반면, 불포화지방산은 탄소와 탄소의 결합 부위에 하나 이상의 수소가 추가될 수 있다. 이러한 결합은 지방산의 구조에 구부러짐을 유발하여, 액체 상태를 유지하는 성질을 부여하며, 생리적 및 영양학적 측면에서 중요한 역할을 한다.

*****항산화물질**

산화 반응을 억제하여 세포와 조직이 산화적 손상으로부터 보호받도록 돕는 물질들을 총칭한다. 주요 항산화 작용을 하는 물질로는 카로티노이드, 플라보노이드, 아이소플라본, 비타민 C와 E, 토코페롤 등 다양한 종류가 있다.

　　가을철이 되면 모든 눈은 다가올 겨울의 불리한 생장 환경에 대비하여 왁스나 *인지질(燐脂質, phospholipid)과 같은 방수 물질이 함유된 두꺼운 아린을 형성하고, 내부 조직에는 당분, *불포화지방산(不飽和脂肪酸, unsaturated fatty acid), *항산화물질(抗酸化物質, antioxidants) 등을 축적하여 내동성(耐凍性, freezing resistance)을 높인다. 이러한 과정은 일장(日長, day length)이나 온도 변화 같은 환경 신호에 의해 유도되며, 저온 및 외부 스트레스에 대한 저항성이 강화된 뒤 마침내는 휴면 상태로 들어간다. 이 휴면 상태를 내재휴면(內在休眠, endo-dormancy) 또는 자발휴면(自發休眠, spontaneous dormancy)이라 한다.

　　내재휴면은 겨울철이 시작될 무렵에 시작되며, 이 시기의 눈은 크기가 두드러지게 커지는데, 이를 흔히 동아(冬芽, winter bud)라고 한다. 동아는 일정 기간 저온에 노출되어야 휴면이 해제되며, 휴면이 해제되어도 외부의 환경이 생장에 적합하지 않으면 여전히 휴면 상태를 유지한다. 이와 같이 내재적 및 외재적 휴면 요인이 아닌 환경 조건 때문에 생장이 억제된 상태를 환경휴면(環境休眠, eco-dormancy)이라 하는데, 이 시기에는 생장 준비가 이미 완료되어 있으므로 외부 환경이 적절해지면 곧바로 생장 활동이 재개된다. 이상과 같은 휴면 상태의 눈을 통칭하여 휴면아(休眠芽, dormant bud)라고 하며, 각 휴면 단계마다 해제에 필요한 조건이 충족되면 다시 생장과 발달을 이어 나간다.

(3) 가지

가지는 햇빛을 효율적으로 받아들이도록 나무의 측면으로 뻗어나가며, 많은 잎을 형성해 광합성 면적을 넓히고 *수관(樹冠, crown)을 확장하는 역할을 한다. 가지는 주로 측아나 부정아와 같은 눈에서 발생하는데, 이 눈 속에는 슈트 정단 분열조직과 유사한 분열조직이 있어 수간과 마찬가지로 신장생장과 비대생장이 모두 일어난다.

수간의 정단부에 가까운 가지는 정단우성의 영향으로 생장이 억제되어 수관 폭이 비교적 좁게 형성되지만, 아래로 내려갈수록 정단우성의 영향력이 약해지고 뿌리에서 생성된 *사이토카이닌(cytokinin)의 작용이 커져 가지의 생장이 촉진된다. 그 결과 수관 하부에서는 가지가 무성해지면서 전체적으로 원추형에 가까운 수관을 띤다. 침엽수는 정단우성이 오랫동안 유지되어 성숙한 나무에서도 원추형 수관이 뚜렷한 편이지만, 활엽수는 성숙해지면서 정단우성의 영향이 줄어들어 원추형 수관을 계속 유지하지 못하는 경우가 많다. 수종에 따라서는 가지의 마디 간격이 극도로 짧아, 잎이나 꽃이 밀집해 나는 경우가 있는데, 이를 단지(短枝, short shoot)라고 한다(그림 2-55). 이와 대조되는 일반적인 가지를 장지(長枝, long shoot)라고 한다. 단지는 침엽수와 활엽수 모두에서 발견되지만, 구조와 유지 기간에서는 서로 차이를 보인다.

침엽수에서 단지는 다년생 구조로, 같은 위치에서 매년 새로운 잎이 나와 이전 잎을 교체하며 오랜 기간 유지된다. 이러한 단지는 어린나무보다 수관이 커지고 가지가 복잡해진 성숙한 나무에서 두드러진다. 침엽수 중에는 단지가 뚜렷한 수종도 있으나, 소나무속 등 일부 수종에서는 단지의 형태가 분명치 않아 구별하기 어렵다. 소나무속은 엽속의 기부를 엽초가 감싸고 있어 엽초가 사실상 단지와 유사한 기능을 수행하므로 이를 단지로 간주하기도 한다. 다만, 엽초와 단지는 발생 기원과 발달 경로가 달라, *상동기관(相同器官, homologous organ)으로 보기는 어렵다.

활엽수의 단지는 침엽수와 달리 주로 일년생 가지이며, 매년 봄 새싹이 돋을 때 새로 형성된다. 이때 마디 사이가 극히 짧아 잎과 꽃이 밀집해 나오는 것이 특징인데, 이러한 수종은 벚나무속, 모과나무속, 산사나무속, 명자나무속 등의 장미과(Rosaceae)에서 흔히 찾아볼 수 있다. 이들 활엽수에서는 봄철에 꽃과 잎이 한꺼번에 밀집해 피어나는 단지가 형성되며, 다음 해에는 다시 새로운 단지가 동일한 방식으로 생겨난다.

---

*수관

수간 윗부분의 가지와 잎이 갓 모양을 이루는 부분을 말한다 (그림 2-54).

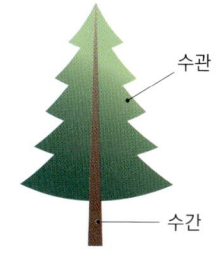

그림 2-54 목본식물의 수간과 수관

*사이토카이닌

식물호르몬의 한 종류로, 생장을 조절하고 세포분열을 촉진하는 역할을 한다. 이 호르몬은 휴면을 타파하고 잎과 측아의 생장을 촉진하며, 잎과 과일의 노화를 방지하는 등 다양한 생리적 과정을 조절하여 식물의 전반적인 생장과 발달, 생리적 균형 유지에 기여한다.

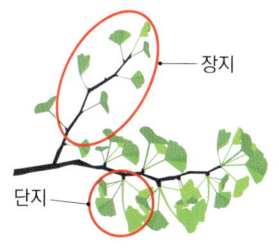

그림 2-55 은행나무의 장지와 단지

*상동기관

형태나 기능은 다를 수 있으나 진화적 기원이 동일한 기관을 말한다. 즉 이러한 기관은 공통 조상으로부터 유래되어 여러 종에서 공유되며, 단순히 해부학적 구조뿐 아니라 유전자, 단백질, 행동양식 등 다양한 생물학적 수준에서 상동성이 논의된다.

2.4.3 뿌리

뿌리는 뿌리 정단 분열조직의 활동으로 땅속으로 자라며, 토양에서 물과 무기양분을 흡수하고 줄기를 통해 운반된 양분을 저장하면서 식물체를 안정적으로 지지한다. 뿌리는 크게 주근(主根, primary root)과 주근의 내초에서 형성된 측근(側根, lateral root)으로 구분되는데, 측근도 주근과 유사한 분열조직을 갖추고 있어 신장생장과 비대생장이 이루어지고 새로운 측근을 형성한다. 그러나 줄기와 달리 생상 활동이 일시적으로 중단되더라도 눈이 생기지 않고, 옥신에 의해 유도되는 정단우성 현상도 나타나지 않는다.

주근과 측근은 새로운 측근을 반복적으로 형성해 땅속에 복잡한 근계(根系, root system)를 구축한다. 때로는 주근이나 측근이 아닌 줄기, 잎 등의 비정형적인 부위에서 뿌리가 발생해 근계의 일부가 될 수도 있는데, 이를 부정근(不定根, adventitious root)이라고 한다. 부정근은 주로 뿌리가 손상되었거나 불리한 환경에 처했을 때 생존을 위해 발생하며, 삽목(揷木, cutting)과 같은 무성번식 과정에서도 형성된다.

식물의 근계는 주근과 측근의 발달 형태에 따라 주근계(主根系, taproot system)와 수근계(鬚根系, fibrous root system)로 구분된다(그림 2-56). 주근계는 하나의 주근이 뚜렷하게 발달하여 땅속 깊숙이 뻗으면서 식물체를 단단히 지지하고, 심층 토양에 있는 물과 무기양분을 효율적으로 흡수한다. 겉씨식물과 쌍떡잎식물의 목본식물에서 보편적으로 나타난다. 수근계는 주근과 측근의 구분이 명확하지 않고 여러 개의 뿌리가 비슷한 크기로 발달해 토양 표면을 넓게 덮어 표층의 물과 무기양분을 빠르게 흡수한다. 수근계는 초본식물인 외떡잎식물에서 흔히 볼 수 있지만, 삽목으로 번식된 목본식물에서도 부정근이 발생하여 수근계의 형태를 띠기도 한다.

주근계를 갖는 목본식물의 뿌리는 오랜 기간 생장과 발달을 거치며, 생육 환경에 적응하기 위해 다양한 형태와 기능으로 변화한다. 이러한 뿌리는 기능에

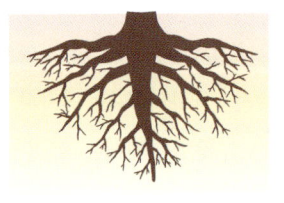 

(a) 주근계 (b) 수근계

그림 2-56 식물의 근계

따라 식물체가 쓰러지지 않도록 물리적으로 지지하는 지지근(支持根, prop root), 물과 무기양분을 흡수하는 흡수근(吸水根, absorptive root), 탄수화물 등의 물질을 저장하는 저장근(貯藏根, storage root) 등으로 구분할 수 있다. 또한 역할에 따라 근계의 중심을 이루는 어미근(母根, mother root), 새로운 토양 영역을 개척하는 개척근(開拓根, pioneer root)으로 구분하기도 한다. 더 나아가 형태적 특성에 따라 직근(直根, taproot), 수근(鬚根, fibrous root), 세근(細根, fine root) 등으로, 생장 방향에 따라 수평근(水平根, horizontal root), 수직근(垂直根, vertical root), 경사근(傾斜根, oblique root), 심장근(心臟根, heart root) 등으로 분류하기도 한다. 이러한 뿌리의 변화와 특성화는 식물이 다양한 환경 변화에 적응해 살아남는 중요한 전략으로 각 뿌리는 고유의 기능을 통해 목본식물이 안정적으로 생장하고 자원을 효율적으로 이용할 수 있도록 한다.

목본식물과 초본식물의 체제적 차이점

종자식물은 생물 분류 체계와는 별개로 목본식물과 초본식물로 구분한다. 이들은 각각 생존 전략에 적응한 결과로 세포부터 조직, 조직계, 기관에 이르기까지 확연히 구별되는 형태적·구조적 특징이 있다. 이러한 특징은 단순히 외형상의 차이를 넘어 생장 방식, 생태적 역할, 산업적 활용 등의 다양한 측면에서 중요한 의미를 지닌다.

목본식물은 수년에서 수백 년에 이르는 긴 수명 주기를 통해 2차 생장을 지속하면서 식물체를 점차 두껍게 만들어 목재와 주피를 축적한다. 이로써 극한 기후, 강풍, 병해충 등의 외부 스트레스에 오랜 기간 견디며, 목재나 종이를 비롯한 다양한 산업적 자원을 생산한다.

반면 초본식물은 한해살이 또는 여러해살이 형태로 생애 주기가 짧으며, 빠르고 유연한 생장을 가능하게 하는 조직을 발달시킨다. 줄기와 뿌리가 목질화되지 않아 구조적 내구성은 낮지만, 단기간에 자원을 효율적으로 흡수하고 빠르게 번식할 수 있는 특성이 있다. 이러한 특성 때문에 초본식물은 곡류, 채소, 사료, 약용식물 등 인류가 일상적으로 활용하는 주요 식량 자원으로 자리잡는다.

목본식물은 두꺼운 2차 세포벽을 가진 후벽세포와 형성층에서 지속적으로 생성되는 2차 물관부 때문에 줄기와 뿌리가 견고하게 발달한다. 이에 더해 표피가 주피로 대체되어 외부 충격과 병원체의 침입으로부터 효과적으로 보호된다. 반면, 초본식물은 주로 얇은 1차 세포벽을 갖는 유세포가 많아 빠른 생장을 가능하게 하지만, 두꺼운 주피가 없어 외부 충격에 취약하다.

또 목본식물은 깊은 뿌리와 굵은 줄기를 통해 물과 양분을 장기간 축적하고, 오랜 기간 거대한 수관을 형성하지만, 초본식물은 얕고 넓게 퍼진 뿌리로 표층 자원을 신속히 흡수하고, 연한 조직으로 계절이나 서식 환경의 변화에 빠르게 대응한다. 이처럼 목본식물은 2차 조직의 축적을 통해 장기적인 생존과 강한 기계적 지지를 확보하는 전략을, 초본식물은 짧은 생애 주기와 빠른 성장·번식을 통해 자원을 효율적으로 이용하는 전략을 취하며, 이러한 차이가 자연 생태계 내에서 각 식물군이 서로 다른 역할을 수행하도록 만든다.

    수목의 생장은 영양생장과 생식생장이라는 두 과정이 유기적으로 연계되어 이루어진다. 영양생장은 잎, 줄기, 뿌리 등 영양기관이 발달하는 생장으로, 광합성으로 생성된 동화산물을 저장하고 세포 분열과 분화를 통해 식물체의 구조를 확장한다. 반면, 생식생장은 생식기관의 발달을 시작으로 배우자 형성, 수정, 종자 생성에 이르는 유성생식 과정이며, 종의 번식과 유전적 연속성을 유지하는 데 핵심적인 역할을 한다. 일반적으로 생육 초기에는 생존 기반을 마련하기 위한 영양생장이 우선하여 나타나며, 이 시기에 이루어지는 수고생장, 직경생장, 뿌리생장은 수목의 형태 형성과 생존 전략의 핵심이 된다. 이러한 생장은 산림 과학 분야에서 목재 생산성과 수목 활력 평가의 주요 지표로 활용된다. 이후 동화산물의 축적과 외부 환경 조건이 유성생식에 유리해지면 생식생장이 본격화된다. 생식생장은 종자식물 내에서도 겉씨식물과 속씨식물이 생식 방식에서 진화적으로 분기하면서 생식기관의 구조, 수정 방식, 종자 형성 기작 등에서 뚜렷한 차이를 보인다. 예를 들어, 겉씨식물에 속하는 침엽수는 구과를 통해 배우자가 형성되며, 단순한 구조와 단일수정에 기반한 생식 체계를 유지한다. 반면, 속씨식물에 속하는 활엽수는 꽃이라는 복합 기관을 발달시키고, 중복수정과 배유 형성 등 정교한 생식 체계를 갖추었다. 이처럼 수목의 생장을 구성하는 두 생장 과정을 체계적으로 이해하는 일은 수목 생리에 대한 기초 개념의 정립뿐만 아니라, 산림 조성, 숲가꾸기, 묘목 생산, 천연 갱신 유도 등 다양한 응용 분야의 기반이 된다.

    본 장에서는 수목의 영양생장과 생식생장을 각각의 구조, 생리 기작, 생태적 의의를 중심으로 살펴보고자 한다.

제3장

수목의 영양생장과 생식생장

김판기

───

3.1 영양생장
3.2 생식생장

3.1 영양생장

수목의 영양생장은 수고, 직경, 뿌리의 발달을 통해 식물체의 구조를 확장하고, 광합성 능력과 물질 저장 능력을 증대시키며, 탄소 고정과 목재 생산이라는 산림의 주요 기능을 뒷받침하는 생장 기작이다. 수고생장은 정단분열조직의 세포분열에 의해 이루어지며, 수목이 높이 자라면서 상층에서 빛을 확보하고 광합성 효율을 극대화할 수 있도록 한다. 직경생장은 관다발형성층의 분열로 수간과 가지의 지름이 증가하는 과정으로, 수목의 기계적 안정성과 장기 생존 기반을 마련하는 데 기여한다. 뿌리생장은 토양 내 수분과 무기양분의 흡수와 지지력을 확보하여 수목이 안정적으로 생육할 수 있도록 한다. 뿌리는 지속적으로 신생 조직을 분화·확장하여 생존과 생장을 물리적·생리적으로 뒷받침한다. 이처럼 수고생장, 직경생장, 뿌리생장으로 대표되는 영양생장은 수목이 환경에 적응하고 장기적인 생존과 생장을 유지하는 기초가 되며, 산림 생태계에서 탄소 흡수와 목재 생산이라는 생태적·경제적 기능을 실현하는 데 핵심적인 역할을 한다.

3.1.1 수고생장

수목의 수고생장(樹高生長, height growth)은 수간(樹幹, stem) 정단부에 위치한 슈트 정단 분열조직과 1차 분열조직의 세포분열 활동으로 수고가 높아지고, 가지와 잎으로 구성된 수관(樹冠, crown)이 상부로 확장되는 생장이다. 수목은 이 과정을 통해 상층부에서 안정적으로 빛을 확보하여 광합성 효율을 극대화하며, 생존과 번식에 유리한 생육 조건을 마련한다. 특히 다수의 식물이 함께 자라는 산림 환경에서는 수고생장을 통해 수관이 높은 위치에 도달한 수목이 빛 자원을 독점하여 경쟁적 우위를 확보하고, 종자의 확산 가능성을 높이는 데도 중요한 역할을 한다.

(1) 수고생장 유형

수고생장의 양상은 수목의 유전적 특성과 생육 환경의 상호작용에 따라 다양하게 나타나며, 진화적 적응 결과로 각 수종은 고유한 수고생장 방식을 형성하였다. 대표적인 수고생장 유형은 고정생장(固定生長, fixed growth), 자유생장(自由生長, free growth), 온대 수종에서 관찰되는 반복생장(反復生長, rhythmic growth)으로 구분된다(그림 3-1). 이러한 생장 유형은 수목의 생육 주기, 환경 적응도, 생리적 전략을 이해하는 데 핵심적인 기준이 된다.

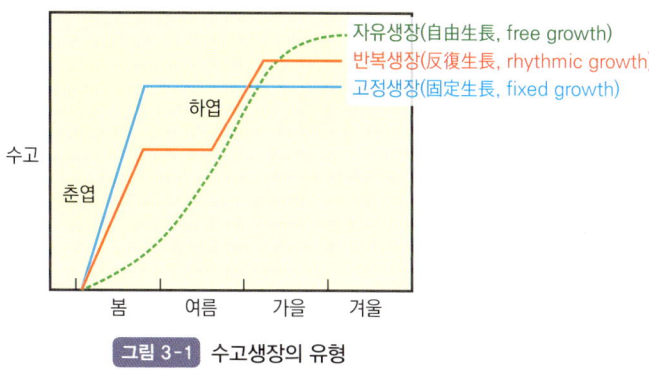

그림 3-1 수고생장의 유형

① 고정생장

고정생장(固定生長, fixed growth)은 수목의 정아(頂芽, terminal bud)에 미리 형성된 잎, 눈, 마디(node) 등 여러 기관의 원기(原基, primordium)를 바탕으로 일정한 범위에서만 수고생장이 이루어지는 생장 유형이다. 이러한 생장 방식은 일반적으로 봄의 짧은 기간에 집중적으로 수고생장이 진행되고, 이후 생장이 멈추면서 정아가 형성되는 주기적 특성이 있다. 새로 형성된 정아 내부에는 이듬해 봄에 전개될 기관 원기가 이미 분화되어 있으며, 바깥은 외부 환경에서 보호되도록 다수의 인편(鱗片, bud scale)으로 덮여 있다. 이와 같은 구조의 눈을 밀폐형 눈(closed bud)이라고 하며, 겨울의 한랭 및 건조로부터 내부의 분열조직과 원기를 안전하게 보호한다.

이듬해 봄, 기온 상승과 일장(日長, day-length) 증가에 따라 정아의 휴면이 해제되면 내부에 형성되어 있던 기관 원기가 빠르게 전개되면서 인편이 파열되고 생장이 시작된다. 먼저 마디에서 잎과 측아(側芽, lateral bud)가 발달하고, 마디사이(節間, internode)가 길어지면서 본격적인 수고생장이 진행된다. 이 과정에서 슈트 정단 분열조직에서는 옥신이 생성되어 아래쪽으로 *극성 이동(極性移動, polar transport)하고, 어린 조직에서는 지베렐린이 합성되어 세포의 분열과 신장을 촉진한다. 그러나 이 시기에는 새로운 기관 원기가 추가로 형성되지 않으며, 전년도에 형성된 원기의 수만큼만 생장이 이루어지므로 연간 수고생장량은 제한된다.

고정생장을 하는 수목은 봄 수고생장기에 일괄적으로 전개된 춘엽(春葉, early leaves)만을 가지며, 이후에는 생장이 정지되어 추가적인 신장이 이루어지지 않는다. 이로 말미암아 줄기에는 해당 연도의 생장 부위와 이전 연도의 생장 부위가 구분되는 생장 절흔(節痕, growth scar) 또는 윤곽이 뚜렷한 생장 경계선이 형성

*극성 이동

식물호르몬이나 특정 물질이 세포 내 또는 조직 내에서 일정한 방향성을 가지고 이동하는 현상을 말한다. 대표적으로 옥신은 정단에서 기저부 방향으로 일관되게 이동하며, 이러한 방향성은 세포막의 수송 단백질에 의해 조절된다.

그림 3-2 고정생장을 하는 수목의 줄기에 나타나는 절흔(節痕)과 가지의 층상 구조

되어, 해마다의 생장 단위가 계단처럼 뚜렷이 드러나는 구조적 특징을 보인다(그림 3-2). 특히 소나무속과 같은 침엽수에서는 매듭 부위마다 줄기를 중심으로 가지가 윤생(輪生, whorled arrangement)하는 층상(branch whorl) 구조가 나타난다. 이로 말미암아 수간에 나타난 절흔이나 가지 층의 개수를 기준으로 수목의 나이(樹齡, tree age)를 추정할 수 있다. 또 매듭 사이의 거리, 즉 연간 신장된 줄기의 길이는 해당 연도의 기온, 강수량, 영양 상태 등 생육 환경의 영향을 반영하므로 이를 통해 과거의 생장 조건이나 기후 변화 양상을 유추하는 생태학적 지표로도 활용된다. 그러나 기상이 불안정하거나 생장이 반복적으로 일어나는 특수한 조건에서는 한 해에 여러 개의 매듭이 형성될 수도 있어 수목의 나이 추정 시 이러한 변동 가능성을 고려해야 한다.

고정생장 수목은 수고생장이 정아에서 정아로 이어지는 방식으로 진행되며, 수간이 곧게 자라고 단일 축을 이루는 단축형 수간(單軸形樹幹, monopodial stem)을 형성한다(그림 3-3). 이와 같은 수형은 직선적이고 균일한 수간 구조를 갖추므로, 목재 생산성 측면에서 유리하며, 경제림 조성에 적합한 생장 형태로 평가된다. 또 수고생장이 정해진 시기에 제한적으로 이루어지므로 생장이 완료된 이후에는 겨울 저온스트레스나 눈(雪)에 의한 피해를 최소화할 수 있다. 이와 같은 생장 전략은 냉대 및 온대 기후에 적응하여 진화한 것으로 해석된다. 이와 같은 고정생장 특성은 주목속의 일부 수종과 비자나무를 제외한 대부분의 침엽수에서 공통적으로 나타난다. 또한 이와 같은 생장 특성은 낙엽성 참나무류를 비롯한 밤나무, 단풍나무, 물푸레나무, 느릅나무, 피나무 등 주요 온대 낙엽 활엽수에서도 관찰된다. 아울러 동백나무와 같은 난대 상록 활엽수에서도 고정생장 유형 수고생장이 확인된다.

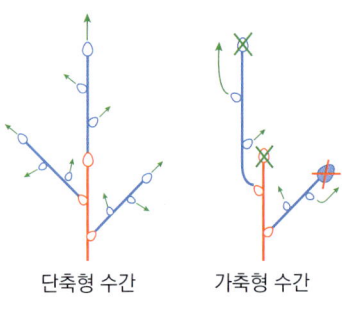

그림 3-3 단축형 수간과 가축형 수간

한편, 최근 기후 변화의 영향으로 일부 고정생장 유형에서 연간 두 차례 이상의 수고생장이 나타나는 반복생장(反復生長, multiple flush growth) 사례가 보고되고 있다. 이러한 현상은 온난한 지역에서 강수량과 기온이 예년보다 높고, 생육 기간이 길어진 경우에 주로 발생한다. 봄철 생장이 종료된 이후에도 환경 조건이 지속적으로 양호할 경우, 여름철에 추가적인 수고생장이 유도되기도 하며, 이는 대체로 양분 상태가 풍부하고 생리적 스트레스가 적은 수목에서 관찰된다. 우리나라 중부 및 남부 지역, 그리고 일본의 일부 지역에서는 소나무속 수종에서 여름철에 제한적인 추가 생장이 보고된 바 있으며, 이러한 현상은 고정생장 수종에서 드물게 나타나는 예외적인 생장 반응으로 여겨진다.

② **자유생장**

자유생장(自由生長, free growth)은 정아의 내부에 다음 해 전개될 기관 원기가 충분히 형성되지 않은 상태로 휴면에 들어가며, 이듬해 생육기에 새로운 원기가 지속적으로 생성되면서 수고생장이 연속적으로 일어나는 생장 방식이다. 이러한 유형은 주로 계절 변화가 뚜렷하지 않고 생장에 필요한 자원이 풍부한 열대 수목에서 보편적으로 나타난다.

온대에서 자유생장을 하는 수목은 정아 내부에 기관 원기가 미완성된 상태로 겨울을 맞이하며, 인편의 구조가 느슨하거나 아예 없는 개방형 눈(open bud)을 지닌다. 개방형 정아는 휴면기간 동안 외부 환경에 직접 노출되므로 저온과 건조에 취약하며, 실제로 정아가 고사(枯死)하는 사례도 빈번히 발생한다. 정아가 고사하면 다음 해 수고생장은 고사한 정아 바로 아래의 측아가 자라면서 이어지며, 결과적으로 정아가 연속적으로 수고생장을 이끄는 단축형 수간이 아니라 측아가 수목의 축을 대체하는 가축형 수간(假軸形樹幹, sympodial stem)을 형성한다. 이로 인해 수간은 곧고 직선적인 형태를 유지하기 어렵고, 수형은 개방적이고 불규칙한 형태로 나타나는 경향이 크다.

자유생장 수목은 생장기 내내 환경 조건에 민감하게 반응하며, 봄부터 가을까지 연속적으로 수고생장을 지속한다. 봄철에 형성되는 춘엽(春葉, early leaves)은 상대적으로 작고 조직 발달이 미약하지만 빠르게 전개되어 초기 광합성을 가능하게 하며, 이후 여름에는 두껍고 크며 엽록체 밀도가 높은 하엽(夏葉, late leaves)이 전개되어 강한 빛에 적응하면서 고효율의 광합성을 한다. 하엽은 각피와 표피조직이 두껍고, 엽맥이 치밀하게 발달하여 수분 손실을 억제하는 동시에 구조적 안정성을 확보한다.

가을이 되어 생육 조건이 악화되면 분열조직의 생장 활동이 둔화되고 옥신의 생산이 감소함에 따라 정단부에서는 마디사이가 짧아지고 잎이 밀집되며, 수형은 점차 느슨한 형태를 띤다. 정아가 고사하여 측아가 수간을 이어가는 경우가 반복되면 수관은 여러 방향으로 확산하고, 가지 배열 또한 불규칙해진다. 그러나 이와 같은 구조는 손상에 대한 회복 능력을 높이는 생태적 전략으로 작용한다.

특히 하천변, 습지, *교란(攪亂, disturbance)이 빈번한 지역에서는 이러한 자유생장 방식이 수목의 생존과 재생력을 높이는 중요한 기작으로 작용한다. 특히 정아가 손상되더라도 측아가 신속히 발달하여 생장을 이어가는 능력은 교란 이후 빠른 회복과 재생장을 가능하게 한다.

> ***교란**
> 군집구조를 흩트리고 가용자원, 물질 가용성 또는 물리적 환경을 변화시키는 사건을 의미한다.

온대에서 자유생장을 하는 대표적 수종으로는 은사시나무, 호랑버들, 수양버들, 오리나무, 느릅나무, 가래나무 등이 있다. 이들 수종은 온난하고 양분과 수분이 풍부한 환경에서 생장점이 휴면 없이 생장기 동안 연속적으로 신장하는 특성을 보이며, 전형적인 자유생장 유형의 수종으로 분류된다.

③ 반복생장

반복생장(反復生長, rhythmic growth, multiple flush growth)은 한 해의 생장기 동안 수고생장과 정아 형성이 두 차례 이상 반복되는 생장 유형이다. 이러한 생장 양상은 국내 기존 문헌에서 고정생장이나 자유생장과 구별되는 독립된 수고생장 유형으로 명확히 분류되는 사례가 드물지만, 실제로는 우리나라와 일본 등 온대 지역 수종에서 반복적으로 관찰된다.

반복생장은 그 발생 원인에 따라 내재적 반복생장과 환경 의존적 반복생장으로 구분된다. 내재적 반복생장(rhythmic growth)은 수종 고유의 생리적 주기(physiological rhythm)에 따라, 신장과 정지가 반복적으로 일어나는 생리적 생장 유형이다. 반면 환경 의존적 반복생장(multiple flush growth)은 이상고온, 수분 과다, 병충해, 가지치기 등 외부 자극으로 정아의 휴면이 비정상적으로 해제되면서 수고생장이 일시적으로 재개되는 현상을 의미한다. 이러한 환경 의존적 반복생장은 불규칙하게 나타나며 반복성이 없고, 일부 고정생장 유형 수종에서 예외적으로 관찰된다. 따라서 여기서는 수목의 내재적 생리 주기에 따라 반복적으로 나타나는 내재적 반복생장을 중심으로 서술한다. 이러한 생장 유형은 국내외 문헌에서는 고정생장 또는 자유생장의 한 형태로 분류되는 경우가 많으나, 생리적 발생 원인과 형태학적 특성이 뚜렷이 구별되므로 독립된 생장 유형으로 다룰 필요가 있다.

내재적 반복생장을 보이는 수목은 전년도에 형성된 밀폐형 정아(apical closed bud) 속에 존재하는 기관 원기가 이듬해 봄 일제히 발달하여 첫 번째 수고생장을 개시하는 점에서 고정생장 수종과 유사한 특징을 지닌다. 그러나 여름이 되면 새롭게 형성된 정아 내부에서 다시 기관 원기가 분화되어 동일 생장기 내에 두 번째 수고생장이 일어나는 것이 특징이다. 이러한 두 번째 생장은 여름철 생장에 유리한 환경이 조성되는 온대 기후에 적응한 결과이다. 이 시기에는 온도, 일조량, 수분 등 생장에 필요한 자원이 풍부하므로 수목은 이를 활용하여 추가적인 수고생장을 일으킨다. 이를 통해 동일한 생장기 내에서 수고생장을 한 차례 더 반복함으로써 연간 생장량을 효과적으로 증가시킬 수 있다.

반복생장을 나타내는 수목은 일반적으로 밀폐형 정아를 형성하지만, 정아의 발달 기간이 고정생장 수종보다 짧아 완전히 밀폐된 형태로 발달하지 못하는 경우가 많다. 이러한 미완성 정아는 겨울철 극심한 저온이나 건조한 환경에 노출되면 쉽게 고사하며, 그 아래쪽에 있는 측아가 활성화되어 수고생장을 지속하게 된다. 이러한 수고생장은 기존의 단축형 수간에서 가축형 수간으로의 전환을 유도하며, 결과적으로 줄기의 형태가 불규칙하게 변화할 수 있다. 또 반복생장을 나타내는 수목의 가지에는 봄철 첫 번째 수고생장기 동안 전개된 춘엽과 여름철 두 번째 수고생장기 동안 전개된 하엽이 함께 존재하는 경우가 많으며, 이러한 가지를 이엽지(異葉枝, heterophyllous shoot)라고 한다. 이엽지는 반복생장의 생리적 특성을 잘 보여주는 형태적 지표로 여겨진다.

이와 같은 반복생장 전략은 생육 조건이 양호한 해에 연간 수고생장량을 극대화하고, 단기간에 확보된 자원을 생장에 효율적으로 활용함으로써 수목의 생장 경쟁력을 높인다. 동시에 이는 환경 변화에 유연하게 대응할 수 있는 생장 유연성을 부여하며, 생태적 적응 측면에서 중요한 진화적 의미를 지닌다.

온대에서 내재적 반복생장이 나타나는 대표 수종으로는 왕벚나무, 산벚나무, 목련, 때죽나무 등이 있다. 이들 수종은 한 해의 생장기 동안 신장과 휴면이 주기적으로 반복되는 생장 리듬을 보이며, 이는 고정생장이나 자유생장과는 구별되는 독자적인 수고생장 유형으로 구분된다(표 3-1). 그러나 현재까지의 국내외 문헌에서는 이러한 생장 유형이 고정생장이나 자유생장으로 분류되는 경우가 적지 않으며, 반복생장을 하나의 독립된 생장 유형으로 인식하고 정립하려는 시도는 매우 제한적이다. 따라서 반복생장은 수고생장 분류 체계 내에서 독립된 유형으로 정립되어야 한다.

표 3-1 온대 수목의 수고생장 유형

	고정생장	자유생장	내재적 반복생장	환경 의존적 반복생장
수고생장	밀폐형 정아에서 한 번만 생장	개방형 정아에서 지속적으로 생장	밀폐형 정아에서 2회 이상 생장	밀폐형 정아가 외부 환경 조건에 따라 가변적으로 생장
조절 인자	생리	생리	생리	환경
신초 형성	봄 1회	연속적으로 형성	봄 1회, 여름 1~2회	봄 1회, 여름 불규칙 (조건 충족시에만 발생)
형태적 특징	비대한 정아, 짧은 신초, 생장 절흔	정아의 발달이 미약하거나 없음. 신초기 길고 유연함. 생장 경계가 불명확함.	정아 있음. 신초 길고 유연. 생장 절흔 불명확.	여름 가지가 굴절되거나 부정 위치에서 신장.
환경에 대한 생장 반응	낮음 (주로 온도에 반응)	매우 높음 (수분, 양분, 빛에 반응)	낮음 (생리적 리듬이 우선하며, 여름에는 수분, 양분, 빛에 반응)	매우 높음 (기상, 양분, 가지치기 등 외적 요인에 반응)
수종	소나무, 곰솔, 잣나무, 전나무, 가문비나무, 편백, 측백, 신갈나무, 상수리나무, 졸참나무, 떡갈나무, 갈참나무, 밤나무, 물푸레나무, 자작나무, 느티나무, 피나무, 단풍나무, 동백나무 등	은사시나무, 이태리포플러, 호랑버들, 수양버들, 오리나무, 물오리나무, 느릅나무, 가래나무 등	왕벚나무, 산벚나무, 목련, 때죽나무, 개옻나무, 모감주나무 등	테에다소나무, 구주소나무, 대왕소나무, 밤나무, 느티나무, 너도밤나무, 미국흰참나무, 참꽃단풍 등

(2) 수고생장과 수형

수목의 수고생장 방식은 정단우성(頂端優性, apical dominance)과 측아의 발달, 생장 기간의 환경 조건이 복합적으로 작용하여 결정된다. 이러한 생장 방식은 단순히 가지의 배열이나 잎의 분포에 국한되지 않고, 수간의 직립성, 주축(主軸)의 연속성, 가지의 분지(分枝) 형태 등 수형(樹形, tree form) 전반을 형성하는 데 큰 영향을 미친다.

① 수고생장 유형에 따른 수형 변화

수목은 매년 수간의 정단부에 있는 정아 또는 측아에서 새로운 줄기가 분화되어 수고생장이 이루어지며, 이를 통해 수간의 연속성이 유지된다. 이 과정에서 수간의 정단부에서 생성된 옥신은 극성 수송(極性輸送, polar transport)의 경로를 따라 수간의 아래 방향으로 이동하며, 수간의 신장을 촉진하는 동시에 측아와 가지의 발달을 억제하는 정단우성을 유도한다. 이러한 정단우성은 주축(主軸)이 되는 수간의 생장을 우선시함으로써 수목이 직립성(直立性)을 유지하는 데 기여한다.

고정생장을 보이는 수종은 해마다 정아에서 정아로 수고생장이 연속되며, 곧고 일관된 수간이 형성된다. 이러한 수종에서는 정단 분열조직이 위치한 수간의 정단부에서 옥신의 생성이 활발하게 이루어지고, 그에 가까운 위치일수록 옥신의 농도가 높아 정단우성이 강하게 작용하여 측아와 가지의 발달이 억제된다. 이로 인해 수간의 직립성이 유지되고, 전체적으로 원추형(圓錐形) 수관이 형성된다. 대표적인 수종으로는 소나무속, 전나무속, 가문비나무속 등과 같은 침엽수가 있다. 한편, 자유생장을 보이는 활엽수 중에서도 사시나무속 등 일부 수종은 어린 시기에는 정단우성이 강하게 나타나 원추형 수관을 형성하지만, 생장이 진행됨에 따라 정단우성이 점차 약화하여 수관의 형태가 타원형 또는 구형으로 변화한다. 예컨대, 느릅나무속은 생장 후기에 이르면 정단우성이 거의 사라져 가지가 사방으로 발달하고 수관이 둥근 구형에 가까운 형태를 나타낸다.

자유생장을 보이는 수종은 수고생장기 동안 정단분열조직이 지속적으로 활동하며, 일정 시점에 정아가 형성되지 않거나 정아의 분화가 충분히 이루어지지 않는 것이 특징이다. 이로 인해 수간의 축이 매년 일정한 위치에서 연속되기 어려우며, 정단부가 동해(凍害)나 건조 등 외부 스트레스로 손상되면 그 아래 위치한 측아가 활성화되어 수고생장을 이어간다. 이러한 생장 방식에서는 정단우성이 약하거나 불규칙하게 나타나므로 수형 또한 일정하지 않으며, 수간과 가지의 분지 각도 및 생장 환경에 따라 타원형, 구형 또는 불규칙형 수관이 형성된다. 대표적인 수종으로는 느티나무속, 버드나무속, 플라타너스속 등이 있으며, 이들 수종도 가지가 발달할 공간이 부족하거나 빛이 제한된 환경에서는 측아의 발달이 억제되고 정단 생장이 일시적으로 강화되어 수형이 좁고 높게 자라는 경향을 보이기도 한다.

반복생장을 보이는 수종은 고정생장 수종과 자유생장 수종의 특성 사이에 위치하는 중간 수준의 정단우성을 나타낸다. 첫 번째 수고생장이 일어나는 봄에는 슈트 정단 분열조직에서 생성되는 옥신의 농도가 높아 정단우성이 강하게 유지되며, 측아와 가지의 발달이 억제된다. 그러나 생장이 진행됨에 따라 옥신의 농도가 점차 감소하면서 정단우성이 약화되고, 이에 따라 측아와 가지의 발달이 촉진되어 수관이 점차 개방적으로 변화한다. 이러한 생장 패턴의 결과, 반복생장 수종은 일반적으로 구형 또는 반구형에 가까운 안정된 수형을 형성하며, 생육 환경에 따라 다양한 형태로 조절될 수 있는 유연한 수관 구조를 갖는다.

② 수고생장 유형의 변화

수목의 수고생장은 일반적으로 수종 고유의 생장 유형에 따라 나타나지만, 생육 단계, 생리적 상태, 양분 축적 정도와 같은 내적 요인뿐만 아니라 빛, 온도, 수분 등 다양한 환경 요인의 영향을 함께 받는다. 이러한 요인이 복합적으로 작용함에 따라 수고생장은 고정된 방식으로만 나타나는 것이 아니라, 생육 조건에 따라 유연하게 조절될 수 있다. 특히 생장기의 기상 조건이나 전년도 생육 상태는 해당 연도의 수고생장 강도 및 방식에 직접적인 영향을 미친다.

생육 단계에 따른 식물호르몬의 변화는 수고생장 유형 전환에 직접 작용한다. 생장 초기에 옥신과 지베렐린 활성이 높으면 자유생장이 자주 나타나고, 수목이 성숙기에 이르면 빛, 온도, 수분 등의 외적 자극에 반응하여 아브시스산 농도가 증가하고 분열조직의 활성이 억제되어 고정생장으로 전환되기도 한다. 노령기에 이르면 사이토카이닌의 합성도 감소하며 식물호르몬의 균형이 변화함에 따라 생장 속도는 둔화되고 수고생장량은 줄어든다. 예를 들어, 느티나무는 어린 시기에는 자유생장 특성을 보이다가 수령이 증가하면서 점차 고정생장을 보이는 가지가 많아지고 수관 형태도 변화한다.

영양 상태 또한 수고생장 방식에 영향을 준다. 양분이 풍부하면 지베렐린과 사이토카이닌 농도가 증가하여 반복생장이나 자유생장을 나타내는 수종의 생장이 촉진되며, 양분이 부족하면 아브시스산 농도가 상대적으로 상승해 생장이 억제되거나 고정생장으로 전환되는 경향을 보인다. 그러나 식물호르몬의 작용은 다양한 요인이 함께 작용하는 복합적 과정이므로 실제 수고생장 양상은 지역적·시기적 조건에 따라 다르게 나타날 수 있다.

외부 환경 요인, 특히 온도와 광 조건은 반복생장을 유도하는 주요 요소이다. 봄철 기온 상승과 일조량 증가로 옥신과 지베렐린 합성이 촉진되면 첫 번째 수고생장이 개시된다. 이후 여름철 장마기로 접어들면 저온, 일조 부족, 고습, 토양 내 산소 결핍 등으로 아브시스산 농도가 상승하면서 수고생장이 일시적으로 중단된다. 장마 이후 다시 기온과 일조 조건이 회복되면 옥신과 지베렐린 합성이 재활성화되어 두 번째 수고생장이 이루어지며, 이러한 과정이 반복생장의 생리적 기작으로 작용한다.

한편, 동일 개체 내에서 가지마다 다른 수고생장 유형이 동시에 나타나는 현상은 불규칙 생장(不規則生長, irregular growth)이라고 하며, 반복생장과 달리 정해진 생리 주기 없이 각 가지에서 식물호르몬, 영양분, 환경 자극의 작용이 달리 나타남으로써 고정생장과 자유생장이 혼재하는 상태이다.

이와 같이 수고생장 유형의 다양성과 정단우성의 강도는 수간의 형태, 가지의 분지 구조, 잎의 배열 등 수형을 결정짓는 주요 요인으로 작용하며, 수목이 환경 변화에 적응하는 하나의 생태적 전략으로 볼 수 있다. 특히 식물호르몬의 작용은 단순한 대응 구조가 아니므로 '아브시스산이 높으면 고정생장'과 같은 도식적 해석보다는 다양한 내·외적 요인이 함께 작용하는 생리적 조절 과정으로 이해하는 것이 바람직하다.

3.1.2 직경생장

수목의 직경생장(直徑生長, diameter growth)은 2차 분열조직인 형성층(形成層, cambium)과 코르크형성층(cork cambium)의 분열 활동을 통해 수간의 지름이 굵어지는 현상이다. 코르크형성층은 외부 환경에서 수간을 보호하는 주피(周皮, periderm)를 생성하나, 수간이 굵어지면서 바깥쪽의 주피는 탈락되기 때문에 직경생장에는 직접적으로 관여하지 않는다. 반면, 형성층은 활발한 분열을 통해 바깥쪽으로 체관부(篩部, phloem), 안쪽으로 물관부(木部, xylem)를 생성하며, 이 중 체관부는 노화와 함께 기능을 상실하고 분해되나, 물관부는 축적되어 직경생장의 주된 기여 조직이 된다(그림 3-4). 이와 같은 직경생장은 식물호르몬과 유전인자뿐만 아니라 기후, 토양, 생태적 상호작용 등 외적 요인이 복합적으로 작용함으로써 조절되며, 계절, 수령, 수종에 따라 다양한 생장 패턴을 보인다.

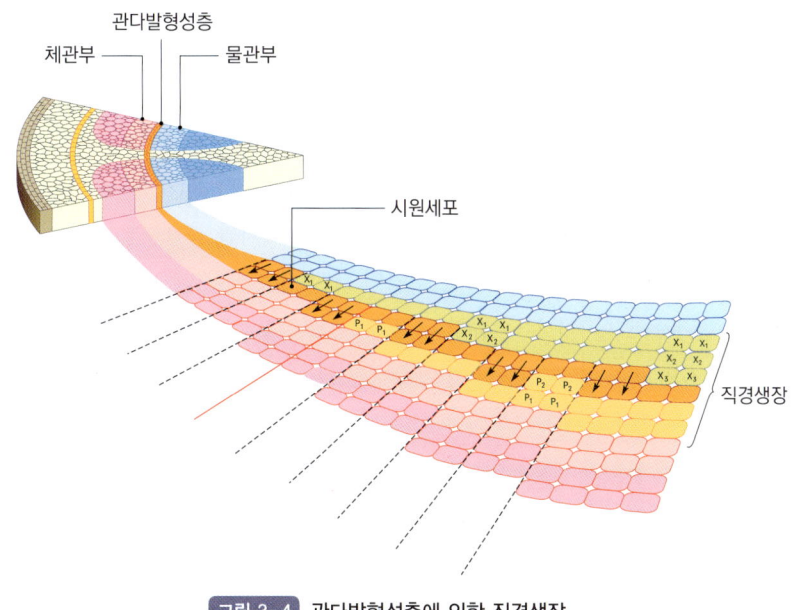

그림 3-4 관다발형성층에 의한 직경생장

(1) 형성층의 계절적 활동 변화

수목의 직경생장은 형성층의 활동을 통해 이루어지며, 이 활동은 계절에 따라 뚜렷한 변화를 보인다. 겨울에는 형성층이 휴면기에 들어가 세포분열이 거의 일어나지 않으며, 생리적 활동 또한 최소 수준으로 유지된다. 이 시기 형성층 세포는 원형질막의 안정성을 유지하고 동결스트레스에 대비하기 위해 보호 물질을 축적한다.

봄이 되면 기온과 토양 온도가 상승하고 일조량이 증가하면서 형성층이 점차 활성을 회복한다. 줄기 정단부의 분열조직에서 합성된 옥신은 극성 이동을 통해 아래쪽으로 이동하고, 뿌리에서는 사이토카이닌이 생성되어 수액(樹液, xylem sap)을 따라 위쪽으로 이동함으로써 형성층의 활성을 촉진한다. 침엽수는 형성층이 수간 전반에서 일제히 활성화되거나 뿌리에서 상부로 진행되는 경향을 보이며, 활엽수는 옥신 농도가 높은 정단부에서부터 형성층이 먼저 활성화되어 점차 하부로 진행된다.

형성층의 활성이 본격화되면 세포분열을 통해 물관부와 체관부가 분화되기 시작한다. 일반적으로는 체관부가 먼저 형성되어 겨울 동안 저장된 탄수화물을 식물체 내로 분배하고, 이후 물관부가 형성되면서 수분과 무기양분의 이동 경로가 확보된다. 그러나 이러한 순서는 수종이나 환경 조건에 따라 달라질 수 있으며, 때에 따라 물관부가 먼저 형성되거나 두 조직이 동시에 형성되기도 한다. 예를 들어, 침엽수는 이른 봄 수분 수송을 우선적으로 확보하기 위해 물관부를 빠르게 형성하는 경향이 있지만, 활엽수는 에너지 공급을 우선시하여 체관부를 먼저 형성하는 경우가 많다.

형성층은 초여름까지 매우 활발한 세포분열을 일으키며, 이를 통해 많은 양의 물관부 조직, 즉 목재를 생성한다. 이렇게 생성된 목재를 춘재(春材, spring wood)라고 하며, 춘재의 수분 통도세포는 직경이 크고 세포벽이 얇으며 벽공이 발달해 있어, 수분을 효율적으로 수송할 수 있는 구조를 갖추고 있다. 이러한 구조적 특성은 봄철의 높은 수분 요도를 반영한 것으로, 단기간에 대량의 수분 통로를 확보하는 데 기여한다. 그러나 이 시기에 가뭄이나 양분 결핍, 고온스트레스 등이 발생하면 형성층의 세포분열이 억제되어 춘재(물관부)의 생성량이 크게 줄어든다. 반면, 체관부는 상대적으로 이러한 스트레스에 대한 영향이 적어, 안정적으로 생성되며, 생성량의 감소 폭도 물관부에 비해 작다.

한여름이 되어 기온이 높아지고 건조한 환경이 지속되면 수분스트레스의 증가로 형성층의 세포분열과 분화 활동이 둔화된다. 이 시기에는 물관부를 구성하는 세포의 직경이 작고 세포벽이 두꺼운 추재(秋材, autumn wood)가 형성되며, 이는 수분 손실을 줄이고 수송 기능을 유지하기 위한 구조적 적응으로 해석된다. 그러나 건조가 심화되거나 장기간 지속되면 형성층 활동이 더욱 억제되어 추재의 생성량이 크게 감소한다. 이로 인해 형성된 추재의 폭은 해당 연도의 가뭄의 정도를 반영하는 지표로 활용되며, 연륜 분석을 통해 과거의 기후 조건을 간접적으로 추정할 수 있는 자료로 제공된다.

가을로 접어들며 광합성량이 감소하고 토양 온도가 낮아지는 동시에 뿌리의 흡수 능력이 떨어지면 형성층의 활동도 점차 약화된다. 일부 문헌에서는 뿌리에서의 옥신 농도 감소가 먼저 일어나고, 이 변화가 수간 상부로 전달된다고 보기도 하나, 실제로는 수간 상부의 잎에서 광합성이 먼저 감소하여 형성층 둔화가 상부에서부터 나타날 수도 있다.

가을 후반기에는 형성층의 세포분열이 사실상 정지되고, 더 이상의 물관부 및 체관부가 생성되지 않으며, 그해의 연륜(年輪, annual ring)이 완성된다. 겨울철이 되면 형성층은 완전한 휴면 상태로 들어가며, 수목은 동결과 탈수 스트레스에 대비한 방어 체계를 가동하게 된다.

(2) 직경생장의 조절 요인

수목의 직경생장은 일반적으로 형성층의 분열 활동을 통해 이루어지며, 이 과정은 식물호르몬과 유전인자 등 내적 요인과 기후, 토양 환경, 생태적 상호작용 등의 외적 요인에 의해 조절된다. 이러한 요인은 상호 복합적으로 작용하며, 계절의 변화뿐만 아니라 장기적인 환경 변동에 따라 형성층의 활성 시기와 강도, 나아가 연륜의 폭과 구조에까지 영향을 미친다.

① 식물호르몬

형성층의 세포 분열과 분화는 옥신, 지베렐린, 사이토카이닌, 아브시스산, 에틸렌 등 다양한 식물호르몬에 의해 조절된다. 이들 식물호르몬은 상호작용하며, 물관부와 체관부의 형성 방향, 형성 속도, 구조적 특성 등을 통합적으로 조절한다.

옥신은 직경생장을 조절하는 데 핵심적인 역할을 하는 호르몬으로, 주로 정아와 어린 잎에서 합성되어 줄기 아래로 극성 이동한다. 형성층에서 옥신의 농도가 높을수록 2차 물관부가 우세하게 형성되며, 상대적으로 낮을 경우에는 2차 체관부 형성이 촉진되는 경향이 있다. 계절에 따른 옥신 농도의 변화는 춘재와 추재의 구조적 차이와 연륜 폭의 변동을 유도하며, 정단우성의 유지에도 중요한 역할을 한다.

지베렐린은 주로 물관부를 구성하는 세포의 신장을 촉진하여 직경생장에 기여한다. 지베렐린 농도가 높아지면 형성층 활성이 증가하고, 생성되는 물관세포의 직경이 커지며, 수분 수송 효율이 향상된다. 반대로 가뭄이나 환경스트레스가 심하면 지베렐린의 합성이 억제되어 물관세포의 직경이 작아지고 형성층의 활동도 둔화된다. 외부에서 지베렐린을 처리하면 형성층이 다시 활성을 보이고 물관세포의 발달이 촉진된다는 연구도 보고되고 있다.

사이토카이닌은 주로 뿌리에서 합성되어 물관부를 따라 상향 이동하며 형성층의 세포 분열을 촉진한다. 특히 옥신과의 상대 농도 비율은 물관부와 체관부 중 어떤 조직이 우세하게 형성될지를 결정짓는 주요 인자로 작용한다. 사이토카이닌이 상대적으로 많으면 체관부, 옥신이 우세하면 물관부 형성이 촉진된다. 사이토카이닌의 부족은 형성층의 활성을 감소시켜 직경생장을 저해할 수 있다.

아브시스산은 형성층의 세포분열을 억제하는 작용을 하며, 주로 가뭄, 저온 등 스트레스 상황에서 급격히 농도가 상승한다. 이로 인해 형성층의 활성이 저하되고 직경생장이 정지하거나 매우 느려진다. 특히 겨울철에는 아브시스산 농도가 높아져 형성층을 휴면 상태로 유도하는 역할을 한다.

에틸렌은 기계적 자극, 병해충 피해 등 물리적·생물적 스트레스에 반응해 농도가 상승하며, 형성층의 세포분열과 물관(導管, vessel)의 구조 형성에 영향을 준다. 예를 들어 강풍에 노출된 가지는 에틸렌 농도가 증가하여 형성층의 분열이 활발해지고, 세포벽이 두꺼운 물관이 조밀하게 형성되어 기계적 강도를 높인다. 이는 수목이 외부 스트레스에 대응하여 구조적 안정성을 확보하려는 적응 전략으로 해석된다.

② 유전인자

직경생장에 관여하는 유전인자는 형성층의 세포분열과 분화 향방을 결정짓는 핵심 요소다. 특히, 물관부를 구성하는 수분 통도세포, 섬유세포, 유세포 등의 배열과 분화 양상은 유전적 프로그램에 의해 조절되므로, 동일한 환경에서도 수종 또는 개체 간에 직경생장 속도와 목질부의 조직 구조가 상이(相異)하게 나타날 수 있다.

예를 들어, 형성층의 세포분열 유지하는 KNOX(KNOTTED-like homeobox) 유전자, 세포의 주기를 조절하는 CYCD3(D-type cyclin), 2차 물관부로의 세포 분화를 유도하는 VND(Vascular-related NAC-Domain), 2차 체관부의 발달을 조절하는 APL(Altered Phloem Development) 유전자는 대표적인 직경생장 조절 유전자군으로 알려져 있다. 이들 유전자는 식물호르몬의 작용 경로와 연동되어 발현되며, 형성층에서 세포의 분화 방향과 조직 형성을 정밀하게 조절한다. 따라서 동일한 환경이라도 이 유전자의 발현 양상에 따라 수목의 직경생장 양상은 수종 또는 개체에 따라 다르게 나타날 수 있다.

침엽수와 활엽수 간의 직경생장 구조 차이 역시 유전적 조절의 결과이다. 침엽수는 대부분 헛물관세포 중심의 단순한 물관부 구조를 갖지만, 활엽수는 헛물관세포 외에도 물관세포, 섬유세포, 유세포 등이 복합적으로 배열되어 구조적 다양성이 높다.

또 환공재(環孔材, ring-porous wood), 산공재(散孔材, diffuse-porous wood), 반환공재(半環孔材, semi-ring-porous wood)로 분류되는 수목 간 차이도 유전인자에 의한 계절별 수분 통도세포 형성 양상의 차이에 기인한다. 환공재 수종은 봄철에 직경이 큰 물관세포가 집중적으로 형성되어 춘재와 추재의 경계가 뚜렷하며, 산공재 수종은 연중 고르게 물관세포가 형성되어 연륜 구조가 균일한 경향을 보인다. 반환공재는 두 유형의 중간적 특성을 보이며, 수분 통도세포의 직경 차이가 계절에 따라 점진적으로 변화하여 춘재와 추재의 구분은 존재하지만 경계는 뚜렷하지 않은 특징이 있다.(그림 3-5).

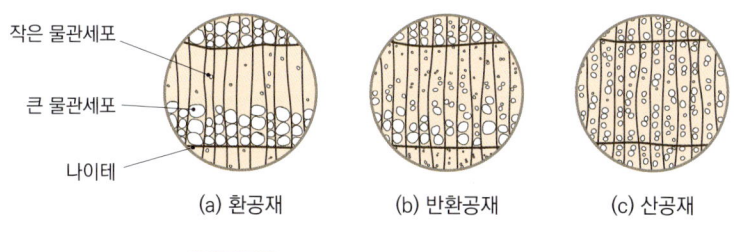

그림 3-5 물관세포의 배열에 따른 목재구분

아울러, 건조한 환경에 적응한 수목은 두꺼운 세포벽을 지닌 수분 통도세포와 잘 발달한 방사조직(放射組織, ray tissue)을 갖추어 수분 손실을 최소화하는 구조적 특성을 나타내지만, 습윤 환경에 적응한 수종은 직경이 크고 세포분열 속도가 빠른 수분 통도세포를 형성하여 생장 속도는 빠르나, 건조 스트레스에 대한 저항성은 상대적으로 낮다. 이러한 특성 역시 직경생장 조절에 관여하는 유전자의 발현 특성과 밀접한 관련이 있다.

③ 기후 요인

기후는 수목의 직경생장에 결정적인 영향을 미치는 외적 요인으로 온도, 강수량, 빛과 같은 요소는 형성층의 계절별 활동과 연륜 형성 양상에 직접적인 영향을 준다. 따라서 동일한 수종이더라도 지역이나 연도에 따라 생장 속도나 연륜 폭, 목재 구조가 달라질 수 있다.

온도는 형성층의 세포분열과 분화를 결정하는 주요 환경 요인이다. 온대 수목은 주로 5~10℃에서 형성층 활동이 시작되고, 15~25℃에서 활발히 생장한다. 겨울철 기온 하강은 형성층 활동을 중단시키며, 이로 인해 춘재와 추재의 구분이 뚜렷한 연륜이 형성된다. 한편, 고온은 형성층에 스트레스를 유도해 세포분열을 둔화시킬 수 있다. 온도는 물관부 세포의 직경과 세포벽 두께에도 영향을 주며, 저온에서는 직경이 작고 세포밀도가 높아지고, 고온에서는 직경이 크고 세포벽이 얇아지는 경향을 보인다.

수분은 형성층 세포의 팽압 유지와 대사 작용에 필수적인 요소이다. 강수량이 풍부하고 토양 수분이 충분하면 수분 통도세포는 직경이 크고 세포벽이 얇게 형성되어 수분 수송 효율이 높아지며, 직경생장도 촉진된다. 반대로 가뭄이 지속되면 아브시스산 농도가 상승하고 기공이 닫혀 광합성이 억제되며, 형성층의 분열 활동이 둔화되어 생장이 정체된다.

빛의 양과 질은 형성층 활성을 조절하는 중요한 요인이다. 풍부한 빛 조건에서는 광합성에 의해 탄수화물의 생산이 증가하고, 이는 형성층의 세포분열과 조직 분화를 활성화하여 직경생장을 촉진한다. 반면, 숲의 하층처럼 빛이 부족한 환경에서는 수고생장이 우선시되고 직경생장은 억제된다. 또 광질(光質, light quality)도 직경생장에 영향을 미치는데, 청색광(약 450~490nm)은 형성층의 세포분열을 직접 자극하고, 적색광(약 600~700nm)은 광합성을 활성화시켜 간접적으로 생장을 돕는 역할을 한다.

이와 같이 기후 요인은 형성층의 계절적 활성뿐 아니라 수분 통도세포의 구조, 연륜 폭 등 목재의 해부학적 특성에도 복합적인 영향을 미친다.

④ 토양 조건

토양은 수목의 직경생장에 있어 생리적·생태적 기초를 제공하는 환경으로, 양분 공급, 물리적 특성, pH, 미생물 활동 등이 복합적으로 작용하여 형성층의 세포분열과 조직 형성에 영향을 미친다.

다량원소인 질소(N), 인(P), 칼륨(K)과 미량원소인 철(Fe), 마그네슘(Mg), 망가니즈(Mn), 아연(Zn) 등은 형성층의 세포분열, 수분 통도세포의 분화, 세포벽 구성 등에 필수적이며, 이들 원소의 공급이 제한되면 직경생장이 저해된다. 토양의 물리적 특성, 즉 입자 크기, 공극률, 유기물 함량 등은 뿌리의 생육과 수분·산소의 공급에 직접 여하며, 이는 형성층의 대사 활성에 영향을 준다. 예컨대 유기물이 풍부한 토양은 통기성과 보수력이 양호하여 형성층의 활성을 촉진하지만, 점토질이 많은 토양에서는 공기 공급이 제한되어 세포분열이 저해되고 직경생장이 억제될 수 있다.

또 토양 pH는 양분의 용해도 및 흡수 가능성에 직접적인 영향을 주며, 일반적으로 pH 5.5~6.5의 중성 내지 약산성 범위가 직경생장에 가장 유리한 조건이다. 이 범위를 벗어난 강산성 또는 강알칼리성 토양에서는 특정 이온의 독성이나 결핍이 발생하여, 뿌리 기능과 형성층의 활성을 동시에 저해하는 결과를 초래할 수 있다. 이처럼 토양의 이화학적 조건은 직경생장의 전 과정에 걸쳐 지속적으로 영향을 미치는 주요 요인이다.

⑤ 생태적 상호작용

직경생장은 수종 고유의 특성과 기후·토양 조건뿐만 아니라, 수목 간의 생태적 상호작용에 의해서도 크게 영향을 받는다. 특히, 수목의 밀도, 수종 간 경쟁, 공생 및 타감작용, 산림 관리 활동 등은 형성층의 세포분열과 조직 분화를 직간접적으로 조절하여 직경생장에 영향을 준다.

수목 밀도가 높으면 빛, 수분, 양분 등의 자원을 둘러싼 경쟁이 심화되며, 이로 인해 개체별 직경생장이 둔화된다. 반대로, 간벌(間伐, thinning)과 같은 산림 관리를 통해 경쟁이 완화되면 남아 있는 수목은 더 많은 자원을 확보하게 되어 형성층의 활성이 증가하고 직경생장이 촉진된다.

*균근균(菌根菌, mycorrhizal fungi) 같은 공생 미생물은 뿌리와의 공생관계를 통해 무기양분, 특히 인산의 흡수를 증진시켜 수목의 생육과 직경생장을 간접적으로 돕는다. 반면, *타감작용(他感作用, allelopathy)을 유도하는 수종은 특정 화학물질을 분비하여 주변 식물의 발아나 생장을 억제하는데, 이같은 작용은 인접 개체의 형성층 활성과 직경생장에도 영향을 미칠 수 있다.

결과적으로, 생태적 상호작용은 단순한 개체 간 경쟁을 넘어 뿌리 생장, 영양분 분포, 미생물 군집 구조 등과 연계되어 수목의 직경생장 양상을 복합적으로 조절하는 주요 요인이라 할 수 있다.

*균근균
식물 뿌리와 공생관계를 형성하여 균근을 이루는 곰팡이류를 말한다.

*타감작용
한 식물이 생리활성물질을 분비하여 주변의 다른 식물의 발아, 생장, 생식 등에 긍정적 또는 부정적인 영향을 미치는 생물학적 현상을 의미한다.

3.1.3 뿌리생장

뿌리생장(根系生長, root growth)은 수목이 토양에서 물과 무기양분을 흡수하고, 지면에 안정적으로 고정되기 위해 근계(根系, root system)를 형성하고 발달시키는 생장 과정이다. 이 과정은 종자의 배(胚, embryo)에서 발생한 유근(幼根)이 주근(主根)으로 발달하고, 그로부터 측근(側根)과 세근(細根,)이 분지되며 지속적으로 신장·

확장됨으로써 이루어진다.

식물의 근계는 형태에 따라 주근계(主根系, taproot system)와 수근계(鬚根系, fibrous root system)로 구분된다. 주근계는 유근이 발달하여 중심이 되는 굵은 주근을 형성하고, 여기에 측근과 세근이 분지되어 전체 근계를 구성하는 형태이다. 반면 수근계는 주근이 발달하지 않거나 일찍 소실되며, 유사한 굵기의 수많은 *부정근(不定根, adventitious root)이 모여 근계를 이루는 구조이다. 수목은 일반적으로 주근계를 발달시키며, 중심축 역할을 하는 주근과 그로부터 갈라지는 측근들이 지면 아래로 깊게 뻗어 강한 지지력과 효율적인 자원 확보 능력을 갖춘다. 따라서 여기서는 수목의 뿌리생장을 이해하기 위해 주근계를 중심으로 서술한다.

*부정근
주근이나 측근 이외의 위치에서 비정상적으로 발생하는 뿌리로, 줄기, 잎, 또는 오래된 뿌리 등 다양한 기관에서 유래한다. 이러한 뿌리는 식물의 생장, 번식, 상처 치유, 또는 환경 적응 과정에서 형성되며, 수근계를 구성하는 주요 요소가 되기도 한다.

(1) 주근계의 형성과 발달

주근계(主根系, taproot system)는 종자의 배를 구성하는 유근이 발아 후 지속적으로 생장하여 형성된 주근과 그로부터 분지되어 발생한 측근 및 세근으로 구성된다. 이와 같은 주근계는 주로 겉씨식물과 쌍떡잎식물에서 발달하며, 뿌리가 토양의 깊은 층까지 침투함으로써 수분과 무기양분을 효과적으로 흡수하고, 지면에 대한 지지력을 제공하는 구조적 기능을 수행한다.

① 주근계의 구조

주근의 정단부에는 근관(根冠, root cap)과 분열조직이 존재한다. 근관은 분열조직을 물리적 손상으로부터 보호하며, 평형세포(平衡細胞, statocyte)에 포함된 전분체(澱粉體, amyloplast)를 통해 중력을 감지하여 뿌리가 중력 방향으로 생장하도록 유도하는 굴중성(屈重性, gravitropism)을 조절한다. 분열조직은 뿌리 정단 분열조직과 1차 분열조직으로 구성되며, 지속적인 세포분열을 통해 뿌리의 길이를 신장시키고 1차 조직을 형성한다.

뿌리의 표면을 덮는 표피(表皮, epidermis)는 토양과 직접 접촉하여 물과 무기 양분의 흡수를 담당하며, 그 안쪽에 있는 피층(皮層, cortex)은 양분의 저장과 일시적 이동 통로의 기능을 수행한다. 피층 내부에는 내피(內皮, endodermis)가 존재하며, 이 부위의 세포벽에는 카스파리 띠(Casparian strip)가 형성되어 물질의 아포플라스트(apoplast) 경로를 차단하고, 선택적 흡수를 유도하는 역할을 한다.

뿌리의 중심부인 중심주(中心柱, stele)는 내초(內鞘, pericycle)와 관다발(維管束, vascular bundle)로 구성되어 있으며, 물관부와 체관부를 통해 물과 양분을 지상부로 수송한다. 중심주에 있는 내초는 측근 발생의 원기가 형성되는 부위이자 2차 분열조직이 유도되는 기점이 된다. 직경생장이 시작되면 이 내초에서 형성층이 유도되어 뿌리의 굵기가 증가하고, 이 과정에서 뿌리는 점차 목질화된다. 그 결과 구조적 지지 기능은 강화되지만, 수분과 양분의 흡수 기능은 상대적으로 감소한다.

주근은 근계 전체의 중심축을 이루며, 지하 깊숙이 뻗어 수분과 양분을 안정적으로 확보하고, 수목이 강풍과 같은 물리적 스트레스에 저항할 수 있도록 지지 기능을 수행한다. 일부 수목에서는 주근이 전분이나 당과 같은 양분을 다량 저장하는 저장근(貯藏根, storage root)으로 발달하여 환경 조건이 불리한 시기에도 생장을 지속할 수 있는 에너지원을 제공한다.

② **측근과 세근의 발달**

측근(側根, lateral root)은 주근의 내초(內鞘, pericycle)에서 분화된 원기가 피층과 표피를 돌파하여 외부로 생장함으로써 형성된 새로운 뿌리이다(그림 3-6). 이 과정은 내초의 일부 세포가 탈분화하여 측근 원기를 형성하고, 이 원기가 세포분열과 신장을 통해 피층과 표피를 관통하면서 이루어진다. 형성된 측근은 주근과 유사한 정단 분열조직과 근관을 갖추고 있어 독립적인 신장생장 및 비대생장이 가능하다. 일반적으로 측근은 주근을 따라 규칙적인 간격으로 발생하지만, 토양 내 수분과 양분의 분포, 산소 농도, 기계적 저항 등 다양한 환경 요인에 따라 분지의 간격, 각도, 밀도는 크게 달라질 수 있다.

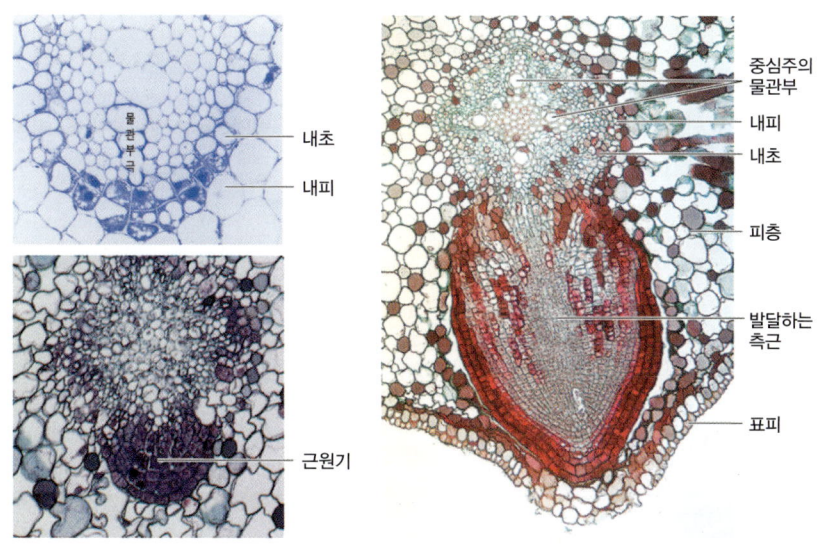

그림 3-6 내초로부터의 측근 발생

측근은 기능적으로 두 가지 측면에서 중요한 역할을 한다. 첫째, 측근의 분화와 신장은 근계의 표면적과 탐색 범위를 확장시켜 더 넓은 토양 영역에서 수분과 무기양분을 흡수한다. 특히 인산처럼 이동성이 낮은 무기양분은 근계의 공간적 확장은 자원 확보에 결정적으로 기여한다. 둘째, 측근은 수평 방향으로 발달하여 주근이 감당하기 힘든 기계적 지지와 토양 고정 기능을 보완한다. 즉 바람이 강한 지역이나 표층이 불안정한 환경에서 지표면을 따라 넓게 퍼져 수목의 고정력과 생존 안정성을 높인다.

세근(細根, fine root)은 일반적으로 측근 또는 주근의 말단에서 분화되어 형성되며, 직경 2mm 이하의 가는 뿌리로서 수명이 짧고 환경 조건에 따라 빠르게 생성과 탈락을 반복한다. 기능에 따라 흡수근(吸水根, absorptive root)과 교체근(交替根, replacement root)으로 구분되며, 후자는 탈락한 세근을 대체하여 기능을 이어받는다. 세근 표피에는 단세포성 구조인 근모(根毛, root hair)가 발달하며, 토양 입자와 밀착하여 수분 및 무기양분의 흡수 효율을 극대화한다.

세근과 근모는 세포 내부에 높은 삼투압을 유지함으로써 토양보다 낮은 수분퍼텐셜을 형성하고, 이로 인해 삼투현상에 따라 수분이 세포 내로 유입된다. 이러한 삼투 조절(滲透調節, osmoregulation)은 세포 내 수분과 용질의 농도 균형을 유지함과 동시에 수분 이동의 구동력으로 작용한다. 또 뿌리 내 무기이온의 축적과 수분퍼텐셜 하강에 의해 근압(根壓, root pressure)이 발생하기도 하며, 이는 증산 작용이 미미한 야간이나 잎이 전개되기 이전의 봄철에 뚜렷하게 나타난다. 근압은 수분을 상부로 밀어 올리는 역할을 하며, 잎끝에서 일액(溢液, guttation)이 발생하는 생리적 원인이 되기도 한다.

더불어, 세근과 근모는 균근균(菌根菌, mycorrhizal fungi)의 정착 및 공생이 이루어지는 주요 부위로서, 인산 등 이동성이 낮은 양분의 흡수를 돕고, 질소와 같은 고이동성 양분의 활용 효율 또한 높인다. 세근은 일반적으로 수명이 수일에서 수주에 불과하며, 환경 조건에 따라 빠르게 생성과 탈락을 반복한다. 이러한 짧은 수명과 높은 교체율은 근계의 흡수 기능을 유연하게 조절할 수 있도록 하며, 뿌리의 탈락과 분해는 토양 내 유기물 순환과 미생물 군집의 다양성 유지에도 영향을 미친다. 이처럼 세근은 수목의 수분 및 무기양분 수송을 시작하는 핵심 구조이자, 생태계 내 물질 순환에 기여하는 기능적으로 중요한 역할을 한다.

③ 주근계의 발달 유형

주근계는 중심축인 주근(主根, taproot)의 발달 방식과 공간적 확산 양상에 따라 크게 심근성근계(深根性根系, deep root system)과 천근성근계(淺根性根系, shallow root system)로 구분된다(그림 3-7).

이는 수종 고유의 유전적 특성에 기초하지만, 실제 근계의 구조는 토양의 깊이, 통기성, 수분 분포, 양분 농도, 경도(硬度) 등 다양한 환경 요인에 의해 조절되며, 동일한 수종도 생육 조건에 따라 근계 구조는 다르게 발달할 수 있다. 예를 들어, 유년기에는 주근이 두드러지게 발달하다가 생장이 진행되면서 점차 측근의 분화와 확장이 강조되어 상대적으로 천근성 구조를 나타내는 경우도 관찰된다.

심근성 주근계는 주근이 수직 방향으로 깊게 침투하여 심층 토양의 수분과 무기양분을 안정적으로 확보할 수 있게 한다. 동시에 이러한 근계 구조는 지하부의 고정력과 기계적 지지력을 강화하여 강풍, 경사면 붕괴, 건조스트레스 등 외부 물리적 자극에 저항력을 높이는 데 유리하다. 따라서 심근성 근계는 건조하거나 기후 변동이 심한 지역에서 적응도가 높으며, 대표적인 수종으로는 소나무속과 참나무속의 여러 종이 있다.

천근성 주근계는 주근과 함께 다수의 측근이 지표면 가까이 수평 방향으로 넓게 분포하는 구조로, 표층 토양의 수분과 양분을 빠르게 흡수하는 데 효과적이다. 이러한 유형은 생장 속도가 빠른 속성 활엽수(fast-growing deciduous tree)에서 흔히 나타나며, 대표적으로 버드나무속, 포플러속, 오리나무속 등이 있다. 천근성 구조는 밀식 환경이나 천박한 토심에서도 양분 흡수 효율을 높이는 데 유리하지만, 토양 건조 또는 지지력 부족에 취약할 수 있다는 한계를 가진다.

이처럼 주근계의 발달 유형은 수목의 수분 확보 전략, 양분 이용 효율, 지지력 및 환경 적응 능력을 결정짓는 중요한 생리·생태적 특성이며, 실제 산림 관리 및 조림 전략에도 큰 영향을 미친다. 즉 심근성 수종은 사면 녹화, 방풍림 조성, 건조지 조림 등에 적합하고, 천근성 수종은 수변 식재, 도시 녹지 조성, 얕은 토양의 복원 식재 등에 적합하다. 아울러 근계 구조에 따라 배수 설계, 토양 개량, 간벌 계획, 지하 구조물 피해 예방 등 다양한 조림 및 도시림 관리 전략 수립 시 고려할 중요한 요소이다.

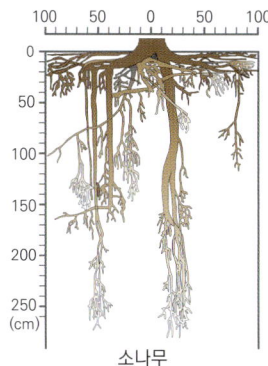

소나무
흉고 직경 26cm, 수고 14m,
수령 45년, 근계의 최대 길이 290cm

사시나무
흉고 직경 23cm, 수고 14m,
수령 30년, 근계의 최대 길이 110cm

그림 3-7 심근성 주근계와 천근성 주근계

(2) 뿌리생장의 계절적 변화

온대에서 수목의 뿌리생장은 계절 변화에 따라 뚜렷한 양상을 보이며, 이는 주로 토양의 온도, 수분, 양분 상태 그리고 식물호르몬 농도의 계절적 변동에 의해 조절된다. 일반적으로 봄에는 근계가 활발히 확장되고, 여름에는 환경 조건에 대한 적응적 조절이 이루어지며, 가을에는 생리적 내성이 강화되고, 겨울에는 생장이 정지되어 휴면 상태에 들어간다.

봄에는 겨울 동안 휴면 상태에 있던 주근과 측근의 정단 분열조직이 토양 온도의 상승과 함께 빠르게 재활성화된다. 이 시기에는 토양 내 수분과 무기양분이 비교적 풍부하므로 세근의 발생이 활발하게 일어나고 뿌리의 흡수 기능이 극대화된다. 특히 주근은 지하 깊은 곳으로 신장하여 심근성 근계를 확장하는 경향을 보인다.

여름에는 기온과 일사량이 높아짐에 따라 간헐적인 수분스트레스가 빈번히 발생한다. 수분이 부족하면 뿌리는 수분 확보를 위해 더 깊게 자라고, 반대로 수분이 충분하면 측근의 분지가 활발해져 뿌리의 수평적 확장이 강화된다. 그러나 고온과 건조가 동시에 지속되면 대사 효율이 저하되어 뿌리 생장이 둔화될 수 있다. 일부 수종은 이러한 환경 변화에 적응하기 위해 세근 생성을 증가시키거나 뿌리 생장 방향을 조절하는 등 다양한 생리적 전략을 나타낸다.

가을에는 기온이 점차 하강하면서 뿌리 생장 속도는 둔화되고 광합성산물인 탄수화물이 뿌리에 축적되기 시작한다. 또 뿌리의 길이 생장은 감소하지만 주근과 측근의 지름 생장이 활발히 이루어지며, 일부는 저장근 형태로 발달한다. 세근의 발생은 크게 줄어들고, 기존의 뿌리 조직을 유지하거나 재활용하는 경향이 뚜렷하게 나타난다. 이러한 변화는 겨울 생존을 위한 에너지 비축과 내한성 확보를 위한 생리적 적응으로 해석된다.

겨울에는 지표 온도의 하강과 토양 수분의 동결로 대부분의 수종에서 뿌리의 세포분열과 신장활동이 정지된다. 뿌리 대사율도 극도로 저하되며, 근계의 구조에는 큰 변화가 없다. 다만, 일시적인 온난 현상이나 지중 온도가 상승하면 정단에서 제한적인 세포분열이 일어나기도 하며, 지표면 가까운 부위에서는 미세한 생장 반응이 관찰되기도 한다.

이러한 계절적 뿌리 생장 변화는 식물호르몬의 계절적 조절과 밀접하게 연관된다. 봄에는 옥신과 지베렐린의 농도가 상승하면서 정단 분열조직이 활성화되고 세근의 형성이 촉진된다. 반면 여름철 고온·건조 조건에서는 아브시스산의 농도가 증가하여 뿌리 생장을 억제하는 방향으로 작용한다. 가을과 겨울에는 생장촉진 호르몬의 농도가 낮아지고, 휴면 유도 호르몬이 우세해져 세포분열 활동이 현저히 둔화된다.

한편, 뿌리 각 부위의 수명과 교체 주기도 계절적 영향에 의해 달라진다. 주근은 수목의 생애 전반에 걸쳐 유지되며, 수분과 양분 흡수, 지지 등의 기능을 수행한다. 측근은 비교적 장기간 유지되지만, 환경에 따라 새로운 측근으로 교체되거나 생장 방향이 변화할 수 있다. 세근은 수명이 가장 짧아 봄과 가을에 활발히 생성되지만, 여름과 겨울에는 발생과 교체가 제한되며, 외부 스트레스에 민감하게 반응하는 경향을 보인다.

결론적으로, 수목의 뿌리생장은 계절에 따른 환경 요인과 식물호르몬 간의 상호작용에 의해 정밀하게 조절되며, 각 계절의 변화는 뿌리의 생장, 분화, 축적, 휴면이라는 생리적 주기를 순차적으로 유도한다.

(3) 뿌리생장의 조절인자

수목의 근계 발달은 수종 고유의 유전적 특성과 내적 신호 체계에 의해 기본적인 구조가 결정되며, 이후 다양한 외부 환경 요인의 영향을 받아 최종적인 형태와 기능이 조절된다.

유전적 요인은 수목마다 고유한 유전자 발현 패턴을 통해 주근과 측근, 세근의 기본적인 구조 형성과 발달 경로를 결정한다. 특히 뿌리의 정단 분열조직 활성, 방향성 생장, 분지 빈도 등을 조절하는 유전자들은 세포 내외의 신호전달 경로와 연동되며, 이 과정은 식물호르몬 작용과 밀접하게 연관되어 있다.

식물호르몬은 뿌리 생장 조절에 있어 핵심적인 역할을 한다. 옥신은 뿌리의 극성 생장을 유도하고 세근 및 근모 형성을 촉진하며, 그 분포와 농도에 따라 뿌리의 방향성과 분지 형태를 조절한다. 지베렐린은 세포의 신장을 촉진하여 주근이 지하 깊이로 생장하는 데 기여한다. 사이토카이닌은 세포분열을 촉진하지만, 옥신과의 상대적 농도에 따라 측근과 세근 형성에 미치는 영향이 달라진다. 아브시스산은 건조 또는 저온 환경에서 농도가 증가하여 뿌리 생장을 억제하고, 수분 보존 및 환경 스트레스에 대한 내성을 강화하는 방향으로 작용한다. 에틸렌은 물리적 스트레스나 병원체의 침입에 반응하여 세포분열과 조직 발달을 조절한다.

수분은 뿌리 생장에 있어 가장 직접적인 외부 요인 중 하나로, 토양 내 가용성 수분이 풍부할 경우 분열조직의 활성이 증가하고 세근 형성이 촉진된다. 반면, 수분이 부족하면 뿌리는 수분을 확보하기 위해 더 깊은 토양층으로 신장생장을 유도하는 방향으로 반응한다.

토양 구조는 뿌리의 공간 확장성, 통기성, 수분 및 양분 보유력 등에 영향을 주어 근계 형성에 직간접적인 영향을 미친다. 모래질 토양은 입자가 크고 공극률이 높아 배수가 양호하고 뿌리가 깊이 자라며, 점토질 토양은 미세 입자와 높은 보수력을 가지나 밀도가 높고 산소 공급이 제한되어 뿌리 생장을 물리적으로 저해할 수 있다.

토양 내 산소 농도는 뿌리의 호흡과 생장에 필수적인 요인이다. 통기성이 양호한 토양에서는 뿌리 호흡이 원활히 이루어지며 세포분열과 신장이 촉진된다. 그러나 배수(排水)가 나쁜 과습 토양에서는 산소 결핍으로 뿌리 조직의 대사 활동이 저하되고, 부패나 생장 억제가 초래될 수 있다.

무기양분은 근계의 생리적 활성과 직접적으로 연관된다. 질소, 인, 칼륨 등의 무기양분은 세근 및 근모의 형성을 유도하고, 근계의 흡수 효율을 증진시킨다. 특히 인산은 이동성이 낮고 표토에 집중되어 존재하기 때문에 수목은 인산을 효율적으로 흡수하기 위해 표층부에 세근을 집중적으로 발달시키는 전략을 사용한다.

뿌리 생장은 또한 광합성 산물의 탄소 분배율에 의해 조절된다. 광합성 산물이 뿌리로 충분히 공급되면 뿌리의 신장과 분지가 활발하게 이루어지며 세근의 발생 및 탈락 주기도 짧아진다. 또 탄소 축적량이 많아지면 뿌리의 수명이 연장되고 내동성이 강화되어 혹독한 환경에서도 생존 가능성이 높아진다.

결과적으로, 뿌리 생장은 내적 요인인 유전자 및 식물호르몬과 외적 요인인 수분, 토양 구조, 산소, 양분, 탄소 분배 등의 복합적인 상호작용으로 정밀하게 조절된다. 계절의 변화에 따라 이러한 요인의 작용이 달라지며, 봄에는 세근 형성과 탄소 분배율 증가로 뿌리 생장이 활발해지고, 여름에는 수분 부족에 대한 적응 반응이 나타나며, 가을과 겨울에는 저장 기능 강화 및 휴면 준비가 진행된다. 이러한 생리적 조절은 수목이 다양한 환경 조건에 효과적으로 적응하고 지속적으로 생장하는 기반이 된다.

3.2 생식생장

수목의 생식생장은 유년기를 거쳐 구과나 꽃과 같은 생식기관을 형성하고, 그 안에서 생성된 정세포와 난세포의 수정을 통해 종자를 형성하는 과정이다. 이 과정은 수목이 유전적 다양성을 유지하고 확장하며, 종의 계통을 이어가는 데 핵심적인 생리 기작으로 작용한다. 특히 종자번식의 출현은 육상 환경에서 더 안정적이고 효율적인 번식을 가능하게 하였으며, 침엽수와 활엽수는 구과와 꽃이라는 고유한 생식기관, 단일수정과 중복수정이라는 상이한 수정 방식을 진화시켜 왔다. 따라서 수목의 생식생장을 이해하기 위해서는 종자식물에 공통되는 유성생식과 종자 형성 기작에 대한 이해를 바탕으로, 양 집단이 독자적인 번식 전략을 어떻게 발전시켜 왔는지를 통합적으로 고찰해야 하며, 이를 통해 수목이 변화하는 환경 속에서 종자를 효과적으로 생산·산포하고 개체군을 유지·확장하는 생식 전략을 체계적으로 이해할 수 있다.

3.2.1 식물의 생식

(1) 유·무생식과 세대교번

생식(生殖, reproduction)은 식물이 자신의 유전 정보를 자손에게 전달하여 종(種)의 연속성을 유지하는 기본적인 생명 현상이다. 생식은 생물의 생존과 진화를 가능하게 하는 핵심 과정으로, 식물의 생식 방식은 크게 무성생식과 유성생식으로 구분되며, 각각은 서로 다른 생리적 특성과 생태적 적응 전략을 반영한다. 식물은 이 두 생식 방식을 독립적으로 수행하기보다는 일정한 생활사(生活史, life cycle)를 따라 세대교번이라는 독특한 방식에 따라 무성생식과 유성생식을 통합적으로 운영한다.

① 무성생식

무성생식(無性生殖, asexual reproduction)은 *배우자(配偶子, gamete) 형성이나 수정(受精, fertilization) 과정을 거치지 않고 새로운 개체를 형성하는 방식으로, *감수분열(減數分裂, meiosis) 없이 *유사분열(有絲分裂, mitosis)을 통해 자손이 형성된다. 이로 말미암아 무성생식으로 형성된 자손은 유전적으로 모체(母體)와 동일한 *클론(clone)으로 간주한다. 무성생식은 비교적 짧은 시간 안에 다수의 개체를 증식시킬 수 있다는 점에서 안정된 환경하에서 유리한 생식 전략이며, 특히 개체군 밀도가 낮거나 생장 조건이 양호한 서식지에서 효율적인 번식 수단으로 작용한다. 그러나

---

*배우자
유성생식에 관여하는 암수 생식세포로, 융합하여 접합자를 형성한다. 식물에서는 정세포와 난세포가 대표적인 배우자이다.

*감수분열
진핵생물의 생식세포 형성 과정에서 일어나는 세포분열로, 연달아 두 번의 세포분열이 일어나 단상(n)의 세포 4개를 생성한다.

*유사분열
진핵세포에서 동일한 염색체를 갖는 2개의 딸세포로 분리되는 세포분열이다. 단상의 세포는 단상의 딸세포를 생성하고, 복상(2n)의 세포는 복상의 딸세포를 생성한다.

*클론
동일한 유전 정보를 가진 개체들의 집합으로, 무성생식이나 인위적 복제를 통해 생성된다. 클론 개체는 유전적으로 동일하나, 환경에 따라 표현형이 달라질 수 있다.

감수분열과 유전물질의 재조합이 수반되지 않으므로 유전적 다양성이 제한되며, 환경 변화나 병해충이 발생하면 집단 전체가 동일한 위험에 노출될 수 있다.

식물에서 관찰되는 무성생식의 주요 유형으로는 포자생식, 영양생식, 단위생식 등이 있다. 포자생식(胞子生殖, spore formation)은 포자(spore)라는 단세포 생식체(生殖體)가 형성되어 새로운 개체로 발달하는 방식으로, 포자의 형성 과정에 따라 유성생식 또는 무성생식의 일부로 구분된다. 육상의 모든 유배식물(有胚植物, Embryophyta)은 생활사에서 포자체(胞子體, sporophyte) 세대가 감수분열을 통해 포자를 형성한다. 이 포자는 배우체(配偶體, gametophyte)로 발달하며, 다시 배우자를 형성하여 수정 과정을 거쳐 새로운 포자체를 생성한다. 이와 같은 포자의 형성은 유전적 다양성을 창출하는 유성생식의 본질적 단계이며, 세대교번의 핵심을 구성한다. 반면, 일부 식물군이나 균류(Fungi), 유색조식물(Chromista) 등에서는 감수분열이 아닌 유사분열로 포자가 형성되기도 한다. 이러한 포자는 유전적으로 모체와 동일한 자손을 생성하므로 무성생식의 수단으로 기능하며, 배우자 형성이나 수정 과정을 수반하지 않는다. 유색조식물이나 일부 고등식물에서는 특정 환경 조건에서 유사분열성 포자가 형성되어 직접 새로운 개체로 발달하는 경우도 관찰된다. 따라서 식물에서의 포자생식은 포자의 형성 기작에 따라 유성생식 또는 무성생식으로 구분되며, 이러한 구분은 생식 유형을 이해하고 식물의 생활사를 해석하는 데 중요한 기준이 된다.

영양생식(營養生殖, vegetative reproduction)은 식물의 줄기, 뿌리, 잎과 같은 영양기관의 일부가 분열 및 생장하여 새로운 개체를 형성하는 방식이다. 이는 고등식물에서 가장 널리 나타나는 무성생식의 형태로, 모체의 일부 조직이 비정형적 분열조직을 통해 새로운 유사체를 형성한다. 대표적인 예로는 뿌리줄기(根莖, rhizome), 포복경(匍匐莖, stolon), 덩이줄기(塊莖, tuber) 등이 있으며, 일부 식물에서는 잎이나 줄기의 절편(切片)만으로도 개체를 형성할 수 있다. 예를 들어, 감자는 덩이줄기, 딸기는 포복경, 고구마는 덩이뿌리를 통해 새로운 개체를 형성한다. 이와 같은 영양생식은 동일한 유전형질을 갖는 클론 집단의 형성에 유리하지만, 유전적 다양성의 결여로 병해충 등에 대한 저항성이 낮아질 수 있다.

일부 식물에서는 단위생식(單爲生殖, parthenogenesis)이 나타난다. 이는 수정 없이 난세포가 직접 배(胚)로 발달하여 개체로 형성되는 방식으로, 일부 속씨식물에서 아포믹시스(無受精生殖, apomixis)의 형태로 관찰된다. 이 경우 감수분열 없이 배주(胚珠, ovule)의 세포가 직접 배(胚)로 전환되어 유전적으로 동일한 자손을 형성한다. 단위생식은 자연 상태에서 유성생식이 제한되거나 환경 조건이 불리할 때도 생식의 안정성을 유지하는 수단으로 작용하며, 특정 유전형질의 고정이나 품종 육성 등에도 활용된다.

무성생식은 식물의 생장 환경 및 생태적 조건에 따라 유연하게 나타나며, 동일한 유전형질을 유지하면서 빠르게 개체 수를 증가시킬 수 있어 경쟁력 확보에 기여한다. 그러나 환경 변화에 대한 적응력이 유성생식보다 낮을 수 있어 많은 식물은 생식 전략의 유연성 확보를 위해 무성생식과 유성생식을 병행하거나 특정 시기의 조건에 따라 생식 방식을 조절한다.

② 유성생식

유성생식(有性生殖, sexual reproduction)은 유전적으로 서로 다른 두 개체가 감수분열을 통해 단상(單相, haploid: n)의 배우자를 형성하고, 이들이 수정(受精)을 통해 복상(複相, diploid: $2n$)의 접합자(接合子, zygote)로 결합함으로써 새로운 개체를 형성하는 생식 방식이다.

배우자의 결합 방식은 배우자의 크기나 성 분화(性分化, sex differentiation) 정도에 따라 동형접합(同型接合, isogamy), 이형접합(異型接合, anisogamy), 난접합(卵接合, oogamy) 세 가지 유형으로 구분할 수 있다(그림 3-8). 동형접합은 형태와 크기가 유사한 두 배우자가 결합하는 방식으로, 주로 단세포 식물에서 관찰된다. 이형접합은 두 배우자가 형태는 비슷하나 크기가 차이나는 경우로, 크기가 큰 대배우자(大配偶子)와 세포질이 축소된 소배우자(小配偶者)가 융합하며, 이는 난접합으로의 진화적 전이 단계로 여겨진다.

난접합은 대배우자가 운동성을 잃고 다량의 영양물질을 포함하여 암컷의 특성(雌性, female)을 갖춘 난세포(卵細胞, egg cell)로 특화되고, 소배우자는 세포질이 극도로 축소되어 운동성이 뛰어난 수컷의 특성(雄性, male)을 나타내는 정세포(精細胞, sperm cell)로 분화되어 수정하는 유성생식 방식이다. 이는 유배식물을 포함한 대부분 고등생물에서 나타나며, 난세포가 배(胚)의 초기 발생 과정에 필요한

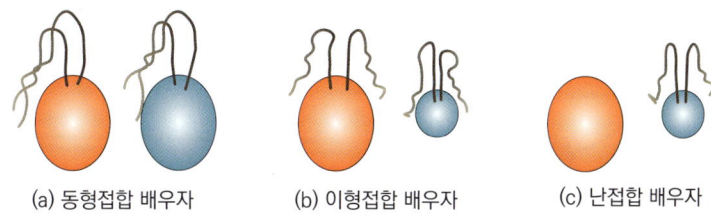

(a) 동형접합 배우자　　(b) 이형접합 배우자　　(c) 난접합 배우자

그림 3-8 배우자 접합의 유형

양분을 제공할 수 있도록 진화한 형태이다. 난접합에서 나타나는 배우자의 크기와 운동성 차이는 정세포가 난세포를 찾아가는 능동적인 이동을 가능하게 하였으며, 이는 난접합이 다른 접합 방식보다 진화적으로 우위를 차지하는 핵심적인 요인으로 여겨진다.

유성생식의 본질은 감수분열을 통해 형성된 배우자 간의 유전체 재조합과 그 결합을 통한 새로운 *유전형(遺傳型, genotype)의 창출에 있다. 이는 유전적 다양성을 높이는 가장 효율적이고 근본적인 방식이며, 환경 변화에도 유연하게 적응하고 진화할 수 있는 원동력을 제공한다.

무성생식만으로 번식하는 생물은 돌연변이에 의한 제한된 변이를 통해 적응해야 하며, 이는 급격한 환경 변화에 대한 대응 능력에 한계를 초래할 수 있다. 반면, 유성생식은 감수분열을 통해 생존에 불리한 유전적 요소를 제거하고, 유리한 형질을 재조합하는 기회를 제공함으로써 개체군 전체의 유전적 건강성을 유지하는 데 중요한 기작으로 작용한다. 따라서 유성생식은 단순한 생식 전략을 넘어, 생물의 장기적인 생존과 진화를 가능하게 하는 핵심적인 생물학적 현상이며, 고등식물을 포함한 다수의 생물에서 공통적으로 나타나는 보편적인 생식 방식이다.

③ 세대교번

세대교번(世代交番, alternation of generations)은 유성생식을 하는 모든 생물의 생활사에서 포자체와 배우체 세대가 주기적으로 교대하여 나타나는 현상을 의미한다(그림 3-9). 이는 육상식물 전반에 걸쳐 관찰되는 보편적인 생식 양상으로, 생식 단계에서 감수분열과 유사분열이 교대로 일어남으로써 유전적 다양성을 증진시키는 핵심 기작으로 작용한다.

유배식물의 생활사에서 포자체는 감수분열을 통해 포자를 형성함으로써 유성

> *유전형
> 한 개체의 유전체에 존재하는 모든 유전자의 대립유전자 조합으로, 특정 형질의 발현을 결정하는 유전적 기초를 나타낸다.

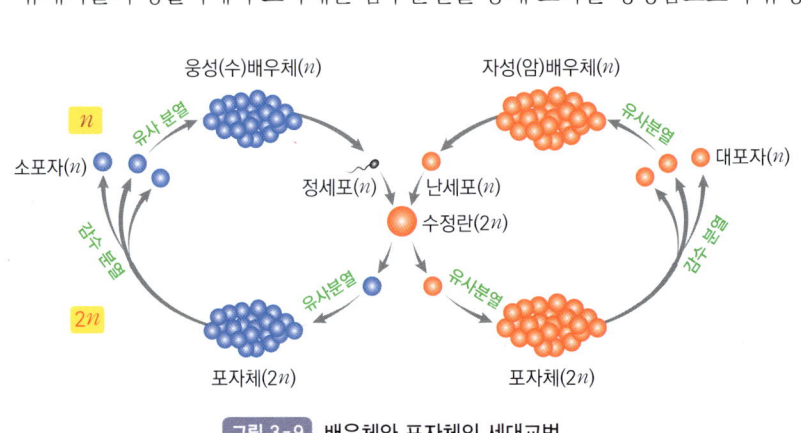

그림 3-9 배우체와 포자체의 세대교번

세대(有性世代)의 출발점이 된다. 포자는 발아하여 배우체로 발달하고, 유사분열을 통해 암수 배우자를 형성한다. 형성된 배우자는 수정(受精)을 통해 접합자(接合子, zygote: 2n)를 이루고, 이는 다시 포자체로 자라는 무성세대(無性世代)의 시작점이 된다. 이처럼 포자체 세대와 배우체 세대가 반복적으로 교대하는 세대교번은 생활사에서 유성생식과 무성생식이 순환적으로 연결되는 고유한 번식 양식이다.

세대교번의 구조는 식물 분류군에 따라 다양하게 나타나며, 그 진화적 경향은 포자체 세대의 우세화로 요약된다. 선태류(이끼류)는 배우체가 생활사 대부분을 차지하며, 광합성을 통해 독립적으로 생장한다. 반면, 포자체는 배우체에 부착된 채 제한된 구조로 발달하여 종속적 생활을 영위한다. 양치류에서는 배우체와 포자체가 모두 독립적인 생활력을 갖추고 있으나, 포자체 세대가 생활사에서 더욱 우세하게 나타난다. 종자식물에 이르면 포자체가 생활사의 전 과정을 주도하며, 배우체는 극도로 축소되어 포자체 내부에서 발달하는 형태로 진화하였다. 예컨대, 화분(花粉, pollen)은 웅성배우체(雄性配偶體, male gametophyte), 배낭(胚囊, embryo sac)은 자성배우체(雌性配偶體, female gametophyte)에 해당하며, 모두 독립적인 생활력을 상실한 채 포자체 조직 내부에서 보호받으며 발달한다. 이러한 진화는 건조한 육상 환경에서 배우체의 취약성을 최소화하고, 생식 성공률을 높이는 방향으로 진행된 결과로 해석된다.

세대교번의 진화적 흐름은 식물이 육상으로 진출하면서 건조한 환경에 적응하는 과정과 밀접한 관련이 있다. 예를 들어 선태류와 같은 하등 육상식물은 운동성 정세포를 형성하고 물을 매개로 수정한다. 이러한 방식은 물의 존재에 의존하므로 서식지가 제한되며, 생식 성공률이 낮을 수 있다. 이에 반해 진화된 고등 육상식물은 정세포의 이동에 바람, 곤충, 새 등 외부 매개체를 활용하거나, 화분관을 통한 수동적인 수정을 수행함으로써 생식 효율성을 비약적으로 높였으며, 포자체 세대의 생장력과 구조적 복잡성을 강화하는 방향으로 진화하였다.

또 식물의 세대교번은 무성생식과 유성생식이 주기적으로 교대함으로써 개체군 수준에서 단기적 생존과 장기적 적응을 동시에 달성할 수 있는 생식 전략으로 기능한다. 무성생식은 동일한 유전형질을 가진 개체를 빠르게 증식시켜 개체군의 양적 팽창을 가능하게 하며, 유성생식은 감수분열과 재조합을 통해 유전적 다양성을 확보함으로써 변화하는 환경에 적응할 수 있는 유전형을 창출한다. 따라서 식물의 세대교번은 생식 양식의 이원성을 바탕으로 생존과 진화를 동시에 구현하는 통합적 전략이라 할 수 있다.

생식, 번식, 증식의 차이

생식, 번식, 증식은 유사한 개념으로 혼용되는 경우가 많으나, 생물학적으로는 명확하게 구별되는 의미가 있다.

생식(生殖, reproduction)은 생물학적으로 개체가 자신과 유사한 새로운 개체(자손, offspring)를 형성하여 종의 유전자를 다음 세대로 전달하는 현상 전반을 의미하는 가장 포괄적인 개념이다. 생식은 반드시 생물체 수준에서 이루어지며, 무성생식과 유성생식 모두를 포함한다. 생식은 배우자 형성, 수정, 배의 형성 등 생물학적으로 정교하고 복잡한 과정을 수반하며, 유전적 연속성과 종의 보존이라는 진화적 목적을 중심으로 이해된다. 즉, 생식이라는 용어는 생명체가 진화적·생태적 맥락에서 자손을 생산하여 종을 유지하기 위한 기본적이고 필수적인 현상으로 개념화되어 있다.

번식(繁殖, propagation)은 생식과 상당 부분 중복되는 개념이나, 특히 집단(population) 또는 군락 수준에서 개체 수를 늘려나가는 생태적 측면에 더 강조점을 두고 사용되는 용어이다. 즉, 번식은 특정 개체군이나 집단의 구성원이 늘어나 생태적으로 개체군의 밀도가 증가하고 분포 영역이 확장되는 측면을 나타낸다. 일반적으로 번식이라는 용어는 식물이나 동물의 집단이 환경 조건이나 자원의 이용 가능성에 따라 효과적으로 새로운 영역으로 확산하거나, 집단 규모가 증가하는 현상을 표현할 때 자주 사용된다. 번식이라는 용어에는 무성생식과 유성생식 모두 포함될 수 있지만, 그 강조점이 생태학적이고 집단적 차원의 개체 증가에 있다는 점에서 생식과 뉘앙스의 차이가 있다.

증식(增殖, multiplication)은 생물학적 맥락에서 주로 세포 수준의 증가와 관련하여 사용되는 용어로, 개체 또는 조직이 생장하거나 회복하기 위해 세포 수가 늘어나는 현상에 초점을 둔다. 증식은 세포분열(cell division)을 기반으로 하며, 개체 수준에서의 새로운 자손을 만드는 생식과는 달리 주로 조직 재생(regeneration), 조직 생장(growth), 세포 군집의 크기 증가 등 개체 내부 또는 미세 수준에서 일어나는 양적 증가 현상을 의미한다. 즉 증식은 개체군 또는 종 수준에서의 새로운 개체 형성이 아니라, 생명체 내부에서 세포 수를 증가시키는 과정을 나타낼 때 사용되는 생리적 용어이다.

이상의 세 용어는 유사한 듯 보이지만 사용되는 범위와 강조하는 관점이 서로 다르며, 각자의 맥락에서 정확한 사용이 요구된다. 생식은 새로운 개체(자손)를 형성하여 유전적 특성을 다음 세대로 전달하는 생물학적 과정 전체를 의미한다. 번식은 특정 개체군이나 집단 수준에서 개체 수가 늘어나고 집단이 생태적으로 확장되는 현상을 나타내는 생태학적 용어이다. 증식은 세포 또는 조직 단위에서 세포분열을 통해 개체 내 세포 수가 증가하는 현상을 나타내는 생리적 용어이다.

(2) 종자식물의 번식

육상식물은 생존과 번식을 위한 전략을 지속적으로 진화시켜 왔으며, 그중 가장 획기적인 전환점은 포자번식에서 종자번식으로의 진화였다. 초기 육상식물인 선태식물과 양치식물은 감수분열에 의해 형성된 포자를 통해 번식하였으나, 포자는 단세포 구조로 되어 있어 건조한 환경에 매우 취약하고, 수정이 이루어지기 위해서는 물이 필수적이었다. 이러한 제약으로 포자번식은 습윤한 환경에서만 효과적으로 수행될 수 있었으며, 건조한 육상 환경에서의 생존과 번식에는 본질적인 한계를 지녔다.

① 종자번식으로의 진화

포자번식이 지닌 생식상의 제약을 극복하는 과정에서 종자번식이 출현하였으며, 이는 배우체의 축소와 포자체의 우점화라는 두 가지 주요 변화를 수반하였다. 초기 육상식물에서는 배우체가 독립적인 생활력을 지니며 난세포와 정세포를 형성하였으나, 종자식물에서는 배우체가 점차 축소되어 포자체 내부에서 보호받으며 발달하는 구조로 진화하였다.

또 이형포자성(異形胞子性, heterospory)의 출현은 생식 구조의 분화를 가능하게 한 중요한 전환점이었다. 초기 *포자식물(胞子植物, sporic plant)은 동형포자성(同形胞子性, homospory)을 나타내며, 크기와 기능이 동일한 포자만 형성하였고, 이로부터 발달한 배우체는 암수 생식세포를 모두 생성하였다. 그러나 이형포자성이 나타나면서 포자의 크기와 기능이 서로 다른 두 유형으로 분화되었는데, 크고 영양분을 저장한 대포자(大胞子, megaspore)는 자성배우체로, 작고 정세포를 형성하는 소포자(小胞子, microspore)는 웅성배우체로 발달하였다. 이로 말미암아 생식세포 형성과 성분화(性分化, sex differentiation)는 더욱 정교화되었고, 포자 단계부터 생식 세대의 역할이 분리되기 시작하였다. 특히 대포자낭 내에서는 대포자모세포의 수가 감소하고, 감수분열을 통해 형성된 네 개의 대포자 중 단 하나의 기능성 대포자만이 생존하게 되었다(그림 3-10). 이와 같은 선택적 발달은 자성배우체 형성에 에너지와 자원을 집중할 수 있게 하여 생식 효율을 높일 수 있었다.

초기의 포자식물에서는 포자가 포자낭에서 방출된 후 외부 환경에서 배우체로 발달하였으나, 종자식물에서는 포자가 포자낭 내부에 머무른 채 세포벽 내부에서 배우체가 발달하였다. 그 결과 배우체는 직접적인 외부 환경의 영향 없이

> ***포자식물**
> 종자를 형성하지 않고 포자를 통해 생식을 완성하는 식물군을 말한다. 이들은 감수분열을 통해 생산된 포자를 이용하여 번식하며, 생활사가 비교적 단순하다.

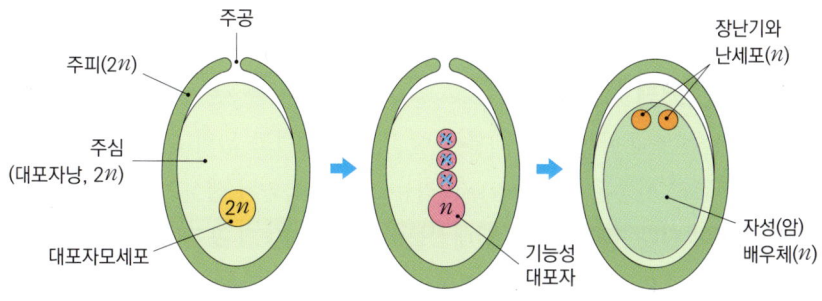

그림 3-10 종자식물의 배주와주심에서의 자성배우체 형성 과정

포자체 내부에서 보호받으며 안정적으로 생장할 수 있었다. 이러한 변화와 함께 포자체는 배우체를 감싸 보호하는 구조인 배주(胚珠, ovule; 밑씨)를 형성하였다. 배주는 중심부의 주심(珠心, nucellus)과 이를 둘러싼 주피(珠皮, integument)로 구성되며, 주심은 대포자낭에 해당하는 조직으로 대포자의 형성과 자성배우체의 발달이 일어나는 중심 장소이다. 주피는 주심을 물리적으로 보호하며, 상단에는 주공(珠孔, micropyle)이라는 미세한 개구부(開口部)가 남아 있어 수분(受粉, pollination)이 가능한 구조로 되어 있다. 수정이 이루어지면 주피는 점차 두꺼워져 종피(種皮, seed coat)로 발달하고, 어린 포자체인 배를 안정적으로 감싸 보호하는 기능을 수행한다.

한편, 자성배우체에서 난세포를 형성하는 *장란기(藏卵器, archegonium)의 구조 역시 진화 과정에서 큰 변화를 겪었다. 초기 육상식물에서는 장란기가 외부 환경에 노출되어 있었으므로 정세포가 장란기에 도달하기 위해서는 물이 필수적이었다. 그러나 종자식물에서는 장란기가 배주의 내부로 들어가면서 난세포가 더욱 보호된 환경에서 발달하게 되었으며, 이러한 변화는 겉씨식물에서 속씨식물로의 진화 과정에서 더욱 정교화되었다. 속씨식물에 이르면 장란기는 완전히 소실되고, 자성배우체 자체가 난세포를 직접 포함하는 구조로 특화되었다. 이처럼 진화된 자성배우체를 배낭(胚囊, embryo sac)이라고 하며, 이는 속씨식물의 특징적인 생식 현상인 중복수정(重複受精, double fertilization)이라는 생식 기작의 기반이 된다.

이와 함께, 수분 방식의 변화 또한 중요한 진화적 전환점이었다. 포자식물과 소철류, 은행나무 등 초기의 종자식물에서는 여전히 수정에 물이 필요하였으나, 이후에 등장한 종자식물에서는 화분관(花粉管, pollen tube)이 발달하여 정세포가 직접 난세포로 이동할 수 있게 되었다. 이를 통해 많은 종자식물은 물에 의존하지 않는 수정 방식을 확립하였으며, 보다 안정적이고 효율적인 생식 전략을 진화시킬 수 있었다.

② 종자 번식의 진화적 의의

종자식물은 현존하는 식물 분류군 중 가장 번성하고 널리 분포한 계통으로, 이들의 진화적 성공은 종자(種子, seed)라는 고도로 특화된 생식기관의 출현과 밀접한 관련이 있다. 종자번식은 선태식물이나 양치식물의 포자번식보다 환경 적응성과 생존율 면에서 현저한 이점이 있다. 종자는 복잡한 다세포 구조를 갖추고 있으며, 내부에는 발달 중인 배와 양분 저장 조직(養分貯藏組織, storage tissue)이

---

*장란기
이끼류와 고사리류의 배우체에서 난세포를 만드는 생식기관을 말하며, 조란기(造卵器)라고도 한다.

포함되어 있고, 외부는 종피(種皮, seed coat)라는 견고한 보호층에 둘러싸여 외부 환경으로부터 보호받는다.

종자의 형성은 포자체가 배우체를 압도적으로 우세하게 지배하는 생활사 구조와 함께 나타난다. 이 과정에서 배우체는 소형화되어 포자체 내부에서 발달하는 종속적 구조로 진화하였으며, 외부 환경으로부터 격리된 채 포자체로부터 직접 영양을 공급받는다. 이러한 구조적 변화는 생식의 효율성과 환경 저항성을 동시에 높인 진화적 혁신으로 평가된다.

초기 육상식물의 포자는 단세포 구조로 건조에 매우 취약하였으나, 종자는 종피가 배를 둘러싸고 있어 건조, 자외선, 병원체 등으로부터 보호된다. 또 종자는 자성배우체, 배유, 떡잎 등의 양분저장 기관을 통해 발아 후 초기 생장에 필요한 에너지를 자체적으로 공급할 수 있다. 이에 따라 종자는 광합성 기관이 형성되기 전까지 생육을 유지할 수 있는 자율성을 갖추게 되었으며, 환경 변화에 대한 생리적 대응력도 향상되었다.

더불어 종자는 내재된 휴면 기작을 통해 생존 가능성을 극대화한다. 온도, 수분, 빛 등 환경 신호가 일정 기준에 도달할 때까지 발아를 억제하고, 적절한 조건이 갖추어지면 발아함으로써 생육 시기를 능동적으로 조절한다. 이러한 휴면 특성은 특히 온대 및 냉대의 계절적 변화에 안정적으로 대응할 수 있는 전략으로 작용하며, 종자는 겨울철을 휴면 상태로 지낸 후 이른 봄에 발아함으로써 생장에 유리한 시기를 확보할 수 있다.

또 종피는 단순한 보호 기능을 넘어 일부 수종에서는 발아 시점을 조절하는 생리적 장치로 기능한다. 예컨대, 종피가 견고한 식물에서는 산불, 물리적 마모, 동물의 소화 작용과 같은 외부 자극을 통해 종피가 손상되어야 발아가 된다. 이는 종자가 열악한 환경에서도 장기간 생존하면서도 생장에 적합한 조건이 마련되었을 때 빠르게 발아할 수 있도록 하는 생태적 적응 전략으로 작용한다.

종자는 또한 개체군의 확산과 유전적 다양성 유지에 핵심적인 역할을 한다. 종자의 산포는 바람, 물, 동물, 중력 등 다양한 매개체를 통해 이루어지며, 이를 통해 식물은 새로운 서식지로 확산하고 다양한 유전형의 창출이 가능해져 개체군의 적응력과 유전적 안정성이 증대된다. 특히 육질의 과피, 날개, 갈고리 등의 다양한 산포 특화 구조는 종자의 분산 전략을 정교화하였고, 이는 식물 군집의 유지 및 생태계 복원에도 기여한다. 예컨대, 건조한 사막이나 교란된 지역에서는 종자가 수십 년간 휴면 상태로 남아 있다가 강우와 같은 특정 조건이 충족되었을 때 일제히 발아하여 군집을 형성하고 생태계를 재건하는 역할을 한다.

③ 종자식물의 생육 단계와 생식생장의 전환

종자식물은 생존과 번식을 동시에 달성하기 위하여 생장 단계에 따라 영양생장과 생식생장이라는 상호 보완적인 두 가지 생장 과정을 구분하여 진행한다. 생육 초기 단계에서는 주로 영양기관인 잎, 줄기, 뿌리의 형성과 기능적 확장을 통해 광합성 능력을 확보하고, 세포분열과 분화를 통해 생존에 필요한 구조와 조직을 형성한다. 이 시기는 유성생식에 필요한 생식기관이 형성되지 않으며, 이를 유년기(幼年期, juvenile phase) 또는 유형기(幼形期)라고 한다.

유년기는 종자식물의 생장 과정 중 생리·형태적으로 중요한 시기로, 광합성 능력이 활발하고 탄수화물 축적량이 높아 전체적인 생장 속도가 빠른 것이 특징이다. 이 시기의 식물체는 지베렐린과 옥신의 농도가 높아 세포분열과 신장생장이 활발히 이루어지며, 줄기와 뿌리가 빠르게 신장한다. 옥신은 정단우성을 유지하면서 측아(側芽)와 가지의 발달을 억제하고, 줄기의 방향성 생장을 유도한다. 지베렐린은 엽면적(葉面積) 확대와 줄기 신장을 촉진하고, 뿌리의 분지 및 신장도 활성화하여 수분과 무기양분의 흡수 능력을 증가시킨다. 이 시기의 뿌리는 세근과 근모의 밀도가 높고 표면적이 넓어 토양 내 양분을 효과적으로 흡수할 수 있다.

유년기의 또 다른 생리적 특징은 생식생장의 억제와 무성생식 능력의 상대적 강화이다. 식물은 이 시기에 유성생식을 통한 유전적 다양성의 확보보다는 무성생식을 통해 동일한 유전형을 지닌 개체를 빠르게 증식하는 전략을 선택하기도 한다. 이는 안정된 환경에서 적응력이 우수한 유전형 개체를 빠르게 증식시키는 데 유리하지만, 장기적으로는 유전적 다양성 감소라는 한계가 있다. 결국, 식물은 일정한 생리적 성숙에 도달하면 무성생식 중심의 생장에서 유성생식 중심의 생식생장으로 전환된다.

유년기의 지속 기간(幼年期間, juvenile period)은 수종에 따라 다양하다. 초본식물에서는 몇 주에서 수개월 정도로 짧지만, 목본식물, 특히 활엽수에서는 유년기가 수년에서 수십 년에 이를 수도 있다. 일반적으로 유년기가 길수록 영양기관의 발달이 충분히 이루어져 생존 가능성이 높아지는 장점이 있지만, 동시에 생식생장의 개시는 지연될 수 있다.

수목이 일정한 성숙 단계에 도달하면 생식생장이 본격적으로 시작되며, 이 시기를 성숙기(成熟期, mature phase)라고 한다. 이 시기에는 꽃눈(花芽, floral bud)의 분화가 유도되고, 생리적 조절 메커니즘에 변화가 일어난다. 옥신과 지베렐린의 농도는 점차 낮아지며, 사이토카이닌과 에틸렌의 농도는 증가하여 생식기관의 형성을 촉진한다. 사이토카이닌은 세포분열과 조직 분화를 유도하여 꽃눈의 형성에 기여하고, 에틸렌은 개화와 열매 형성과 관련된 생리 반응을 조절하는 데 중심적인 역할을 한다.

성숙기에 들어선 수목은 탄수화물, 단백질 등 주요 대사산물을 생식기관 형성과 종자 발달에 집중적으로 사용한다. 개화가 시작되면 동화산물의 분배 경로가 변화하여, 동화기관에서 생산된 탄소화합물이 영양기관보다 생식기관으로 우선 공급된다. 이로 말미암아 성숙기에는 잎과 줄기의 신장보다는 개화 및 종자 형성을 위한 에너지 축적이 우선시되며, 환경 조건이 불리해지면 생식생장의 강도가 조절되기도 한다.

생식생장은 단순히 꽃과 열매, 종자 등의 생식기관 형성에 그치지 않고, 식물호르몬의 균형과 외부 환경 자극의 복합적 상호작용에 의해 조절되는 생리적 전환 과정이다. 유년기에는 생식생장이 억제되며 영양생장에 집중하여 개체의 생존 기반을 확립하는 데 주력하지만, 성숙기에 이르면 생식생장이 활성화되어 유전적 다양성 확보와 종의 지속성을 가능하게 한다.

3.2.2 침엽수의 생식생장

수목의 생식생장은 자성 및 웅성 생식기관의 분화와 성숙, 웅성배우체인 화분(花粉, pollen)의 방출, 자성배우체에서의 수분과 수정, 종자의 형성과 성숙에 이르는 일련의 발달 과정을 거쳐 완성된다. 이러한 생식생장은 유성생식을 통한 개체군의 유지와 유전적 다양성 확보를 가능하게 하는 핵심 생장 단계로, 그 시작은 자성·웅성 생식기관의 분화에서 비롯된다.

침엽수는 유성생식을 통해 종자를 형성하는 종자식물로서, 겉씨식물에 속하지만, 또 다른 주요 계통인 속씨식물과 달리 암술(雌蕊, pistil)이나 자방(子房, ovary: 씨방)과 같은 구조를 지니지 않는다. 자성 및 웅성 구과(毬果, cone)라는 특유의 생식기관을 통해 유성생식을 진행하며, 이 구과는 화분과 대포자를 형성하는 기관으로 기능한다. 여기서는 침엽수의 대표적인 생식기관인 구과와 종자에 대해 이해하고, 생식기관이 어떻게 형성되고 발달하는지를 구체적으로 살펴보자 한다.

(1) 생식기관

침엽수의 생식기관은 구과와 종자로 구성되며, 유성생식을 위한 구조이다. 구과는 포자낭을 포함하는 *포자엽(胞子葉, sporophyll)으로 구성된 생식기관으로, 자성과 웅성의 생식기관이 각각 분리되어 독립적으로 형성된다. 이 중에 자성 생식기관은 배주(胚珠, ovule: 밑씨)를 지녀 종자를 형성하며, 이를 종자구과(種子毬果, seed cone)라고 한다. 반면, 웅성 생식기관은 웅성배우체인 화분을 형성하며, 이는 화분구과(花粉毬果, pollen cone)라 불린다. 이러한 구과는 일반적으로 솔방울이라는 명칭으로 통칭되며, 일상에서는 주로 종자구과를 지칭하는 경우가 많다. 침엽수의 구과는 속씨식물의 꽃과 열매에 해당하는 기능을 수행하지만, 그 발생 기원과 구조는 본질적으로 다르며, 겉씨식물에 특유한 진화적 계통을 따른다. 그런데도 유성생식을 위한 구조적·기능적 대응 기관으로 작용하기 때문에 이를 각각 꽃과 열매에 해당하는 기관으로 해석하거나 표현하는 경우가 많다.

① 종자 구과

종자구과는 종자가 형성되는 전 과정을 담당하는 자성 생식기관으로, 수분, 수정, 배 발달 및 종자 성숙이 진행되는 장소이다. 이 생식기관은 중심축을 따라 *대포자엽(大胞子葉, megasporophyll) 기원의 인편(鱗片, bract scale)이 나선형으로 배열된 구조를 가지며, 각 인편의 기부에는 1~2개의 배주(胚珠, ovule)가 형성된다(그림 3-11).

구과의 인편 구조는 진화적 다양성을 반영하여 수종에 따라 다르게 나타난다. 예를 들어, 소철류에서는 대포자엽이 직접 배주를 지지하지만, 대부분의 침엽수에서는 인편 안쪽에서 자라난 종린(種鱗, ovuliferous scale)이 배주를 지지한다. 종린은 인편의 안쪽에서 발생하는 구조로, 배주의 지지와 자성배우체의 보호에 관여한다. 형태학적으로는 대포자엽에서 분화된 조직으로 해석되지만, 그 발생 기

> *포자엽
> 포자식물에서 포자를 생산하는 특수화된 잎을 의미한다. 이러한 잎은 일반적인 잎과 구분되어 내부에 포자낭을 형성하며, 포자를 보호하고 분산시키는 역할을 한다.

> *대포자엽
> 이형포자성을 나타내는 식물에서 대포자를 생성하는 특수화된 잎을 의미한다. 대포자엽은 내부에 대포자낭을 포함하며, 이 낭에서 형성된 대포자는 발아 후 암컷 기능을 수행한다.

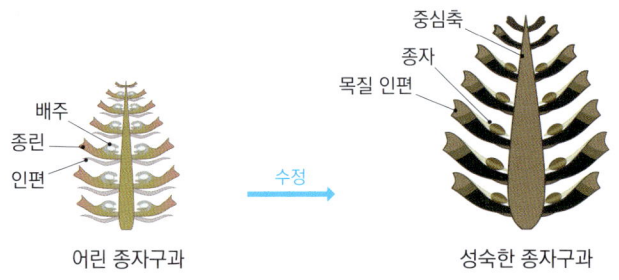

그림 3-11 소나무속 종자구과의 구조정

원에 대해서는 계통에 따라 다양한 해부학적 견해가 제시되어 있다. 일부 학설은 종린을 대포자엽에서 유래한 구조로 보며, 또 다른 견해는 독립된 새로운 기관으로 간주하거나 잎과 가지의 복합 구조에서 유래한 것으로 해석한다. 이러한 종린의 존재 양상은 구과 구조의 해부학적 다양성을 설명하는 주요 기준이 되며, 전나무속이나 삼나무속과 같이 인편과 종린이 융합된 수종에서는 양자를 육안으로 구별하기 어렵다.

배주는 주심(珠心, nucellus)과 이를 둘러싼 한 겹의 주피(珠皮, integument)로 구성되며, 주피 끝부분에는 주공(珠孔, micropyle)이라고 하는 미세한 틈이 형성된다. 주공은 화분이 진입하여 자성배우체와 접촉하는 통로로 기능한다. 주심에서는 대포자모세포가 감수분열을 통해 4개의 대포자를 형성하며, 그중 하나만 생존하여 자성배우체로 발달한다. 자성배우체는 독립된 생활 능력을 지니지 않으며, 종린에 부착된 상태로 발달하여 배(胚) 형성 과정에서 양분저장조직(養分貯藏組織, storage tissue)으로 기능한다.

종자구과의 형태는 수종에 따라 매우 다양하다. 가문비나무속과 전나무속의 종자구과는 인편이 얇고 부드러우며, 전체적으로 길쭉한 타원형을 이룬다. 이에 비해 소나무속의 종자구과는 인편이 두껍고 목질화되어 견고한 구조를 형성한다. 노간주나무속과 측백나무속의 일부 수종에서는 인편과 종린이 융합되어 육질(肉質)의 종자구과를 형성하며, 이는 동물에 의한 섭식(攝食)과 종자의 산포에 적응된 구조로 여겨진다.

한편, 주목속, 비자나무속, 개비자나무속 등은 전형적인 구과를 형성하지 않는다(그림 3-12). 이들 수종은 줄기나 가지 위에 하나의 배주가 직접 형성되며, 수정 이후 배주의 기저부(基底部)를 둘러싼 조직이 발달하여 육질(肉質)의 가종피(假種皮, aril)를 형성한다. 이 가종피는 외형상 열매와 유사하지만, 발생 기원은 종자

그림 3-12 주목속 종자와 가종피

그림 3-13 은행나무 종자의 구조

구과의 인편이 육질화된 경우와 다르다. 또한, 은행나무의 종자 외부에 존재하는 육질 층은 외종피(外種皮, testa)가 발달한 것으로, 이는 종자의 일부에 해당하며 구과의 구조와는 무관하다(그림 3-13). 이러한 특성은 은행나무가 겉씨식물 중에서도 독립적이고 독특한 계통적 위치를 차지한다는 사실을 반영한다.

② 화분구과

화분구과는 침엽수의 웅성 생식기관으로, 일반적으로 크기가 작고 부드러우며, 길이는 수 센티미터(cm)를 넘지 않는다(그림 3-14). 봄철 짧은 기간에 급속히 생장한 후 성숙하여 다량의 화분을 방출하는 것이 특징이다.

화분구과는 중심축을 따라 다수의 *소포자엽(小胞子葉, microsporophyll)이 나선형으로 배열되며, 각 소포자엽의 아래에는 2개 이상의 화분낭(花粉囊, pollen sac: 소포자낭)이 형성된다. 화분낭에서는 소포자모세포가 감수분열을 통해 4개의 소포자를 형성하고, 각 소포자는 유사분열 과정을 거쳐 웅성배우체인 화분으로 발달한다.

화분의 세포 구성은 수종에 따라 다양하지만(그림 3-15), 소나무속에서는 일반적으로 3회의 유사분열을 통해 전엽세포(前葉細胞, prothallial cell) 2개, 관세포(管細胞, tube cell) 1개, 생식세포(生殖細胞, generative cell) 1개가 형성된다(그림 3-16). 전엽세포는 발달 도중에 퇴화하며, 생식세포는 수분이 이루어진 후 다시 분열하여 2개의 세포를 형성한다. 그중 하나는 수정에 참여하지 않는 영양세포(營養細胞, stalk cell),

그림 3-14 소나무속 화분구과

*소포자엽

이형포자성을 보이는 식물에서 소포자를 생산하는 특수화된 잎을 의미한다. 이 소포자엽은 내부에 소포자낭을 형성하며, 그 안에서 소포자가 발달하여 꽃가루나 수컷의 생식세포로 분화된다.

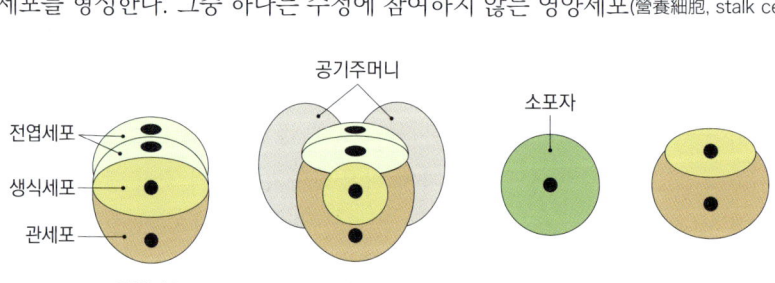

그림 3-15 겉씨식물 화분의 세포 구성

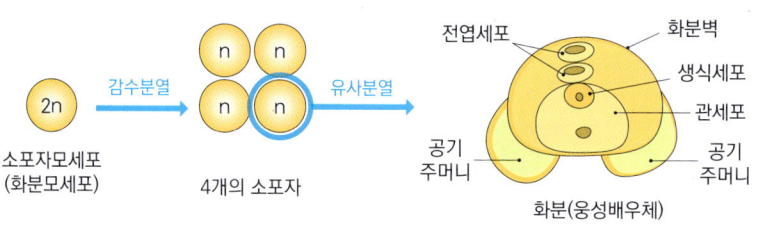

그림 3-16 소나무속의 화분 형성 과정

다른 하나는 다시 한번 분열하여 정세포 2개를 형성한다. 이 중 하나의 정세포가 자성배우체의 난세포와 수정하여 배(胚)를 형성하며, 다른 하나는 퇴화한다. 이처럼 침엽수에서는 중복수정이 일어나지 않으며, 하나의 정세포만이 기능적으로 사용된다.

화분은 외벽(外壁, exine)과 내벽(內壁, intine)을 갖추고 있으며, 외벽은 *스포로폴레닌(sporopollenin)으로 이루어져 있어 자외선, 건조, 병원체 등 외부 자극에 대한 저항성이 매우 높다. 대부분의 침엽수는 바람을 매개로 하는 풍매수분(風媒受粉)의 방식을 따르며, 이에 따라 화분은 공기 중으로 비산(飛散)되기 쉬운 구조를 지니고 있다. 예를 들어 소나무속과 가문비나무속의 화분은 한 쌍의 공기주머니(air sac)를 갖추어 바람을 타고 먼 거리까지 확산할 수 있다. 반면, 은행나무, 향나무속, 메타세쿼이아속 등은 공기주머니를 가지지 않으며, 각 수종에 따라 수분 방식에 구조적 특성이 달라진다.

화분구과는 대개 일회성 구조로, 화분 방출이 완료된 후 위축되거나 탈락하는 경향이 있다. 일부 수종에서는 화분 방출 후에도 화분구과가 일정 기간 남아 있지만, 대부분은 기능을 다한 후 빠르게 낙하하여 더 이상 생리적 기능을 수행하지 않는다. 화분 방출 시기와 지속 시간은 각 수종의 번식 전략 및 생태적 적응 방식에 따라 다르며, 주변 환경 조건, 특히 기온과 습도 변화에 민감하게 반응하여 수분 시기를 조절한다.

③ 종자

종자는 유성생식으로 형성된 생식기관으로, 배, 양분저장조직, 종피로 구성된다. 침엽수를 포함한 모든 겉씨식물은 배주(胚珠)가 자방(子房)으로 둘러싸여 있지 않기 때문에, 종자구과 안에서 배주가 외부로 노출된 상태로 발달한다. 종자가 성숙한 뒤 종자구과가 열리면서 종자가 방출된다는 점이 속씨식물과의 뚜렷한 차이점이다.

> *스포로폴레닌
> 화분이나 포자벽의 외피층에 존재하는 알코올성 고분자 화합물로, 수베린이나 큐틴과 화학적 유사성을 지닌다. 이 물질은 뛰어난 내화학성과 내환경성을 바탕으로 수백만 년 동안도 분해되지 않을 정도로 안정하여, 포자나 화분의 보존에 결정적인 역할을 한다.

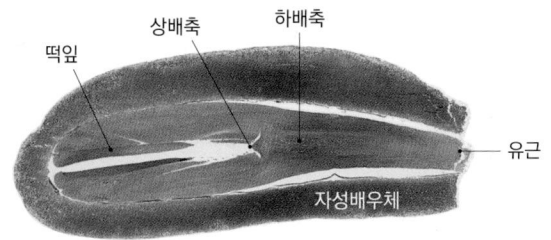

그림 3-17 소나무속 종자의 배

종자의 중심 구조인 배(胚)는 발아 후 새로운 개체로 발달하는 어린 포자체로, 배축(胚軸, embryonic axis), 떡잎(子葉, cotyledon), 유근(幼根, radicle)으로 구성된다. 배축은 다시 상배축(上胚軸, epicotyl)과 하배축(下胚軸, hypocotyl)으로 구분된다. 상배축은 떡잎 위쪽의 줄기 부분으로, 발아 후 본엽과 줄기를 형성하지만, 침엽수 종자는 대부분 상배축이 거의 발달하지 않거나 뚜렷이 구별되지 않으며, 배축의 대부분이 하배축으로 이루어진다(그림 3-17). 하배축은 유근과 떡잎을 연결하는 부위로, 발아 과정에서 길이가 신장하여 떡잎을 지면 위로 들어 올리는 역할을 한다.

침엽수의 떡잎 수는 수종에 따라 달라진다. 주목속이나 향나무속은 떡잎이 1~2장이지만, 소나무속은 5~12장, 가문비나무속은 4~10장, 전나무속은 3~6장이다. 이들은 방사형 또는 나선형으로 배열되며, 발아 초기에 광합성을 하여 본엽(本葉)이 형성되기 전까지 배의 생장을 위한 에너지를 공급한다.

양분저장조직은 배의 발달과 초기 생장에 필요한 양분을 저장하는 기능을 하며, 속씨식물의 배유와 유사한 역할을 한다. 그러나 속씨식물의 배유가 중복수정으로 형성된 3배체(3n) 조직인 반면, 침엽수의 양분저장조직은 수정 이전부터 존재하던 자성배우체가 그대로 발달하여 형성되므로 반수체(n) 조직이다. 이 조직은 세포 내에 전분, 단백질, 지방 등의 저장물질을 축적하여 배의 발달과 발아 초기에 필수적인 에너지원으로 작용한다.

종피는 수정 후 배주의 주피(珠皮, integument)가 발달하여 형성되는 외부 보호조직으로, 성숙에 따라 세포벽이 두꺼워지고 각질화 또는 목질화를 거쳐 배와 양분저장조직을 물리적으로 보호한다. 일부 침엽수에서는 종피 외부에 육질층이 발달하여 동물에 의한 종자 산포를 유도한다. 반면, 소나무속이나 가문비나무속 등은 바람에 의해 종자가 산포되는 전략을 택한다. 이들 종자는 단단한 종피를 가지면서, 종피 일부나 별도의 부속기관이 발달해 바람을 타고 장거리 이동을 가능케 한다. 이러한 구조적 변이는 침엽수가 다양한 환경에서 번식할 수 있도록 하는 중요한 생존 전략으로 작용한다.

(2) 생식기관의 발달

① 구과의 형성과 발달

침엽수의 생식생장은 구과의 원기(原基, primordium)가 형성되는 늦여름부터 초가을 사이에 시작된다. 일반적으로 구과는 초기의 생장을 거친 뒤 겨울 동안 휴면 상태에 들어가고, 이듬해 봄에 생장을 재개하여 최종적으로 성숙한 구과로 발달한다.

구과의 원기는 *영양아(營養芽, vegetative bud)의 미분화 분열조직에서 유도되며, 이 조직은 환경적 자극과 식물호르몬 농도 변화(특히 지베렐린과 사이토카이닌의 증가)에 반응하여 활발한 세포분열을 일으키며 생식기관으로의 전환을 시작한다. 형성 초기에는 영양아와 형태적으로 크게 구별되지 않지만, 세포의 빠른 증식과 구조적 변화에 따라 점차 생식기관의 특성을 띤다.

화분구과는 주로 수간 중·하부의 가지에서 형성되며, 초기에는 작은 구형(球形)이나 돔(dome) 형태를 띤다. 이 시기에 소포자엽과 그 기저에 형성될 화분낭(소포자낭)의 기초 구조가 정립된 후, 생장이 일시적으로 정지되어 휴면 상태로 전환된다.

종자구과는 주로 수간 상부 가지나 단지(短枝, short shoot)의 끝에 형성되며, 초기 단계에서부터 화분구과보다 큰 크기와 복잡한 구조를 지닌다. 구과의 중심축을 따라 인편이 될 대포자엽이 나선상으로 배열되며, 그 기저에는 배주로 분화할 조직이 발달한다. 일반적으로 종자구과는 화분구과보다 다소 늦게 형성되나, 전나무속이나 잎갈나무속에서는 양 구과가 거의 동시에 분화되기도 한다.

화분구과와 종자구과의 형성 비율은 수종, 환경 조건, 개체의 생리적 상태 등의 요인에 따라 큰 변동성을 보인다. 대부분의 침엽수는 화분구과가 종자구과보다 월등히 많이 형성되며, 이는 풍매수분에 의존하는 침엽수의 번식 전략을 반영한다. 예컨대, 소나무속은 화분구과가 종자구과보다 약 10배 이상 많으며, 전나무속도 차이는 다소 적지만 유사한 경향을 보인다. 잎갈나무속은 두 구과 간의 형성 비율이 비교적 균형적인 편이다.

가을이 깊어지면 구과의 생장이 점차 둔화되고 휴면기에 접어든다. 휴면기는 침엽수가 겨울철 저온 환경에 적응하기 위한 필수 생리 과정으로, 이 시기에는 세포분열과 분화가 거의 일어나지 않고, 물질대사 수준도 현저히 낮아진다. 아브시스산의 농도는 이 시기에 급격히 상승하여, 지베렐린과 사이토카이닌의 활성을 억제함으로써 구과의 생장을 정지시키고 휴면을 유도한다. 휴면기 동안 구과 조직의 수분 함량은 감소하며, 세포는 동결 스트레스에 저항할 수 있도록 구조적으로 안정된 형태를 갖추게 된다. 이러한 변화는 혹한기 환경에서 생식기관을 보호하고 다음 생장기의 재생산을 준비하는 데 중요한 역할을 한다.

구과의 휴면을 해제하기 위해서는 일정 기간 저온에 노출되는 과정이 필요하

---

*영양아

식물에서 주로 영양기관(잎, 가지, 줄기 등)의 발달을 담당하는 비생식 기관을 의미한다. 이러한 영양아는 줄기의 정단 또는 측면에 위치하며, 휴면 상태를 유지하다가 적절한 환경 조건이 마련되면 새로운 잎이나 가지를 형성하여 식물의 체적 증대와 재생에 기여한다.

다. 이러한 *저온요구도(低溫要求度, chilling requirement)가 충족되면 아브시스산 농도가 낮아지고, 동시에 지베렐린과 사이토카이닌의 생합성이 재개되면서 구과는 생리적 활성을 회복하게 된다.

봄이 되면 화분구과의 생장이 빠르게 재개되며, 소포자엽과 화분낭 조직이 완전하게 발달하고 다수의 소포자모세포가 형성된다. 이들은 감수분열을 통해 소포자를 생성하며, 이후 웅성배우체인 화분으로 분화된다. 이렇게 형성된 화분은 늦봄에서 초여름 사이에 대량으로 방출된다. 한편, 종자구과는 보다 오랜 기간에 걸쳐 점진적으로 성숙하며, 이 시기에 인편과 배주 조직이 발달하고, 자성배우체의 장란기와 난세포가 형성될 준비가 이루어진다.

② 수분과 수정

침엽수의 수분은 주로 봄 4월 중순에서 5월 초 사이에 이루어진다. 이 시기 화분구과에서는 다량의 화분이 방출되어 바람을 타고 공중을 이동하며, 종자구과의 배주에 도달한 후 주공을 통해 내부로 유입된다. 이 과정에서 주공 부근에의 배주 조직에서 분비되는 점성의 *수분액(受粉液, pollination droplet)은 수분을 가능하게 하는 핵심 매개체로 작용한다. 이 액체는 공기 중을 부유하는 화분을 붙잡고 내부로 흡인하며, 이후 수분액이 증발함에 따라 화분은 자성배우체 근처로 이동한다.

침엽수에서는 수분이 일어난 뒤에도 곧바로 수정이 일어나지 않으며, 수개월에서 1년 이상 지속되는 생리적 휴지기를 거친다. 이 기간에 배주의 자성배우체에서는 장란기가 발달한다. 장란기는 난세포를 포함하는 구조로, 하나의 자성배우체에는 일반적으로 2~4개의 장란기가 형성되며, 가문비나무속과 전나무속 등에서는 그보다 많이 형성된다.

화분 내부에서도 휴지기 동안 중요한 변화가 일어난다. 수분 당시 화분은 보통 전엽세포 2개, 관세포 1개, 생식세포 1개로 구성되는데, 이 생식세포는 휴지기 중 유사분열을 통해 정세포 2개로 분화된다.

휴지 기간이 끝나면 관세포에서 형성된 화분관이 배주의 조직을 천천히 관통하며 장란기의 난세포를 향해 자라난다. 화분관의 생장 속도는 매우 느리며, 조직을 분해하면서 난세포에 접근한다. 화분관의 끝이 장란기의 원형질막에 닿으면 정세포 2개가 방출된다. 침엽수와 같은 겉씨식물은 단일수정(單一受精, single fertilization)을 하며, 이때 두 정세포 중 하나만이 난세포와 융합해 수정란을 형성하고, 나머지 하나는 퇴화된다.

---

*저온요구도

온대 지역 식물이 겨울 동안 휴면 상태를 깨고 봄철에 정상적인 생장과 개화를 시작하기 위해 필요한 일정 기간 동안의 낮은 온도 노출을 의미한다.

*수분액

암술의 표면에서 분비되어 꽃가루가 부착되고 활성화되도록 돕는 액체를 말한다. 이 액체는 수정 과정을 촉진하는 데 중요한 역할을 수행한다.

화분관이 장란기에 도달하여 수정에 이르기까지의 소요 기간은 수종에 따라 큰 차이가 있다. 가문비나무속, 전나무속 등은 수분 후 수개월 내에 수정이 완료되지만, 소나무속은 비교적 긴 12~14개월이 소요된다.

또 소나무과 수종에서는 수정 후 난세포의 세포질이 소실되고, 화분관의 세포질이 유입되어 수정란의 세포질을 재구성하는 특이적 현상이 발생한다. 이로 인해 해당 계통에서는 세포질 유전이 모계(母系)가 아닌 부계(父系)에서 유래하는 부계 세포질유전(父系細胞質遺傳, paternal cytoplasmic inheritance) 현상이 보고되고 있다.

수정란은 이후 반복적인 세포분열을 통해 배로 발달하며, 이 과정에서 침엽수 특유의 다배현상(多胚現象, polyembryony)이 관찰된다. 다배현상은 하나의 배주 안에 여러 개의 배가 생기는 현상으로, 침엽수에서는 크게 단순다배(單純多胚, simple polyembryony)와 분열다배(分裂多胚, cleavage polyembryony)로 구분된다. 단순다배는 하나의 자성배우체에 여러 장란기가 존재하고 각각이 수정되어 다수의 수정란이 형성되는 경우이며, 분열다배는 하나의 수정란이 배 발생 초기에 여러 개의 배로 갈라지는 경우이다.

소나무속에서는 이 두 유형의 다배현상이 모두 나타나며, 초기에는 여러 개의 배가 공존하나 이후 생존력이 가장 높은 배가 우세하게 발달하여 최종적으로 하나의 종자를 형성하는 것이 일반적이다. 이는 자원 확보 경쟁을 통한 자연선택이 작용하는 예로 해석되며, 드물게 두 개 이상의 배가 공존하여 다배종자(多胚種子, polyspermic seed)를 형성하는 사례도 있다.

③ 종자의 발달과 휴면

장란기의 난세포가 수정되어 수정란이 형성되면 배주는 종자로 발달하기 시작한다. 가장 먼저 일어나는 변화는 수정란의 세포분열과 조직 분화를 통한 배의 형성이다. 초기에는 여러 개의 배가 동시에 형성되는 분열다배 현상이 나타날 수 있지만, 대부분 우세한 하나의 배만이 최종적으로 생장하여 배축, 떡잎, 유근을 갖춘 완전한 배로 분화한다.

배와 함께 발달하는 양분저장조직은 자성배우체에서 유래하며, 속씨식물의 3배체(3n) 배유와는 달리 수정 이전부터 존재하던 반수체(n) 조직이다. 이 조직은 전분, 단백질, 지방 등의 저장 물질을 축적하여, 배가 독립적으로 광합성을 시작하기 전까지 생장에 필요한 양분을 공급한다.

배와 양분저장조직이 어느 정도 완성된 뒤에는 주피가 변형되어 종피로 발달한다. 발달 초기의 종피는 연하고 얇지만, 종자가 성숙함에 따라 세포벽이 두꺼

종자의 휴면과 해제

종자의 휴면(休眠, dormancy)은 종자가 성숙하여도 발아에 적합한 환경 조건에서 즉시 발아하지 않고 일정 기간 발아가 지연되는 생리적 상태를 의미한다. 이러한 휴면은 종자의 생존과 산포 전략에 있어 중요한 적응 기작으로, 특히 온대 침엽수와 활엽수 종자에서 광범위하게 나타난다.

종자의 휴면은 그 발생 시점과 생리적 기작, 해제 방식에 따라 다양한 방식으로 분류될 수 있으나, 일반적으로는 배(胚)를 기준으로 작용하는 요인이 종자 내부에 있는지 외부에 있는지에 따라 내적 요인에 의한 휴면과 외적 요인에 의한 휴면으로 구분된다. 실제로 대부분의 종자는 하나의 원인이 아닌 내·외적 여러 요인이 복합적으로 작용하는 경우가 많으며, 이러한 복합형 휴면은 다양한 환경 조건에 대한 적응성과 발아 시기의 조절 능력을 높이는 데 기여한다.

1. 내적 요인에 의한 종자 휴면

생리적 휴면(生理的休眠, physiological dormancy): 배 내부에 생장을 억제하는 아브시스산과 같은 식물호르몬이나 발아 저해 물질이 존재하여 발아가 억제되는 유형이다. 이러한 종자는 일정 기간의 저온에 노출되어야 휴면이 해제된다.

발생적 휴면(發生的休眠, morphological dormancy): 종자가 산포될 때까지 배가 미분화 상태이거나 충분히 성숙되지 않아, 배 자체의 형성과 발달이 완료된 후에야 발아가 가능한 유형이다. 일정 기간 후숙(後熟)을 거쳐 배의 조직이 완전하게 발달하면 발아가 가능해진다.

2. 외적 요인에 의한 종자 휴면

물리적 휴면(物理的休眠, physical dormancy): 종피에 발달한 불투수층으로 인해 수분과 산소의 침투가 차단되어 발아가 억제되는 형태로, 주로 콩과식물 등 일부 속씨식물에서 관찰된다. 이러한 종피에는 큐틴, 리그닌, 왁스 등의 물질이 축적되어 외부 자극 없이는 수분 흡수가 어렵다. 종피가 마찰, 고온, 화재, 동물의 소화관 통과 등으로 손상되거나 열릴 경우 수분과 산소의 투과가 가능해져 발아가 유도된다. 반면, 소나무속, 전나무속, 가문비나무속 등의 겉씨식물 종자는 종피가 단단하더라도 단층 구조를 지니며, 수분과 산소의 이동을 차단하는 불투수층이 발달하지 않아 물리적 휴면은 나타나지 않는다.

기계적 휴면(機械的休眠, mechanical dormancy): 단단한 종피나 비대한 배유가 배(胚)의 발달을 물리적으로 제한함으로써 발아가 억제되는 휴면 형태로, 주로 견과류나 석과류 등 일부 속씨식물에서 나타난다. 이러한 종자는 종피 또는 배유를 손상시키거나 연화시켜야 발아가 가능하다. 반면, 겉씨식물의 종자는 종피가 단층이면서 비교적 연질이고, 배유가 형성되지 않기 때문에 기계적 휴면이 거의 관찰되지 않는다.

화학적 휴면(化學的休眠, chemical dormancy): 종피나 배유 등에 존재하는 아브시스산, 페놀류, 타닌 등의 발아 억제 물질이 배의 생장을 억제하는 휴면 형태로, 주로 속씨식물에서 관찰된다. 이러한 억제 물질은 시간이 지나면서 빗물에 의해 씻겨 내려가거나, 발아 촉진 물질과의 길항작용으로 활성이 감소하면서 휴면이 해제된다. 반면, 침엽수를 포함한 겉씨식물에서는 종자가 외부에 노출된 상태로 발달하고, 종피나 배유에 발아 억제 물질이 축적되는 구조가 발달하지 않아 화학적 휴면은 거의 나타나지 않는다.

워지고 리그닌, 수지 등의 물질이 축적되면서 점차 단단해진다. 이를 통해 침엽수 종자는 건조, 온도 변동, 병해충 등 다양한 스트레스에 강한 내성을 갖는다.

침엽수 종자는 수정 후 일정 기간에 걸쳐 발달·성숙한다. 수종에 따라 종자 성숙에 소요되는 기간은 다양하며, 측백나무속, 편백속, 삼나무속 등은 1년 이내에 종자가 성숙하지만, 소나무속, 향나무속, 전나무속 같은 수종은 2~3년 이상 소요된다.

종자가 완전히 성숙하면 대사 활동이 줄어들면서 생리적 휴면 상태에 들어간다. 이 상태는 발아에 적합한 조건이 조성되기 전까지 생장을 억제하고 휴면을 유지함으로써 종자의 생존 가능성을 높이는 중요한 생리적 적응 전략이다. 생리적 휴면에는 식물호르몬이 중요한 요인으로 작용하는데, 특히 아브시스산은 종자가 성숙하는 동안 농도가 점차 높아지면서 배의 대사 활동을 억제하고, 발아 관련 유전자들의 발현을 차단해 종자가 발아하지 못하도록 제어한다. 대부분의 종자는 식물호르몬 외에도 다양한 요인이 복합적으로 작용해 휴면이 유지된다.

종자가 휴면 상태에서 벗어나기 위해서는 외부 환경의 특정 조건이 충족되어야 한다. 대부분의 온대성 침엽수는 일정 기간의 저온요구도를 충족해야 하며, 약 0~5℃의 온도에서 수 주에서 수 개월간 노출되면 아브시스산의 농도가 감소하고, 이에 대응하여 지베렐린의 합성이 증가하여 휴면이 해제된다. 또 빛 조건은 발아 신호로 작용할 수 있으며, *광발아종자(光發芽種子, photoblastic seed)의 경우 적색광 등의 특정 파장에서 발아가 촉진되기도 한다.

*광발아종자
빛의 자극이 있어야 발아가 촉진되는 종자를 의미한다.

일부 종자는 종피가 단단하고 불투수성(不透水性) 구조를 가지며, 이러한 종자는 물리적 휴면을 나타낸다. 이 경우 자연 상태에서의 동결·해동, 미생물 작용, 물리적 마모 등으로 종피가 약화되어야 발아할 수 있다. 또 종자가 성숙했어도 내부의 배가 미성숙하여 즉시 발아할 수 없는 경우 발생적 휴면으로 분류되며, 이러한 종자는 배의 생장과 분화에 필요한 시간을 부여하는 후숙(後熟, afterripening)을 거쳐야 비로소 발아가 가능하다.

휴면이 해제된 종자는 온도, 수분 등이 적절해지면 발아를 시작하며, 이때 양분저장조직에 축적된 전분, 단백질, 지방 등이 분해되어 배의 세포분열과 신장을 지원한다. 먼저 유근(幼根)이 신장하여 토양에 정착하고, 떡잎이 전개되면서 유묘(幼苗)의 광합성이 시작된다. 이후 본엽이 형성되면 식물체는 완전한 독립 광합성 단계로 전환된다.

3.2.3 활엽수의 생식생장

활엽수의 생식생장 과정은 꽃눈(花芽, floral bud)의 분화로부터 시작되어, 꽃의 형성, 수분·수정, 종자와 열매의 발달로 이어지는 일련의 복합적 단계로 이루어진다. 이 과정은 유성생식을 통해 유전적 다양성을 확보하고, 개체군의 유지와 확산을 가능케 하는 고도로 조직화된 생리적 현상이다. 이때 꽃은 활엽수의 생식기관으로서 외형적으로 눈에 띄는 구조이자 암술과 수술이라는 생식세포를 생성하는 핵심 기관을 포함하고 있어 생식생장의 중심적인 기능을 담당한다. 특히 꽃의 구조와 배열 그리고 그 기능은 종마다 차이를 보이며, 수분 매개체의 종류 및 수분 전략과도 밀접한 관련을 지닌다. 따라서 활엽수의 생식생장은 단지 꽃의 형성에 그치지 않고, 꽃 내부 구조의 형성과 기능적 특성을 이해함으로써 그들의 번식 전략과 생태적 적응 과정을 보다 정밀하게 파악할 수 있다. 이어지는 내용에서는 각 생식기관의 배열 및 발달 양상, 수정 방식, 종자 형성 이후 열매의 성숙 과정에 이르기까지 활엽수의 생식생장을 구조적·기능적 측면에서 체계적으로 살펴보고자 한다.

(1) 생식기관

① 꽃

활엽수의 꽃은 대개 꽃받침, 꽃잎, 암술, 수술이라는 4가지 기본 구조로 구성되며, 이들은 일정한 배열과 기능을 통해 유성생식의 성공률을 극대화하도록 진화하였다. 꽃은 외부에서 쉽게 관찰되는 생식기관이다. 그러나 내부에는 수분과 수정이 이루어지는 핵심 부위가 포함되어 있어 종자 형성이라는 유성생식의 완결을 위한 중심적 기능을 한다.

꽃받침(萼, calyx)은 꽃의 가장 외곽을 둘러싸며 주로 녹색을 띤다. 개화 전까지 꽃봉오리를 보호하고, 일부 수종에서는 개화 후에도 유지되어 꽃잎과 함께 수분 매개체를 유인하거나 꽃 구조를 지지하는 역할을 한다.

꽃잎(瓣, petal)은 꽃받침 안쪽에 배열되며, 수종에 따라 크기, 색깔, 형태가 다양하다. 충매화는 화려한 색과 향기, 꿀샘을 발달시켜 매개체를 유인한다. 반면, 풍매화는 수분 매개체에 의존하지 않기 때문에 꽃잎이 퇴화되거나 단순화되며, 화분이 바람을 타고 멀리 확산될 수 있도록 구조를 갖는다.

암술(雌蕊, pistil)은 자성 생식기관으로, 암술머리(柱頭, stigma), 암술대(花柱, style), 자방(子房, ovary)으로 구성된다. 암술머리는 화분을 수용하는 부위로, 표면이 점액질로 덮인 습윤형(장미과 등)과 건조하며 돌기 구조를 지닌 건조형(참나무속 등)으로 구분된다. 암술대는 화분관이 자방까지 이동하는 통로이며, 자방은 내부에 배주(胚珠)를 지니고 있어 수정과 종자 형성의 중심이 되는 기관이다.

수술(雄蕊, stamen)은 웅성 생식기관으로, 꽃밥(葯, anther)과 수술대(花絲, filament)로 구성된다. 꽃밥 내에는 화분낭(花粉囊)이 존재하며, 이곳에서 감수분열을 통해 형성된 소포자가 유사분열을 거쳐 웅성배우체인 화분으로 발달한다. 충매화의 화분은 점착성 물질이나 미세한 돌기를 통해 매개체에 부착되기 쉽게 발달하였고, 풍매화의 화분은 작고 가벼우며 표면이 매끄럽다. 화분의 외벽은 스포로폴레닌으로 구성되어 자외선, 건조, 병원체 등에 대한 저항성이 높다.

배주(胚珠, ovule)는 암술의 자방에 위치하며, 발생 초기에는 주심(珠心)과 이를 둘러싼 주피(珠皮)로 구성된다(그림 3-18). 대부분의 활엽수는 두 겹으로 이루어진 이중주피(二重珠皮, bitegmic) 구조를 갖지만, 자귀나무속 등에서는 단일주피(單一珠皮, unitegmic)도 관찰된다. 주심의 대포자모세포는 감수분열로 4개의 대포자를 형성하며, 그중 하나만이 생존하여 자성배우체로 발달한다. 성숙한 자성배우체는 일반적으로 배낭(胚囊)이라 불린다.

배낭은 난세포(卵細胞, egg cell) 1개, 조세포(助細胞, synergids) 2개, 반족세포(反足細胞, antipodal cells) 3개, 극핵(極核, polar nucleus) 2개를 지닌 중앙세포(中央細胞, central cell) 1개로 구성되며, 총 세포 7개와 핵 8개를 포함한다(그림 3-19).

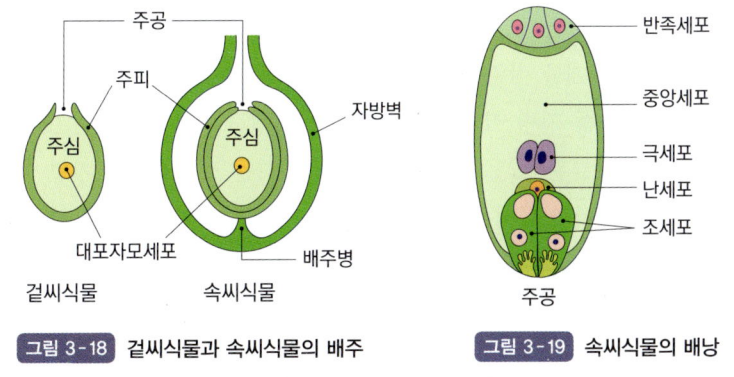

그림 3-18 겉씨식물과 속씨식물의 배주

그림 3-19 속씨식물의 배낭

속씨식물인 활엽수는 중복수정을 하며, 하나의 정세포는 난세포와 수정하여 배(胚)를 형성하고, 다른 하나는 중앙세포의 극핵과 융합하여 3배체($3n$)의 배유를 형성한다. 배유는 배의 초기 생장에 필요한 양분을 공급하는 저장조직으로 기능하며, 이러한 중복수정은 속씨식물에서만 관찰되는 수정 방식이다.

꽃은 생식기관의 성별에 따라 양성화(兩性花, hermaphrodite flower)와 단성화(單性花, unisexual flower)로 구분된다. 단성화는 다시 한 개체 내에 암꽃과 수꽃이 모두 존재하는 자웅동주(雌雄同株, monoecism)와 암꽃과 수꽃이 서로 다른 개체에 존재하는 자웅이주(雌雄異株, dioecism)로 구분된다. 또 꽃이 배열 방식인 화서(花序, inflorescence; 꽃차례)에 따라 총상화서(總狀花序, raceme), 산방화서(繖房花序, corymb), 두상화서(頭狀花序, capitulum) 등이 있으며, 이러한 배열 양식은 수분 매개 전략과 밀접하게 연관된다.

② 열매

열매는 일반적으로 과피(果皮, pericarp)와 종자로 구성되며, 과피는 외과피(外果皮, exocarp), 중과피(中果皮, mesocarp), 내과피(內果皮, endocarp)의 세 층으로 이루어진다(그림 3-20). 외과피는 열매의 가장 외측을 덮는 조직으로, 표피세포의 외벽에는 큐티클과 왁스층이 발달하여 수분 손실을 억제하고 자외선, 병원체, 해충 등 외부 환경으로부터 열매를 보호하는 역할을 한다. 일부 수종에서는 외과피가 단단하게 형성되거나, 동물에 쉽게 부착될 수 있도록 털이 발생하기도 한다. 중과피는 열매의 대부분을 차지하는 부분으로, 이것이 다육질로 발달한 열매는 과육을 통해 동물의 섭식을 유도하고 이를 통한 종자 산포를 가능하게 한다. 내과피는 종자를 직접 감싸는 가장 안쪽의 과피 층으로, 수종에 따라 얇은 막질(膜質) 구조를 이루거나 핵과(核果)의 종자를 둘러싸는 것처럼 단단한 껍질로 발달한다.

일반적으로 열매는 자방(子房)의 벽이 발달하여 과피를 형성하면서 만들어지며, 이러한 열매를 참열매(眞果, true fruit)라고 한다. 이에 비해 *꽃턱(花托, receptacle), 꽃받침 등 자방 이외의 꽃 부분이 비대해져 형성된 열매는 헛열매(僞果, pseudocarp)로 분류된다. 두 유형은 열매를 구성하는 조직의 발생 기원에 따라 구별되며, 예컨대 사과와 배는 자방 아래의 꽃턱 조직이 과육으로 발달한 헛열

> *꽃턱
> 꽃자루의 끝에 위치한 다소 비대해진 부위로, 꽃의 여러 기관들이 부착되는 기초 구조이다. 일반적으로 반구형이나 곤봉 모양을 띠며, 경우에 따라서는 컵 모양으로 자라 암술 등을 내부에 수용하기도 한다.

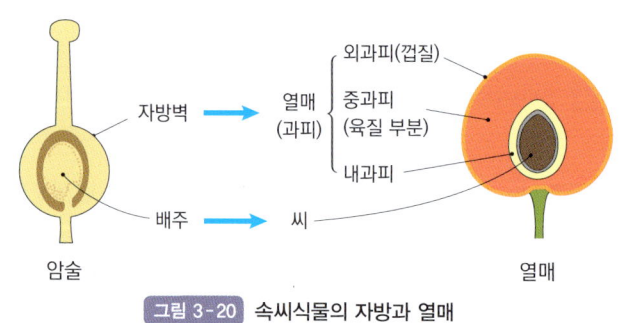

그림 3-20 속씨식물의 자방과 열매

매에 해당하고, 감과 밤은 자방 자체가 발달하여 형성된 참열매에 해당한다.

열매는 형태 또는 발달 과정에 따라 단과, 취과, 다화과로 구분된다. 단과(單果, simple fruit)는 하나의 꽃에서 하나의 자방이 발달하여 형성된 열매이다. 대부분의 활엽수 열매가 이에 해당한다. 취과(聚果, aggregate fruit)는 딸기, 산딸기 등과 같이 하나의 꽃에 여러 개의 암술이 존재하며, 각각의 암술이 독립적으로 발달하여 소과(小果, fruitlet)를 형성하고, 이들이 모여 하나의 열매를 구성하는 형태이다. 다화과(多花果, multiple fruit)는 무화과, 파인애플 등과 같이 여러 개의 꽃이 집단으로 발달하여 하나의 열매처럼 보이는 구조로, 화서 전체가 열매로 전환된 경우이다.

또 단과는 열매가 성숙하였을 때 과피의 수분 함량에 따라 건과(乾果, dry fruit)와 습과(濕果, fleshy fruit)로 구분된다. 건과는 다시 열매의 개방 여부에 따라 열개과(裂開果, dehiscent fruit)와 폐과(閉果, indehiscent fruit)로 분류된다. 이와 같은 열매의 유형들은 더욱 세분화되며, 그 분류 체계는 표 3-2에 제시되어 있다.

표 3-2 속씨식물의 열매 분류

건과(乾果, dry fruit)	과피가 단단하고 건조한 상태를 유지하는 열매
열개과(裂開果, dehiscent fruit)	성숙 후 과피가 갈라지면서 종자가 방출됨.
골돌과(蓇葖果, follicle)	심피 1개가 발달하여 한쪽이 갈라지는 열매임. (예: 미나리아재비과)
협과(莢果, legume)	심피 2개가 발달하여 성숙 시 양쪽이 갈라짐. (예: 콩과식물)
장각과(長角果, silique)	심피 2개가 발달하며, 중앙에 격벽이 존재함. (예: 십자화과)
삭과(蒴果, capsule)	심피 여러 개가 합쳐져 성숙 시 다양한 방식으로 갈라짐. (예: 동백나무, 양귀비)
폐과(閉果, indehiscent fruit)	성숙 후 과피가 갈라지지 않고, 종자와 함께 산포됨.
수과(瘦果, achene)	과피가 얇고 종자와 느슨하게 결합됨. (예: 국화과, 민들레)
견과(堅果, nut)	과피가 두껍고 단단하여 종자를 보호함. (예: 밤, 도토리)
시과(翅果, samara)	종자에 날개가 발달하여 바람에 의해 산포됨. (예: 단풍나무)
영과(穎果, caryopsis)	종피와 과피가 밀착된 열매. (예: 벼, 보리)
습과(濕果, fleshy fruit)	과피가 다육질로 습한 상태를 유지하는 열매
장과(漿果, berry)	과피 전체가 다육질로 발달하며, 보통 여러 개의 종자를 포함. (예: 포도, 토마토, 감)
핵과(核果, drupe)	중과피가 다육질이며, 내과피가 단단하여 핵을 형성함. (예: 자두, 복숭아, 벚나무)
이과(梨果, pome)	꽃턱이 발달하여 과육을 형성하는 헛열매임. (예: 사과, 배)
호과(瓠果, pepo)	중과피가 두껍고 단단한 형태임. (예: 오이, 호박)
감과(柑果, hesperidium)	외과피가 피층(알베도)과 유점질층(플라베도)으로 발달함. (예: 감귤류)

③ 종자

활엽수의 종자는 배, 배유, 종피라는 세 가지 기본 구조로 구성되며, 이는 침엽수의 종자와 유사해 보이나, 실제로는 여러 구조적·생리적 측면에서 뚜렷한 차이를 보인다. 특히 배축(胚軸)과 떡잎(子葉)의 발달 상태, 배유의 기원과 유지 여부, 종피의 발생 기원과 층위 구조, 종자 산포 전략 등에서 계통학적으로 구별되는 특징이 관찰된다.

종자의 핵심 기관인 배는 발아 후 새로운 개체로 발달하는 유생식체(幼生殖體)이며, 배축, 떡잎, 유근(幼根)으로 구성된다. 활엽수의 배는 일반적으로 두 장의 떡잎을 가지며, 상배축(上胚軸)이 비교적 잘 발달하여 떡잎과 본엽의 경계가 뚜렷하다. 예를 들어, 참나무속, 밤나무속 등의 종자에서는 발아 시 상배축이 길게 신장되어 본엽(本葉)을 형성한다. 이에 반해, 침엽수의 종자는 여러 장의 떡잎을 가지며(예: 소나무속은 5~12장), 상배축의 발달이 미미하거나 구분이 어렵다는 점에서 활엽수와 차이를 보인다.

배유는 속씨식물의 중복수정으로 형성된 3배체($3n$) 조직으로, 배 발생과 발아 초기에 필요한 양분을 저장·공급하는 기능을 수행한다. 다만, 활엽수 종자가 성숙할 때까지 배유의 유지 여부는 수종에 따라 다르다. 물푸레나무속, 마가목속 등은 성숙한 종자에도 배유가 잔존하여 유배유종자(有胚乳種子, endospermic seed)를 형성하지만, 참나무속, 밤나무속, 감나무속, 벚나무속, 자귀나무속, 회화나무속 등은 발달 도중에 떡잎이 배유를 흡수하여 무배유종자(無胚乳種子, exendospermic seed)를 형성한다. 무배유종자는 떡잎에 양분이 집중되어 발아 후 빠른 초기 생장이 가능하며, 일부 연구는 이러한 형태가 진화적으로 발달한 특성으로 평가하기도 한다. 배유는 수종에 따라 전분, 단백질, 지방 등의 저장 물질을 주로 포함하며, 저장 물질의 조성은 수종이나 생육 환경과 생리적 전략에 따라 다르게 나타난다.

종피는 배주의 주피에서 유래하는 보호 조직으로, 활엽수는 일반적으로 이중 주피이며, 이로부터 외종피(外種皮, testa)와 내종피(內種皮, tegmen)로 발달한다. 외종피는 성숙 과정에서 리그닌, 타닌, 큐틴 등의 물질이 축적되어 두껍고 단단한 물리적 보호층을 형성한다. 참나무와 밤나무의 견과(堅果)는 매우 단단한 외종피가 병충해와 외부 충격에서 배를 효과적으로 보호한다. 반면, 버드나무속이나 포플러속 등의 수종은 종피가 얇고 연질(軟質)이며, 수분 흡수와 발아가 빠르게 이루어지는 경향을 보인다. 내종피는 대부분 얇고 막질(膜質)이며, 발아 과정에서 쉽게 분해되지만, 침엽수 종자는 단일주피에서 유래한 종피를 가지며, 열매가 아닌 구과 구조로 종자를 보호한다. 은행나무는 외종피가 육질화되지만, 이는 속씨식물의 열매와는 기원이 다르며, 종자가 외부로 노출된 겉씨식물의 특수한 예에 해당한다.

종자의 산포 방식에서도 활엽수와 침엽수는 본질적인 차이를 보인다. 활엽수는 대부분 열매를 형성하여 종자를 그 안에 포함하고, 육질 과피를 발달시켜 동물, 바람, 물 등에 의해 종자가 산포되도록 적응하였다. 예를 들어, 감나무, 벚나무, 복사나무 등은 단맛을 가진 과육을 형성하여 동물을 유인하고, 견고한 핵과(核果) 또는 종피를 통해 종자를 보호한다. 반면, 침엽수는 구과가 성숙하면서 열리고 바람을 이용해 종자가 멀리 퍼지거나, 잣나무처럼 일부 종자는 동물에 의해 섭식되어 산포되지만, 속씨식물처럼 열매를 통한 산포 전략을 사용하지 않는다는 점에서 차이를 보인다.

(2) 생식기관의 형성과 발달

① 꽃눈의 형성과 발달

활엽수의 꽃눈은 식물호르몬, 환경 요인, 유전 요인 등이 복합적으로 작용하여 유도되며, 그 형성과 발달 과정은 수종에 따라 큰 차이가 있다. 특히 온대 활엽수는 계절의 주기적 변동에 적응하여 생식생장을 조절하는 생리적 전략을 진화시켜 왔으며, 이에 따라 꽃눈 형성, 휴면의 진입 및 해제, 개화 시기 등 생식생장의 전 과정은 수종 고유의 생장 리듬에 따라 진행된다. 활엽수의 생식생장은 침엽수와 마찬가지로 영양아(營養芽)의 분열조직에서 꽃눈이 유도되고, 그로부터 생식기관의 원기(原基)가 분화됨으로써 시작된다. 이때 꽃눈의 유도는 일반적으로 광주기(光週期, photoperiod)의 영향을 크게 받는다. 장일성 수종은 일장(日長, day-length)이 길어질 때 생식생장으로 전환이 일어나며, 단일성(短日性) 수종은 일장이 짧아질 때 이러한 전환이 유도된다. 이러한 광주기 반응은 꽃눈 유도라는 생식생장 개시 단계에 관여하는 주요 신호로 작용하며, 특히 온대에서는 계절에 따른 광주기 변화가 생식기관의 발달 시점 조절에 중요한 역할을 한다.

한편, 개화 시기 역시 광주기의 영향을 받을 수 있으나, 그 반응의 민감도나 조절 시점은 꽃눈 유도와 일치하지 않을 수 있다. 즉 꽃눈 유도와 개화는 생식생장의 연속된 단계이지만, 이들 각각은 수종에 따라 구별된 생리적 기작에 의해 조절되며, 반응하는 환경 신호 또한 서로 다를 수 있다. 따라서 활엽수의 생식생장은 단일한 자극에 일괄적으로 조절되는 것이 아니라, 단계별로 구분된 생리적 반응이 복합적으로 작용하는 조절 체계로 이해되어야 한다. 또 중일성(中日性) 수종은 광주기 변화에 민감하게 반응하지 않으며, 대신 탄수화물 축적 정도, 생장 단계와 같은 생리적 상태나 기온 등의 환경 요인이 꽃눈 유도의 주요 결정 요인으로 작용한다. 이러한 수종에서는 일장보다는 체내 에너지 균형과 기온 변화가 생식생장의 개시를 결정짓는 핵심 요소로 기능한다.

꽃눈의 분화 시기는 개화 시점을 기준으로 조기(早期), 중기(中期), 직전(直前)의 세 유형으로 구분할 수 있다. 이는 꽃눈이 유도된 이후 실제로 꽃 기관의 원기가 분화되는 시점을 기준으로 한 분류이며, 각 유형은 단순히 시기의 차이에 그치지 않고, 생리적 휴면의 깊이, 저온요구도, 꽃 기관의 발달 속도 그리고 환경 반응성 등에서 뚜렷한 차이를 보인다.

조기 분화형(early differentiation type)은 전년도 여름에 꽃눈이 분화된 후 점진적으로 꽃 기관이 발달하며, 겨울 동안 휴면 상태를 유지하다가 이듬해 봄에 개화하는 유형이다. 꽃눈이 발달하는 초기 단계에서는 영양아와 구별이 어려울 정도로 외견상 유사하지만, 겨울 휴면에 들어갈 때는 꽃 기관이 대부분 완성되어 있다. 휴면은 일정 기간의 저온 노출을 통해 해제되며, 이 유형은 장기간의 저온요구도(chilling requirement)를 필요로 하며, 온대에서 봄에 개화하는 대부분이 낙엽활엽수가 이에 해당한다.

중기 분화형(delayed differentiation type)은 개화 몇 달 전에 꽃눈이 형성되어 비교적 짧은 휴면기를 거친 뒤 개화하는 유형이다. 온대에서는 일반적으로 늦여름이나 가을에 꽃눈이 유도되고, 일부 꽃 기관이 형성된 상태로 겨울을 지낸 뒤, 이듬해 봄 기온 상승과 함께 꽃 기관의 발달이 마무리된다. 이 유형은 비교적 온화한 겨울 기후에 적응한 수종에서 흔히 나타나며, 조팝나무, 개나리 등이 대표적이다. 또 여름이나 가을에 개화하는 수종 가운데 일부는 당해 봄에 꽃눈이 형성되기도 한다.

직전 분화형(immediate flowering type)은 개화 직전에 꽃눈이 유도되어 단기간에 발달하고 개화하는 유형으로, 환경 변화에 매우 민감하게 반응하며 발달 속도가 빠르다. 이 유형은 생육 조건이 일시적으로 좋아지면 바로 꽃눈이 유도되어 개화에 이르는 전략으로, 열대 및 아열대 수종에서 흔히 나타나는 특징이다. 온대에서도 싸리, 금목서, 찔레꽃, 장미 등과 같이 여름 이후에 개화하는 수종들에서 이러한 유형이 관찰된다.

꽃 기관의 발달은 일반적으로 바깥에서 안쪽으로 진행되며, 웅성(雄性) 생식기관이 자성(雌性) 생식기관보다 먼저 분화하는 경향이 있다. 양성화(兩性花)는 보통 꽃받침 → 꽃잎 → 수술 → 암술의 순서로 각 기관이 분화되며, 참나무속과 같이 단성화(單性花)를 갖는 수종에서는 수꽃이 암꽃보다 먼저 분화된다. 이러한 성별(性別) 분화 순서는 수분의 성공률을 높이기 위한 생식 전략으로 해석된다.

꽃눈의 형성과 발달은 기본적으로 수종 고유의 특성에 따라 결정되지만, 영양생장 상태와도 밀접한 연관이 있다. 일반적으로 영양생장이 양호하면 생식생장으로의 전환이 원활하게 이루어지나, 수분 및 양분 부족, 기상 이상과 같은 환경 스트레스로 영양생장이 저해되면 꽃눈 형성이 지연되거나 제한될 수 있다. 그러나 생육 환경이 급격히 악화되어 영양생장이 현저히 저하되면 생식생장이 오히려 촉진되어 생존과 번식을 위한 다량의 꽃눈이 형성되는 현상도 관찰된다.

② **수분과 수정**

속씨식물인 활엽수는 수분 매개체의 종류에 따라 다양한 수분 방식을 보이지만, 온대 활엽수는 주로 풍매수분 또는 충매수분에 의존하여 유성생식을 진행한다.

풍매수분을 하는 수종으로는 참나무속, 밤나무속, 자작나무속 등이 있으며, 이들은 대개 단성화를 가지며, 작고 눈에 띄지 않는 꽃이 집단으로 개화한다. 이들 수종의 화분은 크기가 작고 건조하며, 표면이 매끄럽고 점착성이 거의 없어 공기 중에서 장거리 이동에 적합한 구조이다.

반면, 충매수분을 하는 수종으로는 벚나무속, 피나무속 등이 있으며, 이들은 화려한 색의 꽃잎, 향기, 꿀샘 등으로 곤충을 유인하는 특징이 있다. 충매화의 화분은 점성이 크고 표면에 미세한 돌기 구조가 발달하여, 수분 매개체인 곤충의 체표에 쉽게 부착될 수 있도록 구조적 적응이 이루어져 있다. 주요 수분 매개자는 꿀벌, 나비, 딱정벌레류 등이지만, 일부 수종에서는 파리, 개미 등도 수분에 기여한다.

수분이 이루어진 이후, 화분은 암술머리에 부착된 뒤 발아하여 화분관을 형성하고, 자방 내부의 배주에 존재하는 배낭까지 신장한다. 화분관은 암술 조직에서 분비되는 유도 물질에 반응하며, 자방 조직을 통과할 때 *세포벽분해효소(細胞壁分解酵素, cell wall degrading enzyme)를 분비하여 주공을 향해 조직을 분해하며 진전한다.

화분관이 배낭에 도달하면 그 끝에서 방출된 두 개의 정세포 가운데 하나는 난세포와 융합하여 수정란을 형성하고, 다른 하나는 중앙세포의 두 극핵과 융합

***세포벽분해효소**
세포벽의 주요 구성 성분인 셀룰로스, 헤미셀룰로스, 펙틴 등을 분해하여 세포벽의 구조를 변화시키거나 재배열하는 효소들을 말한다. 이 효소들은 미생물, 동물 그리고 식물 자체에서 생성되어 감염, 성장, 조직 재구성 등 다양한 생리적 및 병리적 과정에 관여한다.

하여 배유를 형성한다. 이와 같이 두 개의 수정이 동시에 이루어지는 현상은 중복수정이라 하며, 속씨식물에서만 관찰되는 진화적으로 특화된 생식 방식이다. 배유는 수정 후 발달하여 배의 초기 생장에 필요한 양분을 공급하는 저장조직으로 기능한다.

 수분이 이루어진 후 수정에 이르기까지 걸리는 시간은 수종이나 환경 조건, 특히 온도에 따라 다양하게 나타난다. 예를 들어, 벚나무속과 같이 이른 봄에 개화 수종은 수분 후 2~3일 이내에 수정이 완료되지만, 단풍나무속, 피나무속 등에서는 수분 후 1~2주가 소요되기도 한다. 저온 환경에서는 화분관의 신장이 느려져 수정까지 더 오래 걸린다.

 특히 특히 참나무속의 일부 수종에서는, 수분이 이루어진 이후 수정이 실제로 일어날 때까지 수개월에서 1년 이상 지연되는 등, 수분과 수정 사이에 긴 시간 간격이 존재하는 경우가 관찰된다. 예를 들어, 갈참나무와 신갈나무는 수분 후 약 5주 뒤에 수정이 이루어지나, 상수리나무와 굴참나무는 최대 13개월 이상이 소요되는 사례가 보고된다. 이러한 지연은 수분 시점에 배주의 형성은 완료되었으나, 자성배우체인 배낭이 아직 분화되지 않은 상태이기 때문이며, 배낭이 완전히 발달한 다음 해 봄에야 수정이 가능해진다. 이 동안 화분관은 자방 내부에서 생장을 일시적으로 정지하거나 매우 느리게 유지하면서 수정 가능한 시기를 기다린다.

③ 종자의 발달

 종자의 형성은 수정 직후 배주가 본격적으로 발달하면서 이루어진다. 수정란은 반복적인 세포분열을 통해 배로 발달하고, 중앙세포에서 유래한 배유는 전분, 단백질, 지방 등 저장 물질을 축적하여 양분저장조직으로 유지되거나, 발달 중인 떡잎에 흡수되어 점차 소실된다. 이와 함께 주피는 종피로 분화되어 배와 배유를 감싸는 외부 보호층을 형성한다(그림 3-21).

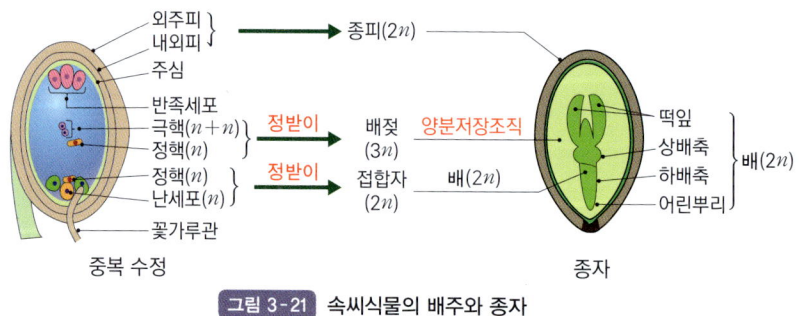

그림 3-21 속씨식물의 배주와 종자

배의 발달은 수정란이 세포분열을 개시하여 전배(前胚, proembryo)를 형성하는 단계에서 시작되며, 이후 구형기(球形期, globular stage), 심장형기(心臟形期, heart-shaped stage), 어뢰형기(魚雷形期, torpedo stage)를 차례로 거쳐 성숙 배로 완성된다 (그림 3-22). 이 과정에서 배는 점차 조직화되어 배축, 떡잎, 유근 등의 주요 기관이 분화되며, 특히 온대 활엽수에서는 이러한 기관 형성이 여름부터 가을 사이에 집중적으로 이루어진다.

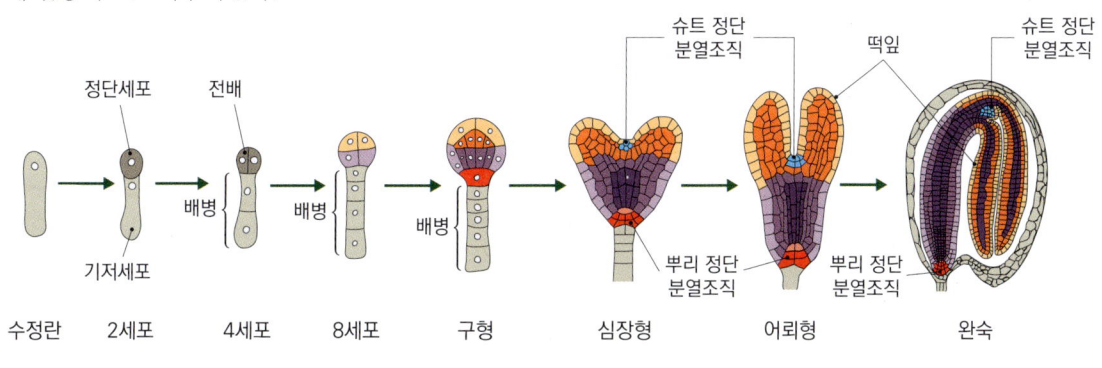

그림 3-22 속씨식물의 배 발달 단계

배의 구조가 점차 완성됨에 따라, 세포분열은 점차 감소하고 그 대신 저장 물질의 축적이 활발하게 진행된다. 이 시기에는 배유 또는 떡잎을 중심으로 전분, 지방, 단백질 등 주요 에너지 물질이 축적되며, 이는 종자가 발아한 후 초기 생장에 필요한 에너지원으로 활용된다. 이러한 축적 과정에는 지방산 합성 효소, 단백질 저장체 형성과 관련된 유전자들이 관여하며, 세포 내 대사 활동의 중심이 저장 대사로 전환된다.

종자가 성숙기로 접어들면 배의 세포분열은 정지되고, 종자 전체의 수분 함량이 점차 감소하는 탈수(脫水, dehydration) 과정이 진행된다. 이러한 생리적 변화는 종자의 휴면 유도와 건조스트레스에 대한 내성 확보에 핵심적인 역할을 하며, 대부분의 활엽수 종자에서는 수분 함량이 5~15% 수준까지 감소한다.

이러한 탈수 과정과 더불어 나타나는 주요 생리적 변화 중 하나는 LEA 단백질(Late Embryogenesis Abundant protein) 유전자의 발현 증가이다. LEA 단백질은 배 발생 후기 단계에 생성되는 친수성 단백질로, 세포 내 단백질과 세포막 구조를 안정화하여 탈수에 의해 유발될 수 있는 단백질 변성과 막 손상을 방지하는 데 중요한 역할을 한다.

또 *라피노스(raffinose), 설탕(sucrose) 등의 당류가 세포 내에 축적되어 삼투 조

*라피노스
갈락토스, 포도당, 과당이 결합된 삼당류로, 식물의 저장 및 운반 탄수화물로 널리 존재한다.

*활성산소종
불안정한 산소를 포함하는 분자로, 대표적으로 과산화수소, 초과산화물, 수산화 라디칼, 단일항 산소 등이 있다. 이들은 세포 내 신호전달과 항상성 유지에 관여하지만, 과도하게 축적되면 생체분자를 산화시켜 세포 손상을 유도할 수 있다.

절 및 세포 보호 기능을 수행하며, 동시에 SOD(Superoxide Dismutase)와 카탈레이스(catalase) 등의 항산화 효소(抗酸化酵素, antioxidant enzymes)의 활성이 증가한다. SOD는 과잉 생성된 O_2^-(초과산화이온)를 H_2O_2(과산화수소)로 전환하고, 카탈레이스는 H_2O_2를 다시 H_2O(물)과 O_2(산소)로 분해함으로써 *활성산소종(reactive oxygen species, ROS)의 축적을 억제한다. 이러한 항산화 시스템은 종자 성숙기에 수반되는 산화적 스트레스로부터 세포를 보호하고, 조직의 생리적 안정성을 유지하는 데 기여한다.

한편, 종피는 배주의 주피에서 유래하며, 성숙 과정에서 세포벽이 두꺼워지고 리그닌, 큐틴, 타닌 등 다양한 물질이 축적됨으로써 기계적 강도, 병원체에 대한 저항성, 수분 차단 능력을 갖춘 보호 조직으로 발달한다. 일부 수종에서는 종피가 지나치게 경질화(硬質化)되어 종자의 발아를 물리적으로 억제하는 요인으로 작용하기도 한다.

④ 열매의 발달

종자의 발달과 병행하여 자방의 벽은 점차 과피로 분화되고, 이로써 종자와 함께 열매가 형성된다. 열매의 발달은 일반적으로 발육기, 성숙기, 후숙기의 세 단계로 구분되며, 각 시기에는 형태적 변화뿐만 아니라 식물호르몬 및 대사 활동에 의한 생리적 조절이 뚜렷하게 나타난다.

*전류
식물체 내에서 양분이나 광합성 산물 등이 한 부위에서 다른 부위로 관다발을 통해 이동하는 과정을 의미한다. 이 과정에서 무기양분은 주로 물관부와 체관부를 통해 이동하며, 광합성 산물과 같은 유기물은 체관부를 통해 분열조직이나 저장기관 등으로 운반된다.

발육기(發育期, developmental stage)는 수정 직후부터 시작되며, 이때 종자와 과피의 기초 조직이 형성되고, 세포의 활발한 분열과 팽창으로 열매의 부피가 급속히 증가한다. 자방벽은 점차 과피로 분화되며, 이 과정에는 옥신, 지베렐린, 사이토카이닌 등 식물호르몬이 작용하여 세포분열과 조직 분화를 유도한다. 한편, 광합성으로 생성된 동화산물(同化産物, assimilates)은 체내 *전류(轉流, translocation)를 통해 열매의 조직에 집중적으로 공급되며, 이는 열매의 생장과 세포 활동을 지속적으로 지원하는 에너지원 및 구조 물질로 기능한다. 그러나 종자 발달이 지연되거나 중단되면 식물호르몬의 합성과 수송이 저하되면서 과피 발육이 억제되고, 결과적으로 열매 전체의 생장이 정지되거나 조기 낙과(落果, fruit abscission)가 유발될 수 있다.

*2차 대사
생장과 생존에 필수적인 1차 대사(예: 당, 아미노산, 핵산의 합성)와는 달리, 개체의 환경 적응, 방어, 매개체 유인 등 특정 생리적 기능에 기여하는 화합물의 합성을 의미하며, 주로 특정 기관이나 생장 단계에서 선택적으로 활성화된다.

성숙기(成熟期, ripening stage)는 종자가 거의 완전히 발달한 이후, 과피가 기능적 및 형태적으로 성숙한 열매로 전환되는 시기로, 이 과정에서 다양한 *2차 대사(二次代謝, secondary metabolism) 경로가 활성화되며 외형적 변화가 뚜렷하게 나타난다. 성숙기의 과피에서는 이러한 2차 대사의 결과로 엽록소가 분해되고 안토시아닌, 카로티노이드 등의 색소가 축적되어 과피의 색이 변화하며, 열매의 성숙 상태가 시각적으로 드러난다. 동시에 펙틴분해효소(polygalacturonase), 셀룰레이스(cellulase) 등 세포벽분해효소의 활성이 증가하여 세포벽이 분해되고 과육이 연화되며, 전분은 단당류로 전환되어 당도가 높아지고 유기산의 함량은 감소한다. 이와 함께 *테르페노이드(terpenoid), *에스터(ester) 등의 향기 성분이 생성되어 동물 매개 종자 산포에 유리한 특성이 강화된다. 성숙기는 열매의 색, 질감, 향기, 맛 등 다양한 생리적 특성이 집약적으로 변화하는 단계로, 종자의 생존과 산포를 위한 적응적 완성도를 높이는 시기이다.

후숙기(後熟期, post-ripening stage)는 주로 후숙성 열매(climacteric fruit)에서 나타나는 생리적 단계로, 열매가 식물체에서 분리된 이후에도 성숙이 지속되는 것이 특징이다. 이 시기에는 에틸렌의 생합성과 분비가 극대화되며, 이에 따라 과피의 색 변화, 조직의 연화, 향기 성분의 축적 등 후숙과 관련된 일련의 생리적 변화가 활발히 일어난다. 이러한 후숙 반응은 종자의 최종 성숙과 산포 가능성을 높이기 위한 진화적 전략의 일환으로 해석되며, 동시에 수확 후 저장성과 열매 품질 유지 측면에서도 중요한 생리적 과정으로 간주된다.

*테르페노이드

아이소프렌 단위(C_5H_8)를 기본 골격으로 하여 구성된 천연 유기물로, 식물에서 매우 다양하게 생성된다. 이들은 식물 정유의 주성분으로서 특유의 향기를 지니며, 과실, 향신료, 기호성 음료 등에서 향기 성분으로 널리 존재하고 '테르펜류'라고도 불린다.

*에스터

유기산의 카복실기(-COOH)와 알코올의 하이드록실기(-OH)가 축합하여 형성된 화합물로, 일반식은 R-COO-R'이다. 식물에서는 과실 향기나 꽃향기의 주요 성분으로 존재하며, 향료 및 방향성 물질로 널리 이용된다.

종자의 발아

종자의 발아(發芽, germination)는 발아 가능한 생리적 상태에 있는 종자가 적절한 환경 조건에서 생리 활동을 재개하고, 배(胚, embryo)가 생장을 시작하여 유근이 종피를 돌파하고 외부로 돌출되는 일련의 생물학적 과정을 의미한다. 이 과정은 종자식물의 생활사에서 유묘(幼苗, seedling)로의 전환을 이루는 기초 생장 단계이며, 내부 생리와 외부 환경이 정교하게 상호작용하는 복합적인 생리 현상이다. 종자의 발아는 일반적으로 흡수기, 유도기, 생장기의 세 단계를 진행된다. 먼저, 흡수기(吸水期, imbibition phase)는 건조 상태의 종자가 외부로부터 수분을 흡수하면서 시작된다. 이때 세포막이 재구성되고, 효소의 활성화 및 호흡의 재개 등 생리 작용이 점차 회복된다. 수분 흡수는 대사 효소의 재활성화, 저장 물질의 가수분해, 세포 내 투과성 회복 등의 초기 대사 과정을 유도하며, 적절한 온도, 산소, 수분이 필수 조건으로 작용한다. 이어지는 유도기(誘導期, lag phase)는 수분 흡수가 일정 수준에 도달한 이후 외형상 변화는 거의 없지만, 내부적으로는 효소 및 단백질의 합성, 저장 물질의 분해, 유전자 발현이 활발히 일어나는 시기이다. 이 단계에서 배는 세포 분열과 신장을 위한 준비 상태로 전환된다. 마지막으로 생장기(生長期, growth phase)는 유근이 세포 분열과 신장을 통해 급속히 성장하며 종피를 돌파하는 단계로, 일반적으로 이 시점을 종자의 발아 완료 시점으로 간주한다. 이후 떡잎과 배축의 신장, 본잎의 전개 등이 이어지면서 유묘의 생장이 본격적으로 시작된다. 이처럼 종자의 발아는 단순한 수분 흡수를 넘어 물질대사의 활성화, 에너지 전환, 유전자 발현, 조직 분화 등 세포 수준의 복합적 생리 과정이 유기적으로 연결된 현상이다. 발아는 식물체의 생애 주기에서 가장 이른 생장 단계로서, 이후 개체의 생존과 생육에 결정적인 영향을 미치는 중요한 출발점이라 할 수 있다.

　물은 수목이 생장하고 기능하는 데 필요한 자원 중 가장 풍부하지만, 수목이 살아가면서 가장 빈번하게 부족함을 겪는 스트레스 요인으로 자연 생태계의 생산성도 제한한다. 물이 수목의 제한적인 자원인 이유는 수목이 물을 대량으로 사용하기 때문이다. 수목의 뿌리가 흡수한 대부분의 물은 식물체 내로 수송되어 잎의 표면에서 증발(~97%)한다. 이러한 물의 소실을 증산(transpiration)이라고 한다. 뿌리를 통해 흡수한 물의 일부만이 수목이 자라는 데 쓰이거나(~2%) 광합성과 다른 대사 과정에 사용된다(~1%). 식물이 광합성을 통해 1g의 유기물을 합성하기 위해서는 대략 물 500g이 뿌리를 통해 흡수되고 잎으로 수송되어 기공으로 빠져나가야 한다. 이러한 물 흐름에 약간의 불균형이 생기면 수분 결핍과 세포 반응의 심각한 기능 이상을 초래하므로 물의 흡수, 수송, 증산 간의 균형을 유지하는 것이 수목 생장의 중요한 과제인데, 광합성 작용은 기공을 통해 대기 이산화탄소를 흡수하는 동시에 체내 물의 유출로 인한 탈수 위험을 필연적으로 감수해야 하기 때문이다.

제4장

수목의 생장과 물

이계한

4.1 물과 식물 세포
4.2 수목의 수분 균형
4.3 잎에서 대기로의 물 이동(증산)

4.1 물과 식물 세포

> 식물 세포의 세포벽은 내부의 정수압, 즉 팽압을 형성하게 하여 세포의 신장, 기공의 열림을 통한 기체 교환, 체관부 수송, 막에서의 수송 등 다양한 생리적 과정에 필수적이다. 또 팽압은 목질화되지 않은 식물 조직의 견고함과 기계적 안정성에 기여한다.

4.1.1 식물 세포와 물

식물의 성숙한 유세포에서 물은 세포 질량의 대부분을 차지한다. 각 세포에서 세포질은 세포 부피의 5~10%만 차지하고 나머지는 물로 채워진 커다란 액포이다. 물은 식물 조직 질량의 80~95%를 차지하는 것이 보통이다. 하지만 대개 죽은 세포로 이루어져 있는 수목 목질부의 수분 함량은 그보다 낮다. 물의 통도 기능을 유지하는 변재(sapwood)는 물을 35~75% 함유하고, 심재(heartwood)는 그보다 낮은 수준의 물을 함유한다. 종자는 식물 조직 중에서 수분 함량이 가장 낮지만(5~15%) 발아하기 전에는 상당한 양의 물을 흡수한다.

가장 뛰어난 용매인 물은 세포 내와 세포 간에 분자의 이동이 일어나도록 매질의 역할을 하며, 단백질, 핵산, 다당류 그리고 다른 세포 구성 물질의 구조에 큰 영향을 미친다. 또 물은 세포의 생화학적 반응이 일어날 수 있는 환경을 만들어 주며, 가수분해 및 탈수와 같은 필수적인 화학 반응에도 직접 관여한다.

식물은 끊임없이 물을 흡수하고 증산한다. 식물이 소실하는 물의 대부분은 대기 중에서 광합성에 필요한 이산화탄소를 흡수할 때 증발된다. 잎은 따뜻하고 건조한 맑은 날 한 시간 동안 거의 100%의 물을 교체한다. 증산은 태양 복사에너지의 열을 소산시켜 주는 중요한 수단으로 일반적인 잎에서 태양으로부터 오는 열의 50% 정도는 증산에 의하여 소산된다. 또 뿌리에서 흡수되는 물의 이동으로 토양수에 녹아 있는 무기염을 뿌리 표면이 흡수할 수 있도록 공급하는 중요한 역할을 한다.

이 장에서는 세포 수준의 물의 이동에 영향을 주는 물리적 힘과 물의 분자적 성질, 수분퍼텐셜의 개념에 관해 설명한다.

4.1.2 물의 구조와 특성

물은 용매로 작용할 수 있으며, 식물체를 통해서 쉽게 이동할 수 있는 독특한 특성이 있다. 이러한 특성은 일차적으로 물 분자의 극성 구조에서 유래한다.

(1) 물 분자의 극성 때문에 수소결합이 생긴다.

물 분자는 산소 원자 1개와 수소 원자 2개가 공유 결합(covalent bond)하여 이루어진다. 물은 분자의 구조와 더불어 부분 전하의 분리 때문에 극성 분자(polar molecule)가 되며, 이러한 극성 때문에 한 분자의 수소 원자가 다른 물 분자의 산소 원자에 이끌리게 되면서 인접한 물 분자를 끌어당기게 된다. 효과적인 정전기적 결합은 음전하를 가진 산소 원자가 음전하를 가진 수소와 결합할 때 만들어지므로 수소 결합(hydrogen bond)이라고 하며, 물이 가진 특별한 물리적 특성의 원인이다(그림 4-1).

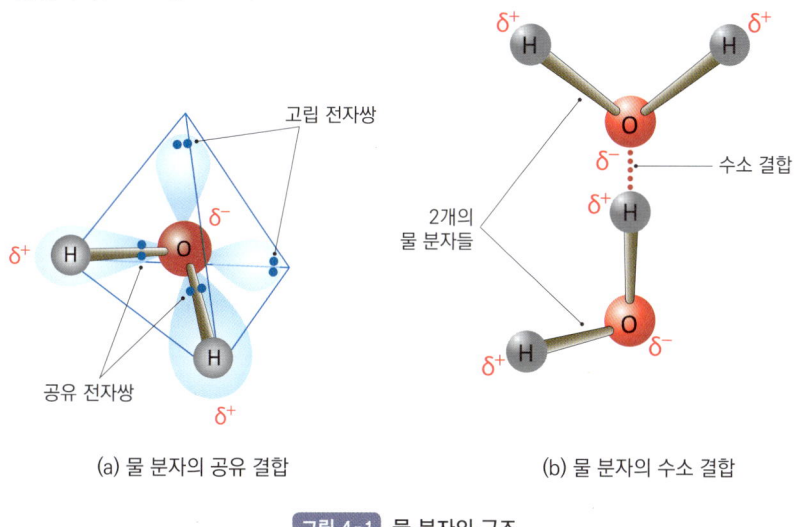

(a) 물 분자의 공유 결합 (b) 물 분자의 수소 결합

그림 4-1 물 분자의 구조

(2) 물의 극성은 물질을 녹일 수 있는 용매 역할을 가능하게 한다.

물은 비교적 넓은 범위의 물질을 녹일 수 있는 탁월한 용매이다. 이러한 용매로서의 특징은 물 분자가 작고 극성을 띠기 때문이다.

(3) 물의 열 특성은 수소 결합에서 유래한다.

물은 물 분자들 사이의 수소 결합으로 인해 비열이 크고, 기화열이 높은 열 특성이 있다. 비열(specific heat)은 어떤 물질의 온도를 올리는 데 필요한 열에너지를 말한다. 물의 온도가 올라가면 물 분자들이 빨리 진동하는데, 물의 수소결합을 파괴하기 위해서는 다른 액체들보다 많은 에너지가 필요하다. 이처럼 많은 에너지가 필요하다는 점은 식물의 급격한 온도 변화를 완화시키는 데 중요한 역할을 한다. 기화열(latent heat of vaporization)은 액체 상태의 물에서 기체 상태(증산 과정에서 발생)로 바꾸는 데 필요한 에너지이다. 25℃에서 물의 기화열은 44kJ·mol⁻¹로 다른 어떤 액체보다 높다. 이 에너지의 대부분은 물 분자 사이의 수소 결합을 파괴하는 데 사용된다. 물의 높은 기화열 때문에 잎의 표면에서 물이 증발될 때 태양 복사에너지를 받아 데워지기 쉬운 잎을 식힐 수 있다. 증산은 많은 식물체가 온도를 조절하는 주요 기작이다.

(4) 물의 응집력과 부착력은 수소 결합에서 유래한다.

공기와 물 사이의 경계면에 있는 물 분자들은 물 표면과 접하고 있는 수증기보다 인접하는 물 분자를 더욱 강력히 끌어당긴다. 이러한 물 표면의 인력은 공기와 물의 경계면 표면적을 최소화한다. 경계면 표면적을 증가시키기 위해서는 수소 결합이 끊어져야 하는데, 이때 에너지가 유입되어야 한다. 표면적을 증가시키는 데 필요한 에너지를 표면 장력(surface tension)이라고 하는데, 이 표면 장력은 잎의 증산 과정에서 관다발계를 통하여 물줄기를 잡아당기는 물리적인 힘을 발생시킨다.

또 물은 수소 결합으로 인해 물 분자 사이의 상호 인력이라 할 수 있는 응집력(cohesion)이 있다. 이와 관련된 부착력(adhesion)이라는 특성은 물 분자가 세포벽이나 유리 표면과 같은 고체 표면에 끌어당겨지는 것을 말한다. 응집력, 부착력, 표면 장력은 모세관 현상(capillarity)을 일으키는 힘이다. 물이 유리관 내부에서 상승하는 것은 유리관 표면에 물이 끌리기 때문(부착력)이고, 공기와 물의 경계면을 최소화하는 물의 표면 장력 때문이다. 부착력과 표면 장력은 표면 및 표면 하부 물 분자에 장력을 부과하여 상승력이 물기둥의 무게와 균형을 이룰 때까지 관을 따라 물기둥을 올리게 된다. 관의 지름이 작을수록 모세관 현상에 의한 물의 상승 높이는 증가한다.

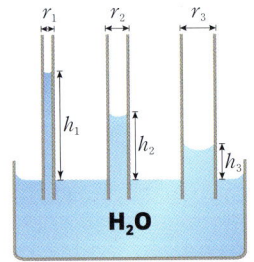

그림 4-2. 모세관 현상

(5) 물은 인장력이 크다.

물은 응집력 때문에 연속적인 물기둥이 끊어지지 않고 견딜 수 있는 단위 면적당 최대의 힘으로 정의되는 인장력(tensile strength)이 크다. 물기둥이 끊어지려면 물 분자들이 서로 당기는 수소 결합을 끊기에 충분한 에너지가 필요하다.

4.1.3 물의 수송 과정

물이 토양에서 식물체를 통과하여 대기로 이동하는 과정에는 세포벽, 세포질, 막, 공극 등과 같은 다양한 매질을 경유하며, 매질의 종류에 따라 다양한 수송 방법을 거쳐 이동한다.

(1) 확산

용액 내의 물 분자는 고정되어 있지 않고 운동에너지를 교환하면서 서로 충돌하고 끊임없이 움직이면서 혼합된다. 이 무작위적인 운동을 확산(diffusion)이라고 한다. 분자에 다른 힘이 가해지지 않는 한 분자는 확산에 의하여 고농도 부위에서 저농도 부위로 농도 기울기에 따라 이동한다. 확산은 식물체를 통한 물, 가스, 용질의 흡수와 분배에 중요한 요인이다. 특히 확산은 광합성에 필요한 이산화탄소의 공급뿐만 아니라 잎에서의 수증기 유실에 중요한 요인이다. 하지만 용액에서의 확산이 세포 크기의 차원에서는 효율적일 수 있지만 먼 거리 수송에서는 너무 느리다.

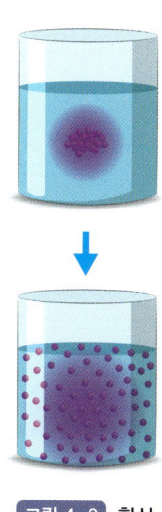

그림 4-3 확산

(2) 집단(부피) 유동

물이 이동하는 두 번째 과정은 집단 유동(bulk flow, mass flow)이다. 집단 유동은 분자 그룹들이 대부분 압력의 기울기를 따라 한꺼번에 같이 이동하는 것이다. 압력에 의해서 추진되는 물의 집단 유동이 수목의 물관부를 통한 물의 장거리 이동의 주요 수단이며, 토양과 식물 조직의 세포벽을 통한 물 흐름의 대부분을 차지한다. 확산과는 대조적으로 점성의 변화를 무시할 수 있는 한 압력에 의해서 추진되는 집단 유동은 용질 농도의 기울기에 무관하다.

(3) 삼투 현상

물의 삼투 현상(osmosis)은 선택적 투과막(selective permeable membrane)으로 차단되어 있을 때 일어난다. 선택적 투과막은 물이나 작은 분자는 자유롭게 이동할 수 있으나 큰 용질 분자의 이동은 제한된다. 따라서 모든 세포막은 선택적으로 물질을 투과할 수 있다.

모든 식물 세포는 기본 구조물을 갖는다. 가장 간단한 형태의 세포는 생물계와 비생물계를 구분하는 원형질막(plasma membrane)으로 둘러싸인 내부의 원형질(protoplasm)이라 불리는 수용성 용액이다. 이러한 막과 원형질을 총괄적으로 원형질체(protoplast)라 부른다. 원형질막은 세포의 물리적 경계이면서 선택적 물질 교환을 조절하는 중요한 역할을 한다. 식물의 원형질체는 세포벽(cell wall)으로 둘러싸여 있다. 세포벽은 세포의 모양을 결정하고 인접한 세포들의 세포벽에 부착되어 식물의 지지 역할을 한다.

확산이 농도의 차이에 의해 유도되고, 부피 유동은 압력의 차이에 의해 유도된다. 선택적 투과막을 통한 물의 삼투는 수분퍼텐셜의 기울기에 의해 유도된다.

(4) 화학퍼텐셜(chemical potential)

식물 세포는 세포 외부의 용액에 대해 세포질 내 용질의 농도를 변화시켜 세포 안팎으로 물의 이동을 조절한다. 이를 수행하기 위한 한 가지 방법은 세포막을 가로질러 세포 안팎으로 이동하는 이온 수송을 조절하는 것이다. 한 예로, 뿌리의 표피 세포는 토양으로부터 질산태 질소(NO_3^--N)를 대사 에너지의 유입이 필요한 능동수송으로 흡수할 수 있고, 그 결과 세포막을 경계로 세포 내의 질산태 질소의 농도가 토양보다 높게 형성된다. 부수적으로 세포질의 질산태 질소의 농도가 상승하면 토양수의 화학퍼텐셜이 세포질 내 물의 화학퍼텐셜보다 높게 형성되고, 물이 세포막을 통해 수동적으로 유입되게 한다(그림 4-4).

식물 세포가 물의 이동을 조절할 수 있는 유일한 방법은 선택적인 세포막을 통한 용질의 농도 기울기에 의해서이다. 즉 물의 이동은 용질 수송과 함께 이루어진다. 여기서 물의 흐름은 수동적으로 이루어지지만, 용질의 이동은 에너지가 필요한 능동수송(active transport)을 통해 이루어진다. 따라서 삼투 현상은 물의 화학퍼텐셜을 변화시키는 용질의 농도 기울기를 유발하는 점에서 간접적으로 에너지 의존적이다.

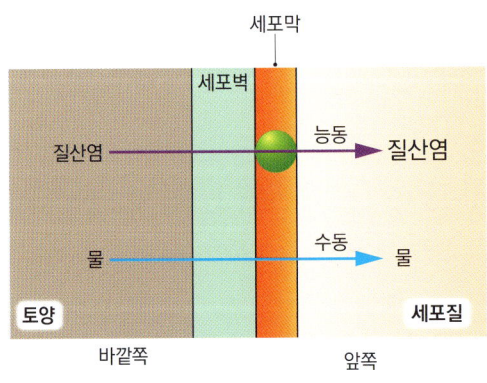

물이 토양으로부터 식물 뿌리 세포로 이동되기 위해서는 용질의 농도 기울기가 필요하다. 예를 들면 토양의 질산염은 선택적 투과 세포막을 통해 식물 뿌리 세포로 능동적으로 수송된다. 따라서 토양수보다 세포질에서의 질산염 농도가 높아 용질의 농도 기울기가 형성된다. 그 결과로 물은 세포막을 거쳐 토양에서 세포로 수동적으로 확산된다.

그림 4-4 토양으로부터 식물 뿌리 세포로의 수동적 물의 이동

(5) 물의 자유에너지

식물을 포함한 모든 생물은 생장과 번식을 위하여 끊임없이 자유에너지를 유입해야 한다. 생화학 반응, 용질 축적, 장거리 수송과 같은 과정은 모두 식물의 자유에너지가 유입되어 추진된다. 물의 화학퍼텐셜은 물과 관련된 자유에너지를 정량적으로 표현한 것이다. 보통 표준 상태와 어떤 주어진 상태에서 물질의 퍼텐셜 차이로 정의되는 상대적인 개념이다. 화학퍼텐셜 단위는 물질 1mol당 에너지이다(J·mol⁻¹).

식물생리학에서는 수분퍼텐셜(water potential)이라는 상대적인 양을 가장 많이 사용하는데 이는 화학 활성도를 측정하는 데 따르는 어려움을 피할 수 있기 때문이다. 수분퍼텐셜은 물의 자유에너지를 나타내며 압력의 단위인 Pa(pascal, 파스칼)이 통상적으로 사용되는 단위인데, 토양-식물-대기에서 에너지 단위 J(joule, 줄)을 사용하는 것보다 효율적이다. 실제로 물의 이동에 영향을 주는 에너지를 측정하는 것보다 압력의 변화를 측정하는 것이 훨씬 쉽다.

물은 수분퍼텐셜이 높은 지역에서 낮은 지역으로 이동한다. 이때 수분퍼텐셜은 항상 음수(-)값이다. 이는 물이 상대적으로 음수값이 적은 부분에서 큰 부분으로 움직인다는 것이다.

(6) 수분퍼텐셜의 구성 요소

수분퍼텐셜은 Ψ_w(그리스 문자 psi)로 표시하며, 농도, 압력, 중력이라는 3가지 요인에 의해서 영향을 받기 때문에 다음과 같은 식으로 표현한다.

$$\Psi_w = \Psi_s + \Psi_p + \Psi_g$$

Ψ_s, Ψ_p, Ψ_g는 각각 용질, 압력, 중력의 영향을 나타낸다. 수분퍼텐셜을 정의하기 위해서 사용되는 기준 상태는 평상의 압력과 온도에 있는 액상의 물이다.

① 삼투퍼텐셜(osmotic potential, Ψ_s)

삼투퍼텐셜은 물에 용해된 용질에 의한 퍼텐셜이기 때문에 용질퍼텐셜(solute potential)이라고도 한다. 수분퍼텐셜에 영향을 미치는 물에 녹아 있는 용질의 양을 나타내며, 용질들이 용액의 수분퍼텐셜을 감소시키므로 음(-)의 값으로 표시된다. 삼투 현상은 선택적 투과막을 이용하여 티슬관(thistle tube)의 끝부분을 막아 만든 삼투압계(osmometer)를 사용하여 측정할 수 있다(그림 4-5). 티슬관에 설탕 용액을 채운 후 순수한 물에 세워 놓으면 그 관내의 부피가 시간이 지나면서 증

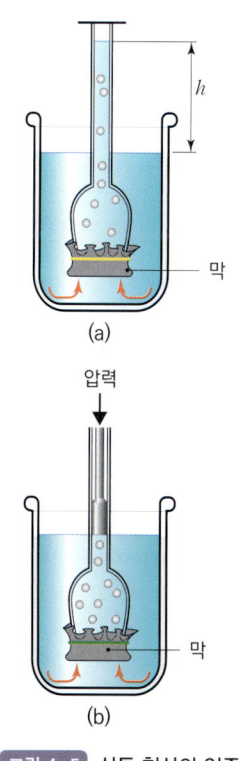

그림 4-5 삼투 현상의 입증

가할 것이다. 물이 막을 가로질러 티슬관의 내부로 확산되면서 부피가 증가하게 되는데, 티슬관 내부의 수압(물기둥, h)과 확산의 힘이 균형을 이룰 때까지 지속된다. 다른 방법으로 그 관에 용액의 부피 증가를 막는 장치를 설치하여 그 힘을 측정할 수 있다. 압력 단위로 측정되는 그 힘이 삼투압(osmotic pressure, π)이다. 삼투퍼텐셜은 음수의 삼투압으로 정의되는데 두 가지 모두 같은 값이지만 반대의 힘이기 때문이다($\Psi_s = -\pi$).

② 압력퍼텐셜(pressure potential, Ψ_p)

압력퍼텐셜은 용액의 정수압(hydrostatic pressure)으로 양(+)의 압력은 수분퍼텐셜을 높이고 음(-)의 압력은 수분퍼텐셜을 감소시킨다. 비교적 세포벽이 단단한 식물 세포 내에서는 무시할 수 없는 압력이 발생하기도 한다. 세포 내에서 양의 정수압을 나타낼 때 Ψ_p를 보통 팽압이라고 한다. 물이 세포 내로 들어가면 세포의 팽압이 증가하고 세포 내외의 수분퍼텐셜 차이가 줄어들게 된다. 인장력 또는 음(-)의 정수압이 발생하는 물관부와 세포 사이의 벽과 같은 곳에서는 Ψ_p가 음의 값을 나타내며 식물체를 통한 물의 장거리 수송에 매우 중요하다.

③ 중력퍼텐셜(gravity potential, Ψ_g)

중력은 물을 아래로 이동하게 한다. 수분퍼텐셜에 미치는 중력의 영향은 수직으로 10m 떨어진 거리에 있으면 0.1MPa만큼 차이가 난다. 세포 수준에서 물의 수송을 다룰 경우 삼투퍼텐셜이나 압력퍼텐셜에 비하여 무시할 만한 수준이기 때문에 중력퍼텐셜은 일반적으로 생략한다.

기질(매트릭)퍼텐셜(metric potential, Ψ_m)

기질(매트릭)퍼텐셜은 토양, 종자, 세포벽에서 발생할 수 있는 수분퍼텐셜의 구성 요소로서 특히 건조한 종자의 물 흡수 초기에 일어나는 침윤이나, 토양 입자 표면에 극성을 가진 물 분자가 부착하는 힘과 미세 공극의 모세관력에 의한 토양수의 에너지이다. 토양 입자에 부착되고 미세 공극에 보유된 토양수의 기질퍼텐셜은 자유수의 기질퍼텐셜(0)보다 낮으므로 항상 음의 값이다. 식물 뿌리가 직접 접촉하고 있는 토양으로부터 물을 흡수하면 그 토양의 기질퍼텐셜이 낮아지고, 그 후 지속적으로 기질퍼텐셜이 높은 주변 토양으로부터 물이 뿌리 근처 토양으로 유입된다. 식물의 수분퍼텐셜에 대한 기질퍼텐셜의 기여도는 매우 적어서 일반적으로 배제된다.

따라서 식물의 수분퍼텐셜은 다음과 같은 식으로 단순하게 표현할 수 있다.

$\Psi_w = \Psi_s + \Psi_p$

(7) 아쿠아포린과 물의 세포 이동

물이 세포막을 포함한 각종 막을 어떻게 통과하는지는 오랫동안 정확하게 규명되지 않았다. 식물 세포로의 물 이동이 원형질막의 이중층을 통한 물의 확산으로만 이루어지는지, 아니면 막의 특수한 단백질로 이루어진 구멍을 통한 이동도 포함되는지가 분명하지 않았다. 이러한 불확실성은 1991년 아쿠아포린(aquaporin)이 발견되면서 해결되었다(그림 4-6).

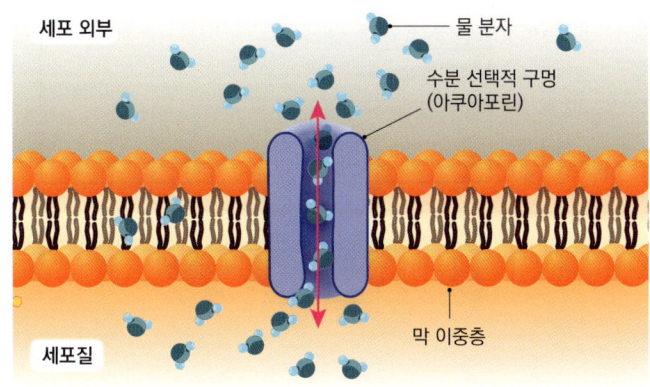

그림 4-6 세포막을 통한 물의 이동

세포막을 통한 물의 이동세포막을 통한 물의 이동은 막 이중층에서의 물 분자의 확산과 아쿠아포린의 수분 선택적 구멍을 통한 집단유동에 의해 이루어진다.

포린(porin)은 식물을 포함한 모든 살아 있는 생명체의 세포막에서 발견되는 막 단백질의 일종이다. 식물에서 포린은 일반적으로 엽록체와 마이토콘드리아의 외막에 한정되어 있고 고도의 투과성이 있다. 이와는 대조적으로 아쿠아포린은 주로 물의 선택적 이동을 조절하는 막 단백질이다. 아쿠아포린은 막을 통한 물의 이동을 조절하기 위하여 열리기도 하고 닫히기도 한다. 이러한 개폐 기작은 아쿠아포린 단백질의 인산화뿐만 아니라 세포질의 pH, Ca^{2+}와 같은 양이온의 농도에 의해 조절된다. 물은 막의 지질 이중층에서도 이동되지지만 아쿠아포린을 통해서는 훨씬 빠르고 개폐 기작이 있기 때문에 물의 이동 조절에 용이하다. 따라서 아쿠아포린은 식물 세포의 삼투 조절에 중요한 역할을 한다.

(8) 수분퍼텐셜과 식물의 수분스트레스 평가

수분퍼텐셜의 개념은 두 가지로 중요하게 사용된다. 첫째, 수분퍼텐셜은 세포막을 가로지르는 물의 이동량을 결정한다. 둘째, 수분퍼텐셜은 식물의 수분 상태를 판단하는 기준으로 사용될 수 있다. 식물은 증산에 의하여 수분을 대기로 소실하므로 완전히 수화되어 있는 경우는 드물고 식물 생장과 광합성을 저해하고 다른 악영향의 원인이 되는 수분 결핍의 상황에 빈번하게 직면한다. 수분스트레스는 다양한 식물 생리적인 과정에 부정적 영향을 미친다(그림 4-7).

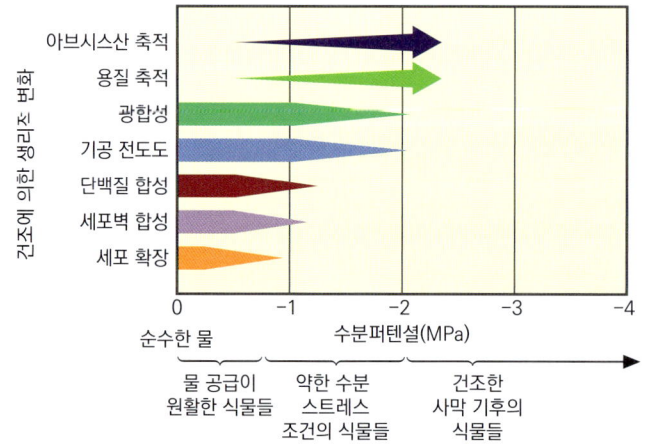

그림 4-7 수분퍼텐셜 변화에 따른 생리적 현상의 민감성

수분 결핍이 식물에 미치는 영향 중 가장 민감하게 나타나는 반응은 세포 신장의 억제이다. 수분스트레스를 더욱 심하게 받으면 세포분열이 저해되고, 세포벽과 단백질 합성의 저해, 용질 축적, 기공 닫힘, 광합성 저해가 일어난다. 따라서 수분퍼텐셜은 식물이 얼마나 수화되어 있는지를 알 수 있는 척도이다. 적절한 관수 상태에서의 식물 잎은 Ψ_w가 -0.2~-0.6MPa의 범위이지만, 건조한 기후에서는 값이 훨씬 낮다.

Ψ_w값은 생육 조건과 식물의 종류에 따라서 다르다. 마찬가지로 Ψ_s값도 상당히 달라진다. 잘 관수된 식물의 세포 내 Ψ_s는 -0.5MPa로 높은데 일반적으로는 이보다 낮은 -0.8~-1.2MPa이다.

식물 세포에서의 팽압은 두 가지 이유에서 중요하다. 첫째, 식물 세포가 자라기 위해서는 팽압이 세포벽을 팽창한 상태로 유지시켜야 한다. 수분스트레스로 식물 생장이 저해되는 것은 부분적으로 수분이 소실되어 Ψ_p가 작아지기 때문이다. 둘째, 팽압은 세포와 조직의 견고함을 증가시킨다. 세포 내 용액이 큰(+) Ψ_p를 나타내는 데 반하여 세포 외부의 물은 음(-)의 Ψ_p를 나타낸다. 증산이 빠르게 진행되는 식물의 물관부는 음(-)의 Ψ_p를 나타내며 -1MPa 또는 그 이하의 값을 보이기도 한다.

4.2. 수목의 수분 균형

육상식물이 다양한 육지환경에 적응하면서 수분이 토양-식물-대기로 이동하는 과정에서 엄청난 시련에 직면해 왔다. 대기는 광합성에 필요한 이산화탄소의 원천이지만, 상대적으로 건조하고 식물을 탈수시킬 수 있다. 물의 소실을 최소화하면서 이산화탄소 흡수를 최대화해야 하는 모순적 요구를 충족시키기 위하여 식물은 잎에서의 수분 소실을 최소화하는 적응 방법을 발달시켰다. 이 장에서는 물이 토양-식물-대기로 이동하는 이동 기작과 이 과정에 영향을 미치는 요인을 다루고자 한다. 이 경로는 연속적이지만 균일하지는 않다. 식물의 수분 균형의 지배적인 과정은 토양에서 물을 많이 흡수하여 식물체를 통해 이를 이동시켜 수증기로서 대기로 소실하는 것이다. 개방된 곳에서 자라는 단풍나무(14.5m)는 시간당 대략 225L 이상의 물을 증산으로 소실하며, 미국 애팔래치아산맥의 남쪽 활엽수림에서는 일 년 강수량의 1/3이 식생에 의해 흡수되고 증산되어 대기로 되돌려진다. 잎에서 증산에 의한 물의 소실은 수증기 농도 차이에 의해서 추진된다. 물관부에서의 장거리 수송은 압력 차에 의해 추진되며, 뿌리와 같은 세포층과 조직을 통한 물의 이동은 수분퍼텐셜의 차이에 의해서 일어난다. 이 과정을 통해 이동되는 물의 자유에너지가 지속적으로 감소되므로 물의 수송은 수동적이다. 수동적인 특성에도 불구하고 물 수송 과정은 탈수를 최소화하기 위하여 식물에 의해 정교하게 조절된다.

4.2.1 토양 내의 물

증산으로 소실된 물은 근계를 통해 토양에서 대등한 양의 물을 흡수하여 보충해야 한다. 이를 위하여 토양-식물-대기 연속체(soil-plant-atmosphere continuum)를

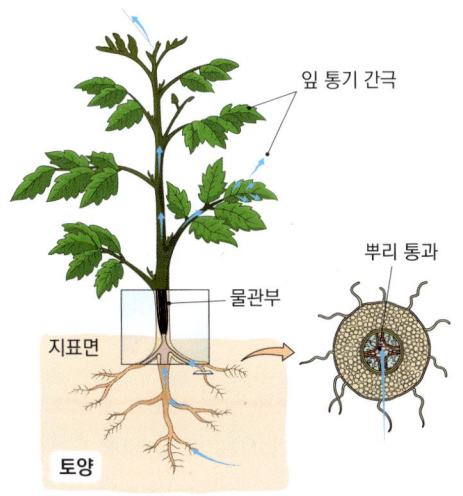

그림 4-8 토양에서 식물을 거쳐 대기로 물이 이동하는 주요 경로

표 4-1 토양 입자의 분류와 특성

입자 종류	입자 크기(mm)	물 보유력	통기성
거친 모래	2.00~0.2	불량	아주 좋음
모래	0.20~0.02	불량	좋음
미사	0.02~0.002	좋음	좋음
점토	0.002 이하	아주 좋음	불량

*모래 40%, 미사 40%, 점토 20%로 구성된 토양의 토성을 양토라고 한다. 사질 토양은 15% 이하 미사와 점토를 함유하며, 점토질 토양은 50% 이상 점토를 함유한다.

통한 연결된 물의 흐름이 이뤄진다(그림 4-8).

 토양 내 물(토양수)의 양과 물의 이동속도는 토양의 물리적 특성, 특히 토양의 유형(토성)과 토양 구조에 따라 다르다. 사질 토양은 입자가 상대적으로 크므로 그램당 표면적과 공극의 크기가 매우 크지만, 점토질 토양은 표면적이 매우 넓고, 공극의 크기가 매우 작다. 유기물이 많은 토양은 통기성과 물 보유량 및 통수성이 개선된 양질의 토양 구조로 개선된다(표 4-1).

 토양은 고체, 액체, 기체상으로 구성되고, 각종 생물상과 분해 정도가 다른 유기물이 함유된 복합적인 매체로 다양한 토양 구조를 형성하여 물의 보유량과 통수성 및 공기의 흐름에 영향을 미친다. 공극은 대략 토양 체적의 40~60%를 차지하는데, 비가 충분히 내려 물로 공극이 모두 채워지면 토양은 포화된 상태가 된다. 하루이틀 후 중력에 의해 물이 빠져나간, 즉 중력수가 제거된 후 토양 속 물의 양을 포장용수량(field moisture capacity)이라고 한다. 사질 토양은 물이 잘 빠지고 포장용수량은 상대적으로 매우 낮다. 하지만 점토질 토양은 통기성과 통수성이 낮지만 포장용수량은 비교적 높다. 양토는 통기성과 통수성 및 포장용수량이 식물 생장에 적합한 상태라고 할 수 있다.

 뿌리가 토양의 물을 흡수하면 토양수의 장력에 의해 더 많은 물이 뿌리 근처로 이동한다. 뿌리에 의한 물의 흡수는 뿌리와 토양 사이의 수분퍼텐셜 차이 때문에 일어난다. 토양수가 점차 고갈되어 토양의 수분퍼텐셜이 감소하면 식물은 증산으로 소실된 물을 토양에서 흡수하여 보충하기가 어려워져 세포의 팽압이 감소되어 식물이 시든다. 토양수 함량이 더 낮아져 토양에서 물을 흡수하지 못하면 영구적으로 팽압이 회복되지 않는데, 이 상태의 토양수 함량을 영구위조점(permanent wilting point)이라고 한다.

 영구위조점은 토성에 따라 다른데 사질 토양은 1~2%로 매우 낮고, 점토질 토양은 20~30%로 상대적으로 높다. 그러나 토성에 상관없이 영구위조점에서의 토양 수분퍼텐셜은 약 -1.5MPa로서 비교적 일정하다. 포장용수량과 영구위조점 사이의 토양수 함량을 유효수(available water)라고 하는데, 유효수가 식물에 의해 흡수될 수 있는 물이다. 말라가는 토양에서 식물은 토양의 수분퍼텐셜이 영구위조점에 가까워지기 훨씬 전부터 수분스트레스를 겪으며 생장이 감소한다.

4.2.2 뿌리의 물 흡수

뿌리가 물을 효과적으로 흡수하기 위해서는 뿌리 표면이 토양과 긴밀하게 접촉해야 한다. 토양 내 뿌리와 근모가 생장하여 표면적이 넓어지면 토양과의 접촉면이 넓어져 물 흡수가 용이해진다(그림 4-9). 소나무과 수종은 근모를 형성하지 않고 균근의 형성을 통해 물과 양분의 흡수를 촉진한다.

물이 뿌리의 표피 세포나 근모에 흡수되면 피층을 거쳐 내피(endodermis)를 통과한 후 물관부에 도달하여야 한다. 피층 세포층을 지나 내피에 도달하기까지의 물의 이동 경로는 다음과 같다.

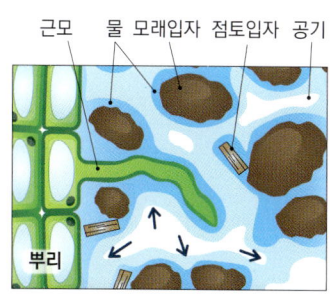

그림 4-9 식물 뿌리의 물 흡수

- 아포플라스트(apoplast)는 물이 세포막을 횡단하지 않고 세포벽, 세포 간극을 따라서 이동하는 경로이다. 아포플라스트는 세포벽과 세포 사이 공극의 연속된 틈새이다.
- 심플라스트(symplast)는 물이 원형질연락사를 거쳐 한 세포에서 다음 세포로 이동하는 경로이다(그림 4-10).

아포플라스트가 비교적 저항이 낮기 때문에 더 많은 물이 아포플라스트를 통해 이동되는 것 같다. 아포플라스트와 심플라스트 경로를 거친 물이 내피에 도달하면 내피의 카스파리 띠(Casparian strip)에 의해 방해받는다. 카스파리 띠는 소수성 지질 성분인 수베린(suberin)이 내피 세포의 세포벽에 축적되어 형성된 방사

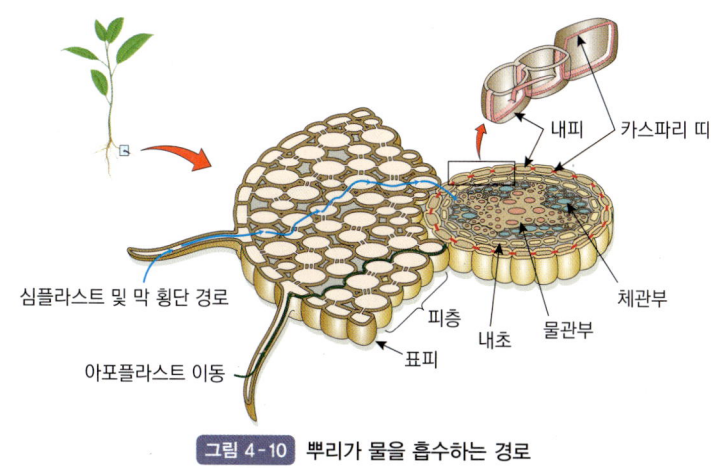

그림 4-10 뿌리가 물을 흡수하는 경로

성 띠이다. 카스파리 띠는 아포플라스트 경로의 연속성을 차단하며 물과 용질은 원형질막을 거쳐서만 내피를 통과한다(그림 4-10).

뿌리의 물 흡수는 내피에서의 저항으로 지연되기도 한다. 증산에 의한 물 손실과 줄기 내 물 흐름을 비교하여 확인할 수 있는데, 뿌리에서 물 흡수가 지연되면 수분 결핍으로 한낮에 기공이 닫히고 증산이 감소된다. 그 후 지연된 물의 흡수에 의해 물이 보충되면 다시 기공이 열린다(그림 4-11).

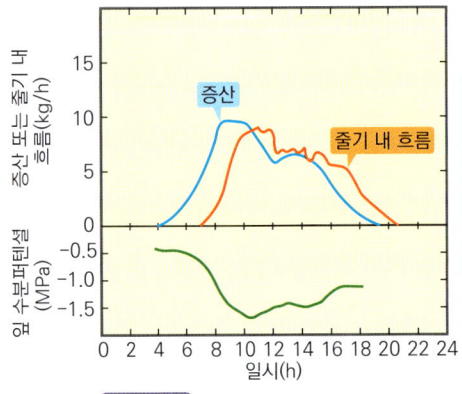

상단부: 줄기를 통한 물의 이동으로 측정한 물 흡수는 증산보다 2시간 정도 늦게 일어난다. 이 지연으로 정오쯤 수분 결핍이 일어나 기공이 일시적으로 닫히게 촉진되면 증산율이 일시적으로 감소한다.
하단부: 빠른 증산으로 잎의 수분퍼텐셜이 감소하다가 물의 유입으로 결핍이 보충되면 점차 회복된다.

그림 4-11 잎갈나무(*Larix*)에서 물 흡수의 지연(Schulze 등 1985, 수정)

뿌리의 정단 부위는 목질화의 정도가 낮아 물 흡수가 가장 많이 일어나고 정단에서 멀어질수록 목질화가 진행되어 물 흡수가 제한된다. 하지만 오래된 뿌리에서도 물 흡수가 어느 정도 이루어지는데 아마도 측근의 발달 과정에서 갈라진 피층의 틈에서 이루어지는 것 같다.

뿌리가 저온, 침수 또는 호흡 저해제로 처리되었을 때 물의 흡수는 감소한다. 뿌리 호흡의 감소로 물의 흡수가 저해되는 것이다. 일반적으로 뿌리가 물에 잠기면 확산에 의해 토양의 공극을 통해 공급되는 산소가 부족하여 호흡이 저해되고 물의 흡수가 저해되면서 시들게 된다.

4.2.3 초본식물의 근압과 수목의 수간압

식물은 때때로 증산이 없거나 낮을 때 뿌리가 계속해서 무기염을 흡수하여 물관으로 수송하기 때문에 물관 내에 압력이 발생한다. 초본식물에서는 근압(根壓, root pressure)이라고 하고, 일부 목본식물에서는 수간압(stem pressure)이라고 한다. 증산 작용이 왕성한 모든 식물에서 일어나는 물의 이동이 에너지를 소모하지 않는 수동적 이동이지만, 낙엽수가 증산 작용을 하지 않는 겨울철에 삼투압에 의해 물을 흡수하거나, 초본식물이 야간에 무기염의 흡수에 따른 뿌리의 삼투압 증가로 발생하는 물을 흡수는 능동적인 물 흡수 과정이다. 물관부 수액의 용질이 증가하면 삼투퍼텐셜(Ψ_s)이 감소하면서 수분퍼텐셜(Ψ_w)이 낮아진다. 낮아진 수분퍼텐셜에 의하여 물 흡수가 증가하고 물관 내 압력이 형성된다. 근압을 가진 식물은 잎 가장자리의 엽맥 끝부분에 물방울이 맺히는데 이를 일액현상(溢液現象, guttation)이라고 한다(그림 4-12). 설탕단풍과 고로쇠나무와 같은 단풍나무과 수종은 증산 작용이 없는 겨울철에 수간압이 형성되어 줄기의 상처나 천공을 통해 수액이 흘러나온다. 이러한 수간압의 형성은 기상 조건의 영향이 매우 크다. 겨울철 야간 온도가 영하로 내려가고 낮에 영상으로 올라가서 주야간 온도차가 10℃ 이상인 조건에서 수간압이 발생하고 수액이 흘러나온다. 낮에 기온이 올라가면 수간의 물관부 세포들의 간극의 공기가 팽창하여 압력이 발생하면 수액이 천공을 통해 흘러나오고, 밤에 온도가 내려가서 압력이 감소하면 뿌리를 통해 물이 흡수되어 물관부를 충전하게 된다.

그림 4-12 일액현상

4.2.4 물관부를 통한 물의 이동

뿌리에서 흡수한 물과 용해된 무기염을 식물의 모든 부분으로 수송하는 조직을 물관부(木部, xylem)라고 한다. 물관부는 관다발형성층으로부터 분화되며, 통수요소인 헛물관(假導管, tracheid)과 물관세포(vessel element)와 섬유세포, 유세포 등으로 구성되어 있다.

뿌리에서의 복잡한 물 이동 경로와는 대조적으로 물관부는 저항이 적은 단순한 경로이다. 물관부 조직의 통도세포는 물을 매우 효율적으로 수송할 수 있는 특별한 구조로 분화되었다. 두 가지 유형, 즉 헛물관과 물관이 주요 통수요소들(그림 4-13)이다. 헛물관은 겉씨식물에 포함된 목본식물의 주요 통수세포이지만 속씨식물에도 존재하며, 물관은 속씨식물에 포함된 수목의 주요 통수세포이다. 이 세포는 분화되는 과정에서 목질화된 2차 세포벽이 생성되고, 세포질이 소실되면서 죽은 세포가 되며 속이 비어 있는 관의 형태가 된다. 두껍고 단단한 2차 세포벽으로 인해 통수 과정에 생기는 음의 압력에도 세포는 수축 또는 붕괴 위험이 적다.

헛물관은 방추 모양으로 신장된 세포들이 겹치며 수직으로 층을 이룬 것이다. 측면 세포벽의 많은 벽공(pit)을 통하여 물이 헛물관 사이를 이동할 수 있다[그림 4-13 (a)]. 이 벽공은 2차벽이 없이 1차벽만 존재하는 극히 작은 구멍이다. 구과

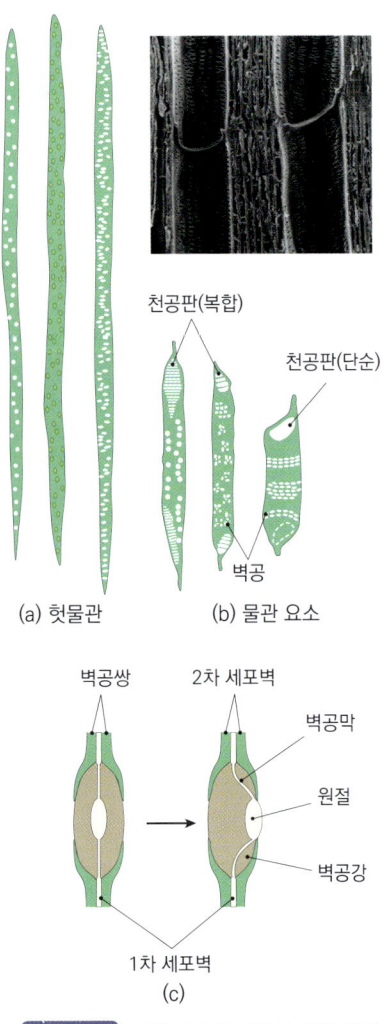

그림 4-13 관상 요소와 이들의 상호 연결

식물의 헛물관 벽공막은 원절(torus)이라는 비후부(肥厚部)가 중앙에 위치하는데, 이것은 벽공 주변부의 환상 또는 타원형의 두꺼운 벽에 밀착되어 벽공을 막는 밸브 역할을 한다[그림 4-13 (c)]. 원절의 밀착 작용은 기포가 이웃한 헛물관으로 퍼져 나가는 것을 효과적으로 방지한다. 연결된 헛물관은 가늘어진 끝부분에서 겹치며 식물체의 세로 방향으로 배연된다. 물은 상하 방향이나 측면으로 인접한 헛물관이 겹치는 곳의 벽공을 통해 이동된다.

물관은 헛물관에 비해 짧고 더 넓으며 세포의 양 끝단에 천공판(perforation plate)이라는 구멍을 형성한다[그림 4-13 (a)]. 물관 세포가 분화되는 과정에 세포질이 분해되기 시작하면 양쪽 끝부분이 가수분해 효소에 의해 녹아 없어지고 천공판이 만들어진다. 물관 요소도 헛물관 같이 측벽에 벽공이 있다[그림 4-13 (a)]. 헛물관과 다른 점은 천공판이 서로 맞닿으면서 물관 요소들이 쌓여 물관이라는 긴 관을 형성한다는 것이다[그림 4-13 (b)]. 물관 요소의 직경은 헛물관보다 크지만 수종에 따라 다양하다. 단풍나무 물관의 직경은 40~60μm 정도이지만, 일부 참나무는 직경이 300~500μm에 이른다.

물관은 진화적인 면에서 헛물관보다 더 발달된 것으로 여겨진다. 겉씨식물의 수분 통도세포는 헛물관으로만 구성되어 있어서 진화적으로 더 원시적인 것으로 간주된다. 속씨식물도 헛물관을 가지고 있지만 대부분의 물은 물관을 통해 이동되며 물관의 직경이 더 크고 천공판을 통해 비교적 자유로운 물의 이동이 일어나기 때문에 상당히 더 효율적이다.

물관부를 통한 물의 이동은 압력에 의해 추진되는 집단 유동(bulk flow)인데, 물관을 통해 이동하는 것이 헛물관을 통해 이동하는 것보다 훨씬 효율적이다. 하지만 구과식물의 벽공막은 다른 식물의 벽공막보다 물 투과성이 훨씬 높아 헛물관으로만 구성된 침엽수도 큰 키의 수목으로 자랄 수 있다.

4.2.5 키가 큰 나무에서의 물의 이동

키가 가장 큰 수종은 미국 북서부 태평양 연안에서 자라는 세쿼이아(Sequoia sempervirens)와 미송(Pseudotsuga menziesii) 등이 있는데 수고가 100m 이상인 개체도 있다. 오스트레일리아에는 수고가 130m에 달하는 유칼리나무(Eucalyptus regnans)

도 있다.

물을 100m 이상 이동시키려면 엄청난 힘이 필요하다. 수고가 100m인 나무의 줄기를 기다란 파이프로 가정하면, 물이 이동하는 데 필요한 압력의 기울기와 나무의 높이를 곱하여, 토양에서 나무 꼭대기까지 물이 이동할 때의 마찰 저항을 극복하는 데 필요한 압력의 기울기를 계산할 수 있다. 키가 큰 나무의 물관을 통해 물이 이동하는 데 필요한 압력의 기울기는 $0.01 MPa \cdot m^{-1}$ 정도이다. 이 압력의 기울기에 나무의 키를 곱하면($0.01 MPa \cdot m^{-1} \times 100m$), 줄기를 통한 마찰 저항을 극복하는 데 필요한 총압력의 기울기는 1MPa이다. 하지만 실제 물관의 내부 벽면은 불규칙하며, 천공판을 통과하는 물의 별도 저항도 존재한다. 물관의 직경보다 작은 헛물관은 보다 더 작은 벽공을 통해 물이 이동하기 때문에 물의 흐름을 방해하는 저항이 더 크다.

키가 큰 나무는 마찰 저항뿐만 아니라 중력도 고려해야 한다. 100m 높이 물기둥 아래 바닥에서의 압력은 1MPa이다. 따라서 중력의 효과를 상쇄하기 위하여 수분퍼텐셜의 각 요인들의 합에 1MPa만큼 더 음의 값이어야 한다. 따라서 수고 100m의 나무의 밑동에서 꼭대기 가지까지 물을 운반하려면 2MPa의 압력 기울기가 필요하다.

4.2.6 응집력-장력

이론적으로 물관부를 통해 물이 이동하는 데 필요한 압력 기울기는 나무의 밑동에서 양의 압력이 발생하고 나무의 꼭대기에서 음의 압력이 형성되어야 만들어진다. 뿌리에서는 근압(양의 정수압)이 형성되지만 0.1MPa 이하의 값으로 낮고, 증산율이 높아지거나 건조한 토양에서는 사라지기 때문에 키가 큰 나무의 물의 상승을 설명하기에는 부족하다. 그와 달리 나무 꼭대기의 물은 큰 장력(음의 정수압)을 가지며 이 장력은 물관을 통해 아래쪽으로부터 물을 끌어올린다. 19세기 말에 제안된 물 상승의 원리를 응집력-장력설(cohesion-tension theory of sap ascent)이라고 하는데, 물관부의 물기둥이 커다란 장력을 지탱하기 위해서는 물의 응집력이 필요하기 때문이다. 토양에서 물을 끌어올리는 데 필요한 물관부의 장력(음의 압력)은 증산의 결과로 잎에서 만들어진다. 잎이 광합성에 필요한 이산화탄소를 열린 기공을 통해 얻을 때 수증기는 기공을 통해 대기로 확산된다. 엽육 세포의 세포벽에서 물이 소실되면서 수분퍼텐셜을 감소시키고 다시 물을 증발 부위인 세포벽으로 흐르게 하는 수분퍼텐셜의 기울기를 형성한다(그림 4-14).

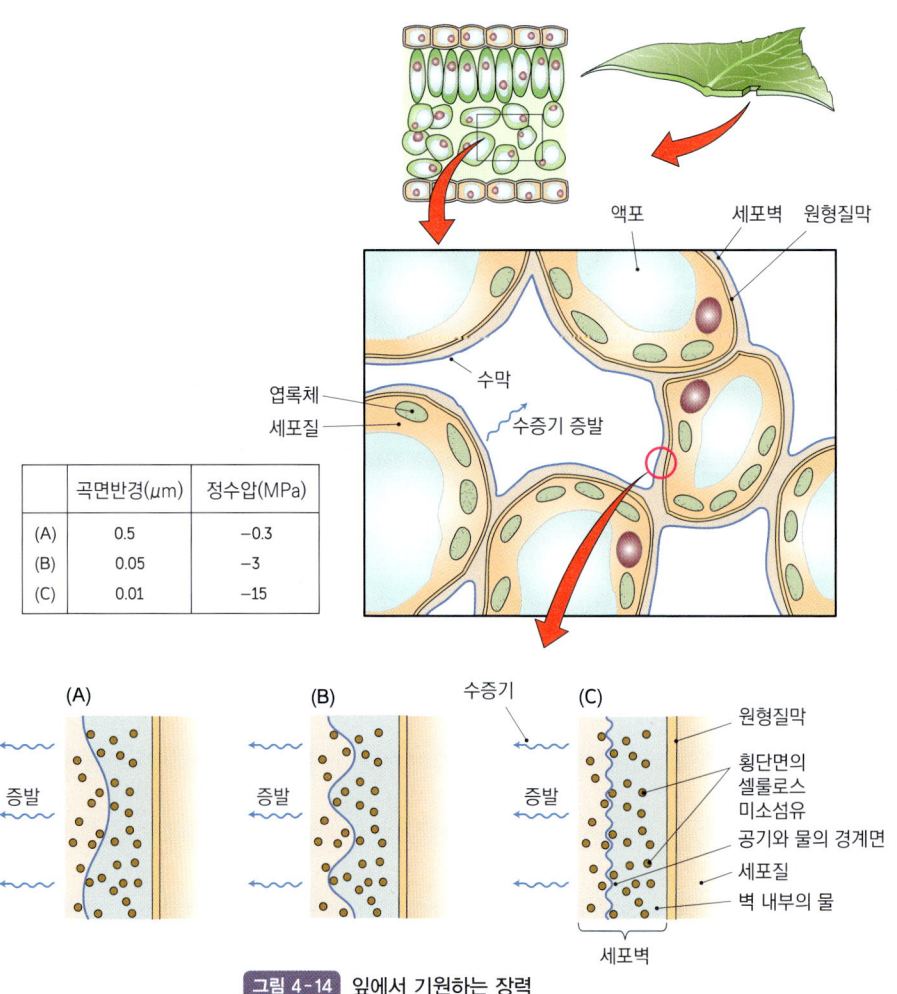

	곡면반경(μm)	정수압(MPa)
(A)	0.5	−0.3
(B)	0.05	−3
(C)	0.01	−15

그림 4-14 잎에서 기원하는 장력

　물기둥이 연속적으로 이어져 있기에 음의 압력인 장력은 물기둥을 통해 뿌리까지 전해진다. 결과적으로 물은 뿌리에서 잎의 엽육 세포의 표면까지 끌어올려진다. 온대 수목 물관부의 장력은 -0.5에서 -2.5MPa인 것으로 측정되었다(P. F. Scholander). 또한 나무 밑동의 수분퍼텐셜이 가지 끝부분보다 높은(작은 음의 값) 것이 확인되었다. 이러한 압력 차이는 나무의 꼭대기에서 발생하는 힘인 장력과 일치한다. 여러 가지 증거를 종합하면 물관부의 물기둥은 증산에 의하여 끌어올려진다는 가설이 지지를 받는다. 응집력-장력설은 직접적인 대사 에너지의 소비 없이도 식물을 통한 물의 실질적 이동이 일어날 수 있는지를 설명해 준다. 식물체를 통한 물의 이동의 에너지원은 태양이며 태양은 잎과 주변 공기의 온도를 높여 물의 증발을 추진한다.

4.2.7 물관부 물 수송의 물리적 어려움

나무의 물관부에서 발달하는 큰 장력은 물관부 세포 내부의 내향적 힘으로 작용한다. 약하거나 유연한 세포벽은 수축하거나 붕괴하겠지만, 헛물관과 물관의 2차 세포벽의 비후와 리그닌 침적은 이를 방지하기 위한 적응 현상이다. 매우 큰 물관 장력이 발생하는 나무는 단단한 목재를 형성하는데, 이것은 장력하의 물이 가하는 물리적 스트레스를 반영한다.

다른 하나의 물리적 어려움은 물관과 헛물관 세포 내에서 발생하는 기포이다. 물관의 경우 세포벽의 미세 구멍이나 상처를 통해 공기가 유입될 수 있고, 물관의 동결로 얼음에서 기체 용해도가 감소하면서 기포가 형성될 수 있다.

헛물관의 경우 벽공막은 공기가 유입되는 것을 막아 주는 필터 역할을 하지만, 벽공막의 원절이 밀착되지 않았거나 상처나 잎의 탈리 등에 의하여 유입되면서 기포가 발생할 수 있다. 장력하의 물기둥에 형성된 이러한 작은 기포는 크게 팽창하여 공동화 현상(cavitation)을 유발하고, 물기둥의 연속성을 끊어서 물 수송을 방해한다(그림 4-15). 이처럼 물기둥이 끊어지는 현상은 드물지 않으며 물의 불연속성을 해결하지 않는다면 잎의 건조 피해가 발생할 것이다.

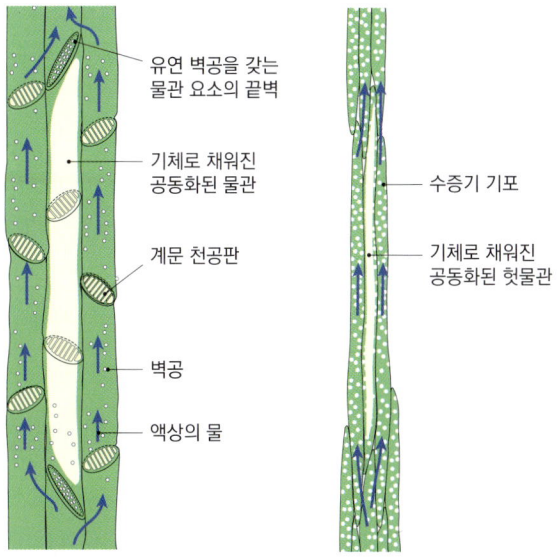

그림 4-15 기포에 의한 공동화 현상

---

column

공동화로 인한 피해 억제

식물에 미치는 물관부 공동화의 영향은 여러 가지 방법으로 최소화된다. 물관부의 헛물관 또는 물관 요소들은 상호 연결되어 있어서 원리상 하나의 작은 기포가 팽창되면 전체 물 통도를 채울 수 있다. 실제로는 기포가 그처럼 퍼지지 않는데, 인접하는 헛물관 또는 물관 요소의 사이에 있는 벽공막에서 차단되기 때문이다. 물관부의 세포들은 서로 연결되어 있어서 하나의 기포가 물의 흐름을 완전히 정지시키지는 못한다. 대신에 물은 인접한 물관 요소나 헛물관으로 우회하여 물로 채워진 이웃 통로로 이동할 수 있다(그림 4-15). 따라서 헛물관 또는 물관의 한정된 길이는 물 흐름에 대한 저항을 증가시키는 원인이기도 하지만, 반대로 공동화의 영향을 줄이는 원인이기도 하다.

기포는 물관부에서 제거될 수도 있다. 근압으로 인하여 기포가 축소되기도 하고, 새롭게 물관부를 형성하는 2차 생장으로 인하여 생기는 통로는 공동화 현상으로 인한 물 수송 능력의 손실을 보완해 준다.

4.3. 잎에서 대기로의 물 이동(증산)

증산(transpiration)은 식물로부터 수증기 형태의 물의 유실로서 정의된다. 증산의 양적 중요성은 오랫동안 다양한 연구에서 제시되었는데, 예를 들면 개방된 곳에서 자라는 수고 14.5m 단풍나무가 한 시간당 약 225L가량의 물을 증산하여 유실하고, 미국 애팔래치아 남쪽 낙엽수림에서 1년 강수량의 1/3이 증산되어 수증기로서 대기로 되돌려진다고 하였다.

이와 같은 물의 대량 유실은 수목의 생장, 생산성, 그리고 심지어 수복의 생존과 밀접한 관계가 있다. 증산으로 인한 물 부족 때문에 발생하는 식물의 생장 감소는 경제적 손실과 수확 감소의 근본적 원인이다. 그러므로 이론적이면서 실제적인 이유로 증산은 중요한 과정임에 틀림없다.

물이 잎에서 대기로 이동하는 경로에서 물관의 물은 엽육 세포의 세포벽으로 끌어 당겨지고, 잎의 통기 간극에서 증발한 후 기공을 통해서 빠져나간다(그림 4-16). 잎 조직에서 액체 상태인 물의 이동은 수분퍼텐셜의 기울기에 의해 제어되지만, 기체 상태인 수증기의 수송은 확산으로 일어나기 때문에 기공을 통한 증산의 마지막 부분은 수증기의 농도 기울기에 의해 제어된다.

잎의 표면을 덮고 있는 왁스층은 물 이동을 효과적으로 차단한다. 잎에서 소

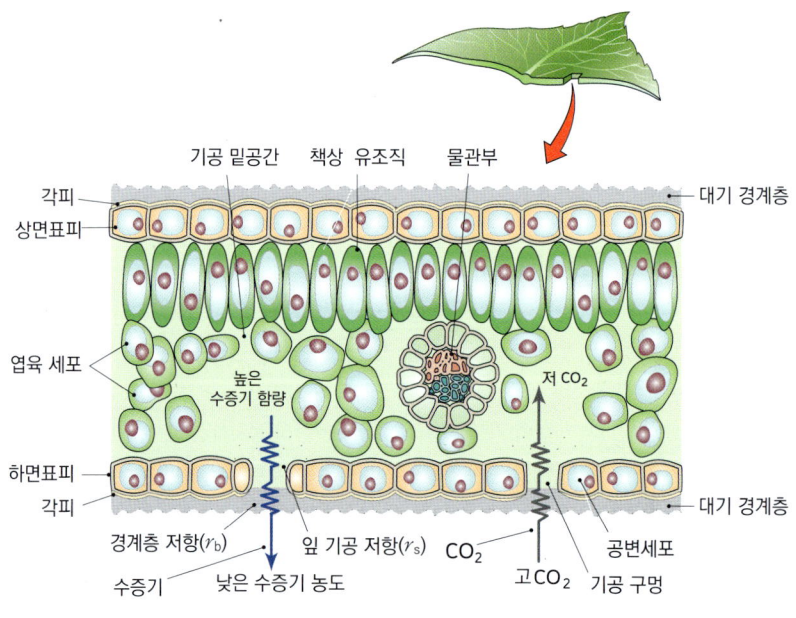

그림 4-16 기공을 통한 수증기의 유출과 이산화탄소의 유입

실되는 물의 약 5%만이 왁스층을 통해 빠져나가는 것으로 추정되고, 나머지 대부분은 잎의 아랫면에 있는 기공을 통해 빠져나간다.

증산(transpiration)은 대부분 기공을 통해 이루어지고(90% 이상), 나머지는 어린 가지의 표면이나 피목을 통해 이루어진다. 물은 물관부를 통해 가지에서 잎으로 들어가 엽신 전체로 퍼져 나간다. 물은 증발하기 전에 물관을 빠져나와 여러 겹의 세포층을 통과해야 한다. 따라서 잎의 수분 이동 저항은 엽육 세포의 수분 이동 특성뿐만 아니라 물관의 수, 분포, 크기를 반영한다. 엽맥 구조에 따라 잎들의 수분 이동 저항은 40배나 차이가 난다. 이러한 차이는 엽맥의 밀도와 증발하는 잎 표면과 엽맥 사이의 거리 때문일 것이다. 엽맥이 밀집된 잎은 보다 낮은 수분 이동 저항과 보다 높은 광합성률을 갖는 경향이 있는데, 이것은 증발 부위에 대한 엽맥의 근접성이 잎의 기체 교환 속도에 상당한 영향을 미치는 것을 말한다.

4.3.1 증산의 추진력

잎의 증산은 잎 내 공간과 외부 대기와의 수증기 농도 차이(difference in water vapor concentration, $\triangle C_{wv}$)와 이 경로의 확산 저항(diffusional resistance, r)이라는 두 가지 요인에 의해 결정된다. 수증기 농도 차이는 C_{wv}(잎)-C_{wv}(대기)로 표현된다. 대기의 수증기 농도[C_{wv}(대기)]는 쉽게 측정할 수 있지만 잎 간극의 수증기 농도[C_{wv}(잎)]는 측정이 어렵다. 잎의 내부 통기 간극의 부피는 작지만(소나무 잎에서는 전체 잎 부피의 5% 정도), 물이 증발하는 잎 내부의 젖은 표면적은 넓은데 보통 외부 잎 면적의 7~30배에 달한다.

이처럼 부피에 대한 표면적의 비율이 높으므로 잎 내부의 수증기 평형이 빨리 이루어진다. 따라서 통기 간극의 수분퍼텐셜은 물이 증발하고 있는 세포벽 표면의 수분퍼텐셜과 평형을 이룬다고 할 수 있다.

증산하는 잎의 수분퍼텐셜 범위 내에서(-2MPa 이상) 수증기의 평형 농도는 포화수증기 농도의 2% 내에 있다. 이 때문에 측정이 쉬운 온도에서 잎 내부의 수증기 농도를 추산할 수 있다. 대기의 포화수증기 함량은 온도에 따라 지수적으로 증가하기 때문에 잎 온도는 증산 속도에 현저한 영향을 미친다.

수증기 농도 C_{wv}는 증산 경로의 여러 지점마다 다른데, 세포벽의 표면에서 잎 외부의 대기로 이동하는 각 단계에서 C_{wv}가 감소한다(표 4-2). 여기서 중요한 점은 잎으로부터의 수분 소실을 일으키는 추진력은 절대 농도의 차이(mol m^{-3}으로 표

표 4-2 잎의 수분 소실 경로 네 지점에서 상대습도, 절대수증기 농도 및 수분퍼텐셜

위치	상대습도	수증기 농도(mol m^{-3})	퍼텐셜(MPa)
내부 통기 간극(25℃)	0.99	1.27	-1.38
기공 구멍 내부(25℃)	0.95	1.21	-7.04
기공 구멍 외부(25℃)	0.47	0.60	-103.7
대기(20℃)	0.50	0.50	-93.6

시된 C_{wv}의 차이)라는 점과, 이 차이는 잎의 온도에 의해 크게 영향을 받는다는 점이다. 표 4-2의 수는 대기 공기가 97% 미만에서 포화되는 한 토양수와 대기 사이의 수분퍼텐셜 차이는 마찰 저항과 중력 저항(총 2MPa)을 극복하기에 충분하여 키 큰 나무의 가장 꼭대기 잎까지 물을 수송할 수 있게 한다.

(1) 잎의 수분 소실 과정의 경로 저항

잎에서의 수분 소실을 좌우하는 두 번째 요인은 증산 경로의 확산 저항이며, 다음 두 가지의 성분이 있다.

- **기공 저항**(leaf stomatal resistance, r_s): 기공을 통한 확산과 관련된 저항이다.
- **경계층 저항**(boundary layer resistance, r_b): 잎 표면 가까이의 정체된 공기(대기 경계층)에 의한 저항으로 수증기가 대기의 유동층에 도달하기까지의 저항이다(그림 4-16).

(2) 기공 저항

잎을 덮고 있는 각피층은 물에 대해 거의 불투과성이므로 잎에서 일어나는 증산은 대부분 기공을 통한 수증기의 확산에 의해 이뤄진다(그림 4-16). 기공은 잎에

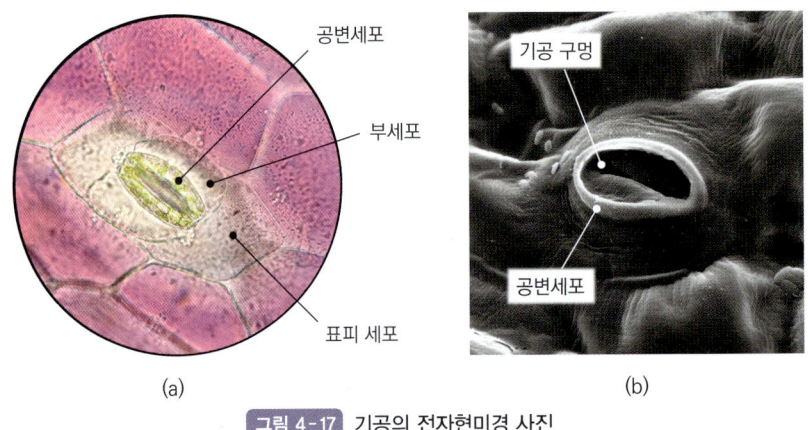

그림 4-17 기공의 전자현미경 사진

서 물이 소실될 때 확산 저항을 낮춘다. 기공 저항의 변화는 식물이 수분 소실을 조절하고, 광합성 도중에 지속적인 CO_2 고정에 필요한 CO_2의 흡수를 조절하는 데도 중요하다. 잎은 대기의 수증기 농도[C_{wv}(대기)]와 경계층 저항(r_b)을 조절할 수 없다. 그러나 잎은 기공의 열린 정도에 따라 결정되는 기공 저항(r_s)을 기공의 개폐를 통해 조절할 수 있다. 이러한 생물학적인 조절은 기공을 구성하는 특수한 표피 세포, 즉 공변세포(guard cell)에 의해 이뤄진다(그림 4-17). 기공 열림은 잎의 수분 상태와 빛, 공변세포벽의 특이한 형태에 의존한다.

(3) 공변세포의 독특한 세포벽 구조

대부분의 식물에서 콩팥과 같이 생긴 공변세포는 가운데 구멍을 타원형으로 둘러싸고 있는데[그림 4-18 (a)], 공변세포는 평범한 표피 세포들 사이에 위치한다.

초본식물의 공변세포는 양 끝이 부푼 아령 모양으로 기공의 개구는 아령의 손잡이 사이에 있는 기다란 틈새이다[그림 4-18 (b)]. 이들 공변세포의 측면에 부세포(subsidiary cell)가 공변세포의 기공 조절을 돕는다. 공변세포, 부세포, 구멍을 합쳐서 기공 복합체(stomatal complex)라고 한다.

공변세포가 가진 뚜렷한 특징은 특수화된 세포벽 구조이다. 이들 벽의 일부는 비후화되어 두께가 최대 5μm에 이르기도 하는데 표피 세포의 일반적인 두께인 1~2μm보다 훨씬 두껍다. 콩팥 모양 공변세포의 비대칭적인 비후화는 미소섬유의 배열이 다르게 되어 있기 때문인데, 기공의 개구를 기점으로 방사상으로 퍼져 있고 개구에 접한 내부 세포벽은 바깥쪽 세포벽보다 훨씬 두껍다. 따라서 공변세포의 부피가 증가하면 약한 바깥쪽 벽은 활처럼 휘고 이로 인해 개구가 열린다.

공변세포는 여러 가지 신호에 반응하는 유압 밸브 기능을 한다. 광도, 광질, 온도, 상대습도와 같은 외부 환경 요인과 세포 내부의 CO_2 농도와 같은 내적 요인이 공변세포에 의해서 감지되어 기공 반응으로 나타난다. 이 과정의 초기에는 공변세포의 이온 흡수와 기타 대사 반응들이 포함되는데, 빛에 의해 유도되는 기공의 개폐는 공변세포의 삼투압 조절에 의해 이뤄지는데 이러한 과정은 제6장(빛과 광형태형성)에서 자세히 다루고, 기공 열림 과정의 청색광 신호전달은 제10장(환경스트레스와 수목의 적응)에서 자세히 다룬다.

공변세포에서의 이온 흡수와 유기물 합성에 따른 삼투퍼텐셜(Ψ_s)의 감소는 다른 유세포에서와 동일하다. 삼투퍼텐셜(Ψ_s)이 감소하면 수분퍼텐셜이 감소하여

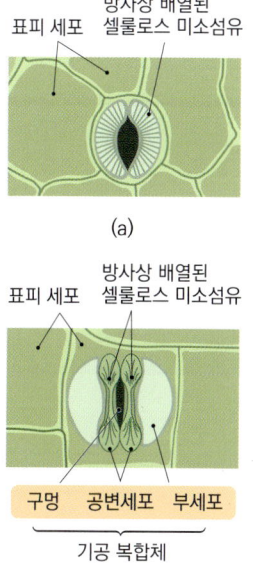

그림 4-18

콩팥 모양의 공변세포로 구성된 기공(a)과 초본류의 덤벨 모양의 공변세포로 구성된 기공(b)

물이 공변세포로 들어가고 그 결과 팽압이 증가한다. 공변세포의 세포벽은 종에 따라 부피가 40~100%까지 가역적으로 증가하는데 세포 부피가 변화하면 기공이 열리거나 닫힌다.

(4) 수분 이용 효율(water use efficiency)

광합성에 필요한 CO_2를 충분히 흡수하면서 물의 소실을 조절하는 식물의 효율성은 증산율(transpiration ratio)로 나타낼 수 있다. 증산율은 증산된 물의 양을 광합성으로 동화된 CO_2의 양으로 나눈 값이다.

최초의 안정된 탄소고정 산물이 3탄소 화합물인 C_3 식물의 경우, 광합성으로 고정되는 CO_2 한 분자당 400분자의 물이 소실되는데, 이때의 증산율은 400이다. 증산율의 역수를 수분 이용 효율이라 하는데, 증산율이 400인 식물의 수분 이용 효율은 1/400, 즉 0.0025이다. 광합성을 위한 CO_2 유입에 대한 H_2O 유출이 큰 이유는 다음 세 가지 요인 때문이다.

- 물의 소실을 추진하는 농도 기울기는 CO_2 유입을 추진하는 농도 기울기보다 50배 정도 크다. 이러한 차이는 대부분 공기 중의 CO_2 농도(약 0.04%)와 비교적 높은 잎 내부의 수증기 농도에서 비롯된다.
- 공기 중에서 CO_2는 H_2O보다 1.6배 정도 느리게 확산한다. CO_2 분자가 H_2O보다 크기 때문에 확산계수가 작다.
- CO_2는 엽록체 내에서 동화되기 전에 원형질막, 세포질, 엽록체막을 통과해야 하며, 이들 막 때문에 확산 경로의 저항이 증가한다.

일부 식물은 CO_2 고정을 위한 광합성 경로의 변화로 인하여 증산율의 감소(물 이용 효율의 증가)가 나타난다. 최초의 안정된 광합성 산물이 4탄소 화합물인 C_4 식물은 C_3 식물보다 고정되는 CO_2 분자당 더 적은 양의 물을 증산한다. C_4 식물의 대표적 증산율은 약 150인데, C_4 광합성에서는 세포 사이의 통기 간극에서 CO_2 농도가 낮아지면서 CO_2 흡수를 위한 추진력이 증가하게 된다. 이것은 C_4 식물이 기공 개구를 조금만 열게 하여 증산 속도를 늦출 수 있게 한다.

크라슐라세산 대사(crassulacean acid metabolism, CAM) 광합성으로 사막에 적응한 식물은 야간에 4탄소 유기산을 형성하면서 첫 CO_2 고정을 수행하는데, 보다 더 낮은 50 정도의 증산율을 나타내기도 한다. 이 식물들의 기공 개폐 리듬이 거꾸로 되어 있어서 저녁에 열리고 낮에 닫히기 때문이다. 밤에는 선선한 잎의 온도로 인해 $\triangle C_{wv}$가 매우 적어 증산이 적게 일어난다.

(5) 토양-식물-대기 연속체

토양에서 식물체를 거쳐 대기로 물이 이동하는 데는 서로 다른 수송 메커니즘이 관여하고 있다(그림 4-19).

토양과 물관부에서 액체상 물은 압력 기울기($\triangle\psi_p$)에 따라 집단 유동을 통해 이동한다. 액체상 물이 막을 통과할 때의 추진력은 막 양쪽의 수분퍼텐셜 차이이다. 이러한 물의 삼투적 수송은 세포들이 물을 흡수하거나 뿌리가 토양수를 물관으로 이동시킬 때 일어난다.

기체상 물(수증기)은 적어도 대류(집단 유동의 한 형태)가 우세한 외부 공기에 도달할 때까지는 주로 확산에 의해 이뤄진다.

이러한 토양-식물-대기 연속체에서의 물의 이동은 수분퍼텐셜 또는 자유에너지가 낮은 부위로 이동한다. 토양에서 잎에 이르기까지 수분퍼텐셜은 일관되게 감소한다(그림 4-19). 하지만 물 이동 경로의 수분퍼텐셜의 구성 요소는 부위별로 다르다.

토양-식물-대기 연속체에서 일어나는 물 이동의 핵심 추진력은 증산하는 잎 세포벽의 모세관 힘(capillary force)에 의한 물관 내 음압이다. 궁극적으로는 태양에너지가 물 이동의 근본 에너지이므로 고정된 이산화탄소 한 분자당 400분자나 되는 물이 수송되어야 함에도 식물은 자체 에너지의 소모 없이 효율적으로 물을 이동시킬 수 있다.

위치	수분퍼텐셜 및 그 성분(MPa)				
	수분퍼텐셜 (ψ_w)	압력퍼텐셜 (ψ_p)	삼투퍼텐셜 (ψ_s)	중력퍼텐셜 (ψ_g)	기체 상태의 수분퍼텐셜 $\left(\frac{RT}{V_w}\ln[RH]\right)$
외기(상태습도=50%)	-95.2				-95.2
잎 내부의 통기간극	-0.8				-0.8
엽육세포벽(10m에서)	-0.8	-0.7	-0.2	0.1	
엽육세포의 액포(10m에서)	-0.8	0.2	-1.1	0.1	
잎 물관부(10m에서)	-0.8	-0.8	-0.1	0.1	
뿌리 물관부(지표면 부근)	-0.6	-0.5	-0.1	0.0	
뿌리 세포의 액포 (지표면 부근)	-0.6	0.5	-1.1	0.0	
뿌리에 인접한 토양	-0.5	-0.4	-0.1	0.0	
뿌리에서 10mm 떨어진 토양	-0.3	-0.2	-0.1	0.0	

그림 4-19 토양에서 식물을 거쳐 대기로의 수송 경로의 여러 지점에서 수분퍼텐셜과 그 성분의 대표적인 개관

    식물의 뿌리는 지표 아래로 자라면서 근계를 형성한다. 수목의 근계는 수관 전체 무게의 약 1/4~1/5을 차지하지만, 지하에 존재하여 그 형태나 기능을 평소에는 직접 보기 어렵다. 근계는 수목의 지지를 담당하는 것과 더불어 양분과 수분을 흡수하는 중요한 기능을 수행한다. 수목은 뿌리를 통해 토양에서 물과 무기양분을 흡수하며 생장을 지속하고, 번식을 한다.

    본 장에서는 먼저, 수체를 구성하는 데 필요한 무기양분과 그 흡수 및 부위별 분포에 관해 살펴본다. 이어서 뿌리의 생육 환경, 즉 토양 속에서의 양분과 수분의 존재 형태를 다루며, 마지막으로 수목의 진단 및 처치에 필수적인 기술인 토양 환경의 조사와 개량 방법을 현장에서 적용할 수 있도록 그에 필요한 기초적인 지식을 설명한다.

제5장

토양과 무기양분

마수모리 마사야(益守眞也)

5.1 식물의 구성 원소
5.2 무기양분의 흡수와 전류
5.3 토양 중의 양분 동태
5.4 수목을 지지하는 토양의 성질
5.5 토양 환경 조사와 개량

5.1 식물의 구성 원소

자연계에는 주기율표에 제시된 118개 원소 중 약 90~94종이 실제로 존재하며, 이들은 지구의 모든 물질을 구성하는 기본 성분이다. 생물체 역시 이러한 원소로 이루어져 있으며, 각 원소는 생명 유지와 구조 형성에 다양한 방식으로 관여한다. 생물의 종류에 따라 요구되는 원소는 일부 차이가 있지만, 식물의 경우 생장과 생존에 반드시 필요한 특정 원소들이 존재한다. 이 원소들은 식물체 내에서 특유의 생리적 기능을 수행하며, 정상적인 생육과 생명 활동을 가능하게 하는 데 핵심적인 역할을 한다.

(1) 필수원소, 다량원소, 미량원소

필수원소(必須元素, essential element)는 생물(生物)이 생장하고 번식하는 데 필요하며, 그 기능을 다른 원소로는 대체할 수 없는 원소를 말한다. 현재까지 알려진 식물의 필수원소는 탄소(C), 산소(O), 수소(H), 질소(N), 칼륨(K), 칼슘(Ca), 마그네슘(Mg), 인(P), 황(S), 염소(Cl), 붕소(B), 철(Fe), 망가니즈(Mn), 아연(Zn), 구리(Cu), 니켈(Ni), 몰리브데넘(Mo)으로 총 17종이다.

살아 있는 식물체의 무게 중 약 90%는 수분으로, 주로 수소와 산소로 구성되어 있다. 나머지 10%에 해당하는 건물(乾物, dry matter)은 공기 중 이산화탄소(CO_2)에서 유래한 탄소와 물(H_2O)에서 유래한 수소 및 산소가 광합성을 통해 유기물(有機物, organic compound)로 전환되어 형성된 것이다.

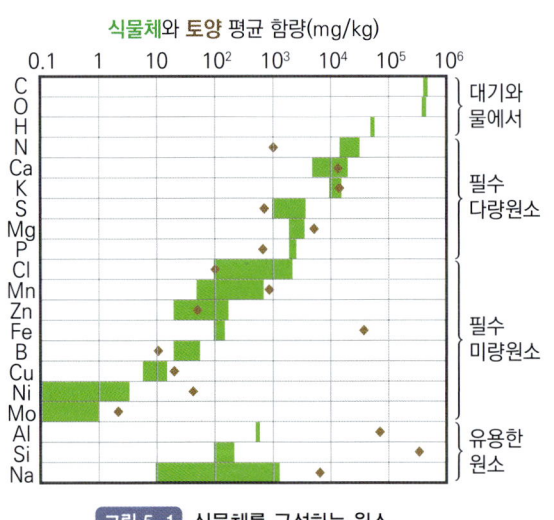

그림 5-1 식물체를 구성하는 원소

필수원소에서 탄소, 산소, 수소의 3종을 제외한 14종의 원소는 주로 토양 내 뿌리를 통해 흡수되며, 이들 원소를 무기양분(無機養分, inorganic nutrient) 또는 필수 무기원소(mineral element)라고 한다.

무기양분 가운데 비교적 많은 양이 요구되는 6종의 원소는 다량원소(多量元素, major elemen, macronutrient)라고 하며(그림 5-1), 그중에서도 특히 질소와 칼륨은 요구량이 많고 결핍(缺乏)되기 쉬운 대표적 원소이다. 인 역시 자연 상태의 토양에서 함량이 낮아 쉽게 부족해지며, 이들 원소는 인위적으로 공급함으로써 식물의 생장을 촉진할 수 있다. 이러한 세 가지 원소인 질소, 인, 칼륨은 일반적으로 비료(肥料)의 3대 요소 또는 3대 영양소라고 하며, 시중에서 판매되는 비료에는 이들 원소의 함량이 반드시 표시되어 있다.

반면, 식물이 필요로 하는 양은 적지만 생리적으로 필요한 8종의 원소는 미량원소(微量元素, trace element, micronutrient)라고 한다.

이 밖에도 대부분의 식물은 필수적이지 않지만, 일부 식물은 생장을 돕거나 특정한 기능을 하는 유용원소(有用元素, beneficial elements)들도 알려져 있다.

> **최소량의 법칙**(law of minimum)
>
> 19세기 독일의 화학자 유스투스 폰 리비히(Justus von Liebig)는 식물의 생장은 이용할 수 있는 자원의 총량이 아니라 가장 부족한 자원(=제한 요인)에 의해 제한된다는 이론을 제안하였다. 이는 오늘날 리비히의 최소량 법칙(Liebig's Law of the Minimum)으로 알려져 있다. 식물에 필요한 여러 양분 중 단 하나라도 부족하면 다른 양분이 아무리 충분하더라도 생육 부진이나 이상 생장이 나타날 수 있다(그림 5-2).
>
> 물론 어떤 양분이 부족하면 다른 양분이 이를 어느 정도 보완할 수 있고, 양분 간의 길항작용(拮抗作用, antagonism)이나 상승작용(相乘作用, synergism) 같은 상호작용도 존재하므로 최소율의 법칙은 엄밀하게 적용되는 절대 법칙은 아니다. 그럼에도 일정한 범위에서는 매우 유용한 경험적 원칙으로 받아들여지고 있다
>
>
>
> 그림 5-2 최소량의 법칙과 도베네크의 최소 양분통 모형
>
> 도베네크(Dobeneck)는 식물 생장이 가장 결핍된 양분에 의해 제한된다는 최소량의 법칙을 널빤지로 만든 통에 비유하였다. 통의 널빤지 각각은 특정 양분을 나타내며, 가장 짧은 널빤지가 물의 높이를 결정하듯 식물 생장은 가장 부족한 양분의 수준에 의해 제한된다.

(2) 질소(N)

다량원소 중에서도 식물이 가장 많이 필요로 하는 원소는 단백질과 엽록소의 구성 성분인 질소이다. 식물의 모든 생합성 반응은 단백질로 이루어진 효소의 촉매 작용에 의존하므로 생리활성이 높은 조직일수록 질소 요구량이 많다. 반면에, 수간의 심재처럼 죽은 세포가 많이 포함된 조직은 질소 함량이 낮다.

활발히 생장 중인 수목에서는 잎이 질소를 가장 많이 함유하고 있으며, 그중 절반 이상이 광합성 반응에 관여하는 효소, 특히 루비스코(RuBisCO)에 존재한다.

질소가 충분히 공급되면 엽록소의 생성도 활발해져 잎이 짙은 녹색을 띠며, 광합성 효율이 높아지고 전반적인 생육이 왕성해진다. 이러한 특성 때문에 질소 비료를 흔히 잎거름이라고도 한다.

그러나 질소의 과잉 공급은 생장 균형을 깨뜨릴 수 있다. 줄기의 마디 사이가 과도하게 길어지는 도장(徒長, over growth; 웃자람) 현상이 나타나 수형이 흐트러지고, 저온이나 강풍과 같은 환경스트레스에 취약해지며, 병해충 감염 가능성도 증가할 수 있다. 질소가 결핍되면 잎이 황백화(黃白化, chlorosis)되거나 크기가 작아지고 생장이 저하된다. 질소는 식물체 내에서 생리활성이 높은 새 조직으로 효과적으로 이동할 수 있는 이동성 원소이므로, 황백화 현상은 늙은 잎에서부터 먼저 관찰된다.

(3) 칼륨(K)

질소 다음으로 식물이 많이 필요로 하는 무기양분은 칼륨이다. 칼륨은 세포질(cytosol) 내에 가장 많이 존재하는 양이온으로, 식물은 이를 다량 흡수해야 하므로 토양 내 공급이 수요를 충족하지 못하는 경우가 자주 발생한다. 칼륨은 질소나 인과 달리 단백질이나 핵산 등 고분자 생체 구성 물질에 직접 포함되지 않으며, 주로 세포 내에 이온 상태로 존재한다. 이 원소는 세포의 삼투압 조절, 기공 개폐를 담당하는 공변세포의 팽압 조절, 광합성과 세포호흡에 관여하는 여러 효소의 활성화 등에 중요한 역할을 한다. 칼륨이 결핍되면 이러한 생리적 기능들이 저해되어, 기공의 개폐 조절이 원활하지 않아 광합성 효율이 떨어지거나, 뿌리의 수분 흡수 기능이 저하되거나, 광합성 산물의 *전류(轉流, translocation)가 억제되는 등의 생리적 장애가 발생할 수 있다.

칼륨 비료는 흔히 뿌리거름이라 불리지만, 칼륨은 실제로는 뿌리에만 국한되지 않고 모든 세포의 생명 활동에 필수적인 원소이다.

또 칼륨은 식물체 내에서 이동성이 높은 원소이기 때문에 결핍 증상은 늙은 잎에서 먼저 나타나며, 잎의 끝이나 가장자리부터 황백화 또는 기형(畸形, malformation) 등의 형태로 나타나는 경우가 많다.

(4) 칼슘(Ca)

세 번째 다량원소는 칼슘으로, 세포막과 세포벽의 주요 구성 성분이다. 칼슘은 세포벽에 기계적 강도를 부여하고, 세포막의 안정성을 유지하는 데 중요한 역할을 한다. 또 단백질 합성, 광합성 산물의 이동, 신호전달 등 다양한 생리적

*전류
식물체 내에서 양분이나 광합성 산물 등이 한 부위에서 다른 부위로 관다발을 통해 이동하는 과정을 의미한다. 이 과정에서 무기양분은 주로 물관부와 체관부를 통해 이동하며, 광합성 산물과 같은 유기물은 체관부를 통해 분열조직이나 저장기관 등으로 운반된다.

기능에도 관여하는 것으로 알려져 있다.

칼슘은 식물체 내에서 난이동성(難移動性) 원소로 분류되며, 한 부위에서 다른 부위로 이동하는 능력이 매우 낮다. 따라서 칼슘 결핍은 새로운 조직, 특히 새 가지의 생장점이나 어린 잎 등에서 괴사(壞死, necrosis)와 같은 형태로 뚜렷하게 나타난다.

(5) 인(P)

인은 여러 중요한 유기물의 구성 성분으로, 식물 생리에 필수적인 다량원소이다. 모든 세포는 인지질 이중층으로 이루어진 세포막에 둘러싸여 있으며, 유전물질인 DNA는 염기와 5탄당으로 이루어진 뉴클레오타이드(nucleotide)에 인산이 결합되어 연속적으로 연결된 고분자 화합물이다. 또 유전자 발현을 담당하는 RNA 역시 뉴클레오타이드와 인산으로 구성된다. 더불어, 모든 생물에서 에너지를 저장하고 전달하는 역할을 하는 ATP 또한 뉴클레오타이드에 3개의 인산기가 결합된 화합물이다.

인이 결핍되면 새로운 세포나 조직을 형성하는 능력이 저하되어 줄기나 뿌리의 신장이 억제되고 개화나 결실이 지연되거나 저해된다. 이로 인해 인산 비료는 흔히 꽃거름이나 열매거름으로 불린다. 인은 식물체 내에서 이동성이 높은 원소이므로 결핍증상은 오래된 잎부터 나타난다. 이때 명확한 황백화현상 없이도 전반적인 생장이 저조해지는 경우가 많으며, 때에 따라 수용성 색소인 안토사이아닌(anthocyanin)이 과잉 생성되어 잎이나 엽병(葉柄, petiole)이 자색을 띠는 현상이 관찰되기도 한다.

(6) 마그네슘(Mg)

마그네슘은 다양한 물질의 생합성 반응에 관여하지만, 그중에서도 가장 중요한 기능은 광합성 색소인 엽록소(葉綠素, chlorophyll)의 중심 금속원소로 작용한다는 점이다. 엽록소 분자의 중앙에는 하나의 마그네슘 이온이 존재하며, 이는 빛에너지를 흡수하여 화학 에너지로 전환하는 광합성 과정의 핵심적인 역할을 한다. 또 마그네슘은 세포호흡에 관여하는 여러 효소의 활성화에도 기여한다.

마그네슘은 식물체 내에서 이동성이 높은 원소로, 결핍되면 엽록소 합성이 억제되어 늙은 잎부터 황백화현상이 발생한다. 특히 엽맥 사이에서 황백화가 두드러지며, 이는 마그네슘 결핍의 주요 증상으로 간주된다.

(7) 황(S)

황은 다량원소 중에서도 식물의 요구량이 가장 적은 원소이지만, 그 기능은 매우 중요하다. 황은 시스테인(cysteine), 메싸이오닌(methionine) 등의 황을 함유하는 아미노산을 비롯하여 *올리고펩타이드(oligopeptide), *글루타싸이온(glutathione)과 같은 항산화물질 그리고 각종 조효소의 구성 성분으로 포함되어 있어, 단백질 합성과 항산화 대사, 효소 반응 등에 필수적이다.

황은 식물체 내에서 비교적 이동성이 낮은 원소이기 때문에 결핍되면 어린 잎에 황백화현상이 나타나는 경우가 많다. 그러나 일부 식물에서는 오히려 오래된 잎부터 심한 황변 증상이 두드러지게 나타나며, 이러한 결핍은 전반적인 생장 저해로 이어질 수 있다.

(8) 미량원소

미량원소는 식물이 필요로 하는 양은 적지만 생리적 기능에 필요한 원소들로, 대부분 금속원소에 속하며, 수용액에서는 양이온 형태로 존재한다. 이들 금속 이온은 다양한 효소의 보조인자(補助因子, cofactor)로 작용하여 여러 생화학적 반응을 촉진하며, *산화환원 반응(酸化還元反應, oxidation-reduction reaction)에 관여하는 원소도 많다.

철(Fe), 망가니즈(Mn), 아연(Zn)은 엽록소의 생합성에 관여하므로, 이들 원소가 결핍되면 새로 전개된 잎의 엽맥 사이부터 황백화가 나타난다. 철은 엽록소 형성 외에도 세포호흡을 포함한 다수의 생화학 반응에 관여한다. 아연은 단백질 합성과 식물호르몬의 생합성에도 관여하며, 결핍되면 잎이 왜소화(矮小化)되는 현상이 발생한다.

구리(Cu)는 호흡계 효소의 활성화를 비롯한 산화환원 반응 등 여러 중요한 생화학 반응에 관여하며, 리그닌 생합성에도 필수적이다. 니켈(Ni)은 식물의 요구량이 극히 적지만, 질소 대사에 필수적인 원소로 최근 그 중요성이 밝혀지고 있다.

몰리브데넘(Mo)은 수용액에서 음이온 형태인 몰리브데넘산(molybdic acid) 이온으로 존재하며, 가장 적은 양이 필요하지만 질소 대사 및 다양한 단백질 합성에 필수적이다. 염소(Cl)는 비금속 원소로서, 수용액 중에서는 염화이온(Cl^-)의 형태로 존재하며, 탄수화물 합성과 광합성 반응에 관여한다.

---

*올리고펩타이드
2개에서 약 20개 정도의 아미노산이 펩타이드 결합으로 연결된 짧은 사슬 형태의 펩타이드를 말한다. 일부 올리고펩타이드는 생리활성이 있어, 호르몬, 신호전달 물질, 항균 펩타이드 등으로 작용하기도 한다.

*글루타싸이온
글루탐산, 시스테인, 글라이신의 세 아미노산으로 구성된 트라이펩타이드(tripeptide)로, 식물과 동물의 세포 내에 널리 존재하는 항산화 물질이다. 활성산소를 제거하거나 중화하여 산화스트레스로부터 세포를 보호하는 데 중요한 역할을 하며, 해독 반응과 황(S) 대사 등 다양한 생리 작용에도 관여한다.

*산화환원 반응
전자의 이동을 수반하는 화학반응으로, 한 물질이 전자를 잃어 산화되고 다른 물질이 전자를 얻어 환원되는 과정을 말한다. 이러한 반응은 생체 내 에너지 대사, 금속 이온의 변화, 세포호흡과 광합성 등 다양한 생화학적 과정에서 핵심적인 역할을 한다.

붕소(B)는 준금속 원소로, 식물체 내에서 주로 세포벽에 축적되어 있으며, 세포벽과 세포막의 합성과 유지에 중요한 역할을 한다고 알려져 있다. 다만 그 정확한 기능은 아직 완전히 규명되지 않은 부분이 많다. 붕소는 난이동성 원소로, 체내에서 전류되거나 재활용되기 어려우며, 가지 끝이나 뿌리 등의 신생 조직에서 세포벽 강도의 저하나 세포의 신장 저해와 같은 결핍증상이 자주 나타난다.

붕소를 제외한 미량원소의 대부분은 이동성이 낮은 난이동성으로 분류되나, 미량원소는 애초에 요구량이 극히 적기 때문에 자연환경에서 결핍되는 경우는 드물다. 그러나 과수원 등에서는 비료의 과잉 시비(施肥)로 인해, 이후 설명할 길항작용(拮抗作用, antagonism)이나 토양의 알칼리화(alkalinization)에 의해 결핍증상이 유발되는 경우도 있다.

(9) 유용원소

코발트(Co)는 모든 식물에 필수적인 원소는 아니지만, 콩과(Fabaceae) 식물처럼 공생적 질소 고정을 하는 식물에는 중요한 원소이다.

규소(Si)는 벼과(Poaceae) 식물의 세포벽에 다량 존재하며, 세포벽의 강도를 높이는 데 기여하는 것으로 알려져 있다. 그러나 규소가 포함되지 않은 배지에서 재배하더라도 식물이 생존하지 못하는 것은 아니므로 필수원소로는 보지 않는다.

나트륨(Na)은 식물체 내에 어느 정도 포함되어 있으나, 대부분의 식물종에서는 필수원소가 아니다. 오히려 토양 중에 과량으로 존재하면 염해(鹽害)를 일으키는 유해 원소로 작용할 수 있다. 그러나 염생식물(鹽生植物, halophyte)과 같이 나트륨이 풍부한 토양에 자생하는 식물에서는 나트륨이 생육에 필요하거나, 건조한 지역에 서식하는 식물에서도 나트륨이 풍부한 토양에서 더 양호한 생장을 보이는 경우가 보고되고 있다.

알루미늄(Al)은 토양에 매우 풍부하게 존재하는 원소지만, 대부분의 식물에서는 뿌리의 신장을 억제하는 유해 물질로 작용한다. 그러나 차나무(*Camellia sinensis*)와 같이 수종은 오히려 알루미늄을 선호하여 적극적으로 흡수하는 특성을 나타내기도 한다. 수국(*Hydrangea*)의 꽃 색소인 *델피니딘(delphinidin)은 알루미늄과 결합하면 푸른색을 나타내며, 알루미늄이 없는 경우에는 붉은색을 띤다.

*델피니딘
플라보노이드 계열에 속하는 안토사이아닌 색소로, 식물의 꽃이나 열매에 청자색에서 보라색을 나타내는 데 관여하는 수용성 색소이다. pH나 금속 이온과의 결합 상태에 따라 색이 변하며, 수국꽃의 청색은 델피니딘이 알루미늄 이온과 결합한 결과이다.

5.2 무기양분의 흡수와 전류

양분과 수분의 흡수는 뿌리의 주요 기능 중 하나이다. 수목의 생장에 필요한 물과 무기양분은 모두 뿌리로 흡수하며, 이들 물질은 뿌리에서 물관부를 따라 수체 내 각 조직으로 수송된다. 이후 해당 부위에서 *동화(同化, assimilation)되어 생장 및 생명 유지에 활용된다. 지상부로 수송된 양분은 관다발을 통해 다시 다른 부위로 전류된다. 이와 같이 토양에서 뿌리를 거쳐 수체의 각 조직으로 양분이 전류되는 과정의 효율은 토양의 물리적·화학적 특성, 환경 조건, 수송의 생리적 특성 등 다양한 요인에 영향을 받는다. 만일 식물이 필요로 하는 양분이 충분히 공급되지 않으면, 생리적 기능이 저하되고, 이에 따라 결핍증상이 나타날 수 있다.

> *동화
> 식물이 흡수한 무기물이나 이산화탄소를 체내에서 유기물로 전환하여 자신이 필요한 물질을 합성하는 생리 과정이다. 광합성이나 질소 동화처럼 흡수된 양분을 구성 성분이나 에너지 저장 물질로 전환하는 과정이 동화에 해당한다.

(1) 수분 흡수

수체(樹體) 무게의 절반 이상을 차지하는 수분을 흡수하는 기관은 뿌리이다. 일반적으로 초본식물은 생체량의 약 90%가 수분으로 구성되지만, 목질부가 발달한 수목은 대사성 조직의 비율이 낮으므로 수분 함량이 상대적으로 낮아, 전체 생체량의 약 50% 이상이 수분이다.

뿌리가 흡수한 수분의 일부는 광합성의 기질로 이용되어 고정되지만, 대부분은 증산작용을 통해 대기로 방출된다. 이로 말미암아 실제로 수목을 구성하는 데 필요한 양보다 훨씬 많은 양의 수분이 뿌리를 통해 흡수된다.

일반적으로 뿌리 내부의 용액 농도는 외부 토양보다 높다. 이에 따라 뿌리의 반투과성 세포막을 경계로 삼투퍼텐셜(osmotic potential)의 차이가 발생하며, 수분은 토양에서 뿌리 쪽으로 이동한다. 그러나 뿌리 표면 바깥쪽에 용질이 과도하게 많아져 삼투퍼텐셜의 차이가 형성되지 않으면 수분의 흡수가 저해된다. 비료를 과도하게 시비한 경우와 같이 외부 용액의 농도가 지나치게 높은 경우에는 오히려 뿌리 조직 내 수분이 빠져나가 세포가 괴사하며, 비료화상(肥料火傷)이라는 증상이 발생하기도 한다.

(2) 이온의 능동적 수송

토양에는 다양한 무기원소들이 여러 화학 형태로 존재하지만, 식물 뿌리가 실제로 흡수할 수 있는 것은 물에 용해되어 전하를 띠는 이온 상태의 무기양분뿐이다. 이러한 이온은 토양 용액에서의 농도, 이온의 전기적 성질 그리고 세포막의 선택적 투과성에 따라 수동적 또는 능동적 기작을 통해 흡수된다. 수동적 흡수는 주로 토양 내 이온 농도가 높거나 뿌리의 대사적 조절 없이도 이온이 세포막을 통과할 수 있을 때 발생하며, 이는 단순 확산이나 막 단백질을 통한 *촉진 확산(促進擴散, facilitated diffusion)의 형태로 이루어진다. 반면, 능동적 흡수는 뿌리 세포 내부의 이온 농도가 외부보다 높은 경우, *농도 기울기(濃度勾配, concentration gradient)에 역행하여 특정 이온을 선택적으로 흡수하는 기작으로, ATP의 에너지를 이용한 막 단백질(펌프)의 작용으로 진행된다.

이러한 에너지는 산소를 이용한 호기성 호흡(好氣性呼吸, aerobic respiration)을 통해 생성된다. 그러나 토양이 과도한 수분으로 포화되어 산소의 공급과 이산화탄소의 배출이 원활하지 않게 되면 뿌리의 호흡이 억제되고 양분 흡수 기능도 정지된다. 또 뿌리 호흡에 필요한 탄수화물이 지상부로부터 충분히 전류되지 못하는 경우도 무기양분의 흡수는 저해된다.

*촉진 확산
용질이 세포막을 직접 통과하지 못할 때 단백질 채널을 통해 양쪽의 농도 차이에 따라 수동적으로 이동하는 현상을 말한다.

*농도 기울기
어떤 물질이 한쪽에는 많이, 다른 쪽에는 적게 존재할 때 나타나는 농도의 차이로, 물질이 자연스럽게 이동하려는 방향을 결정하는 요인이 된다.

> **엽면시비**(葉面施肥, foliar fertilization, foliar application)
> 식물이 무기양분을 흡수하는 기관은 뿌리에 국한되지 않는다. 잎과 같은 지상부 기관의 표면을 통해서도 소량이나마 무기양분의 흡수가 가능하다. 이러한 특성을 활용하여, 뿌리가 손상되었거나 근계의 기능이 약화된 수목에 대해서는 희석한 액체 비료를 잎에 살포하는 엽면시비를 통해 양분을 공급하기도 한다.

(3) 질소의 흡수

식물은 질소를 주로 무기태 형태인 질산이온(NO_3^-)과 암모늄이온(NH_4^+)으로 흡수한다. 질산이온의 세포 내 유입과 세포 간 이동은 질산이온 수송체(nitrate transporter), 암모늄이온의 경우는 암모늄 수송체(ammonium transporter)에 의해 이루어진다. 이러한 수송체의 발현은 식물체 및 토양 내 질소의 상태에 따라 조절되며, 일반적으로 능동수송(能動輸送, active transport)을 통해 흡수가 이루어진다.

한편, 추운 지역에 자생하는 진달래과(Ericaceae)와 소나무과(Pinaceae)의 일부 수종은 아미노산 등 *유기태(有機態, organic-form) 질소도 흡수한다고 알려져 있다. 흡수된 질소는 잎이나 뿌리에서 아미노산으로 동화되며, 대부분은 아미노산 형태로 체내의 체관부를 통해 체내에서 전류된다.

*유기태
탄소(C)를 포함하는 유기 화합물의 형태로 존재하는 상태를 말하며, 생물체의 구조 성분이나 생리활성 물질 등에 포함되어 있다. 예를 들어, 질소가 아미노산이나 단백질 같은 유기 화합물로 존재할 때 이를 유기태 질소라고 한다.

(4) 양분·수분 흡수의 효율화

뿌리 내부에서 무기양분과 수분을 효과적으로 흡수하는 부위는 비교적 새롭게 형성된 뿌리 끝 부근으로, 이 부위에는 양분 흡수에 특화된 근모(根毛, root hair)

가 존재하는 경우가 많다. 이러한 뿌리의 흡수 부위는 시간이 지나면서 굵어지고 주피(周皮, periderm)로 덮이면 더 이상 양분과 수분을 흡수할 수 없다. 따라서 식물은 양분과 수분을 효율적으로 흡수하기 위해 지속적으로 새로운 뿌리를 발달시켜야 한다.

또 뿌리는 수분이 많은 방향으로 신장하는 성질인 수분굴성(hydrotropism)과 양분이 많은 방향으로 신장하는 화학굴성(chemotropism) 또는 영양굴성을 나타내며, 이러한 반응을 통해 보다 효율적인 양분 탐색과 흡수를 도모한다.

한편, 양분이 빈약한 환경에 생육하는 일부 식물은 뿌리에서 *말산(malic acid)이나 *시트르산(枸櫞酸, citric acid) 등의 유기산을 분비한다. 이러한 유기산은 뿌리 주변의 토양을 산성화시켜, 금속과 결합된 인산을 분리하거나 유기태 인산의 분해를 촉진함으로써 식물이 흡수할 수 있는 무기태 인산이 생성되도록 돕는다. 일부 식물은 뿌리에서 인산가수분해효소(燐酸加水分解酵素, phosphatase)를 분비함으로써 인산 화합물을 가수분해하여 무기 인산을 얻기도 한다.

이와 더불어, 많은 수목은 균근균(菌根菌, mycorrhizal fungi)과의 공생관계를 통해 양분의 무기화 및 흡수 면적의 확대와 같은 기능을 협력적으로 수행하며, 이를 통해 양분과 수분을 더 효과적으로 흡수한다.

(5) 균근

수목은 양분과 수분을 보다 효율적으로 흡수하기 위해 뿌리 조직 내에서 균류(菌類, fungus)와 공생관계를 형성하여 균근(菌根, mycorrhizae)을 발달시킨다. 균근은 곰팡이를 뜻하는 그리스어 *myko*와 뿌리를 뜻하는 *rhiza*에서 유래한 것으로, 식물의 뿌리와 토양 내 균류가 상호 유익한 방식으로 결합한 구조를 의미한다. 균류는 식물로부터 광합성 산물과 같은 탄소 화합물을 공급받는 대신, 토양 내 무기양분의 흡수 기능을 담당하거나 뿌리의 흡수 표면적을 확대하는 역할을 한다.

균근을 형성하는 균류는 다양하지만, 가장 널리 분포하며 많은 식물과 공생하는 유형은 내생균근(內生菌根, endomycorrhizae)이다. 대표적인 형태는 아버스큘러균근(*arbuscular mycorrhiza*)이다. 이들의 균류는 식물의 피층 세포 내부에 미세한 가지 모양의 구조물인 *수지상체(樹枝狀體, arbuscule)를 형성하여 양분과 탄소의 교환을 직접 수행하며, 일부 종에서는 저장 기능을 가진 소낭(小囊, vesicle)을 생성하기도 한다. 아버스큘러균근은 농작물을 포함한 대부분의 초본식물뿐만 아니라 일부 목본식물과도 공생하며, 지구상 식물의 약 80% 이상이 이 유형의 균근을

---

*말산
과일, 특히 사과에 풍부하게 존재하는 유기산으로, 식물의 세포호흡 과정 중 하나인 TCA 회로(시트르산 회로)의 중간 대사산물이다. 또 일부 식물에서는 뿌리에서 말산을 분비하여 토양 중 금속 이온과 결합시킴으로써 인산을 용해 가능하게 하는 역할도 수행한다.

*시트르산
대부분의 식물과 동물 세포에서 공통적으로 나타나는 TCA 회로의 중심 대사산물로, 에너지 생산과 탄소 대사에 핵심적인 역할을 한다. 또 식물의 뿌리에서 분비되어 토양 내 금속 이온과 킬레이트를 형성함으로써 고정된 인산을 가용화시키는 기능도 수행한다.

*수지상체
균근 곰팡이가 식물의 뿌리 피층 세포 안에서 형성하는, 매우 미세하고 수많은 가지 모양의 구조이다.

형성하는 것으로 알려져 있다.

이에 반해, 소나무과(Pinaceae), 너도밤나무과(Fagaceae), 자작나무과(Betulaceae), 버드나무과(Salicaceae) 등 산림에서 서식하는 수종은 외생균근(外生菌根, ectomycorrhizae)을 형성한다. 외생균근은 균사가 뿌리의 피층 세포 내부로는 침투하지 않고, 세포 간극 내에 균사망(hartig net)이라는 구조를 형성하여 양분을 교환한다. 동시에 뿌리 표면을 감싸는 균투(fungal mantle)를 형성하여 외부 자극으로부터 뿌리를 보호하고, 흡수 기능을 강화한다.

이 밖에도 진달래과(Ericaceae)에 속하는 수목은 에리코이드균근(ericoid mycorrhiza)이라 불리는 특수한 유형의 균근을 형성한다. 이들은 산성도가 높고 유기물이 축적된 척박한 토양 환경에서 주로 발달하며, 복합 유기물을 분해하고 무기양분으로 전환하는 능력이 뛰어나 불량 입지에서도 수목의 생존과 생장을 가능하게 한다.

(6) 양분의 상호작용

토양이나 식물체에 필수원소가 충분히 존재하더라도 특정 원소의 결핍증상이 나타나기도 한다. 이는 해당 원소의 흡수나 체내에서의 생리적 기능이 다른 원소의 과잉으로 인해 억제되기 때문일 수 있다. 이러한 현상을 길항작용(拮抗作用, antagonism)이라고 한다. 예를 들어, 토양 중 칼륨(K)이 과잉 상태이면 마그네슘(Mg)의 흡수가 저해되고, 석회(CaCO_3)를 과도하게 시용(施用)하면 칼슘(Ca)이 붕소(B)의 기능을 방해하여 결과적으로 붕소 결핍증상이 나타날 수 있다(그림 5-3).

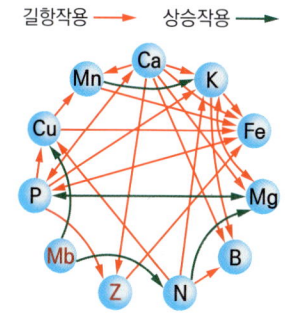

그림 5-3 양분 상호 작용

반대로, 어떤 원소의 존재가 다른 원소의 흡수를 촉진하는 경우를 상승작용(相乘作用, synergism)이라고 하며, 예를 들어 망가니즈(Mn)가 존재할 경우 칼륨(K)의 흡수가 촉진된다. 다만 이러한 상승작용도 특정 원소의 농도가 과도해지면 다시 길항작용으로 전환될 수 있다.

이와 같은 원소 간의 대표적인 상호작용을 그림 5-3에 나타냈으며, 이 밖에도 입지 조건이나 수종에 따라 다양한 상호작용이 존재한다.

(7) 양분의 전류와 결핍증상이 나타나는 부위

광합성 산물이나 무기양분이 하나의 기관 또는 부위에서 다른 기관이나 부위로 관다발 조직을 통해 이동하는 현상을 전류(轉流, translocation)라고 한다. 광합성으로 생긴 유기물은 주로 체관부를 통해 필요한 조직으로 분배되며, 무기양분은 체관부와 물관부 모두를 통해 이동한다.

식물은 새로운 기관이나 세포를 바깥쪽에 만들어가며 생장한다. 이때 새로운 세포를 구성하는 데 필요한 물질은, 뿌리에서 흡수된 무기양분과 기존의 세포로부터 전류된 물질에 의해 공급된다. 그러나 무기양분마다 체내에서의 이동성이 서로 다르다. 이동성이 낮은 난이동성(難移動性) 원소는 뿌리를 통한 흡수량이 부족할 경우, 전류를 통해 신생 조직으로 충분히 이동하지 못하므로, 신초(新梢)나 어린 잎과 같은 새로운 부위에서 결핍증상이 먼저 나타난다. 특히, 어린 잎의 엽맥에서 떨어진 부위의 세포에 탈색이나 황백화와 같은 변화가 초기 증상으로 관찰된다.

반대로, 이동성이 높은 용이이동성(容易移動性) 원소는 체내에서 새로운 부위로 쉽게 전류되므로 부족하면 오래된 조직에서 먼저 결핍증상이 나타나는 경향이 있다. 결핍증상의 구체적인 형태나 발생 위치는 수종에 따라 다르지만, 눈에 띄는 증상이 발생한 부위를 통해 어떤 양분이 부족한지 대략 추정할 수 있다(표 5-1).

한편, 식물체 내에서의 전류 이동성과 토양 내에서의 이동성은 일치하지 않는다. 토양 내에서의 무기양분 이동성은 이온이 물에 용해되어 전하를 띠는 정도인 이온화 경향(ionization tendency), 토양 입자에 대한 흡착력 등 이화학적 특성에 따라 결정되므로 식물체 내에서의 이동성과는 개념적으로 구별되어야 한다.

표 5-1 무기양분 결핍으로 가시적 장애 증상이 먼저 나타나는 조직

	원소	전형적인 가시적 장애 증상
오래된 잎	질소(N)	황백화(黃白化), 낙엽
	칼륨(K)	잎 가장자리 또는 끝의 황백화, 변형, 낙엽
	인(P)	암녹색 또는 자주색으로 변화, 낙엽
	마그네슘(Mg)	엽맥간 황백화, 침엽 적갈색화
	황(S)	퇴색(退色), 비후화(肥厚化)
	구리(Cu)	퇴색, 연약화(軟弱化)
	몰리브데넘(Mo)	엽맥간 황백화, 잎 가장자리 괴사
어린 잎 또는 신초	칼슘(Ca)	괴사
	철(Fe)	엽맥간 황백화, 퇴색
	망가니즈(Mn)	엽맥간 황백화
	아연(Zn)	엽맥간 황백화, 황반(黃斑), 소형화(小型化)
	붕소(B)	황반, 경화(硬貨), 괴사

5.3 토양 중의 양분 동태

양분 원소는 토양 속에서 다양한 형태로 존재하며, 그 분포는 공간적으로 균일하지 않고 시간에 따라 변동한다. 특히 식물에 결핍되기 쉬운 질소(N)와 인(P)는 토양 내에서 서로 다른 이동성과 흡착 특성을 나타낸다. 더불어 각 양분 원소의 용해도와 가용성은 토양의 산도(pH)에 따라 크게 달라지므로 양분의 생물학적 이용 가능성은 토양의 화학적 환경에 밀접하게 좌우된다.

(1) 미량원소의 공급원

질소를 제외한 모든 양분 원소는 토양 광물에 포함되어 있으며, 광물이 풍화되는 과정에서 다양한 원소가 서서히 용출(溶出)된다. 이와 달리 질소는 토양 유기물로부터 공급된다. 토양 유기물은 낙엽, 낙지(落枝), 뿌리 같은 식물의 잔재나, 이를 섭취한 토양동물과 미생물의 사체(死體) 등 생물에서 유래하며, 유기물 속의 질소는 유기태로 존재한다(그림 5-4).

유기물은 토양동물과 미생물에 의해 분해되어 복잡한 유기물로 전환되기도 하며, 일부는 무기태 질소나 그 밖의 양분 원소로 방출된다. 분해가 빠르게 진행되는 유기물도 있으나, 분해 과정에서 고분자화되어 생성된 *부식(腐植, humus)처럼 분해 속도가 매우 느린 유기물에도 양분이 저장되어 있다.

*부식
토양 내에서 유기물이 미생물에 의해 분해·변형되어 생성된 안정된 고분자 유기물 복합체로, 토양의 색상, 보수성, 양이온 교환 용량 등에 크게 기여한다. 완전히 분해되지 않고 화학적으로 비교적 안정된 상태로 존재하여, 수십 년에서 수백 년에 걸쳐 양분과 수분을 저장하며 토양의 비옥도를 유지하는 중요한 역할을 한다.

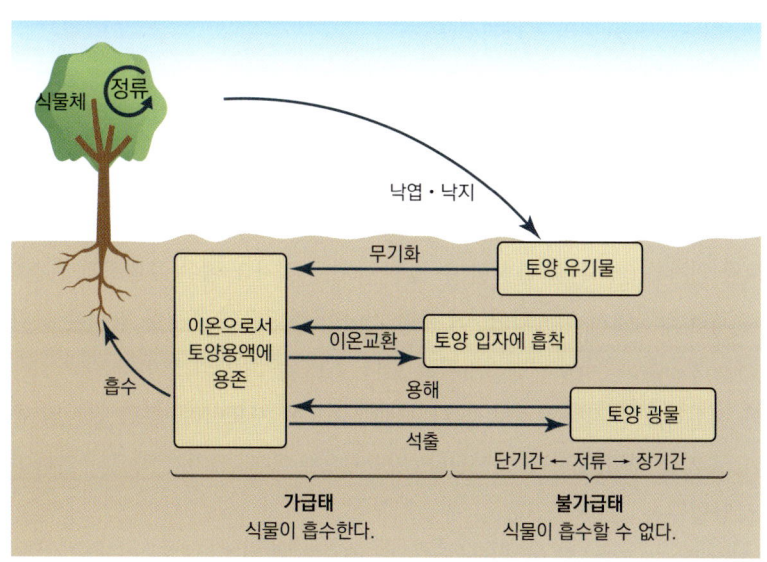

그림 5-4 토양의 무기 양분 공급원

식물은 토양 용액에 이온 형태로 용해된 양분만을 흡수하여 이용할 수 있다. 식물 뿌리의 흡수나 강우에 의한 유실로 인해 토양 용액 중의 이온이 감소하면 주변에서 새로운 용액이 스며들거나 이온의 농도 기울기에 따른 확산으로 보충된다. 또 토양 광물이나 유기물에 흡착되어 저장된 양분도 용해되어 방출될 수 있다. 흡착의 강도는 광물의 구조나 이온의 형태에 따라 달라지며, 때로는 상당히 강하게 결합되어 쉽게 방출되지 않기도 한다. 그러나 토양 용액 중 이온 농도가 낮아지면 평형이 깨져 흡착된 이온이 다시 용출되기도 한다.

이처럼 용액 중에서 이온 상태로 존재하거나, 비교적 약하게 흡착되어 쉽게 이온화될 수 있는 양분을 통틀어 가급태(可給態, plant-available form) 양분이라고 한다. 식물이 실제로 이용할 수 있는 것은 이러한 가급태 양분이므로, 식물 생육에 있어 중요한 것은 토양 내 총 양분량이 아니라 가급태 양분의 양이다.

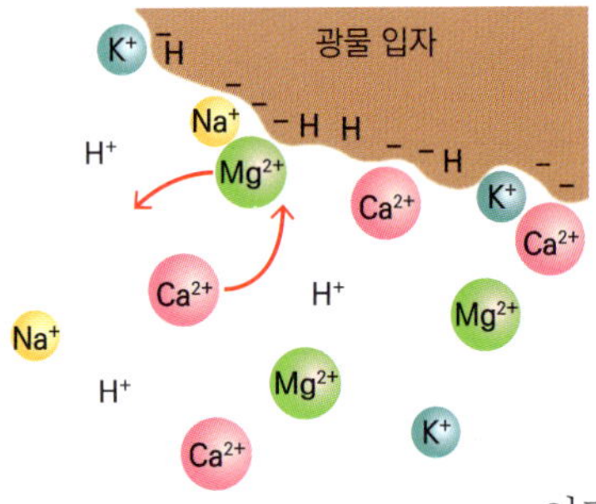

(2) 양이온 교환

토양 내의 광물 입자나 부식 표면은 일반적으로 음전하(-)를 띠므로 양분으로 작용하는 양이온을 끌어당겨 표면에 흡착시킨다. 이들 양이온은 토양 입자에 결합된 상태와 토양 용액 속에 용해된 상태 사이를 오가며 평형(平衡)을 이루고 있으며, 흡착된 양이온이 떨어져 나가면 그 자리는 다른 양이온이 대체한다. 이러한 과정을 양이온 교환(cation exchange)이라고 하며, 이때 교환 가능한 상태로 존재하는 양이온을 교환성 양이온(exchangeable cation)이라고 한다(그림 5-5).

그림 5-5 양이온 교환

교환성 양이온 중에서 수소이온(H^+)과 알루미늄이온(Al^{3+})은 토양에 흔히 존재하지만, 일반적으로 식물의 양분으로는 기능하지 않는다. 반면, 칼슘(Ca^{2+}), 마그네슘(Mg^{2+}), 칼륨(K^+), 나트륨(Na^+) 등의 이온은 식물에 필수적인 양분이며, 이들을 교환성 염기(exchangeable base)라고 한다.

토양 입자가 양이온을 흡착할 수 있는 능력은 입자의 넓은 표면적과 음전하를 띠는 표면 성질에서 비롯되며, 이 흡착 가능한 양이온의 총량을 양이온 교환 용량(cation exchange capacity, CEC)이라고 한다. CEC는 토양의 보비력(保肥力), 즉 양분을 저장하고 유지하는 능력을 나타내는 중요한 지표이며, 토양 입자의 종류, 크기, 유기물 함량에 따라 결정된다. 일반적으로 입자 크기가 작고 유기물이 많은 토양일수록 CEC가 크다.

CEC 중에서 교환성 염기가 차지하는 비율을 염기포화도(鹽基飽和度, degree of

base saturation)라고 하며, 이는 토양의 비옥도(肥沃度)를 판단하는 데 유용한 지표가 된다. 예를 들어, CEC값이 크더라도 염기포화도가 낮다면 실제로는 양분 공급력이 부족하여 비옥한 토양으로 보기 어렵다.

(3) 질소 순환

대기의 약 80%는 질소(N_2)로 구성되어 있으며, 이는 생물권에서 가장 큰 질소 저장 풀(pool)로 간주된다(그림 5-6). 일부 세균은 이러한 대기 중 질소를 양분으로 고정할 수 있는 능력을 지니며, 이들을 질소고정세균(窒素固定細菌, nitrogen-fixing bacteria)이라고 한다.

이러한 세균과 공생하는 식물은 토양 내 무기태 질소가 부족한 환경에서도 생육에 필요한 질소를 확보할 수 있다. 예를 들어, 콩과 식물은 뿌리에 뿌리혹(根瘤, nodule)을 형성하여 질소고정세균을 수용한다. 콩과 이외에도 오리나무속(*Alnus*) 등 일부 수종에서도 공생이 확인된 바 있다.

한편, 대부분의 식물에서는 토양 유기물이 주요한 질소 공급원이다. 유기물에 포함된 질소화합물은 미생물에 의해 분해되어 *무기화(無機化, mineralization)되며, 이 과정에서 암모늄이온(NH_4^+)이 생성된다. 생성된 암모늄이온은 대개 질산화세균(窒酸化細菌, nitrifying bacteria)에 의해 아질산이온(NO_2^-)을 거쳐 질산이온(NO_3^-)으로 전환된다.

***무기화**

유기물 속에 포함된 탄소, 질소, 인 등의 원소가 미생물의 분해 작용을 통해 무기 이온 형태로 전환되는 과정이다. 이 과정을 통해 식물이 흡수할 수 있는 무기태 양분이 토양 내에 공급된다.

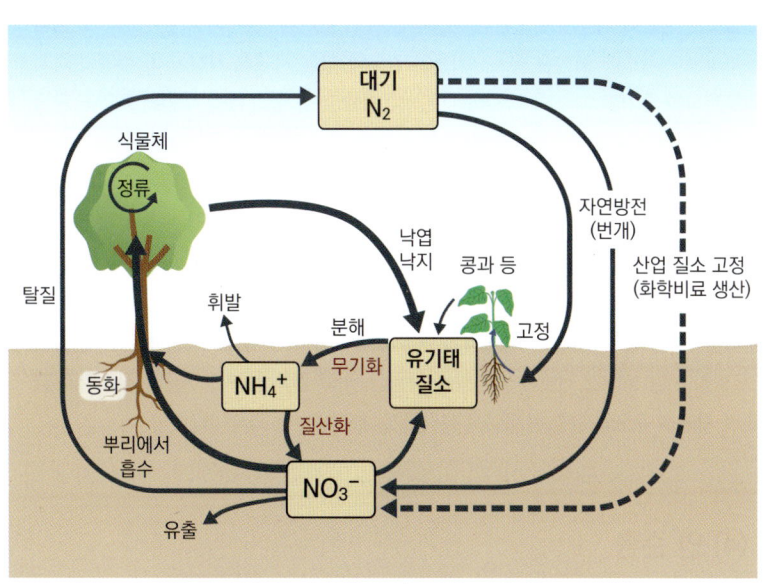

그림 5-6 수목을 둘러싼 질소 순환의 주요 경로

*탈질작용

토양 내에서 질산이온이 산소가 부족한 환원 조건에서 탈질균(denitrifying bacteria)에 의해 질소기체 또는 아산화질소 등의 기체 형태로 환원되어 대기로 방출되는 과정이다. 이 작용은 주로 수분이 과잉인 토양에서 활발하게 일어나며, 식물이 이용할 수 있는 무기태 질소를 생태계 밖으로 유실시키는 주요 경로 중 하나이다.

이러한 이온들은 식물이나 기타 미생물에 흡수되어 다양한 유기 질소화합물의 구성 성분이 된다. 흡수되지 않고 토양에 남아 있는 질산이온은 *탈질작용(脫窒作用, denitrification)을 거쳐 다시 질소 기체(N_2)로 환원되어 대기로 환원된다.

식물체 또는 다른 생물체에 흡수된 질소는 일부가 먹이사슬(food chain)을 통해 다른 생물에 전달되며, 최종적으로는 분비물이나 사체의 형태로 다시 토양으로 돌아와 유기물로 축적된다.

한편, 질소의 무기태 형태 중 질산이온(NO_3^-)은 음전하를 띠고 있어 토양 입자에 잘 흡착되지 않으며, 토양 용액에 용해된 상태로 존재하기 때문에 강우나 관수에 의해 쉽게 유실되기 쉽다. 반면, 암모늄이온(NH_4^+)은 양전하를 띠는 이온이기 때문에 토양 입자에 교환성 염기로 흡착되어 비교적 안정적으로 보존될 수 있다. 그러나 토양이 알칼리화되거나 건조 상태에 이르면, 암모늄이 암모니아(NH_3)로 변하여 기화되며 대기 중으로 방출되기 쉽다.

또 토양의 산화-환원 상태에 따라 질소이온의 우세 형태가 달라지는데, 산화 조건에서는 질산이온이 많고, 환원 조건인 습지 환경에서는 상대적으로 암모늄이온이 많아지는 경향이 있다. 아울러, 토양 pH가 낮을수록 질산화 과정이 억제되기 때문에 이러한 조건에서도 암모늄이온의 비율이 증가한다.

질소포화(窒素飽和, nitrogen saturation)

대기 중에 풍부하게 존재하는 질소는 생물에 의해서만 토양에 공급되는 것이 아니다. 번개에 의한 방전으로 생성된 질소산화물이나 공장 및 자동차의 배기가스에 포함된 질소산화물은 강우와 함께 지표에 낙하한다. 수목의 가지와 잎은 공기 중의 질소화합물을 포획하여 줄기를 따라 흘러내리는 수간류(樹幹流)를 통해 뿌리 주변의 토양에 공급한다. 이러한 질소는 큰 나무에 착생한 식물이나 지의류(地衣類)에게도 중요한 질소원으로 작용한다.

1908년, 하버-보쉬(Haber-Bosch)법이 개발되면서 대기 중의 질소를 공업적으로 고정하여 합성한 암모니아가 비료의 형태로 대량 생산되어 지상에 공급되기 시작하였다. 현재는 이러한 인위적 질소 고정량이 질소 고정 생물에 의한 자연적인 고정량을 압도하고 있는 것으로 알려져 있다.

이처럼 생태계가 흡수, 이용할 수 있는 질소의 양을 초과하여 공급되는 상태를 질소포화라고 하며, 이는 전 세계 여러 지역의 산림 생태계에서 관찰된다. 질소포화는 산림 식생의 교란을 초래하고 하류 유역의 하천에서 부영양화(富營養化, eutrophication)를 유발하는 등 생태계 전반에 악영향을 미친다. 이와 같은 상황은 이른바 질소위기(窒素危機, nitrogen crisis)라 불리며 지구적 규모의 환경 문제로서 심각하게 대응해야 할 과제이다.

(4) 인 순환

자연계에는 인(P)을 포함한 광물인 인회석(燐灰石, apatite)이 존재하지만, 그 분포는 매우 제한적이다. 대부분의 토양에서는 유기물에 포함된 유기 인산이 인의 주요 공급원으로 작용하며, 식물이 흡수할 수 있는 인은 질소와 마찬가지로 생물체와 토양 간의 순환 과정을 통해 유지된다. 그러나 일단 인이 생태계 외부로 유출되면 다시 회수되어 생태계로 돌아오는 경우가 드물어 손실된 인은 쉽게 보충되지 않는다. 실제로 농업이나 조경에서 사용하는 인 비료 역시 주로 생물 유래 자원에 의존하고 있으며, 대표적인 예로 조류의 배설물이 쌓여 생성된 고농도 인 함유 광물인 구아노(guano)가 있다. 이 구아노는 과거부터 인광석(燐鑛石, phosphate rock)의 주요 원료로 활용되었으며, 현재에도 인 비료의 중요한 공급원으로 이용된다.

한편, 유기물이 분해되어 무기화된 인산 중에서 실제로 토양 용액에 이온 형태로 존재하며 식물이 흡수할 수 있는 양은 극히 일부에 지나지 않는다. 대부분의 인산은 불용성 인산염 형태로 토양에 고정되어 있어 식물의 이용이 어렵다. 예를 들어, 제주도나 일본의 동부 지역처럼 화산재를 모재(母材)로 하는 지역의 토양은 활성 알루미늄(aluminum activity)의 함량이 높다. 활성 알루미늄은 토양 내 인산과 결합하여 불용성 화합물을 형성하므로 이러한 토양에서는 가급태 인의 농도가 낮아 식물이 이용할 수 있는 인이 부족하다. 그 결과, 인 결핍 현상이 쉽게 발생하며, 인산 비료를 시비(施肥)하더라도 비료 성분이 활성 알루미늄에 흡착, 고정되어 식물에 효과적으로 공급되지 못하는 경우가 많다.

(5) 교환성 염기의 공급

교환성 염기로 작용하는 양분 원소들 역시 생태계 내에서 순환하며, 낙엽 등 유기물 분해를 통해 토양으로 환원되는 양이 많다. 이와 더불어, 토양 내 광물의 풍화작용에 의해 일정량이 지속적으로 공급되기도 한다.

칼륨(K)은 *장석류(長石類, feldspar)나 *운모류(雲母類, mica) 등 대부분의 규산염 광물(硅酸鹽鑛物, silicate mineral)에 포함된 원소로, 비교적 이온화되기 쉬운 성질을 지닌다. 이로 인해 토양 내에서는 물에 용해되어 식물이 흡수할 수 있는 가급태 형태로 전환되기 용이하다. 하지만 칼륨은 토양 용액 중에 용해된 형태로 존재하는 경우가 많기 때문에, 강우나 관개에 의해 쉽게 씻겨 내려가 유실되기 쉬운 원소이기도 하다.

칼슘(Ca)은 장석류나 *각섬석류(角閃石類, amphibole group) 등 일반적인 광물에 포함되어 있으며, 석회암(石灰岩, limestone) 지대에서는 석회암의 주성분인 탄산칼슘

*장석류
지각을 구성하는 주요 광물 중 하나로, 규산염 광물에 속하며 칼륨, 나트륨, 칼슘 등의 양이온을 포함한다. 토양에서 풍화 과정을 통해 칼륨 등의 양분을 천천히 방출하는 무기양분의 공급원으로 작용한다.

*운모류
규산염 광물의 일종으로, 얇은 판상(板狀) 구조를 가지며 벗겨지는 성질이 특징이다. 칼륨, 마그네슘, 철 등을 포함하고 있으며, 풍화를 통해 토양에 무기 양분을 공급하는 광물 중 하나이다.

*각섬석류
복잡한 규산염 광물군으로, 보통 장방형의 결정 구조를 가지며 철, 마그네슘, 칼슘 등의 양이온을 포함한다. 암석의 주요 구성 광물로서 풍화를 통해 칼슘과 마그네슘 등의 양분을 토양에 공급한다.

(CaCO₃)으로부터 다량 공급된다. 칼슘과 마그네슘(Mg)은 식물의 요구량이 비교적 적고, 대부분의 자연 토양에서는 충분한 양이 존재하기 때문에, 일반적으로 결핍이 문제되는 경우는 드물다.

(6) 토양 pH와 양분의 가급성

토양 pH는 토양 용액 내 수소 이온(H⁺) 농도를 상용로그(common logarithms)로 나타낸 값으로, 토양 산도를 나타내는 지표이다. 토양 pH는 양분 원소의 화학적 형태에 영향을 주어 식물의 흡수 가능성에도 큰 영향을 미친다.

예를 들어, 인(P)은 pH가 낮을 경우 알루미늄(Al)이나 철(Fe)과 결합하고, 반대로 pH가 높을 경우 칼슘(Ca)과 결합하여 불용성 화합물을 형성하기 때문에 식물이 가장 효과적으로 인을 흡수할 수 있는 범위는 pH 6~7 전후이다(그림 5-7). 이와 유사하게, 다른 다량원소나 몰리브데넘(Mo) 등의 미량원소도 중성에 가까운 pH에서 흡수가 가장 용이하며, pH가 높으면 토양 광물에 강하게 흡착되고, 낮으면 토양 용액에서 쉽게 유실된다. 한편, 미량원소의 대부분은 pH 7.0 이상의 알칼리성 조건에서 불용성 *수산화물(水酸化物, hydroxide)로 전환되어 이용 가능성이 낮아진다. 반면, pH 5.5~6.5의 약산성에서는 주로 가급태로 존재하므로 식물이 가장 효율적으로 흡수할 수 있다.

토양에는 점토광물의 형태로 알루미늄이 풍부하게 존재하지만, pH가 5.5 이하의 강산성 조건이 되면 광물 구조에서 이탈한 알루미늄 이온이 토양 용액에 용출되어 식물의 뿌리 생장을 현저히 저해하는 독성 작용을 나타낸다. 철(Fe)은 식물에게 필수적인 미량원소이지만, 토양 내에 매우 풍부하게 존재하는 금속 원소로서, 강산성 환경에서는 과잉 용출되어 해를 미칠 수 있다. 이 밖에도 다양한 유해 금속 원소들이 토양의 산성화에 따라 용출되어, 식물 생장뿐 아니라 유용한 토양 생물의 활성을 억제하는 원인이 될 수 있다.

*수산화물
수산기(-OH)를 음이온으로 포함하는 화합물로, 금속 이온과 결합하여 생성된다. 예를 들어, 수산화철[Fe(OH)₃]이나 수산화알루미늄[Al(OH)₃]과 같은 형태로 토양에서 침전되어 미량원소의 이용 가능성에 영향을 미친다.

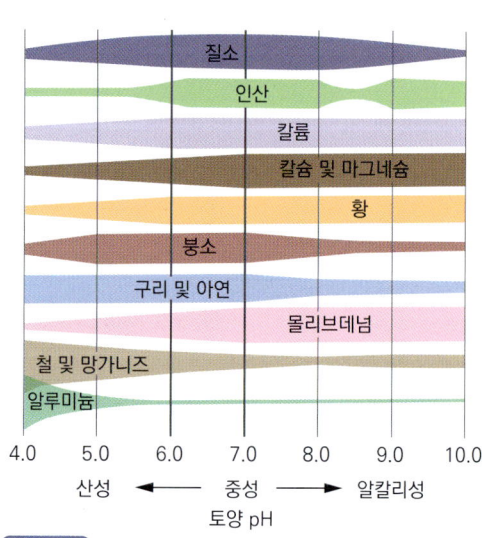

그림 5-7 토양의 산성도에 따라 변하는 양분의 가급성

5.4 수목을 지지하는 토양의 성질

수목이 건강하게 생육하려면 뿌리의 기능이 원활하게 유지되어야 한다. 단순히 수목에 필요한 양분이 토양 속에 존재한다고 생장이 보장되는 것은 아니다. 근계가 충분히 발달할 수 있는 공간이 확보되어야 하며, 필요한 양의 수분과 양분을 효율적으로 흡수할 수 있는 토양의 물리적 환경이 갖추어져야 한다. 수목은 지하에서 지상부로 중력에 역행하여 수분을 흡수하고 운반하므로 실제로 식물이 이용할 수 있는 수분은 생명 유지에 직결되는 핵심적인 토양 특성이라 할 수 있다. 아울러, 뿌리 조직이 정상적으로 호흡하려면 산소 공급이 원활해야 하며, 이 역시 수목 생육에서 매우 중요한 요소이다.

(1) 토양 삼상

토양은 고상(固相), 액상(液相), 기상(氣相)으로 구성되며, 이를 '토양 삼상(土壤 三相, three phases of soil)'이라고 한다. 고상은 암석의 풍화로부터 유래한 무기질 입자를 주로 포함하며, 이 입자 사이의 공극(孔隙, pore space)에는 유기물, 식물 뿌리, 토양 미생물 및 잔해 등이 존재한다. 공극은 동시에 액상(물)과 기상(공기)에 의해 채워지며, 이들의 상대적 부피 비율은 토양의 물리적 구조와 식물 생육 환경을 결정짓는 중요한 요소이다.

일반적인 자연 토양에서 고상의 부피 비율은 20~45% 수준이며, 경작지처럼 인위적으로 조성된 토양은 이보다 높은 고상률을 보이기도 한다. 실제로 고상률이 70%이더라도 농작물 재배가 가능한 사례가 보고되었다. 고상의 양은 비교적 일정하게 유지되지만, 강우가 있으면 물이 공극 채워 액상이 증가하고 기상이 감소하며, 반대로 건조하면 액상이 줄고 기상이 는다.

수목의 지지 기능은 주로 고상에 의존한다. 토양 입자의 배열이 조밀할수록 뿌리가 지면에 견고히 고정되어 수체를 안정적으로 지지할 수 있다. 반면, 수분과 양분의 흡수 기능은 액상, 즉 토양수가 관여한다. 뿌리는 물에 녹아 있는 이온 형태의 양분만을 흡수할 수 있어 액상이 부족하면 양분뿐만 아니라 수분도 원활히 흡수할 수 없다.

또 뿌리 세포는 생존을 위해 산소가 필요하며, 기상이 감소하면 산소 공급과 이산화탄소 배출이 제한되어 호흡이 저해된다. 따라서 뿌리가 정상적으로 기능하려면 고상, 액상, 기상이 균형 있게 유지되는 토양 구조가 필수적이다.

(2) 토양 중의 수분량

강우(降雨)나 관수(灌水)에 의해 토양에 공급된 물은 일부가 지표면에서 증발하여 대기로 빠져나가고, 일부는 식물의 뿌리에 흡수되어 잎의 증산작용을 통해 대기로 방출된다. 나머지 대부분의 물은 토양 속으로 침투하여 지하수의 흐름을 형성하며, 일부는 지표 유출수를 따라 하천 등으로 흘러 나간다. 한반도나 일본과 같이 강수량이 증발량보다 많은 지역에서는 토양 내 수분과 수용성 물질이 주로 아래 방향으로 이동하여 유실되는 경향이 있다. 반면, 건조지니 관수기 제한된 실내 환경 등에서는 오히려 수용성 물질이 지표면 부근에 축적되는 현상이 발생하기도 한다.

토양의 수분 함량은 일반적으로 단위 중량당 포함된 수분의 비율인 함수비[%] 또는 단위 부피당 포함된 수분의 비율인 체적 함수율[%] 등으로 나타낸다.

강우나 관수가 이루어지면 우선 표층의 함수량이 증가하고, 시간이 지남에 따라 점차 아래층으로 침윤(浸潤)되어 간다. 반대로, 비가 오지 않는 기간에는 지표부터 수분이 증발하기 때문에 일반적으로 아래쪽의 심층보다 지표 가까운 층에서 함수량 변화가 더 크다.

식물이 요구하는 무기양분은 대체로 지표면 가까운 층에 풍부하게 존재하지만, 안정적인 수분 확보를 위해서는 다소 깊은 층까지 근계가 발달되어 있어야 한다.

(3) 유효수

식물의 뿌리가 흡수할 수 있는 수분의 양을 논(論)할 때는, 토양이 수분을 붙잡아 두는 힘 또한 고려해야 한다. 토양 내 수분은 이른바 *모세관력(毛細管力, capillary force) 등으로 인해 입자 간의 공극(孔隙)에 붙잡혀 있으며, 이 공극이 좁을수록 수분을 유지하는 힘이 더 강해진다. 이러한 수분을 끌어당기는 힘은 수분 퍼텐셜(water potential)로 나타내며, 압력의 단위인 [Pa]로 표시된다. 이는 압축력(壓縮力)이 아니라 수분을 끌어당기는 장력(張力)이기 때문에 음(-)의 값으로 표현된다.

과거에는 이러한 장력을 모세관 상승 시의 수주(水柱)의 높이[cm]로 나타내기도 했으며, 수주의 높이를 상용로그로 환산한 pF값은 오늘날에도 사용되고 있다. 예를 들어, 모세관의 지름이 1/10로 좁아지면 그 틈에서 수분을 끌어당기는 힘은 10배로 증가하고, pF 값은 1만큼 커진다(그림 5-8).

---

*모세관력
식물이 중력에 역행하여 수분을 흡수하고 수체 내부로 이동시키는 데 핵심적인 힘이며, 토양의 보수성 및 수분 이동성을 결정짓는 중요한 요소이다.

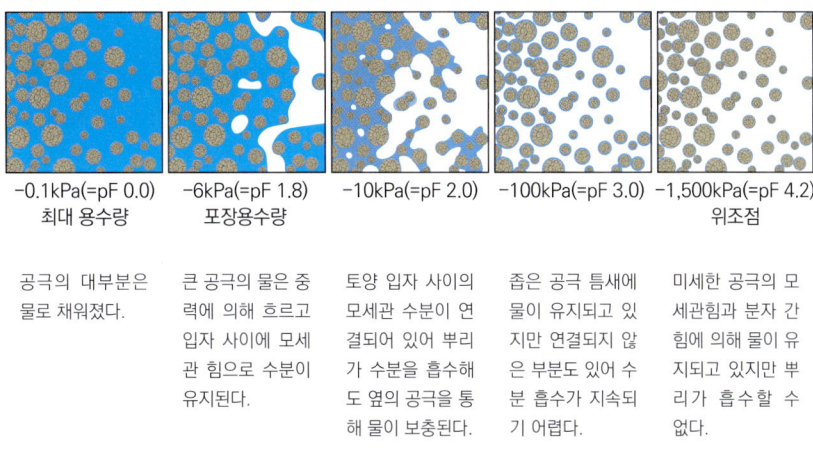

−0.1kPa(=pF 0.0)	−6kPa(=pF 1.8)	−10kPa(=pF 2.0)	−100kPa(=pF 3.0)	−1,500kPa(=pF 4.2)
최대 용수량	포장용수량			위조점
공극의 대부분은 물로 채워졌다.	큰 공극의 물은 중력에 의해 흐르고 입자 사이에 모세관 힘으로 수분이 유지된다.	토양 입자 사이의 모세관 수분이 연결되어 있어 뿌리가 수분을 흡수해도 옆의 공극을 통해 물이 보충된다.	좁은 공극 틈새에 물이 유지되고 있지만 연결되지 않은 부분도 있어 수분 흡수가 지속되기 어렵다.	미세한 공극의 모세관힘과 분자 간 힘에 의해 물이 유지되고 있지만 뿌리가 흡수할 수 없다.

그림 5-8 수분퍼텐셜과 토양 수분

토양의 수분퍼텐셜과 함수량의 관계는 공극의 크기와 양에 따라 결정되며, 일반적으로 수분보유곡선[水分保有曲線, water(moisture) retention curve]이라는 그래프로 표현된다(그림 5-9). 이 곡선 위에는 포장용수량(圃場容水量, field moisture capacity)과 위조점(萎凋点, wilting point) 등 대표적인 수분의 기준점들이 표시되며, 이는 토양의 수분 특성과 식물의 이용 가능 수분 범위를 평가하는 데 활용된다.

식물이 토양에서 수분을 흡수하려면 뿌리가 발휘하는 흡수력이 토양이 수분을 붙잡고 있는 힘보다 커야 한다. 그러나 일반적으로 pF 4.2(−1,500 kPa) 이상

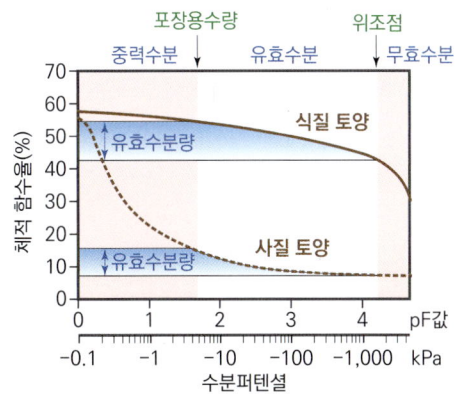

(a) 사질토양은 중력수분이 빠지면 수분이 크게 줄어들어 유효수분이 적다. 식질토양은 포장용수량이 많지만 무효수분이 많으므로 유효수분이 적다.

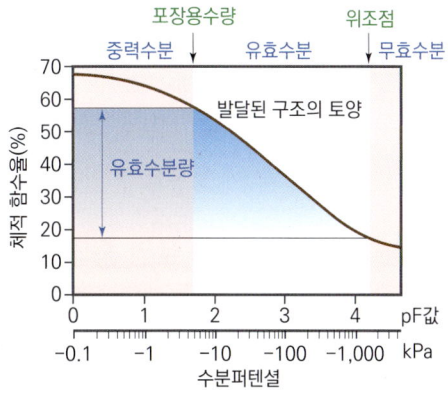

(b) 구조가 발달하고 공극 크기가 다양해지면 유효수분량이 증가한다.

그림 5-9 수분보유곡선의 예시

의 장력으로 결합된 수분은 식물이 흡수할 수 없으며, 이를 무효수분(無效水分, unavailable water)이라고 한다. 토양에 존재하는 수분이 모두 무효수분으로만 구성된 상태의 함수량을 영구위조점(永久萎凋点, permanent wilting point)이라고 하며, 이 상태가 지속되면 식물은 수분을 흡수할 수 없어 결국 고사하게 된다. 한편, 토양의 함수량이 영구위조점보다 다소 높더라도 증산에 의한 수분 손실 속도를 뿌리의 흡수가 충분히 따라가지 못하면 잎에서 일시적인 시듦 증상이 나타날 수 있다. 이때의 함수량을 일시위조점(一時萎凋点, temporary wilting point)이라고 하며, 이는 주로 기온, 일사량, 토양 수분 공급 등 환경 조건의 변화에 따라 회복 가능한 생리적 상태이다.

강우나 관수 직후에는 토양의 많은 공극이 수분으로 채워지며, 이 가운데 특히 큰 공극(macropore)에 존재하는 수분은 중력의 영향을 받아 빠르게 배출된다. 이와 같이 식물에 거의 이용되지 않고 토양 밖으로 유실되는 수분을 중력수(重力水, gravitational water) 또는 중력 유거수라고 한다.

강우나 관수 후 약 24시간이 경과하면, pF 1.5(-3kPa) 이하의 장력으로 유지되던 넓은 공극의 수분이 대부분 사라진다. 이 시점에서 토양에 남아 있는 함수량을 포장용수량(圃場容水量, field moisture capacity)이라고 하며, 식물이 이용할 수 있는 유효수분의 기준점 중 하나이다.

식물의 수분 흡수에 가장 중요한 것은 pF 1.5에서 pF 4.2 사이의 장력으로 토양에 보유된 수분이며, 이를 유효수분(有效水分, available water)이라고 한다. 공극이 좁은 토양은 수분을 붙잡는 힘이 커서 보수성(保水性)이 높지만, 무효수분이 많아 식물에는 적합하지 않다. 반대로 공극이 넓은 토양은 수분을 붙잡는 힘이 약해 투수성(透水性)은 좋으나, 대부분이 중력수로 구성되어 식물에는 부적합하다.

결국, 식물의 뿌리가 지속적으로 수분을 흡수하기 위해서는 유효수분을 풍부하게 보유할 수 있는 물리적 특성을 갖춘 토양이 바람직하다.

(4) 토양 중의 공기

토양 내에서는 광합성에 의해 산소가 생성되지 않으므로 식물의 뿌리, 토양동물, 미생물 등의 호흡 작용으로 산소가 소비되고 이산화탄소가 생성된다. 토양의 공극은 대기와 연결되어 있어 지상 대기로부터 산소가 공급되고 이산화탄소가 방출된다. 이러한 기체 교환으로 인해 지표면 근처의 공기 조성은 대기와 유사하지만, 깊은 층으로 내려갈수록 산소 농도는 감소하고 이산화탄소 농도는 증가하는 경향이 있다(표 5-2).

　토양의 공극이 수분으로 완전히 채워지게 되면 기체의 교환이 이루어지지 않게 되어, 토양 내 산소 농도가 급격히 감소한다. 산소 부족 상태에서는 뿌리의 호흡이 저해되고, 더 심화되면 환원성 환경이 조성되어 철(Fe)이나 망가니즈(Mn)와 같은 금속 이온이 과량으로 용출되어 식물 생장에 해를 끼칠 수 있다. 또한, 유독 가스인 황화수소(H_2S)가 생성되어 뿌리에 직접적인 손상을 입히는 경우도 있다. 이러한 이유로, 식물의 뿌리는 일반적으로 지하수면 아래로 신장하지 못한다. 다만, 대기 중과 접촉하며 흐르는 계류(溪流)나 지하수의 경우, 수분에 *용존산소(溶存酸素, dissolved oxygen)가 풍부하므로, 이와 같은 환경에서는 수중에 뿌리를 뻗는 수목이 생장하는 모습이 관찰되기도 한다.

　토양 공극이 수분으로 완전히 포화되지 않았더라도 공극의 절대량이 적은 토양은 통기성이 낮아 뿌리 호흡에 불리한 환경이 된다. 또 공극의 총량이 같아도 좁은 공극이 많은 토양은 수분이 쉽게 정체되어 기체 교환이 원활히 이루어지지 않는다. 차량이나 보행자에 의한 토양 답압(踏壓)은 공극을 압축시켜 그 크기나 양을 감소시키며, 이로 인해 산소 부족이 쉽게 유발된다. 답압은 뿌리를 물리적으로 손상시키거나 절단할 뿐만 아니라, 산소 공급 부족에 따른 뿌리 기능의 저하를 초래하여 수세의 약화를 가져오는 경우가 많다.

*용존산소
물 또는 용액 속에 녹아 있는 분자 상태의 산소의 양을 의미한다. 보통 물 1L 중의 산소량을 부피(mL) 또는 무게(mg)로 표시한다. 일반적으로 온도 및 염분이 낮을수록, 기압이 높을수록 용존산소량은 많아진다.

표 5-2 토양의 공기 특성

	대기	토양 공기
기체 조성	매우 균질	균질하지 않음.
질소	78%	75~90%
산소	21%	2~21%
아르곤	0.93%	0.93~1.1%
이산화탄소	0.035%	0.1~10%
메테인	0.00017%	~5%
이산화질소	0.00003%	~0.1%
상대습도	30~90%	거의 100%
온도의 일 변동	밤낮으로 크게 변화	작은 변화
온도의 연 변동	계절에 따라 크게 변화	작은 변화
밝기 변화	낮 밝고 밤 어두움.	항상 어두움.

5.5 토양 조사와 개량

도시 지역에서 수목의 쇠퇴 원인이 토양에 기인하는 경우는 드물지 않다. 수목이 뿌리를 내리고 살아가는 토양의 여러 특성을 정확히 파악하는 일은 수목의 건강을 유지하고 생육을 안정적으로 지속시키기 위해 매우 중요하다. 각 수목이 생육하는 토양을 이해하기 위한 첫걸음은 토양 단면의 관찰이며, 더 나아가 그 토양이 지닌 화학적 특성과 물리적 특성의 조사가 필요하다. 만일 수목의 생육에 불리하게 작용하는 토양 요인이 확인되면 나무의사는 이를 개선하기 위한 적설한 토양 개량 방법을 적용해야 한다.

(1) 토양 단면의 관찰

*토양 오거

토양을 채취하거나 단면을 조사할 때 사용하는 원통형의 관 모양을 한 도구이다. 회전시키며 지면에 삽입하여 일정 깊이의 토양을 뽑아내는 방식으로, 지하의 토양층 구조와 특성을 분석하는 데 활용된다.

뿌리가 생활하는 토양의 내부는 눈으로 직접 관찰하기 어려우므로 *토양 오거(檢土杖, soil auger) 등으로 토양 일부를 채취하거나, 지면에 구덩이를 파서 토양 단면(土壤斷面, soil profile)을 조사하는 것이 기본적인 방법이다.

토양은 대부분 비슷한 성질의 토양이 지표면과 평행하게 층을 이루며 쌓여 있는데, 이러한 층을 토양층위(土壤層位, soil horizon)라고 한다(그림 5-10).

토양층위는 위부터 부식물이 모여서 축적된 A층, A층에서 용탈(溶脫, leaching)된 물질이 집적된 B층, 비교적 생물의 활동과 토양 생성 작용의 영향을 받지 않은 C층, 잔적토의 모암층인 R층으로 구분된다. 산림 등 자연 상태의 토양은 A

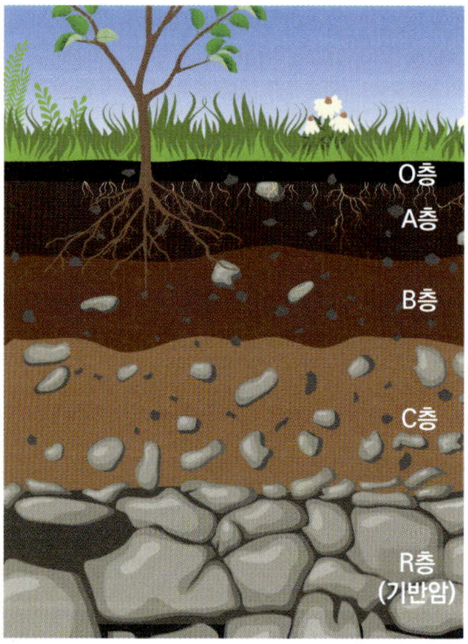

O층 } 광물질이 없는 유기물만의 층
A층 } 유기물과 광물질이 섞여 어두운 색. 생물 활성이 활발
철, 알루미늄, 점토 광물 등이 빠져 있는 경우도 있다(용탈).
B층 } 유기물이 적고 밝은 색.
철, 알루미늄, 점토 광물이 모여 있는 경우도 있다(집적).
C층 } 기반암의 풍화물로 구성
R층 (기반암)

그림 5-10 토양 단면에서 관찰되는 토양층위

층 위에 낙엽과 낙지가 쌓인 O층이 존재하며, 이를 유기물층(有機物層, organic layer)이라고 한다. 토양층(土壤層, soil layer)은 A층과 B층을 의미하며, 이 두께를 토심(土深, soil depth)이라고 한다. 다만 이러한 구분은 국가나 학자에 따라 다르게 분류하기도 한다. 토지 개발로 지반이 인위적으로 조성된 지역에서는 일반적인 토양층위가 관찰되지 않는 경우가 많고, *절토지(切土地)에서는 C층만 존재하는 경우가 많으며, *성토지(盛土地)에서는 원래의 토양층 위에 새로운 토층이 형성되어 있다. 이처럼 토양은 단면에 나타나는 층위 구성의 특성을 바탕으로 분류되며, 그 목적이나 지역에 따라 다양한 토양 분류 체계가 존재한다. 동일한 토양도 분류 체계에 따라 다른 이름이 붙을 수 있으므로 주의가 필요하다.

토양 환경에 영향을 미치는 주요 요인으로는 모재, 토지의 이용 이력, 지형, 기후 등이 있다. 암석이나 화산재 등 모재의 특성은 생성된 토양의 입자 구성이나 양분의 조성과 동태에 큰 영향을 주는 요인이며, 객토(客土)되지 않은 자연 토양이라면 지질도(地質圖) 등을 통해 모재를 파악할 수 있다. 과거 논이나 밭으로 경작했던 토양은 물리적·화학적 성질에 그 흔적이 남아 있는 경우가 많다. 주변의 관찰이나 지형도 등을 통해 지형을 파악하고 수분이나 물질의 이동을 추론하면 해당 지점의 건습 조건이나 양분 상태를 어느 정도 추정할 수 있다. 근처에서 이루어진 농지 기반 정비나 도로 개설 등의 영향으로 지하수위나 양분·수분의 이동 경로가 변화되는 경우도 적지 않다.

(2) 화학적 성질

토양의 화학적 성질은 물리적 성질보다 측정에 특별한 분석 장비가 필요한 경우가 많아 현장에서 직접 조사할 수 있는 항목이 제한적이다. 그러나 화학적 성질의 일부는 토양 색상에 반영되어 나타나기도 한다. 검은색을 띠는 토양은 기본적으로 탄소에 의한 것으로 색이 어두울수록 유기물이 많이 포함되어 있으며, 양이온 교환 용량(CEC)이 크다는 것을 시사한다. 양분의 공급 가능성이나 토양의 구조 발달·유지에 기여하는 토양동물 및 미생물의 에너지원은 낙엽, 낙지, 뿌리 등에서 유래한 유기물이며, 유기물이 풍부한 토양일수록 다양한 생물을 부양할 가능성이 높다. 자연 토양에서는 표층일수록 유기물의 공급량이 많아 색상이 어둡다.

갈색은 *산화철(酸化鐵, iron oxide)의 색깔이며, 철이 집적된 B층은 갈색을 나타내는 경우가 많다. 산화철의 종류에 따라 붉은색이나 노란색 기운이 강해질

*절토지
경사진 지형을 평탄하게 만들기 위해 흙이나 암석을 깎아 낸 토지를 말한다. 이러한 절토지는 자연적인 토양 층위가 파괴되어 있으며, 암반이나 모재가 노출되어 있는 경우가 많아 식물의 생육에 불리한 환경을 나타내는 경우가 많다.

*성토지
평탄화나 조성 등의 목적을 위해 외부에서 흙을 가져와 쌓아 올려 형성된 토지를 말한다. 이러한 성토지는 원래의 자연 토양 위에 인위적으로 형성된 새로운 토층이 존재하며, 토양구조가 안정되지 않고 물리·화학적 특성이 불균일하여 수목 생육에 영향을 줄 수 있다.

*산화철
철(Fe)이 산소(O)와 결합하여 형성된 무기 화합물로, 토양에 흔히 존재하는 색소 성분이다. 주요 산화철로는 붉은색을 띠는 삼산화이철(Fe_2O_3)과 노란색을 띠는 산화철수화물(FeOOH) 등이 있으며, 토양의 색상과 산화 상태를 판단하는 중요한 지표가 된다.

*전기전도도

토양을 물에 혼합했을 때 용액 속을 흐르는 전류의 세기를 나타내는 값으로, 이온의 농도에 따라 결정된다. 그 값은 토양 내 수용성 염류의 농도를 반영하며, 비료의 농도나 염류 축적 정도, 염해 가능성 등을 평가하는 데 활용된다.

*충적층

하천에 의해 퇴적물이 쌓여서 생긴 굳지 않은 퇴적층으로, 주로 모래, 진흙, 점토, 자갈 등으로 구성되며 유기물질을 포함하기도 한다. 충적층의 깊이는 보통 상류보다는 하류에서 더 깊게 나타나며, 하천이 바다나 호수로 유입되는 경우와 같이 유속이 감소하는 지점에서도 깊어진다.

*해성토

충적퇴적물에 의해 해성에 형성된 토양이다. 일반적으로 해안 평탄지에서 발달하며 한국의 서해안은 사질, 실트사양질 등으로 이루어져 있으며 동해안은 대부분 사질로 이루어져 있다.

*황철석

화학식이 FeS_2인 등축정계 황, 철 광물로, 자연 상태의 결정이 종종 정육면체 모습을 띠고 있는 것이 특징이다. 겉보기에는 금과 아주 흡사하게 생겼지만 성분은 금이 아니기에 바보의 금(fool's gold)이라는 별명이 붙었다.

수 있다. 산소가 부족한 환원 상태에서는 철이 환원되어 회색을 띠는 글레이화(gleization)가 나타난다. 산화철의 적갈색과 나란히 있으면 푸른빛을 띠는 것처럼 보인다. 층상 또는 반점 형태의 회색이 관찰되면 정체수 등으로 산소 부족이 발생하는 환경임을 알 수 있다(그림 5-11).

pH와 *전기전도도(電氣傳導度, electrical conductivity: EC)는 시판되는 휴대용 측정기로 비교적 쉽게 조사할 수 있다. 강수량이 많은 지역은 알칼리 성분이 빗물에 씻겨나가기 쉬워 토양 pH는 대개 4~6 정도의 산성을 띠며, 이 지역에 생육하는 수목 역시 약산성 토양을 선호하는 경향이 있다. 토양에는 pH 완충능력(buffering capacity)이 있어 산이 약간 첨가되더라도 쉽게 산성화되지 않는다. 특히 유기물이 풍부한 토양은 완충능력이 강하다. *충적층(沖積層, alluvium)을 절토하거나 *해성토(海成土, marine soil)를 객토한 식재지는 해성퇴적물에 포함된 *황철석(黃鐵石, pyrite)이 산화되면서 황산(黃酸, H_2SO_4)이 생성되며, 이 황산의 양이 토양의 완충능력을 초과하면 강산성 토양이 된다. 또 질소 비료를 과잉 시비하여 생성된 질산염으로 인한 산성화도 발생할 수 있다. 반면, 연약 지반을 안정화 처리할 때 석회를 사용하면 강알칼리성 토양이 되는 경우도 있다.

EC는 토양을 물에 혼합했을 때 용출되는 이온 농도를 나타내며, 비료 함량의 지표로 활용된다. EC가 지나치게 높으면 농도장해가 발생할 수 있다. 또 해성토의 객토, 해풍 피해 등으로 인한 염분 과잉 정도를 측정하는 데도 사용된다.

그림 5-11 토양색이 지표하는 화학성

(3) 물리적 성질

토양의 고상(固相)은 크기가 다양한 입자로 구성되어 있으며, 이들은 입자의 직경, 즉 입경(粒徑, particle size)을 기준으로 여러 종류로 분류한다. 입경이 2mm 이상인 입자는 자갈(礫, gravel)이라고 하고, 그보다 작은 입자는 모래(砂, sand), 실트(微砂, silt), 점토(粘土, clay)로 세분된다. 이 중 실트는 모래와 점토를 구분하는 기준이 되며, 국제토양학회는 0.2~0.002mm, 미국 농무부(USAD)는 0.002~0.05mm 범위의 광물 입자를 실트로 정의한다. 일반적으로 토양 입자의 입경이 작을수록 무게당 표면적이 넓어져 양이온 교환 등 다양한 화학 반응이 일어나는 활성 표면이 넓어진다.

모래, 실트, 점토의 중량 비율에 따라 토양의 성질을 구분한 것을 토성(土性, soil texture)이라고 한다(그림 5-12). *입도 분석(粒度分析, particle size analysis)이 어려울 때는 손으로 흙을 만지며 물을 가해 거칠거나 끈적이는 정도를 통해 대략적인 토성을 추정할 수 있다.

점토 함량이 전체 무게의 40% 이상인 토양을 식토(埴土, clay)라고 하며, 점토 입자가 많은 식토는 미세하고 좁은 공극이 많아 수분을 지나치게 강하게 붙잡아 유효수분이 적고, 투수성과 통기성도 낮아 식물 생육에 부적합하다. 물을 머금었을 때는 매우 질척거리고, 지나치게 건조하면 단단하게 굳으며 갈라지는 특성을 보인다. 반면, 구성 성분의 대부분이 모래인 토양은 사토(砂土, sand)라고 하

*입도 분석
입자나 분말 상태의 시험 재료 속에 들어 있는 입자들의 크기를 측정하고, 서로 다른 크기의 입자들의 비율을 계산하는 분석법을 말한다. 일반적으로는 여러 가지 다른 구멍 크기를 가진 체로 흙을 걸러내는 방법을 사용하며, 2mm 미만의 작은 입자를 대상으로 할 때는 비중계분석(hydrometer analysis)을 이용한다.

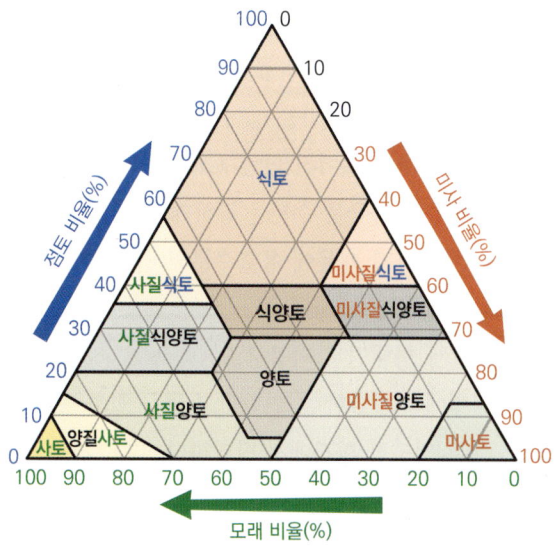

그림 5-12 토성 삼각도. 점토와 미사와 모래의 체적 비율로 토성을 구분

그림 5-13 다양한 토양구조

며, 이는 배수성과 통기성은 우수하지만, 보수력이 낮아 수분 유지가 어렵고 관수 관리가 까다롭다. 이에 비해, 실트가 적절히 혼합된 토양은 양토(壤土, loam)라고 하며, 이는 수분 유지와 배수가 균형을 이루어 식물 생육에 가장 적합한 토성으로 평가된다.

토성이 같더라도 입자의 분포 상태, 공극의 크기, 공극 간 연결 방식 등에 따라 양분과 수분의 이동 특성은 달라질 수 있다. 균일하게 분포한 입자들은 건조·습윤의 반복, 동결·융해, 뿌리 생장, 토양 생물의 활동 등을 통해 입자가 응집하거나 공극이 재구성되며, 일정한 크기와 형태의 토양 입단(土壤粒團, soil aggregate: 토양 알갱이가 모여 있는 덩어리)이 형성된다. 이러한 입단의 구조를 토양구조(土壤構造, soil structure)라고 한다(그림 5-13).

토양구조를 관찰하면 조사 당시의 날씨와 무관하게 해당 입지의 연중 수분 환경을 파악할 수 있다. 예를 들어, 상대적으로 부드러운 입자가 모여 수 mm 크기의 입단을 형성한 입단구조(粒團構造, aggregated structure)가 발달하면 일년 내내 습윤하고 생물 활동이 활발한 환경임을 알 수 있다. 토양을 이루는 입자가 서로 덩어리를 이루지 않고 개개로 흩어진 단립구조(單粒構造, single-grained structure)가 발달하면 단립 내부의 좁은 공극은 수분을 강하게 붙잡고, 단립 사이의 넓은 공극은 약하게 수분을 유지하기 때문에 유효수분의 양이 많아지고, 보수성·배수성·통기성이 모두 향상된다.

표면이 단단한 다면체 형태인 각괴상구조(角塊狀構造, angular blocky structure)는 건습 변화가 심한 환경에서 발달한다. 단단하고 둥근 입자 형태인 입상구조(粒狀構造, granular structure)는 건조한 환경에서 발달한다. 더욱 건조한 환경에서는 미세한 입자가 백색 균사 다발로 연결된 구조가 형성되기도 한다. 광물 입자는 본래 친수성이지만 소수성 균사나 유기물에 덮이면 발수성(撥水性)을 띠어 약간의 강우로는 침투되지 않고 건조가 심화될 수 있다.

토양경도(土壤硬度, soil hardness)는 관입 저항계(penetrometer), 간이 경도계를 이용하여 금속 원뿔을 삽입하면서 변형에 대한 저항값을 측정하여 지표화할 수 있다. 이를 견밀도 또는 치밀도라고 하며, 단위 부피당 고상의 무게(容積比重, bulk density)와도 높은 상관관계가 있으며 토양의 단단함을 판단하는 지표가 된다. 토목공학에서는 지반이 단단하고 지지력이 높은 것이 바람직하며, 이를 위해 지반을 다지는 행위를 지반개량이라고 한다. 그러나 수목의 뿌리 신장에는 단단하지 않은 토양이 더 적합하다. 단단한 토양은 공극이 좁고 적어 기계적인 신장을 방해할 뿐만 아니라, 통기성 부족도 큰 제약 요인이 된다.

일반적인 산림토양에서는 하층보다 표층이 용적비중이 작고 부드럽다. 하지만 답압(踏壓)을 받으면 표층이 치밀해진다. 또 성토(盛土)된 경우 용적비중이 큰 흙이 표층에 놓이기도 한다. O층이 없는 토양에서는 빗방울이 직접 토양 입자에 작용해 표면 입자가 분산되고 경화 토양 피막(硬化土壤皮膜, crust)이 형성되어 투수성과 통기성이 극히 낮아질 수 있다(그림 5-14). 가로수처럼 포장으로 둘러싸인 곳에서는 침투와 통기가 더욱 저해된다. 농경지에서 전용된 식재지에서는 과거의 경운층 아래에 단단한 경운 반층(耕耘盤層, plow pan)이 남아 있는 경우가 있다. 만약 이러한 불투수·불통기의 층이 존재하면 그 아래 토양이 아무리 좋아도 수분과 산소의 공급이 차단되어 근계가 정상적으로 기능하기 어렵다. 또 고기능 포장재를 사용해 투수성과 통기성을 확보하였어도 O층이 없으면 유기물 공급이 감소해 입단구조의 발달과 유지가 어렵고, 장기적으로는 뿌리가 기능하기 어려운 토양으로 변화할 수 있다.

그림 5-14 경화된 토양의 피막

(4) 토양의 개량

자연림에 자라는 수목은 그들에게 필요한 무기양분이 토양을 포함한 생태계 내에 충분히 존재한다. 영양분이 부족한 입지에서도 그 생태계 내에서 순환되는 양분의 균형에 따라 적절한 크기로 생육한다. 그러나 도시지역의 녹지나 공원 등에 식재된 수목은 이용 가능한 양분을 안정적으로 확보하지 못하는 경우가 많다. 조성지에서 표토가 제거되었으면 유기물에서 공급되어야 할 양분이 처음부터 부족하며, 공원 유지 관리 차원에서 낙엽을 수거하면 양분 순환이 단절되고, 낙엽과 함께 양분도 외부로 유실된다. 유기물 공급이 줄어들면 토양 생물의 활성이 저하되고, 이에 따라 토양의 물리적 특성이 발달·유지되지 못하며, 근계의 기능 또한 점차 저해된다. 또 지표의 낙엽층이나 지피식생이 사라지면 토양의 온도 변화가 심해지고, 수분의 변화도 커져, 오히려 관리가 청결할수록 수목은 생존하기 어려운 환경이 조성되는 경우가 많다.

양분 부족을 신속히 해소하기 위한 방법으로는 비료 시비가 효과적이다. 다만, 수목의 생육 상태를 잘 관찰하여 어떤 양분이 부족한지를 파악하고, 적절한 시비량을 신중히 결정해야 한다. 비료는 단순히 많이 준다고 좋은 것이 아니며, 과잉 시비에 따른 피해나 양분 간의 길항작용도 반드시 고려해야 한다. 또 과도한 비료 사용은 일부 양분이 지하수나 하천으로 유출되어 환경오염을 유발할 수 있다는 점도 유의해야 한다. 비료에 의한 화학성 개량 효과는 일시적인 것에 불과하며, 양분 순환이 원활하지 않은 조건에서는 시비한 양분조차 결국 사라진다. 완효성 비료를 사용하면 효과를 다소 연장시킬 수 있으나, 장기 생존을 전제로 하는 수목의 시간 척도에서는 여전히 임시방편에 불과하다. 또 토양에 양분이 풍부하게 포함되어 있더라도, pH가 적정 범위를 벗어나면 식물은 이를 제대로 흡수할 수 없다. 식물이 양분 결핍 증상을 보이면 단순히 부족한 양분을 시비하는 것보다 pH 교정 자재를 사용하는 것이 더 효과적인 경우도 많다.

토양의 물리적 성질 중 토성은 객토 외에는 직접 변경이 어려우나, 유기질 자재의 혼입으로 구조의 발달 및 유지가 가능하며, 다공성 자재의 투입으로 용적중량을 줄이고 투수성과 통기성을 향상시킬 수 있다. 압축된 토양의 개량은 식재 전이라면 배수 설비의 매립이나 경운 등 대규모 조치가 비교적 용이하나, 이미 수목이 식재되었어도 토양 개량 자재의 시용, 국소 경운, 공기 굴착기(air spade)를 이용한 압밀 해소, 통기관 매립 등의 방법으로 물리성을 개선할 수 있다. 다만 이런 조치의 지속성은 제한적이므로 수목의 장기 생존을 보장하려면 뿌리 활동 범위 내의 토양에 차량이나 보행에 의한 물리적 압력이 가해지지 않도록 통행 제한, 목도(木道) 설치, 고가 구조물 활용 등의 방안도 함께 검토해야 한다(표 5-3). 관리상의 필요로 O층을 제거해야 할 때도 멀칭(mulching)을 통해 수피 칩 등의 유기 자재로 지표를 덮어주면 빗방울에 의한 토양 피막 형성이 억제되어 투수성이 향상되며, 경사지에서는 표토 유실도 방지할 수 있다. 또 일사에 의한 지온 변화와 건조를 완화해 주고, 토양 생물의 활성을 촉진시켜 점차적으로 토양 구조가 발달하며 압밀도 완화된다. pH 변화에 대한 완충작용도 기대할 수 있다.

표 5-3 토양 개량 자재의 예

원인	개량 공사	개량재
양분 부족 보비력 부족		화학 비료, 유기질 비료 제올라이트(zeolite), 퇴비
강산성 강알칼리성	객토 원인 물질(콘크리트 파편, 석회암 등) 제거	중화제
고농도 염류 유해 물질	객토 차단층 설치	대량의 순수
과습 통기성 부족	배수 설비	다공질 재료(펄라이트) 조립 자재(자갈, 코코넛 피트, 소성 규토)
건조 보수성 부족	관수 설비	다공질 재료(펄라이트) 조립 자재(암면, 코코넛 피트, 소성 규토, 숯, 버미큘라이트)
유효 토층의 부족	경운 장해물 제거	
토양 다짐	경운 답압 방지	다공질 재료(펄라이트) 조립 자재(퇴비, 코코넛 피트)

유기 자재를 직접 토양에 혼입하면, 통기성·보수성 향상과 같은 물리적 개량, 양이온 교환 용량 증대 등의 화학적 개량 그리고 토양 생물의 활동에 의한 구조 발달과 유지 등 다양한 효과를 얻을 수 있다. 단, 투입하는 유기 자재의 탄소와 질소의 비(C/N 비율)에는 주의가 필요하다. 탄질비가 높은 자재를 사용하면 탄소와 질소 모두를 필요로 하는 토양 미생물이 활발히 증식하면서 토양 내 질소를 고갈시키고 식물이 필요로 하는 질소까지 부족해지는 질소기아(窒素飢峨, nitrogen starvation) 상태에 빠질 수 있다. 따라서 퇴비를 사용할 때는 반드시 완숙된, 즉 탄질비가 충분히 낮아진 자재를 사용하는 것이 바람직하다.

도시 조경지에서는 인공 구조물이나 조성 공정 중 매립된 콘크리트 파편 등으로 뿌리의 생장 영역이 제한되기도 한다. 수목의 뿌리는 양분, 수분, 산소가 풍부한 방향으로 분기하면서 생장하지만, 그 분포 범위는 지상부의 수관 폭과 반드시 일치하지는 않는다. 그러나 지상부의 크기에 상응하여 뿌리가 기능할 수 있는 토양의 부피는 확보되어야 한다. 수목을 식재할 때는 수목이 생장하는 생명체라는 사실을 분명히 인식하고, 장기적으로 뿌리가 건강하게 기능할 수 있도록 충분한 뿌리 공간(rooting volume)을 확보하는 것이 필수적이다.

　빛은 수목에 가장 필수적인 요소로서 광합성을 통한 에너지 확보와 더불어 환경 적응 및 생존에 중요한 외부 환경 변화의 신호로 작용한다. 특히 햇빛의 성질에 동조하여 굴광성이나 굴지성을 나타낼 수 있으며, 기공의 개폐나 엽록체의 방향 전환, 음지 회피 등 생존에 필요한 반응을 이끌어낸다. 또 광주기에 따라 영양생장을 조절하고, 일주기 현상도 나타나게 된다. 이러한 과정은 여러 감각기관을 통해 외부 환경과 자극에 반응할 수 있는 동물과 달리 식물은 잎부터 뿌리까지 전체 조직에서 환경 신호로서의 빛을 인지할 수 있는 파이토크롬, 크립토크롬, 포토트로핀 등의 다양한 광수용체를 지니고 있기에 가능하며, 수목은 이러한 광수용체로부터 빛의 신호를 받아들여 생장과 분화를 제어하게 된다.

　이 장은 빛의 성질과 그에 따른 일반적인 수목의 반응을 살펴보고, 광형태형성과 그를 조절하는 광수용체의 특징에 관해 다루고자 한다.

제6장

빛과 광형태형성

이경철

6.1 빛의 성질과 굴성
6.2 광형태형성

6.1 빛의 성질과 굴성

빛은 개별적인 입자성과 연속적인 파동성 두 가지 성질이 모두 있다. 따라서 주로 공간을 이동하거나 물체에 의해 반사될 때는 빛의 연속적인 파동성으로 설명하고, 빛이 방출되거나 흡수될 때는 입자로의 성질에 비추어 설명한다. 이에 따라 일반적으로 식물에 생리적 영향을 미치는 햇빛의 성질을 크게 3가지로 구분한다. 즉 빛의 파동성과 관련한 광질(light quality), 입자성과 관련한 광도(light intensity), 빛을 비추는 시간의 길이에 따른 광주기(photoperiod)이다. 식물체는 이러한 햇빛의 성질에 반응하여 줄기나 뿌리가 한 방향으로 굽는 굴성을 나타낸다.

6.1.1 태양광선의 생리적 효과

(1) 광질

태양광선은 파장이 다른 여러 전자기파로 구성되어 있으며, 햇빛은 인간의 눈에 보이는 가시광선(visible light)을 일컫는다. 가시광선은 파장이 대략 400nm(보라색)에서 700nm(적색)에 걸쳐 있으며, 짧은 파장(높은 주파수)의 빛은 에너지 함량이 높고, 긴 파장(낮은 주파수)의 빛은 에너지 함량이 낮다. 식물이 광합성을 효율적으로 흡수할 수 있는 파장은 광합성 유효광선(PAR, photosynthetically active radiation)이라고 하며, 이는 가시광선 파장과 거의 일치한다. 태양광선 중 파장이 짧은 자외선(400nm 이하)은 대기권을 통과하면서 오존층에서 대부분 흡수되지만, 파장이 긴 적외선(700nm 이상)은 이산화탄소와 수분에 의해 상당 부분 흡수되어 *온실 효과(greenhouse effect)라고 불리는 현상을 유발한다.

*온실 효과
대기권에서 CO_2 및 다른 기체가 장파장 방사를 포획하여 일어나는 지구 기후의 온난화 현상이다. 이는 유리 지붕을 통한 장파장 방사의 침투와 장파장 방사의 열 전환, 그리고 유리 지붕에 의한 열의 차단 때문에 발생하는 온실의 가열로부터 유래한다.

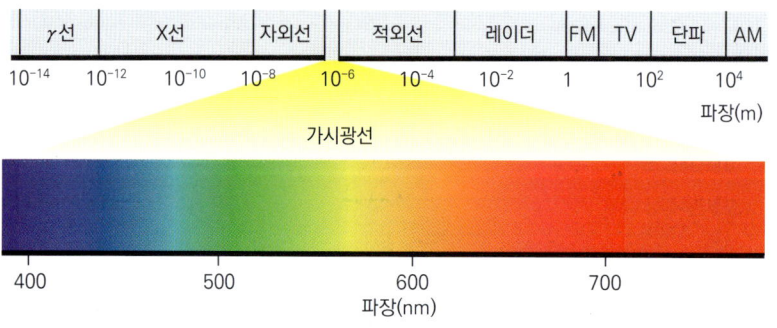

그림 6-1 태양광선의 스펙트럼과 가시광선

자외선은 세포막, DNA, 단백질을 손상시킬 수 있으며, 대부분의 식물은 자외선의 존재를 감지하고 햇빛 차단제로 작용하는 단순 페놀 및 플라보노이드를 합성하여 자신을 보호할 수 있도록 한다.

숲의 임관을 통과하여 숲의 바닥(임상)에 도달하는 햇빛은 상층에 분포한 수목에 의해 가시광선이 흡수, 차단되어 원적색광이 주종을 이루며, 종자의 발아를 억제하는 데 관여한다.

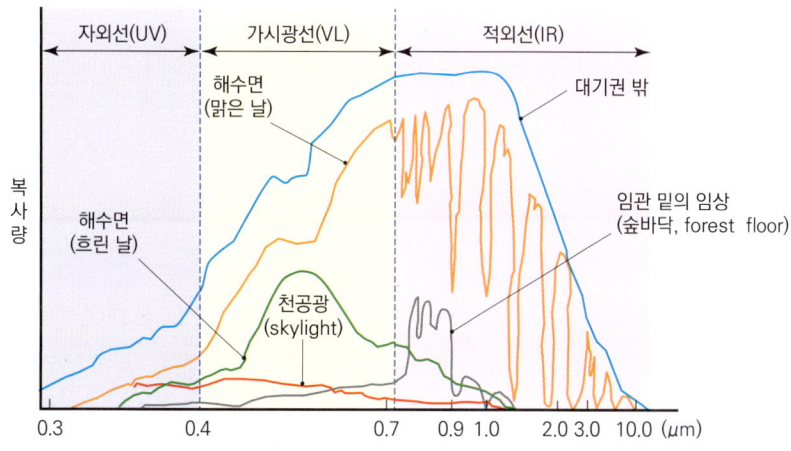

그림 6-2 대기권과 숲을 통과한 태양광선의 광도와 파장의 변화(Kimmins, 1987)

(2) 광도

광도(light intensity)는 광량이라고도 하며, 단위 면적에 충돌하는 광자의 수, 즉 플루언스(fluence)의 개념을 통해 정의될 수 있다. 광도는 광합성 속도에 큰 영향을 끼치기 때문에 식물이 광도에 따라서 다양한 형태로 적응하도록 유도한다. 태양에너지가 광에너지에 따라 식물에 끼치는 생리적인 영향은 고에너지 광 효과와 저에너지 광 효과로 구분한다. 일반적으로 고에너지 광 효과는 광도가 1,000lx 이상에서 나타나는 것으로 광합성 반응을 의미한다. 저에너지 광 효과는 광도가 100lx 이하에서도 생리적 효과를 나타내는데, 광주기나 굴광성 등을 예로 들 수 있다.

한 나무 내에서도 햇빛에 노출된 수관의 바깥쪽에는 양엽이 만들어지고, 항상 그늘이 지는 수관의 안쪽에는 음엽이 만들어지는데 이들 각 잎은 위치한 광 환경에 따라 효율적인 광합성과 체내 수분 균형을 유지하기 위해 형태적, 생리적으로 최적의 형태로 적응하여 발달한다.

그림 6-3 떡갈나무의 양엽과 음엽

양엽은 음엽보다 광포화점과 광보상점이 높고, 책상조직이 두꺼우며, 증산 작용을 억제하기 위해 각피 층과 잎의 두께도 두껍게 발달한다. 음엽은 이와 대비되는 경향을 보이는데, 형태적인 차이뿐만 아니라 광합성 효율을 높이고 호흡은 최소화함으로써 부족한 광 환경에 적응하기 위한 생리적 특징도 발달시킨다.

또 수종 간에도 햇빛에 의한 경쟁의 결과, 그늘에서 적응할 수 있는 능력에도 차이를 보이는데 그늘에서 자랄 수 없는 양수와 그늘에서도 자랄 수 있는 음수를 들 수 있다. 수목이 광도가 낮은 그늘에서 자라면, 특히 양수는 줄기보다 뿌리의 발달이 저조해져 물과 양분을 제대로 흡수하지 못하여 숲속 경쟁에서 지게 된다. 음수도 어릴 때만 그늘을 선호하며, 유묘 시기를 지나면 햇빛에서 더 잘 자란다.

*광주기와 무궁화의 개화
우리나라의 무궁화(*Hibiscus syriacus*)는 고온의 장일조건에서 개화되는 장일식물이지만 같은 속(genus)이라도 *H. calyphyllus*, *H. cannabinus*, *H. radiatus*와 같은 생육 환경이 다른 *Hibiscus*속 식물은 광주기에 중립적이거나 오히려 단일 조건에서 개화되는 단일식물로 알려져 있다(Thomas 및 Vince-Prue, 1997; Warner 및 Erwin, 2001).

(3) 광주기

광주기(photoperiod)는 낮과 밤의 상대적인 길이를 의미한다. 온대에서 자라는 식물은 낮의 길이가 바뀌는 것을 통해 계절의 변화를 감지한다.

초본식물은 광주기가 개화에 큰 영향을 미치는데 해가 길어지면서 개화가 유도되는 장일식물과 해가 점차 짧아지면서 개화가 유도되는 단일식물을 들 수 있다. 많은 수목이 꽃눈의 원기 형성 시기가 일장에 의해서 결정되지만 실제로 무궁화 등 일부 수종을 제외하면 개화 시기 자체를 일장으로 바꿀 수 없다. 광주기는 대신 눈의 생장 개시 및 휴면, 즉 영양생장에 더 중요한 영향을 끼친다.

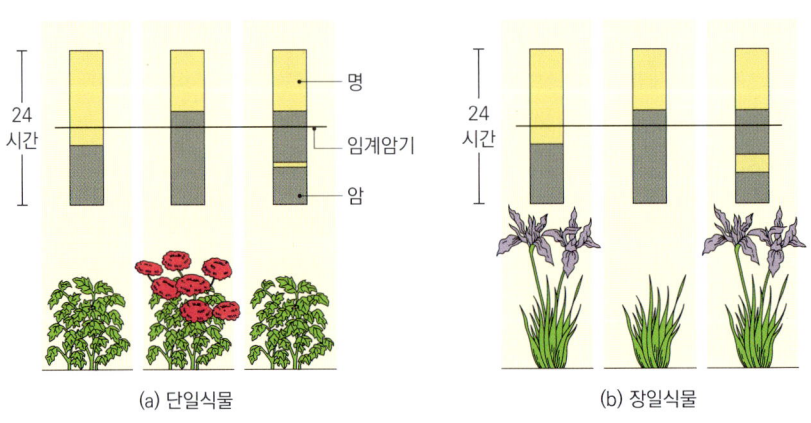

그림 6-4 장일식물과 단일식물의 광주기성 반응

6.1.2 굴광성과 굴지성

(1) 굴광성

대부분의 식물은 빛을 받으면 그 방향으로 자라는 굴광성(phototropism)을 띠며, 성숙한 식물과 어린 유식물 모두에서 발생하는데 이는 광합성을 극대화하기 위한 현상으로 이해할 수 있다. 남향 또는 임연부에서 자라는 수목이 햇빛을 향하여 왕성한 가지를 발달시키는 현상이나 종자가 싹이 날 때 지상으로 올라오는 현상도 굴광성 때문이다.

굴광성은 식물 체내의 옥신 호르몬 재분배로 일어나는데, 햇빛을 비추는 반대 방향으로 옥신이 이동하여 세포의 신장을 자극하고, 그 차등적 생장의 결과로 빛을 향해 구부러져 자란다. 실험적으로 옥수수 자엽초의 정단부를 부분적으로 분할하고 나서 한쪽에만 빛을 비추면 그늘진 면에서는 옥신의 양이 증가하지만 빛을 받는 면에서는 옥신이 감소한다. 그러나 옥신의 총 양은 동일하게 유지되었기 때문에 옥신의 측면 이동에 따른 비대칭적 분포가 나타난다.

굴광성은 빛이 자극으로 작용하고 이 자극에 대한 인지는 청색광 광수용체 특히 포토트로핀이 관여한다.

그림 6-5 굴광성

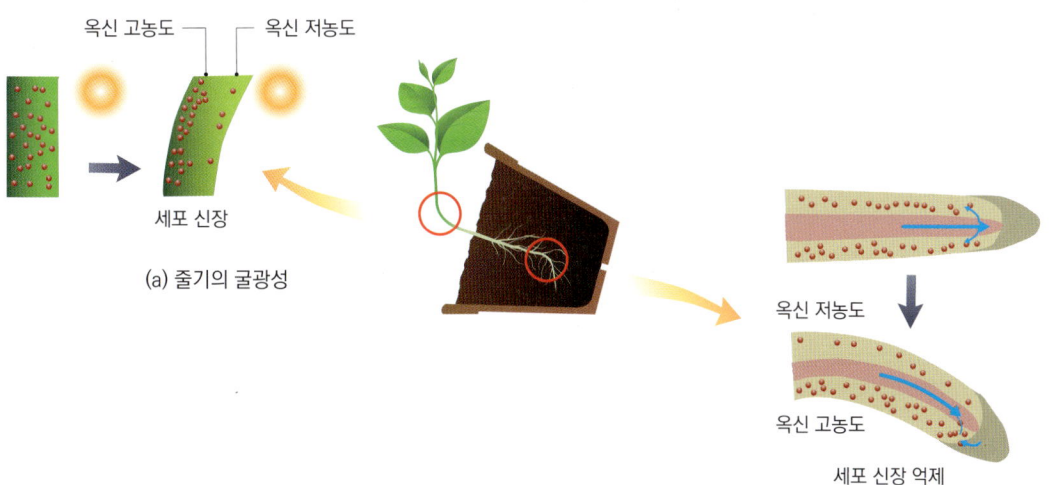

그림 6-6 햇빛에 의한 줄기의 반응과 중력에 의한 뿌리의 반응

(2) 굴지성

뿌리의 정단부가 흙을 뚫고 나갈 때는 근관에서 중력을 감지하는데, 중력 감지에 관한 대표적인 설명은 전분-평형석 가설을 들 수 있다. 세포 내 전분체는 밀도가 높아 세포 바닥에 가라앉을 수 있으며, 중력 센서 역할을 하는 전분체를 평형석(statolith), 이를 가지고 있는 세포를 평형세포(statocyte)라고 한다. 즉 수직으로 향한 뿌리 안에서는 옥신의 수송은 구정적(뿌리 끝)으로 이루어지기 때문에 아래로 살 수 있나. 그러나 수평으로 놓인 뿌리는 옥신이 아래로 이동하여 아래쪽의 세포 신장을 억제함으로써 위쪽 세포가 더 빨리 신장하기 때문에 아래 방향으로 굽어진다.

그러나 정확히 어떻게 평형세포가 평형석을 감지하는지는 아직 제대로 이해되지 않고 있다.

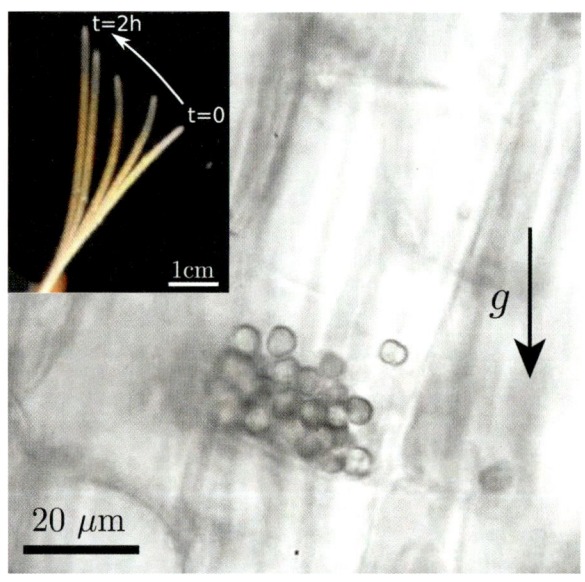

그림 6-7 기울어진 상태에서 몇 시간 만에 위쪽으로 생장하는 밀 새싹(왼쪽)과 중력을 감지할 수 있게 하는 세포 내 평형석 알갱이 더미(Bérut et., 2018)

6.2 광형태형성

빛은 광합성에 필요한 에너지를 제공할 뿐만 아니라 식물의 생장과 분화, 발달을 조절하는 중요한 환경 요인이며, 식물이 주변 환경을 인식하여 그에 알맞은 생장과 발달을 하도록 유도하는 신호로 작용한다.

식물은 빛의 존재 유무에 따라 어린 식물의 생장이 서로 다르게 나타나고, 빛의 방향을 감지하여 굴광성을 보이기도 한다. 또 주야간의 빛 변화, 연중 계절 변화에 따른 빛 신호를 감지하여 적절하게 반응함으로써 발달과 형태 발생의 단계들을 조절한다. 이처럼 식물의 형태 발생이 빛에 의하여 조절되는 것은 광형태형성이라고 한다.

6.2.1 광형태형성과 암형태형성

어둠 속에서 자란 어린 식물의 줄기는 황백화(etiolated)된다. 즉 가늘고 긴 하배축, 닫힌 떡잎, 옅은 노란색의 펼쳐지지 않는 잎의 원인이 되는 비광합성 전색소체를 지니고 있다. 이러한 특징이 있는 어둠 속에서의 발달을 암형태형성(skotomorphogenesis)이라고 하며, 이와 대비하여 빛에서의 발달을 광형태형성(photomorphogenesis)이라고 한다.

암형태형성을 하는 식물에 빛을 쬐이면 매우 빠른 속도로 광형태형성으로 전환되는데 이러한 경우 줄기 신장 속도는 감소하고, 광합성 색소의 합성이 시작되어 탈황백화(de-etiolated)가 된다. 즉 빛은 어린 식물의 형태를 바꾸는 변화를 유도하는 신호로 작용하여 일어난다.

6.2.2 광수용체

식물의 광형태형성 반응을 촉진할 수 있는 광수용체(photoreceptor) 중 가장 중요한 것은 청색광과 적색광을 흡수하는 것이다.

파이토크롬(phytochrome)은 단백질-색소로 이루어진 광수용체로, 적색광과 원적색광을 가장 강하게 흡수한다. 크립토크롬(cryptochrome)은 떡잎의 신장과 엽병의 신장 등 많은 청색광 반응을 매개하는 플라보단백질(flavoprotein)이다. 어둠 속에서 광형태형성을 억제하는 것에는 지베렐린과 브라시노스테로이드가 관여하는 것으로 알려져 있으며, 이 억제는 적색광에 의해 해제된다.

(1) 파이토크롬

파이토크롬은 적색광과 원적색광에 반응하여 광형태형성을 만드는 광수용체로 식물의 꽃에서 처음 확인되었다. 파이토크롬은 식물체 내의 대부분 기관에 존재하며, 뿌리를 포함해 눈과 같은 생장점 근처에 가장 많이 있다. 파이토크롬은 종자 발아에서부터 잎과 줄기의 생장, 엽록체 발달, 광주기성, 음지회피, 개화 등 식물의 거의 모든 생장과 발달 과정에 관여한다.

파이토크롬은 분자량이 약 120kDa인 폴리펩타이드 2개가 결합한 동형 이량체(homodimerization)이며, 어떤 파장의 빛을 흡수하느냐에 따라 두 가지 다른 형태로 존재한다. 즉 적색광(660nm)을 비추면 P_r형에서 P_{fr}형으로 전환되면서 생리적인 활성을 지니게 되고, 원적색광을 비추면 P_{fr}형에서 P_r형으로 다시 바뀌는데 이는 단백질에 부착되어 있는 파이토크로모빌린(phytochromobilin)이라는 발색단(phycocyanobilin)의 구조가 시스(cis)형에서 트랜스(trans)형으로 변화하기 때문이다. 이러한 파이토크롬의 독특한 특성을 광가역 반응(photoreversibility)이라고 한다. 적색광에 의해 전환된 파이토크롬 P_{fr}은 세포 기질에서 핵으로 빛-의존적인 양상으로 이동하는데 일단 핵에 들어간 파이토크롬은 전사조절인자(transcriptional regulatory factor)와 상호 작용하여 유전자 전사의 변화를 매개한다. 즉 빛-활성 스위치 기능을 수행하는 것이다.

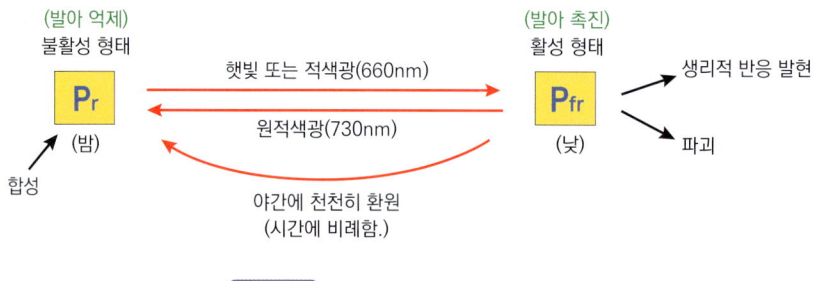

그림 6-8 파이토크롬의 광가역 반응

파이토크롬의 풀(pool)은 P_{fr}형과 P_r형의 흡수스펙트럼의 일부가 겹치기 때문에 적색광이나 원적색광을 받은 후 결코 P_{fr}이나 P_r로 완전히 전환되지는 않는다. 붉은색 포화광을 비춘 후 전체 파이토크롬의 88% 정도만 P_{fr}형으로 존재하고 나머지는 P_r형으로 존재하며, 원적색광을 비추면 약 98%는 P_r형으로, 약 2%는 P_{fr}형을 갖는 평형에 도달하는데 이를 광평형상태(photostationary state)라고 한다.

파이토크롬의 광활성화에 따른 형태적인 반응들은 지연 시간(lag time) 이후에 시각적으로 관찰되는데, 지연 시간은 몇 분부터 몇 주까지 다양하다. 대부분 지연 시간이 빠른 것은 세포 소기관의 운동, 세포의 부피 변화(팽창과 수축)와 같은 가역적인 반응이며, 생장과 같은 비가역적인 반응은 비교적 긴 지연 시간이 필요하다. 식물에서 파이토크롬에 의해 조절되는 모든 변화는 색소에 의한 빛 흡수에서 시작하며, 분자적 특성이 변화한 파이토크롬 단백질과 다른 세포 성분들의 상호작용에 의해 발달이 조절된다. 파이토크롬 상호작용 인자(phytochrome-interacting factor, PIF)는 광형태형성 반응을 음성 조절하는 하위 신호전달인자(downstream signal transducer)로서 암형태형성을 유지하고 광형태형성을 억제하는 기능을 한다. 적색광에 의해 유도되어 핵으로 이동한 P_{fr}은 PIF의 분해를 촉진시키는데 이는 음지에 반응하여 발현하는 유전자, 즉 암형태형성 유전자의 전사를 차단하고, 종자 발아, 하배축 신장, 음지 회피 및 엽록소 생합성 등 광형태형성을 매개하는 유전자가 발현되도록 한다. 이외에도 다른 주요 파이토크롬 상호작용 인자들로 COP1(constitutively photomorphogenic 1) 및 COP1-SPA복합체 등이 있다.

파이토크롬의 반응은 필요한 빛의 양에 따라 초저광량반응(very low fluence response, VLFR), 저광량반응(low fluence response, LFR), 고조도반응(high irradiance response, HIR)으로 구분한다. 초저광량반응은 $0.0001\mu mol\ m^{-2}$의 광량에 의해 유도되며 $0.05\mu mol\ m^{-2}$의 광량에서 최대로 포화되는데 비가역적인 반응이다. 이에 비해 저광량반응은 $1.0\mu mol\ m^{-2}$에서 반응이 개시되고 약 $1,000\mu mol\ m^{-2}$에서 최대로 포화되는데, 전형적인 파이토크롬 반응으로 가역적인 광가역 반응을 보인다. 고조도반응은 비교적 높은 조도의 빛에 장기적 도는 지속적으로 노출되어야 하므로 완전한 광전환성을 나타내지는 않으며, 사과 표면이나 황백화된 어린 유식물의 안토사이아닌 합성이 대표적인 현상이다.

초저광량반응과 저광량반응은 특징적인 범위의 광량(주어진 광조사 시간 내 식물 조직을 타격하는 광자의 총수)을 가지는데 발생하는 반응의 크기는 그 광량에 비례하지만 고조도반응은 광량보다는 광량률(초당 식물조직을 타격하는 광자의 총수)에 비례하는 특징이 있다.

파이토크롬 반응의 다양한 유형(VLFR, LFR, HIR)은 서로 다른 파이토크롬 분자들을 통해 이루어지는데, 파이토크롬은 phyA~phyE까지 알려져 있지만 phyA와 phyB에 비해 phyC, phyD, phyE의 역할은 아직 많이 밝혀지지 않았다. phyA는 연속적인 원적색광에 대한 반응을 매개하며, phyB는 연속적인 적색광에 대한 반응을 매개하는 것으로 알려져 있다. 광형태형성과 관련하여 황백화 증상을 빛에 의해 완전히 역전시키려면 유전자 발현 변화에 의해서만 일어날 수 있는 주요한 장기적 대사 변화가 포함되어야 한다. 이러한 광형태형성의 발달을 개시하는 유전자들이 포함된 전사의 다단계(transcriptional cascade)는 핵으로의 수송(nuclear import)에 의해 촉발되는데, 이때 phyA는 원적색광이나 저광량의 넓은 스펙트럼의 빛에 의해 매개되지만 phyB의 수송은 적색광에 의해 이루어지며, 원적색광에 의해 되돌릴 수 있다.

잎의 엽록소가 원적색광은 흡수하지 않기 때문에 수목의 상층 수관(canopy) 아래에는 적색광과 원적색광의 비율(R:FR)이 낮아지며, 수관 밑에서 자라는 식물들은 *음지 회피(shade avoidance), 경쟁 상호 관계, 종자의 발아와 같은 과정의 조절에서 R:FR의 비율을 감지하기 위해 파이토크롬을 사용한다.

즉 그늘에 반응하여 줄기 신장을 증가시키거나 숲의 바닥에 떨어져 있는 종자가 임관이 풍부한 조건에서는 발아하지 않고 있다가 산불이나 도복에 의해 임관이 열리면서 적색광이 들어올 때 이를 감지하여 발아하는 것 등이 대표적인 파이토크롬에 의한 현상으로 볼 수 있다.

이 밖에도 시간의 흐름이나 낮과 밤의 길이 측정, 유식물의 생장 조절 등도 파이토크롬의 대표적인 반응이라 할 수 있다.

*음지 회피
잎들에 의한 그늘에 대한 반응으로 그늘에 반응하여 줄기 신장을 증가시키는 것을 의미한다. 이런 반응은 양지식물이 음지식물보다 더 민감하게 반응하는데, 적색광과 청색광에 대한 필터 역할을 하는 녹색 잎이 만드는 그늘에 특화되어 있어 다른 유형의 그늘에 의해서는 유도되지 않는다. 만약 수관 위로 자라거나 숲에서 나무가 쓰러져 수관의 틈이 생기면, 음지 회피와 빛에 대한 경쟁에서 벗어나게 된다.

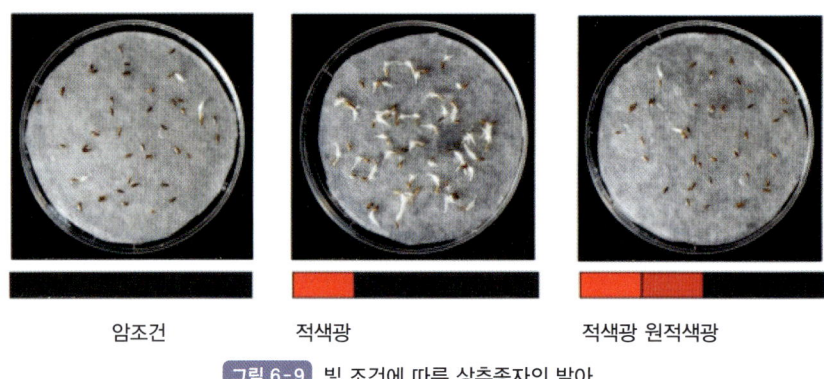

암조건 / 적색광 / 적색광 원적색광

그림 6-9 빛 조건에 따른 상추종자의 발아

(2) 청색광 광수용체

청색광 광수용체는 포토트로핀(phototropin), 크립토크롬이 보고되었으며, 공통적으로 청색광에서 자외선 A에 이르는 320~500nm의 파장에 반응하여 효과를 나타낸다.

크립토크롬은 청색광 광수용체로서 하배축의 신장 억제, 엽병의 신장억제, 안토사이아닌 생성, 일주기 시계에 동조와 같은 청색광 반응들을 매개한다. 크립토크롬은 3개의 유전자(Cry1, 2, 3)가 발견되었으며, Cry1은 일주기 현상과 같은 생체리듬을 조절하고, Cry2는 개화 유도에 주된 역할을 하는 것으로 알려져 있다. Cry3은 아직 정확한 기능이 밝혀지지 않았다. Cry1 및 Cry2는 핵과 세포기질에 존재하는데, 파이토크롬처럼 빛에 반응하여 핵으로 이동한다는 증거는 아직 없다. 그러나 파이토크롬과 유사한 측면은 청색광에 의해 크립토크롬이 활성화되면 핵에 있는 Cry1이 암형태형성을 매개하는 COP1 및 SPA1과 복합체를 형성하여 그들의 활성을 막고 광형태형성을 촉진하는 다른 전사인자들의 분해는 막는다는 점이다.

포토트로핀은 속씨식물에서 2개의 유전자(phot1, phot2)가 알려져 있으며, phot1은 기본적인 굴광성의 수용체이고, phot2는 고광도 빛에 의해 굴광성을 매개한다. 또 공통적으로 엽록체의 방향 전환, 기공 열림, 잎 확장 등의 반응을 유도하는데, 이는 식물의 광합성 효율을 최적화하기 위한 빛 의존적인 과정들이다.

포토트로핀은 하배축 신장의 신속한 억제 반응을 유도하는 반면, 크립토크롬은 장기적 억제를 매개한다. 또 청색광과 가까운 자외선의 영역인 UV-B(290~320nm)는 세포 독성 효과에 더하여 광형태형성을 유도하는 데 기여하는 것으로 알려져 있으며, 유전자 조절, UV-B 저항성, 플라보노이드 생합성, 하배축 생장 억제 등의 반응에 관여한다. UV-B의 광수용체인 UVR8은 파이토크롬, 크립토크롬, 포토트로핀과 달리 보조 발색단을 가지지 않는다.

최근 여러 연구에서 적색광과 청색광 광수용체의 상호협력 작용에 대한 단서가 밝혀지고 있으며, 특히 빛에 의한 줄기신장의 억제, 개화, 일주기 리듬의 조절과 밀접한 관련이 있다고 알려져 있다.

엽록체의 방향 전환

잎은 빛 조건의 변화에 따라 엽록체의 세포 내 분포를 바꿀 수 있다. 이는 빛 흡수 효율을 높이거나 빛에 의한 손상(photodamage)을 줄이기 위한 것으로 잎의 적응양상으로 볼 수 있다. 약한 빛에서는 엽록체가 잎의 책상세포의 위와 아래 세포벽 근처에 모여서(축적) 빛 흡수를 최대화하지만, 강한 빛에서는 빛 흡수를 최소화하고 빛에 의한 손상을 방지하기 위해 입사광에 평행한 측벽으로 이동(회피)한다. 포토트로핀은 이러한 반응에 관여하는데, 애기장대를 이용한 실험에서 엽록체의 축적 반응은 phot1과 phot2 모두 관여하고, 회피는 phot2가 주된 역할을 하는 것으로 알려져 있다.

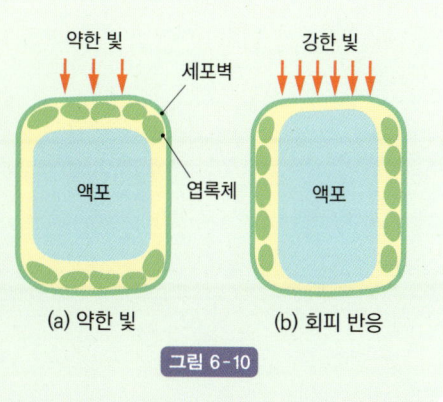

그림 6-10

　수목은 광합성으로 생명 유지에 필요한 에너지원을 저장하고 호흡으로 이를 사용한다. 이에 관계된 기관은 크게 엽록체와 마이토콘드리아로 이들은 산화환원 반응을 통해 물질의 에너지를 다양한 형태로 전환하고 이용한다. 엽록체에서 태양에너지를 통해 물과 이산화탄소를 탄수화물로 합성하고 산소를 방출하며, 이때 저장된 에너지는 모든 형태의 생명에 에너지원으로 작용한다. 광합성으로 만든 유기물은 세포질에서 먼저 분해가 이루어지며, 이후 마이토콘드리아에서 많은 양의 에너지로 전환되면서 각종 대사 과정에 유용하게 사용된다.

　광합성은 크게 명반응과 탄소고정 반응으로 구분할 수 있으며, 이는 각각 엽록체의 그라나와 스트로마에서 이루어진다. 또 탄소고정 양식에 따라 대부분의 수목이 포함된 C_3 식물의 탄소고정 과정을 이해하기 위해 초기 탄소고정 양식의 차이를 C_4 식물과 CAM 식물의 특징과 비교하여 이해할 필요가 있다. 호흡은 3단계로 이루어진 과정을 통해 ATP 생산 효율을 파악해야 한다. 결과적으로 수목이 각종 환경 조건에서 적절한 생명 활동을 유지하기 위해서는 광합성에 따른 에너지의 생산과 호흡의 결과인 에너지 소비가 균형 있게 유지될 필요가 있다.

　이 장은 광합성과 호흡에 관여하는 기구의 구조적 특징, 광합성과 호흡의 전반적인 과정, 광합성과 호흡에 미치는 여러 요인에 관해 중점적으로 다루고자 한다.

제7장

광합성과 호흡

이경철

———

7.1 광합성
7.2 호흡

7.1 광합성

광합성은 공기 중의 이산화탄소와 물을 원료로 하여 빛 에너지를 원동력 삼아 탄수화물을 합성하고 산소를 발생시키는 과정이다. 광합성은 녹색식물이 태양에너지를 수확할 수 있는 과정으로 현재 지구상의 생물은 광합성 과정에서 생성되는 산소와 탄수화물에 의존하여 살아가고 있다.

광합성 기작은 두 단계로 구분되는데, 명반응은 물의 산화를 통해 산소를 발생시키고, 빛 에너지를 화학에너지로 저장하기 때문에 엽록소가 있는 그라나에서 일어난다. 두 번째 단계인 암반응은 공기 중의 이산화탄소를 고정하고 이를 탄수화물로 환원시키는 과정으로 엽록소가 없는 스트로마에서 일어난다. 명반응에서 저장한 화학에너지는 암반응 과정에서 사용한다.

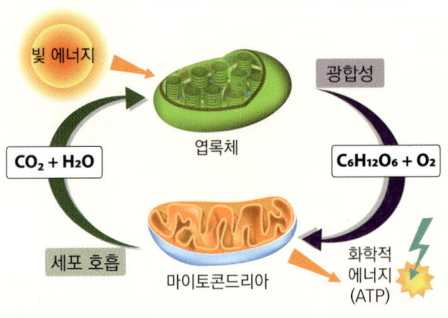

7.1.1 광합성 기구

(1) 엽록체

> ***엽록체의 발달**
> 식물세포는 동물세포에서 볼 수 없는 색소를 담고 있는 색소체(plastid)가 있으며, 대표적으로 엽록체, 전색소체(proplastid), 황색체(etioplast) 등이 있다. 전색소체는 미분화된 무색의 작은 원형(또는 원통형) 색소체로서 잎이 빛을 받아 성장하면서 엽록체로 발달한다. 황색체는 암처에서 자랄 때 형성되며 빛을 비추면 엽록체로 발달한다.

광합성이 일어나는 부위는 엽록체(chloroplast)로, 고등식물의 전형적인 엽록체는 지름이 3~10μm 정도 되는 반원 모양이다. 엽록체는 이중막으로 둘러싸여 있으며, 엽록체의 막에는 당지질(glycolipid)이 풍부하다. 엽록체는 내막과 외막 외에도 엽록체 내부에 타이라코이드(thylakoid)라고 하는 세 번째의 막체계가 발달되어 있으며, 타이라코이드가 중첩되어 동전더미처럼 쌓여 있는 부위는 그라나(grana)가 되고, 광합성의 광화학반응에서 중요한 역할을 수행하는 엽록소와 같은 광합성 색소와 단백질은 타이라코이드에 들어 있다.

인접한 그라나는 스트로마 타이라코이드(stroma thylakoid)라고 하는 비중첩된 막으로 연결되어 있다. 또 타이라코이드 내부 공간을 루멘(lumen)이라고 하고, 타이라코이드를 둘러싸고 있는 액상 부분을 스트로마라고 하는데 여기에는 지구상에서 가장 풍부한 효소인 루비스코를 포함하여 암반응에 필요한 다양한 효소가 들어 있다.

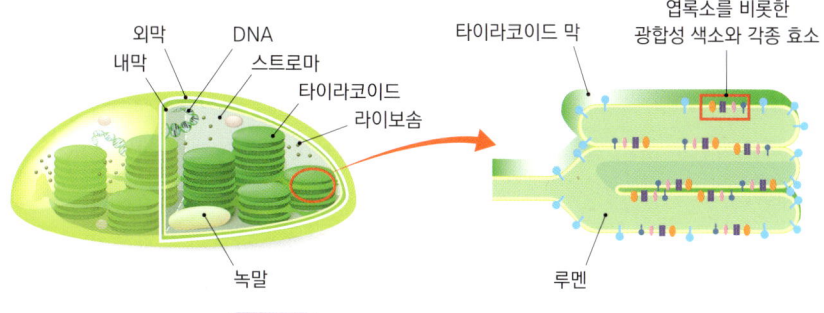

그림 7-1 엽록체와 타이라코이드 막의 구조

- 반응중심, 안테나의 색소-단백질 복합체 및 대부분의 전자전달 효소는 모두 내재성 막 단백질이다. 대부분의 내재성 막 단백질은 일부분은 스트로마 쪽을 지향하는 부위를 갖고, 다른 부분은 루멘의 수용성 지역으로 뻗어 있다.
- 루멘은 물이 분해되는 곳으로 광합성에서 생성되는 산소의 원천이 되며, 전자전달 과정에서 펌프된 ATP 합성에 사용될 양성자의 저장소로서 주 역할을 한다.

타이라코이드 막의 엽록소와 광수확 보조색소는 막 단백질과 비공유적인 방식으로 결합하여 엽록소-단백질 복합체(chlorophyll-protein complexes, CP 복합체)를 형성한다. 이들은 정교한 기하학적 배열을 통하여 안테나 CP 복합체의 에너지 전달과 반응중심의 전자전달 과정이 매우 효율적으로 일어날 수 있도록 최적화되어 있다.

(2) 광합성 색소

광합성을 하기 위해 빛 에너지를 흡수하는 색소를 광합성 색소라고 하는데 엽록소(chlorophyll)를 기본으로 하고 엽록소를 보조하여 빛을 흡수하는 카로티노이드(carotenoid)도 포함된다.

① 엽록소

엽록소는 지구상에서 가장 흔한 색소 중 하나로 포르피린(porphyrin) 고리가 있으며, 고리 중심에 마그네슘(Mg) 원자가 *배위결합되어 있고, 긴 탄화수소 꼬리의 파이톨(phytol)이 부착되어 있다. 이 소수성 꼬리는 그 주변의 소수성 부위에 엽록소를 고착시키며, 친수성인 고리 구조는 외부에 노출되어 있다. 고리 구조

*배위결합
두 원자가 공유결합할 때 결합에 관여하는 전자가 형식적으로 한쪽 원자에서만 제공되어 결합된 경우를 말한다.

는 몇몇 느슨하게 결합한 전자를 포함하며, 전자 전이(electronic transition)와 산화환원 반응(reduction-oxidation)이 유도된다. 엽록소에서 마그네슘 이온이 소실되면(마그네슘 원자가 2개의 수소 원자로 치환된 것) 녹색을 띠지 않는 페오피틴(pheophytin)이 되는데, 페오피틴은 초기 광합성 전자수용체로서 작용하며 엽록체에 천연으로 소량 존재한다.

엽록소는 가시광선 영역에서 청색광과 적색광을 흡수하고 녹색광을 반사하여 녹색을 띠지만, 속씨식물이 빛이 없는 곳에서 자라면 엽록소가 축적되지 않으며, 주로 카로티노이드 때문에 노란색을 띤다.

지금까지 엽록소는 엽록소 a, b, c, d, f가 알려져 있으며, 엽록소 a(청록색), b(황록색)는 녹색식물에 풍부하고, 엽록소 c, d, f는 일부 원생생물과 남세균에 존재한다. 엽록소 a와 b는 대부분의 화학 구조가 유사하지만, 엽록소 b는 엽록소 a의 메틸기(-CH₃)가 알데하이드(-CHO)로 대체된 구조를 보이고, 흡수 스펙트럼의 피크에서도 차이를 보인다. 이러한 차이는 흡수할 수 있는 파장 영역을 확장하여 빛의 이용 효율을 높이는 데 기여할 수 있다.

저에너지 상태 또는 바닥상태(ground state)의 엽록소는 광자를 흡수하여 들뜬상태(excited state)로 전이되는데, 이때 들뜬상태의 엽록소는 매우 불안정하여 4가지 과정으로 에너지를 처리한다.

먼저 들뜬 엽록소는 들뜬 에너지를 직접 열로 전환해 바닥상태로 복귀할 수

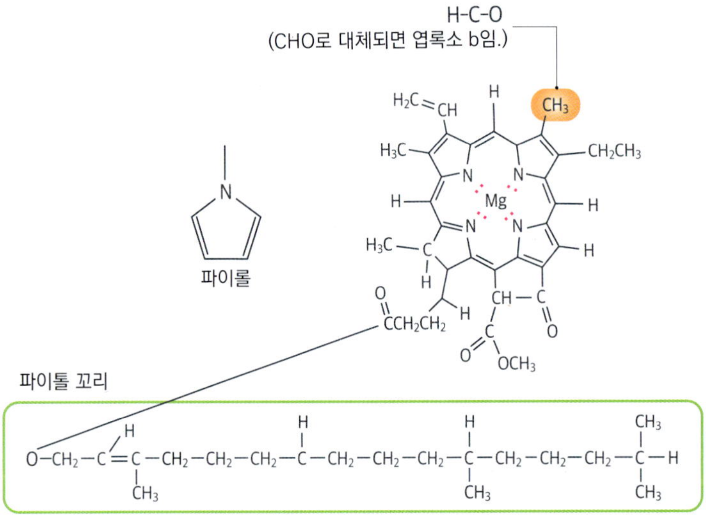

그림 7-2 엽록소 a의 화학 구조식

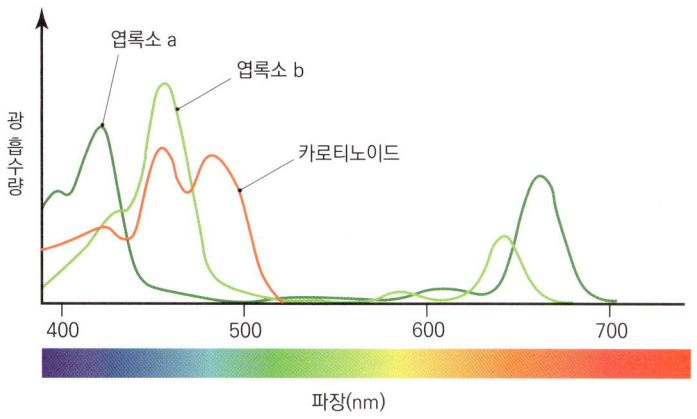

그림 7-3 광합성 색소의 흡수 스펙트럼 예시

있고, 두 번째로 엽록소는 다른 분자에 자신의 에너지를 전달시킬 수 있다. 또 형광에 의한 광자 방출로, 들뜬 엽록소가 광자를 재방출하여 바닥상태로 복귀하는 과정을 의미한다.

형광의 파장은 흡수 파장보다 약간 길어지는데(즉, 에너지는 낮아지는데) 이는 형광의 광자가 방출되기 전에 일부 에너지가 열로 소실되기 때문이다. 엽록소는 스펙트럼의 적색 부위에서 형광을 낸다. 마지막은 광화학(photochemistry) 반응으로 이 경우 들뜬상태의 에너지는 매우 빠른 속도로 화학반응을 일으키는데 이는 다른 에너지의 처리 과정과 경쟁하기 위해 필요한 것이다.

② **카로티노이드**

엽록소가 잘 흡수하지 못하는 녹색광 영역은 여러 유형의 카로티노이드가 흡수를 담당하는데, 이를 통해 식물이 가시광선 영역의 파장을 최대한 활용하여 광합성을 할 수 있다.

카로티노이드는 녹색을 띠는 엽록소와는 달리 400~500nm 영역을 흡수하여 주황색 계열을 나타내게 되는데 타이라코이드막의 필수적인 성분이며, 대체로 광합성 기구를 구성하는 많은 단백질과 밀접하게 결합되어 있다. 식물에 존재하는 대표적인 카로티노이드는 카로틴과 잔토필(xanthophylls)을 들 수 있다. 카로틴은 적황색을 띠고 잔토필은 담황색을 띤다. 가을에 노란색으로 물드는 단풍 역시 엽록소가 분해되면서 카로티노이드가 두드러져 나타나는 현상이다. 카로티노이드가 흡수한 빛 에너지는 광합성을 위해 엽록소에 전달되는데, 이런 역할에 따라 광합성 보조색소(accessory pigment)라고 한다.

그림 7-4 반응중심을 향한 에너지 전달

그림 7-5 노란색 단풍이 든 은행나무

카로티노이드는 광수확을 위한 광합성 보조색소 역할뿐만 아니라 높은 광에너지에 의해 엽록소가 파괴되는 광산화 작용을 막는 광보호 기능을 담당한다.

광화학반응으로 처리할 수 있는 양보다 더 많은 빛 에너지가 흡수되면(과도한 빛 에너지는) 엽록소의 일부를 삼중항 엽록소(^{3}Chl*)로 전환시키는데, 이는 산소와 반응하여 일중항 산소(singlet oxygen, $^1O_2^*$)를 발생시키면서 많은 세포의 성분, 특히 지질을 손상시킨다. 이때 카로티노이드는 자신이 삼중항의 들뜬 상태가(^{3}car*)되면서 삼중항 엽록소를 바닥상태로 만들고 자신은 열에너지를 방출한 뒤 바닥상태로 돌아간다.

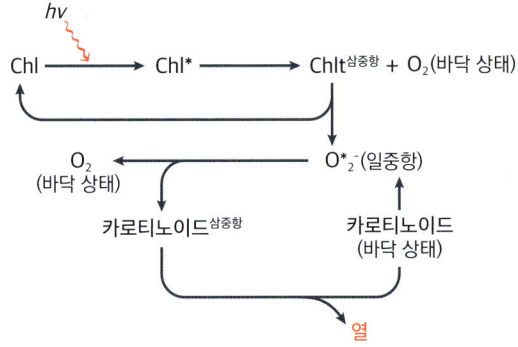

그림 7-6 카로티노이드의 광보호 기능

이 밖에도 광계 Ⅱ의 반응중심으로 전달되는 들뜬 에너지를 적정수준으로 조절하여 강한 광에 의한 손상으로부터 광합성 기구를 보호하는 비광화학적 형광소멸(non photochemical quenching)에 카로티노이드의 일종인 잔토필(xanthophyll)이 관여한다.

빛이 과도할 때 전자전달 과정을 통해 루멘이 산화되고(양성자 H$^+$가 집적되면서), 잔토필 3종류 중에서 제아잔틴(zeaxanthin)의 합성이 촉진된다. 즉 루멘에서 용해되어 있던 비올라잔틴(violaxanthin)이 다이에폭시화 효소에 의해 안테라잔틴(antheraxanthin)을 거쳐 제아잔틴으로 바뀌는데, 빛의 세기가 감소하면 그 과정은 역전되며, 이러한 과정을 잔토필 회로라고 한다. *광수확복합체(light-harvesting complex, LHC)에 양성자와 제아잔틴이 결합하면 입체구조의 변화가 일어나 열의 소산이 유도되는 것으로 알려져 있다.

잎의 경우 정오의 최대 광도에서 제아잔틴과 안테라잔틴은 전체 잔토필 회로

*광수확복합체(LHC)
광합성 색소는 단백질과 복합체를 이루고 있는데 안테나계 색소들과 단백질의 복합체를 광수확복합체(LHC)라고 하며, 반응중심과 단백질의 복합체를 반응중심복합체(CC, core complex)라고 한다. 광계 Ⅰ, Ⅱ는 각각 CC와 LHC를 가지며, 따라서 광계 Ⅰ은 CC 1, LHC 1, 광계 Ⅱ는 CC 2 LHC 2로 구분한다.

풀(pool)의 40%를 차지하며, 이는 과도한 빛 에너지 중 상당량이 열로 소산되어 광합성 기구의 소산을 방지한다. 양엽은 음엽보다 상당히 큰 잔토필 풀이 있어 과도한 빛을 더 많이 소산시킬 수 있다. 그럼에도 불구하고 산림에서 하층에 낮은 광도에서 자라는 식물 역시 수관의 틈으로 노출되는 광반(sunfleck)으로부터 광손상을 방지하기 위해 많은 양의 비올라잔틴이 제아잔틴으로 전환된다. 계절적 차이에서 보면 상록수의 경우 겨울철 빛의 흡수는 여전히 높게 일어나지만, 낮은 온도에 의해 광합성 속도는 매우 느리므로 하루 종일 제아잔틴을 높게 유지하여 과도한 빛으로부터 잎을 보호할 수 있다.

7.1.2 광합성 진행 과정

(1) 명반응

엽록소와 카로티노이드에 의하여 수집된 빛 에너지를 화학에너지(NADPH와 ATP)로 저장하는 단계로, 에너지전달 과정과 전자전달 과정으로 구분할 수 있다. 이러한 명반응을 이루는 거의 모든 화학적인 과정은 4개의 주요 단백질 복합체, 즉 광계 II, 사이토크롬 b_6f, 광계 I, ATP 합성효소에 의하여 수행된다.

① 빛 에너지 전달

많은 색소가 함께 모여 빛을 수집하는 안테나 역할을 하고 이 에너지를 반응중심 복합체(core complex)에 전달하는데 안테나에서의 에너지 전달은 순수한 물리적 현상으로 화학적 변화를 포함하지 않는다.

> **두 개의 광계(photosystem)?**
> • 광계 I과 광계 II
> 엽록체의 타이라코이드 막에는 광합성의 명반응을 위해 두 개의 광계가 존재한다. 광계 I의 반응중심 엽록소는 환원 상태에서 파장이 700nm의 빛을 잘 흡수하기 때문에 P700으로 불리며, 광계 II의 반응중심 엽록소는 파장이 680nm인 빛을 잘 흡수하기 때문에 P680으로 명명되었다. 광계 I은 그라나의 비중첩 부위에, 광계 II는 중첩 부위에 위치해 공간적으로 서로 떨어져 있으며, 광계 I에서는 $NADP^+$를 환원시킬 수 있는 강한 환원제와 약한 산화제가 생성되고, 광계 II에서는 물을 산화시킬 수 있는 강한 산화제와 약한 환원제가 생성되는 특징이 있다. 광계 II와 광계 I을 전자전달로 이어주는 사이토크롬 b_6f는 두 부위에 고루 분포해 있으며, ATP 합성효소는 루멘에 축적된 H^+를 스트로마로 이동시키는 과정을 통해 ADP에 인산기를 결합하여 ATP를 생성하는 역할을 한다. (실선은 비순환적 광인산화, 점선은 순환적 광인산화 경로를 나타낸다.)

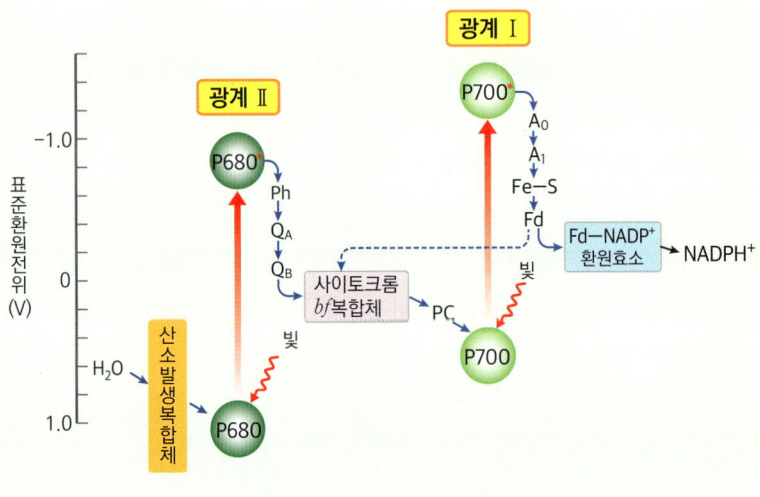

그림 7-7 광합성 전자전달의 Z 모식도

• 광계 간의 에너지 분배

고등식물이 광합성을 효율적으로 수행하기 위해서는 광계 I과 광계 II의 협력이 필요하다. 즉 환경 조건에 따라 빛의 세기나 빛의 파장별 특성이 어느 한 광계에 유리할 수 있으며, 과다한 에너지에 의해 광저해(photoinhibition)와 같은 광합성 기구의 안정성이 크게 나빠질 수 있다. 광저해는 과도한 들뜬 에너지가 광계 II의 반응중심의 불활성화와 손상을 주어 광합성 활성이 억제되는 것을 의미하며, 식물은 광계 간의 에너지 분배를 효율적으로 조절하여 광저해로부터 광계를 보호하고 광수확의 효율성을 높일 수 있다.

타이라코이드 막에는 LHC II 표면에 특이한 트레오닌(threonine) 잔기를 인산화시킬 수 있는 단백질 카이네이스(protein kinase)를 포함하는데, 이는 플라스토퀴논(전자수용체 일종)이 환원형으로 되면서 활성화된다. 광계 II로 에너지가 많이 분배될 경우 환원형 플라스토퀴논이 증가하여 광계 II와 느슨하게 결합된 LHC II가 인산화된다. 인산화된 LHC II는 음전하를 띠어 인접한 막의 음전하와 상호 반발하면서 타이라코이드 막의 중첩 부위에서 광계 I에 가까운 비중첩 부위로 이동하여 광계 I에 많은 에너지가 분배되도록 하는데, 이를 상태 2라고 한다. 이와 반대로 광계 I에 더 많은 에너지가 분배되면 LHC II가 중첩 부위로 되돌아오는데, 이를 상태 1이라고 하며, 식물은 환경 조건에 따라 상태 전이가 일어나 빛을 효율적으로 이용하는 에너지 분배를 수행하게 된다.

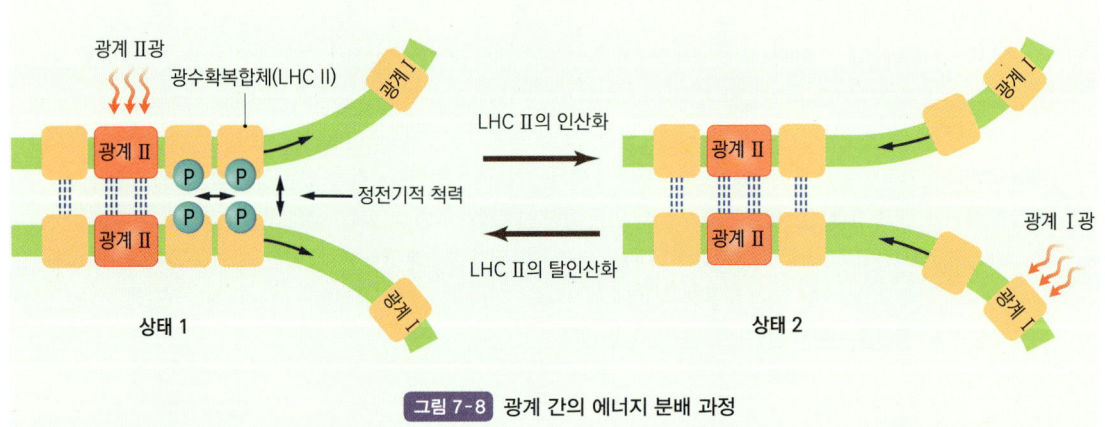

그림 7-8 광계 간의 에너지 분배 과정

반응중심 복합체는 반응중심 엽록소라고 하는 4~6개의 엽록소 a 와 단백질 및 보조인자로 구성되어 있는데, 반응중심 엽록소는 가장 긴 파장의 가장 낮은 에너지를 흡수하는 에너지 수용부이다. 예를 들면 650nm의 파장을 최대로 흡수하는 엽록소 b로부터 670nm의 파장을 최대로 흡수하는 엽록소 a 분자로 들뜬에너지가 전달될 때 이들 두 들뜬 엽록소 사이의 에너지 차이는 열로 방출된다. 또 반응중심은 1차 광화학 산화환원 반응이 일어나는 곳이기에 사실상 여기서 빛 에너지가 광화학 에너지로 전환된다.

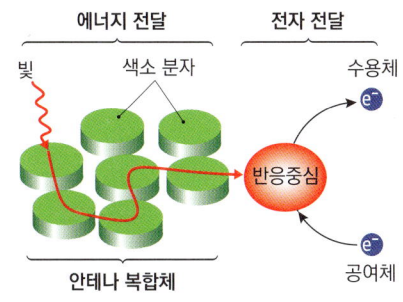

그림 7-9 빛 에너지에서 광화학 에너지로 전환 과정

에너지가 반응중심까지 전달되는 기작은 형광공명에너지 전이(fluorescence resonance energy transfer, FRET)라고 생각되며, 이때의 에너지 전달 효율은 매우 효율적으로 안테나 색소가 흡수한 광자의 약 95~99%가 반응중심으로 전달되어 광화학반응에 사용될 수 있다.

② 전자전달 과정

흡수된 빛 에너지에 의해 광계 II의 반응중심(P680)이 들뜬상태(P680*)가 되면 전자를 방출하는데 이를 전하분리라고 하며, 방출된 전자는 전자전달계로 불리는 일련의 과정을 거쳐 NADPH를 생성한다. 이때 광계 II의 반응중심은 H_2O로부터 전자를 받아 다시 환원되기 때문에 결과적으로 광계 II와 광계 I이 연결된 전자전달계에서 최초의 전자공여체는 물이며, 최종 전자수용체는 $NADP^+$라고 할 수 있다.

▶ 페오피틴에서 사이토크롬 b_6f 복합체

전자전달계에 진입한 전자는 먼저 초기 전자수용체인 페오피틴으로 전달되는데, 페오피틴은 곧바로 지용성 전자수용체인 2개의 플라스토퀴논(PQ_A, PQ_B)에 전자를 넘겨준다. PQ_A를 거쳐 PQ_B가 2개의 전자를 전달받으면 PQ_B^{2-}로 환원되는데 PQ_B^{2-}는 스트로마에서 2개의 양성자를 취해 완전히 환원된 플라스토하이드로퀴논(PQH_2)이 된다. 이때 PQH_2은 반응중심 복합체에서 떨어져 나와 막의 지용성 부위로 들어가는데, 여기서 사이토크롬 b_6f 복합체에 전자를 넘겨주게 된다.

▶ 사이토크롬 b_6f 복합체의 Q회로

PQH_2이 산화되면서 2개의 전자가 방출되는데, 하나는 광계 I을 향해 직선형 전자전달 흐름에 따라 이동하며, 다른 하나는 순환적 과정을 통과하여 막을 통해 펌프되는 양성자의 숫자를 증가시킨다. 먼저 직선형 전자전달의 경우 리스

케-철-황 단백질(FeS_R)을 거쳐 사이토크롬 f로 전자가 전달되며, 사이토크롬 f는 전자를 수용성 전자운반체인 플라스토사이아닌(PC)에 전달하여 광계 I의 P700을 환원시킨다. 순환적 과정의 경우 전자가 사이토크롬 b로 전달되는데 이때 2개의 양성자($2H^+$)가 먼저 루멘으로 방출된다. 이러한 과정이 2번 거치게 되면 플라스토퀴논이 스트로마에서 양성자 2개를 취하여 PQH_2으로 되면서 사이토크롬 b_6f 복합체에서 떨어져 나오게 되며, 최종적으로 4개의 양성자가 막의 스트로마에서 루멘으로 전달되고, 2개의 전자가 P700로 전달된다. 이러한 전반적인 과정을 Q회로라고 한다.

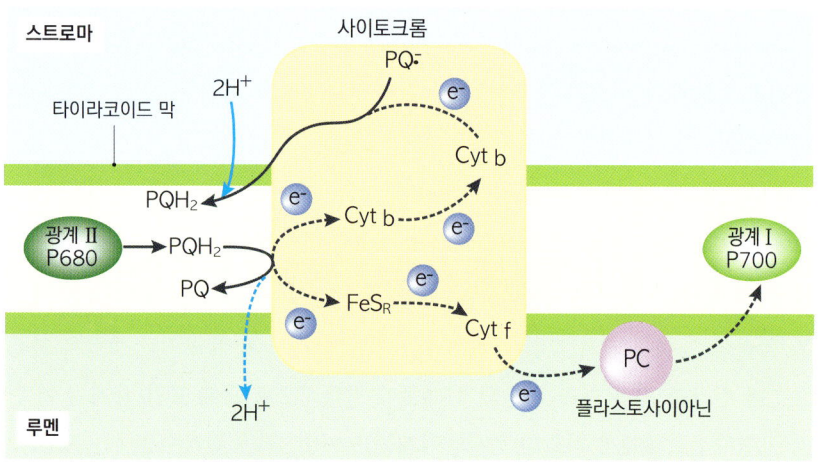

그림 7-10 사이토크롬 복합체의 2번째 Q회로 과정

▶ NADPH 생성

광계 I의 반응중심으로 전달된 전자는 퀴논을 통해 3종류의 FeS(FeS_X, FeS_A, FeS_B)를 거쳐 막의 스트로마 방향에 있는 수용성 페레독신(ferredoxin, Fd)으로 전달된다. 페레독신은 페레독신-NADP 환원효소에 의해 $NADP^+$를 스트로마에 있는 수소이온과 결합하여 NADPH로 환원된다. 광계 I에서 생성된 환원형 페레독신은 $NADP^+$ 환원 외에도 질산염의 환원에 관여하기도 하며, 전자를 PQH_2으로 전달하여 사이토크롬 b_6f 복합체를 거쳐 다시 광계 I의 반응중심(P700)으로 되돌아오게 하는 순환적 전자전달이 이루어지게도 한다.

▶ 산소의 발생

전자를 잃어버린(산화된) 광계 II의 반응중심은 다른 분자로부터 전자를 받아 재환원되는데, 이때 제공받은 전자는 물의 산화로부터 얻는다. 따라서 광계 II

는 강한 산화제를 생성하고, 광계 I은 NADP$^+$를 환원하므로 강한 환원제를 생산한다.

광계 II에서 물을 산화시키는 부분은 4개의 망가니즈 원자(Mn)가 결합된 산소발생복합체(oxygen-evolving complex, OEC)라고 하는 곳으로 루멘 쪽에 위치해 있으며, 화학반응식으로 보면 물 분자 2개가 산화되어 4개의 전자, 4개의 양성자(H$^+$)를 생성하고 더불어 산소(O_2) 1분자를 발생시키기 때문에 이러한 이름이 붙여졌다.

강한 광, 고온, 건조 등 스트레스는 OEC의 활성을 저해하여 전반적인 전자전달 과정에 손상을 입힌다. 이는 직접적으로 광합성 구조의 손상을 유발하거나 광합성 능력을 저해하면서 피해를 입힐 수 있다.

③ ATP 생성

사이토크롬 b_6f 복합체에서는 Q회로를 통해 스트로마로부터 루멘으로 양성자가 전달되며, 물의 산화를 통해 떨어져 나온 양성자 역시 루멘 방향으로 방출되면서 결과적으로 루멘 내부의 H$^+$이온 농도가 증가하게 된다. 이러한 조건은 타이라코이드 막을 경계로 막전위차를 발생시키고 수소이온 농도 기울기를 형성하면서 양성자가 스트로마로 돌아가려는 양성자 구동력이 발생한다. 이는 전기화학적 퍼텐셜을 형성하여 광계 I과 인접해 있는 ATP 합성효소에서 화학에너지의 일종인 ATP를 생성하게 된다. 즉 타이라코이드 막 내부와 외부의 이온 농도차와 전기퍼텐셜 차이가 ATP 합성에 필요한 자유에너지의 공급원이 되는 것이다. 이렇게 합성된 ATP는 빛에 의존적이므로 이를 광인산화라고 한다.

광계 II에서 광계 I로 전자가 이동하면서 연쇄적인 반응의 결과로 화학에너지를 생성하는 비순환적 광인산화와는 달리 순환적 광인산화는 광계 I만 관여하는 과정으로 ATP만 합성되고 NADPH와 산소는 생성되지 않는다.

즉 빛 에너지를 흡수한 광계 I의 반응중심(P700)이 산화되면서 방출한 고에너지 전자는 사이토크롬 b_6f에 전달된 후, 전자전달계를 따라 이동하여 광계 I의 반응중심으로 되돌아와 이를 다시 환원시킨다. 이 과정에서 방출된 에너지를 이용하여 ATP 합성이 일어난다.

순환적 광인산화는 ATP 합성을 증가시키고 과도한 빛 에너지로부터 광계가 손상되는 것을 방지하는 기능을 수행하는 데 기여한다.

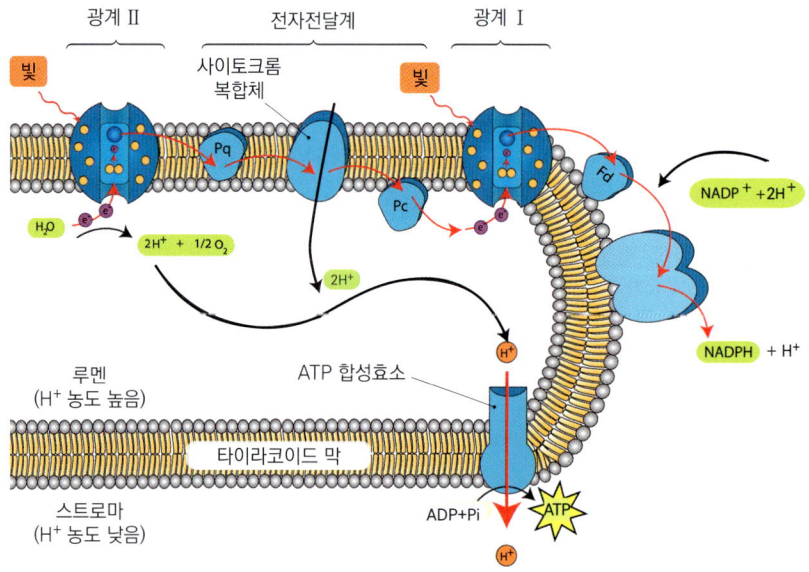

그림 7-11 타이라코이드 막에서 전자전달과 ATP 생성 과정

(2) 탄소 반응

광합성의 2번째 단계인 탄소 반응은 실제로 이산화탄소를 고정하여 탄수화물을 합성하는 과정이며, CO_2 분자는 NADPH로부터 수소이온(H^+)을 받아들이기 때문에 CO_2를 환원시키는 힘은 NADPH의 강력한 환원력에서 비롯된다.

이 과정은 빛이 없는 상태에서도 반응이 진행될 수 있다는 의미로 암반응(dark reaction)이라고 일컬어졌지만, 실제 탄소고정에 관여하는 여러 효소는 빛에 의해 활성화되므로 광합성의 탄소 반응(carbon reaction)으로 표현하는 것이 더 적절하다. 탄소 반응의 기작은 캘빈 회로(Calvin cycle) 또는 광합성 탄소 환원(photosynthetic carbon reduction, PCR) 회로라고 하는데, 모든 광합성 진핵생물에서 발견된다. 캘빈 회로는 엽록체에서 고도로 조직화된 3단계, 즉 카복실화 반응, 탄수화물 환원, RuBP 재생성으로 진행된다.

- **1단계**는 이산화탄소와 물이 효소에 의해 5탄당인 RuBP와 결합하여 3PGA 두 분자를 생성하는 반응이다. 이때 생성된 PGA가 탄소를 3개 가지고 있어 C_3 식물로 알려져 있다. 또 이 반응에서 이산화탄소 고정에 기여하는 효소가 지구상에서 가장 흔한 단백질로 알려진 루비스코(RuBisCO)이다.
- **2단계**는 3PGA를 환원시켜 탄수화물인 G3P(3탄당 인산)를 생성하는 과정으

로 광화학적으로 생성된 ATP와 NADPH에 의해 추진되는 효소 반응을 통해 이루어진다. 이때 생성된 G3P는 자당의 생합성을 위해 세포질로 수송된다.

- **3단계**는 5개의 G3P로부터 CO_2 수용체인 3개의 RuBP가 재생되어 대기 중 CO_2를 지속적으로 흡수할 수 있게 하는데 이때는 3개의 ATP가 필요하다.

즉 이러한 과정을 통해 대기 중의 이산화탄소가 완전히 환원되어 유기물로 전환된다.

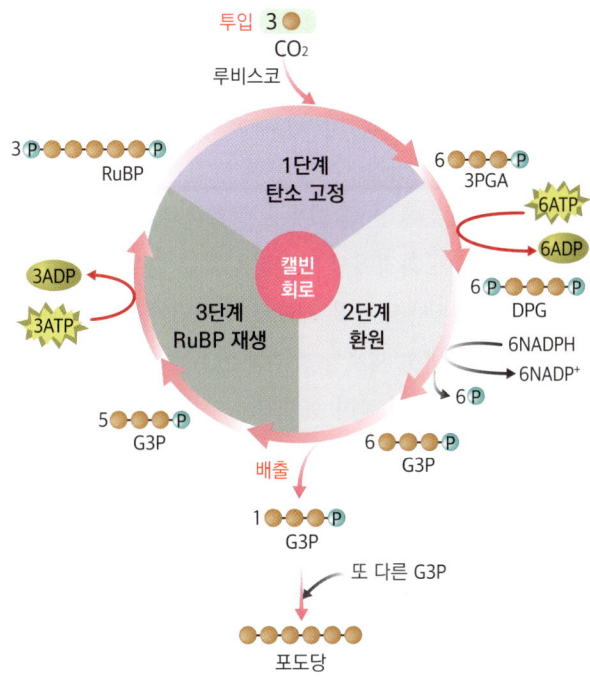

그림 7-12 광합성 과정의 캘빈 회로 3단계

광합성을 하는 녹색식물은 탄소 반응에서 CO_2를 고정하는 양식에 따라 크게 3가지 식물, 즉 C_3, C_4, CAM으로 구분한다. 특히 C_4와 CAM 식물군은 계통적으로 관련이 없는 식물이 환경에 적응하기 위해 독자적으로 진화한 결과 유사한 형태를 보이는 수렴진화(收斂進化, convergent evolution)의 예로 볼 수 있다.

① **C_3 식물**

지구상의 대부분 녹색식물이 이 그룹에 속하는데, 공기 중의 CO_2를 5탄당(탄소가 5개인 당류)이 붙잡아 탄소 숫자를 한 개 늘린 다음 3탄당 2분자 만들기 때문에 C_3 식물이라고 한다. 이때 CO_2를 붙잡아 화학 반응을 촉진시키는 효소를 루비스코(RuBisCO)라고 한다. 녹색식물은 대부분 잎에 이 효소가 있어 루비스코 효소는 지구상에서 가장 흔한 단백질에 해당하며, 초식동물에게 단백질을 제공하는 중요한 역할을 한다.

② C_4 식물

열대 지방에서 주로 자라는 옥수수, 사탕수수, 수수는 공기 중의 CO_2를 3개의 탄소를 가진 PEP에 고정하여 4개의 탄소를 가진 옥살로아세트산(oxaloacetic acid, OAA)을 만들기 때문에 C_4 식물군으로 구분한다. C_4 식물군은 잎에서 *관다발초 세포(vascular bundle sheath cell)가 발달하는 독특한 해부학적 특징이 있는데, 엽육 세포에서는 PEP(C_3)가 PEP 카복실화 효소에 의해 공기 중의 CO_2를 고정하여 OAA를 만들며, OAA는 말산(malic acid) 또는 아스파르트산(aspartic acid)으로 바뀐다. 생산된 말산은 원형질연락사를 통해 인접한 관다발초 세포로 이동하여 이곳에서 탈카복실화 효소에 의해 CO_2를 방출시키고 피루브산이나 알라닌과 같은 C_3산을 생성한다. 이 과정에서 방출된 CO_2는 캘빈 회로를 작동시켜 탄수화물을 생성하며, C_3산은 다시 엽육 세포로 수송되어 PEP로 전환된다. 이러한 구조와 대사 기작은 관다발초 세포가 충분한 CO_2를 저장하고 광합성을 매우 활발하게 하는 동안 기공을 통해 물이 소실되는 것을 줄일 수 있도록 적응한 것으로 광호흡도 효율적으로 줄일 수 있는 이점이 있다.

C_4 식물은 광합성 속도가 매우 빠르고 광호흡을 적게 하여 광합성 효율도 높다. 광도가 높고 열대 지방과 같이 기온이 30~35℃로 높을 때 광합성을 더 많이 하므로 생장 속도가 C_3 식물보다 빠르다. 지금까지 알려진 전체 식물종의 약 1%가 C_4 대사작용을 하는 것으로 알려져 있다.

*관다발초 세포

관다발을 둘러싸고 있는 유조직 세포로서 관다발초 세포의 엽록체는 층회된 그리니기 기의 발달되어 있지 않으며, 타이라코이드가 길게 늘어져 있는 모습을 보인다. 관다발초 세포와 엽육세포가 밀접하게 동심원 모양으로 배열된 구조를 크란츠 구조(Kranz anatomy)라고 한다. 크란츠 구조는 엽육세포의 대기 중 탄소 흡수와 관다발초 세포의 루비스코에 의한 CO_2 동화를 분리하고, 관다발초 세포에서 엽육세포로 CO_2가 누출되는 것을 제한하는 기능을 한다.

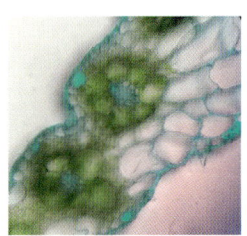

그림 7-13 관다발초 세포

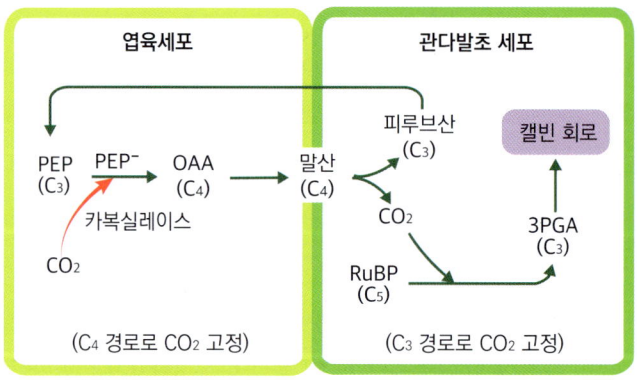

그림 7-14 C_4 식물군의 CO_2 고정 과정 하부체

③ CAM 식물

사막에서 자라는 다육식물(succulent)은 온도가 높고 수분이 부족하며, 낮과 밤의 일교차가 큰 환경에서 살아가므로 독특한 광합성 방식을 보인다. 이러한 기작은 돌나물과(Crassulaceae) 식물에서 처음 알려졌기 때문에 CAM(Crassulacean acid metabolism) 식물이라고 한다. CAM 식물은 건조한 사막에 살아가기 위해 낮에 기공을 닫고 밤에 기공을 열어 CO_2를 흡수·저장한다. CO_2를 고정하는 것은 C_4 식물과 거의 동일하지만, 낮과 밤에 따라 양상이 달라진다. 즉 밤에 기공을 열고 CO_2를 흡수하여 PEP 카복실화 효소에 의해 PEP에 고정하고, 4탄당인 OAA를 만든 다음 이것을 말산으로 전환하여 액포에 저장한다. 낮에는 기공을 닫은 상태에서 액포에 저장된 말산을 엽록체로 수송한 후 탈카복실화하여 CO_2를 방출시키고 캘빈 회로를 작동시키게 된다. 대기 중 CO_2와 결합하는 기질인 PEP는 밤에 녹말이 분해되거나 당이 해당과정을 거칠 때 생성된다. 결과적으로 대기 중 CO_2를 고정하는 과정과 C_4산의 탈카복실화 및 캘빈 회로로 CO_2를 재고정하는 과정이 C_4 식물은 공간적으로 구분되어 있는 데 반해, CAM 식물은 시간적으로 분리되어 있다는 점에서 큰 차이가 있다.

CAM 식물은 선인장이나 돌나물과 식물 외에도 바닐라와 같은 난초과나 파인애플과 식물에서도 발견된다.

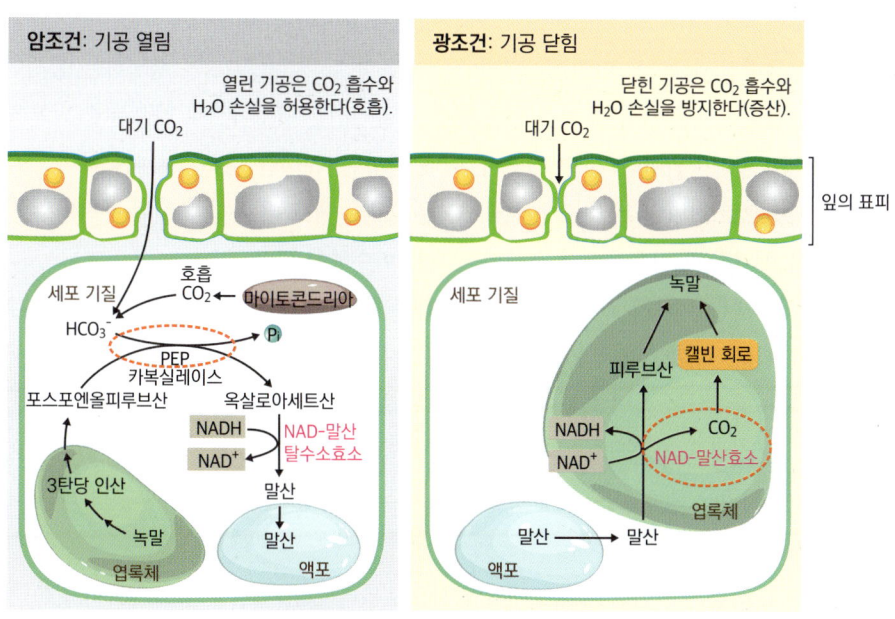

그림 7-15 CAM 식물의 CO_2 고정 과정

(3) 광호흡

광호흡(photorespiration)은 햇빛이 있을 때 잎에서 일어나는 호흡 작용을 의미하는데, 광합성 탄소 산화(photosynthetic carbon oxidation, PCO) 회로에 의해 작동하며 엽록체, 퍼옥시솜, 마이토콘드리아가 관여한다. 광호흡이 야간의 호흡과 다른 점은 광호흡은 잎에서 햇빛이 있을 때만 일어나며, 광합성으로 초기에 생산한 물질의 일부가 분해된다는 것이다.

PCO 회로는 광합성 탄소 환원(photosynthetic carbon reduction, PCR) 회로와 마찬가지로 루비스코에 의해 촉매되는데 이는 루비스코가 RuBP의 카복실화 반응과 더불어 산소화 효소 반응(oxygenase)도 촉매하는 양기능성 성질이 있기 때문이다. 이러한 특성으로 리불로스-1,5-이인산 카복실레이스-옥시게나제라는 명칭을 붙게 되었으며, 줄여서 RuBisCO라고 부른다.

엽록체에서 루비스코에 의해 RuBP(C_5)에 산소 첨가 반응이 일어나면 3PGA(C_3)와 P-글리콜산(C_2)이 생성된다. 이때 P-글리콜산(C_2)은 탈인산화되어 글리콜산으로 전환된 뒤 퍼옥시솜으로 이동하여 글리옥실산과 과산화수소로 산화된다. 과산화수소(H_2O_2)는 다른 화합물을 쉽게 산화시켜 파괴할 수 있는 반응성이 높은 물질이므로 퍼옥시솜에서 풍부하게 존재하는 *카탈레이스(catalase)에 의해 분해된다. 글리옥실산은 글리신(glycine)으로 전환되는데 이 과정에서 글루탐산(glutamic acid)이 아미노기 공급원으로 관여하게 된다.

글리신(glycine)은 마이토콘드리아로 이동한 뒤 세린(serine)을 생성하는 동시에 이산화탄소와 NH_4^+를 방출한다. 따라서 글리신은 광호흡으로 나오는 CO_2의 직접적인 배출원이라 할 수 있으며, 이때 생성된 NH_4^+는 엽록체로 이동하여 글루타민으로 전환된 뒤 질소대사에 재사용되므로 세포 내 독성 물질이 축적되는 것을 방지하고, 광호흡에서 소실된 질소를 회수하게 된다.

또 세린은 다시 퍼옥시솜을 거쳐 최종적으로 엽록체에서 인산화되어 3PGA로 된다. 즉 광호흡은 RuBP의 산소화 반응을 통해 소실된 탄소를 PCO 회로를 통해 회수하여 캘빈 회로에 재사용할 수 있도록 한다.

C_3 식물은 광합성으로 흡수한 CO_2의 약 75%를 PCO 회로를 통해 회수하고, 25%가량을 광호흡을 통해 방출하며, 이는 야간의 호흡보다 2~3배 더 빠른 속도로 진행된다.

C_4 식물은 관다발초 세포에서 말산으로부터 CO_2가 방출되어 세포 내 CO_2가 고농도를 유지하게 되는데 이는 CO_2가 루비스코에 결합할 때 산소(O_2)와의 경쟁

---

*카탈레이스

과산화수소는 활성 산소종(ROS)의 일종으로 세포의 파괴와 노화를 촉진한다. 카탈레이스는 과산화수소를 물과 산소로 바꾸는 효소로서 일종의 해독작용을 수행하며, 퍼옥시솜에 풍부하게 존재하여 단백질의 결정상의 격자를 형성하기도 한다.

에서 유리한 조건을 제공하면서 광호흡을 억제한다. 따라서 광합성 속도가 C_3 식물보다 매우 빠르며, 이는 C_4 식물군이 빠른 생장속도를 나타내는 데 직접적인 영향을 끼친다.

식물이 광호흡을 하는 이유에는 여러 가지 해석이 있는데, 질소 대사에 기여하며 잎의 광산화를 방지하기 위한 안전장치 역할을 하는 것으로 추측된다.

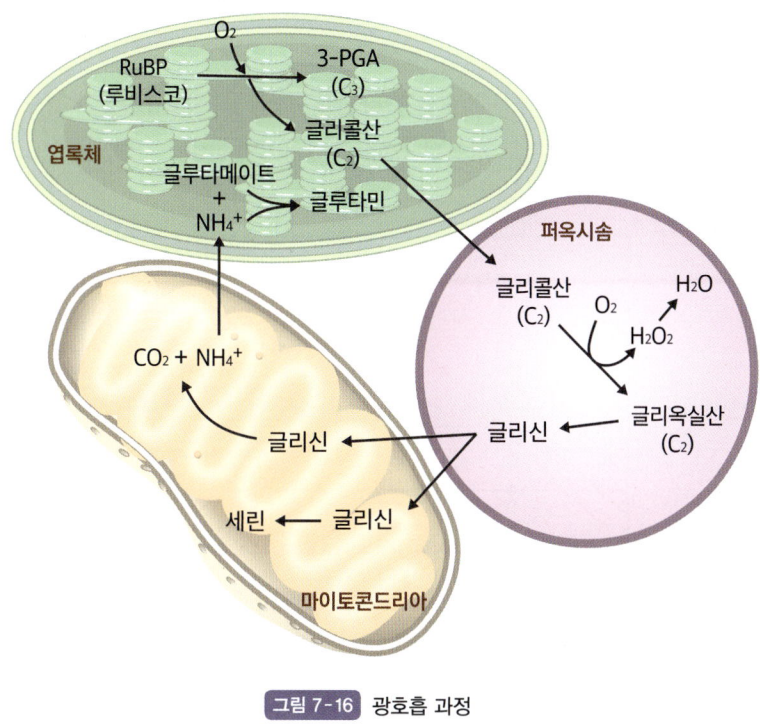

그림 7-16 광호흡 과정

7.1.3 수목의 광합성에 미치는 요인

잎의 순 광합성은 광도, 대기 중 CO_2 농도, 온도, 수분 상태, 양분 상태, 잎의 발달과 형태 등 여러 가지 내적, 외적 요인에 영향을 받는다.

(1) 광도

광도 변화에 따른 수목의 광합성 반응은 광-광합성 곡선을 통해 알 수 있다. 빛이 없는 암흑 상태에서는 CO_2가 방출되는 암호흡(dark respiration)만 이루어진다. 이때 광도가 증가하면 호흡 작용으로 방출하는 CO_2양과 광합성으로 흡수하는 CO_2양이 일치하는데, 이때의 광도를 광보상점(light compensation point)이라고 한다. 광보상점 이상의 광도에서는 광도에 비례하여 광합성 속도가 증가하다가 광도가 증가해도 더 이상 광합성량이 증가하지 않는 포화 상태의 광도에 도달하는데, 이때의 광도를 광포화점(light saturation point)이라고 한다. 또 곡선의 직선 부분에서 기울기는 잎에 대한 광합성의 순 양자수율(純陽子收率, apparent quantum yield)을 나타낸다.

광보상점과 광포화점은 수목의 종류와 잎의 위치 등에 따라 각각 다르며, 일반적으로 햇빛을 많이 받으며 자란 양엽은 음엽보다 광보상점과 광포화점이 높고, 양수가 음수보다 더 높은 경향을 나타낸다. 특히 음수는 양수보다 광보상점이 낮아 빛이 약간만 있어도 광합성을 할 수 있어 빛이 부족한 환경에서도 자랄 수 있다.

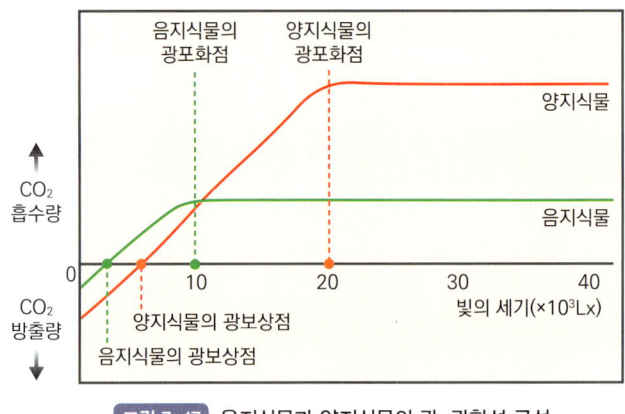

그림 7-17 음지식물과 양지식물의 광-광합성 곡선

(2) 이산화탄소

최근 기후변화에 따라 대기 중 CO_2 농도는 매년 1~3ppm씩 증가하여 최근에는 약 420ppm에 이르는 것으로 보고되었다. 대기 중의 CO_2는 잎의 기공을 통해 세포 내 공간을 이동하여 엽록체로 들어온다.

광-광합성 곡선에서는 광포화점 이상에서는 더 이상 광합성이 증가하지 않는데, 이는 광합성 과정에서 요구하는 CO_2의 공급이 제한적이기 때문이다. 만약 적절한 광도와 수분 공급이 이루어지는 환경에서 주변의 공기에 CO_2 농도를 높이면, 일반적으로 광합성이 증가하고 생산성이 높아진다. 엽육세포 간극 내 CO_2 분압(C_i)에 따른 광합성 속도의 반응 곡선을 통해 C_i 농도가 매우 낮을 때 광합성으로 고정되는 CO_2보다 호흡으로 생산되는 CO_2의 양이 더 많으므로 잎에서 CO_2가 방출된다. 이때 C_i를 점차 증가시키면 광합성과 호흡이 서로 균형을 이루어 잎으로부터의 CO_2 순 유출(net efflux)이 0이 되는 CO_2 보상점(CO_2 compensation point)에 도달한다. 다소 낮은 CO_2 농도에서는 루비스코의 카복실화 능력에 의해 제한받는 반면, CO_2 수용체인 RuBP의 공급은 충분하다. 그러나 높은 CO_2 농도는 루비스코의 카복실화 능력보다 RuBP의 재생성 능력이 광합성을 제한하는 요인이 된다.

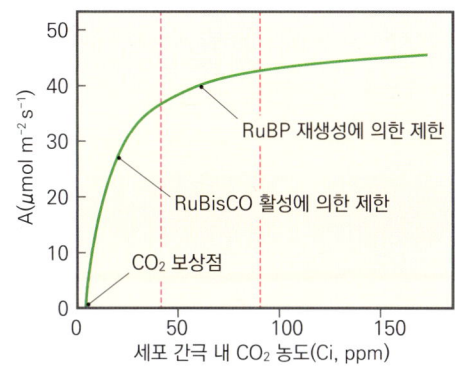

그림 7-18 세포간극 내 CO_2 농도에 따른 순 광합성 속도 변화

(3) 온도

적정한 잎 온도를 유지하는 것은 광합성과 호흡의 균형을 통해 원활한 생장을 이루는 데 매우 중요하다. 수목의 광합성은 대체로 0℃ 부근에서부터 40℃까지의 범위에서 일어나며, 최적 온도를 기준으로 이보다 온도가 높거나 낮으면 광합성량은 줄어든다. 수종마다 최적 온도가 다른데, 온대 수종은 대체로 15~25℃에서 가장 높은 광합성량을 보인다. 햇빛에 노출된 양엽의 최적 온도(약 25℃)가 그늘에 있는 음엽의 최적 온도(약 20℃)보다 높다. 열대지방 수종의 최적 온도(30-35℃)는 온대 수종보다 높고, 추운 곳에 자라는 고산성 수종은 영하 6℃에서도 광합성이 가능하고 광합성 최적 온도가 15℃에 가깝다. 같은 수종이라도 해발 고도가 높아 더 추운 곳에 있는 나무는 최적 온도가 낮아진다. 발삼전나무는 해발 고도가 100m 증가함에 따라 온도가 0.9℃씩 내려간다. 기온이 높아짐에 따라 광합성 효율이 저하되는 것은 광합성 자체가 감소하면서 암호흡량뿐만 아니라 광호흡도 증가하기 때문이다.

(4) 수분 부족과 수분 과다

수분 부족에 따른 스트레스는 기공을 닫게 하고, 이는 광합성을 위한 CO_2의 공급을 감소시키는 요인이 된다. 수분 부족에 따른 스트레스에 의해 세포의 팽압이 감소하면 잎의 확장도 감소하며, 광합성을 할 수 있는 잎의 표면적을 감소시키는 결과를 가져온다. 테에다소나무 묘목은 수분퍼텐셜이 -0.4MPa이 되면 광합성이 감소하기 시작하고, -1.1MPa에서는 거의 중단되는 경향을 보인다. 수분 과다는 토양 내 산소 공급을 차단하여 뿌리호흡을 방해하므로 수종에 따라 시기적인 차이를 보이지만 광합성은 감소한다.

(5) 잎의 발달과 형태

잎이 활발하게 생장하고 발달하는 동안과 나이가 들어 노화가 진행되는 동안에 잎의 광합성은 큰 차이를 보인다. 즉 발달 중인 잎은 잎의 광합성 능력도 점차 증가하여 성숙한 잎은 어린잎보다 광합성을 더 많이 한다. 이는 성숙한 잎이 세포당 더 많은 엽록체 수, 두꺼운 잎, 두꺼운 책상조직, 높은 루비스코 효소의 활동이 있기 때문이다. 또 잎은 발달 중에 크기를 확장시키기 위해 자신이 생성한 탄소를 자체적으로 사용하는 수용부(Sink)로서 기능을 한다. 그러나 잎이 성숙한 후 점차 노화되면, 엽록소와 광합성 효소가 점차 소실되어 점진적인 퇴행이 나타나며, 이때 잎의 광합성 능력은 감소한다.

수목의 일차 순생산력은 수관 구조에 따라 현저하게 영향을 받는다. 즉 줄기 끝에서 태양 빛에 완전히 노출된 잎은 더 아래쪽에서 그늘에 오랫동안 달린 잎보다 광합성을 많이 한다. 수관 중 가장 그늘진 곳은 하루 중 대부분이 광보상점 이하로 적게 빛을 받는데, 이 경우 오히려 호흡으로 인하여 탄소를 획득하는 데 큰 손실이 발생한다.

(6) 양분과 오염물질

일반적으로 물, 영양분, 빛 등 양호한 환경조건에서 잎의 광합성 능력은 가장 높다. 잎에 필요한 필수 원소가 결핍되면 광합성이 감소하지만, 특히 질소 공급의 제한은 잎의 광합성 감소와 관련이 깊다. 이는 엽록소와 광합성 전자전달계, 탄소 대사에 관여하는 모든 효소가 질소를 기본 구성요소로 가지기 때문이며, 결과적으로 질소는 수목의 1차 생산력에 결정적인 역할을 한다. 이와 더불어 이산화황, 질소 산화물, 오존 및 중금속과 같은 오염물질과 병원균의 침투 등도 광합성을 감소시키는 데 관여한다.

7.2 호흡

> 모든 생물은 생명현상을 유지하는 데 에너지가 필요하다. 식물은 필요한 에너지를 직접 광합성을 통하여 저장하지만, 동물은 식물이 저장해 놓은 에너지를 섭취하여 이용한다는 점에서 차이가 있다. 그러나 식물과 동물 모두 저장된 에너지를 사용하려면 에너지를 가진 유기물을 산화시켜 에너지를 발생시키는 일련의 대사 과정을 거쳐야 하며, 이러한 과정을 호흡이라고 한다.

7.2.1 에너지 생산과 역할

호흡에 사용하는 유기물 분자인 기질(substrate)은 탄수화물, 지질, 단백질을 들 수 있지만, 그중에서도 호흡에 가장 효율적으로 쓰이는 기본물질은 6탄당인 포도당(glucose)이다. 최종적으로 포도당 1분자가 산소 6분자와 결합하여 각 6분자의 이산화탄소와 물로 분해되는데, 포도당 1몰당 686kcal의 에너지를 방출한다. 이 경우 산소가 있어야 하므로 호기성 호흡(aerobic respiration)이라고 한다.

$$C_6H_{12}O_6 + 6O_2 \longleftrightarrow 6CO_2 + 6H_2O + 에너지(686kcal/mol)$$

위 반응식에서 광합성은 외부로부터 에너지와 CO_2가 투입되고 O_2를 방출하여 포도당을 환원하는 과정이지만, 호흡은 포도당을 CO_2로 산화시켜 에너지를 방출하고, 이때 O_2는 최종 전자수용체로서 전자와 수소를 이용해 물로 환원되는 과정으로 광합성의 역반응임을 알 수 있다.

이러한 반응은 포도당에 저장된 에너지가 조효소인 ATP 형태로 변형되어 일시적으로 저장되는 과정이다.

두 반응 모두 일련의 효소에 의해 이루어지는 대사 과정으로 ATP를 생성하고 전자를 전달하기 위해 막에 전자전달계가 존재한다. 그러나 광합성은 전자전달을 위해 $NADP^+$가 사용되지만, 호흡은 NAD^+, FAD가 사용되며, 광합성은 ATP 생성을 위해 빛 에너지를 요구하므로 낮에만 일어나고, 호흡에 의한 ATP 합성은 밤낮 구별없이 진행된다. 또 광합성의 명반응에서 생성된 ATP는 캘빈 회로에서 탄수화물을 환원하기 위해 사용되지만, 호흡과정을 통해 생성된 ATP는 식물의 생활사에서 에너지를 요구하는 여러 가지 대사 과정(호흡과정을 포함하여)에 에

전자운반체(NAD^+와 FAD)
크레브스 회로에서 $NAD\pm$와 FAD는 탈수소 효소의 조효소로 전자운반체 역할을 한다. 즉 탈수소 효소에 의해 방출된 수소원자를 이용해 $NAD\pm$는 2개의 전자와 1개의 양성자(H^+)를 수용하여 각각 NADH로 환원되고, FAD는 2개의 전자와 2개의 양성자를 수용하여 $FADH_2$로 환원된다.

너지를 공급해 주는 수단이 되며, 광합성은 엽록체를 지닌 세포에만 한정된 과정이지만 호흡은 살아 있는 모든 세포가 공유하는 과정이다.

식물의 생명현상을 유지하는 데 필요한 에너지는 다음과 같은 활동에 사용된다.
① 세포의 분열, 신장 및 분화
② 무기 영양소의 흡수
③ 탄수화물의 이동과 저장
④ 대사 물질의 합성, 분해 및 분비
⑤ 기공의 개폐, 원형질 유동과 같은 기계적 활동

7.2.2 호흡작용의 기작

호흡은 매우 복잡한 화학 반응이지만 크게 해당과정(glycolysis), 크레브스 회로(Krebs cycle), 전자전달계의 3단계로 구분할 수 있으며, 각각의 과정은 독립적이면서도 상호 의존적인 과정이다. 호흡작용이 여러 단계로 나누어서 일어나므로써 자유에너지의 방출을 조절하여 물질대사에 유용한 형태로 보존할 수 있게 한다.

(1) 해당과정

해당과정은 세포 기질(cytosol)에서 진행되며, 6탄당의 포도당과 과당이 크레브스 회로의 산화를 위한 기질인 3탄당의 피루브산(pyruvate, $C_3H_4O_3$)으로 전환되는 과정이다. 이때 피루브산 외에도 소량의 ATP와 NADH를 생성하는데 포도당 1분자는 피루브산 2분자로 분해되며, 이 과정에서 NADH 2분자와 ATP 2분자가 생성된다.

해당과정은 산소가 필요 없는 반응이지만 궁극적으로 최종적인 전자수용체인 산소가 공급되지 못하면 피루브산이 크레브스 회로와 전자전달계를 거치는 일련의 반응을 진전시킬 수 없다. 이 경우 마이토콘드리아에서 일어나는 호흡과정은 정지되고 피루브산이 계속된 환원을 통해 젖산과 알코올을 생성하는 발효(fermentation)로 전환된다. 발효에서 ATP 생성률이 낮음에도 불구하고 이때 생성된 ATP는 식물에 필요한 에너지를 제공하는 데 기여한다. 즉 침수된 토양의 뿌리처럼 산소 분자를 이용할 수 없을 때 세포의 주요한 에너지원이 될 수 있다.

실제 해당과정은 색소체(예를 들면 엽록체)의 전분이 분해되어 세포 기질에서 포도당의 형태로 공급되거나 세포 기질 내 존재하는 설탕이 포도당과 과당으로 분해되어 해당 경로에 진입하면서 이루어지는데, 비광합성 조직에서는 설탕이 수송되는 주요한 당이므로 설탕이 식물 호흡에서 진정한 기질로 볼 수 있다. 종자의 저장에너지를 주로 지질의 형태로 저장하는 식물(피마자나 해바라기 등)은 포도당에서 피루브산이 형성되는 해당과정을 반대 방향으로 운용하여 당을 합성하기도 한다. 즉 종자 내 지질을 설탕으로 전환한 뒤 이를 유식물이 자라는 데 이용한다.

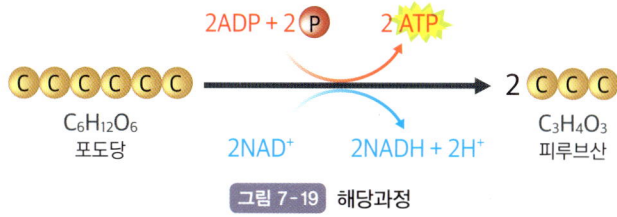

그림 7-19 해당과정

(2) 크레브스 회로

호흡의 두 번째 단계인 크레브스 회로(Krebs cycle)는 세포질에서 해당과정을 통해 생성된 피루브산이 마이토콘드리아의 기질(matrix)로 들어오면서 시작된다. 먼저 피루브산은 *탈수소효소(dehydrogenase)에 의한 산화 반응으로 아세트산과 NADH로 전환되고, CO_2를 발생시키는데, 이때 아세트산은 CoA(coenzyme A)와 결합하여 아세틸-CoA를 형성한다. 아세틸-CoA는 옥살산(OAA, oxalic acid)과 결합하여 시트르산을 형성하고 이후 일련의 과정에서 탈탄산효소와 탈수소효소의 작용으로 CO_2와 수소를 방출하여 최종적으로 피루브산 2분자(포도당 1분자에서 유래한)가 CO_2 6분자와 NADH 8분자 그리고 $FADH_2$ 2분자, ATP 2분자를 생성한다. 이 과정에서 중요한 생성물이 시트르산이므로 시트르산 회로 또는 TCA 회로(tricarboxylic acid cycle)라고도 한다.

해당 작용과 크레브스 회로에서 ATP는 기질 수준 인산화로 만들어지는데, 기질 수준의 인산화는 유기물 분자(호흡 기질)에 있던 인산기가 효소의 작용으로 ADP로 전해져 ATP가 생성되는 방법이다.

*탈수소효소
기질에서 수소를 제거해 전자 수용체에 전달하는 반응을 촉매하는 효소이다. 크레브스 회로에서는 시트르산 탈수소효소 등 여러 탈수소효소가 관여하는데 시트르산이나 석신산, 말산 등 기질을 산화시켜 전자수용체(NAD^+, FAD)에 수소와 전자를 결합시키고 최종적으로 NADH와 $FADH_2$가 환원된다.

(3) 전자전달계의 산화적 인산화

세포호흡의 마지막 단계로 세포호흡에서 얻어지는 대부분의 ATP는 이 단계에서 생성된다. 해당 과정과 크레브스 회로에서 생성된 NADH나 $FADH_2$는 마이토콘드리아 내막에 있는 전자전달계에 고에너지 전자를 전달한다. 이 고에너지 전자는 전자전달계를 구성하는 여러 전자운반체의 산화환원 반응을 거쳐 최종 전자수용체인 O_2에 전달되는데, 이 과정에서 방출되는 에너지를 이용하여 ATP가 생성되며, 이를 산화적 인산화라고 한다. 만약 산소가 공급되지 못하면

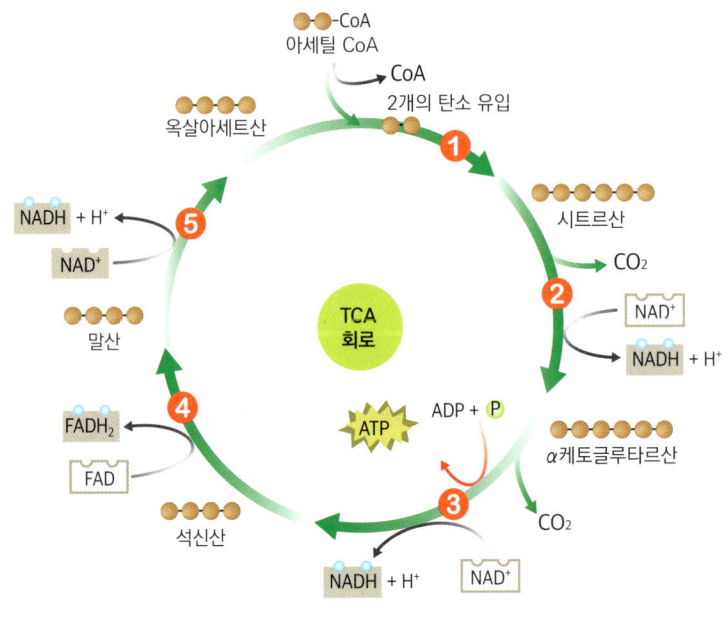

그림 7-20 크레브스 회로

NADH나 FADH$_2$가 재산화될 수 없어 호흡과정이 중지된다.

식물의 전자전달계는 동물의 마이토콘드리아에서 발견되는 것과 동일한 전자운반체의 집합체로 크게 4종류의 막 관통 단백질 복합체(I-IV)로 구성되어 있으며, 마이토콘드리아 내막에 들어있다. 전반적인 과정은 NADH는 NADH-탈수소효소에 의해 산화되면서 전자는 사이토크롬 복합체 I을 거쳐 유비퀴논(ubiquinone)에 전달되고, 양성자는 내막에서 막간 사이 공간으로 펌프된다. 사이토크롬 복합체 II는 석신산 탈수소효소에 의해 석신산을 산화시키는데, 이때 발생하는 전자는 FADH$_2$을 거쳐 역시 유비퀴논에 전달된다. 전자를 받아 환원된 유비퀴논(유비퀴놀)은 사이토크롬 복합체 III에서 산화되어 전자를 사이토크롬 c에 전달하며, 사이토크롬 c는 전자를 사이토크롬 복합체 IV까지 운반하는 이동성 운반체 역할을 담당한다. 사이토크롬 복합체 IV는 사이토크롬 c 산화효소이며, O$_2$를 4개의 전자로 환원시켜 2H$_2$O를 생성한다.

NADH와 FADH$_2$에서 산소까지 전자전달은 마이토콘드리아 내막을 가로지르는 양성자의 수송과 짝지어지며(복합체 I, III, IV에서 일어남), 이는 전기 화학적 양성자 기울기를 생성하여 ATP합성을 위한 구동력을 제공하고 생성한 ATP를 외부로 수송하는 데도 사용된다.

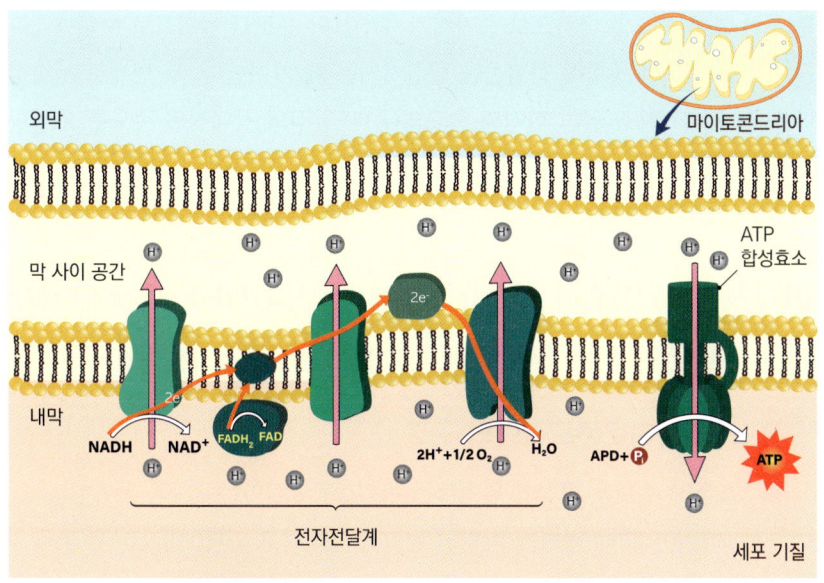

그림 7-21 마이토콘드리아 내막의 전자전달 과정

(4) 전자전달계에서 대체 산화효소에 의한 비인산화 과정

사이토크롬 복합체 Ⅳ인 사이토크롬 c 산화효소는 사이안화물(CN^-), 일산화탄소(CO), 아지드(N_3^-)에 의해 억제된다. 동물은 이 세 가지 억제제가 호흡에 의한 산소 흡수가 완전히 억제되지만, 대부분 식물조직은 이 억제제에 대해 상당한 저항성을 보인다. 이러한 사이안화물 저항성 호흡은 대체 산화효소(alternative oxidase, AOX)에 의해 작동하는데 대체 산화효소는 마이토콘드리아 전자전달계의 구성요소로서 사이토크롬 복합체를 통해 전자가 전달되는 주요 경로를 우회하여, 유비퀴논으로부터 최종 전자수용체인 산소로 전자를 직접 전달하는 과정(대체 경로)을 촉매한다. 즉 전자는 ATP 생성을 위해 일반적으로 거쳐야 하는 사이토크롬 복합체 Ⅲ과 사이토크롬 복합체 Ⅳ 경로를 거치지 않게 된다. 따라서 유비퀴논과 산소 사이의 대체 경로에는 에너지 보존 부위가 없으므로 전자가 대체 경로를 통하여 우회될 때 정상적으로는 ATP로 저장되어야 할 자유에너지가 열로 방출되며, ATP 생성 측면에서 보면 수율이 저하된다고 볼 수 있다.

식물이 호흡에서 에너지 낭비적인 과정으로 보이는 대체 경로를 가지는 생리적 기능은 지금까지 명확하게 규명되지는 않았지만 크게 세 가지 측면에서 역할하는 것으로 보고 있다. 먼저 열발생 기능을 들 수 있는데 천남성과(Araceae)에 속하는 몇몇 종은 수분(pollination)이 일어나기 직전에 화서의 일부에서 대체 경로를 통한 호흡 속도를 극적으로 증가시켜 주변보다 온도를 높이므로 수분매개자를 유인하기 위한 방향족 화합물을 발산시키는 데 기여한다. 두 번째로 생합성 반응에 사용할 탄소 골격 합성의 속도와 ATP 합성의 상대적인 속도를 조절할 수 있게 한다.

이 밖에도 마이토콘드리아의 호흡을 방해할 수 있는 여러 스트레스(인 결핍, 냉해, 가뭄, 삼투 스트레스 등) 조건에서 대체 경로에 의해 유비퀴논 풀에서 전자가 배출되면 과도한 환원을 방지할 수 있다. 이는 파괴적인 활성산소종의 발생을 줄일 수 있으므로 스트레스가 호흡에 미치는 해로운 영향을 줄이는 효과를 가질 수 있다.

(5) 마이토콘드리아의 구조

호흡의 주요한 과정이 일어나는 마이토콘드리아는 2개의 막이 있으며, 매끄러운 외막은 심하게 함입된 내막을 둘러싸고 있다. 내막의 함입 구조를 크리스테(cristae)라고 하며, 표면적이 크게 증가한 결과 내막은 전체 마이토콘드리아 단백질의 50% 이상을 포함할 수 있다. 마이토콘드리아의 두 막 사이에 있는 부위를 막간 공간이라 하며, 내막으로 둘러싸인 구획을 마이토콘드리아 기질(matrix)이라고 한다. 크레브스 회로는 마이토콘드리아의 기질에서 일어나며, 내막의 크리스테에서 전자전달계가 이루어진다.

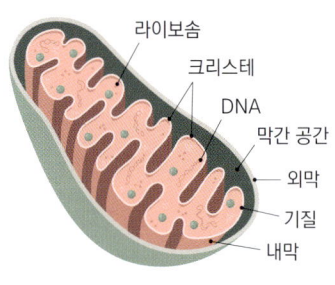

그림 7-22 마이토콘드리아

7.2.3 수목의 호흡에 미치는 요인

호흡은 살아 있는 세포의 활동에 필수적인 에너지를 제공하는 대사 작용으로서, 수목의 호흡에 영향을 주는 요인으로는 수목의 종류와 부위, 나이와 크기, 생리적 상태, 환경 요인 등 여러 가지를 들 수 있다.

(1) 환경 요인

많은 환경 요인은 대사 경로의 진행을 변경시켜 호흡률을 변화시킬 수 있다. 호흡은 0~30℃ 사이에서 온도에 따라 일반적으로 증가하며, 40~50℃에서 정체기에 도달한다. 온도가 50~60℃에 이르면 효소의 변성과 막의 손상으로 호흡이 정지된다. 온도가 10℃씩 증가할 때마다 관찰되는 호흡량의 증가율을 온도계수(Q_{10})라고 하며, 대부분의 식물은 5~25℃에서 Q_{10}이 2.0~2.5를 나타낸다.

온도 상승에 따라 광합성의 증가율과 호흡 증가율이 서로 다르므로 온도에 대한 적응 능력이 다른 수종은 생장에 적합한 온도 범위에도 차이를 보인다. 이는

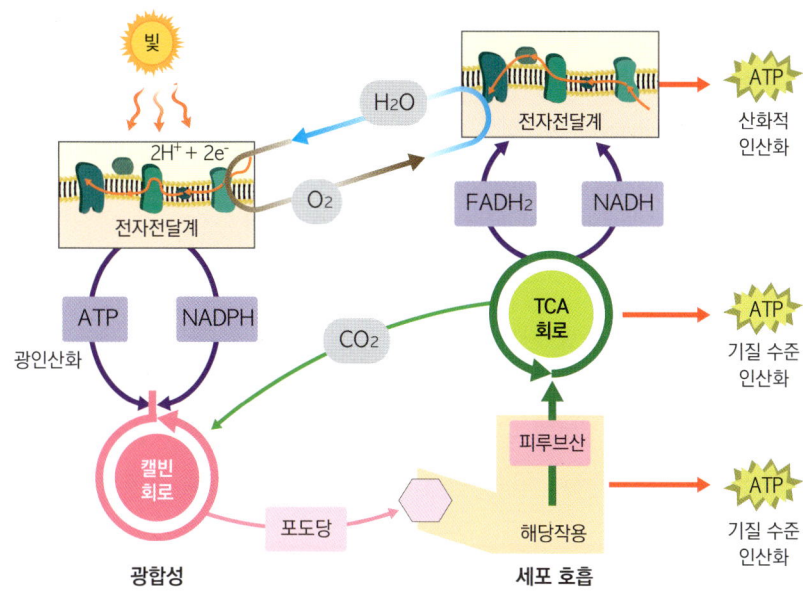

그림 7-23 광합성과 호흡 과정의 관계 모식도

수목의 분포와 생육 적지 조건에도 영향을 끼치며, 구상나무와 같은 고산성 수종이 지구온난화로 쇠퇴하는 원인이 될 수 있다. 일반적으로 온대 수목의 광합성은 호흡보다 더 낮은 온도에서 최고치에 도달하기 때문에 수목이 생장하기에 적합한 최적온도는 대개 25℃ 전후라고 할 수 있다.

수목은 야간에는 광합성을 중단하고 호흡만 하는데 야간 온도가 주간의 온도보다 낮아야 과다한 호흡작용으로 인한 에너지 소비를 줄일 수 있어 수목이 정상으로 자랄 수 있다. 야간 온도는 보통 주간 온도보다 5~10℃가량 낮은 것이 수목 생장에 적합한 것으로 알려져 있다.

식물의 기관 전체에 대한 대기 중 산소 농도가 5% 이하로 감소하면 호흡률이 감소하는데, 이는 산소 공급이 수목의 호흡을 제한할 수 있음을 의미한다.

침수된 토양은 산소가 부족해 혐기적 호흡 대사(발효)로 생존하거나 산소 이동을 촉진하는 구조를 발달시키는데, 낙우송이나 맹그로브 수종은 *호흡근(pneumatophore)을 수면이나 침수된 지면 위로 발달시켜 뿌리까지 기체를 이동시킨다.

(2) 수목의 부위

수목의 호흡은 기능에 따라 이미 존재하는 조직의 기능과 대사를 유지하기 위한 유지 호흡(maintenance respiration)과 새로운 조직을 구성하는 원료를 만드는 데

*호흡근
산소 함량이 적고 고여 있는 물이나 진흙 속에서 사는 낙우송, 맹그로브 등은 호흡근을 통해 질식 상태를 면한다. 호흡근은 80% 정도가 통기조직으로 이루어져 있다.

에너지를 공급하는 생장 호흡(growth respiration)으로 구분한다. 조직의 전체적인 대사 활성이 클수록 호흡률도 증가한다고 볼 수 있다.

즉 발달 중인 눈이나 생장점은 다른 부위보다 더 많은 에너지가 필요하고, 왕성하게 활동하는 살아 있는 세포도 많으므로 호흡률이 높지만, 점차 분화되어 오래된 조직일수록 영양생장 조직의 호흡률은 감소한다.

① 잎

잎은 수목의 전체 중량에서 차지하는 비율은 낮지만, 살아있는 유세포의 비율이 높아 호흡 활동이 가장 왕성하며, 기공을 통해 산소를 얻는다. 잎은 완전히 자란 직후에 가장 왕성하게 호흡하며, 이후 점차 감소한다. 하루 중에도 당의 함량이 낮은 일출 직전에는 호흡률이 낮지만, 주간에 광합성을 통해 탄수화물을 생산하여 당의 함량이 많은 일몰 직후에는 빠른 특징을 보인다.

전체 호흡량 대비 잎에서의 호흡량은 열대 우림은 40~60%, 난대 상록성 참나무림은 50~60%, 온대 낙엽수림은 28%, 60년생 너도밤나무는 50%, 20년생 몬터레이소나무림은 28~39%, 어린 테에다소나무림은 32%에 해당한다.

굵은 가지나 수간에서 호흡은 내수피와 형성층 주변 조직에서 주로 일어나는데, 특히 새로 만들어진 체관과 몇 년 이내에 만들어진 변재 부위에서 대부분을 차지하며, 심재는 대부분 죽은 조직이므로 호흡량이 거의 없다. 수피의 피목은 수간의 내부로 가스교환을 촉진시키므로 수목은 이를 통해 호흡에 필요한 산소를 얻지만, 산소의 공급량이 부족하여 형성층과 그 주변 조직에서는 무기호흡이 일어나는 경향이 있다.

② 뿌리

뿌리는 다른 기관보다 유지 호흡이 더 높은 경향이 있는데 이는 뿌리 자체가 필요로 하는 것뿐만 아니라 지상부에서 필요로 하는 무기염을 흡수하는데, ATP를 소모하기 때문이다. 뿌리의 무기염 흡수는 주로 세근(잔뿌리)에서 이루어지는데 소나무림에서는 총 뿌리호흡의 95%가량이 세근에서 이루어지는 것으로 알려져 있다. 세근은 호흡에 필요한 산소를 공급받기 용이한 지표면 근처에 모여 있으며, 약 90%가 표토 20cm 이내에 분포하기 때문에 복토나 심식과 같은 조건은 원활한 산소공급을 방해하여 수목의 생육에 큰 피해를 끼칠 수 있다.

③ 열매

열매는 종류와 성숙 정도에 따라 호흡량이 변한다. 사과, 복숭아, 바나나 등

과실의 호흡은 결실 직후에 가장 왕성하고 과실이 자람에 따라 급격히 줄어들다가 과실이 완전히 성숙하기 직전 호흡량이 일시적으로 증가하는 호흡급증 현상(climacteric)을 보인다. 이는 에틸렌의 내생적 생산에 기인하는데, 외부에서 에틸렌 처리를 하여도 같은 효과를 유도할 수 있다. 반면 감귤류, 포도 등은 이러한 호흡급등 현상을 보이지 않는다.

과실을 수확한 다음 오랫동안 저장하려면 호흡량을 최소로 줄이는 것이 좋다. 이를 위해서 온도를 낮추어 호흡량을 줄이거나, 공기 중의 산소의 함량을 2~3% 수준으로 낮추고 대신 이산화탄소의 함량을 5% 정도로 높여 호흡량을 억제시킬 수 있다.

종자의 호흡은 종자가 자라고 있을 때는 높지만 일단 성숙하면 감소한다. 특히, 성숙한 종자의 수분 함량이 줄고 휴면 상태로 들어가면 호흡량이 극히 적어지며 저장한 에너지의 소비를 막아 오랫동안 살아 남는다.

(3) 숲의 종류

여러 녹색식물의 일반적인 호흡량은 광합성량의 30~40% 정도이다. 어린 숲은 왕성한 대사로 단위 건중량당 호흡량이 증가하지만, 전체 광합성량 대비 호흡량은 오히려 성숙림보다 낮은 경향을 보인다. 즉 어린 나무는 하루 광합성량의 1/3을 호흡으로 소실하지만, 수목이 나이가 들수록 광합성 조직에 대한 비광합성 조직의 비율이 높아지기 때문에 전체 광합성량 대비 호흡에 의한 소실량은 높아지고, 아주 오래된 숲은 90%까지도 호흡량으로 소비된다. 열대 지역에서는 야간 온도가 높기 때문에 하루 동안 광합성량의 65~70%를 호흡으로 소실한다. 따라서 숲의 연령이 아주 높아지면 총광합성량이 감소함과 동시에 호흡량이 늘고, 뿌리, 가지 및 소지의 손실량이 약간씩 증가하면서 숲에 축적되는 연간 물질 순생산량이 줄어든다.

단위 면적당 수목의 개체 수가 많아 밀도가 높으면 호흡량이 증가한다. 단면적이 동일할 때 밀식된 숲은 직경이 작은 개체가 많이 모여 있으므로 호흡 작용을 하는 형성층과 잔가지의 표면적 비율이 높아 호흡량이 더 많다. 햇빛을 제대로 받지 못하는 가지는 광합성량은 적지만 호흡량은 그대로 유지되므로 생장에 도움을 줄 정도로 탄수화물을 생산하지 못하거나 오히려 소비가 더 많을 수 있다. 따라서 밀식된 임분에 적절한 솎아베기와 가지치기를 시행하면 나무와 숲의 성장에 도움을 줄 수 있다.

　물질대사는 수목의 생장과 생리적 기능을 유지하는 필수적인 과정으로, 탄수화물, 단백질, 지질 대사가 유기적으로 작용한다. 물질대사는 크게 동화작용(anabolism)과 이화작용(catabolism)으로 나뉘며, 동화작용은 유기물을 합성하여 세포 성장과 저장을 담당하고, 이화작용은 유기물을 분해하여 생장과 대사에 필요한 에너지를 공급한다.

　탄수화물 대사는 물질대사의 중심 과정으로, 광합성을 통해 포도당(glucose)이 생성되며, 이는 설탕(sucrose)과 전분(starch) 형태로 저장되어 에너지원으로 활용된다. 또 세포벽의 주요 성분으로 작용하며 삼투압 조절과 대사 과정 활성화에 기여한다. 단백질 대사는 뿌리를 통해 흡수된 질소를 아미노산으로 전환하는 과정으로, 이를 통해 다양한 단백질과 효소가 합성되며, 목본식물의 물관부는 거의 탄수화물인 셀룰로스로 되어 있어 질소 함량이 매우 낮으나 식물의 성장과 대사 조절에 중요한 역할을 한다. 지질 대사는 세포막 형성과 에너지 저장, 신호전달에 관여하며, 지방산의 합성과 분해 과정을 포함한다. 지질은 인지질(phospholipid)과 중성지방(TAG, triacylglycerol) 등의 형태로 존재하며, 세포막의 구조적 안정성을 유지한다. 또 저장된 지방산은 β-산화 과정을 거쳐 ATP를 생성하며, 일부 지질 대사산물은 호르몬 합성과 환경스트레스 반응을 조절하는 신호전달 물질로 작용한다. 물질대사는 환경 요인에 따라 조절되며 온도, 수분, 영양 상태에 따라 합성과 분해 속도가 변화한다. 예를 들어, 낮은 온도에서는 불포화지방산 비율이 증가하여 세포막 유동성이 유지되며, 건조 환경에서는 왁스(wax) 및 각피(cuticle) 형성이 촉진되어 수분 손실을 줄인다. 또 계절 변화에 따라 탄수화물과 질소 저장 양상이 달라지며, 광합성 산물이 뿌리와 줄기로 이동하여 생리적 균형을 유지한다.

　본 장에서는 수목의 생리적 기능과 생장에 중요한 물질대사의 주요 경로와 생리적 조절 기작을 분석하며, 탄수화물, 단백질, 지질 대사의 상호작용과 환경 변화에 대한 적응 기작을 설명한다. 이를 통해 수목이 외부 환경 변화에 대응하고 생리적 균형을 유지하는 원리를 이해할 수 있다.

제8장

물질대사

박영대

8.1 탄수화물 대사
8.2 단백질과 질소 대사
8.3 지질 대사

8.1 탄수화물 대사

> 탄수화물은 식물에서 구조적 안정성을 제공하고, 에너지원 및 생체 분자의 전구체로 활용된다. 캘빈 회로를 통해 광합성 산물이 포도당으로 합성되며, 설탕과 전분 형태로 저장 및 수송된다. 탄수화물은 성장, 방어, 삼투압 조절 등 다양한 기능을 수행하며, 체관부를 통해 조직 간 이동한다. 계절에 따라 축적량이 변하며, 낙엽수는 가을에 저장하고 겨울에 활용하는 반면, 상록수는 연중 일정한 농도를 유지한다.

8.1.1 탄수화물의 기능

목본식물 건중량의 70~75%가 *탄수화물(炭水化物, carbohydrate)로 구성되어 있고, 식물의 생리와 대사에서 필수적인 역할을 수행한다. 목본식물에서 탄수화물의 주요 기능은 다음과 같다.

*탄수화물
탄소, 수소, 산소로 이루어진 유기화합물이다. 주로 생물체의 주요 에너지원으로 사용되며, 단당류, 이당류, 다당류로 구분된다. 식물에서는 광합성을 통해 합성되며, 생명체의 대사와 구조적 성분에 중요한 역할을 한다.

① 세포벽의 주요 성분
탄수화물은 주로 셀룰로스 형태로 세포벽을 구성하며, 식물의 구조적 안정성을 유지하고 외부 환경 변화에 대응할 수 있도록 돕는다.

② 에너지를 저장하고 공급하는 화합물
광합성을 통해 생성된 탄수화물은 전분으로 저장되거나 설탕으로 전환되어 식물체 내 에너지원으로 활용된다.

③ 다른 화합물 합성을 위한 기본물질
탄수화물은 지방, 단백질, 핵산 등 다양한 생체 분자의 합성을 위한 기본물질로서 중요한 역할을 한다.

④ 광합성 산물의 저장 및 수송
광합성으로 생성된 3탄당 인산은 엽록체에 전분 형태로 저장되거나 설탕으로 변환되어 식물체의 다른 조직으로 이동한다.

⑤ 삼투압 조절 및 대사 활성화
설탕(sucrose)과 같은 탄수화물은 삼투압 조절을 통해 물 흡수를 촉진하고, 세포 내 대사 과정 활성화에 기여한다.

⑥ 세포호흡을 통한 에너지 생성
호흡 과정에서 탄수화물이 산화되며, 방출된 에너지는 식물의 생장과 발달,

생리적 과정을 위한 연료로 사용된다.

8.1.2 탄수화물의 종류

탄수화물은 탄소, 수소, 산소로 이루어져 있으며, 일반적으로 $C_nH_{2n}O_n$의 형태를 띤다. 경우에 따라서는 인과 질소를 함유하고 있기도 한다. 탄수화물은 광합성을 통해 생성된 주요 산물로서 에너지 저장, 구조 형성, 대사 과정의 중간체로 활용된다. 탄수화물은 단당류, 올리고당류, 다당류로 구분되며(그림 8-1), 각각의 종류는 고유한 생리적 특성과 역할을 가진다.

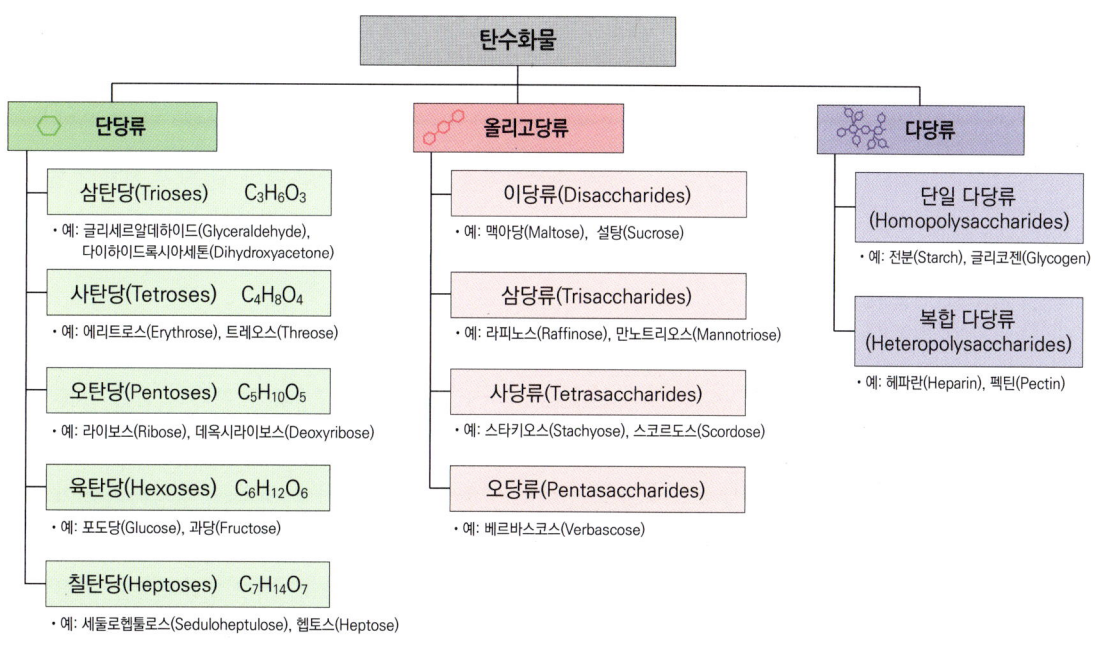

그림 8-1 목본식물에서 발견되는 탄수화물의 종류

(1) 단당류

단당류(monosaccharides)는 가장 기본 형태의 탄수화물로, 더 이상 *가수분해(加水分解, hydrolysis)되지 않는 형태의 단순한 구조를 가진다. 단당류는 알데하이드기(aldehyde group) 또는 케톤기(ketone group)를 하나 가지고 있으며(그림 8-2), 탄소 원자의 개수에 따라 3탄당, 4탄당, 5탄당, 6탄당으로 나뉜다. 그중 가장 흔한 것은 5탄당과 6탄당이다.

대표적인 3탄당인 글리세르알데하이드(glyceraldehyde)는 알데하이드기를 가

*가수분해

물과 반응하여 화합물이 분해되는 화학 반응이다. 일반적으로 물의 수소 이온(H^+)과 수산화 이온(OH^-)이 결합을 끊어 새로운 화합물을 형성한다. 이는 단백질, 탄수화물, 지방 같은 생체 고분자들의 분해와 같은 생명체 내에서 중요한 대사 과정이며, 예로 전분이 포도당으로 분해되는 과정이 있다.

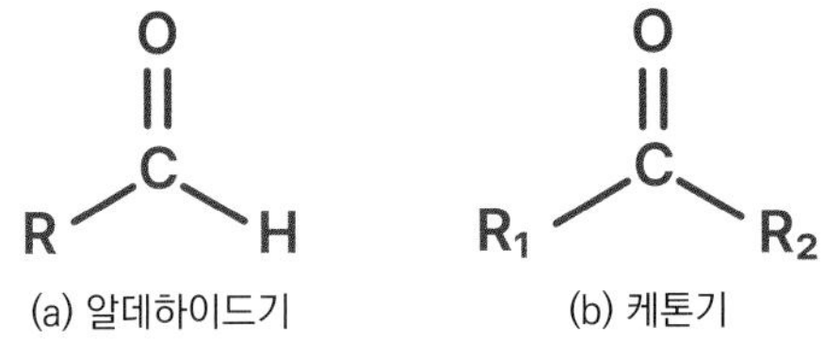

(a) 알데하이드기　　(b) 케톤기

그림 8-2 알데하이드기(a)와 케톤기(b)의 분자식

진 단당류 중 가장 단순한 구조로, 광합성과 호흡 과정에서 중간체로 작용한다. 5탄당인 라이보스(ribose)는 RNA와 DNA의 구성 요소로서 유전 물질의 전달에 필수적이며, 리불로스(ribulose)는 캘빈 회로에서 CO_2를 고정하는 데 중요한 역할을 한다. 6탄당인 포도당(glucose)은 식물과 동물의 주요 에너지원으로 사용되며, 과당(fructose)은 과일과 꿀에 풍부하여 단맛을 제공한다.

단당류는 세포호흡에서 에너지 공급원으로 작용하며, *ATP 및 NAD와 같은 에너지 분자의 구성 요소로 활용된다. 또 단당류는 물에 잘 녹고 이동이 용이하며, 환원당(reducing sugar)의 특성을 가지며, 대사 과정에서 전자 전달의 역할을 수행한다.

> *ATP(adenosine triphosphate)
> 아데노신(adenosine)과 세 개의 인산(phosphate)으로 구성된 화합물로, 모든 생명체에서 에너지를 저장하고 전달하는 분자이다. 광합성과 세포호흡 과정을 통해 생성되며, 생리적 활동(예: 세포분열, 물질 운반, 효소 활성 등)에 필요한 에너지를 공급하는 데 사용된다. 식물은 주로 엽록체에서 광합성을 통해 ATP를 생성한다.

(2) 올리고당류

올리고당류(oligosaccharides)는 두 개 이상의 단당류가 공유 결합을 통해 연결된 형태를 가지며, 대사 과정에서 에너지 저장과 운반의 중단 단계 역할을 한다. 올리고당류의 대표적인 예로 설탕(sucrose), 맥아당(maltose), 유당(lactose)이 있다(그림 8-3).

설탕은 광합성 산물이 체관부를 통해 이동할 때 저장 탄수화물로 작용하며, 포도당과 과당의 결합 형태로 높은 농도로 존재한다. 맥아당은 전분의 분해 과정에서 생성되며 에너지 공급원으로 작용하지만, 농도나 기능이 설탕에 비해 낮다. 유당은 동물성 이당류로, 주로 포유류의 젖에서 발견되어 식물에서는 유당이 존재하지 않지만 대신 설탕이 식물의 주된 에너지 운반 형태로 사용된다.

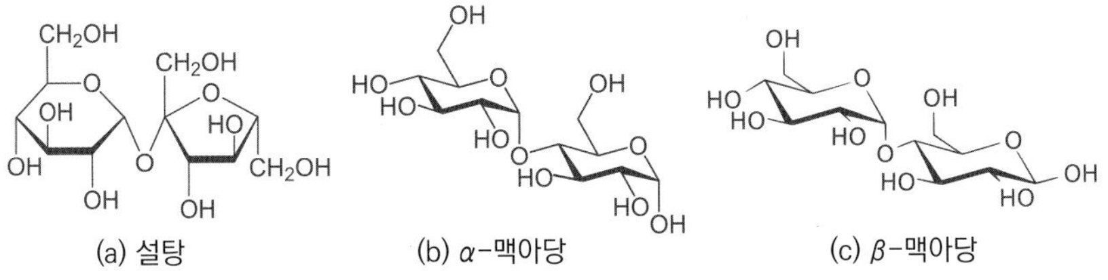

(a) 설탕　　(b) α-맥아당　　(c) β-맥아당

그림 8-3 설탕(a)과 α-맥아당(b) 및 β-맥아당(c)의 분자구조

라피노스(raffinose), 스타키오스(stachyose), 버바스코스(verbascose)와 같은 다당류는 주로 저장 기관에서 발견되며 장기적인 에너지 저장 역할을 수행한다. 라피노스와 스타키오스는 주로 채소에서 발견되며, 버바스코스는 콩과식물에서 발견된다(Nakakuki, 2002; Anggraeni, 2022).

(3) 다당류

다당류(polysaccharide)는 수백 개에서 수천 개의 단당류가 배당체 결합을 통해 연결된 고분자 화합물로, 일반적으로 물에 잘 녹지 않기 때문에 이동성이 낮은 특징이 있다. 다당류는 주로 에너지 저장과 구조적 안정성을 제공하는 생체 고분자로, 기능에 따라 에너지 저장형 다당류, 구조적 다당류, 특수 다당류로 구분할 수 있다.

① 에너지 저장형 다당류

저장형 다당류의 대표적인 예는 전분(starch)으로, 식물의 주요 에너지 저장형태이다. 전분은 α-1,4와 α-1,6 배당체 결합으로 이루어진 포도당 중합체로, 식물의 잎, 줄기, 뿌리와 같은 저장 조직에 존재한다. 전분은 크게 아밀로스(amylose)와 아밀로펙틴(amylopectin)으로 구성되며, 각각의 비율에 따라 물리적 성질과 소화 특성이 달라진다. 아밀로스는 약 300~1,000개의 포도당이 직선형 사슬 구조로 존재하며, 물에 덜 녹지만 안정적인 형태를 가진다. 반면 아밀로펙틴은 가지를 가진 사슬 구조로 존재하며, 물에 더 잘 녹으며, 점성이 크다.

전분은 세포 내에서 이동이 낮아 전분립(starch grain) 형태로 저장되며, 목본식물에서 전분립은 살아 있는 유세포에서 가장 많이 축적된다. 특히 수피의 종축유세포(axial parenchyma)와 방사조직(ray parenchyma)에서도 발견된다.

② 구조적 다당류

구조적 다당류는 세포벽을 구성하는 주요 성분으로, 셀룰로스(cellulose)와 헤미셀룰로스(hemicellulose)가 대표적이다. 셀룰로스는 β-1,4 배당체 결합으로 이루어진 포도당 중합체로, 자연계에서 가장 풍부한 유기 화합물이다. 세포벽을 구성하는 주요 성분으로, 긴 사슬 형태의 구조를 가지며, 약 200개의 사슬이 모여 미소섬유(microfibril)를 이루고, 리그닌과 결합하여 세포벽의 강도와 안정성을 증가시킨다(그림 8-4). 이러한 구조적 특성으로 인해 셀룰로스는 식물의 기계적 지지력을 높이며, 초식동물의 중요 먹이원이 되기도 한다.

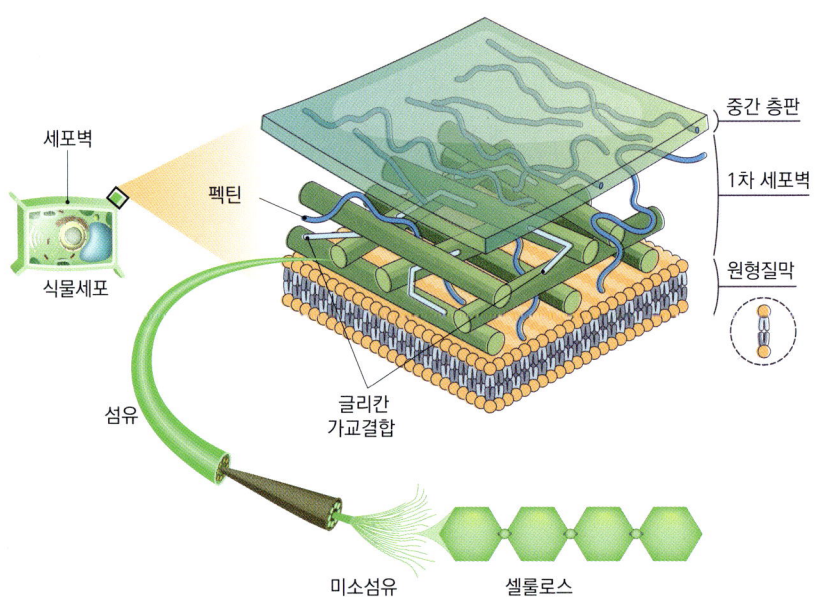

그림 8-4 식물 세포에서 셀룰로스 미소섬유와 셀룰로스 배열

헤미셀룰로스는 셀룰로스와 함께 세포벽의 구성하는 다당류로, 여러 단당류가 결합하여 복잡한 구조를 형성한다. 1차 세포벽에는 전체 구성 성분의 25~50%로 가장 많고, 2차 세포벽에는 약 30%로 셀룰로스 다음으로 함량이 많다.

헤미셀룰로스는 주로 아라반(araban), 자일란(xylan), 갈락탄(galactan) 등으로 구성되며, 각 성분은 특정 기능을 수행한다.

아라반은 5탄당인 아라비노스(arabinose)로 구성되며, 1차 세포벽에서 발견되며 세포벽의 유연성을 증가시킨다. 자일란은 5탄당인 자일로스(xylose)로 구성된 다당류로, 셀룰로스와 결합하여 세포벽의 강도와 안정성을 높인다. 갈락탄은 6탄당인 갈락토스(galactose)로 구성되며, 펙틴과 연관되어 세포벽의 접착력을 강화한다. 이러한 다양한 단당류의 조합으로 인해 헤미셀룰로스는 세포벽의 유연성과 강도를 조절하는 데 중요한 역할을 한다.

③ 특수 다당류

특수 다당류는 식물의 특정 생리적 과정과 환경 적응에 중요한 역할을 한다. 펙틴(pectin)은 갈락투론산(galacturonic acid)으로 구성된 중합체로, 세포벽의 중간 박막층(middle lamella)에서 세포 간 접착제 역할을 한다. 펙틴은 1차 세포벽에서 10~35%를 차지하고 있지만 2차 세포벽에서는 거의 존재하지 않는다.

점액질(mucilage)과 검(gum)은 식물이 물리적 손상에 대응하여 분비하는 점성 물질로, 외부 환경으로부터 식물을 보호하고 수분 보유력을 높인다. 특히 점액질은 공극 조직에서 발견되며, 세근과 줄기의 표면에서 방출되어 손상 부위를 보호한다.

8.1.3 캘빈 회로와 탄수화물 생성

탄수화물의 합성은 광합성의 암반응에서 이루어지며, 식물 엽록체의 스트로마에서 대기 중 CO_2를 고정하고 이를 3탄당 인산(triose phosphate)으로 전환하는 캘빈 회로를 통해 이루어진다(그림 8-5). 캘빈 회로는 탄소고정(carboxylation), 환원(reduction), 재생(regeneration) 세 가지 주요 단계로 구성된다.

(1) 캘빈 회로의 주요 과정

첫 번째 단계인 탄소고정에서는 대기 중 CO_2가 루비스코(RuBisCO)에 의해 리불로스-1,5-이중인산(ribulose 1,5-bisphosphate, RuBP)과 결합하여 두 개의 3-포스포글리세르산(3-phosphoglyceric acid, 3-PGA)을 형성한다. 이 과정은 무기 탄소를 유기화합물로 전환하는 광합성의 초기 반응이다.

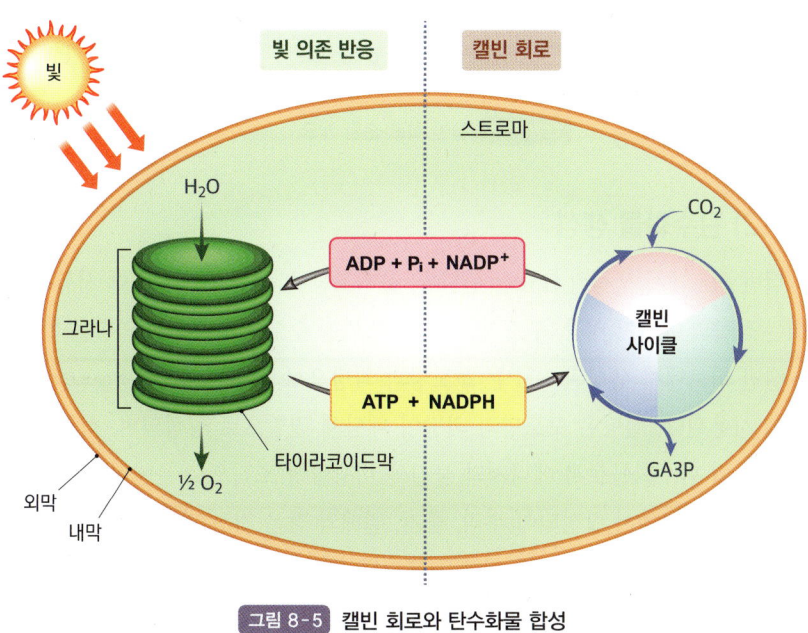

그림 8-5 캘빈 회로와 탄수화물 합성

두 번째 단계인 환원에서는 ATP와 NADPH의 에너지를 사용해 3탄당 인산(glyceraldehyde-3-phosphate, G3P)으로 전환된다. 이 반응은 광합성의 명반응(light reactions)에서 생성된 에너지를 이용하여 진행되며, G3P는 단당류, 올리고당류, 다당류로 전환되어 식물 내 에너지 저장, 구조적 안정성, 생리적 작용에 활용된다.

세 번째 단계인 재생에서는 G3P의 일부가 RuBP로 다시 전환되어 캘빈 회로가 지속적인 순환 과정을 할 수 있도록 한다(그림 8-6). 이 과정은 ATP를 에너지원으로 사용하여 진행된다.

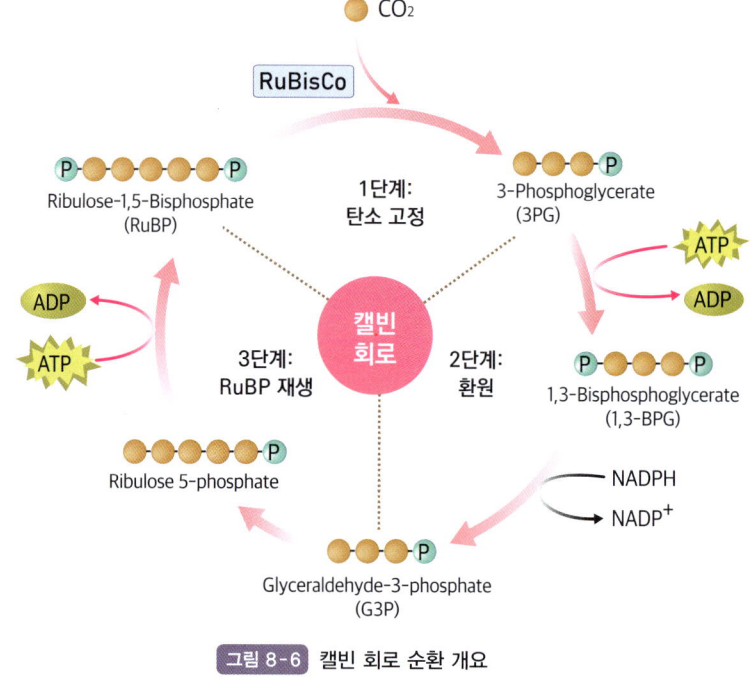

그림 8-6 캘빈 회로 순환 개요

(2) 탄수화물 생성

캘빈 회로에서 생성된 G3P는 단당류, 올리고당류, 다당류의 합성에 사용되며, 이는 식물의 에너지 저장, 구조 형성, 생리적 기능 수행에 필수적인 역할을 한다.

캘빈 회로에서 생성된 G3P는 포도당과 과당으로 전환된 후, 설탕(sucrose) 합성에 사용된다. 설탕은 포도당과 과당이 배당체 결합으로 형성되며, 식물의 주요 이동형 탄수화물로서 에너지와 물질을 비광합성 조직으로 운반한다. 설탕은 광합성 조직(잎)에서 합성되어 뿌리, 줄기, 열매와 같은 저장 기관으로 운반된다.

다당류 합성은 G3P가 엽록체에서 포도당 단위체로 중합되어 전분(starch) 형태로 저장됨으로써 이루어진다. 전분은 α-1,4 및 α-1,6 배당체 결합으로 이루어지며, 아밀로스(amylose)와 아밀로펙틴(amylopectin)으로 구성된다. 전분은 낮에는 광합성을 통해 합성되고, 밤에는 분해되어 설탕으로 전환된 뒤 비광합성 조직에 에너지를 공급한다.

전분은 주로 식물의 잎, 줄기, 뿌리 및 씨앗 등 저장 기관에 축적된다. 잎에서 생성된 전분은 낮 동안 엽록체에 저장되며, 밤에 분해되어 설탕 형태로 전환된다. 저장 조직에서는 색소체의 한 종류인 전분체(amyloplast)가 전분의 합성과 저장에 중요한 역할을 한다.

셀룰로스 합성은 세포막에 위치한 셀룰로스 합성효소(cellulose synthase)에 의해 이루어진다. 이 효소는 UDP-포도당(uridine diphosphate-glucose)을 기반으로 하여 긴 셀룰로스 사슬을 형성한다. 형성된 셀룰로스 사슬은 서로 결합하여 미소섬유(microfibril)를 구성한다. 셀룰로스는 세포벽의 강도를 높이고, 식물의 구조적 안정성 유지에 필수적이다.

헤미셀룰로스는 골지체(Golgi body)에서 합성되며, 세포벽으로 운반되어 셀룰로스와 결합함으로써 세포벽의 유연성과 강도를 보완한다.

펙틴은 골지체에서 합성되며, 이후 소포체를 통해 세포벽으로 운반된 뒤, 칼슘 이온과 결합하여 젤 상태를 형성하며 세포벽의 접착성과 수분 보유력을 높이는 역할을 한다.

8.1.4 탄수화물의 축적과 분포

탄수화물은 광합성 과정에서 생성된 후, 호흡 작용을 통해 새로운 조직 형성이나 에너지 저장의 형태로 축적된다. 목본식물에서는 주로 전분 형태로 저장되지만, 지방, 설탕, 라피노스(raffinose), 프럭토산(fructosan) 등 다양한 형태로 존재한다. 탄수화물은 살아 있는 유세포에 저장되며, 세포가 분화해 원형질을 잃더라도 이후 회수되어 사용될 수 있다.

탄수화물의 축적량과 분포는 나무의 생장 단계와 부위별 특성에 따라 달라진다. 어린 나무는 빠른 생장을 지원하기 위해 주로 줄기와 같은 지상부에 탄수화물을 축적한다. 반면, 성숙한 나무는 비생장기에 대비하여 뿌리와 같은 지하부에 더 많은 양을 저장한다. 광합성 조직에서는 전분이 엽록체에 일시적으로 저장되며, 밤에는 분해되어 설탕으로 전환된 후 비광합성 조직으로 이동한다. 반면, 저장 조직에서는 전분체(amyloplast)와 같은 색소체에 전분립 형태로 장기 저장되며, 발아나 생장기 동안 에너지원으로 사용된다.

환경적 요인 또한 탄수화물 축적에 큰 영향을 미친다. 가뭄, 저온과 같은 스트레스 상황에서는 축적된 탄수화물이 에너지원으로 활용되어 식물의 생리적 안정성을 유지한다. 열대 지역 식물에서는 설탕이 주요 저장 형태로 나타나는 반면 냉온대 지역 식물에서는 일반적으로 전분과 프럭토산으로 축적된다.

8.1.5 탄수화물의 이용

수목에서 광합성을 통해 생성된 탄수화물은 주로 잎과 어린 줄기에서 합성되며, 나머지 조직과 기관은 잎에서 공급된 탄수화물을 통해 생리적 기능을 유지한다. 탄수화물은 새로운 조직 형성, 에너지 공급, 저장, 방어 및 생리적 균형 등 다양한 방식으로 활용된다. 전분은 ADP-포도당(ADPG)에서 합성되며, 잎의 전분은 엽록체에서 합성된다는 것이 보편적이나, 최근 ADPG 합성의 내포 내 구획과 경로에 대해 새로운 의견도 제기되고 있다(그림 8-7).

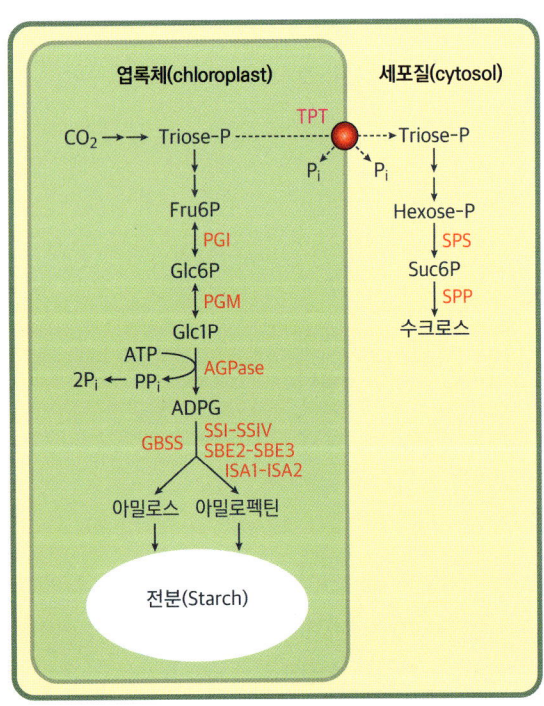
(a) 기존경로

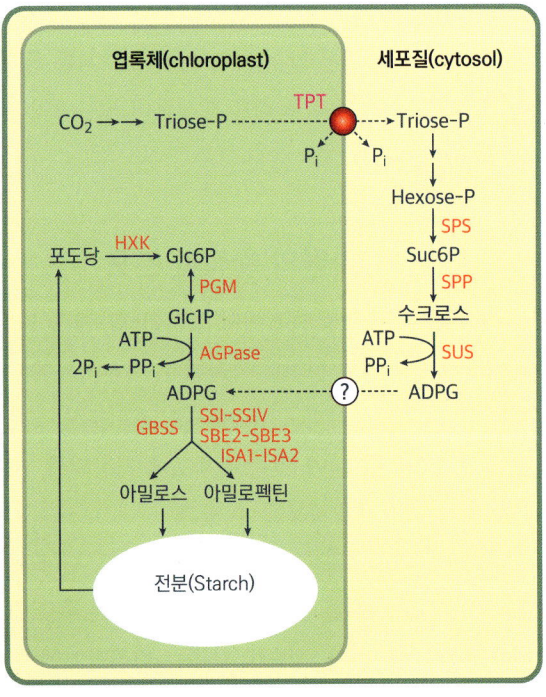
(b) 수정경로

TPT: 삼탄당 인산 수용체   PGI: 포스포글루코스아이소머레이스   PGM: 포스포글루코스뮤테이스   Agpase: ADP-Glucose Pyrophorylase
GBSS, SSI-SSIV, SBE2-SBE3: 전분 합성 관련 효소들   SPS, SPP, SUS: 설탕 합성에 관여하는 효소들

그림 8-7 엽록체와 세포질에서의 전분 합성 경로(Fünfgeld et al., 2022)

(1) 탄수화물 생성

탄수화물은 새로운 조직의 형성과 성장을 지원하는 데 필수적인 역할을 한다. 광합성으로 합성된 탄수화물은 잎에서 뿌리, 줄기, 가지 등 비광합성 조직으로 운반되어 세포벽 형성과 세포분열, 분화 과정을 지원하며, 세포의 구조적 안정성을 높인다.

특히 *생장점(生長點, meristem)에서 발생하는 세포분열과 분화를 지원하여 줄기와 뿌리의 신장, 가지 형성에 기여한다. 예를 들어, 봄에 나무에서 새싹이 돋아날 때 저장된 탄수화물이 뿌리와 줄기에서 잎으로 이동하여 생장에 필요한 에너지를 제공한다. 이러한 탄수화물의 이동은 주로 설탕의 형태로 이루어지며, 이는 식물 내 주요 이동형 탄수화물로서 세포막을 쉽게 통과할 수 있기 때문이다.

이 과정에서 중요한 요소 중 하나는 수송 조직(vascular tissue)이다. 탄수화물의 이동은 체관(phloem)을 통해 이루어지며, 잎에서 생성된 설탕은 비광합성 조직으로 운반되어 새로운 조직 형성과 생장을 돕는다. 어린 열매, 잎, 새싹 등은 이러한 과정이 활발하게 이루어지는 수용원(受用源, sink)으로 분류된다.

> *생장점
> 식물의 끝부분에 위치하며 세포분열이 활발하게 일어나는 조직이다. 이 조직은 줄기와 뿌리의 길이를 증가시키는 역할을 하며, 분열조직이라고도 불린다. 주로 정단 생장점과 측생 생장점으로 나뉘며, 식물의 생장과 형태 형성에 중요한 역할을 한다.

(2) 에너지 공급

탄수화물은 식물체 내에서 주요 에너지원으로 세포호흡 과정을 통해 ATP로 전환된다. 이 에너지는 물질 수송, 효소 반응, 세포분열 및 다양한 대사 과정에서 사용된다.

광합성으로 생성된 탄수화물은 잎에서 바로 사용되기도 하지만, 주로 설탕의 형태로 전환되어 체관을 통해 다른 조직으로 이동한 후, 세포 내에서 다시 분해되어 에너지원으로 활용된다. 밤에는 광합성이 중단되므로 저장된 전분이 필요에 따라 설탕으로 분해되어 식물이 필요한 곳에서 에너지원으로 활용된다. 이는 특히 잎이 없는 겨울철이나 비광합성 조직이 활발하게 활동하는 시기에 중요하다. 식물체에 함유되는 탄수화물 중 세포 내에 존재하는 것을 비구조성 탄수화물(Non-Structural Carbohydrates, NSC)이라 하고, 겨울철 생존과 봄철 새로운 기관 및 조직의 발달을 위해 성장기 동안 전분 형태로 저장된다(그림 8-8).

탄수화물은 생리적 스트레스 상황에서도 중요한 역할을 한다. 가뭄이나 저온 환경에서는 축적된 탄수화물이 에너지원으로 사용되어 세포 활동을 유지하고 손상된 조직을 복구한다. 또 병원균의 침입이나 물리적 손상과 같은 위기 상황에서 탄수화물은 방어 화합물의 합성에 기여하여 식물을 보호한다.

그림 8-8 목본식물 내 비구조성 탄수화물의 계절별 변화(Tixier et al., 2019)

(3) 탄수화물 저장

광합성으로 생성된 탄수화물은 전분, 설탕, 프럭토산, 라피노스 등 다양한 형태로 저장되며, 에너지 부족 상태나 비생장기에 대비한다.

전분은 엽록체와 전분체(amyloplast) 내에 저장되며, 장기적인 에너지 저장 형태로 사용된다. 특히 뿌리, 줄기, 씨앗과 같은 저장 조직에서는 전분립 형태로 고농도로 축적된다. 봄철에는 저장된 전분이 이동하여 발아와 초기 생장을 지원하며, 이는 냉온대 지역 나무에서 두드러지게 나타나는 경향을 보인다.

탄수화물 저장의 양상은 환경적 요인에 따라 변한다. 예를 들어 고위도에서는 전분과 프럭토산이 주요 저장 형태로 나타나며, 이는 안정적인 에너지 공급을 가능하게 한다. 반면, 열대 지역에서는 설탕이 주요 저장 형태로 나타난다. 저장된 탄수화물은 가뭄, 병충해, 저온 등 스트레스 상황에서 중요한 에너지원으로 사용되며, 식물의 생리적 안정성을 유지하는 데 기여한다.

(4) 방어 및 생리적 균형 유지

탄수화물은 식물의 방어 체계와 생리적 균형을 유지하는 데 중요한 역할을 한다. 병원균의 침입이나 초식동물의 공격에 대응하기 위해 탄수화물은 다양한 방어 화합물의 합성에 사용된다. 주요 방어 화합물로는 리그닌, 퀸산(quinic acid), 페놀 화합물 등이 있으며, 이들은 세포벽을 강화하거나 방어 신호를 전달하여 외부 스트레스를 완화하는 역할을 한다.

탄수화물은 또한 세포의 삼투압 조절과 수분 균형 유지에 기여한다. 프럭토산과 같은 탄수화물은 높은 삼투압을 유지하여 세포를 탈수로부터 보호하며, 이는 특히 냉온대 지역에서 추운 겨울을 견디는 식물에서 중요한 역할을 한다.

생리적 균형 유지 측면에서도 저장된 탄수화물은 식물체 내 에너지 균형을 조절한다. 광합성이 제한되는 환경(예: 가뭄, 저온 등)에서는 저장 탄수화물이 에너지원으로 사용되어 식물의 생리적 기능을 유지한다.

8.1.6 탄수화물의 계절적 변화

식물에서 탄수화물의 저장과 이용 방식은 계절에 따라 달라지며, 낙엽수와 상록수에서 뚜렷한 차이를 보인다. 낙엽수는 계절적 변동이 크며, 가을철 탄수화물 농도가 가장 높아진다(Mou et al., 2024). 이는 겨울철 광합성 중단에 대비해 에너지를 저장하기 위한 적응 전략이다. 가을 동안 광합성을 통해 생성된 탄수화물은 줄기와 뿌리 같은 저장 조직으로 이동하며, 겨울철에는 이를 분해하여 생리적 균형을 유지한다. 봄철에는 저장된 탄수화물이 새싹과 가지 형성에 사용되며, 여름 동안 다시 탄수화물 축적이 이루어진다.

반면, 상록수는 연중 잎을 유지하기 때문에 탄수화물 농도의 계절적 변동이 비교적 작다. 겨울철에도 광합성이 지속되지만, 저온과 광량 감소로 인하여 속

표 8-1 캐나다 노스캐롤라이나주 캐나다엉겅퀴 뿌리에서 탄수화물의 계절적 변화 (Wilson et al., 2006)

월	당 함량 (mg/g 생중량)					
	설탕(sucrose)		1-케스토스(1-kestose)		1-니스토스(1-nystose)	
	1999/2000년	2000/2001년	1999/2000년	2000/2001년	1999/2000년	2000/2001년
5	2.5	5.8	5.2	0.8	2.2	0.5
6	1.2	5.0	6.9	2.0	2.2	1.3
7	2.9	5.9	5.3	1.8	2.3	0.9
8	2.2	3.8	7.6	0.4	2.0	0.5
9	10.9	5.1	16.3	3.2	8.2	1.9
10	8.0	11.2	5.6	6.3	3.4	3.5
11	11.5	10.3	3.9	4.1	3.3	2.9
12	17.2	29.0	8.5	7.1	4.4	4.6
1	21.0	40.2	6.9	9.7	5.1	5.9
2	21.5	27.5	7.1	7.8	5.4	5.9
3	24.1	24.0	9.8	7.1	7.5	5.6
4	7.7	10.5	3.3	4.9	2.9	3.6

도가 저하되며 저장된 탄수화물의 소비가 증가한다. 그러나 탄수화물 농도를 비교적 일정하게 유지하며, 일부 좋은 극한 환경에서 생리적 활동을 줄이고 저장 탄수화물에 의존하기도 한다(표 8-1).

탄수화물의 계절적 변화는 온도와 광량의 영향을 크게 받는다. 저온 환경에서는 광합성 대사 과정이 느려져서 탄수화물 이용이 감소하고, 고온에서는 탄수화물 소비가 증가하여 생장과 호흡이 활발해진다.

탄수화물의 저장 형태도 계절에 따라 변화한다. 낙엽수는 가을철 광합성으로 생성된 탄수화물을 전분 형태로 저장 조직에 축적하고, 겨울철에는 이를 설탕과 같은 단순한 형태로 분해해 에너지 공급에 사용한다. 상록수 역시 전분과 설탕의 비율을 조절하며 계절적 요구에 적응한다. 전분은 단기 에너지 저장 형태로, 광합성이 활발한 여름철에 더 많이 축적되고, 설탕은 장거리 이동과 장기 저장을 위해 주로 가을과 겨울철에 축적된다.

8.1.7 탄수화물 운반

(1) 탄수화물 운반에 관여하는 조직

광합성으로 생성된 탄수화물은 주로 체관부(篩部, phloem)를 통해 뿌리, 줄기, 열매 등으로 운반된다. 체관부조직은 탄수화물 이동의 핵심 경로로, 체관세포(sieve tube element), 동반세포(companion cell), 체관부 유세포(phloem parenchyma cell), 섬유 조직으로 구성된다(표 8-2).

겉씨식물의 체관부조직은 구조적으로 속씨식물보다 원시적이다. 겉씨식물

표 8-2 겉씨식물과 속씨식물의 사부조직 비교(Liesche et al., 2011; Liesche et al., 2015)

특성	겉씨식물	속씨식물
체관요소	체세포형 체관요소	체관요소
체공	체공이 분산형으로 존재	체공이 끝부분에 집중되어 있음.
동반세포	없음.	존재
체관부 섬유	드물게 존재	일반적으로 많음.
체관부 유세포	적거나 없음.	잘 발달되어 있음.
체관부 조직의 배치	단순한 배열	복잡한 배열
기능적 특징	체세포형 체관요소가 물질 이동을 담당하며 효율이 낮음.	체관요소와 동반세포가 함께 작용하여 효율적인 물질이동이 가능함.

의 체세포는 체공 대신 비교적 단순한 구조를 가지며, 효율적인 물질 이동이 이루어진다. 체세포 내부는 때로 칼로스(callose, 포도당 중합체)로 막힐 수 있으며, 이는 특정 환경 조건에서 탄수화물 이동을 제한할 수 있다. 예를 들어, 겨울철 나무가 휴면 상태에 들어갈 때 칼로스가 체공을 막아 운반을 제한하지만, 봄철 식물의 활성이 증가하면 칼로스가 사라지면서 다시 물질 이동이 재개된다.

(2) 운반물질의 성분

광합성으로 생성된 탄수화물은 체관부를 통해 각 조직으로 운반되며, 그 구성 성분은 식물의 종류와 환경적 요인에 따라 차이를 보인다. 그러나 대부분 운반되는 탄수화물은 화학적으로 안정성이 높고 이동이 용이한 비환원당(nonreducing sugar) 형태로 존재한다. 이는 쉽게 산화되거나 다른 물질과 반응하지 않아 긴 이동 경로에서도 안정적으로 운반될 수 있기 때문이다.

가장 대표적인 운반물질은 설탕(sucrose)이며, 이는 대부분 식물에서 주요 형태로 사용된다. 설탕은 광합성으로부터 얻은 에너지를 저장하면서도 쉽게 이동할 수 있는 특징이 있다. 특히 설탕은 삼투압 조절을 통해 탄수화물의 이동을 원활하게 하고, 필요한 조직에 에너지를 신속히 공급하는 데 핵심적인 역할을 한다. 일부 식물에서는 설탕 외에도 라피노스(raffinose, 3당류), 스타키오스(stachyose, 4당류), 버바스코스(verbascose, 5당류)와 같은 다당류를 운반물질로 사용하는데, 이는 환경적 스트레스가 큰 조건에서 삼투압을 조절하고, 식물체의 안정성을 유지하는 데 기여한다.

장미과(Rosaceae) 식물과 같은 특정 식물군에서는 소르비톨(sorbitol)과 같은 당알코올(sugar alcohol)이 주요 운반물질로 활용된다. 당알코올은 설탕보다 삼투압이 낮아 높은 농도로 이동할 수 있으며, 수분이 제한적인 환경에서도 안정적으로 에너지 공급을 할 수 있다(Oliveria & Priestley, 1988).

체관부 수액(phloem sap)에는 탄수화물 외에도 유기질소 화합물(아미노산, 단백질), 무기질(칼륨, 칼슘, 마그네슘) 등의 성분이 포함된다.

(3) 운반 속도와 방향

광합성을 통해 생성된 설탕과 같은 탄수화물은 삼투압 차이에 의해 이동하는 압류설(압력 흐름 메커니즘, pressure flow mechanism)에 따라 이동하며, 이 과정에서 삼투압 차이가 중요한 역할을 한다(그림 8-9).

체관부에서 설탕이 축적되면 삼투압이 증가하고, 이후 물이 유입되면서 압력

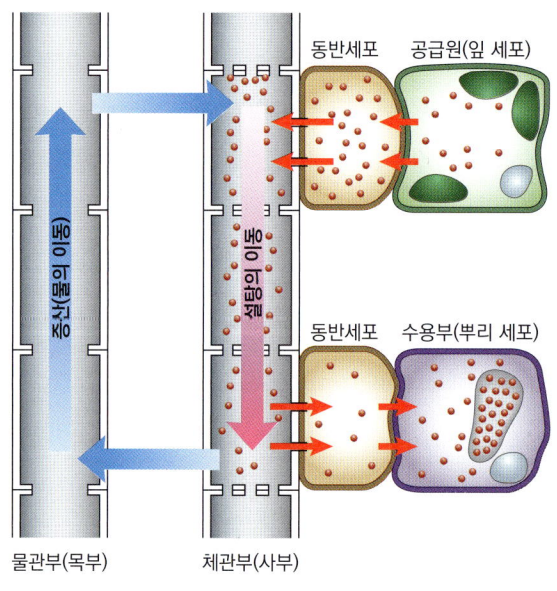

그림 8-9 탄수화물 이동 메커니즘 흐름도

이 형성된다. 이 압력에 의해 설탕이 수용원으로 이동하며, 수용원에서 설탕이 소비되면 삼투압이 감소하여 지속적인 흐름이 유지된다.

탄수화물의 이동 속도는 식물의 종류, 생리적 상태, 체관부 조직의 구조적 특성, 체판(篩板, sieve plate)의 구멍 크기에 의해 영향을 받는다. 활엽수는 침엽수보다 운반 속도가 빠른데, 이는 체관세포(sieve tube element)가 상대적으로 크고 길기 때문에 삼투압에 의한 압력 흐름 메커니즘이 더 효율적으로 작용하여 탄수화물이 빠르게 이동할 수 있다. 반면, 침엽수는 체관부 조직의 체관세포가 작고 길이가 짧으며, 삼투압 생성 능력이 상대적으로 낮아 활엽수보다 운반 속도가 느리다(Zimmermann, 1975).

탄수화물의 이동 방향은 공급원(供給源, source)과 수용원(受用源, sink) 간의 상대적 위치와 생리적 요구에 의해 결정된다. 공급원은 광합성을 통해 탄수화물을 생성하는 잎과 같은 조직이며, 수용원은 탄수화물을 필요로 하는 뿌리, 열매, 형성층과 같은 비광합성 조직이다. 온대 지역의 낙엽수에서는 계절적 변화에 따라 공급원과 수용원의 역할이 변화한다. 봄철에는 뿌리에 저장된 탄수화물이 새싹으로 이동해 생장을 지원하고, 여름철에는 잎에서 생성된 탄수화물이 형성층과 열매로 이동한다. 가을철에는 잎에서 생성된 탄수화물이 다시 뿌리로 이동해 겨울 동안 저장된다.

(4) 탄수화물 운반 원리

탄수화물 운반은 압류설(pressure flow hypothesis)에 의해 설명된다. 독일의 뮌휘(Münch)가 1930년에 제안한 이론으로, 공급원에서 생성된 설탕이 체관부 조직으로 이동하면 삼투압이 증가해 물이 유입되면서 압력이 형성되고, 이 압력에 의해 설탕이 수용원으로 이동한다(그림 8-10).

압류설이 성립하기 위해서는 다음의 조건이 충족되어야 한다. 첫째, 공급원과 수용원 사이에 농도 차이가 있어야 한다. 둘째, 공급원에서 설탕이 체관부 조직으로 능동적으로 적재되어야 하며, 수용원에서 소비되어야 한다. 셋째, 체관부 조직 내 저항이 낮아야 한다. 실제로 식물의 체관세포는 이러한 조건을 만족하며 체판(sieve plate)을 통해 설탕의 원활한 이동을 돕는다.

이 이론은 탄수화물 이동이 단순한 확산이 아닌, 삼투압을 이용한 대량 흐름(mass flow)으로 이루어진다는 점에서 식물 내 물질 이동 메커니즘을 설명하는 가장 유력한 학설로 인정받고 있다.

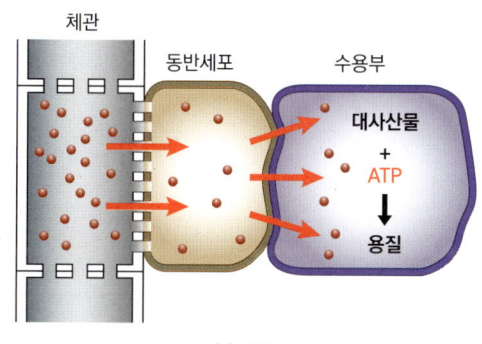

(a) 대사

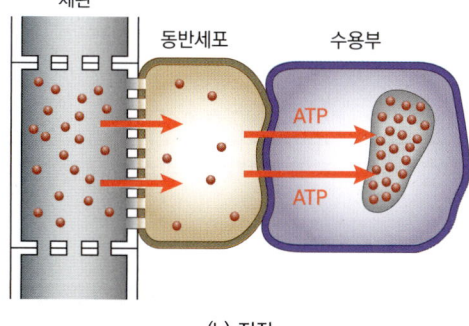

(b) 저장

그림 8-10 뮌휘(Münch)의 압류설 원리도

8.2 단백질과 질소 대사

식물은 뿌리를 통해 질산염과 암모늄을 흡수하고, 암모늄은 독성을 줄이기 위해 아미노산으로 동화된다. 가을철에는 잎의 질소가 저장 조직으로 이동하고, 봄철에는 다시 생장에 활용된다. 공생 미생물은 공기 중 질소를 고정하여 식물의 질소 이용을 돕는다. 낙엽이 지기 전 질소를 회수하여 재활용하며, 이는 산림 생태계의 질소 순환과 생산성 유지에 기여한다.

8.2.1 주요 질소화합물과 기능

(1) 아미노산과 단백질 그룹

아미노산은 단백질의 기본 구성 단위이며, 각 아미노산은 알칼리성을 띠는 아미노기(-NH$_2$)와 산성을 띠는 카복실기(-COOH)가 α-탄소에 결합된 구조를 가진다. 대표적인 예로 알라닌(alanine)이 있으며, 이는 식물과 동물 모두에서 발견되는 중요한 아미노산 중 하나이다. 식물에는 약 20가지의 주요 아미노산이 존재하며, 이는 다양한 생리적 기능을 수행한다.

아미노산이 펩타이드결합을 통해 연결되면 단백질을 형성한다. 펩타이드결합은 한 아미노산의 카복실기와 다른 아미노산의 아미노기가 반응하면서 물이 빠져나가는 과정에서 형성되며, 이로 인해 고분자 화합물인 단백질이 생성된다. 식물 내 단백질은 다양한 크기와 모양을 가지는데, 일반적으로 40,000*돌턴 이상으로 매우 크며, 구조적 요소뿐만 아니라 효소로서 생리적 반응을 활성하는 역할을 한다.

예를 들어, 광합성에서 중요한 루비스코(Rubisco) 효소는 전체 단백질의 12~25%를 차지할 만큼 풍부하며, 지구상의 생물학적 탄소고정에 중요한 역할을 한다. 또한 전자전달 메커니즘에서 전자를 운반하거나, 에너지 저장과 대사 과정에서 중요한 기능을 담당하는 등 식물 생리에 필수적인 요소로 작용한다.

(2) 핵산 관련 그룹

핵산(nucleic acid)은 유전 정보를 저장하고 전달하는 역할을 하는 화합물로, 고리형 구조인 퓨린(purine)과 피리미딘(pyrimidine)을 기본 골격으로, 5탄당과 인산이 결합하여 뉴클레오타이드(nucleotide)로 구성된다. 뉴클레오타이드는 DNA와

---

*돌턴(dalton)
단백질 등 고분자 물질의 질량을 나타내는 단위로, ^{12}C 1원자의 질량이 12돌턴이므로 1돌턴(Da)은 1.661×10^{-24}g에 해당한다.

RNA의 기본 단위로, DNA는 유전 정보를 저장하고, RNA는 단백질 합성과 관련된 정보를 전달하는 기능을 수행한다. 유전 정보를 저장하는 DNA와 단백질 합성과 관련한 정보 전달 역할을 수행하는 RNA의 구조와 기능을 구성하는 주요 요소이다(그림 8-11).

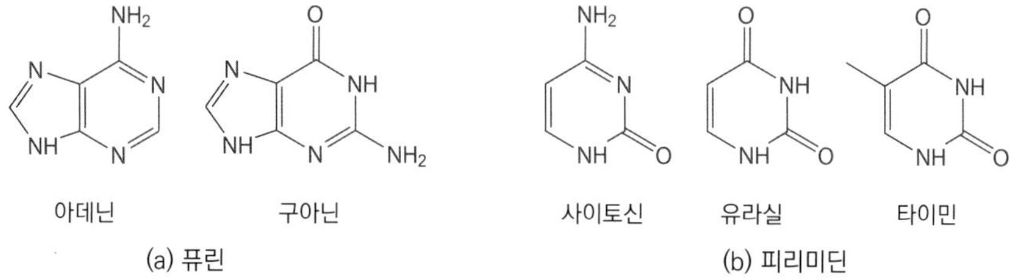

(a) 퓨린	(b) 피리미딘
아데닌 구아닌	사이토신 유라실 타이민

그림 8-11 퓨린과 피리미딘의 분자구조

퓨린 계열에는 아데닌(adenine), 구아닌(guanine), 피리미딘 계열에는 사이토신(cytosine), 타이민(thymine), 유라실(uracil)이 있다. 이들은 질소 원자를 포함한 고리 구조를 형성하여 화합물의 안정성을 높이는 역할을 한다. 또 뉴클레오타이드는 단순한 유전 정보 저장뿐만 아니라 아데노신 일인산(AMP), 아데노신 이인산(ADP), 아데노신 삼인산(ATP), NAD(nicotinamide adenine dinucleotide), NADP(nicotinamide adenine dinucleotide phosphate) 등의 형태로 에너지 전달과 대사 조절에 중요한 역할을 한다. 이들은 세포의 에너지 순환을 조절하고, 생화학적 반응을 촉진하는 CoA와 같은 보조 효소 역할을 수행하며, 세포 내 대사 조절과 생존에 필수적인 역할을 수행한다.

(3) 대사 중개 물질 그룹

대사 중개 물질(metabolic intermediate)은 생물체 내에서 질소를 포함한 화합물로, 다양한 대사 과정에서 중요한 중간 단계의 역할을 한다. 대표적으로 포르피린(porphyrin)이 있으며, 이는 네 개의 피롤(pyrrole) 고리가 결합된 구조를 가지고 있다. 포르피린은 엽록소(chlorophyll)와 헤모글로빈(hemoglobin)과 같은 생체분자의 기본 골격을 형성하며, 엽록소는 광합성을 통해 빛 에너지를 화학에너지로 전환하는 데 필수적이며, 헤모글로빈은 산소 운반을 담당한다.

또 식물 생장 조절에 중요한 역할을 하는 옥신(auxin)의 일종인 IAA(indole acetic acid)는 아미노산 트립토판(tryptophan)으로부터 생성되며, 질소를 포함하고 있어 식물 생장 조절과 형태 형성에 관여한다.

이 밖에도 글루타민(glutamine)과 아스파라진(asparagine)은 질소 대사의 핵심적인 중개 물질로, 암모니아의 독성을 줄이고 질소를 안정적으로 저장하는 역할을 한다. 특히 아스파라진은 장거리 질소 운반과 저장에 중요한 역할을 하며, 아스파라진 합성효소(asparagine synthetase)는 질소를 글루탐산(glutamic acid)에서 아스파라진으로 전환하는 반응을 촉매하여, 질소 대사의 저장 및 운송 과정을 조절한다.

8.2.2 수목의 질소 대사

인간과 대부분 동물은 탄수화물을 외부에서 섭취해야 하며, 단백질 역시 음식으로 보충해야 한다. 특히 히스티딘(histidine), 아이소류신(isoleucine), 류신(leucine), 라이신(lysine), 메싸이오닌(methionine), 페닐알라닌(phenylalanine), 트레오닌(threonine), 트립토판(tryptophan), 발린(valine)과 같은 아미노산은 체내에서 합성되지 않으므로 반드시 식이 섭취가 필요하다. 반면 식물은 광합성을 통해 직접 탄수화물을 합성하고, 필수 아미노산을 포함한 20가지 아미노산을 모두 합성할 수 있다(그림 8-12).

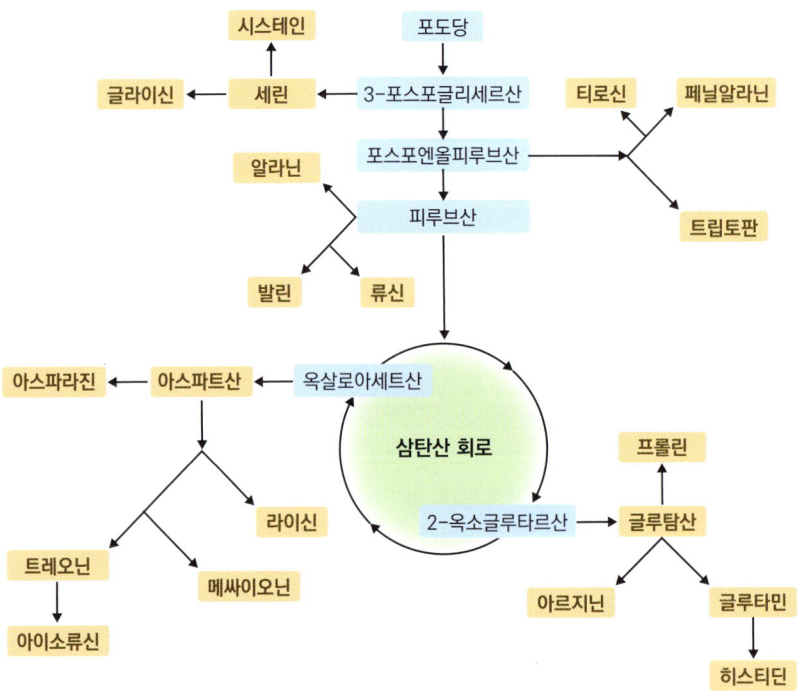

그림 8-12 20종의 필수 아미노산 합성 과정(Taiz L. et al., 2018)

(1) 질소가 뿌리에서 흡수되는 형태

식물은 뿌리를 통해 암모늄(NH_4^+)과 질산염(NO_3^-) 형태로 질소를 흡수한다. 암모늄은 양이온으로 토양 입자에 흡착되어 이동성이 낮지만, 산성 환경에서 비교적 안정적이다. 그러나 암모늄 농도가 높으면 식물에 독성을 나타낼 수 있으므로, 빠르게 대사되거나 액포(vacuole)에 저장되어 독성을 최소화한다. 암모늄은 pH 조건에 따라 암모니아(NH_3) 형태로 변환될 수 있으며, 이는 세포막을 쉽게 통과하여 다른 환경으로 확산된 후 다시 암모늄으로 변환한다(그림 8-13).

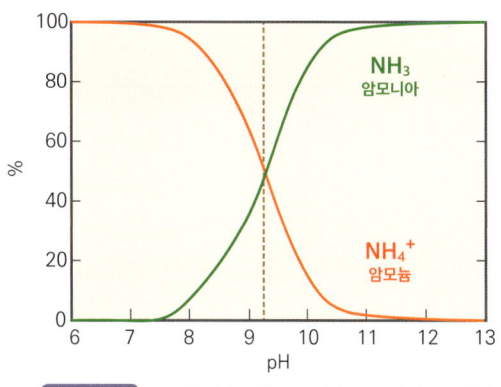

그림 8-13 pH 변화에 따른 NH_4^+와 NH_3의 농도 변화 (Langenfeld et al., 2021)

반면, 질산염은 음이온 형태로 토양 용액 내에서 자유롭게 이동할 수 있어 뿌리에서 쉽게 흡수된다. 질산염은 질산화세균(nitrifying bacteria)에 의해 암모늄에서 변환되며, 이러한 질산화(nitrification)를 통해 암모늄이 질산염으로 전환된다. 질산염은 비교적 독성이 낮아 고농도로 축적될 수 있으나, 과도한 흡수 시 인간과 동물에게는 유해할 수 있다.

식물이 질소를 흡수하는 능력은 토양 환경, 질소 형태의 가용성, 미생물과의 공생 관계 등에 영향을 받는다. 특히, 균근(mycorrhizae)은 암모늄의 흡수를 촉진하여 질소 이용 효율을 높이는 역할을 한다. 이러한 질소 흡수 방식은 식물의 생장과 영양 공급에 중요한 영향을 미치며, 다양한 환경 조건에서 질소 이용 효율을 결정하는 핵심 요인이다(Ferraz-Almeida, 2024).

8.2.3 질산환원

(1) 질산환원 장소

질산환원(nitrate reduction)은 식물이 흡수한 질산태 질소(NO_3^-)를 이용 가능한 암모늄태 질소(NH_4^+)로 변환하는 과정이다. 흡수된 질산태 질소는 뿌리에서 즉각 환원되거나 잎으로 이동한 후 암모늄태 질소 형태로 환원이 이루어진다.

식물에 따라 질산환원이 일어나는 장소는 서로 다르다. 겉씨식물, 진달래류, 프로테아과(Proteaceae)는 뿌리에서 즉각적인 질산환원이 이루어지지만, 대부분의 목본식물은 질산염을 잎으로 이동시킨 후 환원한다.

질산태 질소의 공급량도 질산환원이 이루어지는 장소에 영향을 미친다. 소량의 질산태 질소를 흡수할 경우, 환원은 주로 뿌리에서 일어나지만, 질산태 질소의 공급량이 증가하면 상당 부분이 줄기와 잎으로 이동하여 환원한다. 수종별 질산태 질산 대사의 차이는 물관부 수액(xylem sap) 내 질산태 질소와 환원된 질소 화합물의 농도 비율을 통해 확인할 수 있다. 일반적으로 온대 지역의 식물들은 열대 및 아열대 지역의 식물들보다 뿌리에서의 질산환원에 더 크게 의존하는 경향이 있다.

(2) 질산환원 메커니즘

첫 번째 단계는 질산태 질소(NO_3^-)는 질산 환원효소(NR, nitrate reductase)의 촉매를 받아 아질산염(NO_2^-)으로 환원된다. 이 과정은 세포질에서 일어나며, NAD(P)H가 전자 공여체로 작용하여 질산염에 두 개의 전자를 전달한다. 생성된 생성물은 아질산염(NO_2^-), 물(H_2O) 그리고 산화된 $NAD(P)^+$이다. 질산 환원효소는 FAD(flavin adenine dinucleotide), 헴(heme), 몰리브데넘(Mo) 이온이 포함된 보조 인자를 포함하고 있다. 이 효소의 작용은 질소 대사의 시작점으로, 질산염을 식물이 흡수 가능한 형태로 변환하는 중요한 역할을 한다.

두 번째 단계는 아질산염(NO_2^-)이 아질산 환원효소(NiR, nitrite reductase)에 의해 암모늄(NH_4^+)으로 환원된다. 이 과정은 엽록체 또는 비광합성 조직의 세포 소기관에서 일어나며, 6개의 전자가 필요하다. 페레독신(Fd, ferredoxin)이 전자 공여체로 작용하며, 광합성 명반응에서 환원된 페레독신이 전자를 제공한다. 아질산 환원효소는 철-황 단백질 복합체를 포함하고 있어 아질산염을 암모늄으로 전환하는 반응을 수행한다. 이 반응은 아질산염의 독성을 제거하고, 암모늄 형태의 질소를 식물의 단백질 합성 및 생리적 과정에 활용할 수 있도록 한다.

(3) 질산환원 조절 인자

① 광(빛)과 탄수화물에 의한 조절

광합성에 의해 생성된 탄수화물은 질산 환원 과정의 에너지원으로 활용되며, 빛은 질산 환원효소의 활성을 증가시키는 중요한 인자이다.

빛과 탄수화물 증가는 단백질 인산분해효소(protein phosphatase)가 작용하여 질산 환원효소를 탈인산화(dephosphorylation)시키면서 효소가 활성화된다.

빛의 감소와 마그네슘(Mg^{2+})농도 증가는 단백질 인산화효소(protein kinase)가 질산 환원효소를 인산화(phosphorylation)시켜 비활성화시킨다. 이러한 인산화-탈인산화 과정은 효소 합성과 분해보다 훨씬 빠르게 반응하여 환경 변화에 신속하게 적응하도록 돕는다.

② 질산(NO_3^-)농도에 의한 조절

질산태 질소의 공급량이 증가하면 질산 환원효소의 합성이 촉진된다. 예를 들어 보리 새싹에서는 질산이 추가된 후 약 40분 내에 질산 환원효소 mRNA가 감지되었으며, 이후 효소 활성도가 증가하여 최대치에 도달한다(그림 8-14).

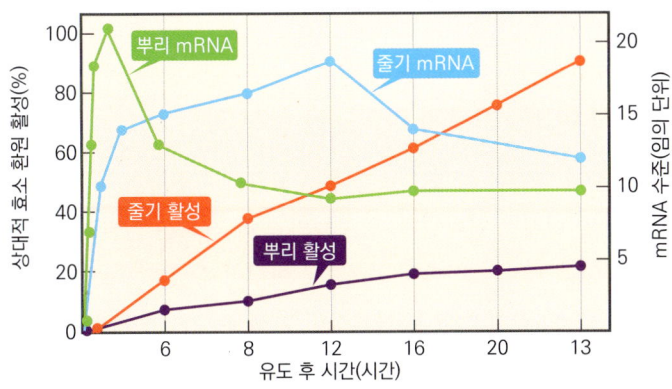

그림 8-14 보리의 질산 환원효소 mRNA 유도와 효소 활성 변화 경향 (Kleinhofs et al., 1989)

③ 아질산염(NO_2^-)의 독성 조절

아질산염(NO_2^-)은 반응성이 강하고 잠재적으로 독성이 있는 이온으로, 식물은 이를 엽록체와 엽신으로 즉시 운반하여 추가 반응을 진행한다 이 과정은 다음과 같은 반응식으로 요약될 수 있다(식 1).

$$NO_2^- + 6Fd_{red} + 8H^+ \rightarrow NH_4^+ + 6Fd_{ox} + 2H_2O \qquad \text{(식 1)}$$

이때 페레독신(ferredoxin)은 광합성 명반응에서 생성된 전자를 전달하는 중요한 역할을 한다.

④ 질소 균형 조절

질산 동화 과정의 최종 산물인 아스파라진(asparagine)과 글루타민(glutamine)이 축적되면, 식물체 내부의 질소 균형 유지를 위해 질산환원 작용이 억제된다. 이는 질소 과잉 상태에서 질산 동화 속도를 조절하는 메커니즘으로 작용한다.

8.2.4 암모늄 동화작용

암모늄(NH$_4^+$)은 식물체 내에 고농도로 존재할 경우에 세포에 독성을 유발할 수 있으므로 식물체 내에 축적되지 않는다. 따라서 식물은 암모늄을 아미노산과 같은 유기 화합물 형태로 전환하거나, 다른 대사 경로를 통해 무독성 형태로 변환한다. 이 과정은 질산염의 환원 또는 광호흡 과정에서 생성된 암모늄을 처리하는 주요 경로 중 하나로, 이때 글루타민 합성효소(glutamine synthetase, GS)와 같은 효소가 영향을 주며 암모늄 대사와 질소 및 탄소 대사의 조절에 필수적인 역할을 한다.

(1) 환원적 아미노반응과 아미노산 합성 과정

암모늄은 식물체 내에서 독성을 유발할 수 있으므로 신속히 제거되거나 동화되어 유기 화합물 형태로 전환된다. 암모늄의 동화 작용은 환원적 아미노 반응(reductive amination)과 아미노산 합성 과정으로 이루어져 있다(그림 8-15).

암모늄 동화작용의 주요 경로는 글루타민 합성(GS-GOGAT) 경로로, 이 과정에서 암모늄은 글루탐산(glutamic acid)과 결합하여 글루타민(glutamine)을 형성한 후, 다시 글루탐산으로 전환되어 아미노산 합성과 같은 대사 과정에 활용된다.

환원적 아미노 반응은 두 가지로 구분할 수 있는데, 일반적인 경우, 암모늄을 글루탐산과 결합시켜 글루타민을 형성하며(식 2), 생성된 글루타민은 α-케토글루타르산(α-ketoglutarate)과 결합하여 두 분자의 글루탐산을 생성하는 순환 과정을 계속한다(식 3). 그러나 암모늄 농도가 높거나 GS-GOGAT 경로가 제한적인 환경에서는 글루탐산 탈수소효소(glutamate dehydrogenase, GDH)가 암모늄과 α-케토글루타르산을 직접 결합시켜 글루탐산을 형성한다. 이 과정은 NAPH 또는 NADPH를 공여체로 사용하여 진행된다(식 4).

Glutamate + NH$_4^+$ + ATP ↔ Glutamine + ADP + Pi (식 2)

Glutamate + α-ketoglutarate + NAD(P)H → 2Glutamine + NAD(P)$^+$ (식 3)

2-Oxoglutarate + NH$_4^+$ + NAD(P)H ↔ Glutamate + H$_2$O + NAD(P)$^+$ (식 4)

(2) 아미노기 전이 반응과 아미노산 합성

암모늄 동화의 핵심 산물인 글루탐산은 식물 내에서 암모늄을 저장하고 운반하는 중요한 역할을 하며, 다양한 아미노산 합성의 기본 물질로 활용된다. 다음

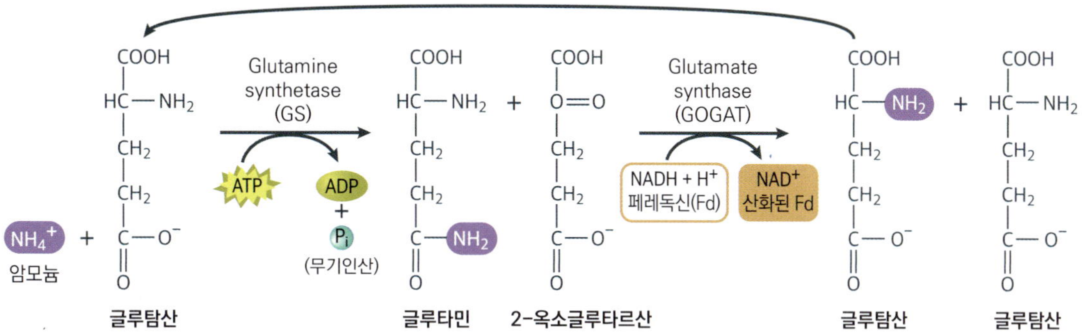

(a) Glutamine synthetase(GS)와 Glutamate synthase(GOGAT) 경로

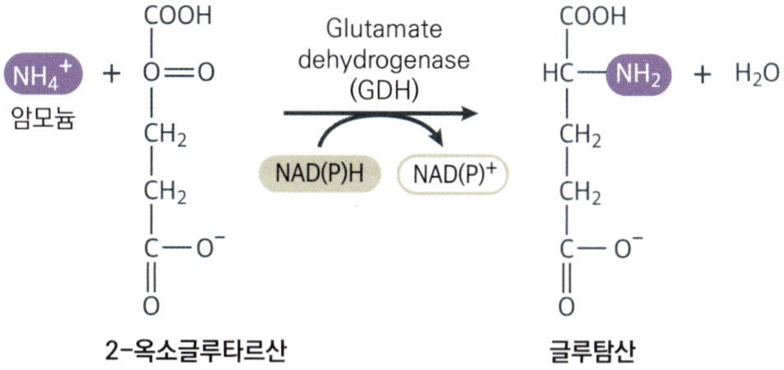

(b) Glutamate dehydrogenase(GDH) 경로

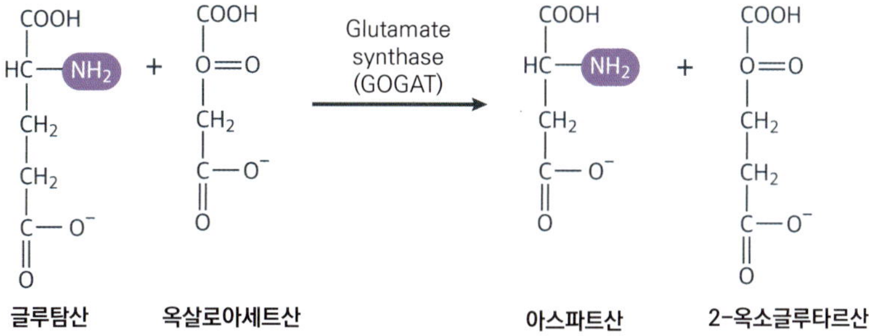

(c) Aspartate aminotransferase(Asp-AT) 경로

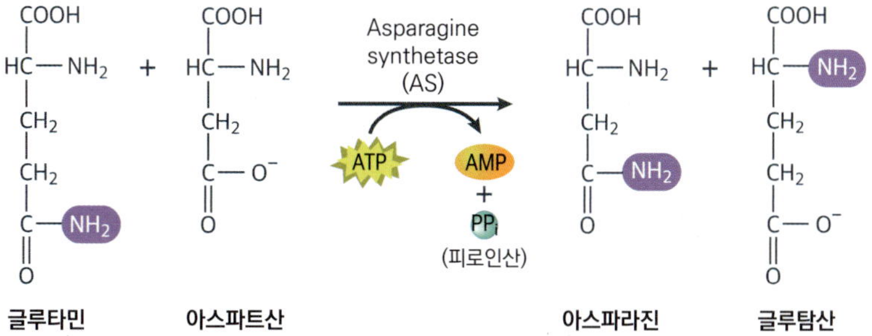

(d) Asparagine synthetase(AS) 경로

그림 8-15 암모늄 대사 과정에서 글루타민 및 아스파라진의 합성 경로(Taiz, L. et al., 2017)

단계에서는 *아미노기 전이 반응(transamination)이 일어나 글루탐산의 아미노기 (-NH2)가 다른 α-케토산(α-keto acid)으로 전달되어 새로운 아미노산이 합성된다. 이 과정에서 옥살로아세트산(OAA, oxaloacetic acid)이 아스파트산(aspartic acid)으로 전환되며, 글루탐산은 다시 α-케토글루타르산으로 환원된다(식 5).

$$\text{Glutamate + Oxaloacetate} \rightarrow \text{2-Oxoglutarate + Asparate} \tag{식 5}$$

(3) 광호흡 질소 순환

광호흡 질소 순환(photorespiratory nitrogen cycle)은 광합성 과정에서 루비스코 효소가 산소(O_2)와 반응하면서 발생하는 특수한 대사 과정으로, 이 과정에서 CO_2 방출과 동시에 NH_4^+을 생성한다.

생성된 암모늄은 세포 내에서 독성을 방지하기 위해 신속히 대사되며, 다음과 같은 경로를 거친다. 첫 번째, 암모늄은 글루탐산과 결합하여 글루타민으로 전환되며, 이 반응은 주로 엽록체에서 시작된다. 두 번째, 이후 생성된 물질은 퍼옥시솜(peroxisome)과 마이토콘드리아를 거치며 재순환된다. 세 번째, 암모늄은 다시 고정되어 아미노산 합성 및 질소 대사에 활용된다. 이러한 일련의 대사 과정은 암모늄이 세포 내에서 축적되는 것을 방지하고, 식물의 질소 이용 효율을 증가시키며, 아미노산 합성에 기여한다.

광호흡 질소 순환은 식물 대사 균형 유지와 생장에 필수적인 역할을 하며, 특히 질소 대사가 활발한 환경에서 더욱 중요한 기능을 수행한다. 생성된 암모늄은 세포 내에서 독성을 방지하기 위해 신속히 대사된다.

8.2.5 질소의 체내 분포

식물체 내 질소의 분포는 조직의 종류, 발달 단계, 계절에 따라 달라진다. 일반적으로 질소는 대사와 생장 활동이 활발한 부위에 집중되며, 잎, 어린 가지, 뿌리와 같은 조직에서 높은 농도를 보인다. 이는 이러한 부위가 광합성, 질소 동화작용, 생장 등에 직접적으로 관여하기 때문이다. 살아 있는 조직 내 질소는 주로 생장과 대사에 활용되며, 오래된 조직에서는 재활용되어 새로운 생장에 기여한다(Masclaux-Daubresse et al., 2010).

특히 잎은 질소 함량이 높아 단백질과 엽록소의 주요 공급원으로 작용하며, 전체 식물체 질소량의 상당 부분을 차지한다. 반면, 줄기와 같은 저장 조직은 질

---

*아미노기 전이 반응

아미노기를 케토산으로 전달하여 새로운 아미노산을 생성하는 화학 반응이다. 이 경로는 대부분의 아미노산들의 탈아미노화를 담당한다. 아미노기 전이 반응은 필수 아미노산을 비필수 아미노산으로 전환시키는 주요 분해 경로 중 하나이다.

소 농도가 상대적으로 낮다. Wells et al.(1975)는 어린 식물에서 잎에 질소의 약 25%가 집중되며, 80% 이상의 질소가 지상부에 존재한다고 보고하였다.

줄기의 심재와 변재의 질소 함량은 낮은 편이나, 성숙하는 과정에서 변재에 질소 농도가 증가하는 경향이 있다. 또 수피의 질소 함량은 상대적으로 높아, 야생동물의 먹이로 활용되기도 한다. 이러한 질소 분포는 식물의 생리적 기능과 생장 효율을 결정짓는 중요한 요인으로 작용하며, 환경 요인에 따라 변동될 수 있다.

8.2.6 질소의 계절적 변화

질소의 계절적 변화는 식물이 환경에 적응하고 생장에 필요한 질소를 효율적으로 이용하기 위한 과정으로, 계절에 따라 질소 저장과 이동이 조절된다. 일반적으로 가을과 겨울에는 잎에서 질소가 뿌리와 줄기 같은 저장 조직으로 이동하여 저장된다. 이는 생장 활동이 감소한 겨울에 질소를 보존하고, 다음 해 봄철 새로운 생장을 준비하기 위한 전략이다. 이때 질소는 주로 아르지닌(arginine)과 같은 형태로 존재하며, 휴면기 동안 주요 질소 저장 화합물로 작용한다.

봄이 되면 저장된 질소가 재활용되어 새로운 조직 형성과 생장을 지원하며, 이 과정에서 줄기와 뿌리의 질소 함량은 감소한다. 이후 여름이 되면 잎과 같은 생장 조직에서 질소가 다시 축적되며, 이 시기에는 아스파라진(asparagine)과 아스파트산(aspartic acid)이 주요 질소 화합물로 나타난다.

계절적 질소 변화는 낙엽수와 상록수 모두에서 관찰되며, 특히 체관부(phloem)의 질소 농도가 이러한 변화에서 중요한 역할을 한다. 체관부는 저장된 질소를 공급하는 주요 통로로, 줄기와 뿌리의 질소 농도 변화가 두드러지게 나타난다.

8.2.7 낙엽 생성과 질소 이동

낙엽과 질소 이동은 식물의 영양 관리와 생리적 적응에 중요한 과정이다. 가을이 되면 낙엽이 떨어지기 전에 잎에 축적된 질소를 회수하여 가지, 줄기, 뿌리와 같은 저장 조직으로 이동시킨다. 이 과정에서 분리층(abscission layer)과 보호층(protective layer)이 형성되며, 잎의 영양소 손실을 최소화한다. 회수된 질소는 주로 아미노산 형태로 저장되며, 다음 해 봄 새로운 생장에 중요한 역할을 한다(González-Zurdo et al., 2015).

이 과정에서 질소뿐만 아니라 인(P), 칼륨(K)과 같은 무기 영양소도 함께 회수된다. 연구에 따르면, 낙엽이 지기 전에 회수되는 질소는 총 잎 질소의 약 50%에 달하며, 이는 저장 조직으로 이동되어 다음 생장기에 활용된다(Millard & Thompson, 1989). 회수된 질소는 봄철 새싹과 잎의 형성에 필요한 주요 영양소로 이용되며, 식물의 질소 이용 효율을 극대화하는 전략으로 작용한다.

또 단풍나무와 포플러 같은 일부 수종은 체관부 세포(phloem cells)에 단백체(protein body) 형태로 질소를 저장하며, 봄철이 되면 이 단백체가 분해되어 아미노산과 유기 질소 형태로 전환된다(Wetzel et al., 1989). 이 과정은 질소의 재활용과 효율적인 자원 관리를 가능하게 하며, 낙엽이 지기 전 영양소 회수 메커니즘의 대표적인 예로 꼽힌다.

8.2.8 질소 고정

질소는 지구에서 여러 가지 형태로 존재하며, 대기 중 약 78%는 질소 분자(N_2) 형태로 구성되어 있다. 그러나 대부분의 생물은 이 형태의 질소를 직접 이용할 수 없으며, 이를 활용하려면 질소 분자의 삼중 공유 결합($N\equiv N$)을 분해하여 암모니아(NH_3) 또는 질산염(NO_3)과 같은 이용 가능한 형태로 전환해야 한다. 이 과정을 질소 고정(nitrogen fixation)으로 알려져 있으며, 자연적 과정과 인위적 과정으로 구분된다.

표 8-3 주요 질소 순환과정의 정의와 고정량

질소 순환 과정	정의	고정량 (10^{13}g/yr)
산업적 고정(industrial fixation)	분자 질소를 암모니아로 전환하는 산업적 과정	10
대기 고정(atmospheric fixation)	번개와 광화학적 과정으로 분자 질소를 질산염으로 전환	1.9
생물학적 고정(biological fixation)	분자 질소를 암모니아로 전환하는 원핵생물의 과정	17
식물 흡수(plant acquisition)	암모늄 또는 질산염을 흡수 및 동화하는 식물의 과정	120
미생물 고정(immobilization)	암모늄 또는 질산염을 미생물이 흡수 및 동화	N/A
암모니아화(ammonification)	박테리아와 곰팡이가 토양 유기물을 암모늄으로 분해	N/A
휘산(volatilization)	암모니아가 대기로 방출	10
암모늄 고정(ammonium fixation)	암모니아가 토양 입자에 물리적으로 고정	1.0
탈질화(denitrification)	박테리아가 질산염을 아산화질소 및 분자질소로 전환	21
질산 용탈(nitrate leaching)	질산염이 지하수에서 용탈되어 바다로 유입	3.6

자연적으로 질소가 고정되는 주요 방식에는 번개, 광화학 반응(photochemical reactions), 생물학적 질소 고정(biological nitrogen fixation)이 있다. 또 산업적으로는 비료 생산(industrial nitrogen fixation)을 통해 질소를 고정할 수 있다. 이러한 생물학적 질소 고정을 통해 매년 약 1억 9천만 톤의 질소가 전 지구적으로 고정된다(표 8-3).

(1) 생물학적 질소 고정

① 질소 고정의 매커니즘

생물학적 질소 고정은 대기 중 불활성 상태의 질소 분자(N_2)를 식물이 이용할 수 있는 형태로 환원하는 과정이다. *Rhizobium*과 같은 공생 박테리아는 ATP와 전자를 소모하여 질소를 암모니아로 전환한다(식 6).

생성된 암모니아는 식물체 내에서 글루타민 또는 글루탐산과 같은 유기 질소 화합물로 변환되며, 이는 단백질 합성과 생장에 사용된다.

$$N_2 + 8H^+ + 8e^- + 16ATP \rightarrow 2NH_3 + H_2 + 16ADP + 16P_i \quad \text{(식 6)}$$

(가) 질소고정효소 복합체의 구조와 역할

질소 고정 과정에서 가장 중요한 역할을 하는 것은 질소고정효소 복합체(nitrogenase enzyme complex)이다. 이 복합체는 질소 분자의 안정적인 삼중 공유 결합(N≡N)을 분해하여 암모니아로 환원하는 기능을 수행하며, 질소고정효소 복합체는 두 가지 주요 단백질로 구성되어 있다. Fe 단백질(ferredoxin)은 ATP를 소모하며 전자를 전달하여 MoFe 단백질을 활성화하는 역할을 한다. 질소 환원을 위한 첫 번째 단계로, 높은 에너지가 필요하다.

MoFe 단백질(molybdenum-iron protein)은 Fe 단백질로부터 받은 전자를 사용하여 불활성 상태의 질소 분자를 암모니아로 환원한다. 이 단백질은 산소에 민감하여, 산소에 노출되면 비활성화되므로 혐기성 환경이 필수적이다.

질소 고정 과정에서 총 16 ATP가 소비되며, 이는 생물체가 질소를 고정하는 데 상당한 에너지가 필요로 함을 의미한다.

(나) 결절 형성 과정

질소 고정을 수행하는 공생 미생물은 식물의 뿌리에서 뿌리혹(nodule)을 형성하며, 이를 통해 질소를 효율적으로 고정할 수 있는 환경을 조성한다.

뿌리혹 형성과정은

① **초기 신호 교환**: *Rhizobium*은 콩과 식물의 뿌리에서 분비되는 플라보노이드 화합물을 감지하고 뿌리 표피에 정착한다. 이 신호는 *Rhizobium*의 Nod 유전자를 발현하도록 유도하며, 이후 뿌리 세포와의 상호작용이 시작된다.

② **감염사 형성**: *Rhizobium*은 근모(root hair)에 정착한 후 세포 내부로 침투하기 위하여 감염사(infection thread)를 형성한다. 감염사는 *Rhizobium*을 이동시키는 경로 역할을 하며, 최종적으로 뿌리혹 형성을 유도한다.

③ **뿌리혹 형성**: 감염사는 뿌리 세포를 통해 전파되며, 최종적으로 뿌리혹 내부에서 *Rhizobium*은 질소고정효소 복합체를 활성화하여 대기 중의 질소를 암모니아로 전환한다. 이 과정에서 혐기성 환경이 유지되어야 원활히 진행될 수 있다.

(다) 레그헤모글로빈의 역할

뿌리혹 내부에서 혐기성 환경을 유지하기 위해 레그헤모글로빈(leghemoglobin)이라는 특수 단백질이 중요한 역할을 한다. 레그헤모글로빈은 산소와 결합하는 능력이 뛰어나 효소가 비활성화되는 것을 방지하는 동시에, 미생물의 대사에 필요한 산소를 안정적으로 공급한다. 이 단백질은 산소에 대한 높은 친화도를 가지며, 공생 미생물의 질소 고정 활동을 효율적으로 지원한다.

② 질소 고정 미생물

생물학적 질소 고정은 진핵생물에서는 발생하지 않으며, 녹조류(green algae)나 고등식물은 스스로 질소를 고정할 수 없으며, 오직 일부 세균과 남세균과 같은 *원핵생물(原核生物, prokaryote)만이 이 기능을 수행한다(표 8-4).

*원핵생물
핵막이 없는 생물이다. 대부분 단세포 생물이라는 특징이 있다. 진핵생물처럼 디옥시리보뉴클레오타이드 구성된 1개의 염색체를 가지고 있지만 진핵생물과는 달리 원형 구조이다.

표 8-4 산림 내 질소 고정 미생물 분류

구분	기주식물	미생물 종류	구분	유형	미생물 종류
공생 질소 고정	콩과식물	*Azorhizobium, Bradyrhizobium, Mesorhizobium, Rhizobium, Sinorhizobium*	자유생활 질소 고정	호기성	*Azotobacter, Beijerinckia, Derxia*
	오리나무속	*Frankia*		조건혐기성	*Bacillus, Klebsiella*
	군네라속	*Nostoc*		혐기성	비광합성: *Clostridium, Methanococcus* 광합성: *Chromatium, Rhodospirillum*
	물개구리밥	*Anabaena*			
	사탕수수	*Acetobacter*		남세균	*Anabaena*
	억새속	*Azospirillum*			

질소 고정 과정은 많은 에너지를 소모하는 반응이다. 이를 촉매하는 질소고정효소는 고에너지 전자 교환을 촉진하는 부위를 가지고 있다. 그러나 산소는 강력한 전자수용체로 작용하여 질소고정효소에 손상을 입히고, 질소 고정 메커니즘을 비활성화시킬 수 있기 때문에 질소는 혐기성 조건에서 고정되는 것이 필수적이다. 예를 들어 남세균(Cyanobacteria)에서는 혐기성 조건이 이형세포(heterocysts)라고 불리는 특수화된 세포에서 형성된다(그림 8-16). 이형세포는 두꺼운 세포벽을 가지고 있어 암모늄(NH_4^+)의 고정을 촉진하기 위해 산소의 확산을 차단하는 역할을 수행한다.

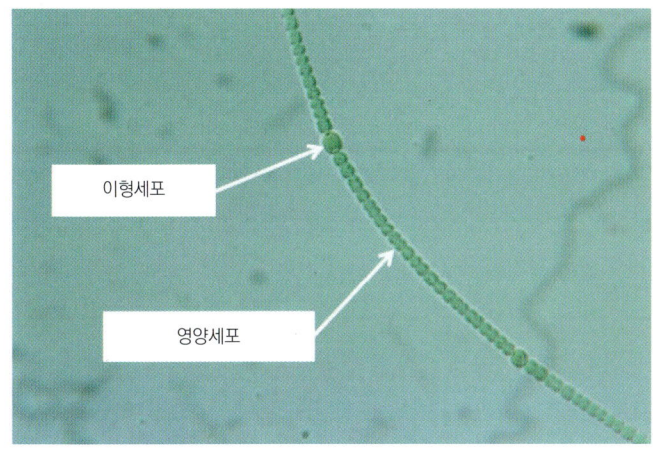

그림 8-16 이형세포의 구조(Heng et al., 2014)

한편, 오리나무와 같은 비콩과 식물과 공생하는 *Frankia*는 뿌리혹을 형성하며, 이는 질소가 부족한 환경에서 기주 식물의 생장과 적응력을 향상시키는 중요한 역할을 한다. 공생 질소 고정은 미생물과 기주 식물 간의 협력적 상호작용을 통해 이루어지는데, 대표적인 공생 미생물인 *Rhizobium*은 콩과 식물의 뿌리에서 분비되는 플라보노이드 화합물에 반응하여 뿌리 표면에 정착한다. 이후, 감염사를 통해 뿌리 세포 내부로 침투하여 뿌리혹을 형성한다. 뿌리혹 내부에서 *Rhizobium*은 질소고정효소 복합체(nitrogenase enzyme complex)를 사용해 대기 중 질소(N_2)를 암모니아(NH_3)로 환원한다.

(가) 자유생활 질소 고정

토양 미생물 중 일부는 대기 중 질소를 암모니아 형태로 환원하는 능력이 있으며, 이를 자유생활 질소 고정(free-living nitrogen fixation)이라고 한다. 이러한 미생물은 특정 기주 식물과의 공생 없이 독립적으로 생활하면서 질소를 고정할 수 있다. 대표적인 자유생활 질소 고정 미생물(free-living nitrogen bacteria) 중 하나인 *Azotobacter*는 호기성 박테리아로 산성인 경우가 많은 산림 토양에서는 활발한 활동을 보이지 않지만, 지구상에서 호흡작용을 가장 활발하게 하는 생물 중 하나이다.

(나) 공생 질소 고정

공생 질소 고정은 기주 식물과 미생물 간의 협력적 상호작용을 통해 이루어지는 과정이다. 공생 미생물은 기주 식물의 뿌리혹(nodule) 내부에서 질소를 암모니아 형태로 전환하며, 이에 대한 대가로 기주 식물은 미생물에게 탄수화물과 필수 영양소를 공급받는다.

대표적인 공생 질소 고정 미생물로는 *Rhizobium*, *Frankia*, *Anabaena*, 남세균(Cyanobacteria) 등이 있다. *Rhizobium*은 주로 콩과 식물(Legumes)과 공생하며, 기주 식물의 뿌리에서 분비되는 플라보노이드 화합물을 신호로 인식하여 뿌리 표면에 정착한다. 이후 감염사(infection thread)를 형성하여 뿌리 세포 내부로 침투하고, 뿌리혹을 형성한다.

*Frankia*는 비콩과 식물(non-legumes)과 공생하는 질소 고정 미생물로, 약 140종 이상의 기주 식물과 공생 관계를 형성하는 것으로 알려져 있다. 주로 오리나무속(*Alnus*)이나 쥐손이속(*Casuarina*) 식물과 공생하며, 질소가 부족한 척박한 토양에서도 생장할 수 있도록 기주 식물에 질소를 공급한다. *Frankia*는 뿌리혹을 형성하여 혐기성 환경을 조성하며, 공생 미생물이 질소를 안정적으로 고정할 수 있도록 돕는다. 또 *Frankia*는 자신의 고유 모양이 변형되어 박테로이드(bacteroid) 형태로 존재하는 특징이 있다.

*Anabaena*는 물옥잠속(*Azolla*) 식물과 공생하며, 수생 환경에서 질소 고정을 수행한다. *Anabaena*는 물옥잠 잎 내부에 서식하며, 대기 중 질소를 암모니아 형태로 전환하여 기주 식물에 공급한다. 이러한 공생 관계는 전통적인 벼농사에서 자연 질소비료 역할을 하며, 친환경 농업에서도 중요한 역할을 수행한다.

남세균(Cyanobacteria)은 특정 기주 식물과 강한 공생 관계를 형성하지 않지만, 수생 환경에서 느슨한 상호작용을 통해 질소를 공급한다. 남세균은 자유롭게 활동하며 대규모 수생 생태계의 질소 순환에 기여한다. 질소가 부족한 환경에서 다른 생물체의 생장을 간접적으로 돕는 역할을 하며, 생태계의 질소 균형 유지에 필수적인 역할을 수행한다.

(2) 산림 내 질소 고정량

산림에서 질소 고정량은 수목의 종류, 토양의 화학적 특성 그리고 미생물 활동에 따라 크게 달라진다. 일반적으로 산림 토양은 경작 토양에 비해 질소 고정량이 적은 경향을 보인다. 이는 산림 토양의 특수한 물리적·화학적 특성과 미생물 생육 조건이 주요 원인으로 작용하기 때문이다.

산림 토양에서 자유생활 박테리아(free-living bacteria)에 의한 질소 고정량은 비교적 낮은 편이다. 특히, *Azotobacter*와 같은 호기성 박테리아는 산림 토양의 *조부식(粗腐植, mor humus) 환경과 산성 토양(pH 3.8-4.5)에서 활발히 활동하지 못하는 특성을 가진다. 반면, *Clostridium*과 같은 혐기성 박테리아는 산성 환경에서도 활동이 가능하며, 이러한 특성 덕분에 산림 생태계에서 상대적으로 높은 질소 고정량을 유지하는 데 기여한다. 예를 들어, 미국 오리건주 미송림에서는 1ha당 연간 14kgN의 질소 고정량이 관찰되었다(Voigt & Steucek, 1969).

수목의 종류와 공생 미생물의 특성도 질소 고정량에 영향을 미치는 중요한 요소이다. 오리나무속(*Alnus*)과 같은 공생 질소 고정 식물(symbiotic nitrogen-fixing plants)은 *Frankia*와 공생하여 뿌리혹을 통해 상당한 질소를 고정하는 것으로 알려져 있고 이는 특히 척박한 토양에서 질소 함량 증가에 크게 기여한다.

산림 내 질소 고정량은 토양 조건뿐만 아니라 기후와 생태적 요인에 따라 달라질 수 있다. 토양 내 수분이 부족할 경우 미생물 활동이 위축되며, 이는 질소 고정량 감소로 이어질 수 있다. 낮은 온도에서는 질소고정효소의 활성도가 감소하고 질소 고정량이 줄어든다. 또 산림 내 질소 고정량은 강수량, 계절적 변화, 생태계 내 다른 생물군과의 상호작용에 의해서도 영향을 받는다.

> ***조부식**
> 주로 침엽수림에서 발견되는 부식 유형으로, 낙엽의 분해속도가 느린 것이 특징이다. 이런 느린 분해 과정은 주로 곰팡이에 의해 주도되며, 그 결과 비교적 유기물층과 광물질층의 토층 구분이 뚜렷하게 나타난다.

8.2.9 산림 내 질소 순환

산림 생태계에서 질소는 대기, 토양, 식물, 동물 등 다양한 요소 사이에서 순환하며, 이는 생태계 내 물질 순환에서 중요한 역할을 한다. 질소 순환(nitrogen cycle)은 공기 중 질소(N_2)가 생물학적, 물리적, 화학적 과정을 거쳐 유기 질소와 무기 질소로 전환된 후 다시 대기로 방출되는 과정을 의미한다. 이 과정은 생태계의 생산성과 안정성에 큰 영향을 미치며, 특히 산림 생태계에서는 질소가 생태계 기능을 결정하는 핵심으로 작용한다(그림 8-17).

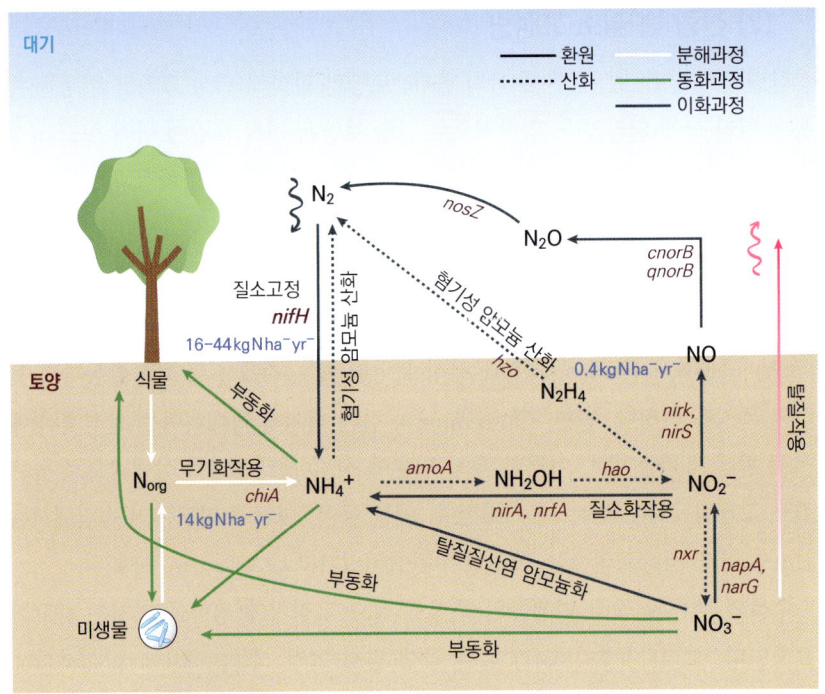

그림 8-17 산림의 질소 순환 과정(Silveira et al., 2021)

① 유기질의 질소 분해

산림 토양 속의 유기 질소(organic nitrogen)는 주로 낙엽, 나무 잔재물, 동물 배설물과 같은 생물 유기물이 토양으로 유입된 후 분해되면서 질소 순환이 시작된다. 이러한 유기 질소는 부패성 박테리아와 곰팡이에 의해 암모늄(NH_4^+) 형태로 전환되는데, 이 과정을 암모니아화 작용(ammonification)이라고 한다. 암모니아화 작용은 주로 분해성 박테리아와 사멸한 식물 및 동물 물질의 분해로 발생한다.

암모니아화 작용으로 형성된 암모늄 이온은 토양 미생물에 의해 질산염(NO_3)으로 전환되며, 이 과정을 질산화 작용(nitrification)이라고 한다. 질산화 작용은 두 단계로 이루어진다. 첫 번째, *Nitrosomonas* 박테리아에 의해 암모늄(NH_4^+)이 아질산염(NO_2)으로 전환된다. 두 번째 단계로는 *Nitrobacter* 박테리아에 의해 아질산염(NO_2)이 질산염(NO_3)으로 산화된다. 이때 *Nitrosomonas*와 *Nitrobacter*는 경작 토양과 같은 중성토양에서는 왕성한 활동을 보이지만 산림 토양과 같은 산성토양에서는 활동이 억제되는 경향이 있다.

② 질산염의 이동 및 침출

질산염은 물에 잘 녹는 성질을 가지므로, 식물 뿌리가 흡수하지 못한 질산염은 지하수나 강물로 쉽게 유출되는데, 이를 용탈(leaching)이라고 한다.

산림 토양은 대개 조부식으로 구성되어 있어 박테리아 활동이 제한되며, 또한 산성 토양(pH 3.8-5.0)은 미생물 생장을 저해한다. 특히, 극상림에 가까울수록 타감 물질(allelopathic chemicals)이 축적되어 질산화작용이 거의 일어나지 않고 질소가 암모늄 이온 형태로 존재한다. 나무 뿌리 또한 암모늄 이온(NH_4^+) 형태로 흡수하는 특성을 보인다.

③ 산림 내 탈질소반응

산림 생태계에서 침수된 토양이나 산소가 부족한 환경에서는 질산염(NO_3^-)이 전자수용체로 사용되어 질소가스(N_2) 또는 질소산화물(NO_x)로 환원된다. 이를 탈질작용(denitrification)이라고 하며, 주로 *Pseudomonas* 박테리아에 의해 이루어진다.

(1) 산림생태계 질소 순환과 요구량

산림 생태계에서 질소는 다양한 형태로 분포하며, 생태계 내 주요 구성 요소들 사이에서 순환하며 핵심적인 역할을 한다. 일반적으로 산림 내 질소는 토양 유기물에 대부분 저장되어 있으며, 무기질 질소는 상대적으로 소량 존재한다. 예를 들어, 일본 다카야마시험림 활엽수림에서는 전체 질소의 93%가, 미국 허버드브룩시험림에서는 약 80.2%가 토양에 저장되어 있다고 보고하였다(Mitchell et al., 1975; Cao et al., 2024)(표 8-5).

이러한 질소의 분포는 산림 내 물질 순환을 반영하며, 식물과 토양 생물 사이에서 흡수와 분해 과정을 통해 순환한다.

산림 생태계 내에서 질소 요구량은 수목의 종류와 생장 속도, 토양 특성에 따라 크게 다른데, 허버드브룩시험림에서 55년생 활엽수림은 연간 1ha당 120kg, 20년생 테다소나무는 70kg의 질소를 필요로 한다. 이 중 일부는 낙엽과 같은 유기물이 분해되며 토양으로 반환된다.

결론적으로, 산림 생태계에서 질소는 주요 영양소로서 생태계 내 물질 순환과 생산성을 조절하며, 그 분포와 요구량은 수목의 생장과 토양 특성에 따라 다양하게 나타난다.

표 8-5 일본 다카야마 시험림 활엽수림의 질소 분포(Cao et al., 2024)

분류	질량(Mg ha^{-1})	N 농도(%)	N 저장량(kg N ha^{-1})
임목			
잎	3.5(0.2)	2.4(0.3)	83.2(4.0)
줄기	128.4(12.0)	0.1(0.1)	154.1(14.3)
가지	19.6(1.7)	0.7(0.2)	138.9(14.6)
뿌리	33.7(2.6)	0.1(0.1)	40.5(3.1)
세근	2.3(0.5)	0.8(0.2)	17.7(7.8)
대나무			
잎	1.1(0.4)	2.1(0.1)	22.4(0.8)
줄기	3.7(0.7)	0.5(0.1)	19.8(0.6)
세근	3.1(0.3)	0.8(0.0)	24.5(0.2)
근경	2.3(0.5)	0.4(0.0)	9.0(0.3)
고사체			
CWD	13.0	0.1(0.1)	19.0
토양 N 저장량	3,107.1(1633.4)	0.8(0.5)	8,590.0(446.0)
추출 가능한 무기 질소	–	–	–
전체	3,317.8	–	9,122.2

8.3 지질 대사

> 지질은 식물 세포막의 주요 구성 성분이며, 에너지 저장과 보호 기능을 수행한다. 지방산은 포화 및 불포화 형태로 존재하며 왁스, 큐틴, 수베린을 통해 수분 손실과 병원균 침입을 막는다. 아이소프레노이드 화합물은 정유, 카로티노이드, 수지 등을 포함하며 방어 및 생리 조절 역할을 한다. 지질은 β-산화를 통해 에너지원으로 활용되며, 종자 발아 시 중요한 역할을 한다.

8.3.1 지질의 종류와 기능

지질(脂質, lipid)은 생명체 내에서 다양한 생리적 역할을 수행하는 화합물로, 물에는 잘 녹지 않지만 유기용매에는 용해되는 특성이 있다. 목본식물에서 지질은 세포 구조를 형성하지 않고 에너지를 저장하며, 외부 환경으로부터 보호하는 역할을 한다.

지질은 주로 탄소(C), 수소(H), 산소(O)로 이루어져 있으며, 일부는 인(P)과 질소(N)를 포함하기도 한다. 생리적 기능에 따라 지방산 및 지방산 유도체, 아이소프레노이드(isoprenoid)계 화합물, 페놀(phenol)계 화합물로 구분할 수 있다(표 8-6).

표 8-6 목본식물 내 지질의 종류

종류	예
지방산 및 지방산 유도체	팔미트산, 단순 지질(지방, 기름), 복합 지질(인지질, 당지질), 왁스, 큐틴, 수베린
아이소프레노이드계 화합물	테르펜, 카르티노이드, 고무, 수지, 스테롤
페놀계 화합물	리그닌, 타닌, 플라보노이드

(1) 지질이 수목 내에서 담당하는 기능

① 세포 구성 성분

지질은 세포막을 구성하는 필수 성분으로, 인지질 이중층을 형성하여 물질의 선택적 투과성을 조절한다(그림 8-18). 극성 머리 부분과 꼬리 부분의 배열을 통해 친수성과 소수성 특성이 나타나며, 이를 통해 세포 내외 물질 이동이 조절된다.

또 세포막에는 콜레스테롤과 당지질이 포함되어 있어, 세포막의 유동성과 안정성을 조절하고 외부 환경 변화에 대한 반응성을 향상시킨다.

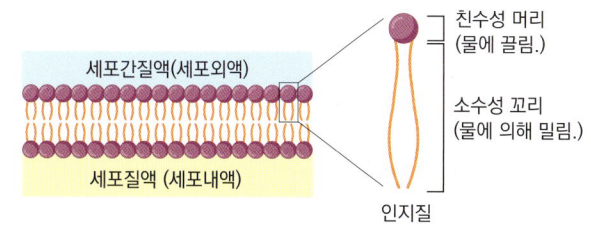

그림 8-18 인지질의 구조와 배열

② 에너지 저장

지질은 주요 에너지 저장 물질로 사용되며, 특히 종자와 같은 저장기관에서 높은 농도로 발견된다. 트라이글리세라이드(TG, triglyceride)는 지방산과 글리세롤의 결합체로, 고에너지 화합물로 저장되어 발아와 같은 에너지 소모가 높은 과정에서 사용된다. 지질은 분해되면 지방산이 β-산화를 통해 ATP를 생성하며, 이는 식물의 초기 생장과 발달에 도움을 준다.

③ 보호층 조성

목본식물은 큐틴(cutin), 수베린(suberin), 왁스(wax) 등의 지질 기반 화합물을 활용하여 외부 환경으로부터 자신을 보호한다. 큐틴은 잎의 각피 층을 형성하여 수분 손실을 방지하고 병원균의 침입을 차단한다. 수베린은 뿌리의 내피 층과 코르크 층에서 물과 이온의 이동을 조절하여 식물의 수분 균형을 유지한다. 왁스는 잎과 줄기의 표면에서 방수 기능을 제공하고, 햇빛으로 인한 열 손상을 줄이는데 기여한다.

④ 저항성 강화

지질은 병원균, 곤충, 환경적 스트레스에 대한 저항성을 높이는 데 중요한 역할을 한다. 옥시리피드(oxylipid)는 지방산이 산화되어 생성되는 2차 신호 분자로, 식물의 스트레스 반응을 조절하고 병원체의 침입을 억제한다. 수지는 물리적 방어막 역할을 통해 병원균과 곤충의 침입을 차단하는 기능을 수행한다. 수베린은 감염 부위를 밀봉하여 병원균 감염을 막고, 조직 회복을 돕는다.

⑤ 2차 대사산물

목본식물에서 방어와 상호작용, 생존과 번식 등을 기능을 수행하는 아이소프레노이드계 화합물, 페놀계 화합물을 생성한다.

8.3.2 지방산과 지방산 유도체

(1) 지방산

지방산(脂肪酸, fatty acid)은 목본식물에서 에너지 저장의 기본 단위로 작용하며, 카복실기(-COOH)에 12~18개 사이의 탄소가 긴 사슬 형태로 구성된다. 지방산의 물리·화학적 성질은 탄소 사슬의 길이, 이중결합 유무 및 결합 위치에 따라 달라진다. 일반적으로 탄소 사슬이 길어질수록 지방산의 소수성이 증가하며, 이

표 8-7 지방산의 종류와 화학적 구조

구분	종류	구조
포화 지방산	로르산(lauric acid) (12:0)	$CH_3(CH_2)_{10}CO_2H$
	미리스트산(myristic acid) (14:0)	$CH_3(CH_2)_{12}CO_2H$
	팔미트산(palmitic acid) (16:0)	$CH_3(CH_2)_{14}CO_2H$
	스테아르산(stearic acid) (18:0)	$CH_3(CH_2)_{16}CO_2H$
불포화 지방산	올레산(oleic acid) (18:1)	$CH_3(CH_2)_7CH=CH(CH_2)_7CO_2H$
	리놀레산(linoleic acid) (18:2)	$CH_3(CH_2)_4CH=CH-CH_2-CH=CH(CH_2)_7CO_2H$
	리놀렌산(linolenic acid) (18:3)	$CH_3CH_2CH=CH-CH_2-CH=CH-CH_2-CH=CH-(CH_2)_7CO_2H$

괄호 안의 숫자는 지방산의 구조적 특징을 나타내는 것으로, 콜론 앞의 숫자는 지방산을 구성하는 탄소 원자의 개수를 의미하며, 콜론 뒤의 숫자는 이중결합의 개수를 나타냄.

중결합이 많아질수록 지방산의 유동성이 증가한다(표 8-7).

지방산 중 가장 흔한 형태는 포화지방산(saturated fatty acid)으로 이중결합이 없어 고체 상태를 유지하며 안정성이 높다. 대표적인 포화지방산으로는 팔미트산(palmitic acid)과 스테아르산(stearic acid)이 있다. 이들은 주로 목본식물의 저장 조직에서 발견되며, 에너지 저장과 조직의 구조적 안정성을 제공한다.

불포화지방산(unsaturated fatty acid)은 하나 이상의 이중결합을 가지며, 세포막의 유동성 유지 및 신호전달 조절에 중요한 역할을 한다. 불포화지방산은 이중결합 수에 따라 올레산(oleic acid)과 같은 단일 불포화지방산, 리놀레산(linoleic acid)과 같은 다중 불포화지방산으로 나뉜다. 불포화지방산은 액체 상태로 존재하며, 세포막의 유동성을 유지하고 식물의 신호전달 체계에 영향을 준다.

(2) 단순 지질

단순 지질(simple lipid)은 지방산과 알코올이 에스터 결합을 통해 형성된 비극성 지질로, 주로 에너지 저장 및 보호층 형성에 기여한다. 구조에 따라 트라이글리세라이드(triglyceride, TG)와 왁스로 분류된다.

트라이글리세라이드는 세 개의 지방산과 하나의 글리세롤이 결합하여 형성되며(그림 8-19), 식물 내 주요 에너지 저장고 역할을 한다. 특히 종자와 같은 기관에 높은 농도로 축적된다. 또 포화 및 불포화지방산의 조성에 따라 물리적 성질이 달라지는데, 포화지방산 비율이 높을 때는 고체 상태로 존재하며, 불포화지방산 비율이 높을 때는 액체 상태로 존재한다. 저장된 트라이글리세라이드는 β-산화 과정을 통해 지방산을 분해하고, 이를 통해 ATP를 생성하며, 발아 및 초기 생장

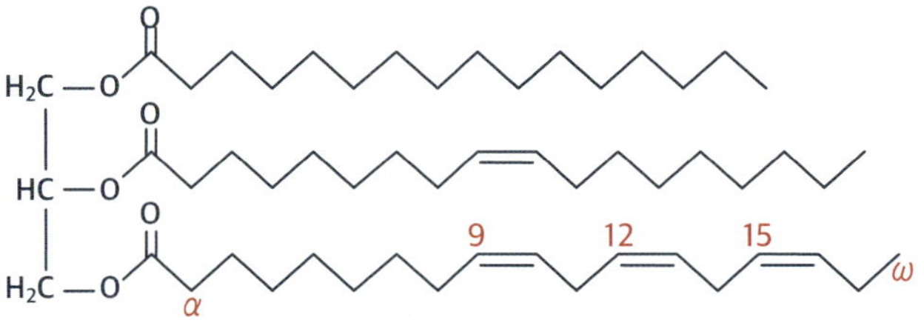

그림 8-19 트라이글리세라이드($C_{55}H_{98}O_6$)의 분자구조
(위: 팔미트산, 가운데: 올레산, 아래: α-리놀렌산, 왼쪽: 글리세롤)

과정에 중요한 에너지원으로 활용된다.

왁스는 긴 사슬형 지방산과 알코올이 결합된 형태로, 주로 잎, 줄기, 열매 표면에서 발견된다. 이는 식물의 외부 보호층을 형성하여 수분 손실 방지 및 병원균 침입 차단의 역할을 한다.

(3) 복합 지질

복합 지질(compound lipid)은 단순 지질과 달리 인산기 또는 당과 같은 부가적인 화학적 구조를 포함하며, 세포막의 구성 및 생리적 기능 유지에 필수적이다. 복합 지질은 세포막의 안정성 유지, 물질 교환 및 신호 전달 조절에 중요한 역할을 한다. 복합 지질은 크게 인지질과 당지질로 구분할 수 있다(그림 8-20).

인지질(燐脂質, phospholipid)은 글리세롤, 두 개의 지방산 그리고 한 개의 인산기로 구성되어 있으며, 세포막 이중층의 주요 성분이다. 인지질은 극성(polar head)과 비극성(non-polar tail)을 함께 가지며, 이로 인해 세포막이 반투과성을 가지며 유동성과 안정성을 제공한다. 당지질(糖脂質, glycolipid)은 글리세롤, 두 개의 지방산 그리고 한 분자의 당으로 구성되어 있으며, 주로 잎의 엽록체 등 세포막 외부에서 발견된다. 당지질은 세포 사이의 신호 전달, 면역 반응, 병원균에 대한 방어 기작에 중요한 역할을 수행한다.

(4) 왁스, 큐틴, 수베린

목본식물은 외부 환경의 다양한 스트레스 요인에 적응하고 생존하기 위해 여러 가지 보호 메커니즘을 발전시켜 왔다. 이 중 지질은 물리적, 화학적, 생리적 방어의 핵심 요소로, 왁스, 큐틴, 수베린과 같은 지질 화합물은 식물의 표피 및 내부 조직을 보호하며 환경 변화에 적응하도록 돕는다(표 8-8).

왁스(wax)는 지방산과 긴 사슬 알코올이 결합하여 형성된 화합물로, 잎, 줄기,

(a) Glyceroglycolipids(글리세로글리코리피드)

(b) Glycerophospholipids(글리세로인산지질)

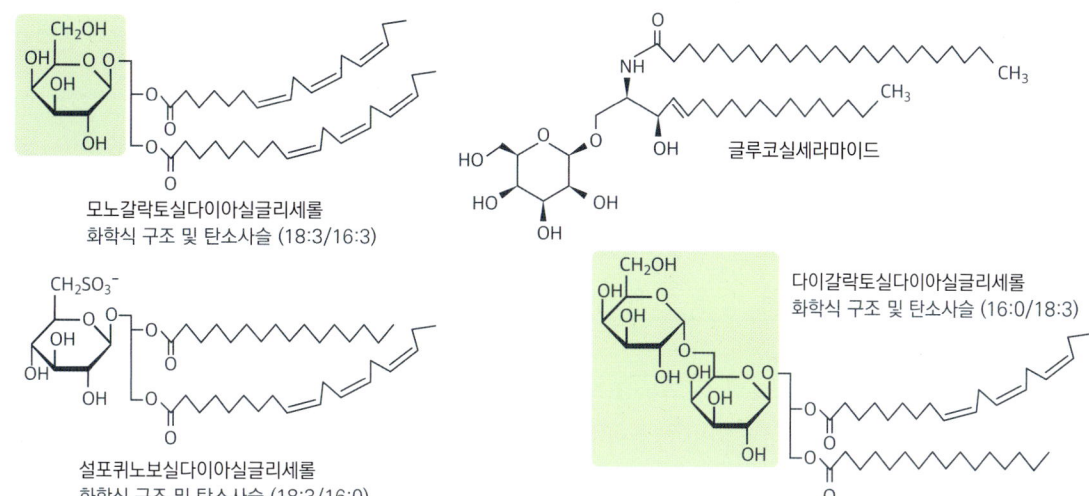

그림 8-20 복합 지질의 종류와 분자구조(Taiz, L. et al., 2018)

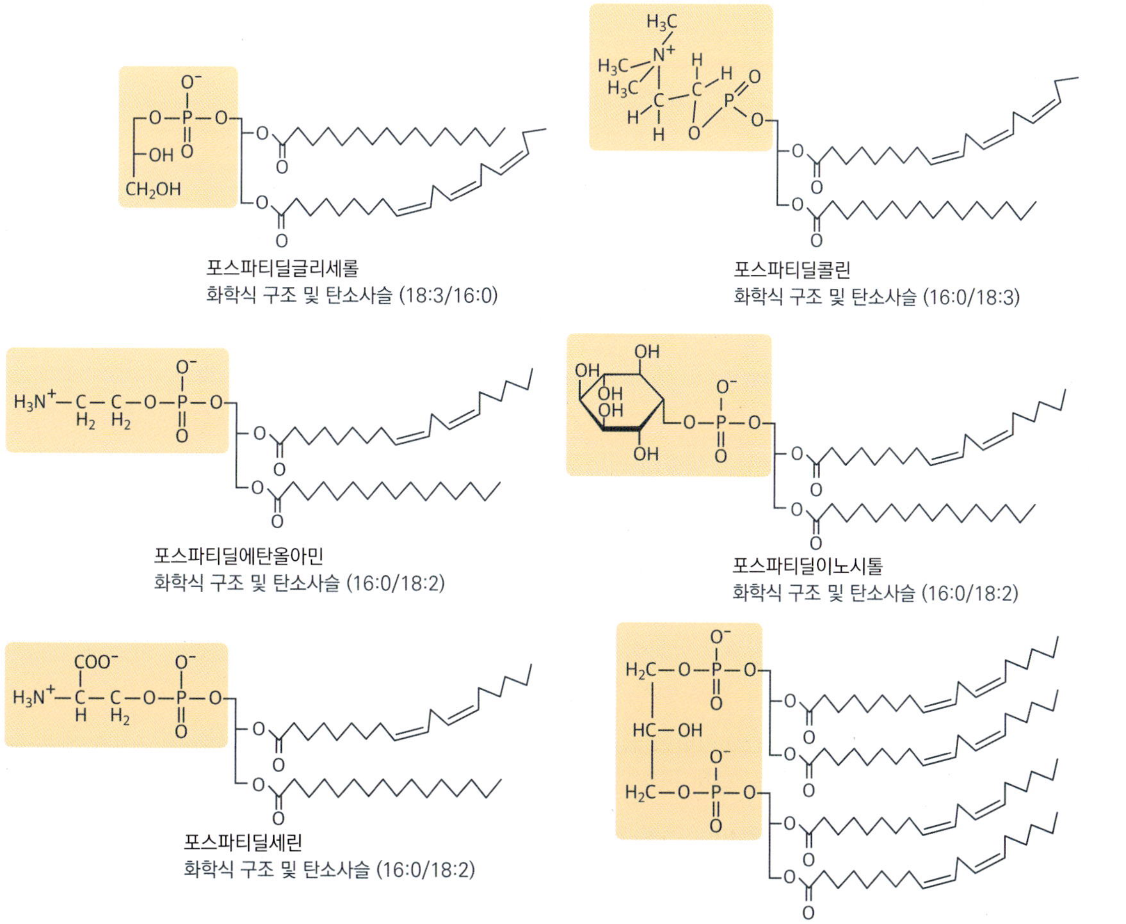

표 8-8 왁스, 큐틴, 수베린의 분포 비교

물질	주요 위치	주요 역할	예시
왁스	잎, 줄기, 과일 표면	방수층 형성, 병원균 방어	증산 억제
큐틴	잎, 줄기의 각피 층	수분 손실 억제, 물리적 보호	햇빛 노출 조직에서 두껍게 발달

과일 표면 등 외부 조직에 방수층을 형성한다. 이 방수층은 수분 증발을 억제하고, 병원균 및 해충의 물리적 침입을 막는 데 중요한 역할을 한다. 특히 건조하거나 염분 농도가 높은 환경에서 식물이 수분 손실을 최소화하는 데 중요한 역할을 한다. 또한 왁스는 빛 반사를 증가시켜 과도한 열 흡수를 방지하며, 이는 식물이 열스트레스를 극복하는 역할을 수행한다. 기공 주변에 형성된 왁스층은 기공의 개폐를 조절하며, 증산 작용을 억제하는 역할을 수행한다.

큐틴(cutin)은 잎과 줄기의 표피층에서 각피 층(cuticle layer)을 구성하는 물질로, 수산기(-OH)를 포함한 지방산이 중합(polymerization)하여 이루어진다. 큐틴은 수분 손실을 방지하고, 병원균 및 물리적 손상으로부터 조직을 보호하며, 특히 햇빛에 노출된 조직에서 더 두껍게 발달하는 경향이 있다. 큐틴은 또한 기체 교환을 조절하고, 기공 주변의 구조적 안정성을 유지하는 역할을 수행한다.

수베린(suberin)은 큐틴과 유사하지만, 구조가 더 복잡하며 뿌리와 줄기의 내피층, 코르크층 등에서 발견된다. 수베린은 긴 사슬 알코올, 지방산, 페놀 화합물이 결합된 중합체로, 식물 조직의 방어층을 형성한다. 수베린은 물의 이동을 조절하며, 병원균의 침입을 막는 데 중요한 역할을 한다. 또한 가뭄이나 염분스트레스와 같은 환경스트레스 상황에서 식물의 생존력을 높이는 역할을 수행한다.

(5) 지방 분해 과정

지질은 탄수화물이나 단백질보다 에너지 밀도가 더 높으며, 특히 에너지 요구량이 높은 종자 등에서 그 농도가 높다. 식물 세포 내에서 지질은 올레오솜(oleosome)이라는 소기관 형태로 저장된다. 올레오솜의 구조는 일반적인 세포 소기관과 달리 완전한 막이 아닌 반막(half-membrane)이며, 이를 통해 지질의 저장과 이동이 효율적으로 이루어질 수 있도록 한다. 이 구조 덕분에 지질은 필요한 조직으로 빠르게 운반되어 생리적 기능을 수행할 수 있다(그림 8-21).

지질은 에너지 저장의 주요 단위인 지방(fat)으로 존재하며, 필요할 때 분해되어 에너지를 공급한다. 지방의 분해는 라이페이스(lipase) 효소에 의해 시작되며,

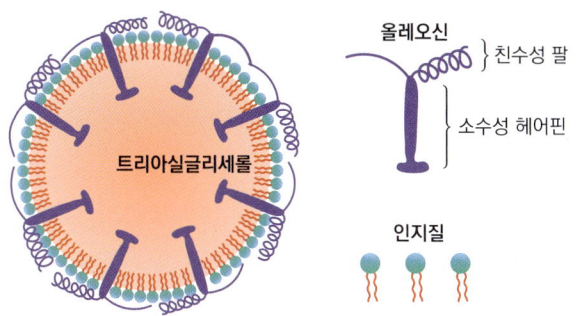

그림 8-21 올레오솜(oleosome)의 구조(Plankensteinet et al., 2023)

올레오솜에서 저장된 지방은 글리세롤(glycerol)과 지방산으로 분해된다. 이후 지방산은 글리옥시솜(glyoxysome)으로 이동하여 β-산화(β-oxidation) 과정을 거친다. 이 과정에서 지방산은 여러 단계를 거쳐 아세틸(acetyl)-CoA로 전환되며, 이 아세틸-CoA는 크레브산 회로(Krebs cycle)와 글리옥실산 회로(glyoxylate cycle)와 함

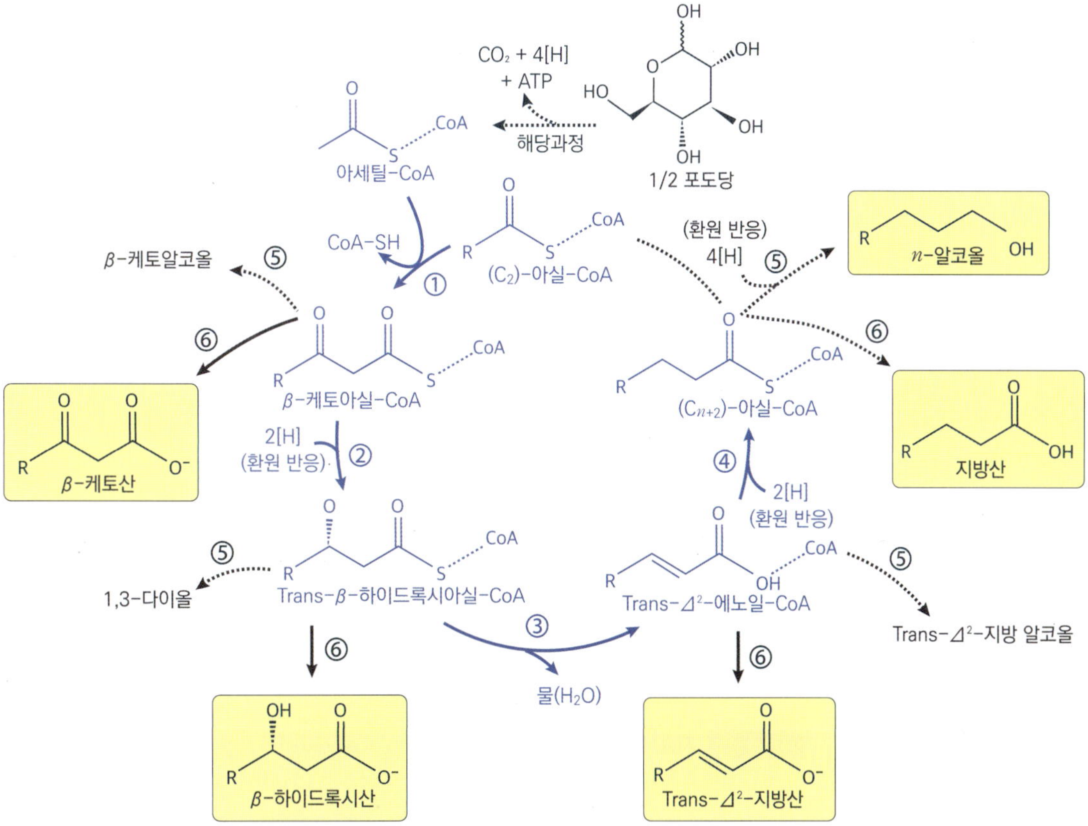

그림 8-22 지방산의 β-산화 과정(Dellomonaco et al., 2011)

께 ATP를 생성하는 데 활용된다(그림 8-22).

β-산화 과정에서는 지방산의 탄소가 두 개씩 제거되며 에너지가 방출된다. 이 과정에서 생성된 NADH와 $FADH_2$는 전자전달계를 통해 추가적인 ATP를 생성하는 데 기여한다. 이러한 과정은 글리옥시솜, 마이토콘드리아, 세포기질(사이토솔, cytosol) 등의 세포 소기관이 협력하여 수행한다(그림 8-23). 글리옥시솜은 지방산을 말산염(malate) 형태로 전환시킨 후 세포기질로 이동시킨다. 이후 말산염은 다시 설탕으로 합성되어 필요한 조직으로 운반된다.

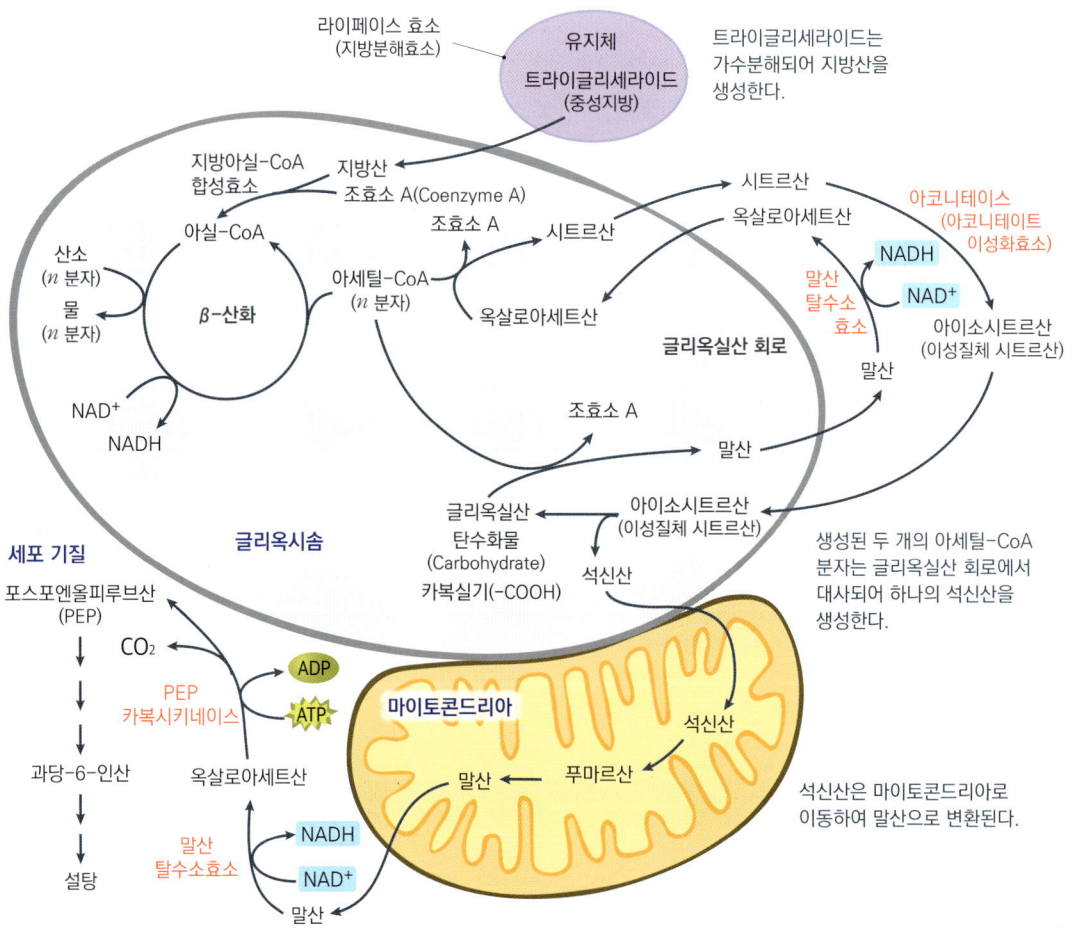

그림 8-23 지방산의 β-산화 과정(Dellomonaco et al., 2011)

8.3.3 아이소프레노이드계 화합물과 분포 변화

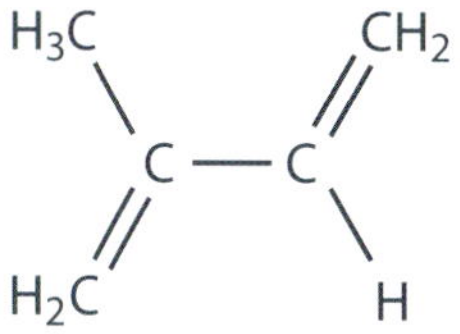

아이소프레노이드(isoprenoid)계 화합물은 자연계에서 가장 널리 분포하는 유기 화합물로, 기본 단위인 아이소프렌(C_5H_8)이 반복적으로 결합하여 형성된다(그림 8-24). 이 화합물은 단순한 구조에서부터 복잡한 고분자 형태까지 다양한 구조를 가지며, 주로 식물에서 광합성 과정을 통해 합성된다. 아이소프레노이드는 식물 내부에서는 정유, 색소, 수지, 고무, 스테롤 등으로 존재하며, 식물 세포 구조를 안정화하고, 생리적 신호를 전달하며, 병원균과 곤충의 공격으로부터 식물을 방어하는 데 기여한다.

아이소프렌 단위의 수에 따라 모노터펜(C10, monoterpene), 세스퀴터펜(C15, sesquiterpene), 디터펜(C20, diterpene), 트리터펜(C30, triterpene) 등으로 구분되며, 각 분류는 고유한 화학적 특성과 생리적 기능을 가진다. 이러한 화합물은 자연계의 생물 다양성과 생태계 유지에 기여할 뿐만 아니라, 산업적으로도 중요한 자원으로 활용된다.

그림 8-24
아이소프레노이드의 분자 구조

(1) 정유

정유(精油, essential oil)는 주로 식물의 잎, 꽃, 뿌리, 껍질에서 발견되는 휘발성 아이소프레노이드 화합물로, 모노터펜($C_{10}H_{16}$)과 세스퀴터펜($C_{15}H_{24}$)으로 구성된다. 이 화합물은 식물의 특유한 향과 맛을 결정하며, 생태계와 인간 생활에서 중요한 역할을 한다.

정유는 고리형, 선형 또는 고리와 이중결합이 포함된 형태로 존재하며, 대표적인 화합물로는 α-피넨(α-pinene)과 리모넨(limonene)이 있다. α-피넨은 주로 소나무류에서 발견되며 고리형 구조이다. 리모넨은 감귤류에서 흔히 발견되며 이중결합을 포함한 고리 구조이다. 이러한 정유는 식물이 병원균과 해충의 침입을 막고 주변 식물의 성장을 억제하는 타감 작용(他感作用, allelopathy) 효과를 통해 생존 전략을 강화한다.

정유는 산업적으로도 중요한 자원인데, 항균 및 항산화 특성을 지니고 있어 의약품, 살충제, 향수, 화장품 등의 다양한 제품의 원료로 활용된다.

정유는 기후에 따라 휘발성의 차이를 보이는데, 온대지방보다 열대지방에서 더 많이 휘발되며, 그로 인해 산불이 발생하면 열대지방에서 피해가 심각해질 수 있다.

(2) 카로티노이드

카로티노이드(carotenoid)는 식물, 미생물, 일부 동물에서 발견되는 중요한 색소 화합물이다. 이 화합물은 아이소프렌 단위 8개($C_{40}H_{56}$)가 결합하여 형성된다. 이 화합물은 주로 식물의 잎, 꽃, 열매 등에 존재하며, 식물의 색상, 광합성, 항산화 기능 등 다양한 생리적 역할을 수행한다.

카로티노이드는 식물에서 다양한 색상을 만들어내는 역할을 하며, 그 색은 노랑, 주황, 빨강 등으로 나타난다(그림 8-25). 이 화합물은 크게 두 가지 형태로 나뉜다. 첫 번째는 산소를 포함하지 않는 탄화수소 구조의 카로틴(carotene)이며, 두 번째는 산소를 포함하는 구조의 잔토필(xanthophyll)이다.

카로티노이드의 분자 구조는 긴 탄화수소 사슬과 여러 개의 이중결합으로 구성된 구조를 가지며, 특정 파장의 빛을 흡수하여 광합성에 보조 색소로 작용한다. 광합성 과정에서 카로티노이드는 400~500nm 파장대의 가시광선을 주로 흡수하며, 이러한 특성은 식물의 광합성 과정에서 중요한 역할을 한다. 광합성에서 카로티노이드는 보조 색소로 작용하여 클로로필이 흡수하지 못하는 빛을 효율적으로 활용할 수 있게 돕는다.

생태적 관점에서 카로티노이드는 식물의 열매와 꽃에 독특한 색상을 부여하여 수분 매개체와 종자 분산 동물을 유인한다. 예를 들어, 빨강이나 주황색 열매는 새와 같은 종자 분산 매개체에게 더 매력적으로 보여 식물의 번식 성공률을 높인다. 또 잎에 포함된 카로티노이드는 가을철 단풍의 노랑과 주황색을 만들어내며, 이는 식물 생태계의 계절적 변화를 반영한다.

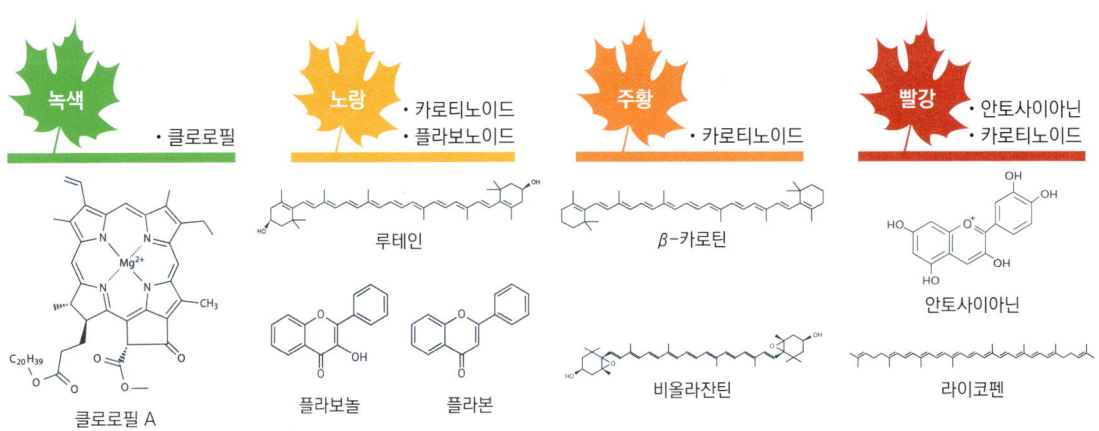

그림 8-25 카로티노이드 분자구조에 따른 잎의 색깔 변화(출처: www.compoundchem.com)

산업적으로도 카로티노이드는 매우 중요한 화합물이다. 식품 산업에서는 색소와 비타민 A의 공급원으로 활용되며, 제약 산업에서는 항산화 및 면역 강화 효과를 기반으로 건강 보조제와 약리학적 제품으로 사용된다. 특히 루테인(lutein)과 제아잔틴(zeaxanthin)은 시력 보호 및 황반 변성 예방을 위한 영양제로 널리 사용되고 있다. 또 카로티노이드는 화장품 산업에서도 항산화 특성을 바탕으로 피부 보호와 노화 방지를 위해 활용된다.

자연계에서 카로티노이드는 당근, 고구마, 토마토, 호박 등의 주황색 채소와 시금치, 케일 등의 녹색 채소에 풍부하게 존재한다. 해양 미생물이나 조류에서도 발견되며, 일부 조류는 아스타잔틴(astaxanthin)과 같은 특수한 카로티노이드를 생산한다. 이러한 다양한 분포와 기능 덕분에 카로티노이드는 자연 생태계와 인간 생활에서 없어서는 안 되는 중요한 화합물로 자리 잡고 있다.

(3) 수지

수지(樹脂, resin)는 주로 침엽수에서 생성되는 끈적한 물질로, 외부 병원균과 곤충의 침입을 막는 나무의 방어 체계의 일부이다. 수지는 탄소수 $C_{10} \sim C_{30}$를 가지는 아이소프레노이드 화합물로 구성되며, 물에 녹지 않고 주로 휘발성이 낮아 손상된 나무를 보호하는 막을 형성한다. 줄기나 가지의 상처 부위에서 분비되며, 수지구(resin duct)라는 특수한 조직에서 생산된다. 이 조직은 나무가 외부 손상을 입었을 때 수지를 분비해 물리적, 화학적으로 방어 장벽을 형성한다.

산업적으로 수지는 도료, 접착제, 의약품, 향수 등의 원료로 널리 사용된다. 특히, 수지에서 추출한 테르펜(terpene)은 방향제로 활용되며, 소나무 수지에서 얻은 테레핀(turpentine)은 용매나 화학 합성의 기초 물질로 사용된다. 또 일부 수지는 항균성 물질을 포함하고 있어 약리학적 연구에도 중요한 소재로 활용된다.

(4) 고무

고무(rubber)는 자연계에서 발견되는 고분자 아이소프레노이드 화합물로, 500~6,000개의 아이소프렌 단위(C_5H_8)가 선형으로 결합하여 형성된다. 주로 열대 지방의 고무나무(Hevea brasiliensis) 유액에서 추출되며, 주요 구성 성분은 폴리아이소프렌(polyisoprene)이다.

고무의 분자 구조는 cis-1,4-polyisoprene으로 이루어져 있으며, 외부 물리적 변형을 흡수하고 복원하는 특성을 가진다. 또 가황(vulcanization)을 통해 강도를 더욱 높이고, 내열성과 내마모성을 향상시킬 수 있다. 고무는 나무가 상처를 입었을 때 병원균과 해충의 침입을 막기 위해 분비되며, 물리적 장벽을 형성해 나무의 생존을 돕는다.

고무는 열대 지방의 고무나무 농장에서 중요한 경제적 자원으로 여겨진다. 고무나무는 주로 습윤한 열대 지역에서 잘 자라며, 상업적으로 재배되는 작물 중 하나이다. 특히 고무는 타이어, 방수 소재, 고무줄, 전선 피복 등 다양한 산업 제품의 원료로 사용된다. 또 고무는 환경적 측면에서도 중요하다. 고무 재배는 토양의 침식을 방지하고, 숲의 탄소 저장 기능에 기여할 수 있다. 그러나 고무 농장 조성은 자연 생태계를 파괴할 가능성도 있어, 지속 가능한 관리가 필요하다.

(5) 스테롤

스테롤(sterol)은 식물, 동물, 미생물에서 발견되는 지질 계열의 화합물로, 6개의 아이소프렌 단위가 결합하여 형성된다. 식물에서 발견되는 스테롤은 파이토스테롤(phytosterol)로 불리며, 대표적으로 시토스테롤(sitosterol), 스티그마스테롤(stigmasterol), 캄페스테롤(campesterol) 등이 있다. 동물에서는 주로 콜레스테롤(cholesterol)로 존재하며, 세포막의 안정성을 유지하고 신호 전달에 중요한 역할을 한다. 스테롤은 생체막의 구조를 유지하며, 일부는 호르몬의 전구체로 작용하여 생리적 기능을 조절한다. 식물성 스테롤은 건강 보조제로 사용되며, 혈중 콜레스테롤을 낮추는 효과가 있다. 최근 연구에서는 스테롤 유도체가 식물의 성장과 발달을 촉진하고, 환경스트레스에 대한 저항성을 높이는 데 기여한다는 사실이 밝혀졌다(Mandava, 1988).

8.3.4 페놀계 화합물과 분포 변화

페놀(phenol)계 화합물은 방향족 고리(aromatic ring)에 수산기(-OH기)를 포함하는 화합물로, 자연계에서 널리 발견된다. 이 화합물은 방향족 고리로 인해 화학적으로 안정하면서도 약간의 수용성을 지니며, 식물의 생리적 기능과 생태적 상호작용에서 중요한 역할을 수행한다. 리그닌(lignin), 타닌(tannin), 플라보노이드(flavonoid) 등의 하위 그룹으로 나뉘며, 각각 독특한 화학적, 생리적 특성이 있다.

페놀계 화합물은 주로 식물에서 합성되며, 목본식물의 경우 건조 중량의 상당 부분을 차지하고 있다. 특히 리그닌과 같은 페놀계 화합물은 세포벽의 강도를 높이고, 병원균 및 해충의 침입을 방어하는 역할을 한다. 또 미생물에 의한 분해 저항성이 높아 자연 생태계에서 탄소 저장 물질로 기능을 하며, 생물학적 분해 속도를 조절하는 중요한 기능을 수행한다.

(1) 리그닌

리그닌(lignin)은 목본식물의 세포벽에서 발견되는 방향족 알코올을 기반으로 한 고분자 화합물로, 식물 건중량의 약 15~25%를 차지한다. 셀룰로스와 헤미셀룰로스와 함께 세포벽의 주요 구성 성분으로 작용하며, 구조적 안정성과 기계적 강도를 제공한다.

리그닌은 코니페릴 알코올(coniferyl alcohol), 시나필 알코올(sinapyl alcohol), 쿠마릴 알코올(coumaryl alcohol) 등의 방향족 알코올 유도체로 이루어져 있으며(그림 8-26), 복잡한 3차원 고분자 네트워크를 형성한다. 이러한 구성 요소는 리그닌이 매우 복잡한 3차원 구조를 형성하도록 하며, 외부의 화학적 또는 생물학적 분해에 저항성을 가지게 한다.

리그닌의 주요 기능으로는 식물 세포벽의 강도를 높여 구조적 안정성을 제공하며, 수분 손실을 방지하는 역할도 한다. 리그닌이 셀룰로스 섬유 사이에 침착되면 세포벽은 더 견고해지고, 식물이 바람, 중력, 또는 물리적 스트레스를 견딜 수 있는 능력을 갖게 된다. 또 리그닌은 병원균과 해충의 침입을 방지하는 물리적, 화학적 장벽 역할을 하며, 식물의 생존율을 높인다. 생태적으로는 토양 내에

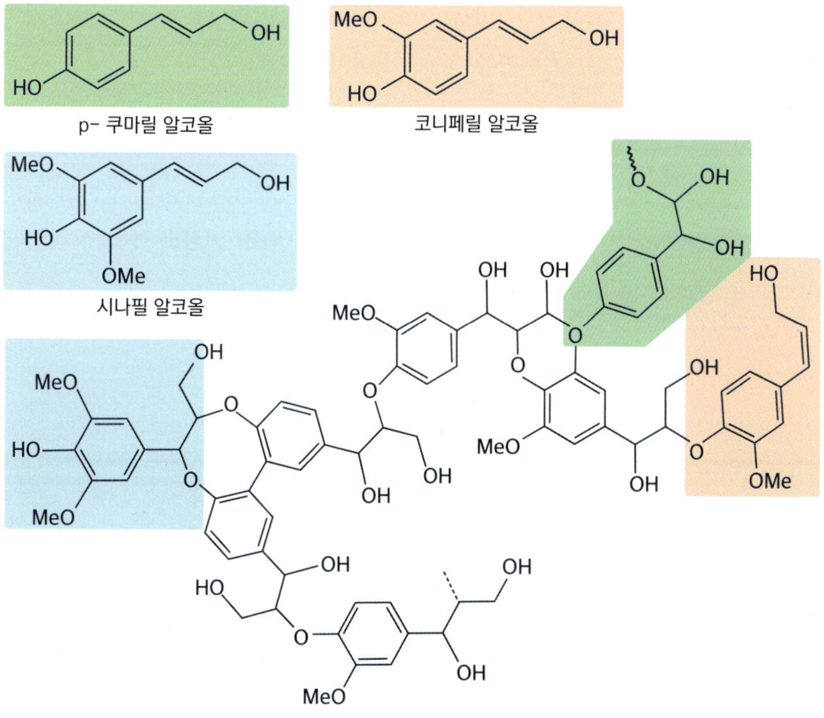

그림 8-26 리그닌의 화학적 구조(Cherif et al., 2020)

서 분해가 잘 이루어지지 않아, 유기물의 축적과 탄소 저장에 중요한 역할을 한다. 리그닌은 제지 산업에서 부산물로 생산되며, 생분해성 플라스틱, 접착제, 그리고 바이오에탄올 생산을 위한 원료로도 사용된다.

(2) 타닌

타닌(tannin)은 식물에서 발견되는 폴리페놀(polyphenol) 화합물로, 주로 잎, 껍질, 열매 등에 존재하며 강한 항균 및 방어 기능을 수행한다. 타닌은 갈산(gallic acid) 등의 방향족 고리를 포함하여 다량의 폴리페놀 구조를 형성하며(그림 8-27), 단백질과 결합하는 특성으로 인해 외부 공격으로부터 식물을 보호한다.

타닌의 화학적 구조는 방향족 고리와 여러 개의 수산기(-OH)를 포함하며, 물에 대한 용해성이 높다. 또 타닌은 단백질과 강하게 결합하여 소화 효소의 작용을 억제할 수 있기 때문에 초식 동물의 섭식을 방해한다. 타닌은 또한 환경에서 타감 효과(allelopathy)를 발휘하여 주변 식물의 생장을 억제하기도 한다. 예를 들어, 참나무류나 밤나무에서 생성된 타닌은 토양으로 방출되어 주변 식물의 생장률을 감소시키기도 한다.

산업적으로도 중요하게 사용되며, 가죽을 염색하는 데 활용되거나 방부제 및 항산화제로도 널리 사용된다. 더불어, 타닌은 식물성 의약품과 건강 보조제의 원료로 활용되며, 항균 및 항염증 효과가 인정받고 있다.

(3) 플라보노이드

플라보노이드(flavonoid)는 방향족 고리와 탄소 15개(C6-C3-C6)를 포함한 폴리페놀계 화합물로, 식물의 색상 형성, 항산화 작용, 방어 기작에 중요한 역할을

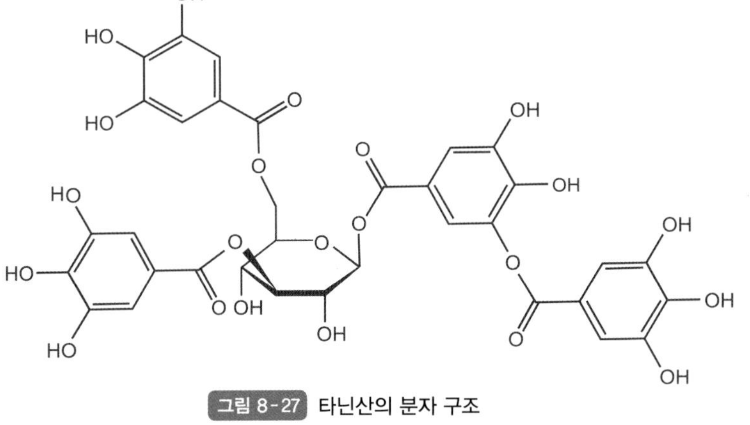

그림 8-27 타닌산의 분자 구조

한다. 플라보노이드는 포도당(glucose) 또는 갈락토스(galactose)와 같은 당류가 수산기와 결합한 배당체(配糖體, glycoside) 형태로 존재하며, 식물의 꽃, 잎, 열매 등에 풍부하게 포함되어 있다.

플라보노이드는 식물의 색상 형성에서 중요한 역할을 하며, 특히 안토사이아닌(anthocyanin)은 빨강, 보라, 파랑 색상을 제공하여 곤충, 새 등 수분 매개체와 종자 분산 동물을 유인하는 기능을 한다. 이 밖에도 카테킨(catechin), 케르세틴(quercetin), 루테올린(luteolin) 등 다양한 플라보노이드가 존재하며, 각각 식물의 성장과 방어 기작에 기여한다. 이 화합물은 강력한 항산화제로 작용하여 세포를 보호하고, 광산화 스트레스를 감소시키며, 병원균 및 곤충의 침입을 억제하는 기능을 수행한다. 또 타감 효과(allelopathy)를 통해 주변 식물의 생장을 조절하거나, 특정 병원균의 확산을 차단하는 역할도 한다.

플라보노이드는 산업적으로도 가치가 높아, 천연 색소, 항산화제, 건강 보조제, 화장품 원료로 널리 활용된다. 특히, 차(홍차, 녹차), 과일(포도, 감귤류), 채소(시금치, 케일) 등에 풍부하게 포함되어 있으며, 세포 노화 방지, 면역력 강화, 염증 완화 등의 기능이 입증되어 의약·건강 산업에서 중요한 성분으로 사용된다(그림 8-28).

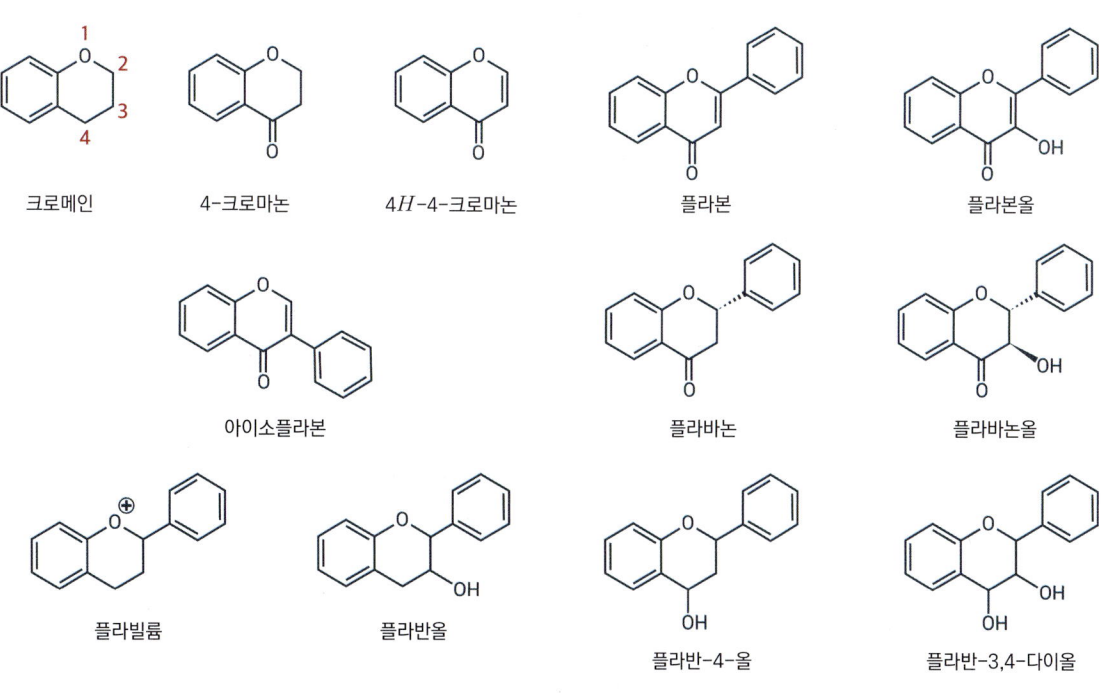

그림 8-28 플라보노이드 종류와 분자 구조

　복잡한 체계로 이루어진 수목은 생장과 발달 및 환경 변화에 적응하기 위하여 세포와 조직 그리고 기관 사이의 신호 전달과 조절이 필요하다. 정교한 조절을 위한 정보 전달의 수단이 호르몬(hormone)이다. 식물의 생장과 발달은 정보를 전달하는 신호 분자인 식물호르몬의 개별적 또는 다양한 상호 관계를 통하여 조절된다.

제9장

식물호르몬

이계한

- 9.1 식물호르몬의 개념
- 9.2 옥신(auxin)
- 9.3 지베렐린(gibberellin, GA)
- 9.4 사이토카이닌(cytokinin)
- 9.5 아브시스산(abscisic acid, ABA)
- 9.6 에틸렌(ethylene)
- 9.7 브라시노스테로이드(brassinosteroid, BR)
- 9.8 재스몬산(jasmonic acid, JA)
- 9.9 살리실산(salicylic acid, SA)
- 9.10 스트리고락톤(strigolactone)

9.1 식물호르몬의 개념

호르몬의 개념은 포유동물의 생리학 연구에서 세포 간 정보를 전달할 수 있게 하는 화학적 전달자로 시작되었다. 이러한 화학적 전달자를 기술하기 위하여 '자극하다' 또는 '일으키다'라는 의미의 그리스어에서 유래된 용어인 호르몬(hormone)이 도입되었다.

식물에서 호르몬의 개념에 대한 응용은 1758년 두하멜 뒤 몽소(Duhamel du Monceau)가 수목의 체관 조직에서 발생한 띠 모양의 상처 조직에서 뿌리가 발생하는 것을 관찰한 것부터 시작되었지만, 실제로 식물호르몬 연구의 시작은 1860년경에 찰스 다윈(Charles Darwin)과 아들 프랜시스 다윈(Francis Darwin)이 함께 저술한 『식물에서 운동의 힘(The Power of Movement in Plants)』이라는 책에 요약된 벼과 식물의 발아 과정 중 자엽초가 빛을 향해 자라는 것을 발견한 것이라 할 수 있다. 이 현상이 현재 굴광성(phototropism)으로 알려져 있으며, 굴광성 신호(주로 청색광)가 자엽초의 정단부에서 인지되어 그 영향이 정단부의 몇 밀리미터 하단의 신장대로 이동하여 굴곡 반응을 일으킨다. 그 후 많은 식물 생리학자의 연구로 첫 번째 식물호르몬인 옥신(auxin)이 규명되었다.

그림 9-1 몽소(1700~1782)

9.1.1 식물호르몬이란?

식물호르몬은 극히 낮은 농도에서 생리적 반응에 큰 영향을 주는 자연적으로 합성된 유기물이다. 그러나 식물호르몬의 합성 장소와 이동 방법은 동물 호르몬처럼 명확하지 않다. 비록 어떤 조직 또는 조직 일부가 다른 조직보다 높은 농도의 호르몬을 함유하고 있어도 식물호르몬의 합성 장소는 매우 다양하여 특정 기관이나 부위에 제한되는 것은 아니다. 식물호르몬의 활성 조절을 이해하려면 유입과 유출에 관해 이해해야 한다. 호르몬 생합성과 대사를 이해해야 호르몬의 작용을 이해할 수 있다.

호르몬은 특정 세포나 조직에서 합성되어 수용체(receptor)라고 하는 특수한 단백질과 상호 작용을 함으로써 다른 세포에서 생리적인 반응을 조절하는 화학적 전달자(chemical messenger)이다. 대부분의 식물호르몬은 한 조직에서 합성되고 매우 낮은 농도로 다른 조직의 특정 부위에 작용한다. 예를 들어, 환경적 변화에 대한 신호 감지로 인하여 식물호르몬의 생합성이 대부분 증가하고 작용 장소로 운반된다. 이후 수용체에 의한 호르몬 감지가 이루어지면 인산화, 단백질 합성 또는 분해, 이온 유출 등과 같은 조절 반응이 유도되어 궁극적인 생리적 또는 발달 반응들이 나타난다.

이러한 과정 중에는 호르몬 생합성을 억제하는 음성 되먹임 기작, 이화 작용 또는 격리로 인한 감쇄가 일어나면서 활성 호르몬의 농도가 신호 감지 이전의 수준으로 회복된다.

효과적인 신호 감지와 전달을 위해서는 식물호르몬의 농도 조절이 필수적이다. 즉 특정 조직이나 세포에서의 호르몬 농도는 생합성의 증가나 감소뿐만 아니라 활성화와 다른 조직으로부터의 유입, 그리고 분해와 비활성화, 격리 또는 유출 등에 의한 균형에 의해 결정된다(그림 9-2).

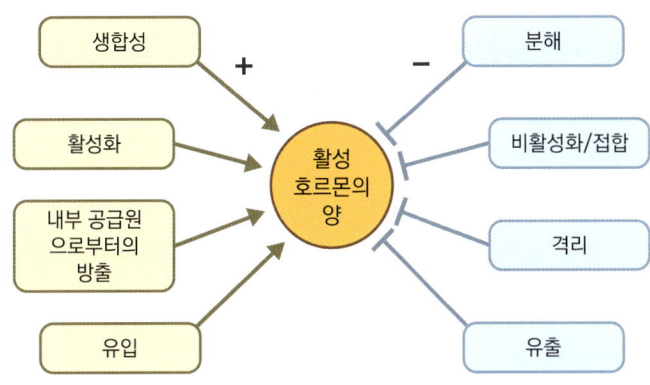

그림 9-2 호르몬 농도에 영향을 미치는 항상성 조절 메커니즘

호르몬 항상성을 유지하기 위해 양성 조절자와 음성 조절자가 함께 작용한다.

최근까지 식물의 생장은 옥신, 지베렐린, 사이토카이닌, 아브시스산, 에틸렌이라는 다섯 가지의 호르몬에 의해서 조절된다고 알려졌지만, 빛에 의하여 유도되는 형태 변화에 관여하는 스테로이드 계통의 식물호르몬으로 알려진 브라시노스테로이드와 병원체에 대한 저항성과 초식 동물에 대한 방어를 유도하는 재스몬산, 살리실산, 스트리고락톤과 같은 다양한 신호 분자도 발견되었다. 이 밖에도 식물의 생장과 무기 양분의 결핍에 대한 신호 전달에 관여하는 몇 가지 작은 펩타이드가 발견되었고, 앞으로도 식물호르몬과 유사한 신호 매개 물질이 더 늘어날 것이다.

9.2 옥신(auxin)

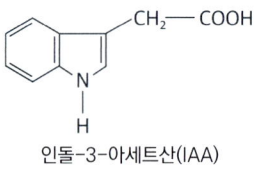

인돌-3-아세트산(IAA)

그림 9-3 옥신의 화학 구조

옥신(auxin)은 '증가하다'라는 의미의 그리스어 auxein에서 유래되어 명명된 최초의 전형적인 식물호르몬이다. 가장 중요한 역할은 식물 세포의 확장에 관여하는 것이며, 분열 조직에서 합성되고, 자엽초의 정단, 뿌리 끝, 발아하는 종자 그리고 생장하는 줄기의 정단 분열조직에서 역할을 한다. 자라는 잎, 발달하는 화서 그리고 수분과 수정 과정의 배 또한 옥신이 합성되는 주요한 장소이다. 옥신은 식물의 전 부위에 분포하며, 이러한 특성이 다른 식물호르몬과 다르다.

9.2.1 옥신의 생합성과 대사

식물체에서 최초로 발견된 천연 옥신의 형태는 IAA(indole-3-acetic acid)이다. IAA 외에도 유사한 활성이 있는 천연 옥신으로 IBA(indole-3-butyric acid), 4-chloro IAA와 PAA(phenylacetic acid) 등이 있다. 인공 합성 옥신으로는 임목의 발근과 과일 생산에 사용하는 NAA(1-naphthaleneacetic acid)와 제초제로 사용하는 2,4-D, 2,4,5-T, 디캄바(dicamba)로 알려진 2-methoxy-3, 6-dichlorobenzoic acid 등이 있다.

IAA는 거의 모든 조직에서 생산되지만 빠르게 분열하는 어린 생장 조직, 특히 정단 분열조직(shoot apical meristem)과 어린 잎 그리고 발달하는 열매와 종자에서 주로 생합성된다(Ljung 등. 2001). 뿌리의 신장과 성숙 과정에서는 근단 분열조직(root apical meristem) 역시 중요한 생합성 장소이다.

IAA는 아미노산의 일종인 트립토판으로부터 생합성되는 것으로 알려졌지만, 최근 다양한 다른 생합성 경로가 발견되고 있다.

식물체 내에서 옥신의 형태는 대부분 포도당과 아미노산 같은 저분자 화합물 또는 당단백질과 펩타이드와 같은 고분자 화합물과 공유 결합한 형태로 존재하며 호르몬 활성이 없는 것으로 간주된다. 특히 떡잎과 같은 저장 기관이나 종자에서는 IAA가 고분자 화합물과 결합한 형태로 존재하는데, 발아 과정에서 배젖으로부터 체관부를 거쳐 자엽초로 수송된다.

9.2.2 옥신의 수송

식물의 줄기와 뿌리의 주축은 정단-기부(apex-base)의 극성을 나타내는데 이

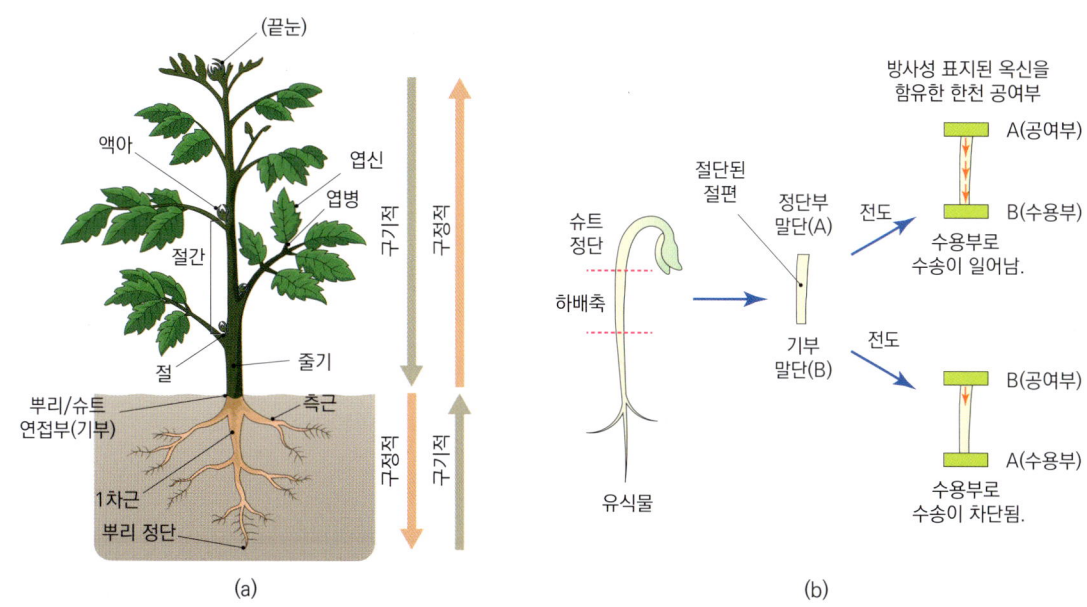

그림 9-4 방사성 동위원소로 표지된 옥신을 이용한 옥신 극성 수송

(a) 식물의 기부(뿌리-슈트의 연접부)에 대한 옥신의 이동 방향을 기준으로 극성 수송을 기술한다. 슈트의 아래 방향으로 이동하는 옥신은 뿌리-슈트의 연접부에 도달할 때까지 구기적(기부를 향해)으로 이동한다. 그 지점부터 하향 이동은 구정적(정단을 향해)이라고 기술된다. 뿌리 정단에서부터 뿌리-슈트 연접부 쪽으로의 옥신 이동 역시 구기적(기부를 향해)이라고 기술된다. (b) 옥신의 극성 수송을 측정하기 위한 공여부-수용부 한천 조각법. 수송의 극성은 식물 조직이 중력에 대해 어떤 방향으로 놓여 있든지 그 방향성의 영향을 받지 않는다.

는 옥신 수송의 극성에 의해 나타난다(그림 9-4). 이러한 일방형 수송을 극성 수송(polar transport)이라고 하며, 식물호르몬 중에서 유일하게 옥신만이 극성 수송된다. 극성 수송은 에너지가 필요하며 중력의 영향을 받지 않는다.

줄기의 정단 분열조직이 주된 옥신 생산 부위이기 때문에 정단에서 줄기의 기부로, 즉 구기적(상향적)으로 주로 이동한다. 종축을 따라 위에서 아래로 옥신의 기울기가 형성되는데, 이는 배아 발달, 줄기의 신장, 정단우성, 상처 회복, 잎의 노화 등 다양한 지상부의 생리적 작용에 영향을 미친다.

줄기와 잎에서의 구기적, 즉 하향적 옥신 수송은 주로 관다발 유조직(물관부 유조직일 가능성이 높음)에서 세포의 원형질막을 통과하여 이루어진다. 옥신의 극성 수송 속도는 5~20cm h^{-1}이며, 이는 확산 속도보다 빠르지만 체관에서의 수송 속도보다는 느리다. 옥신 수송은 체관부의 체관 요소에서도 이루어지는데, 줄기에서 합성된 옥신이 뿌리로 장거리 수송되는 주된 경로로 알려져 있으며, 뿌리에서의 구정적(하향적) 이동 경로이기도 하다. 하지만 뿌리에서의 구기적 옥신 수송은 물관부의 유조직과 관련이 있다.

옥신의 극성 수송의 정도는 조직에 따라 차이가 있는데, 자엽초, 영양 생장 중인 줄기, 엽병, 뿌리 표피에서는 구기적 수송이 우세하지만, 뿌리의 중심주에서는 구정적으로 수송된다.

성숙한 잎에서 합성되는 옥신은 대부분 체관부를 통하여 다른 부위로 비극성 수송되기도 한다. 이러면 옥신은 체관부의 용액과 함께 극성 수송의 경우보다 훨씬 빠른 속도로 상하로 이동할 수 있으며, 주로 수동적인 방법으로 에너지를 소모하지 않는다. 체관부를 통한 옥신의 장거리 수송에 의해 형성층 분열, 체관 요소의 캘로스 축적과 제거 그리고 측근의 형성 등이 조절된다.

9.2.3 옥신의 생리적 효과

(1) 세포 신장

옥신은 빛을 향해 자엽초가 굽게 하는 호르몬으로 발견되었는데, 빛을 받는 면과 받지 않는 면의 세포 신장 속도의 차이로 굽는다. 옥신은 줄기의 정단 분열 조직에서 합성되어 그 아래 조직으로 구기적으로 수송된다. 줄기나 자엽초 정단 부위에서 아래 조직으로 옥신이 계속 공급되므로 이들 세포는 지속적으로 신장할 수 있다.

(2) 식물의 굴성

식물 생장 과정 중 식물 축의 방향을 조절하는 유도 체계가 있으며 이들은 옥신에 의해 이루어진다.

① 굴광성(phototropism)

빛에 반응하여 줄기의 정단부와 일부 뿌리에서 일어나는 생장 반응이며, 잎이 최적의 광합성을 위한 태양광을 받을 수 있게 한다. 줄기가 수직으로 자랄 때 옥신은 생장 중인 정단 분열조직에서 신장대로 극성 수송되며 중력과 무관하다. 그러나 옥신은 측면으로도 수송되는데 방향성이 있는 빛의 자극에 의하여 정단부에서 생산된 옥신은 구기적 수송 대신 빛이 비치는 방향의 음지 부위를 향해 측면 수송된다. 플라보단백질(flavoprotein)인 포토트로핀(phototropin)은 청색 광에 의해 활성화되는 자가 인산화(autophosphorylating) 단백질 효소이다. 청색광에 노출된 자엽초에서 포토트로핀 인산화의 기울기가 발

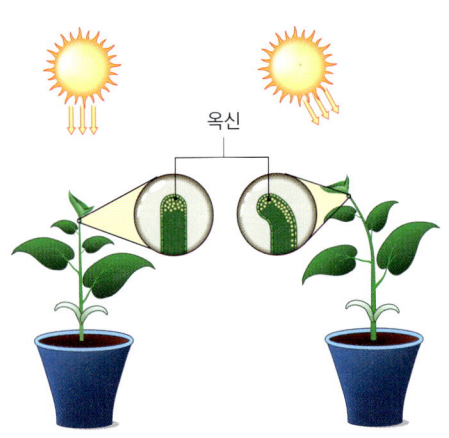

그림 9-5 굴광성

생하고 이는 음지면을 향한 옥신의 측면 이동을 유도한다. 그 결과 음지쪽의 신장 생장이 증가하고 빛을 받는 쪽의 생장이 둔화되면서 빛을 향해 줄기가 굽는다.

굴광성에 대한 콜로드니-벤트 모델의 자엽초 정단 부위에서 나타나는 세 가지 특성
① 유리 IAA의 생산
② 편향적인 광 자극의 인지
③ 굴광성 자극에 따른 IAA의 측면 수송

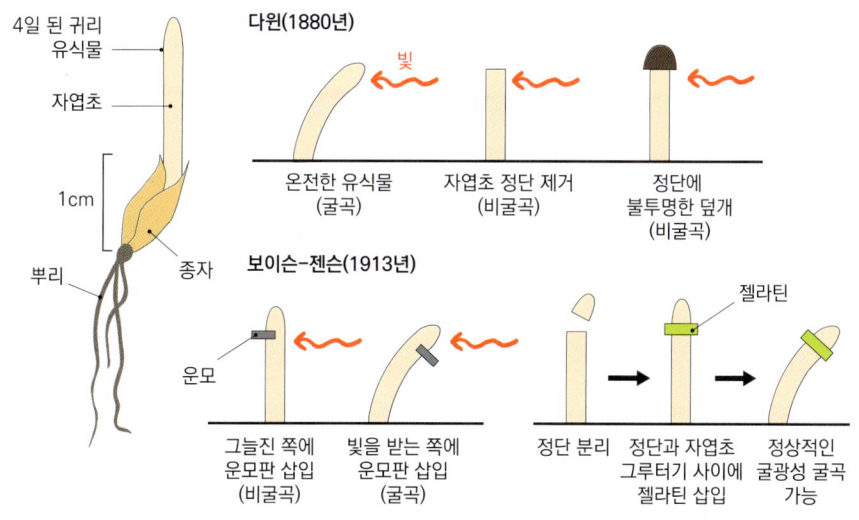

그림 9-6 식물의 굴광성 실험

② 굴중성(gravitropism)

암 조건에서 자란 유식물을 옆으로 놓으면 자엽초는 중력에 반응하여 위로 자란다. 수평으로 놓인 자엽초 정단의 옥신은 자엽초의 아랫면으로 측면 수송되어 자엽초의 아랫면이 윗면보다 더 빠르게 생장한다. 세포 내에서 중력을 인지할 수 있는 물질은 높은 비중을 가진 전분체이고 세포의 아래쪽 바닥으로 가라앉는다. 전분체는 평형석(statolith)이라고 하는 중력 인지 물질로 작용하며, 이러한 특수한 세포를 평형세포(statocyte)라고 한다.

뿌리의 경우 1차근에서 중력의 감지 부위는 근관(뿌리골무)이다. 중력 반응성 전분체가 들어 있는 평형 세포가 근관의 중심주에 있다. 근관은 토양으로 침투할

그림 9-7 굴중성

때 정단 분열조직의 연약한 세포들을 보호하고 중력을 인지하는 부위이다. 근관과 굴곡이 일어나는 신장대가 약간 떨어져 있기 때문에 근관과 신장대 사이에 화학적 소통이 있어야 한다. 근관은 굴중성 굴곡이 일어나는 동안에 뿌리의 아래쪽에 생장 저해 물질을 공급한다. 근관이 소량의 IAA와 아브시스산(ABA)을 포함하고 있는데, IAA를 신장대에 직접 처리했을 때 ABA보다 더 뿌리 생장을 저해한다.

줄기에서 생산된 옥신은 뿌리의 1차적인 옥신 공급원으로 원생 체관부 세포를 통해 중심주에서 근관으로 수송된다. 근관은 굴중성을 나타내는 동안 아래쪽의 피층 세포를 통하여 신장대로 더 많은 옥신을 수송하여 생장 저해를 초래하면서 뿌리가 아래쪽을 향하게 한다.

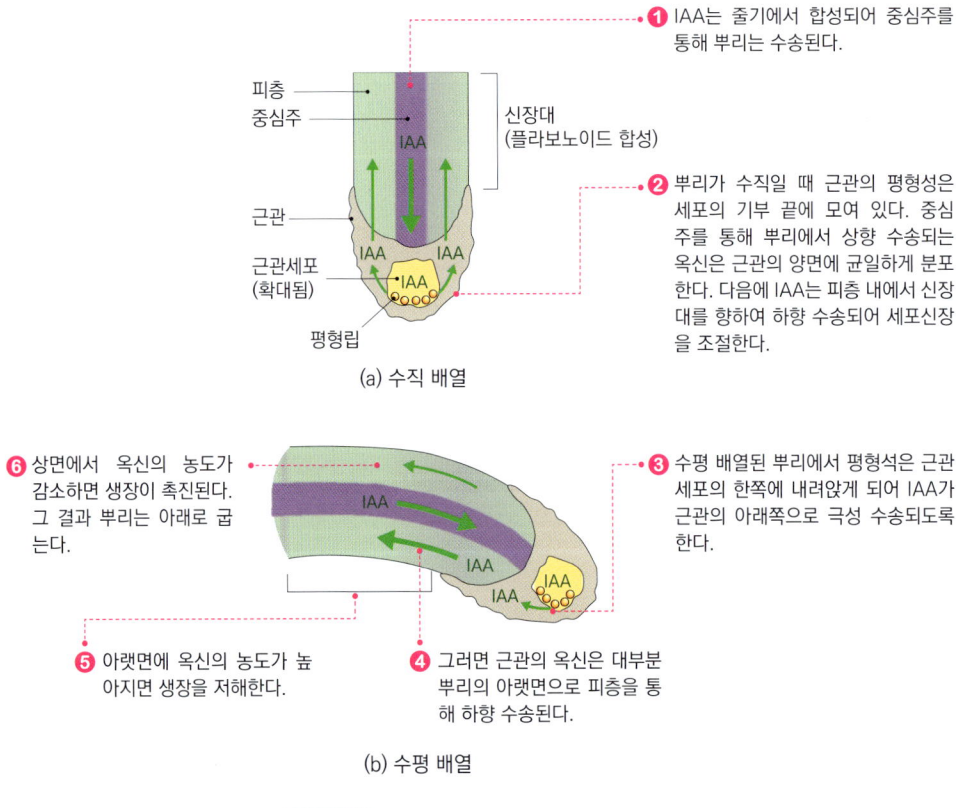

그림 9-8 옥수수 뿌리에서 굴중성 시 옥신 재분포의 제안 모델

(3) 정단우성

옥신이 식물 생장과 관련하여 처음 발견된 식물호르몬이지만 종자의 발아부터 노화까지 식물의 생활사 전반에 걸쳐 영향을 미친다. 옥신의 효과는 표적 조직이 무엇이냐에 따라 다르고 두 가지 이상의 다른 식물호르몬과의 상호 작용에 의해서도 다르게 나타난다.

대부분의 고등식물에서 줄기의 정아(끝눈)는 측아(곁눈)의 생장을 억제하는데 이를 정단우성(apical dominance)이라고 한다. 정아에서 생산된 옥신의 하향 수송에 의하여 측아의 생장이 저해되는데, 정아를 제거하면 측아의 생장이 빨라진다. 사이토카이닌과 ABA와 같은 다른 식물호르몬도 관여하는데, 사이토카이닌을 측아에 직접 처리하면 정단우성 현상이 약해지고 측아의 생장이 촉진된다. 옥신은 뿌리에서 생성되는 사이토카이닌을 뿌리 자체를 수용부로 만드는 역할을 한다. ABA는 휴면 중인 측아에 존재하는데 뿌리 끝을 제거하면 측아의 ABA 수준이 감소한다. 줄기의 IAA 수준이 높으면 측아의 ABA 수준을 높게 유지해 준다.

(4) 측근과 부정근의 형성

1차근의 신장은 옥신 농도가 10^{-8}M보다 높을 때 저해되지만, 측근과 부정근(뿌리 조직이 아닌 조직에서 형성된 뿌리)의 형성은 옥신 수준이 높을 때 촉진된다. 측근은 보통 신장대 상부에서 나타나며 내초에서 유래한다. 옥신은 내초 세포의 분열을 촉진하는데, 분열된 세포가 근단을 형성하며 뿌리의 피층과 표피를 뚫고 자란다. 부정근은 다양한 조직 내에서 세포분열이 활성화되어 측근 형성과 유사한 방식으로 근단 분열 조직으로 발달한다. 삽목에 의한 무성 번식에 매우 유용하다.

(5) 잎의 탈리 지연

식물체의 잎, 꽃, 열매가 떨어지는 것을 탈리(abscission)라고 하고, 잎의 경우 엽병의 기부에 위치하는 분리 층(abscission zone)에서 일어난다. 잎의 탈리 전에 분리 층에 독특한 세포층이 분화하는데, 잎이 노화하면서 분리 층 세포의 세포벽이 분해되어 부드럽고 약해지므로 잎이 떨어진다. 옥신의 농도는 어린 잎은 높고 성숙할수록 감소하며 노화한 잎은 매우 낮다. 에틸렌 또한 잎의 탈리에 중요한 역할을 한다.

(6) 화아 발달 조절

발달하는 꽃 분열 조직은 정단 하부 조직으로부터 수송되는 옥신에 의존한다. 옥신 수송 저해제를 처리하면 옥신의 극성 수송이 이루어지지 않아서 정상적인 엽서와 꽃이 발달하지 않는다.

(7) 열매 발달 촉진

옥신은 꽃가루, 배유 그리고 발달하는 종자에서 생산되며, 수분이 이루어지면 배주의 생장이 시작된다. 수정 후 열매의 생장은 발달하는 종자에서 생산된 옥신에 의해 좌우된다. 배유는 열매 생장 초기에 옥신을 제공하며, 발달하는 배는 후기 단계에서 주로 옥신을 공급한다.

(8) 유관속의 분화 유도

새로운 유관속 조직은 발달하는 눈과 자라는 잎 바로 아래에서 분화하며 어린 잎을 떼어 내면 유관속 분화가 저해된다. 정아(끝눈)를 미분화한 칼로스에 접붙이면 접목 부위 바로 밑에서 물관부와 체관부가 분화한다. 물관부와 체관부의 생성되는 상대적인 양은 옥신의 농도에 의해서 조절된다. 옥신의 농도가 높으면 물관부와 체관부 모두 분화하지만 농도가 낮으면 체관부만 분화한다. 상처 부위에서 유관속 조직의 재생도 어린 잎에서 생성된 옥신에 의해 조절된다. 유관속 분화는 극성을 띠며, 잎에서 뿌리로 나타난다.

수목은 봄철에 발달하는 눈에서 생산되는 옥신이 하향적으로 이동함에 따라 형성층의 활성화가 일어난다. 그래서 2차 생장은 정단부의 작은 가지에서 시작하여 아래쪽의 근단까지 순차적으로 일어난다.

(9) 다양한 상업적 이용

초기의 상업적 이용은 과실과 잎의 탈리 방지, 파인애플의 개화 촉진, 단위 결실 형성, 열매의 솎아내기, 삽목의 발근 유도 등이 포함된다. 단위 결실(parthenocarpy)은 종자가 없는 열매로 자연적으로 형성되기도 하고, 수분되지 않은 꽃에 옥신을 처리해서 유도할 수 있다. 에틸렌도 열매의 발달에 관여하는데 옥신이 에틸렌의 생합성을 촉진하면서 발생한다.

합성 옥신은 제초제로 폭넓게 사용하는데 농약 2,4-D와 디캄바(dicamba) 등이 있다. 이러한 합성 옥신은 식물체 내에서 신속하게 대사되지 않으므로 매우 효과적이다.

9.3 지베렐린(gibberellin, GA)

식물의 생장과 발달은 몇 가지 다른 유형의 식물호르몬이 개별적 또는 상호 작용을 하며 조절된다. 1950년대에 두 번째 식물호르몬 그룹인 지베렐린이 발견되었으며, 매우 다양한 화합물로 지금까지 약 136종이 알려졌는데 지금도 계속 발견되고 있다. 모든 지베렐린이 체내에서 활성을 가지는 것은 아니며 일부만이 활성을 띤다. 지베렐린은 줄기 생장의 촉진과 관련이 깊으며, 종자 발아, 개화, 꽃의 발달, 열매의 성숙 등 다양한 생리 현상에서 중요한 역할을 한다. 발견된 지베렐린은 모두 화학 구조가 유사하지만, 소수의 지베렐린만이 생물적 활성 형태이다. 비활성 지베렐린은 활성 지베렐린의 전구물질이거나 그 분해 산물이다.

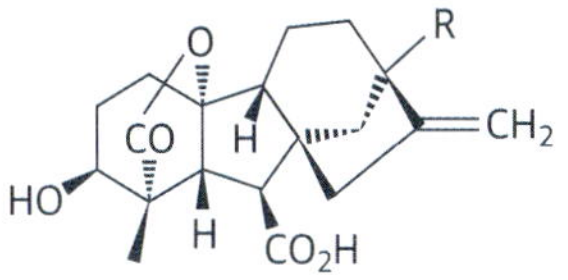

GA_4 R=H
GA_1 R=OH

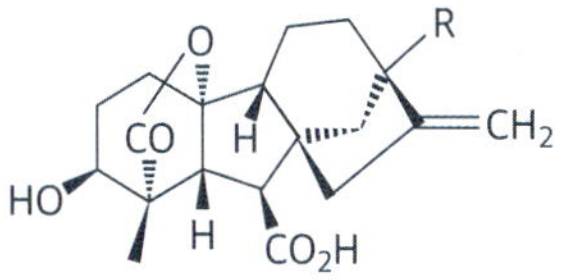

GA_7 R=H
GA_3 R=OH

그림 9-9 지베렐린의 화학 구조

9.3.1 지베렐린의 발견

1930년대 일본의 식물 병리학자들은 키가 크게 자라면서도 결실하지 못하는 벼의 질병에 관해 연구하였고, 이러한 증상이 벼에 감염된 병원성 곰팡이인 지베렐라 후지쿠로이(Gibberella fujikuroi)가 분비하는 화학 물질에 의하여 유도됨을 발견하였다. 이 균류의 배양 여과액에서 식물 생장 촉진 효과가 있는 화합물을 분리하여 지베렐린 A(gibberellin A)라고 하였다. 1950년대 중반에 미국과 영국에서 균류 배양 추출물의 화학 구조를 알아냈고, 이것을 지베렐린산(gibberellin acid)이라고 하였다. 비슷한 시기에 일본의 연구자들이 지베렐린 A로부터 세 종류의 지베렐린을 분리하여 지베렐린 $A_1(GA_1)$, 지베렐린 $A_2(GA_2)$ 지베렐린 $A_3(GA_3)$로 명명하였다. 지베렐린의 번호는 이러한 초기 명명법에 따라 발견된 순서로 붙이고 있다. 일본 학자들이 명명한 GA_3은 미국과 영국에서 발견한 지베렐린산과 같은 것으로 밝혀졌다.

9.3.2 지베렐린의 생합성과 대사 및 수송

지베렐린은 테르페노이드 경로를 통해 합성된 다이테르펜(diterpene)이며, 포도당과 공유 결합하여 다양한 형태로도 존재한다. 지베렐린의 생합성 경로는 세포 내의 색소체와 소포체 그리고 세포질을 거치는 3단계로 나눌 수 있다.

① 1단계

색소체에서 4개의 아이소프레노이드가 모여 탄소 20개의 선형 분자인 제라

*테르펜(테르페노이드)은 탄소 5개의 아이소프레노이드(isoprenoid)라는 기본 단위로 이루어진 화합물이다. GA는 아이소프레노이드 단위 4개로부터 형성된 다이테르페노이드(diterpenoid)이다. 브라시노스테로이드(brassinosteroid)는 트라이테르펜에서 유래한다. 아브시스산은 카로티노이드 전구체의 분해에 의해서 생성되는 C_{15} 테르펜이다. 광합성 색소의 보조색소이며, 광산화로부터 광합성 조직을 보호하는 카로티노이드는 테트라테르펜이다.

닐제라닐 이인산(geranylgeranyl diphosphate)이 되고 여러 가지 합성 효소의 촉매 작용으로 4환계 엔트-카우렌(ent-kaurene)으로 전환된다. 엔트-카우렌으로 전환하는 촉매 효소들은 줄기 분열 조직의 전색소체에 존재하지만 성숙한 엽록체에는 존재하지 않기 때문에 엽록소가 완성된 성숙한 잎에서는 지베렐린이 합성되지 않는다. 첫 번째 단계의 GA 생합성을 저해하는 화합물로 AMO1618, 시코셀(Cycocel), 포스폰 D(Phosphon D)가 있으며 이들은 생장 감소제로 사용한다.

② 2단계

색소체 피막과 소포체에서 엔트-카우렌이 산화 효소들에 의하여 산화되어 GA_{12}를 소포체에서 형성한다. GA_{12}는 조사된 모든 식물에서 동일한 경로로 형성된 최초의 지베렐린이다.

③ 3단계

GA_{12}는 세포질에서 일련의 산화 과정을 거쳐 GA_{20}으로 변한 후 수산화 반응을 거쳐 활성 지베렐린인 GA_1로 변한다. GA_1은 다른 수산화 반응에 의하여 GA_8로 불활성화된다.

GA_1은 줄기 생장을 조절하는 활성 지베렐린이다. 몇 가지 다른 활성 지베렐린으로 GA_3, GA_4 등이 있다. 1980년대 초에 키가 큰 개체에는 왜성 개체보다 활성 지베렐린의 농도가 높으며, 지베렐린의 수준에 의하여 키 자람이 유전적으로 조절된다는 것이 밝혀졌다(Reid & Howell, 1995).

(1) 지베렐린의 생합성 장소와 수송

지베렐린의 생합성은 미성숙한 종자와 발달하는 열매에서 가장 높다. 수정 직후에 지베렐린의 생합성이 급격히 증가하는데, 이것은 종자와 열매의 초기 생장에 필요하기 때문이다. 성숙한 종자에는 지베렐린이 거의 없으므로 유식물이 종자로부터 활성 지베렐린을 얻을 가능성은 없다.

정단 조직과 어린 잎도 주요 지베렐린 생합성 부위이다. 줄기에서 생합성된 지베렐린은 체관부를 통해 다른 부위로 수송된다. 지베렐린은 뿌리 삼출액과 추출물에도 들어 있기 때문에 뿌리도 지베렐린을 생합성하여 물관부를 통하여 줄기로 수송한다고 추정할 수 있다.

(2) 지베렐린 생합성과 환경 조건

지베렐린은 식물 발달 과정의 환경 자극을 중개하는 중요한 역할을 한다.

광주기와 온도는 특정 단계의 생합성 경로에서 활성 지베렐린의 수준을 변화시킬 수 있다.

광 조건에서 발아하는 종자는 지베렐린을 처리하면 암 조건에서도 발아가 촉진된다. 이는 GA_{20}을 GA_1로 변화시키는 GA 3-산화 효소가 빛에 의하여 증가되어 GA_1 수준이 높아지기 때문이다. 이 효과는 적색광/원적색광 광가역성을 나타내며 파이토크롬에 의하여 중개된다.

종자의 발아와 개화에 저온 처리가 필요한 경우 지베렐린의 처리가 저온 처리를 대체할 수 있다. 저온 처리가 없을 때 저온 자극의 인지 부위인 꽃눈의 끝부분에 엔트-카우렌산이 축적되는데, 저온 처리를 한 후 정상 온도로 돌아오면 엔트-카우렌산이 개화를 촉진하는 활성 지베렐린인 GA_9로 전환된다.

(3) 옥신의 지베렐린 생합성 촉진

식물의 생장과 발달은 많은 신호가 조합된 결과이다. 따라서 한 호르몬의 효과가 다른 호르몬의 중개와 생합성을 유도하기도 한다. 옥신은 에틸렌뿐만 아니라 지베렐린의 생합성을 유도한다. 반대로 지베렐린이 옥신의 생합성을 유도할 수도 있다. 정단 분열조직을 제거하면 줄기 생장이 중단되는데, 이는 옥신의 공급원이 제거되어 그 수준이 낮아짐과 아울러 GA_1의 수준도 급격하게 낮아지기 때문이다. 이때 옥신을 공급하면 GA_1의 수준도 회복되므로 옥신이 GA_1의 생합성을 유도한다고 할 수 있다.

따라서 전단 분열 조직은 옥신의 직접적인 생합성과 아울러 옥신에 의한 지베렐린 생합성의 증가에 의해서도 생장이 촉진된다.

9.3.3 지베렐린이 생장과 발달에 미치는 영향

지베렐린이 식물의 신장 생장을 촉진하는 대표적인 호르몬으로 알려졌지만, 줄기 신장 외에도 종자의 휴면 타파와 배유의 저장 양분 분해 효소 생산과 같은 종자의 발아 촉진 효과와 더불어 생식 생장 과정에도 다양한 영향을 끼친다. 이러한 지베렐린의 생장 효과는 다양하게 상업적으로 이용하고 있다.

(1) 줄기와 뿌리의 신장

지베렐린의 생장 촉진 효과 중에서 가장 두드러진 것은 줄기의 신장 효과이다. 특히 유전적 왜성 식물은 GA 처리로 극단적인 줄기 신장 효과를 얻을 수 있다. 뿌리 신장 효과는 줄기 신장 효과만큼 현저하지는 않지만, 왜성 식물은 지베렐린을 처리하면 줄기와 함께 뿌리의 신장 효과도 나타난다. 활성 GA는 세포분열과 세포 신장 모두 촉진한다.

(2) 종자의 초기 발달과 발아 촉진

어린 종자의 활성 GA 수준이 낮으면 종자 발달이 저해되어 불임종자가 되기도 한다. GA를 처리해도 종자 발달이 회복되지 않는데 이는 처리한 GA가 종자 내부로 들어가지 못하기 때문이다.

종자는 대부분 산포된 후 바로 발아하지 않으며 일정한 휴면 기간을 거친다. 종자 내에는 지베렐린 외에도 아브시스산(ABA)이 존재하는데 이 두 호르몬은 길항적으로 작용하며 상대적 함량에 따라 휴면의 정도가 결정된다. 휴면 상태의 종자를 빛에 노출하거나 저온 처리를 하면 ABA 함량이 낮아지고 활성 GA의 농도가 증가하여 아밀레이스나 프로테이스와 같은 가수분해 효소의 합성을 유도한다. 이들 효소는 성숙된 종자의 배유나 배에 축적된 저장 양분을 분해하여 유식물의 생장을 위한 에너지와 양분을 제공한다. 성숙 종자에 활성 GA를 처리하면 휴면 타파에 필요한 빛과 저온 처리를 대체할 수 있다.

(3) 목본 식물의 유형기(juvenile phase)와 성숙기(adult phase) 조절

목본 식물은 성숙 단계, 즉 생식 생장을 시작하기까지 일정한 기간의 유형기가 있다. 이 기간에는 성숙기의 잎과는 모양이 다르다(그림 9-10).

GA 처리가 성숙기로의 전환을 촉진시키거나 지연시키는지는 식물 종마다 다르지만, 구과 식물(conifer)에서 최대 20년까지 지속되는 유형기가 GA_3 또는

그림 9-10 황칠나무의 유엽(juvenile leaf, 좌)은 열편 또는 결각으로 갈라지지만, 성엽(adult leaf, 우)은 둥근 형태이다.

GA_4와 GA_7의 혼합 처리로 유형기가 단축되면서 성숙기로 전환되어 어린 묘목 단계에서도 생식 생장이 시작되어 구과가 형성될 수 있다.

(4) 화아 형성과 성 결정에 미치는 영향

지베렐린은 많은 식물, 특히 로제트 식물의 개화에 필요한 장일 처리나 저온 처리 효과를 대신할 수 있다. 단성화인 식물의 성 결정은 유전적으로 조절되지만, 광주기와 영양 생장의 상태 등과 같은 요인에 의해서도 영향을 받는데, 이 또한 지베렐린에 의해 중개된다.

GA가 성 결정에 미치는 영향은 종에 따라 차이가 난다. 쌍떡잎식물(오이, 대마, 시금치)에서 GA는 수꽃의 형성을 촉진하지만 GA 생합성이 저해되면 암꽃의 형성을 촉진한다. 반면에 옥수수는 GA가 수술 형성을 억제하고 암술 형성을 촉진한다.

(5) 화분 발달과 화분관 생장

GA가 결핍된 애기장대와 벼의 왜성 돌연변이체에서 화분 형성 장애로 인한 웅성 불임이 활성 GA 처리에 의해 해소되고, 애기장대의 활성 GA의 수준이 낮을 경우 화분관의 생장이 심하게 저해됨에 따라 GA가 화분 형성과 화분관 발달을 조절하는 것으로 여겨진다.

(6) 착과와 단위결실

지베렐린은 착과(fruit set, 수정 이후 열매 생장의 개시)와 열매 생장을 촉진한다. 배의 경우 GA 처리에 의해 착과가 촉진된다. GA를 처리하면 수정 과정 없이 착과가 일어나면서 단위 결실(parthenocarpic fruit, 씨 없는 열매)이 유도되기도 한다. 'Thompson Seedless'라는 포도 품종은 원래 종자 불임으로 씨 없는 작은 열매를 맺는데, GA를 처리하면 큰 열매를 생산하므로 상업적으로 활발하게 이용하고 있다.

9.4 사이토카이닌(cytokinin)

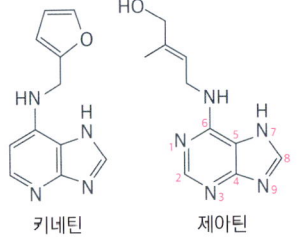

그림 9-11 사이토카이닌의 화학 구조

사이토카이닌은 식물 세포의 분열을 촉진하는 물질을 찾아내는 연구에서 발견되었다. 그 후 잎의 노화, 영양분 가용화, 정단우성, 정단 분열조직의 형성과 활동, 유관속 발달, 눈휴면의 타파, 종자 발아, 다른 생물과의 상호 작용 등에 영향을 미치는 것으로 알려졌다. 그 밖에도 엽록체의 분화, 독립 영양 대사의 발달, 잎과 자엽의 확장 등과 같이 빛에 의해 조절되는 과정을 중재하는 것으로 알려져 있다.

9.4.1 사이토카이닌의 발견

1950년대 담배의 수(pith) 조직 증식을 유도하는 많은 다양한 물질의 효과 시험에서, 고압 멸균한 청어 정자 DNA가 강력한 세포분열 촉진 효과를 나타냈다. 고압 멸균한 DNA에서 확인된 작은 분자를 키네틴(kinetin)으로 명명하였다.

배양 중인 담배 수의 키네틴에 의한 유조직의 세포분열 촉진 효과는 옥신이 있을 때만 일어났고, 배지에 옥신이 없으면 키네틴에 의한 세포분열 촉진 효과는 없었다. 키네틴은 천연적으로 발생하는 식물 생장 조절 물질은 아니고, DNA가 고온에서 분해된 부산물이다. 세포분열이 단순한 화학 물질에 의해 유도될 수 있다는 점에서 키네틴의 발견은 매우 중요하다. 이를 바탕으로 키네틴과 구조가 유사한 식물체 내의 천연 물질들이 세포분열을 조절할 수 있다는 가설이 세워졌고 실제 옳은 것으로 나타났다.

키네틴의 발견 후 옥수수(Zea mays)의 미성숙 배유에서 키네틴과 활성이 유사한 물질이 발견되었다. 이 물질을 옥신과 함께 배지에 첨가하면 성숙한 세포의 분열이 촉진되는데, 이를 제아틴(zeatin)으로 불렀으며, 가장 처음 발견한 천연 사이토카이닌이다. 제아틴은 키네틴과 분자 구조가 유사하고, 모두 아데닌 또는 아미노퓨린 유도체로 시스(cis) 또는 트랜스(trans) 구조로 존재한다. 제아틴은 많은 식물과 일부 세균에서도 발견된 활성 사이토카이닌이다.

9.4.2 합성 화합물의 사이토카이닌 활성

사이토카이닌은 트랜스-제아틴과 유사한 활성을 갖는 화합물로 정의되며, 다음과 같은 활성이 있다.
- 옥신이 존재할 때 캘러스 세포의 분열 유도

- 옥신과의 몰 비율(molar ratio)에 따라 캘러스 배양으로부터 눈이나 뿌리 형성 촉진
- 잎의 노쇠 지연
- 쌍떡잎식물의 자엽 확장 촉진

천연적으로 존재하는 사이토카이닌은 모두 아미노퓨린 유도체이다. 식물에서 확인되지 않은 합성 사이토카이닌 화합물도 있는데 그중 티디아주론(thidiazuron)은 고엽제(defoliant)와 제초제로 상업적으로 이용된다.

활성 사이토카이닌들은 식물과 일부 세균에서 유리된 분자로 다른 분자에 공유 결합하지 않은 상태로 존재한다. 주로 제아틴이 천연 활성 사이토카이닌이지만, 다이하이드로제아틴(dihydrozeatin)과 아이소펜테닐 아데닌(isopentenyl adenine)도 발견된다.

식물과 밀접한 관계를 형성하는 일부 세균과 곰팡이는 사이토카이닌을 생산·분비하기도 하고, 식물이 사이토카이닌을 포함한 식물호르몬을 합성하게 한다(Akiyoshi et al. 1987). 이들 미생물에 감염된 식물 조직은 세포분열이 유도되며, 균근의 경우 균사 분지체(mycorrhizal arbuscule)와 같은 특수한 구조를 형성하기도 한다. 균사 분지체는 식물과 상리 공생을 하는 미생물이 사는 장소이다.

병원성 세균과 곰팡이, 바이러스 또는 곤충들도 식물 조직에 사이토카이닌을 분비하면서 휴면 상태인 분열 조직의 생장을 유도하여 빗자루병을 유발하기도 한다. 근두암종 세균인 아그로박테리움 투메파시엔스(*Agrobacterium tumefaciens*)와 같은 병원성 세균들이 식물 세포의 분열을 촉진하는데, 코리네박테리움 파시안스(*Corynebacterium facians*)는 일명 마녀의 꽃(witches' bloom)이라는 생장 이상의 원인이다. 감염된 식물의 줄기는 휴면 상태의 곁눈(측아)이 사이토카이닌의 자극에 의하여 자라나서 빗자루 모양을 형성한다(Hamilton & Lowe 1972).

일부 곤충은 사이토카이닌을 분비하여 식물에 벌레혹(충영)을 형성하게 하고, 뿌리혹선충(root-knot nematode) 또한 사이토카이닌을 분비하여 숙주 식물이 선충의 먹이가 되는 거대 세포를 형성하게 한다(Elzen 1983).

9.4.3 사이토카이닌의 생합성, 대사, 수송

천연 사이토카이닌의 곁사슬(측쇄, side chain)은 지베렐린, 아브시스산, 카로티노이드, 고무 그리고 파이토알렉신이라는 식물 방어 물질과 화학적 구조가 유사하다. 사이토카이닌 곁사슬은 아이소프렌 유도체로부터 합성된다. 고무와 카로티

노이드와 같은 큰 분자들은 많은 아이소프렌 단위의 중합체이지만, 사이토카이닌은 하나의 아이소프렌 단위만 포함한다.

세균이 제거된 근두암종 무균 조직을 배양하면 호르몬을 첨가하지 않아도 조직의 증식이 일어난다. 근두암종 조직이 상당한 양의 옥신과 유리 사이토카이닌을 가지고 있기 때문이다.

아그로박테리움 투메파시엔스에 감염된 식물 세포는 세균의 DNA를 자신의 염색체에 편입시키는데 이를 T-DNA라고 한다. T-DNA는 사이토카이닌과 옥신의 생합성에 필요한 유전자와 탄소와 질소를 포함하는 화합물의 합성에 필요한 유전자를 가지고 있다. 사이토카이닌 생합성에 관여하는 ipt 유전자로 알려진 T-DNA가 돌연변이에 의해 불활성화되면 종양 또는 무성한 뿌리를 형성하게 한다. 또 T-DNA는 트립토판을 옥신(IAA)으로 전환하는 효소를 암호화하는 두 개의 유전자를 가지고 있는데 식물의 종양을 유도하기 때문에 식물 발암 유전자(photo-oncogene)이다. 따라서 세균이 식물의 형질 전환을 유도하여 종양을 형성하게 하고 숙주 식물을 조종하여 자신만이 활용할 수 있는 양분을 생산하도록 유도한다(Bomhoff et al. 1976). 식물 세포의 사이토카이닌 생합성은 주로 색소체에서 일어나는데 대부분의 생합성 효소가 색소체에 분포하기 때문이다.

사이토카이닌은 물관부와 체관부에서 모두 발견된다. 사이토카이닌의 주요 합성 부위인 근단 분열 조직에서는 주로 트랜스-제아틴의 형태이고 흡수된 물이나 무기염과 함께 물관부를 통해 지상부로 수송된다. 체관부에서는 주로 iP와 시스-제아틴의 형태이다.

식물 조직의 사이토카이닌은 사이토카이닌 산화 효소(cytokinin oxidase)에 의하여 곁사슬이 절단되면서 비가역적으로 불활성화된다. 또 사이토카이닌은 포도당 또는 자일로스(xylose)와 복합물을 형성하는데 글루코시데이스(glucosidase)와 같은 효소에 의하여 복합물이 제거되면서 유리형 사이토카이닌이 생겨난다. 휴면 종자에는 비활성 형태의 복합물인 사이토카이닌 글루코시드 함량이 높고 활성형 유리 사이토카이닌 함량은 낮다. 발아가 시작되면 유리형 사이토카이닌 함량이 빠르게 증가하고, 사이토카이닌 글루코시드 함량이 그만큼 감소한다.

9.4.4 사이토카이닌의 생물적 역할

사이토카이닌은 세포분열의 영향 인자로 발견되었지만, 식물에 처리하였을 때 다양한 생리 대사 및 생화학적 과정을 촉진하거나 저해하기도 한다. 세포분열 외에도 유관속 발달, 정단우성, 양분 획득, 잎의 노화 등에도 영향을 미친다.

(1) 정단 분열조직과 유관속 조직의 세포분열 촉진

식물의 세포분열은 대부분 분열 조직에서 일어난다. 정단 분열조직에서 증가된 사이토카이닌이 줄기의 대화(fasciation, 빗자루병) 현상을 일으키기도 하며, 사이토카이닌 산화 효소를 과발현시키면 사이토카이닌 함량이 낮아져, 정단 분열조직 자체의 크기가 감소함으로써 신장 생장이 저해되는 결과를 초래한다. 또 사이토카이닌은 유관속 형성층의 세포 증식을 촉진한다. 형질 전환 포플러의 형성층에 사이토카이닌 산화 효소 유전자를 발현시키면 형성층의 분열이 감소하여 줄기가 가늘어진다.

(2) 근단 분열 조직의 유관속 분화 과정 가속화로 인한 뿌리 생장 감소

사이토카이닌은 정단 분열조직에서 세포분열을 증가시키지만 근단 분열 조직에서는 다르게 작용한다. 뿌리에 사이토카이닌 산화 효소를 과발현시키면 뿌리 생장이 증가하는데 이는 주로 근단 분열 조직의 크기를 증가시키기 때문이다. 분열 조직의 크기는 세포의 분열 속도와 세포가 분열과 분화를 통해 분열 조직에서 벗어나는 속도의 차이에 따라 결정된다. 사이토카이닌은 근단에서 유관속 분화 과정을 가속화하면서(Dello loio et al. 2008) 근단 분열 조직의 세포 수를 감소시키므로, 결과적으로 뿌리의 생장이 감소한다. 반대로 사이토카이닌의 기능을 억제하면 유관속의 분화 속도가 감소하므로 더 많은 수의 근단 분열 세포가 만들어지며 결과적으로 뿌리 생장도 증가한다(Werner et al. 2003).

뿌리의 생장은 옥신과 사이토카이닌의 생합성에 관여하는 단백질의 함량을 상반되게 조절함으로써 길항적으로 작용한다. 즉 근단 분열 조직의 세포분열은 옥신에 의해 촉진되고 세포 분화는 사이토카이닌에 의해 촉진된다.

옥신과 사이토카이닌의 함량 비율에 따라 배양 조직의 형태 형성이 조절된다. 담배의 수에서 유도된 캘러스 조직에서 배양액의 옥신 농도가 사이토카이닌보다 높을 때는 뿌리 형성이 촉진되었고 낮을 때는 줄기 형성이 촉진되었다. 중간 수준에서는 미분화된 캘러스 상태로 자랐다.

(3) 정단우성의 변화와 곁눈의 생장 촉진

식물은 정단우성의 정도에 따라 생장 형태가 달라진다. 정단우성이 강한 식물은 주로 수관 구조가 원뿔형이지만 정단우성이 약하고 곁눈(측아)의 생장과 분지가 심한 수종은 주로 구형이다. 줄기의 분지는 옥신, 사이토카이닌 그리고 다른 호르몬의 복잡한 상호 작용으로 조절된다. 정아로부터 극성 수송된 옥신은 곁눈의 생장을 억제한다. 옥신은 사이토카이닌 생합성을 억제하며, 사이토카이닌 산화 효소를 증가시켜 정아의 사이토카이닌 함량을 낮춘다. 정아를 제거하면 옥신의 흐름이 감소되면서 사이토카이닌의 생합성이 증가하고 사이토카이닌 산화 효소의 함량이 줄어 사이토카이닌의 농도가 증가한다. 이러한 사이토카이닌은 주변의 곁눈으로 이동하여 휴면을 제거한다. 뿌리에서 유래된 사이토카이닌이 아닌 곁눈의 인접 조직에서 합성된 사이토카이닌이 직접 곁눈의 생장을 유도하는 것이다. 뿌리에서 생합성되는 스트리고락톤(strigolactone)도 옥신처럼 곁눈의 생장을 억제하는 것으로 알려졌는데, 이처럼 곁눈의 휴면은 정단 분열조직과 근단 분열 조직 양쪽으로부터 유래한 신호의 이중 작용으로 조절된다.

(4) 사이토카이닌의 잎 노화 지연 효과

가지에서 분리된 녹색 잎에 물과 양분을 공급하더라도 엽록소, RNA, 지질, 단백질 등이 분해되며 노화한다. 이러한 과정은 광 조건보다 암 조건에서 더 빠르게 진행되는데 사이토카이닌을 처리하면 이러한 노화 과정이 지연된다. 온전한 식물에 사이토카이닌을 처리하면 더 극적인 노화 지연 효과를 나타낸다. 일부 곰팡이나 곤충이 만든 잎의 혹에서도 노화 지연 효과가 나타난다. 예를 들면 팽나무속 수종(Celtis occidentalis L.)의 잎에 형성된 혹이 주변의 잎 조직이 이미 황화되었음에도 녹색을 유지하는데 이는 사이토카이닌 함량이 높은 것과 관련 있다.

성숙한 잎은 어린 잎과 달리 사이토카이닌을 생산하지 않는데, 성숙한 잎의 노화 지연은 뿌리에서 생산되어 물관부를 통해 공급되는 사이토카이닌에 의해 이루어질 것이다.

(5) 사이토카이닌의 양분 이동 촉진

사이토카이닌은 체내 양분 이동을 유도하는데 이를 사이토카이닌 유도 양분 이동(cytokinin-induced nutrient mobilization)이라고 한다. 즉 사이토카이닌을 처리한 조직에 양분이 먼저 공급되고 축적된다. 사이토카이닌의 처리가 새로운 공급원-수용부(source-sink) 관계를 유도하게 된다. 식물 조직의 사이토카이닌 수준은 양분의 공급 정도에 반응하여 변화한다. 질소가 결핍된 식물에 질소를 공급하면 뿌리의 사이토카이닌 함량이 빠르게 증가하고 물관을 통해 지상부로 이동한다. 이와 같이 식물의 양분 상태에 따라 사이토카이닌의 수준이 조절되고, 옥신에 대한 사이토카이닌의 비율에 따라 줄기와 뿌리의 상대적 생장이 결정된다. 즉 옥신보다 사이토카이닌이 고농도일 때는 줄기 생장이 촉진되고, 반대일 때는 뿌리 생장이 촉진된다.

척박한 토양에서 자라는 식물의 체내 양분 수준이 낮을 때는 사이토카이닌 함량도 낮으므로 뿌리 생장이 촉진되어 양분 흡수를 위한 근계를 더 확장시킨다. 이와 반대로 양토에서 자라는 식물의 체내 사이토카이닌 수준이 높아 줄기 생장이 촉진되고 광합성 능력을 극대화한다.

(6) 사이토카이닌의 엽록체 발달과 파이토크롬에 미치는 영향

암 조건에서 발아한 황백화(etiolated)된 어린 식물은 하배축과 절간 생장이 증가하고 자엽과 잎이 펴지지 않으며 엽록체 타이라코이드 막의 광합성 체계를 형성하는 엽록소, 광합성 효소, 구조 단백질 등을 합성하지 못한다. 이러한 유식물이 광 조건에 놓이면 엽록체의 발달이 활성화된다. 황백화된 어린 잎에 사이토카이닌을 처리하고 광 조건에 두면 엽록체의 그라나와 엽록소 그리고 광합성 효소의 합성량이 더 많아진다. 이러한 결과는 사이토카이닌이 광합성 색소와 단백질 합성을 조절한다는 것을 의미한다.

음지에서 자라는 식물들은 낮은 비율의 적색광/원적색광(R/FR)을 받으므로 하배축의 생장이 증가와 엽원기의 생장이 저하된다. 낮은 R/FR의 광 조건에서는 엽원기에서의 옥신 신호 전달의 빠른 증가로 사이토카이닌 산화 효소의 발현이 증가하게 되어 사이토카이닌 함량이 감소하게 되는데 결과적으로 세포분열이 감소하게 된다.

(7) 뿌리혹 형성 과정의 사이토카이닌 영향

생물학적 질소 고정은 뿌리의 특수한 구조인 뿌리혹(nodule)에서 일어난다. 기주식물 뿌리의 표피와 피층 세포의 구조 변화를 위한 세포분열의 활성화가 필요한데 사이토카이닌이 관여하는 것으로 알려졌다. 일부 질소 고정 세균은 사이토카이닌 유사 활성 화합물을 생산하고 피층 세포의 분열을 촉진하여 뿌리혹 형성을 유도한다.

9.5 아브시스산(abscisic acid, ABA)

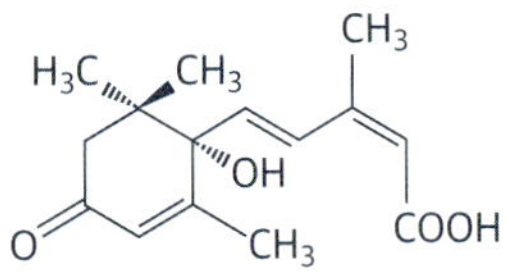

(S)-cis-ABA
(천연 활성형)

그림 9-12 아브시스산의 화학 구조

유리한 환경 조건이 될 때까지 생장을 늦추는 적응적 조절의 뚜렷한 예는 종자와 눈의 휴면이다. 초가을 양버즘나무잎에서 발견된 도르민(dormin)이라는 물질이 생장저해 물질로 밝혀졌고, 목화 열매의 탈리를 촉진하는 물질인 아브시신 II(abscisin II)와 화학적 동일 물질임이 확인되어 잎과 열매의 탈리 과정에 관여한다는 의미에서 아브시스산이라고 명명하였다. 그 후 탈리의 실질적 촉진은 에틸렌에 의해서 이뤄지고, ABA는 에틸렌의 생산을 유도하는 것으로 밝혀졌다.

ABA는 탈리 과정의 관여뿐만 아니라 환경스트레스에 의한 기공의 열림 억제, 종자의 성숙과 휴면 조절 등 다양한 생장 조절자로서 중요한 식물호르몬으로 인식되고 있다.

9.5.1 ABA의 생합성

아브시스산은 유관속 식물의 보편적인 식물호르몬이다. 다른 식물호르몬과 마찬가지로 ABA에 대한 반응은 조직 내의 농도와 호르몬에 대한 조직의 감수성에 따라 달라진다.

식물체 내에서 ABA는 정아에서부터 근관에 이르기까지 모든 주요 기관과 조직에 존재하며, 엽록체나 색소체와 같은 소기관을 포함하는 모든 세포에서 합성된다. 자엽초의 생장, 발아 또는 GA가 유도하는 아밀레이스 합성 저해 등의 다양한 생물 검정법이 ABA에 대해 사용된다. 기공 닫힘이나 유전자 발현의 촉진과 같은 신속한 반응 역시 ABA와 관련되어 있다.

ABA의 생합성은 엽록체와 기타 색소체에서 시작되고, 생합성 경로는 아이소프렌 단위이면서 지베렐린, 사이토카이닌, 브라시노스테로이드의 전구체이기도 한 이소펜테닐 이인산(isopentenyl diphosphate, IPP)으로부터 시작되며, 잔토필(xanthophyll, 산소가 첨가된 카로티노이드)인 비올라잔틴(violaxanthin)의 합성을 유도한다. 즉 ABA의 합성은 카로티노이드 경로를 경유하여 일어난다.

카로티노이드 경로가 차단되면 ABA의 농도가 낮아지며 식물의 열매가 달린 상태에서 종자가 일찍 발아하는 모체 발아가 나타나는데, 많은 ABA 결핍 종자의 특징이다.

9.5.2 ABA의 생물적 역할

(1) 조직 내 ABA 농도 급변

ABA의 생합성과 농도는 발달 중인 조직 또는 변화된 환경 조건에 대한 반응으로 급변한다. 예를 들면 발달 중인 종자에서 ABA 수준은 수일 내에 100배 정도 증가했다가 성숙함에 따라 매우 낮은 수준으로 감소한다. 또 건조스트레스 노출되면 잎의 ABA 농도는 4~8시간 이내에 50배나 증가되기도 한다. 수분스트레스 동안 증가한 사이토졸의 ABA 농도는 잎에서의 합성, 엽육 세포와 다른 잎으로부터의 재분포 또는 뿌리로부터의 유입에 의한 것이다. 수분스트레스가 해소되면 ABA의 농도가 감소하는데 이는 ABA가 분해되고, 잎으로부터 유출되며, 합성 속도가 느려지기 때문이다.

(2) 유관속 조직을 통해 수송

ABA는 물관부와 체관부를 통해 수송되지만, 일반적으로 체관부를 통한 수송이 더 많다. 잎에 처리된 ABA는 줄기를 통해 위와 아래로 수송되지만 대부분은 24시간 이내에 뿌리에서 발견되는데, 환상 박피로 줄기의 체관부가 손상되면 뿌리로 이동하는 것이 제한되므로 ABA가 체관부로 수송된다는 것을 알 수 있다. 뿌리에서 합성된 ABA는 물관부를 통해 줄기로 이동한다. 갑작스러운 수분스트레스에 의한 기공의 닫힘은 엽육 세포 팽압의 신속한 감소와 관련이 있다. 물관을 통해 수송되는 증산류 내의 모든 ABA가 공변세포에 도달되지는 않는데, 엽육 세포에서 흡수되고 대사되기 때문이다.

수분스트레스의 초기 단계에서 물관부 수액의 pH는 대략 pH 6.3~7.2로 알칼리화된다. 이러한 수분스트레스로 인하여 엽육 세포의 간극에서 ABA의 형태는 ABA의 해리형(음이온)인 ABA-으로 존재하는데 이 형태는 막을 쉽게 통과하지 못한다. 수분스트레스가 없을 때는 반대로 쉽게 막을 통과하여 엽육 세포 내에 축적될 수 있는 ABA의 형태가 대부분으로 엽육 세포 내에 축적되거나 대사되어 공변세포로 이동되는 양이 적다. 즉 수분스트레스에 따른 증산류의 pH 증가는 공변세포로 ABA의 이동을 촉진시켜 기공을 닫는다(그림 9-13).

ABA는 종자와 눈의 휴면과 스트레스, 특히 수분스트레스에 대한 중요한 생리 조절에 관여한다. 또 옥신, 지베렐린, 사이토카이닌, 에틸렌, 브라시노스테로이드 등과 상호 작용의 길항제로서 많은 식물 발달 과정에 영향을 미친다.

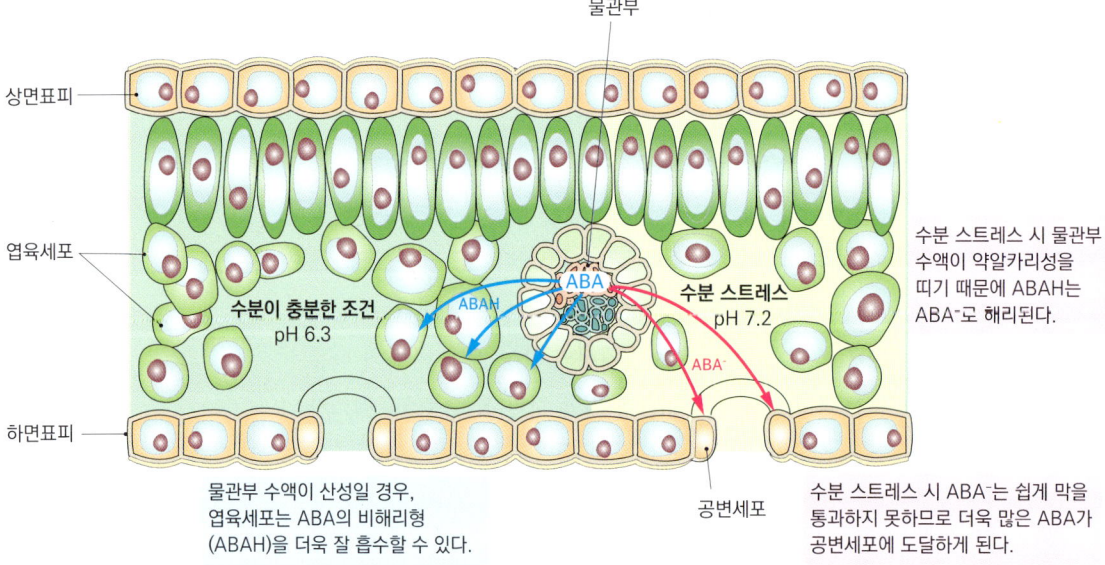

그림 9-13   수분스트레스 동안 수액의 알칼리 화로 인한 잎에서의 ABA 재분포

(3) ABA의 종자 성숙 조절

종자의 발달 과정은 다음과 같은 일정한 기간에 이뤄지는 세 가지 단계로 나눌 수 있다.

- 첫 번째 단계에서는 접합자의 배 발생과 배유 조직의 증식 과정으로 세포분열과 조직 분화가 이루어진다.
- 두 번째 단계는 세포분열이 멈추고 저장 물질이 축적된다.
- 세 번째 단계에서 배는 건조 내성을 띠기 시작하면서 90% 이상의 수분이 탈수된다. 탈수로 인하여 대사는 중지되고 휴지(quiescent) 상태가 되거나 휴면 상태로 접어든다. 휴지 상태에서 수분이 공급되면 종자가 발아하지만, 휴면 종자는 발아를 위한 별도의 처리가 필요하다. 난저장성 종자(recalcitrant seed)는 휴지 또는 휴면 단계를 완성하지 못하기 때문에 건조 내성을 지니지 못한다. 두 번째와 세 번째 단계는 종자의 생존력을 위한 자원의 축적 과정으로 발아와 생장을 시작하기까지 수주에서 수년을 버틸 수 있는 능력을 지니게 한다.

종자의 ABA 함량은 배 발생 초기에는 매우 낮다가 중기에 최대가 되고 후기(성숙기)에 접어들면서 감소하여 낮은 수준이 된다. 배 발생 중기에서 성숙기 전까지 종자의 ABA 수준이 높게 유지된다.

(4) 조기 발아와 모체 발아 억제

휴면 개시 이전의 발달 중인 미숙한 배를 분리하여 배양하면 조기 발아(precocious germination), 즉 정상적인 휴지 또는 휴면기를 거치지 않고도 발아한다. 배 발생 중기에서 성숙기 전까지 종자의 ABA 수준이 높게 유지되는 점에서 ABA는 조기 발아를 억제한다고 할 수 있다. 또 ABA가 결핍되면 모체 발아가 발생하는데 이는 ABA가 모체 발아를 억제함을 시사한다.

(5) 저장 물질의 축적과 건조 내성 촉진

종자 내 ABA 수준이 높게 유지되는 배 발생 중기에서 후기 단계에서 저장 물질의 축적과 건조 내성이 만들어진다. 성숙 중인 종자의 탈수가 진행되면 당류와 단백질이 축적되면서 건조 내성에 관여하는 점성이 높은 유리질 액체를 형성한다. ABA는 배 발생 동안 저장 물질과 건조 방지 물질을 축적하는 데 관여할 뿐만 아니라 환경 조건이 발아에 적합할 때까지 휴면을 유지하게도 한다.

(6) 종자 휴면 조절

종자의 발아는 성숙한 종자의 배 생장이 다시 시작되는 것이다. 발아 조건은 영양 생장의 조건과 같다. 즉 물과 산소가 주어진 상태에서 적당한 온도와 발아 저해 물질이 없어야 한다. 하지만 많은 종자는 생장에 필요한 환경 조건이 주어지더라도 발아하지 않는데 이를 종자 휴면이라 한다. 이러한 종자 휴면은 불리한 조건에서의 발아를 방지하기도 한다. 종자의 휴면은 종피 휴면이나 배 휴면 또는 양쪽 모두에서 발현된다.

종피 휴면은 종피와 배유, 과피 등의 불투과성 때문에 유지되는데 이들 조직이 제거되거나 손상되면 물과 산소의 공급이 이루어져 쉽게 발아한다. 종피 휴면은 다음의 기작에 따라 이루어진다.

1. 물 흡수 저해
2. 기체 교환 저해
3. 기계적 제한-견고한 종피에 의한 유근의 생장 제한
4. 종피에 의한 발아 억제물질의 방출 제한
5. 종피와 과피에 존재하는 ABA를 포함한 높은 농도의 배 발아 억제 물질

배 휴면(embryo dormancy)은 종피나 다른 조직의 영향을 받지 않는 배 고유의 종자 휴면이다. 자엽이 배 휴면의 원인이 되는 경우로 서양개암나무(European hazel, *Corylus avellana*)와 구주물푸레나무(*Fraxinus excelsior*)는 자엽을 절단하여 배 휴면

을 완화할 수 있다. 배 휴면은 ABA와 같은 발아 억제제의 농도가 높거나 GA와 같은 생장 촉진제가 없기 때문일 것이다. 침수된 종자에서 휴면이 유지되기 위해서는 ABA가 새롭게 합성되어야 하며, 배 휴면의 타파는 흔히 GA보다 ABA의 농도가 급격히 감소하는 것과 관련이 있다. ABA와 GA의 함량은 그 합성과 분해에 따라 조절되는데, 이는 발달 요인과 환경 요인에 의해 발현이 조절되는 효소들에 의해 촉매된다.

배 휴면의 타파는 다음 중 한 가지 이상의 요인에 의해 이뤄진다.
- **후숙(after-ripening)**: 종자가 건조에 의해 수분 함량이 어느 수준까지 감소하면 휴면이 타파되는데, 이 과정을 후숙이라고 한다.
- **저온 처리(chilling)**: 저온 처리는 종자의 휴면을 타파할 수 있다. 종자 발아를 촉진하기 위하여 충분히 침윤된 상태에서 저온(0~10℃) 처리가 필요하다.
- **빛(light)**: 종자 발아를 위해 빛이 비춰 주어야 하는데, 단일 또는 장일의 특정 광주기를 필요로 하는 경우와 간헐적 또는 잠깐의 빛에 의해 촉진되기도 한다.

9.5.3 종자의 휴면과 식물호르몬의 작용

(1) ABA와 GA의 비율에 따른 종자 휴면의 조절

종자의 휴면을 개시하고 유지하는 ABA의 효과는 분명하지만, 다른 식물호르몬의 영향도 많다. 예를 들어 종자의 ABA 생산이 최대인 상태에서 GA와 IAA 수준이 감소하는 것이 일반적이다. 종자의 발아와 생장을 조절하는 데 있어서 특정 식물호르몬의 농도보다는 식물호르몬들 사이의 균형이 중요한데, 최근 종자 휴면에 대한 ABA와 옥신, 에틸렌, 브라시노스테로이드의 길항적 상호 작용이 확인되었다.

ABA는 GA에 의한 효소 생산 유도를 저해한다. 종자 휴면의 ABA-GA 길항 작용 외에도 ABA는 배유 저장 물질의 분해를 위한 GA의 가수분해 효소 합성을 저해한다. 낮은 수분퍼텐셜 조건에서 ABA는 뿌리 생장을 촉진하고 줄기 생장을 억제한다.

ABA의 생장에 미치는 영향은 수분 조건에 따라 줄기와 뿌리에서 다르게 나타나는데, 충분한 수분 조건(높은 수분퍼텐셜)에서는 ABA가 줄기와 뿌리 생장에 긍정적으로 작용한다. 낮은 수분 조건(낮은 수분퍼텐셜)에서는 ABA가 줄기 생장을 억제하고 뿌리 생장을 촉진하면서 줄기 생장에 대한 뿌리 생장의 비가 훨씬 높아진다. ABA가 수분스트레스 상태에서 에틸렌 생산을 저해하면서 뿌리의 생장을 촉진하는 것으로 여겨진다.

ABA를 생장 억제제로 간주하지만 수분스트레스 조건에서만 줄기 생장을 억제한다. 이러한 조건에서 ABA가 에틸렌 생산을 억제함으로써 뿌리 생산을 촉진하기 때문이다. 결과적으로 ABA는 수분스트레스 조건에서 줄기:뿌리 비를 급격히 감소시키는 것과 더불어 기공을 닫게 하면서 수분스트레스에 대한 내성을 증가시킨다.

ABA는 잎을 노화시키면서 간접적으로 에틸렌 생성을 증가시킴으로써 잎의 탈리를 촉진한다. ABA에 의한 잎의 노화는 암 조건에서 더 빨리 진행되는데 엽록소가 분해됨에 따라 변색된다. 또 가수분해 효소가 생성되면서 단백질과 핵산의 분해도 가속화된다.

(2) ABA는 휴면 중인 눈에 축적

겨울을 나는 나무에 있어서 눈의 휴면은 중요한 적응 기작이다. 겨울철에 매우 낮은 온도에 노출된 눈은 아린이 분열 조직을 보호하며 눈의 생장을 저해한다. 저온에 대한 이러한 반응은 환경 변화(온도 변화)를 감지하는 감지 기작과 신호를 변환하여 눈의 휴면을 개시하는 조절 체계가 필요하다. ABA는 휴면 유도 호르몬으로 휴면 중인 눈에 축적되어 있다가 조직이 저온에 노출되면 감소한다. 하지만 눈의 ABA 함량이 항상 휴면의 정도와 관련되지는 않는다.

종자의 휴면과 같이 눈의 휴면과 생장은 생장 저해제인 ABA와 지베렐린과 사이토카이닌과 같은 생장 유도 물질과의 상호 작용에 의해 조절된다.

(3) 수분스트레스에 반응하여 기공 폐쇄

ABA가 다양한 스트레스 환경 조건에서 반응하기 때문에 스트레스 호르몬이라고도 한다. 건조 상태에서 잎의 ABA 농도는 50배까지 증가하는데, 이는 환경 신호에 반응하는 여러 호르몬 중에서 가장 급격한 농도 변화이다. ABA의 생합성과 재분배에 의하여 매우 효과적으로 기공을 폐쇄하여 증산에 의한 물의 손실을 차단하는 데 중요한 역할을 한다. 물의 공급에 의하여 건조 조건이 해소되면 유관속 조직과 공변세포에서 이화 작용으로 ABA의 수준이 감소하면서 기공이 다시 열린다.

9.6 에틸렌(ethylene)

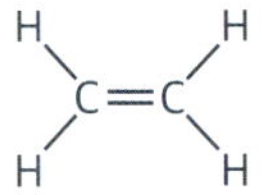

에틸렌은 석탄을 포함한 각종 화석 연료의 화학적 공정을 통해 생산되는 공기보다 가벼운 탄화수소 가스로 다양한 석유 화학 제품의 기본이 되는 원료이다. 1800년대에 석탄을 이용한 가로등 근처의 가로수 잎이 일찍 떨어지는 현상이 발견되었고, 1901년 러시아의 과학자에 의하여 이 현상이 석탄가스인 에틸렌으로 인한 것임이 밝혀졌다.

에틸렌은 식물의 대사 과정에서도 자연적으로 생성되어 식물 생장에 급격한 효과를 주기 때문에 식물호르몬으로 분류되었다. 이 기체 호르몬의 생합성량은 매우 적은데, 종자 발아, 잎의 노화, 과일의 성숙 등 식물의 생장과 상처를 받거나 병원체의 공격을 받았을 때, 산소의 부족, 가뭄, 저온 등 다양한 스트레스에 의해서 생합성된다. 낮은 농도(0.1ppm)에서도 식물의 생장과 발생에 큰 영향을 미친다.

그림 9-14 에틸렌의 화학 구조

9.6.1 에틸렌의 구조와 생합성

에틸렌은 가장 단순한 올레핀(olefin)으로 분자량은 28이다. 에틸렌의 생합성은 과일의 성숙과 잎과 꽃의 노화 과정에서도 증가하지만 온도, 침수, 건조 등의 환경스트레스와 물리적 상처 및 병원체 감염 등에 의해서도 증가한다. 또 생합성 수준이 낮에는 높아졌다가 밤에는 낮아지는 주기적 변화를 보인다.

식물 조직 내 에틸렌 생합성의 직접적인 전구체는 1-아미노사이클로프로페인-1-카복실산(1-aminocyclopropane-1-carboxylic acid, ACC)이다. 식물 조직에 외부에서 ACC를 공급하면 에틸렌 생산이 증가한다.

ACC 합성 효소(ACC synthase)는 상처와 수분스트레스(가뭄 또는 침수)와 같은 외부적 요인과 옥신과 같은 내부적 요인에 의해 그 수준이 증가하며 ACC를 합성한다. ACC 산화 효소(ACC oxidase)는 에틸렌 생합성의 마지막 단계에서 ACC를 에틸렌으로 전환하는 효소이다.

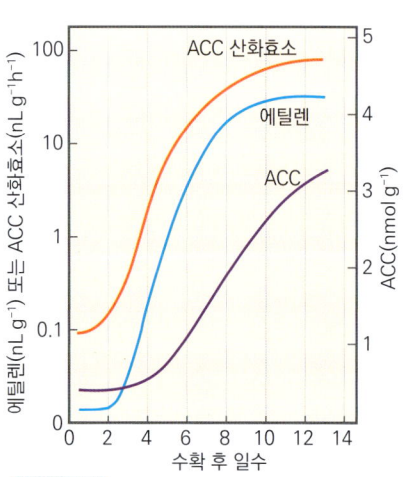

그림 9-15 골든 딜리셔스 사과가 익는 동안 ACC의 농도

ACC 산화 효소의 활성, 에틸렌의 변화. 데이터는 수확 후의 경과 일수를 함수로 하여 도시되어 있다. 에틸렌, ACC 농도, ACC 산화 효소의 활성 증가는 숙성과 밀접한 상관이 있다(Yang 1987에서).

9.6.2. 에틸렌 생합성 촉진

1. **열매의 성숙**: 열매가 성숙함에 따라 에틸렌 생합성의 속도가 증가한다(그림 9-15).

2. **스트레스**: 수분스트레스(가뭄과 침수)와 저온, 오존 노출, 상처 등에 의해 에틸렌 생합성이 촉진된다.
3. **옥신**: 옥신과 에틸렌은 유사한 식물 반응을 유도하는데 파인애플의 개화 유도나 줄기 신장의 억제가 한 예이다. 이는 ACC 합성 효소를 증가시키는 옥신의 작용에 의한 것이다. 이러한 관찰 결과는 옥신(IAA)의 작용으로 여겨졌던 일부 반응이 실제로는 옥신에 의해 에틸렌 생합성이 증가하면서 나타난 반응이다.

옥신 외에도 브라시노스테로이드(brassinosteroid)와 사이토카이닌도 ACC 합성 효소의 활성을 촉진해 에틸렌 생합성을 증가시킨다.

에틸렌은 줄기 생장을 억제하고 잎 윗면의 생장을 촉진하면서 잎의 하향 굴곡(그림 9-16)을 일으키는 옥신의 생장 촉진 효과와 유사한 반응을 보이는데, 이는 옥신이 에틸렌 생산을 촉진하면서 간접적으로 작용하여 나타난 반응이다. 침수된 뿌리 주변의 산소 농도가 급격히 감소하면 그 신호가 뿌리에서 줄기로 전달되어야 하는데, 에틸렌의 전구체인 ACC가 산소가 부족한 조건의 뿌리에서 생산된 후 증산류를 타고 줄기로 이동되고 산소의 공급으로 쉽게 에틸렌으로 전환된다.

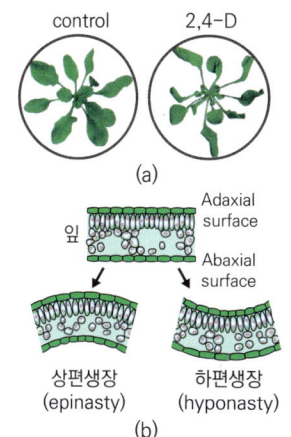

그림 9-16 에틸렌 처리에 의한 잎의 상편생장 촉진 효과

9.6.3 에틸렌 작용의 저해제

에틸렌에 의한 식물 반응은 질산은($AgNO_3$)이나 싸이오황산은($Ag(SO_3)_2^{3-}$)으로 처리되는 은 이온(Ag^+)으로 강력하게 억제된다. 은 이온보다는 덜 효과적이지만 이산화탄소(5~10%)는 에틸렌에 의한 열매의 성숙 효과를 낮출 수 있다. 이러한 고농도 이산화탄소 처리는 과일 저장에 이용하는데 자연조건에서 이산화탄소의 에틸렌 반응 저해 효과는 일어나지 않을 것이다. 휘발성 화합물인 1-메틸사이클로프로페인(1-methylcyclopropene)은 에틸렌 수용체와 비가역적으로 결합하여 에틸렌 반응을 효과적으로 차단한다. 이 화합물은 EthylBloc이라는 상품명으로 시판되어 사과 등의 과일 저장과 절화(cut flower)의 유통 기한을 늘이는 데 사용한다.

에틸렌은 발생된 조직에서 쉽게 휘발되어 다른 조직이나 기관에 흡수될 수 있으므로 과일, 채소, 꽃을 보관할 때는 에틸렌 포집 장치를 이용하기도 한다. 이러한 경우 과망가니즈산 칼륨(potassium permanganate; $KMnO_4$)은 효과적으로 에틸렌을 흡착하여 그 농도를 급격히 낮춰 저장 기간을 현저히 연장할 수 있다.

9.6.4 에틸렌의 식물 발달 조절

에틸렌은 어린 식물의 생장 및 열매의 성숙 과정에서 영향을 미치는 인자로 발견된 이후 종자 발아, 세포 확장과 분화, 개화, 노화, 탈리 등의 다양한 반응을 조절하는 것으로 확인되었다.

(1) 열매의 성숙 촉진

열매의 성숙은 일반적으로 세포벽의 효소적 분해에 의한 과육의 연화, 녹말 가수분해, 당의 축적, 타닌과 같은 페놀성 화합물과 유기산의 소실 등을 포함한다. 이러한 열매의 성숙은 동물 섭취에 의존하여 산포되는 종자가 준비되었다는 것을 의미한다. 하지만 물리적 또는 기계적 수단에 의하여 산포되는 종자에 있어 열매의 성숙은 건조와 파열을 의미한다. 에틸렌은 과일의 성숙을 촉진하는 호르몬으로 인식되어 왔다. 에틸렌을 외부에서 처리한 과일은 성숙 과정이 빨라지고 급격한 에틸렌 생합성 증가를 동반한다. 하지만 모든 열매가 에틸렌에 반응하는 것은 아니다.

(2) 에틸렌에 반응하는 열매의 호흡 급증

에틸렌에 반응하여 성숙이 촉진되는 열매들(사과, 바나나, 아보카도, 토마토)은 성숙 단계 이전에 호흡이 급증하고 에틸렌 생산이 급격히 증가한다. 반면에 감귤류나 포도, 체리, 파인애플 등은 호흡과 에틸렌 생산의 급증 현상이 나타나지 않는다.

(3) 일부 식물의 개화와 성 결정 관여

에틸렌은 많은 식물의 개화를 저해하지만 파인애플은 개화를 유도하고 착과를 촉진하기 때문에 상업적으로 이용하고 망고의 개화도 촉진하는 것으로 알려졌다.

(4) 잎의 노화 촉진

잎의 노화를 조절하는 에틸렌과 사이토카이닌의 역할에 대한 증거는 다음과 같다.
- 외부에서 에틸렌이나 ACC를 처리하면 잎의 노화가 가속화되고 잎에 사이토카이닌을 처리하면 노화가 지연된다.
- 에틸렌 생산의 증가는 엽록소 분해와 색깔의 변화로 연결되고 잎과 꽃의 노화를 표현한다. 잎의 사이토카이닌 함량과 노화의 시작 간에는 역의 상관관계가 있다.
- 에틸렌 합성 저해제(CO^{2+})나 에틸렌 작용 저해제(Ag^+, CO_2)는 잎의 노화를 지연시킨다.

9.6.5 잎의 이층에 작용

잎, 열매, 꽃 등의 기관들이 탈락하는 것을 탈리(abscission)라고 하고, 이층(abscission layer)이라는 특수한 세포층에서 일어난다. 이층은 줄기로부터 잎이 발달하는 동안 형태적으로 그리고 생화학적으로 분화된 후 탈리 과정에서 셀룰레이스(cellulase)나 폴리갈락투로네이스(polygalacturonase)와 같은 세포벽 분해 효소에 의해 이층 세포벽이 약화된다. 에틸렌은 탈리 과정의 주요 조절자이며, 옥신은 에틸렌 효과를 억제한다. 하지만 적정 농도 이상의 옥신은 에틸렌 생산을 촉진하는데 이러한 작용 때문에 고엽제(defoliant)로 사용되었다. 2,4,5-T는 베트남 전쟁에서 고엽제로 사용되었는데 에틸렌의 생합성을 증가시키고 잎의 탈리를 촉진하는 효과를 이용한 것이다.

잎의 탈리에 대한 호르몬의 작용은 다음과 같다(그림 9-17).

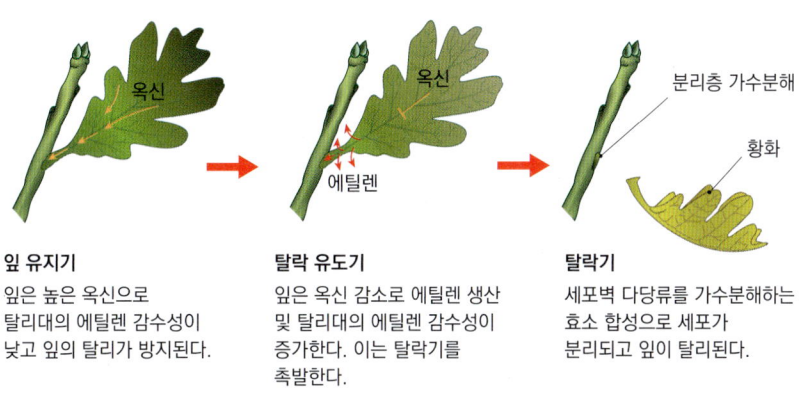

그림 9-17 잎 탈리 시 옥신과 에틸렌의 역할에 관한 모식도(Morgan 1984에서)

- **잎 유지기**: 탈리 과정이 시작되기 위한 내부 또는 외부의 신호가 없는 경우 잎은 건강을 유지하고 기능을 수행한다. 엽신과 가지 사이에 형성된 옥신의 기울기가 탈리대를 무감각한 상태로 유지한다.
- **탈락 유도기**: 잎이 노화되면 옥신의 기울기가 감소하거나 역전되고, 에틸렌 생성이 증가하며 이층 세포의 에틸렌 감수성도 증가한다. 이러한 이층 세포의 에틸렌 감수성은 탈리대의 절대적 옥신 함량이 아니라 옥신의 기울기에 의해 조절된다. 잎이 노화되면 옥신의 합성 또는 수송이 저하되어 탈리가 촉진되게 된다.
- **탈락기**: 이층 세포들의 에틸렌에 대한 반응으로 세포벽과 단백질 가수분해 효소가 증가하면서 세포벽의 이완과 세포 분리가 일어나면서 잎이 탈리된다.

9.7 브라시노스테로이드(brassinosteroid, BR)

동물의 스테로이드 호르몬은 오래전부터 알려졌지만, 식물에서는 유채 화분의 미확인 생장 촉진 활성 화합물을 브라신(brassin)으로 명명(Mitchell 등, 1970)하면서 알려졌다.

브라신 화합물의 구조가 동물 스테로이드 호르몬의 구조와 유사함이 확인되었고, 밤나무 혹으로부터 다른 식물 스테로이드인 카스타스테론(castasterone)이 정제되었는데, 이는 브라신의 전구물질로 여겨진다(Yokoda 등, 1982). 상록 활엽수인 조록나무(*Distylium racemosum*)에서도 브라신과 유사한 혼합물이 확인되었다(Abe & Maumo 1991). 1990년대의 다양한 연구를 통해 BR이 다른 식물호르몬과 함께 줄기와 뿌리의 세포분열과 세포 신장, 광형태 형성, 유관속 분화, 화분관 생장, 종자 발아, 잎의 노화, 스트레스 반응 등 다양한 식물 발달을 조절하는 것이 확인되어 정식 식물호르몬으로 인정되었다(Clouse & Sasse 1998).

9.7.1 브라시노스테로이드의 출현과 구조

BR의 화학 구조가 1979년에 확인되었으며 브라시놀리드(brassinolide, BL)로 명명되었다(그림 9-18). 그 화학 구조가 밝혀지면서 브라시노스테로이드라고 하는 60여 개의 식물 스테로이드 그룹을 화학적으로 확인하였다(Fujioka & Yokota 2003). BL의 분자 구조를 알게 되면서 천연 BR을 합성할 수 있게 되었다.

BR은 다양한 겉씨식물과 속씨식물뿐만 아니라 양치식물, 선태식물 그리고 녹조류에서도 확인되는데 이를 통해 육상 식물로의 진화 이전에 출현한 아주 흔한 식물호르몬으로 여겨진다. 속씨식물에서 BR은 잎, 꽃, 뿌리에서는 낮은 농도로 존재하지만, 꽃가루, 미성숙 종자, 열매에서는 상대적으로 높은 농도로 존재한다.

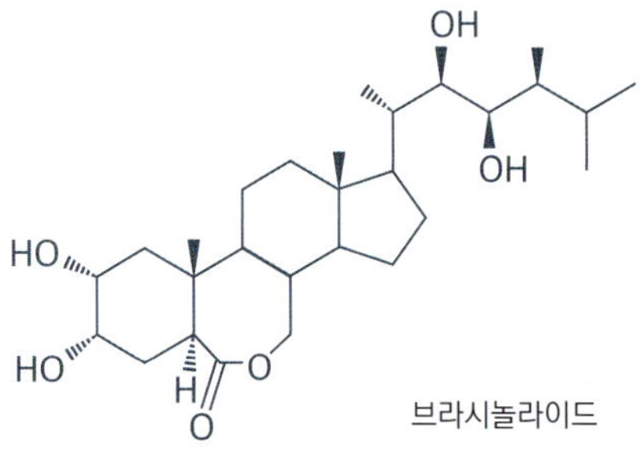

그림 9-18 브라시노스테로이드의 화학 구조

9.7.2 BR의 생합성, 대사, 수송

BR은 테르페노이드 경로의 한 갈래로 합성되는데 지베렐린과 아브시스산의 생합성 경로와 유사하다. BR의 생합성과 신호 전달은 식물 전체에서 일어나지만, 특히 어린 생장 조직에서 활발하다. 기관 또는 조직 자체에서 생합성된 BR은 국지적으로 합성 부위 근처에서 주로 작용한다. BR을 외부에서 뿌리에 처리하면 줄기로 쉽게 이동하지만 잎에 처리하면 다른 부위로의 이동은 일어나지 않기 때문에 물관을 통한 이동은 용이한 반면에 체관부 수송은 용이하지 않다는 것을 의미한다.

9.7.3 BR이 생장과 발달에 미치는 영향

BR은 화분에서 추출한 생장 촉진 물질로 발견되었지만, 그 후 목화의 섬유 발달, 측근 발달, 정단우성 유지, 유관속 분화, 화분관 생장 등 광범위한 생장과 발달 과정에 관여하는 것으로 밝혀졌다. 또 식물 방어, 종자 발아, 잎의 노화에도 관여한다.

(1) 줄기와 잎의 세포분열과 세포 신장

BR은 세포분열과 세포 신장 반응 모두를 촉진한다.

BR에 의한 세포 신장 반응으로 잎 상면의 세포분열과 신장이 증가되어 아랫면 세포보다 크기 때문에 잎을 굴곡지게 한다. BR의 생장 촉진 효과는 어린 줄기 조직에서도 뚜렷하지만, 옥신의 처리에 의한 상배축의 생장 촉진 효과보다는 느리게 진행된다.

세포 신장(cell expansion) 과정은 세포벽의 이완, 세포의 팽압을 유지하기 위한 물의 유입 그리고 세포벽의 재합성이 필요한데 이 모든 과정은 BR에 의해 조절되는 것 같다.

(2) 뿌리의 생장 촉진과 저해를 모두 조절

뿌리 생장을 위해서 BR이 필요하다. 그러나 옥신의 경우에서와 같이 외부에서 처리한 BR은 그 농도에 따라 뿌리 생장의 촉진 또는 저해의 상반된 효과를 나타낸다. 처리한 BR의 농도가 낮으면 뿌리 생장이 촉진되지만 높으면 저해된다(Mussig 21005). 옥신의 수송 저해제를 처리하면 BR의 생장 촉진 효과가 유지되기 때문에 뿌리 생장에 있어서 BR은 옥신이나 지베렐린과 상호 작용을 하지 않고 독립적으로 작용한다고 할 수 있다. 고농도의 BR의 처리는 옥신과 마찬가지로 에틸렌 생성을 촉진하므로 일부분 뿌리 생장 저해는 에틸렌에 의한 것이라 할 수 있다.

(3) BR의 유관속 발달 중 물관의 분화 촉진

BR은 물관부 분화를 촉진하고 체관부 분화를 억제하면서 유관속 발달에 큰 영향을 미친다.

(4) 화분관 생장을 촉진

BR의 풍부한 공급원인 화분에서 암술머리, 암술대, 배낭에 이르는 화분관의 생장은 BR에 의해 유도된다.

(5) 종자 발아 촉진

종자는 화분과 마찬가지로 BR 함량이 매우 높은데, BR은 다른 식물호르몬들과 상호 작용을 하면서 종자 발아를 촉진한다. GA와 ABA가 각각 종자 발아를 촉진하거나 저해하는 것은 잘 알려져 있다. BR의 종자 발아 촉진 효과는 BR이 세포분열과 세포 확장을 촉진하기 때문에 배의 생장 촉진을 통해 이루어지는 것 같다.

(6) BR의 상업적 이용

BR은 무성 번식에 유용하게 쓰일 수 있는데 독일가문비나 사과나무의 삽목에 BR을 처리하면 발근이 촉진된다. 또 카사바와 파인애플의 미세 번식(micropropagation)에 도움이 되기도 한다.

작물에 관한 연구에서 최적의 조건에서 자라는 작물에 대한 BR의 영향은 거의 없었으나 스트레스 조건에서 자란 식물은 BR 처리로 급격하게 생산량이 증가하였다. 따라서 BR 처리의 효과는 스트레스 조건에서 가장 뚜렷하다(Ikekawa & Zhao 1991).

9.8 재스몬산(Jasmonic acid, JA)

재스몬산은 고등식물의 스트레스 반응과 방어 기작과 관련한 특별한 식물호르몬으로 인식되고 있다. 다양한 생물적(세균, 곰팡이, 바이러스, 곤충, 선충 등), 비생물적 피해와 스트레스에 노출된 식물에서 세포 내 지방산이 산화되어 합성되는 호르몬이다. 건조스트레스로 유도된 활성 산소가 JA를 활성화해 기공 폐쇄를 촉진하면서 내건성을 키워 주기도 하고, 또 JA가 축적되면 잎의 노화가 촉진되면서 가뭄 환경에서 물의 손실을 줄이는 데 기여한다. 식물이 초식 곤충에 의해 피해를 입으면 JA 농도가 급격히 증가하고 이어서 식물 방어와 관련된 많은 단백질이 생산된다. 식물이 곤충 타액의 유도 인자를 인식하면 복잡한 신호전달 체계가 활성화되는데 세포 기질의 Ca^{2+} 증가가 이 과정의 초기 신호이다. JA가 증가하면 포식자에게 독성 효과가 있는 2차 대사산물의 생산이 증가하고, 이러한 2차 대사산물에는 포식자의 천적을 유인하는 휘발성 물질도 포함된다. JA는 독성과 기피 작용을 하는 2차 대사 산물의 생산과 방어 단백질의 생합성을 촉진한다. 이러한 단백질 대부분은 초식 동물의 소화계를 저해한다. 일부 콩과 식물에서는 전분 분해 효소인 아밀레이스의 활성을 차단하는 아밀라아제 저해제(amylase inhibitor)를 생산하기도 하고, 다른 식물은 탄수화물에 결합하는 방어 단백질인 렉틴(lectin)을 생산하여 초식동물의 소화관을 감싸는 상피세포에 부착되어 영양소 흡수를 방해한다. 단백질도 단백질 분해 효소 저해제(proteinase inhibitor)에 의해서 분해가 차단되면서 곤충의 소화 기능이 억제된다. 더 직접적인 방어 기작으로 초식 곤충 소화기 내의 상피 세포 보호막을 파괴하는 물질을 생산하는 식물도 있다.

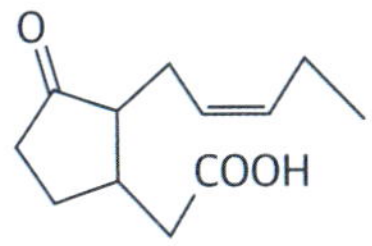

그림 9-19 재스몬산

9.8.1 초식 동물의 피해에 의한 전신 방어 유도

곤충의 섭식으로 물리적 손상이 생기면 피해를 입지 않은 조직에서도 단백질 분해 효소 저해제가 빠르게 생성되는데 이는 시스테민(systemin)과 같은 펩타이드 신호 물질이 초식 곤충의 섭식에 반응하여 신호 분자로 역할을 하는 것으로 알려졌다. 식물은 신경계가 없지만 전기적 신호 전달로 주변 조직에 방어 반응, 즉 JA의 생성 촉진과 이어지는 방어 단백질의 생성을 유도하는 것으로 알려졌다(그림 9-20).

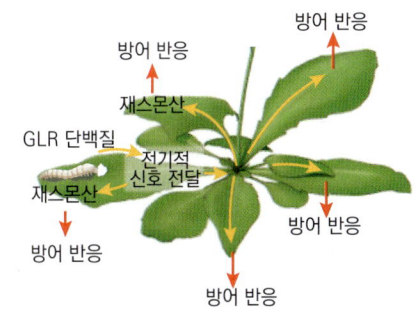

그림 9-20 초식 동물의 공격에 대한 애기장대의 전기적 신호 전달 반응 모델

초식 동물에 의한 상처는 관다발계에서 글루타메이트 수용체 유사(gulutamate receptor-like, GLR) 단백질을 활성화하여 상처 부위와 다른 잎들에서의 재스몬산(JA) 생산을 촉진하는 것으로 생각된다(노란색 화살표). 그런 다음 JA 생산은 추가적인 피해를 막는 방어 반응을 시작하게 한다(붉은색 화살표). (After Christmann and Grill 2013.)

9.8.2 초식 곤충의 섭식으로 유도되는 휘발성 물질

초식 곤충의 섭식에 대한 식물의 반응으로 휘발성 유기 화합물(volatile organic compound, VOC)이 방출되는데, 이는 식물의 영양 생장에 필수적이지는 않지만 식물과 곤충의 공진화 과정에서 발생한 2차 대사산물로 복잡한 생태적 기능을 보여 주는 예라고 할 수 있다. 발산되는 분자들은 주로 지질 유래 산물인데 특수화된 세 가지 주요 대사 경로를 통해 만들어지는 테르페노이드, 알칼로이드, 페놀 화합물을 포함한다. 이러한 휘발성 물질들은 가해하는 초식 곤충의 천적(포식자와 기생충)을 유인하는데, 천적은 휘발성 물질을 자신의 자손을 위한 먹이나 기주 식물을 찾는 신호로 인식한다. 식물은 또한 다양한 초식 곤충의 종을 구분하고 다르게 반응하는 능력도 있다.

초식 곤충으로 인한 피해에 노출된 식물에서 방출된 휘발성 물질은 식물 내에서뿐만 아니라 주변 식물의 방어 관련 유전자 발현을 개시하는 신호로도 작용할 수 있다. 포플러(*Populus tremula*)와 블루베리(*Vaccinium spp.*)의 휘발성 물질은 다른 다양한 식물 종에서 방어와 민감성을 높이는 것으로 밝혀졌다.

식물이 자신의 방어를 위해 발달시킨 화학적 진화와 더불어 초식 곤충도 상호 간 진화적 변화(reciprocal evolutionary change)를 통해 식물의 방어 기작을 우회하거나 극복하는 방법을 찾아왔다.

JA 생합성에는 엽록체와 퍼옥시솜이 관여하는데, 엽록체로부터 리놀렌산에서 유래된 중간체가 퍼옥시솜으로 운반된 후 효소들에 의해 JA로 전환된다(그림 9-21).

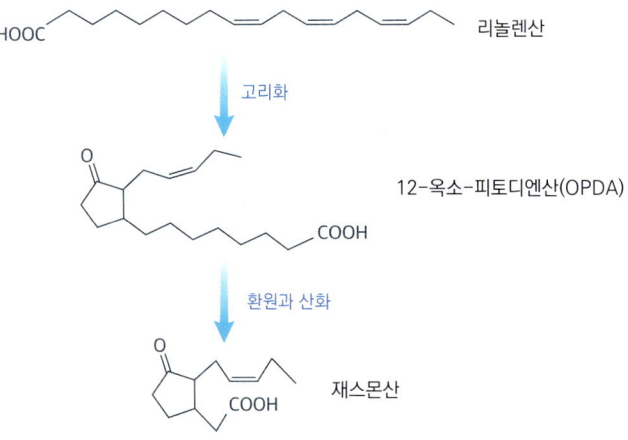

그림 9-21 재스몬산에 대한 단순화된 생합성 경로

9.8.3 호르몬 상호 작용과 식물-곤충 간의 상호 작용

에틸렌, 살리실산, 메틸살리실레이트(methyl salicylate) 등은 초식 곤충에 의해 유도되는데, 특히 에틸렌을 식물에 처리하면 방어 관련 유전자의 활성이 일어나지 않지만 JA와 함께 처리하면 JA 반응이 향상된다. 이는 식물 방어 반응의 활성화는 식물호르몬들의 상호 작용이 필요함을 나타낸다.

JA 합성과 신호 전달 경로는 양성적 되먹임 반응(positive feedback loop)을 통하여 JA가 자체 생합성을 촉진하는 체계를 가지고 있다.

표 9-1 식물호르몬의 개요

호르몬	생합성 또는 분포하는 곳	주요 기능
옥신 (IAA)	빠르게 분열하는 어린 생장 조직, 특히 정단 분열조직과 어린 잎 그리고 발달하는 열매와 종자, 근단분열조직에서 주로 생합성된다.	줄기의 신장 촉진(낮은 농도에서), 측근과 부정근 형성 촉진, 열매의 발달 조절, 정단우성 유도, 물관의 분화 촉진, 잎의 탈리 지연
지베렐린 (GA)	미성숙한 종자와 발달하는 열매에서 가장 많이 생합성되며, 정아와 뿌리의 분열조직, 어린 잎에서 주로 생합성 된다.	줄기와 뿌리의 신장, 화분과 화분관 발달, 종자의 초기 발달과 발아 촉진, 성결정과 유형기에서 성숙기로의 전환 촉진
사이토카이닌 (cytokinin)	주로 뿌리에서 생합성되어 다른 기관으로 이동된다.	정단분열조직과 유관속 분열조직의 세포 분열 촉진, 정아우세 조절과 곁눈의 생장 촉진, 잎의 노화 지연
아브시스산 (ABA)	엽록체나 색소체와 같은 소기관을 포함하는 모든 세포에서 합성된다. 발달 중인 조직 또는 스트레스에 대한 반응으로 급속히 증가한다.	생장억제, 수분 부족시 기공 닫게 하면서 건조에 대한 저항성 증진, 종자의 휴면 유도, 미성숙 종자의 발아 억제, 잎의 노화 촉진
에틸렌	기체 상태의 호르몬인 에틸렌의 생합성은 과일의 성숙, 잎과 꽃의 노화 과정에서 증가하지만 온도, 침수, 건조 등의 환경스트레스와 물리적 상처 및 병원체 감염 등에 의해서도 증가한다.	열매의 성숙과 잎의 탈리 촉진, 줄기 신장의 억제와 잎의 상편생장 촉진, 뿌리와 근모의 형성 촉진
브라시노스테로이드	식물 전체에서 합성되지만, 어린 생장 조직에서 활발하다. 물관을 통한 이동은 용이하지만 체관부 수송은 용이하지 않다.	세포 분열과 신장 모두를 촉진한다. 농도가 낮으면 뿌리 생장이 촉진되지만 높으면 저해된다. 물관부 분화를 촉진하고 체관부 분화를 억제한다. 종자 발아와 화분관 신장 촉진
재스몬산 (Jasmonic acid; JA)	다양한 생물적(세균, 곰팡이, 바이러스, 곤충, 선충 등의 공격), 비생물적 피해와 스트레스에 노출된 식물에서 세포 내 지방산이 산화되어 합성되는 호르몬이다. 엽록체로부터 리놀렌산에서 유래된 중간체가 퍼옥시솜으로 운반된 후 효소들에 의해 JA로 전환된다.	건조 스트레스에 노출될 경우 기공 폐쇄를 촉진, 잎의 노화 촉진. 초식 곤충에 의해 피해를 입으면 JA 농도가 급격히 증가하고 식물 방어와 관련된 많은 단백질 생산이 촉진된다.
살리실산 (salicylic acid, SA)	생물적 및 비생물적 스트레스에 대한 다중 반응의 활성화 및 조절에 필수적인 역할을 한다.	몇 가지 식물의 꽃눈 유도, 병원균에 대한 저항성 증진
스트리고락톤 (strigolactone)	뿌리에서 카로티노이드 경로를 거쳐 합성된다.	기생식물의 발아 촉진, 균근균의 공생관계 촉진, 정아우세 촉진

9.9 살리실산(salicylic acid, SA)

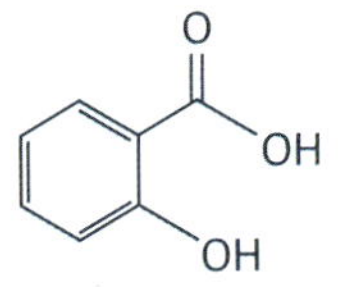

그림 9-22 살리실산의 화학 구조

살리실산(salicylic acid) 또는 2-하이드록시벤조산(2-hydroxybenzoic acid)은 식물호르몬으로 작용하며 아스피린 등 의약품의 원료로도 주로 쓰인다. 유기산의 하나로 유기 합성 재료이다.

기원전 5세기경 히포크라테스는 버드나무 껍질로 만든 쓴 가루가 진통 해열 작용이 있다고 기록했다. 버드나무 껍질의 효능은 고대 수메르, 이집트, 아시리아에도 기록으로 남아 있다. 1828년 프랑스의 약학자 앙리 르루(Henri Leroux)는 버드나무 껍질에서 처음으로 살리신을 추출했고, 이탈리아의 라파엘레 피리아(Raffaele Piria)는 정제법을 알아냈다.

1897년 독일의 화학자인 펠릭스 호프만(Felix Hoffmann)은 살리실산의 하이드록시기를 카복실기와 에스테르화 반응을 시켜 부작용을 크게 줄였는데 이것이 바로 아스피린이다.

9.9.1 SA의 생합성

살리실산(salicylic acid, SA)은 생물적 및 비생물적 스트레스에 대한 다중 반응의 활성화 및 조절에 필수적인 역할을 하는 식물호르몬이다. SA는 페닐알라닌(phenylalanine) 또는 아이소코리스메이트(isochorismate) 생합성 경로(biosynthetic pathway)에서 IPL(isochorismate pyruvate lyase)에 의해 생성될 수 있으며, 첫 번째는 세포질에서 발생하고 두 번째는 엽록체에서 발생하는 것으로 보고되었다.

9.9.2 SA의 작용

살리실산의 식물에서의 생리 작용은 꽃눈의 유도, 발열 반응(發熱反應, exothermic reaction)의 촉진 등 여러 가지가 보고되었지만, 대부분 일부 식물에 한정되어 있고 명확하지 않으며, 살리실산을 꽃꽂이 화분에 첨가하면 ACC로부터 에틸렌 합성을 저해하여 꽃의 생명을 길어지게 하는 것으로 알려져 있다.

식물에서 살리실산의 가장 확실한 생리적 작용은 병원균에 대한 저항성이다. 병원균에 의한 식물 세포의 피해가 일어나면 잎 조직의 살리실산 농도가 건전한 잎에서보다 약 100~1,000배로 증가하며, 병원균과 멀리 떨어진 잎에도 저항성을 나타내는 전신 획득 저항성(全身獲得抵抗性, systemic acquired resistance)을 유도한다. 이러한 장거리 수송 정보 전달 물질은 휘발성인 살리실산메틸인 것으로 밝혀졌다.

9.10 스트리고락톤(strigolactone)

줄기 분지를 억제하는 카로티노이드 유래 식물호르몬으로 균근균의 생장과 마녀풀(*Striga spp.*)과 브룸레이프(*Orobanche spp.*) 등과 같은 뿌리 기생식물의 발아 자극제로 식물의 뿌리에서 생성되는 화합물이다.

스트리고락톤은 세 가지 다른 생리적 과정을 담당하는 것으로 확인되었다.

첫째, 스트리가 루테아(*Striga lutea*) 및 스트리가속(*Striga*)의 식물과 같이 숙주 식물의 뿌리에서 자라는 기생 식물의 발아를 촉진한다.

둘째, 스트리고락톤은 공생 균류, 특히 균근균이 식물을 인식하는 데 작용하여 상호 공생 관계를 맺고 인산염 및 기타 토양 양분의 흡수를 돕는다.

셋째, 스트리고락톤은 식물에서 분지 억제 호르몬으로 확인되었는데, 줄기 끝에서 과도한 눈의 생장을 억제하여 분지를 방지한다.

스트리고락톤은 다양한 그룹으로 구성되어 있지만, 핵심 공통 화학 구조로 되어 있다(그림 9-23).

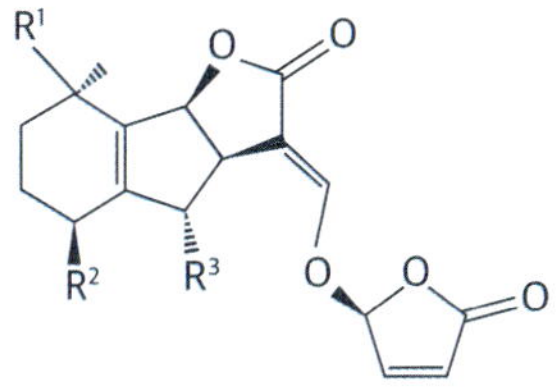

그림 9-23 스트리고락톤의 화학 구조

9.10.1 생합성

식물 뿌리에서 카로티노이드 경로를 거쳐 생성되는 호르몬으로, 생합성 경로는 완전히 밝혀지지 않았지만, 여러 연구에서 β-카로틴이 관여하고 칼락톤이 스트리고락톤의 전구체라는 것이 확인되었다.

9.10.2 식물-균류 상호 작용

스트리고락톤은 식물-균류 상호 작용에서 근본적인 역할을 하는데, 뿌리에서 추출한 화합물, 즉 스트리고락톤이 식물 뿌리와 공생 관계인 균근균의 발달에 필요하다는 것이 입증되었다. 토양의 낮은 인산염 조건에서 식물 뿌리에서 분비되어 균근균의 포자 발아를 자극하는 것으로 알려져 있다. 다양한 유형의 균류를 대상으로 한 연구에서 스트리고락톤이 균류 세포 내 마이토콘드리아의 산화 활동을 활성화하여 포자 발아와 균류 분지에 필요한 에너지와 영양소 생산을 증가시킨다고 생각된다. 이는 스트리고락톤이 균류의 인식 과정에도 포함된다는 것을 의미한다. 균근을 형성하는 기주 식물 뿌리가 스트리고락톤을 분비하면 균근 곰팡이는 기주 식물을 인식하여 포자 발아를 촉진한다. 이어서 곰팡이는 Myc factor를 분비하여 기주 식물이 곰팡이를 인식하게 만든다. 즉 스트리고락톤은 기주와 공생 곰팡이 간 서로를 인식하는 정보 교환 수단이라고 할 수 있다.

　환경스트레스는 식물이 생장과 생존을 유지하는 과정에서 경험하는 외부 요인으로, 식물의 생리적 기능에 부정적인 영향을 미칠 수 있다. 환경스트레스에는 가뭄, 고온 및 저온, 염류 축적, 산소 부족, 대기오염 등이 포함되며, 이는 식물의 세포 구조와 대사 과정을 변화시켜 생장 저해, 광합성 감소, 세포 손상 등을 유발할 수 있다. 식물은 환경스트레스에 적응하기 위해 다양한 생리적 조절 기작을 발달시켜 왔다. 가뭄이나 염류스트레스에 대응하기 위해 삼투조절(osmoregulation) 능력을 강화하며, 건조 환경에서는 기공을 조절하여 수분 손실을 최소화한다. 또 고온스트레스 시에는 열충격 단백질(HSPs, heat shock proteins)을 합성하여 단백질 변성을 방지하고, 저온 환경에서는 불포화지방산의 비율을 증가시켜 세포막의 유동성을 유지한다. 대기오염이나 활성산소(ROS, reactive oxygen species) 증가로 인해 발생하는 산화스트레스에 대응할 때는 항산화효소를 활성화하여 세포 손상을 방어한다. 환경스트레스에 대한 식물의 적응 능력은 유전적 요인과 환경 조건에 따라 다르게 나타난다. 일부 식물은 특정 환경스트레스에 대한 내성을 가지고 있으며, 이들의 생리적 특성을 이해하는 것은 기후 변화에 대응한 내성 품종 개발 및 지속 가능한 산림 관리에 중요한 역할을 한다.

　본 장에서는 환경스트레스의 주요 유형과 그에 따른 생리적 반응을 분석하며, 식물이 극한 환경에서도 생존할 수 있도록 조절하는 메커니즘을 상세히 논의한다. 이를 통해 환경 변화에 대한 식물의 적응 전략을 이해하고, 산림 생태계 보호 및 농림업 생산성 유지에 대한 시사점을 제시한다.

제10장

환경스트레스와 수목의 적응

박영대

10.1 환경스트레스

10.1 환경스트레스

> 식물은 최적의 환경에서 최대의 생장과 생식 능력을 발휘하지만, 환경 변화로 인해 다양한 생리적 반응이 발생한다. 스트레스는 환경 요인의 부족, 과잉, 극단적 변화로 인해 생장이 저해되는 현상이며, 식물은 기공 조절이나 열충격 단백질 생성 등으로 이에 적응한다.
> 주요 스트레스 요인은 수분, 온도, 염류, 대기오염 등 환경적 요인과 병원균, 조식동물과 같은 생물적 요인으로 나뉜다. 이러한 스트레스 요인은 식물 생리에 영향을 미치며, 적응 메커니즘을 통해 극복될 수 있다.

식물의 생장은 주어진 환경조건의 변화에 따라 다르게 나타나며, 가장 적절한 환경조건(optimum condition)에서 최대의 생장과 생식 능력을 발휘한다. 그러나 외부 환경의 변화로 인하여 식물이 최적의 조건에서 벗어나면, 생장은 저해되고 다양한 생리적 반응이 일어나는데, 이를 스트레스(stress)라고 한다.

10.1.1 스트레스의 뜻과 요인

식물이 스트레스를 경험할 때의 반응은 환경 요인의 변화 정도에 따라 다르게 나타난다. 이를 설명하기 위한 개념이 용량-반응 곡선(dose-response curve)이다 (그림 10-1).

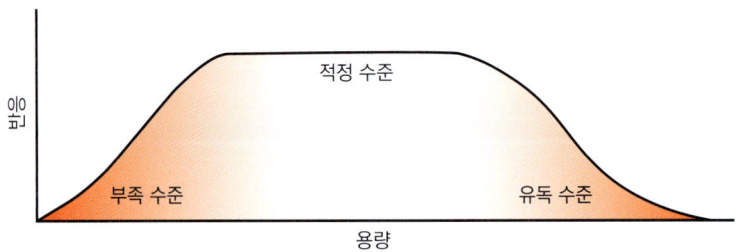

그림 10-1 환경 요인 변화에 따른 식물의 용량-반응 곡선(Krbez & Shaout, 2013)

일반적으로 환경 요인의 수준에 따라 식물의 반응은 크게 부족 수준, 적정 수준, 인내 수준, 유독 수준의 네 단계로 구분된다.

부족 수준(deficient level)에서는 특정 환경 요인이 충분하지 않아 식물의 대사 작용과 생장이 저해된다. 빛이 부족하면 광합성이 감소하고, 수분 공급이 부족하면 증산 작용이 억제되어 잎의 위축과 같은 생리적 변화가 나타날 수 있다. 환경 요인이 최적 상태에 도달하는 적정 수준(optimum level)에서는 식물이 정상적인 생장과 생식 활동을 수행할 수 있다. 환경 요인이 최적 수준을 초과하면 식물은 스스로 조절을 통해 일정 범위까지 적응할 수 있다. 이러한 범위를 인내 수준(tolerance level)이라고 하며, 식물은 가뭄이 지속될 경우 기공을 조절하여 수분 손실을 줄이거나, 높은 온도에서는 열충격 단백질을 생성하여 세포를 보호하는 등 다양한 생리적 반응을 보인다. 그러나 환경 요인이 극단적인 수준에 도달하면 식물의 생리적 균형이 무너지고 생존이 위협받을 수 있다. 이러한 상태를 유독 수준(toxicity level)이라고 하며, 과도한 염류 농도나 극심한 고온은 세포 기능을 손상시키고 조직 괴사를 유발할 수 있다.

식물에 스트레스를 일으키는 요인에는 환경적 요인과 생물적 요인으로 구분된다. 환경적 요인은 수분, 온도, 바람, 염류, 대기오염 등이 있고, 생물적 요인에는 병원균, 초식동물의 섭식, 식물 간 경쟁 등이 있다(표 10-1).

표 10-1 환경스트레스에 따른 식물의 생리·생화학적 변화

환경 요인	주요 영향	결과적 영향
수분 결핍(water deficit)	수분 퍼텐셜(Ψ) 감소, 세포 탈수, 수압 저항 증가	세포 확장 및 잎 생장 저해, 대사 활동 감소, 기공 닫힘, 광합성 저해, *활성 산소(ROS) 생성 증가, 세포 사멸
염류스트레스(salinity)	수분 퍼텐셜(Ψ) 감소, 세포 탈수, 이온 독성 증가	수분 결핍과 유사한 반응, 세포 탈수 및 이온 불균형
침수 및 토양 답압 (flooding and soil compaction)	저산소증(hypoxia), 무산소증(anoxia)	호흡 저하, 발효 대사 촉진, ATP 생산 저하, 혐기성 미생물 독소 생성, ROS 증가, 기공 닫힘
고온스트레스 (high temperature)	세포막 및 단백질 불안정성 증가	광합성 및 호흡 억제, ROS 생성 증가, 세포 사멸
냉해(chilling injury)	세포막 불안정성 증가	세포막 기능 저하
동해(freezing injury)	수분 퍼텐셜(Ψ) 감소, 세포 탈수, 세포질 내 얼음 결정 형성	수분 결핍과 유사한 반응, 물리적 손상 (physical destruction)
독성(toxicity)	단백질과 DNA의 보조 인자 결합 이상, 활성 산소(ROS) 생성 증가	대사 교란
광스트레스(high light intensity)	광저해(photoinhibition), 활성 산소(ROS) 생성 증가	광계 II(PS II) 복구 억제, CO_2 고정 감소

***활성산소(활성산소종, 活性酸素, reactive oxygen species, ROS)**

활성산소 또는 활성산소종은 산소 원자를 포함하는 화학적으로 반응성 있는 분자이다. 생물체내에서 생성되는 화합물로 생체 조직을 공격하고 세포를 손상시켜 비만의 원인이 되는 산화력이 강한 산소이다.

10.1.2 수분 및 염류스트레스

(1) 수분스트레스

수분스트레스는 식물이 필요로 하는 수분을 충분히 확보하지 못하거나, 과도한 수분 공급으로 인해 생리적 기능이 저하되는 상태를 의미한다.

가뭄스트레스(drought stress)는 토양 내 수분이 부족하여 식물이 충분한 수분을 흡수하지 못할 때 발생한다. 가뭄이 지속되면 *증산 작용(蒸散作用, transpiration)이 감소하고, 식물의 기공(氣孔, stoma)이 폐쇄되어 이산화탄소 공급이 제한되면서 광합성 속도가 감소한다(그림 10-2).

> ***증산 작용**
> 식물이 뿌리를 통해 흡수한 물을 식물 잎의 기공을 통해 대기로 내보내는 과정을 말한다. 증산 작용은 식물체 내의 물질의 흐름을 생기게 할 뿐만 아니라, 뿌리로부터 계속 물을 흡수할 수 있게 도와주며, 증산이 일어날 때 많은 열을 빼앗으므로 식물체의 체온 상승을 방지한다.

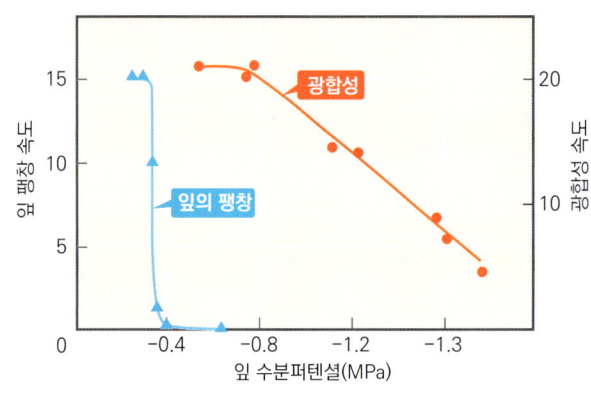

그림 10-2 수분스트레스가 광합성에 미치는 영향

장기간의 수분 부족은 식물 세포 내 팽압(turgor pressure)을 낮춰 잎의 시듦(萎凋, wilting) 및 잎의 노쇠(leaf senescence)가 발생할 수 있다. 또 장기적인 수분 부족은 생장 정지(growth inhibition)와 더불어 단백질 변성 및 세포 대사의 저하를 일으킬 수 있다.

침수스트레스(flooding stress)는 과도한 수분 공급으로 토양 내 산소가 부족해지면서 혐기성 호흡(anaerobic respiration)이 증가하는 현상이다.

식물의 뿌리는 주로 호기성 호흡(aerobic respiration)을 통해 에너지를 생성하는데, 침수 상태에서는 산소 공급이 제한되어 ATP 생성량이 감소하고, 독성 물질(에탄올, 황화수소(H_2S), 유기산 등)이 축적되어 세포 손상이 발생한다. 일부 식물은 이러한 환경에 적응하기 위해서 통기 조직(aerenchyma)을 발달시키거나, 뿌리 생장을 억제하는 전략을 활용하기도 한다.

① **침수스트레스에 의한 산소 결핍**

토양이 침수되면 식물의 뿌리는 필요한 산소를 충분히 공급받지 못해 산소 결핍 상태에 놓이게 된다. 산소 부족은 식물의 호흡 작용을 저하시켜 에너지 생성을 원활하지 않게 하며, 이로 인해 혐기성 대사가 활성화된다. 이 과정에서 에탄올 및 유기산과 같은 유해 물질이 축적되어 세포를 손상시키고, 세포 내 이온 불균형을 초래한다. 그 결과, 세포막 손상, 영양소 흡수 저하, 효소 활성 감소 등의 부정적 영향이 나타난다.

산소 결핍은 또한 질소 고정에도 영향을 미친다. 식물은 질소를 고정하는 과정에서 산소의 농도가 중요한 역할을 하는데, 산소 부족 상태에서는 질소를 충분히 고정할 수 없어 영양소 결핍 상태가 발생하게 된다. 이로 인해 생장 둔화와 생리적 장애가 나타나며, 결국 생산성 저하로 이어질 수 있다(그림 10-3).

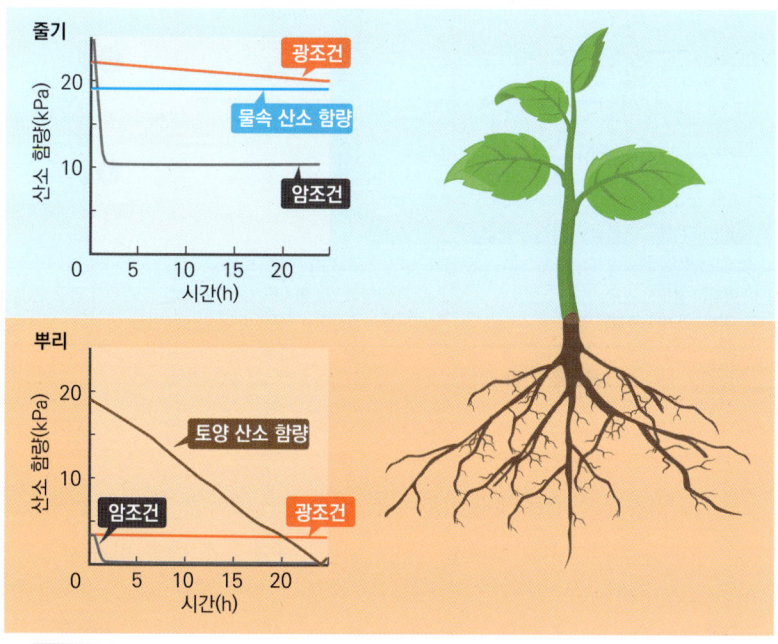

그림 10-3 침수스트레스로 인한 식물의 산소 결핍(Sasidharan & Voesenek, 2015)

② **식물의 방어 메커니즘**

식물은 침수스트레스에 대해 여러 방어 메커니즘을 발달시켜 왔다(그림 10-4). 첫째, 산소 결핍에 대한 적응이다. 식물은 산소 부족 상황에서 에틸렌이라는 호르몬의 생성을 촉진하여 기공을 조절하고 기체 교환을 최적화한다. 산소 부족 상황에서 에틸렌은 호흡을 억제하여 산소 소비를 줄이고, 에너지 효율을 높이는

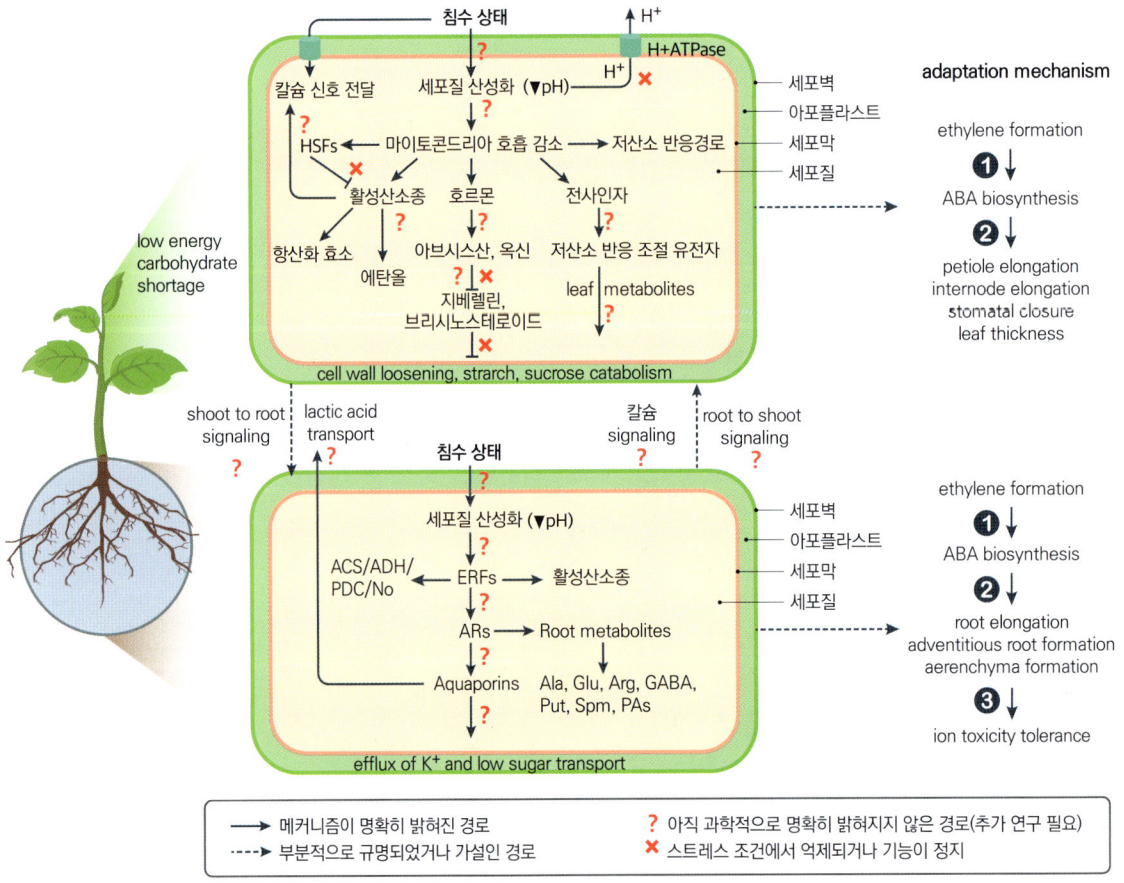

그림 10-4 침수스트레스로 인한 식물의 산소 결핍(Tyagi et al., 2023)

역할을 한다.

둘째, 혐기성 대사 경로의 활성화이다. 침수 환경에서는 산소가 부족하므로 식물은 혐기성 환경에서도 필요한 ATP 생산을 위해 효소 변화 및 단백질 합성을 최적화하려 한다.

셋째, 항산화 시스템의 활성화이다. 침수로 인해 활성산소(ROS)가 증가하면 세포 손상이 발생할 수 있다. 이를 방지하기 위해 식물은 슈퍼옥사이드 디스뮤테이스(superoxide dismutase, SOD), 카탈레이스(catalase), 글루타싸이온(glutathione)과 같은 항산화효소를 활성화하여 ROS를 제거하고 세포를 보호한다.

또 일부 식물은 뿌리 구조를 변화시켜 산소 흡수 능력을 개선하거나, 호흡 효소를 조절해 산소를 더욱 효율적으로 활용하는 전략을 통해 침수스트레스에 적응한다.

(2) 염류스트레스

염류스트레스는 토양 내 나트륨(Na^+)과 염소(Cl^-)가 과도하게 축적될 때 발생한다. 식물은 뿌리를 통해 물과 함께 양이온(Na^+, K^+)과 음이온(Cl^-, NO_3^-)을 흡수하는데, 염류가 높은 환경에서는 세포 내 나트륨 축적량이 비정상적으로 증가하여 삼투압 불균형과 이온 독성을 발생한다.

먼저, 삼투스트레스(osmotic stress)는 토양의 높은 염류 농도가 뿌리의 수분 흡수를 방해하면서 발생한다. 이로 인해 세포 내 수분이 감소하고 팽압이 저하되며, 식물이 탈수(dehydration) 상태에 빠진다. 이러한 변화는 기공 폐쇄와 증산 작용 감소로 이어져 광합성 효율이 크게 떨어진다(그림 10-5).

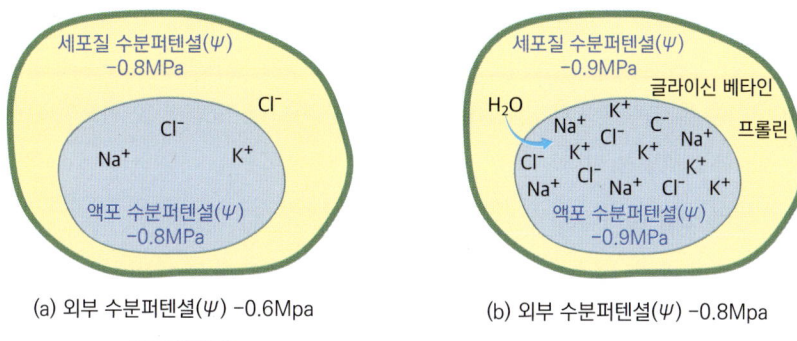

그림 10-5 염류스트레스에 따른 식물 세포의 삼투 조절 반응

다음으로, 장기적인 염류스트레스는 이온 독성(ionic toxicity)을 유발할 수 있다. 나트륨 이온이 과도하게 축적되면 필수 영양소인 칼륨 이온의 흡수를 방해하고, 그 결과 효소 활성 저하와 대사 장애가 나타난다. 나트륨 이온의 축적은 세포막의 투과성을 변화시키고, 단백질 구조를 변형시켜 식물의 생리적 기능을 약화시킨다.

이러한 문제를 해결하기 위해 일부 염생식물(halophyte)은 나트륨을 액포(vacuole)로 격리하거나, 나트륨 배출 펌프를 이용하여 세포 외부로 방출시키는 메커니즘을 보이기도 한다.

(3) 수분 및 염류스트레스에 대한 식물의 적응 메커니즘

식물은 수분스트레스와 염류스트레스와 같은 극한 환경을 극복하고 생존하기 위해 다양한 적응 메커니즘을 발달시켜 왔다. 이러한 메커니즘은 이온 조절, 삼투 조절, 생리적 조절, 호르몬 조절로 나눌 수 있다.

① 이온 조절 메커니즘

이온 조절 메커니즘(ion regulation mechanism)은 주로 염류스트레스에 대응하기 위해 발달한 전략이다. 염생식물(halophyte)은 Na^+/H^+ 역수송체(antiporter)를 활성화하여 나트륨 이온을 액포(vacuole)로 격리하거나 세포 외부로 배출해 이온 불균형을 완화한다. 이를 통해 세포 내 나트륨 농도를 낮춰 효소 활성 저하와 세포막 손상을 방지한다. 반면, 비염생식물(glycophytes)은 이러한 메커니즘이 미흡하여 식물체 내 염류 축적으로 인하여 생리적 장애를 겪게 된다.

② 삼투 조절 메커니즘

삼투 조절 메커니즘(osmotic adjustment mechanism)은 식물이 삼투 보호 물질(osmoprotectants)을 축적하여 세포 내 수분을 유지하는 전략이다. 주요 삼투 보호 물질로는 프롤린(proline), 글리신 베타인(glycine betaine), 설탕(sugar) 등의 물질이 있다. 이들 물질은 세포의 삼투압을 조절할 뿐만 아니라, 단백질 및 세포막 손상을 예방하는 역할을 한다.

③ 생리 조절 메커니즘

생리 조절 메커니즘(growth regulation mechanism)은 스트레스 상황에서 자원 활용을 최적화하는 전략이다.

가뭄 환경에서는 광합성 산물이 감소하고 루비스코 활성이 억제되어 활성산소 형성 증가와 같은 생리적 변화가 발생한다(그림 10-6). 이에 식물은 더 깊은 토양층의 수분을 확보하기 위해 뿌리-줄기 비율(root-to-shoot ratio)을 증가시킨다. 반면, 침수 환경에서는 산소 공급을 위해 뿌리 조직 중 통기 조직이 발달한다.

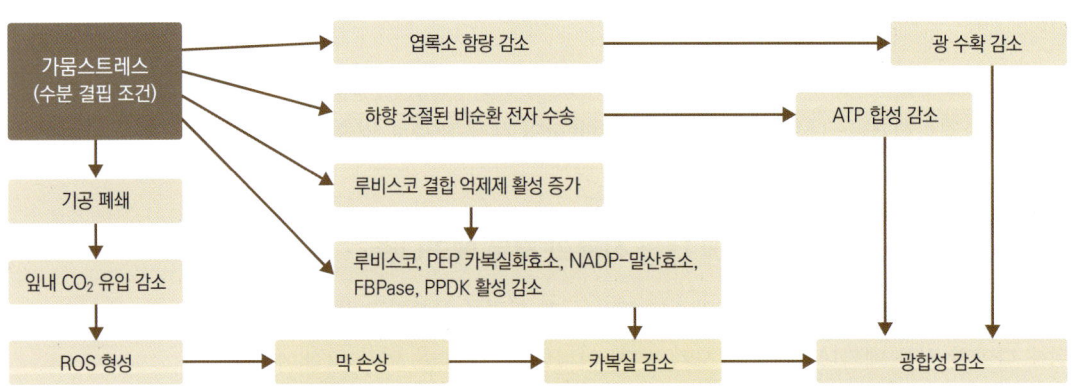

그림 10-6 곡물 콩류에서 가뭄스트레스의 생리적 영향(Khatun et al., 2021)

④ 호르몬 조절 메커니즘

호르몬 조절 메커니즘(hormonal regulation mechanism)에서는 아브시스산(abscisic acid, ABA)이 중요한 역할을 수행하는데, 스트레스 환경에서 ABA 농도가 증가하며, 이는 기공 폐쇄를 유도하여 수분 손실을 최소화한다(그림 10-7). 또한 ABA는 스트레스 대응 유전자의 발현을 촉진하여 삼투 보호 물질 합성과 이온 조절 기작을 활성화한다.

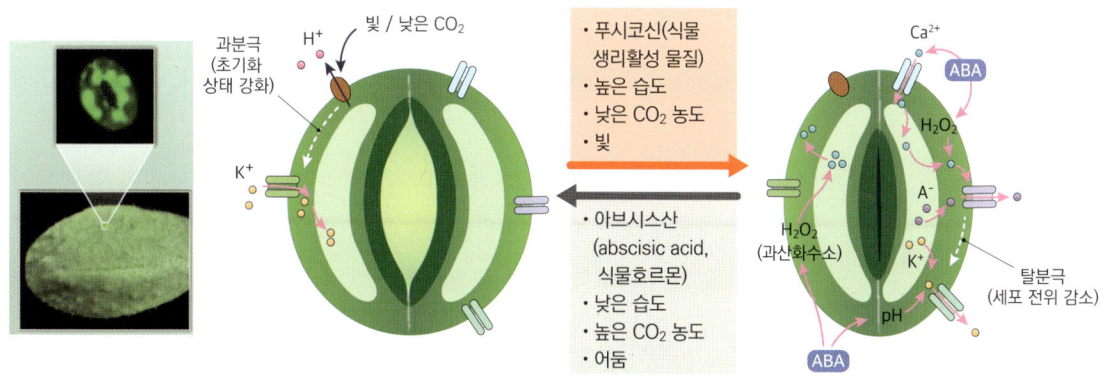

그림 10-7 ABA 농도 증가에 따른 기공 폐쇄 메커니즘(염류 처리에 따른 뿌리 발달 비교(Joshi-Saha et al., 2011)

10.1.3 고온에 의한 스트레스

식물이 생장에 영향을 미치는 환경 요인 중 온도는 중요한 제한 요소로 작용한다. 식물의 살아 있는 세포는 특정 온도 범위에서만 정상적인 생리적 기능을 수행할 수 있다. 고온스트레스(heat stress)는 식물이 견딜 수 있는 온도를 초과하는 환경에서 발생하며, 생장 저해, 단백질 변성, 세포막 손상, 광합성 저하 등 다양한 생리적 장애를 유발할 수 있다.

(1) 고온이 식물 조직에 미치는 영향

식물은 생육 가능 온도 범위가 수종마다 다르다. 온대 지역에서 자라는 식물의 경우 일반적으로 0~35°C 범위에서 정상적인 생장이 가능하다. 이 범위를 벗어난 극단적 고온 환경에서는 식물 조직이 심각한 손상을 입게 된다.

고온 환경에서 세포막의 유동성이 증가하면서 인지질 이중층이 불안정해진다. 이로 인해 세포막의 투과성이 변화하여 수분과 이온 조절 기능이 저하된다. 특히, 엽록체의 타이라코이드 막(thylakoid membrane)이 손상될 경우 광합성 기능이 저하되면서 에너지 생성이 감소하고 생장이 둔화된다.

또 고온은 단백질 변성과 효소 활성을 저하시키며, 정상적인 세포 대사를 방해할 수 있다. 세포 내 단백질은 특정한 온도 범위에서 안정적으로 기능하지만, 고온 환경에서는 단백질이 변성(denaturation)되면서 생리적 기능이 저하된다.

(2) 활성산소와 고온스트레스

고온스트레스는 식물 세포 내 활성산소(reactive oxygen species, ROS)의 축적을 증가시키는 주요 원인 중 하나이다. 활성 산소는 산소 분자(O_2)가 불완전하게 환원되면서 생성되는 강력한 산화 물질로, 식물 세포의 DNA, RNA, 단백질, 지질 등을 산화시킬 수 있다(그림 10-8).

고온 환경은 열로 인하여 세포막의 유동성이 증가하게 되면서 효소 활성 최적 온도를 초과하게 되어 대사 과정이 원활하게 이루어지지 못하게 된다. 이러한 과정에서 ROS가 과도하게 생성되면서 세포막의 지질 과산화(lipid peroxidation)와 세포 소기관의 기능 이상을 가져온다.

이러한 활성 산소는 특정한 조건에서 막 손상, 세포 괴사, DNA 변형, 단백질 응집 등을 유발하여 식물의 생존율을 낮추는 요인으로 작용할 수 있다. 하지만 ROS는 반드시 부정적인 것만은 아니며, 식물의 스트레스 신호전달 체계에서 중요한 역할을 한다.

ROS 신호전달 경로는 열충격 단백질(heat shock proteins, HSPs)의 합성을 유도하여 항산화 방어 메커니즘을 활성화하며(그림 10-9), 세포 손상을 최소화하는 데

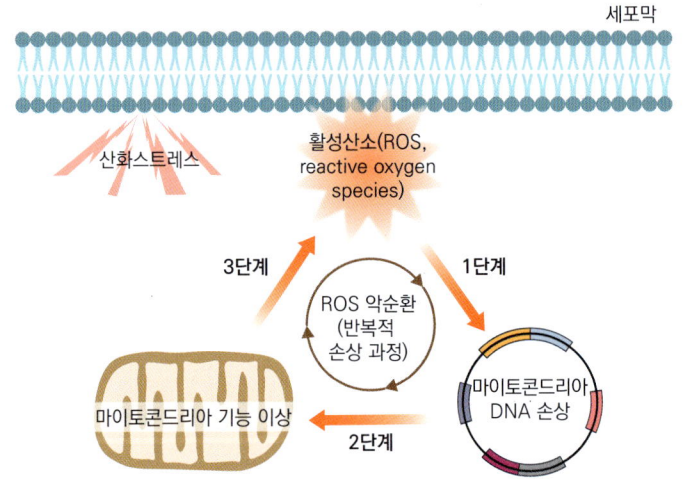

그림 10-8 고온스트레스에 의한 ROS 축적 및 세포 손상 메커니즘(Yang et al., 2021)

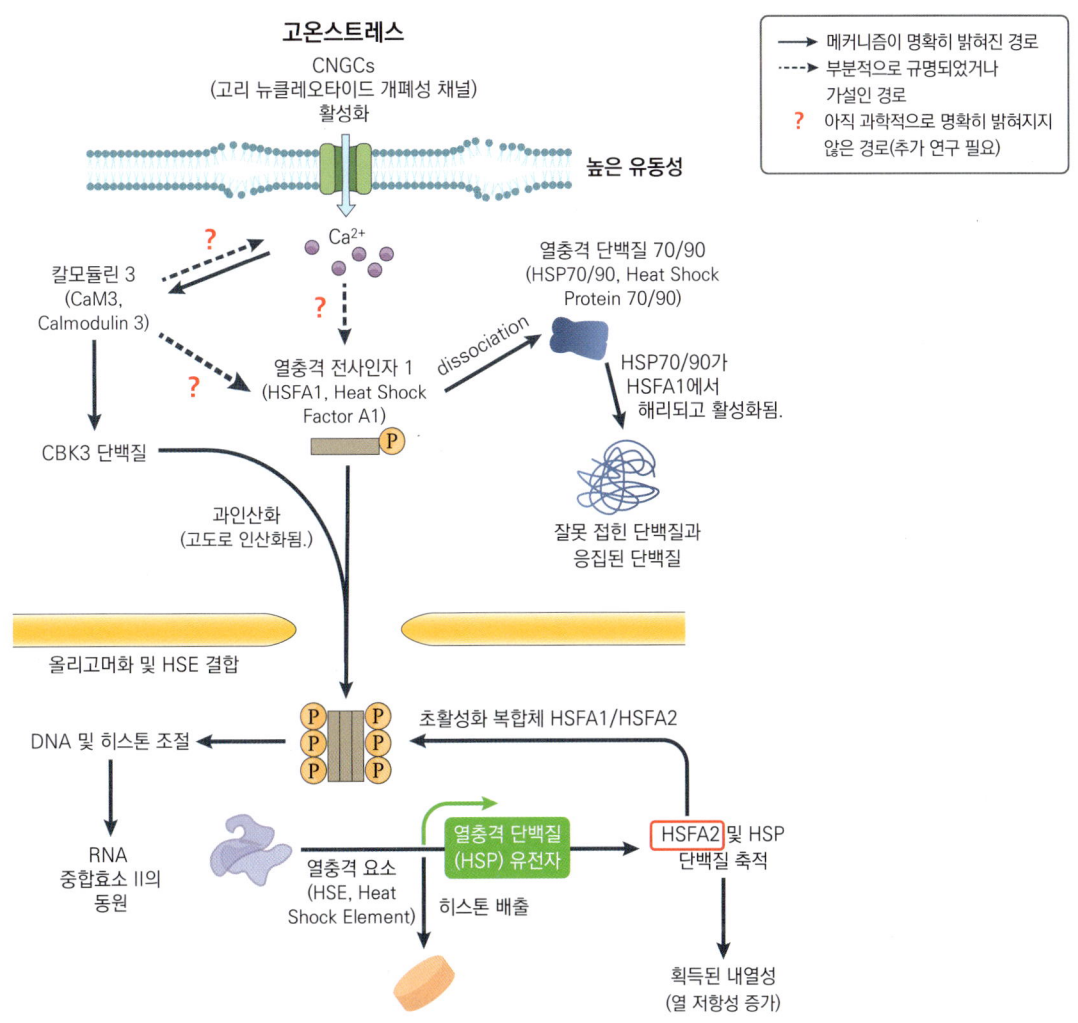

그림 10-9 열충격 단백질의 활성화 과정과 메커니즘(Bourgine & Guihur, 2021)

기여할 수 있다. 또 식물은 ROS를 조절하기 위해 SOD(superoxide dismutase) 등을 통해 ROS의 농도를 조절하고, 세포손상을 최소화시킨다.

(3) 고온스트레스에 대한 식물의 적응 메커니즘

식물은 고온스트레스를 극복하기 위해 다양한 방어 메커니즘을 활성화한다. 가장 대표적인 반응은 열충격 단백질의 합성이다. 열충격 단백질은 변성된 단백질을 보호하거나 복구하는 역할을 하며, 단백질 응집을 방지하여 세포 내 항상성을 유지한다.

식물이 고온에 노출되면 30분 이내에 열충격 단백질이 빠르게 합성되며, 이를 통해 단백질 변성을 방지하고 세포 내 손상을 최소화한다. 또 일부 식물은 고온 환경에서 증산 작용을 증가시켜 증발 냉각효과(evaporative cooling)를 유도하거나, 기공을 닫아 수분 손실을 줄이는 등의 생리적 적응 반응을 보이기도 한다.

고온 환경에서는 RNA 및 DNA 구조의 안정성이 저하되어 전사(transcription), 번역(translation), RNA 처리(RNA processing) 과정에도 영향을 미칠 수 있다. 특히 세포 내 단백질 분해 과정이 차단될 경우, 변성된 단백질이 축적되면서 세포 골격(cytoskeleton)과 세포 소기관의 기능이 저해될 수 있다.

10.1.4 저온에 의한 스트레스

식물은 특정 온도 범위 내에서 정상적인 생장과 생리적 기능을 수행할 수 있으며, 이 범위를 벗어나면 다양한 생리적 장애가 발생한다. 저온스트레스(cold stress)는 식물이 생육 최적 온도보다 낮은 온도에 노출될 때 발생하며, 세포 구조 변화, 광합성 저해, 생장 둔화 등에 대해 영향을 미친다.

저온스트레스는 비동결 온도에서 발생하는 냉해(chilling injury)와 동결 온도에서 발생하는 동해(freezing injury)로 구분된다.

(1) 생육과 생존을 위한 최저온도

식물의 생육과 생존에는 일정한 온도 범위가 존재한다. 생육최저온도(minimum growth temperature)는 식물이 정상적으로 생장할 수 있는 가장 낮은 온도이며, 생존최저온도(minimum survival temperature)는 식물이 극한 환경에서 생존할 수 있는 한계를 의미한다.

일반적으로 온대 지역의 식물은 0~5°C에서 생장이 둔화되며, 이보다 낮은 온도에서는 냉해를 입을 수 있다. 그러나 한대나 고산 지역에서 자생하는 식물은 이보다 훨씬 낮은 온도에서도 생존할 수 있다. 예를 들어, 지의류(lichens)는 -10°C에서도 광합성을 수행할 수 있으며, 북극과 알프스 고산 지역에 자라는 일부 식물은 -8°C에서도 생장을 유지할 수 있는 것으로 알려져 있다(Kappen, 1989). 또 자작나무와 같은 북방 수종은 -40°C에서도 생존이 가능한 것으로 알려져 있다. 이처럼 저온에서 식물의 생존 능력은 수종에 따라 차이를 보이며, 특정 식물들은 저온 순화(cold acclimation) 과정을 통해 저온 환경에서도 정상적인 생리 활동을 유지할 수 있다.

(2) 저온 순화

저온 순화는 식물이 서서히 낮은 온도에 노출되면서 저온스트레스에 대한 저항성을 증가시키는 과정이다. 주로 가을철 기온이 낮아지는 과정에서 나타나며, 세포막 구조 변화, 단백질 합성 조절, 삼투 물질 조절 등의 생리적 변화가 발생된다.

저온 순화의 중요한 메커니즘 중 하나는 세포막의 유동성 조절이다. 저온 환경에서는 세포막을 구성하는 인지질의 유동성이 감소하여 막이 경직되면서 투과성이 변화한다. 이때 식물은 불포화지방산의 비율을 증가시켜 세포막의 유동성을 유지하여 물질 이동과 이온 조절 기능이 정상적으로 수행될 수 있도록 한다.

이와 더불어 저온 순화 과정에서는 삼투 조절 물질의 축적이 일어난다. 저온 환경에서는 세포 내 삼투압을 조절하고 세포를 동결로부터 보호하기 위해 설탕(sucrose), 프롤린(proline), 글리신 베타인(glycine betaine)과 같은 삼투 조절 물질이 생성된다.

이러한 물질은 세포 내 수분을 유지할 뿐만 아니라, 저온스트레스로 인해 발생할 수 있는 활성산소(ROS)를 제거하는 기능도 수행한다. 활성산소는 세포막의 지질을 산화시켜 세포 구조를 파괴할 수 있으므로 저온 순화 과정에서 이를 제거하는 메커니즘은 매우 중요하다.

일부 극한 환경에 적응한 식물은 저온 순화 과정을 더욱 강화하여 생존력을 극대화한다. 예를 들어, 서양측백나무(Thuja occidentalis)는 -85°C에서도 생존할 수 있으며, 특정 내한성 식물은 -196°C의 액체 질소에 노출되어도 생존이 가능하다는 연구 결과가 있다(Salisbury & Ross, 1992).

(3) 냉해

냉해(chilling injury)는 생육 기간 중 동결점(0°C) 이상의 저온 환경에 노출되었을 때 발생하는 생리적 피해를 의미한다. 이러한 현상은 주로 열대 및 아열대 작물이나 저온 순화가 충분하게 이루어지지 않은 온대식물에서 흔하게 발생한다. 냉해는 세포막 구조의 물리적 변화, 광합성 저해, 호흡 저하, 대사 속도 감소 등 다양한 생리적 변화를 유발하며, 특히 기온이 갑자기 낮아질 때 자주 발생한다.

냉해는 주로 저온으로 인해 원형질막과 세포 소기관의 막 구조가 변화하는 과정에서 발생한다. 온도가 낮아지면 세포막을 구성하는 인지질 이중층이 경직되면서 막의 유동성이 감소하고, 이로 인해 막의 투과성이 변화하게 된다. 이러한 변화는 세포 내 물질 이동을 어렵게 하고, 세포 내 항상성 유지에 장애를 초래한다(Wang, 1982; Steponkus, 1984).

냉해는 또한 광합성 과정에도 심각한 영향을 미친다. 저온 환경에서는 엽록체 타이라코이드 막(thylakoid membrane)의 구조가 변형되면서 광계 II(PS II)의 기능이 저하되고, 이에 따라 광합성 속도가 급격히 감소하게 된다(Bauer et al., 1985). 특히 C_4 식물인 벼(*Oryza sativa*)나 옥수수(*Zea mays*) 같은 작물은 광계 II의 복구 속도가 느려 저온에서 광합성 효율이 크게 저하될 수 있다. 또 기공이 닫히면서 CO_2 공급이 제한되어 탄소고정 능력이 감소하고, 결국 전체적인 생장 속도가 둔화된다.

저온 환경에서는 호흡과 대사 작용도 둔화되는데, 이는 ATP 생성 감소로 이어져 세포 내 에너지 공급이 원활하지 않게 된다. ATP 부족으로 인해 세포 내 삼투 조절이 어려워지고, 이로 인해 기공 개폐 조절이 원활하지 않아 탈수 피해가 증가할 수 있다. 또 저온에서는 세포 내 특정 효소의 활성이 감소하면서 물질대사가 둔화되고, 이는 전체적인 생장 저하로 이어진다.

냉해는 식물의 생장과 수확량에 직접적인 영향을 미치기 때문에 농업 및 산림 생태계에서 중요한 연구 대상이다. 일부 작물과 산림 수종은 저온 순화를 통해 세포막 조성과 대사를 조절하여 내한성을 증가시킬 수 있으며, 온실 재배 환경에서는 적절한 온도 조절을 통해 냉해 피해를 최소화하려는 노력이 이루어지고 있다.

(4) 동해

동해(freezing injury)는 동결점 이하의 온도에서 식물이 입는 생리적 피해를 의미하며, 급격한 기온 하강이나 저온 순화가 충분히 이루어지지 않은 상태에서 저온에 노출될 때 발생한다. 동해는 식물 조직을 손상시키고 생장을 저해하며, 심할 경우 생존 자체를 위협할 수 있다. 동해의 주요 원인은 세포 외부의 얼음 결정 형성과 세포 내부의 얼음 형성으로 나눌 수 있다.

첫 번째로, 세포 외부에서 얼음 결정이 형성되면 삼투압 차이로 인해 세포 내부의 수분이 외부로 빠져나가 탈수 현상이 발생한다. 이로 인해 세포막 구조가 손상되며, 세포의 물질 교환 기능이 약화된다. 두 번째로, 급격한 온도 하강으로 세포 내부에 얼음 결정이 형성되면 세포 구조가 직접적으로 파괴되어 심각한 조직 손상을 초래할 수 있다.

동해는 계절과 기온 변화에 따라 다양한 형태로 나타난다. 봄철 늦서리(晚霜, late frost)는 기온이 충분히 상승한 후 갑작스러운 저온이 찾아올 때 발생하며, 신생 조직, 어린 잎, 꽃봉오리 등에 피해를 준다. 이 시기에 동결점 이하의 온도가 지속되면 새싹과 잎 조직이 괴사할 수 있다. 가을철 첫서리(早霜, early frost)는 식물이 아직 저온 순화를 완료하지 못한 상태에서 급격히 기온이 하락할 때 발생한다. 이 경우 잎 조직과 줄기가 손상되며, 일부 낙엽수는 잎이 완전히 탈락하기 전에 잎 조직이 변색 또는 괴사되는 현상이 나타날 수 있다.

겨울철에는 동계 피소(winter sun scald)가 발생할 수 있다. 이는 낮 동안 햇빛을 받은 줄기의 남쪽 부분이 온도가 상승했다가, 밤에 급격하게 냉각되면서 수간 내 세포 조직이 변형되는 현상이다. 이러한 현상은 침엽수에서 두드러지게 나타나며, 반복적인 온도 변화로 인해 수피가 갈라지고 수세가 약화된다.

또 겨울철 수간 내 동결과 해동 과정이 반복되면서 형성층(cambium)과 유세포가 손상되는 경우를 상렬(霜裂, frost crack)이라고 한다. 낮 동안 온도가 상승하면서 세포 내 수분이 액체 상태로 존재하다가, 밤이 되면서 급격히 얼어붙으면 형성층과 유세포가 손상되면서 균열이 발생하게 된다(Kubler, 1988). 심한 경우 균열이 깊어져 병원균 침입의 원인이 될 수 있으며, 이는 수목의 장기적인 생장에도 악영향을 미칠 수 있다.

동해는 식물의 생리적 기능에 다양한 영향을 준다. 저온 환경에서는 세포막의 유동성이 감소하고, 세포 외부에 형성된 얼음 결정은 세포 내부 수분의 외부 이동을 촉진함으로써 탈수와 세포막 구조 손상을 초래할 수 있다. 저온은 또한 세포 내 단백질과 효소의 활성을 저하시키며, 광합성과 호흡 작용을 방해한다. 특히, 저온으로 엽록체 내 타이라코이드 막(thylakoid membrane)이 손상되면 광계 II(PS II)의 기능이 악화되어 광합성 속도가 급격히 감소할 수 있다(Bauer et al., 1985). 이 과정에서 ATP 생산 감소는 세포 대사 활동을 저하시켜 생장 둔화로 이어질 수 있다.

동해로 인해 세포 내 활성산소(ROS) 생성이 증가하면서 세포 손상이 심화될 수 있다. 과산화수소(H_2O_2)나 초과산화물(O_2^-)이 축적되면 세포막의 지질 과산화(lipid peroxidation)가 일어나 세포 괴사를 유발한다.

이와 같은 동해 피해를 최소화하기 위해 일부 식물은 다양한 적응 메커니즘을 발달시켜왔다. 저온 순화 과정을 통해 설탕(sucrose), 프롤린(proline), 글리신 베타인(glycine betaine) 등 삼투 조절 물질을 축적해 세포 내 수분을 유지하고, 동결 방지 효과를 얻는다. 또 세포막 구성 성분을 조절해 얼음 결정 형성을 억제하기도 한다.

식물은 불포화지방산의 함량을 증가시켜 세포막의 유동성을 유지하고, 동결 시 세포막 손상을 줄이는 메커니즘을 갖기도 한다. 일부 식물은 저온에 적응하기 위해 항동결단백질(antifreeze proteins, AFPs)을 합성하여 얼음 결정 형성을 방해하고, 세포 내 구조적 손상을 최소화한다. 그러나 극한의 저온 환경에서는 이러한 방어 메커니즘이 충분히 작동하지 못할 수 있다. 특히, 기후변화로 인해 겨울철 기온 변동성이 증가하면서 동해 발생 빈도가 높아질 가능성이 제기되고 있으며, 이에 따라 동해 저항성이 높은 품종 개발과 산림 관리 전략의 필요성이 강조되고 있다.

10.1.5 내한성

식물의 내한성(耐寒性, cold hardiness)은 겨울철 동결점 이하의 낮은 온도에서도 생존할 수 있는 능력을 의미한다. 내한성은 유전적 요인과 환경적 요인의 상호작용에 의해 형성되며, 같은 종이라도 서식 환경과 기후 조건에 따라 내한성에 차이를 보일 수 있다. 특히 온대 및 한대 기후에서 자라는 수목은 계절적 온도 변화에 적응하는 과정을 통해 내한성을 발달시켜 왔다. 일반적으로 위도가 높은 지역에서 서식하는 수목일수록 강한 내한성을 가지는 경향이 있으며, 이는 기온 변화, 일장 변화, 동해 발생 빈도와 같은 환경적 요인에 적응한 결과로 볼 수 있다.

(1) 기후 품종

같은 종 내에서도 생육하는 기후 조건에 따라 내한성에 차이가 나타날 수 있는데, 이렇게 기후 차이에 따라 구분된 개체군을 기후 품종(climatic race)이라고 한다. 일반적으로 북방 개체군은 남방 개체군보다 내한성이 높은데, 이는 생물계절(phenology)과 관련이 깊다. 북방 개체군은 가을철 일장이 짧아지면 조기에 휴면 상태에 들어가 겨울철 한랭 환경에서 생존 확률이 높지만, 남방 개체군은 상대적으로 늦게 휴면에 돌입하여 갑작스러운 한파에 취약한 경향을 보인다.

이러한 차이로 남방 개체군이 고위도 지역으로 이동하면 가을철 첫서리에 의해 피해를 받을 가능성이 높아진다. 반대로, 북방 개체군이 저위도 지역으로 이동하면 생장 주기가 앞당겨져 생장이 조기 종료되는 등의 생장 저해 현상이 나타날 수 있다(그림 10-10).

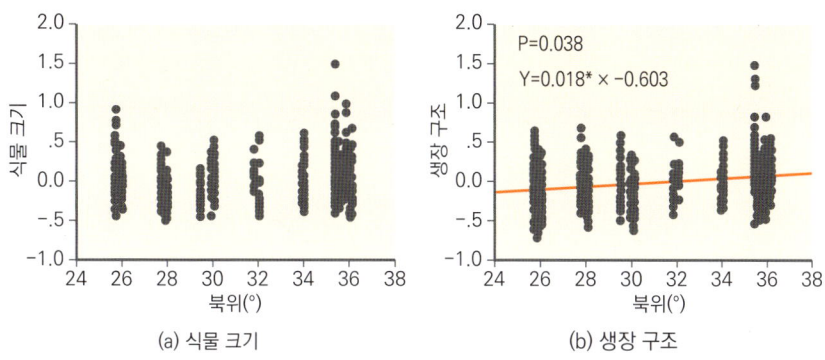

그림 10-10 위도 변화에 따른 식물의 생장 및 생리적 특성 변화(Xiao et al., 2019)

기후에 따라 새순 발달 시기에도 차이가 나타날 수 있으며, 이는 동해(freezing injury)를 유발할 수 있는 요인으로 작용한다. 예를 들어, 독일가문비나무(*Picea abies*)의 경우 북방 개체군은 새순이 늦게 돋아 늦서리 피해를 줄이지만, 남방 개체군은 이른 시기에 새순이 발달하여 예상치 못한 저온 피해를 받을 가능성이 크다.

(2) 내한성의 발달 단계

식물의 내한성은 기온이 낮아지는 가을철부터 발달하기 시작하며, 이러한 과정은 생리적·생화학적 변화를 동반한다. 일반적으로 내한성의 발달 단계는 두 단계로 구분할 수 있다.

① 내한성 초기 발달

가을이 되어 일장이 짧아지고, 기온이 10℃ 이하로 하강하면, 식물은 생장을 멈추고, 내한성 발달 과정에 돌입한다. 이 시기에는 탄수화물과 지방 함량을 증가시켜 세포 내 에너지 저장과 저온스트레스 대응 능력을 강화한다. 이 과정에서 세포막의 지질 조성 변화가 일어난다. 세포막의 유동성(fluidity)을 유지하기 위해 불포화지방산의 비율이 증가하며, 이를 통해 세포막의 상 전이(phase transition) 온도를 낮춘다. 상 전이 온도가 낮아지면 저온에서도 세포막이 경직되지 않고 유동성을 유지할 수 있어 물질 이동과 세포막 안정성이 유지된다.

저온에 적응한 식물은 불포화지방산 함량이 높아 세포막 유동성 유지 능력이 뛰어난 반면, 저온 민감성 식물(chilling-sensitive plant)은 포화지방산 함량이 높아 저온 환경에서 쉽게 경직되고, 막 기능이 저하되는 현상이 나타난다.

기후대에 따라 내한성 증가 메커니즘이 다른데, 냉대지역(cool temperate zone)

에서는 짧아지는 일장과 낮아지는 온도에 의해 내한성이 증가하며, 난대지역(warm temperate zone)에서는 일장에 반응을 보이지 않고, 온도 변화에 의해 내한성이 증가한다.

② 동결점 이하 온도에서 내한성 강화

동절기에 접어들면서 기온이 동결점 근처까지 내려가면, 식물은 내한성을 강화하는 단계로 들어선다. 이 시기에 항동결단백질(AFPs, antifreeze proteins)을 비롯한 저온 보호 단백질(cryoprotectant proteins)이 합성된다. 이러한 단백질은 세포 내부의 결빙 방지를 위해 얼음 결정 형성을 억제하고, 세포 구조를 안정화하는 역할을 한다.

세포막 보호를 위해 분자 샤프롱(molecular chaperones)과 열충격 단백질(heat shock proteins, HSPs)이 활성화된다. 이들은 저온으로 인해 변성되기 쉬운 단백질의 구조를 안정화하고, 단백질 응집을 방지하며, 손상된 단백질의 복구를 통해 세포의 생리 기능 유지를 돕는다.

이 과정에서 삼투 조절 물질(설탕, 프롤린, 글리신 베타인 등)이 세포 내에 축적되어 삼투압을 조절하고, 세포 내부 수분 유지를 돕는다.

결국 내한성의 발달은 환경적 신호(예: 온도 하강, 일장 변화)에 따라 세포 구조와 생리적 과정을 조정하여 저온 환경에서도 생명 활동을 지속할 수 있도록 하는 적응 전략이다.

(3) 생화학적 변화

식물이 내한성을 발달시키는 과정에서 다양한 생화학적 변화가 일어난다. 이러한 변화는 세포 내 환경을 저온에 적응시키고, 동해로부터 세포를 보호하는 데 중요한 역할을 한다.

가을이 되면 당류(sugar)의 합성이 증가하여 세포 내 삼투압 조절 능력이 향상된다. 이 과정에서 설탕(sucrose)과 포도당(glucose), 과당(fructose)의 농도가 증가하며, 삼투 보호 물질(osmoprotectants)로 작용한다. 이러한 당류는 세포 내부의 수분을 유지하고, 결빙이 시작되는 온도를 낮추는 역할을 한다. 세포 내 탈수스트레스(dehydration stress)를 완화하여, 저온에서도 세포 조직의 구조적 안정성을 유지할 수 있도록 돕는다.

또 세포막의 인지질(phospholipid) 조성의 변화가 일어난다. 내한성을 높이는 과정에서 불포화지방산 비율이 증가하는데, 불포화지방산의 이중결합 구조는 세포막의 유동성(fluidity)을 높이는 역할을 한다. 저온 환경에서는 인지질 이중층의 경직 현상이 발생할 수 있는데, 불포화지방산 함량 증가는 이를 억제하여 세포막 기능 저하를 방지한다. 결과적으로 저온에서도 이온 교환, 수분 이동, 대사작용이 정상적으로 이루어질 수 있도록 한다.

단백질 보호 메커니즘도 내한성 발달 과정에서 중요한 역할을 한다. 저온 보호 단백질이 활성화되며, 세포막과 소기관의 안정성이 유지된다. 이와 함께 샤프론 단백질이 증가하여 저온으로 인한 단백질 변성을 막고, 단백질 응집을 방지한다.

10.1.6 오존 및 자외선스트레스

(1) 오존스트레스

① 오존이 식물에 미치는 영향

오존(O_3)은 대기 중에서 중용한 성분으로 존재하지만, 고농도의 오존은 식물에게 심각한 스트레스를 유발할 수 있다. 오존은 대기 중에서 형성되며, 주로 여름철에 농도가 증가한다.

식물은 기공을 통해 오존을 흡수하고, 세포 내로 유입된 오존은 화학적으로 불안정하여 활성 산소를 생성하게 된다.

② 오존스트레스의 주요 영향

오존스트레스는 식물의 생리적 기능에 다양한 영향을 미친다.

첫째, 오존에 의한 세포막 손상은 식물의 물질 교환과 이온 조절을 방해하여 세포의 기능 저하를 유발시킨다.

둘째, 오존은 광합성 효율을 감소시키며, 특히 광계 II에서 전자전달 과정에 영향을 미쳐, 광합성 속도를 감소시킨다.

셋째, 오존은 엽록체 기능의 저하를 일으켜, 식물의 에너지 생성과 생장에 영향을 준다.

넷째, 오존은 잎의 변색, 조기 낙엽 등을 유발할 수 있다(그림 10-11).

③ 오존에 대한 방어 메커니즘

식물은 오존스트레스를 극복하기 위해 여러 방어 메커니즘을 발달시켰다. 주요 방어 기작 중 하나는 항산화효소의 합성이다. 오존은 활성산소를 생성하므

그림 10-11　오존으로 인한 식물의 변화(Lee et al., 2022)

로, SOD(superoxide dismutase), 과산화수소 분해 효소(HPOXase), 글루타싸이온과 같은 항산화 물질을 활성화시켜 활성 산소를 제거하려고 한다. 또한 식물은 자외선 흡수 성분인 페놀 화합물, 플라보노이드, 안토사이아닌 등을 합성하여 오존의 직접적인 손상으로부터 자신을 보호한다. 이 밖에도 일부 식물은 기공의 조절을 통해 오존 흡수를 제한하는 방법으로 스트레스를 완화하기도 한다.

(2) 자외선스트레스

① 자외선이 식물에 미치는 영향

자외선(UV)은 태양광선의 일부로, UV-A, UV-B, UV-C로 나뉜다. UV-C는 대기 중에서 거의 흡수되며, UV-A와 UV-B가 지표면에 도달하여 식물에 영향을 미친다. 특히 UV-B는 식물의 세포에 도달하면 활성 산소를 생성하여 세포막, DNA, 단백질을 손상시킨다. 자외선에 의한 손상은 광합성 속도의 저하, 엽록체 기능의 장애, DNA 돌연변이 등을 초래할 수 있으며, 식물의 전반적인 생장과 생산성을 감소시킨다. 자외선에 의한 손상은 특히 극지방 및 고산지대에서 더 강하게 나타난다.

② 자외선스트레스의 주요 영향

자외선은 식물에 직접적인 DNA 손상을 일으켜 돌연변이를 유발하고, 세포사멸(programmed cell death, PCD)이나 세포 분열 억제를 유발할 수 있다. 또 자외선은 엽록체 손상을 일으켜 광합성 효율을 크게 감소시킨다. 특히 광계 II에서의 전자전달이 방해받게 되어, 광합성 속도가 급격하게 저하된다. 그로 인해 식물의 생장 억제가 발생하며, 이는 전반적인 생리적 기능의 저하를 유발할 수 있다.

자외선은 또한 세포벽 강화와 호흡에도 부정적 영향을 미쳐, 농작물의 수확량 감소와 같은 생산성에도 부정적 영향을 줄 수 있다.

③ 자외선에 대한 방어 메커니즘

식물은 자외선에 적응하기 위해 다양한 방어 메커니즘을 발달시켰다. 가장 대표적인 메커니즘은 자외선 차단 물질의 합성이다. 식물은 페놀 화합물, 플라보노이드, 안토사이아닌 등을 합성하여 자외선을 흡수하고 차단한다. 또 항산화효소인 카탈레이스와 글루타싸이온을 합성하여 활성 산소를 제거하고, 세포 손상을 최소화하려고 한다.

자외선에 노출되면 식물은 기공을 닫는 반응을 통해 수분 손실을 줄이고, 자외선에 의한 추가적인 손상을 방지하려 한다. 이 밖에도 일부 식물은 단백질 합성을 조절하여 자외선에 대한 저항성을 높이며, 세포벽 구성의 변화를 통해 자외선에 대한 내성을 증가시킨다(그림 10-12).

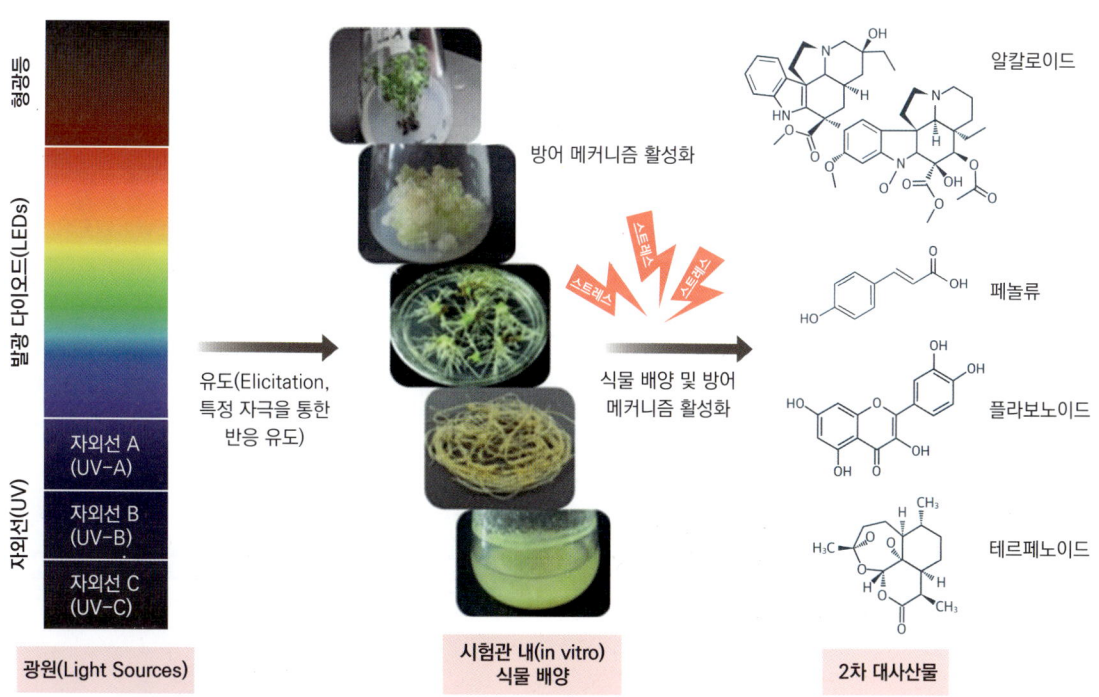

그림 10-12 자외선 방어 메커니즘과 이차 대사산물(Hashim et al., 2021)

10.1.7 토양 답압스트레스

(1) 토양 답압스트레스

① 답압스트레스의 정의와 영향

토양 답압스트레스는 토양이 지나치게 압축되어 뿌리 시스템이 물리적으로 압박을 받는 상태를 의미한다. 토양이 압축되면 토양 입자 간의 간격이 좁아져 뿌리가 정상적으로 자랄 공간이 부족해지고, 산소 공급과 영양소 흡수가 제한된다. 이로 인해 뿌리 시스템의 발달과 기능이 방해받게 되어, 생장 둔화, 영양 결핍 등이 발생한다. 답압이 높은 토양에서는 물리적인 압박이 뿌리 세포와 세포벽에 영향을 미쳐 뿌리의 건강을 저하시킬 수 있다(그림 10-13).

답압스트레스는 또한 수분 흡수의 제한을 초래하고, 질소와 인과 같은 중요한 영양소의 흡수도 어려워지게 된다. 이로 인해 식물은 영양 부족 상태에 빠지며, 이는 생장 저하와 생리적 기능 저하로 이어질 수 있다. 특히 식물의 뿌리 시스템이 제한될 경우, 뿌리가 자주 기계적 손상을 받게 되어, 결국 뿌리의 건강이 악화되며, 장기적으로는 식물의 생산성에 큰 영향을 미친다.

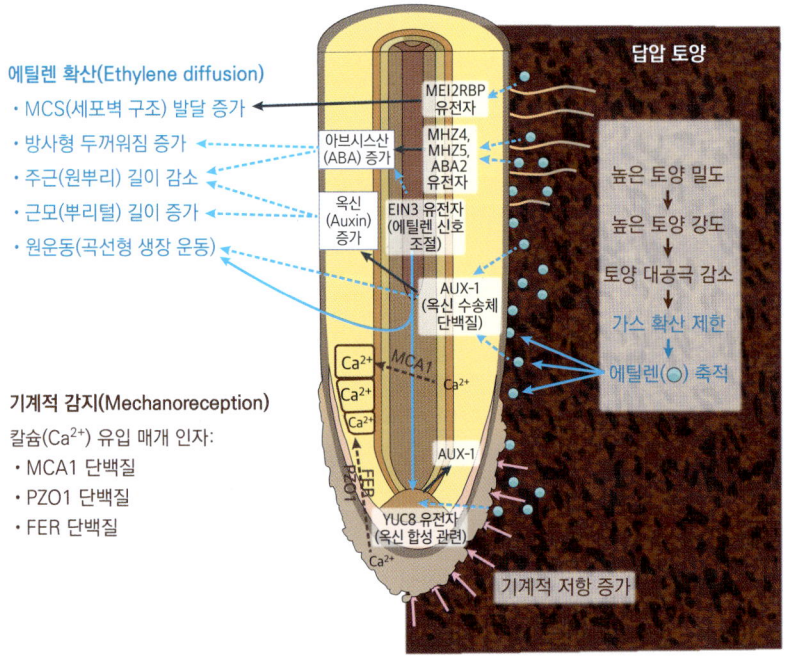

그림 10-13 토양 답압스트레스에 의한 뿌리 시스템 반응(Ogorek et al., 2024)

② 뿌리 시스템 압박과 영양 흡수 장애

답압스트레스는 뿌리 시스템의 압박을 초래하여 뿌리 끝의 세포 생장과 영양 흡수를 방해한다. 압축된 토양에서는 뿌리가 정상적으로 자라기 어려워지며, 뿌리 끝의 세포분열이 억제된다. 이로 인해 물과 영양분의 이동이 원활하지 않게 되고, 영양소 흡수가 제한된다. 특히, 질소, 인, 칼슘 등의 영양소 흡수가 제한되면, 식물은 영양 결핍에 빠지고, 이는 생리적 스트레스를 가중시킨다.

답압된 토양에서는 물의 흡수와 흐름이 차단되기 때문에, 수분스트레스도 발생한다. 이로 인해 증산 작용이 억제되고, 광합성 효율이 저하된다. 또한, 산소 결핍 상태가 되어 산소를 필요로 하는 뿌리의 호흡이 억제되며, 효소 활성에 영향을 미친다.

③ 식물의 방어 메커니즘

식물은 답압스트레스에 적응하기 위해 여러 가지 방어 메커니즘을 발달시켰다. 첫째, 식물은 뿌리의 분지 발달을 촉진하여 압축된 토양에서 영양과 수분을 효율적으로 흡수할 수 있도록 한다. 둘째, 호흡 효율을 조절하여 산소 부족 상태에서 세포 기능을 최적화하고, 기공을 닫는 반응을 통해 수분 손실을 최소화한다. 셋째, 세포벽의 강화를 통해 압박에 대한 내성을 증가시키고, 단백질 합성 및 세포 질감을 변경하여 식물의 저항력을 높인다. 또 일부 식물은 호르몬 조절을 통해 뿌리 시스템의 생장 속도를 조절하며, 영양소 흡수 최적화를 유도한다.

10.1.8 바람에 의한 스트레스

(1) 풍해

① 풍해의 정의와 영향

풍해(風害, wind damage)는 바람이 식물에 미치는 물리적 및 생리적 스트레스를 의미한다. 바람의 강도와 지속 시간이 길어질수록 바람 피해의 정도는 더욱 심각해진다. 바람은 식물에 물리적 손상을 일으킬 뿐만 아니라, 생리적 스트레스를 유발하여 광합성, 수분 흡수, 기공 조절 등에 악영향을 미친다. 바람에 의한 피해는 일반적으로 식물의 기공을 통해 수분 손실을 증가시키고, 에너지 생산을 방해하며, 뿌리와 줄기에 물리적인 손상을 초래한다. 강한 바람은 잎을 찢거나 부러뜨릴 수 있으며, 줄기와 가지에 부하를 가해 기계적 손상을 입히기도 한다.

또한 바람은 광합성에 필요한 CO_2와 O_2의 교환을 방해하고, 기공을 통해 빠져나가는 수분을 증가시켜 건조화가 일어나기 쉬운 환경을 만든다.

② 바람에 의한 피해 유형

바람에 의한 피해는 크게 물리적 피해와 생리적 피해로 나눌 수 있다. 물리적 피해는 바람에 의해 직접적으로 발생하는 손상으로, 잎이 찢어지거나 가지가 부러지는 등 식물 구조가 파괴되는 경우다. 또 강한 바람은 뿌리 시스템에 압박을 가하거나 기공의 파괴를 초래하여 수분 흡수에 영향을 미친다.

생리적 피해는 광합성 효율 저하, 호흡과 수분 흡수에 부정적 영향을 미쳐, 결국 식물의 생장에 방해가 된다. 바람은 기공을 통해 수분 손실을 증가시키며, 이로 인해 증산 작용이 활발해져 식물의 수분 부족이 초래된다. 또 바람에 의해 온도 상승과 수분 손실이 겹쳐지면 식물의 건조화가 가속화된다.

③ 바람 피해에 대한 식물의 반응

식물은 바람 피해를 줄이기 위해 다양한 생리적 반응을 보인다. 호르몬 조절을 통해 바람에 의한 손상을 줄이려고 하며, 잎의 두께를 증가시켜 바람에 의한 물리적 스트레스를 완화시키려 한다. 또 기공을 조절하여 수분 손실을 최소화하고, 잎의 배치를 바꾸거나 잎 크기를 조절하여 바람의 영향을 줄이려는 전략을 취한다. 호르몬 반응을 통해 에틸렌과 같은 호르몬을 분비하여 바람에 대한 스트레스를 조절하고, 주요 생장 지점에서 세포분열과 분지 발달을 최적화하여 나무의 구조를 변화시킨다.

(2) 생장

① 바람이 식물 생장에 미치는 영향

바람은 식물의 생장에 중요한 영향을 미친다. 강한 바람은 식물의 수고생장(height growth)을 억제하고, 특히 바람에 자주 노출되는 나무는 생장이 제한된다. 바람은 식물의 세포분열을 억제하고, 가지와 뿌리의 발달을 제한하여, 식물의 생장을 저하시키는 역할을 한다. 특히 바람에 강한 영향을 받는 부위인 뿌리 시스템은 기계적 압박을 받아 발달에 제약을 받는다.

바람이 자주 불면 식물의 주 생장 지점에서 세포분열이 저해되며, 식물은 주요 생장 지점에서의 광합성 능력을 감소시킨다. 이로 인해 전체적인 생장 속도가 떨어지고, 영양소 흡수도 감소하게 된다. 또한, 바람에 의해 뿌리와 줄기의 안정성이 떨어지고, 영양소 공급이 제대로 이루어지지 않아 식물은 영양 결핍에 빠져 생장에 큰 영향을 받는다.

② 바람에 의한 생장 억제 및 변화

강한 바람은 수목의 형태를 변화시키고, 생장 패턴에 영향을 미친다. 바람이 자주 불면 식물의 형태가 왜곡되고, 나무의 기울어짐이 발생할 수 있다. 특히 바람이 심하게 부는 곳, 수목 한계선 근처에서는 수고가 낮고, 수관이 바람 방향에 맞춰 생장 지점이 한쪽으로 치우쳐진 깃발형(Krummholz)으로 발달하며, 포복성으로 발달하는 경우도 많다. 그 결과, 줄기의 방향과 가지의 분포가 변화하며, 광합성 효율이 떨어지고, 기공이 손상될 수 있다. 또한 바람은 온도와 수분에 영향을 미쳐 수목의 생장을 억제한다.

③ 식물 생장에 대한 적응 메커니즘

식물은 바람에 의해 생장 억제를 최소화하기 위해 여러 가지 적응 메커니즘을 발달시킨다. 잎의 두께를 증가시키거나, 잎 모양을 변화시켜 바람의 영향을 최소화하려 한다. 또 호르몬 조절을 통해 식물의 수분 흡수를 최적화하고, 기공 개폐를 조절하여 수분 손실을 최소화하는 방어 기작을 활성화한다. 또 바람은 수목의 직경생장을 촉진시키고, 초살도(梢殺度, tapering)를 증가시키며, 뿌리 시스템 구조를 강화하는 등 뿌리 발달이 촉진되어 바람과 같은 물리적 스트레스에 더 잘 적응할 수 있도록 한다.

(3) 이상재와 편심생장

① 바람에 의한 이상재의 형성

바람은 이상재(reaction wood)라는 비정상적인 목재를 형성하게 만든다. 바람의 방향에 맞춰 목재 구조가 비정상적으로 변형되며, 이러한 이상재는 기계적 스트레스에 대응하기 위한 식물의 자연적 반응으로, 바람에 의한 강한 압력을 처리하려는 과정에서 형성된다.

② 바람에 의해 생긴 문제점과 결과

이상재가 형성되면 식물의 구조적 강도가 비정상적으로 변하며, 이는 기계적 안정성에 영향을 미친다. 바람에 의한 이상재는 나무의 기울어짐이나 반응성 생장을 초래하며, 결국 생장 저하와 생리적 장애를 일으킨다. 또한 이상재가 지나치게 많아지면 광합성을 위한 에너지 생산이 감소하고, 수분 흡수가 어려워진다.

③ 이상재 형성 감소를 위한 메커니즘

식물은 이상재 형성을 최소화하기 위해 호르몬 반응을 조절한다. 옥신(auxin)과 같은 호르몬은 목재 생장을 조절하여 이상재 형성을 억제하고, 기계적 저항성을 높이는 데 중요한 역할을 한다. 또 영양소 흡수와 수분 관리를 최적화하여 식물의 구조적 건강을 유지하려 한다. 따라서, 이상재의 직접적인 원인은 옥신의 분배 불균형이라고 알려져 있다.

④ 편심생장과 이상재와의 관계

편심생장(偏心生長, eccentric growth)은 나무가 균형을 유지하고 외부 환경에 적응하기 위해 특정 방향으로 비대칭적으로 생장하는 현상으로, 바람, 경사면, 광환경 등 여러 요인에 의해 발생하며 이상재 형성과 밀접한 관련이 있다. 경사면에서 자라는 나무는 중력을 보상하기 위해 하향 측에는 압축재(compression wood, 주로 침엽수에서 나타남)를, 상향 측에는 인장재(tension wood, 주로 활엽수에서 나타남)를 형성하여 기계적 균형을 유지하고 곧은 형태를 유지하려고 한다(그림 10-14).

또한 강한 바람이 지속적으로 한 방향에서 부는 경우, 나무는 바람이 부는 쪽과 반대쪽의 생장률을 조절하여 편심생장을 유도하게 되는데, 이는 바람이 불어오는 방향에서는 조직이 밀집되고 반대쪽에서는 생장이 촉진되어 전체적으로 균형을 맞추기 위한 자연스러운 반응이다. 이러한 편심생장은 나무의 수분 이동과 기계적 강도에도 영향을 미칠 수 있으며, 지나치게 발생할 경우 나무 내부에서 수분과 양분 이동의 비효율성을 초래하여 기울어짐이나 부러짐 등 기계적 약화로 이어질 위험이 있다.

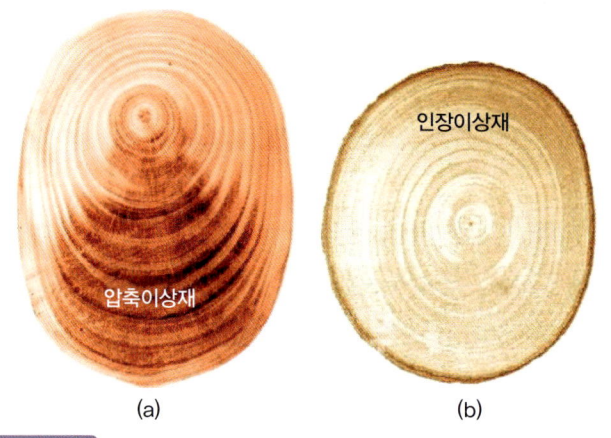

그림 10-14 라디아타소나무의 압축이상재(a)와 사시나무의 인장이상재(b)

(4) 증산 작용

① 바람이 증산 작용에 미치는 영향

바람은 식물의 증산 작용(transpiration)에 중요한 영향을 미친다. 강한 바람은 기공을 통해 수분을 빠르게 증발시켜 수분 손실을 증가시킨다. 이는 식물의 수분 부족을 초래하고, 광합성 효율을 저하시킨다. 바람이 지속되면 증산 작용이 가속화되어 수분 부족 상태에 빠지게 된다. 바람의 강도와 지속 시간에 따라 증산량은 크게 변하며, 이는 식물의 물 관리와 생리적 기능에 중요한 영향을 미친다.

② 바람에 의한 수분 손실 증가

바람은 식물의 수분 손실을 가속화시킨다. 기공이 열려 있는 상태에서 바람이 불면, 수분 증발이 증가하여 식물은 수분스트레스에 노출된다. 또한 바람의 세기와 지속 시간이 길어질수록 수분 손실이 계속 증가하며, 식물은 건조 상태로 빠질 수 있다. 바람은 증산 작용을 촉진시켜, 광합성이 원활히 이루어지지 않게 한다.

③ 바람스트레스에 대한 관리 전략

식물은 바람스트레스에 대응하기 위해 기공을 닫는 반응을 보이며, 수분 손실을 최소화한다. 또 일부 식물은 잎의 크기를 줄이거나, 증산 작용을 최적화하는 방식으로 수분 흡수를 조절한다. 이러한 수분 관리 전략은 바람에 의한 스트레스에서 회복력을 높이고, 수분 유지에 중요한 역할을 한다.

10.1.9 독성에 의한 스트레스

환경스트레스 중 독성(toxicity)은 토양, 대기, 물 등의 환경에서 식물에 유해한 물질이 축적되거나 특정 화합물이 과도하게 존재하여 생리적 장애를 일으키는 현상을 의미한다. 독성스트레스는 주로 금속 및 중금속 오염, 염류 축적, 오존 및 대기오염, 농약 및 화학물질 축적 등으로 발생하며, 식물의 생장과 발달에 심각한 영향을 미칠 수 있다.

(1) 중금속 독성

중금속(重金屬, heavy metal)은 환경 중에 자연적으로 존재하지만, 산업활동과 농업활동으로 인해 특정 지역에서 농도가 급격히 증가할 수 있다. 주요 독성 중금속으로는 납(Pb), 카드뮴(Cd), 수은(Hg), 아연(Zn), 구리(Cu), 니켈(Ni) 등이 있으며,

이들은 식물의 세포막 손상, 광합성 저해, 효소 활성 억제, 생장 지연 등을 유발한다. 납(Pb)은 세포막과 세포 내 대사 과정을 교란하며, 뿌리 생장 저해 및 엽록소 감소를 유발한다.

카드뮴(Cd)은 광합성을 저해하고, 필수 영양소(특히 철, 아연) 흡수를 방해하여 생장 장애를 유도한다. 수은(Hg)은 단백질과 효소를 변성시켜 세포 내 대사 기능을 저하시킨다. 구리(Cu) 및 아연(Zn)은 소량에서는 필수 미량원소이지만, 과도할 경우 세포 독성을 유발하고 이온 항상성을 파괴한다.

식물은 중금속 독성을 완화하기 위해 유기산 분비를 통한 킬레이션(chelation), 항산화효소 활성 증가, 뿌리에서 중금속 격리(storage in vacuoles) 등의 생리적 기작을 발달시킨다.

(2) 대기오염 독성

산업화와 도시화로 인해 식물이 대기 중 오염물질에 노출되면 생리적 장애가 발생한다. 주요 대기 오염 물질로는 오존(O_3), 이산화황(SO_2), 질소산화물(NO_x), 미세먼지(PM) 등이 있으며, 이는 식물의 광합성과 호흡 과정에 직접적인 영향을 미친다. 오존은 기공을 통해 흡수되며 세포막을 손상시키고, 엽록소 분해를 촉진하여 광합성 효율을 감소시킨다. 이산화황은 기공을 통해 잎 내부로 침투하여 산성화 작용을 유도하고, 단백질 및 엽록소를 변성시킨다. 질소산화물은 높은 농도에서는 엽록소 분해와 세포막 손상을 유발하여 광합성을 저해한다. 미세먼지는 잎 표면에 침착하여 기공을 막고, 호흡과 증산 작용을 방해하여 생리적 활동을 저하시킨다.

식물은 대기오염에 대응하기 위해 기공 조절, 항산화효소 활성 증가, 왁스층 발달 등의 방어 기작을 발달시키며, 일부 식물(예: 이끼류, 침엽수)은 오염물질을 흡착하는 능력이 높아 대기 정화 역할을 하기도 한다.

(3) 농약 및 화학물질의 독성

농업 활동에서 사용되는 제초제, 살충제, 살균제 등의 농약은 잡초나 병해충을 방제하는 데 유용하지만, 식물에 과도하게 축적될 경우 생리적 장애를 유발할 수 있다. 특히 일부 화학물질은 식물의 호르몬 균형 교란, 세포막 손상, 광합성 저해 등의 문제를 일으킬 수 있다.

파라콰트, 글리포세이트와 같은 제초제(除草劑, herbicide)는 식물의 엽록소 합성을 방해하여 광합성과 식물 생장을 저해할 수 있다.

특정 살충제(殺蟲劑, insecticide)는 식물의 효소 시스템과 호르몬 균형에 영향을 미쳐 식물의 생장과 발달에 부정적인 영향을 미칠 수 있다.

농경지와 하천에 포함된 중금속과 산업 폐기물은 식물의 생육을 저해하며, 지속적인 독성 물질 축적으로 식물뿐만 아니라 토양과 수생 생태계에도 악영향을 미친다.

식물은 농약 및 화학 독성에 대응하기 위해 해독효소(detoxification enzymes) 활성 증가, 보호 단백질 생성, 화학물질 배출 등의 기작을 이용하여 피해를 최소화하려 한다.

> **식물 스트레스의 상호작용**
>
> 환경스트레스의 조합은 식물에서 독특한 신호 전달 및 대사 경로를 유도할 수 있다. 염분이나 중금속스트레스는 고온스트레스와 결합할 때 유사한 문제를 일으킬 수 있는데, 증산이 증가하면 소금이나 중금속의 흡수가 증가할 수 있기 때문이다. 반면에 일부 스트레스의 조합은 개별 스트레스에 비해 식물에 유익한 영향을 미칠 수도 있는데, 가령 기공 폐쇄를 유발하는 가뭄은 잠재적으로 오존에 대한 내성을 강화할 수 있다.
>
> 식물의 생산성에 해로운 영향을 미칠 수 있는 스트레스의 상호작용 중에는 가뭄과 더위, 염분과 더위, 영양 결핍과 가뭄 그리고 영양 결핍과 염분이 포함된다. 반면, 유익한 영향을 미칠 수 있는 상호작용에는 가뭄과 오존, 오존과 자외선 그리고 가뭄, 오존 또는 높은 빛과 결합된 높은 CO_2가 포함된다(그림 10-15).
>
>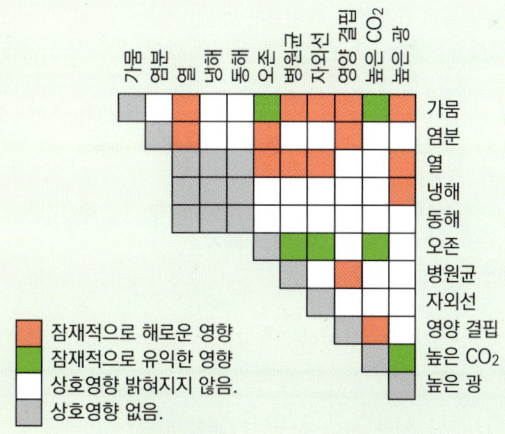
>
> **그림 10-15** 스트레스 매트릭스
>
> 식물 스트레스의 상호작용을 구명하기 위해 가장 많이 연구된 분야가 해충이나 병원균과 같은 생물학적 스트레스와 환경스트레스의 상호작용일 것이다. 대부분의 경우 가뭄이나 염분과 같은 환경스트레스 조건에 장기간 노출되면 식물 방어력이 약화되고 해충이나 병원균에 대한 감수성이 높아진다.

참고 문헌

제1장 식물의 기원과 진화

- Andrew, H. N. (2021) A Brief History of Earth. HarperLuxe. [번역서: 이한음 (2021) 지구의 짧은 역사. 다산사이언스.]
- Angiosperm Phylogeny Group (2016) An update of the Angiosperm Phylogeny Group classification for the orders and families of flowering plants: APG IV. Botanical Journal of the Linnean Society, 181 (1), 1-20.
- Brain, H. (2011) Evolution : Principles and Processes. Jones & Bartlett Learning. [번역서: 김경호 외 10인 (2014) 진화학 : 원리 그리고 과정. 홍릉과학출판사.]
- Brain, H., & Benedikt, H. (2010) Evolution (4th ed.). Jones & Bartlett Learning. [번역서: 김창배 외 18인 (2014) 진화학. 월드사이언스.]
- James, B., & Shelley, J. (2011) Stern's introductory plant biology (12th ed.). McGraw-Hill. [번역서: 김성하, 강혜순, 권혁빈, 권희정, 김수환, 김재근, 엄안흠, 황수연 (2014) 식물학. 라이프사이언스.]
- Lisa, A. U, Michael, L. C., Steven, A. W., Petter, V. M., & Rebecca, B. O. (2022) Campbell Biology (12th ed.), Pearson Education. [번역서: 전상학 등 (2022) 캠벨 생명과학. 바이오사이언스출판]
- Nick, L. (2015) The Vital Question. Profile Books. [번역서: 김정은 (2017) 바이털 퀘스천. 까치.]
- Nishiyama, T., Wolf, P. G., Kugita, M., Sinclair, R. B., Sugita, M., Sugiura, C., Wakasugi, T., Yamada, K., & Yoshinaga, K. (2004). Chloroplast phylogeny indicates that bryophytes are monophyletic. Molecular Biology and Evolution, 21(10), 1813-1819.
- Novíkov, A. & Barabaš-Krasni, H. (2015) Modern plant systematics. Liga-Press.
- Ruggiero, M. A., Gordon, D. P., Orrell, T. M., Bailly, N., Bourgoin, T., Brusca, R. C., Cavalier-Smith, T., Guiry, M. D., & Kirk, P. M. (2015) A higher level classification of all living organisms. PLOS ONE 10 (4): e0119248.
- Taiz, L., Zeiger, E., Møller, I. M., & Murphy, A. (2015) Plant Physiology and Development (6th ed.). Sinauer Associates. [번역서: 전방욱, 김성룡 (2017) 식물생리와 발달. 라이프사이언스.]
- 강방식, 강현식 (2020) 빅 히스토리 8 : 다양한 동식물은 어떻게 나타났을까? 우주 생명 인류 문명, 그 모든 것의 역사. 와이스쿨.
- 김재근 (2022) 식물 분류학 개론 : 한국의 관속식물. 라이프사이언스.
- 박자영, 이용구 (2015) 빅 히스토리 6 : 생명이란 무엇일까? 생명의 탄생, 우주.생명.인류 문명, 그 모든 것의 역사. 와이스쿨.
- 이규배 (2018) 식물발생학 : 무종자식물(녹조류-선태식물-석송식물-양태식물)의 구조와 발생. 라이프사이언스.
- 이경준, 구창덕, 김판기, 임종환, 한심희 (2020) 기초수목생리학. 교육출판 세종.
- 이규배 (2021) 식물형태학 (제4판). 라이프사이언스.
- 伊藤元己, 井鷺裕司 (2018) 新しい植物分類体系—APGでみる日本の植物. 文一総合出版.
- 三村徹郎, 深城英弘, 鶴見誠二 (2009) 植物生理學 (第2版). 化學同人.
- 長谷部光泰 (2020) 陸上植物の形態と進化. 裳華房.

제2장 수목의 구조와 기능

- Choi Y. S., Park Y. I., Kim J. H., Kim Y. S. (2011) Age-related heartwood development in *Quercus mongolica*. Trees, 25(4), 827-834.
- Dickison, W. C. (2000) Integrative Plant Anatomy. Academic Press.
- Evert, R. F. (2008) Esau's plant anatomy: Meristems, cells, and tissues of the plant body (3th ed.). Wiley.
- Hickey, L. J. (1973) Classification of the architecture of dicotyledonous leaves. American Journal of Botany, 60(1), 17-33.
- James, B., & Shelley, J. (2011) Stern's introductory plant biology (12th ed.). McGraw-Hill. [번역서: 김성하, 강혜순, 권혁빈, 권희정, 김수환, 김재근, 엄안흠, 황수연 (2014) 식물학. 라이프사이언스.]

- Nakamura, Y., Ishimaru, Y., Imai, T., & Nakaba, S. (2010) Anatomical and chemical changes during heartwood formation in *Chamaecyparis obtusa*. Journal of Forest Research, 15(4), 375-382.
- Sack, L., & Scoffoni, C. (2013) Leaf venation: Structure, function, development, evolution, ecology and applications in the past, present and future. New Phytologist, 198(4), 983-1000.
- Sato, H., Yoshida, T., Saito, Y., Furukawa, Y., & Okuyama, Y. (2008) Heartwood development in Cryptomeria japonica: Differences between stem and root tissues. Silva Fennica, 42(3), 345-352.
- Taiz, L., Zeiger, E., Møller, I. M., & Murphy, A. (2015) Plant Physiology and Development (6th ed.). Sinauer Associates. [번역서: 전방욱, 김성룡 (2017) 식물생리와 발달. 라이프사이언스.]
- Yamamoto, T., Fujii, T., Abe, T., & Okumura, T. (2005) Onset of heartwood formation in *Cryptomeria japonica*: Age-related anatomical changes. Journal of Wood Science, 51, 129-135.
- Zhang, Y., & Guo, W. (2019) Comparative leaf venation study of *Cornus* species. Plant Systematics and Evolution, 305(7), 689-703.
- 이경준 (2021) 수목생리학 (전면개정판). 서울대학교출판문화원.
- 이경준, 구창덕, 김판기, 임종환, 한심희 (2020) 기초수목생리학. 교육출판 세종.
- 이규배 (2021) 식물형태학 (제4판). 라이프사이언스.
- 장진성, 김휘, 전정일 (2022) 수목학. 디자인포스트.
- 小池孝良 (2004) 樹木生理生態學. 朝倉書店.
- 福田健二 (2021) 樹木醫學入門. 朝倉書店.
- 三村徹郞, 深城英弘, 鶴見誠二 (2009) 植物生理學 (第2版). 化學同人.

제3장 수목의 영양생장과 생식생장

- Davies, P. J. (Ed.). (1995). Plant Hormones: Physiology, Biochemistry and Molecular Biology (2nd ed.). Dordrecht: Kluwer Academic Publishers.
- Davis, T. D., Haissig, B. E., & Sankhla, N. (Eds.). (1993). Genetic Manipulation of Woody Plants. New York: Plenum Press.
- Du, J., Miura, E., Robischon, M., Martinez, C., & Groover, A. (2011). The *Populus* homeobox gene ARBORKNOX1 reveals overlapping mechanisms regulating the shoot apical meristem and the vascular cambium. The Plant Cell, 23(3), 1248-1263.
- Evert, R. F. (2006) Esau's Plant Anatomy: Meristems, Cells, and Tissues of the Plant Body: Their Structure, Function, and Developmen (3rd ed.). John Wiley & Sons, Inc.
- Furuta, K., Yamaguchi, M., & Sano, R. (2020). Long-distance transport of signaling molecules in vascular development. Annual Review of Plant Biology, 71, 571-595.
- James, B., & Shelley, J. (2011) Stern's introductory plant biology (12th ed.). McGraw-Hill. [번역서: 김성하, 강혜순, 권혁빈, 권희정, 김수환, 김재근, 엄안흠, 황수연 (2014) 식물학. 라이프사이언스.]
- Kubo, M., Udagawa, M., Nishikubo, N., Horiguchi, G., Yamaguchi, M., Ito, J., ... & Demura, T. (2005). Transcription switches for protoxylem and metaxylem vessel formation. Genes & Development, 19(16), 1855-1860.
- Larson, P. R. (1994). The Vascular Cambium: Development and Structure. Springer-Verlag.
- Lisa, A. U., Michael, L. C., Steven, A. W., Petter, V. M., & Rebecca, B. O. (2022) Campbell Biology (12th ed.), Pearson Education. [번역서: 전상학 등 (2022) 캠벨 생명과학. 바이오사이언스출판]
- Miyashima, S., Sebastian, J., Lee, J. Y., & Helariutta, Y. (2013). Stem cell function during plant vascular development. The EMBO Journal, 32(2), 178-193.
- Møller, I. M. (Ed.). (1999). Plant Mitochondria. San Diego: Academic Press.
- Owens, J. N. (2006). The reproductive biology of lodgepole pine. NRC Research Press.

참고 문헌

- Pallardy, S. G. & Kozlowski, T. T. (2008) Physiology of Woody Plants (3rd ed.). Elsevier Science & Technology.
- Raven, P. H., Evert, R. F., & Eichhorn, S. E. (2005). Biology of Plants (7th ed.). W.H. Freeman and Company Publishers.
- Taiz, L., Zeiger, E., Møller, I. M., & Murphy, A. (2015) Plant Physiology and Development (6th ed.). Sinauer Associates. [번역서: 전방욱, 김성룡 (2017) 식물생리와 발달. 라이프사이언스.]
- 이경준 (2021) 수목생리학 (전면개정판). 서울대학교출판문화원.
- 이경준, 구창덕, 김판기, 임종환, 한심희 (2020) 기초수목생리학. 교육출판 세종.
- 이규배 (2021) 식물형태학 (제4판). 라이프사이언스.
- 小池孝良 (2004) 樹木生理生態學. 朝倉書店.
- 福田健二 (2021) 樹木醫學入門. 朝倉書店.

제4장 수목의 생장과 물

- Berg, V. S., and T. C. Hsiao. (1986) Solar Tracking: Light Avoidance Induced by Water Stress in Leaves of Kidney Bean Seedlings in the Field. Crop Sci. 26: 980-986.
- Bramley, H., N. C. Turner, D. W. Turner, and S. D. Tyerman. (2009) Roles of Morphology, Anatomy, and Aquaporins in Determining Contrasting Hydraulic Behavior of Roots. Plant Physiol. 150: 348-364.
- Davis S. D., J. S. Sperry, and U. G. Hacke. (1999) The Relationship between Xylem Conduit Diameter and Cavitation Caused by Freezing. Am. J. Bot. 86:1367-1372.
- Esau, K. (1953) Plant Anatomy. John Wiley & Sons, Inc., New York.
- Frensch, J., T. C. Hsiao, and E. Steudle. (1996) Water and solute transport along developing maize roots. Planta 198: 348-355
- Hsiao, T. C., and E. Acevedo. (1974) Plant responses to water deficits, efficiency, and drought resistance. Agricult. Meteorol. 14:59-84.
- Meidner, H. and T. A. Mansfield. (1968) Physiology of Stomata. McGraw-Hill, London.
- Nobel, P. S. (1999) Physicochemical and Environmental Plant Physiology, 2nd ed., Academic Press, San Diego, CA.
- Pockman, W. T., J. S. Sperry and J. W. O'Leary. (1995) Sustained and significant negative water pressure in xylem. Nature 378: 715-716.
- Schäffner, A. R. (1998) Aquaporin function, structure, and expression: Are there more surprises to surface in water relations? Planta 204:131-139.
- Schulze E.-D., J. Čermák, R. Matyssek, M. Penka, R. Zimmermann, F. Vasícek, W. gries, and J. Kučera. (1985) Canopy transpiration and water fluxes in the xylem of the trunk of *Larix* and *Picea* trees- a cpmparison of xylem flow, porometer and cuvette measurements. Oecologia 66:475-483.
- Steudle E., and J. Frensch. (1996) Water transport in plants: Role of the apoplast. Plant and Soil 187: 67-79.
- Tajkhorshid, E., N. Peter, M. Ø. Jensen, L. J. W. Miercke, J. O'Connell, R. M. Stroud, and K. Schulten. (2002) Control of the Selectivity of the Aquaporin Water Channel Family by Global Orientational Tuning. Science 296:525-530.
- Tyerman, S. D., H. J. Bohnert, C. Maurel, E. Steudle, and J. A. C. Smith. (1999) Plant aquaporins: Their molecular biology, biophysics and significance for plant-water relations. J. Exp. Bot. 50: 1055-1071.
- Tyree, M. T., and J. S. Sperry. (1989) Vulnerability of Xylem to Cavitation and Embolism. Annu. Rev. Plant Physiol. Mol. Biol. 40: 19-36.

- Weig, A., C. Deswarte, and M. J. Chrispeels. (1997) The major intrinsic protein family of Arabidopsis has 23 members that form three distinct groups with functional aquaporins in each group. Plant Physiol. 114:1347-1357.
- Whittaker, R. H. (1970) Communities and Ecosystems. Macmillan, New York.
- Zimmermann, M. H. (1983) Xylem Structure and the Ascent of Sap. Springer, Berlin.

제5장 토양과 무기양분

- Abe, J. (2003) Roots: The Dynamic Interface between Plants and the Earth. Developments in Plant and Soil Sciences 101. ISBN-13:978-1402015793
- 伴野 潔, 山田 寿, 平 智 (2013) 果樹園芸学の基礎(農学基礎シリーズ). 農山漁村文化協会. ISBN-13:978-4540112041
- Bergmann, Werner (1992) Nutritional Disorders of Plants: Development, Visual and Analytical Diagnosis. Gustav Fischer. ISBN-13:978-1560813576
- Binkley, Dan and Fisher, Richard F. (2019) Ecology and Management of Forest Soils (5th ed). Wiley-Blackwell. ISBN-13:978-1119455653
- Costello, Laurence (2014) Abiotic Disorders of Landscape Plants: A Diagnostic Guide. UC Agriculture and Natural Resources. ISBN-13:978-1879906587
- Craul, Phillip J. (1999) Urban Soils: Applications and Practices. Wiley. ISBN-13:978-0471189039
- de Kroon, Hans and Visser, Eric J.W (2003) Root Ecology. Ecological Studies 168. Springer. ISBN-13:978-3540001850
- 平野 恭弘, 野口 享太郎, 大橋 瑞江 (2020) 森の根の生態学. 共立出版. ISBN-13:978-4320058132
- 犬伏 和之 (2018) 土壌生化学(実践土壌学シリーズ3). 朝倉書店. ISBN-13:978-4254435733
- 金子 信博 (2018) 土壌生態学(実践土壌学シリーズ2). 朝倉書店. ISBN-13:978-4254435726
- 松中 照夫 (2018) 新版 土壌学の基礎: 生成・機能・肥沃度・環境(農学基礎シリーズ) 農山漁村文化協会. ISBN-13:978-4540171055
- 牧野 周, 渡辺 正夫, 村井 耕二, 榊原 均 (2022) エッセンシャル植物生理学 農学系のための基礎(KS農学専門書). 講談社. ISBN-13:978-4065295816
- 根研究学会 (2024) 図解でよくわかる 根のきほん: 根の種類、構造、機能から、品目ごとの特徴、樹種による違い、環境へのかかわりまで. 誠文堂新光社. ISBN-13: 978-4416623091
- 西村 拓 (2019) 土壌物理学(実践土壌学シリーズ4). 朝倉書店. ISBN-13:978-4254435740
- Plaster, Edward (2013) Soil Science and Management (6th Ed). Cengage Learning. ISBN-13:978-0840024329
- 豊田 剛己 (2018) 土壌微生物學(実践土壌学シリーズ1). 朝倉書店. ISBN-13:978-4254435719

제6장 빛과 광형태형성

- 권혁빈 외 5인 (2020) 고등학교 생명과학 Ⅱ. 교학사. p. 65-91.
- 이경준 (2021) 전면개정판 수목생리학. 서울대학교출판문화원. p. 555
- 이경준 외 4인 (2020) 고등학교 기초수목생리학. 교육출판 세종. p. 258
- 이규배 (2016) 식물형태학(제3판). 라이프사이언스. p. 410
- 전방욱, 김성룡 (2019) 식물생리와 발달(제6판). 라이프사이언스. p. 722
- Bérut, A., Chauvet, H., Legue, V., Moulia, B., Pouliquen, O., & Forterre, Y. (2018). Gravisensors in plant cells behave like an active granular liquid. Proceedings of the National Academy of Sciences, 115(20), 5123-5128.

- Hopkins WG. 2008. Introduction to plant physiology. 4nd ed. John Wiley & Sons. Inc. New York. USA. p. 503.
- Kwon YM, Ko SC, Kim JC, Moon BY, Park MC, Park HB, Park IH, Lee YS, Lee IH, Lee JS, Lee JB, Lee CH, Jeon BU, Jo SH and Hong JB. 2003. Plant Physiology. Academybook. Seoul. Korea. p. 478
- Schäfer, E., & Bowler, C. (2002). Phytochrome-mediated photoperception and signal transduction in higher plants. EMBO reports.
- Taiz, L., Zeiger, E., Møller, I. M., & Murphy, A. (2015) Plant Physiology and Development (6th ed.).
- Thomas, B. and D. Vince-Prue. 1997. Photoperiodism in plants. 2nd ed. Academic Press, San Diego, Calif.
- Warner, R. M., & Erwin, J. E. (2001). Variation in floral induction requirements of Hibiscus sp. Journal of the American Society for Horticultural Science, 126(3), 262-268.

제7장 광합성과 호흡

- 권혁빈 외 5인 (2020) 고등학교 생명과학 II. 교학사. p. 65-91.
- 이경준 (2021) 전면개정판 수목생리학. 서울대학교출판문화원. p. 555
- 이경준 외 4인 (2020) 고등학교 기초수목생리학. 교육출판 세종. p. 258
- 이규배 (2016) 식물형태학(제3판). 라이프사이언스. p. 410
- 전방욱, 김성룡 (2019) 식물생리와 발달(제6판). 라이프사이언스. p. 722
- Hopkins WG. 2008. Introduction to plant physiology. 4nd ed. John Wiley & Sons. Inc. New York. USA. p. 503.
- Kwon YM, Ko SC, Kim JC, Moon BY, Park MC, Park HB, Park IH, Lee YS, Lee IH, Lee JS, Lee JB, Lee CH, Jeon BU, Jo SH and Hong JB. 2003. Plant Physiology. Academybook. Seoul. Korea. p. 478
- Taiz, L., Zeiger, E., Møller, Ian M., Murphy, A. 2018. Plant Physiology and Development 6th eds.
- Taiz, L., Zeiger, E., Møller, I. M., & Murphy, A. (2015) Plant Physiology and Development (6th ed.). Sinauer Associates. [번역서: 전방욱, 김성룡 (2017) 식물생리와 발달. 라이프사이언스.]

제8장 물질대사

- Anggraeni, A.A. 2022. Mini-Review : The potential of raffinose as a prebiotic. IOP Conference Science: Earth and Environmental Science 980: 012033.
- Cao, R., Chen, S., Yoshitake, S., Onishi, T., Iimura, Y., Ohtsuka, T. 2024. The nitrogen cycle of a cool-temperate deciduous broad-leaved forest. Forests 15(4): 725; https://doi.org/10.3390/f15040725
- Cristina, M.O., Priestley, C.A. 1988. Carbohydrate reserves in deciduous fruit trees. Horticultural Reviews 10: 403-430.
- Cherif, M.F., Trache, D., Brosse, N., Benaliouche, F., Tarchoun, A.F. 2020. Comparison of the physicochemical properties and thermal stability of Organosolv and Kraft lignins from hardwood and softwood biomass for their potential valorization. Waste and Biomass Valorization 11: 6541-6553.
- CK-12 Foundation. https://flexbooks.ck12.org/cbook/ck-12-biology-flexbook-2.0/section/2.22/primary/lesson/calvin-cycle-bio/
- Compound Interest. https://www.compoundchem.com/2014/09/11/autumnleaves/
- Dellomonaco, C., Clomburg, J.M., Miller, E.N., Gonzalez, R. 2011. Engineered reversal of the β-oxidation cycle for the synthesis of fuels and chemicals. Nature 476: 355-359.
- Ferraz-Almeida, R. 2024. Balance of nitrate and ammonium in tropical soil conditions: soil factors analyzed by machine learning. Nitrogen 5(3): 732-745.

- Fünfgeld, M.M.F.F., Wang, W., Ishihara, H., Arrivault, S., Feil, R., Smith, A.M., Stitt, M., Lunn, J.E., Niittylä, T. 2022. Sucrose synthases are not involved in starch synthesis in *Arabidopsis* leaves. Nature Plants 8: 574-582.
- González-Zurdo, P., Escudero, A., Mediavilla, S. 2015. N resorption efficiency and proficiency in response to winter cold in three evergreen species. Plant and Soil 394: 87-98.
- Heng, R.L., Lee, E.T., Pilon, L. 2014. Radiation characteristics and optical properties of filamentous cyanobacterium *Anabaena cylindrica*. Journal of the Optical Society of America A 31(4): 836-845.
- Kleinhofs, A., Warner, R.L., Lawrence, J.M., Meleker, J.M., Jeter, J.M., Kudrna, D.A. 1989. Molecular genetics of nitrate reductase in barley. In: Wray JL, Kinghorn JR eds, Molecular and Genetic Aspects of Nitrate Assimilation, pp. 197–211. Oxford Science Publications, Oxford.
- Langenfeld, N.J., Kusuma, P., Wallentine, T., Criddle, C.S., Seefeldt, L.C., Bugbee, B. 2021. Optimizing nitrogen fixation and recycling for food production in regenerative life support systems. Frontiers in Astronomy and Space Science 8: 699688.
- Liesche, J., Martens, H.J., Schulz, A. 2011. Symplasmic transport and phloem loading in gymnosperm leaves. Protoplasma 248: 181-190.
- Liesche, J., Windt, C., Bohr, T., Schulz, A., Jensen, K.H. 2015. Slower phloem transport in gymnosperm trees can be attributed to higher sieve element resistance. Tree Physiology 35(4): 376-386.
- Mandava, N.B. 1988. Plant growth-promoting brassinosteroids. Annunal Review of Plant Physiology and Plant Molecular Biology 39: 25-52.
- Masclaux-Daubresse, C., Daniel-Vedele, F., Dechorgnat, J., Chardon, F., Gaufichon, L., Suzuki, A. 2010. Nitrogen uptake, assimilation and remobilization in plants: challenges for sustainable and productive agriculture. Annals of Botany 105(7): 1141-1157.
- Millard, P., Thomson, C.M. 1989. The effect of the autumn senescence of leaves on the internal cycling of nitrogen for the spring growth of apple trees. Journal of Experimental Botany 40(11): 1285-1289.
- Mitchell, J.E., Waide, J.B., Todd, R.L. 1975. A Preliminary Compartment Model of the Nitrogen Cycle in a Deciduous Forest Ecosystem in Mineral Cycling in Southeastern Ecosystems, F.G. Howell, J.B. Gentry, and M.H. Smith, eds., ERDA Symp. Ser. (Conf. 740513), Natl. Tech. Inf. Center, Springfield, Virginia, pp. 41-57.
- Mou, R., Jian, Y., Zhou, D., Li, J., Yan, Y., Tan, B., Xu, Z., Cui, X., Li, H., Zhang, L., Xu, H., Xu, L., Wang, L., Liu, S., Sardans, J., Peñuelas, J. 2024. Divergent responses of woody plant leaf and root non-structural carbohydrates to nitrogen addition in China: seasonal variations and ecological implications. Science of The Total Environment 950: 175425.
- Nakakuki, T. 2002. Present status and future of functional oligosaccharide development in Japan. Pure and Applied chemistry 74(7): 1245-1251.
- Oliveira, C.M., Priestley, C.A. 1988. Carbohydrate reserves in deciduous fruit trees. Horticultural Reviews 10: 403-430
- Plankensteiner, L., Yang, J., Bitter, J.H., Vincken, J.P., Hennebella, M., Nikiforidis, C.V. 2023. High yield extraction of oleosins, the proteins that plants developed to stabilize oil droplets. Food Hydrocolloids 137: 108419.
- Silveira, F., de Mello, T.R.B., Sartori, M.R.S., Alves, G.S.C., Fonseca, F.C.A., Vizzotto, C.S., Krüger, R.H., Bustamante, M.M.C. 2021. Seasonal and long-term effects of nutrient additions and liming on the nifH gene in cerrado soils under native vegetation. iScience 24(4): 102349.
- Simpson, M.G. 2019. Plant Systematics 4-Evolution and Diversity of Vascular Plants. 3rd eds. Academic Press. MA. USA.
- Taiz, L., Zeiger, E., MØller, I.M., Murphy, A. 2018. Fundamentals of Plant Physiology. 6th eds. Oxford University Press. New York.

- Tixier, A., Gambetta, G.A., Godfrey, J., Orozco, J. and Zwieniecki, M.A. 2019. Non-structural carbohydrates in dormant woody perennials; the tale of winter survival and spring arrival. Frontiers in Forests and Global Change 2: 1-8.
- Voigt, G.K., Steucek, G.L. 1969. Nitrogen distribution and accretion in an alder ecosystem. Soil Science Society of America Journal 33(6): 946-949.
- Wells, C.G., Jorgensen, J.R., Burnette, C.E. 1975. Biomass and Mineral Elements in a Thinned Loblolly Pine Plantation at Age 16. Research Paper SE-126. Asheville, NC, USDA Forest Service, Southeastern Forest Experiment Station.
- Wetzel, S., Demmers, C., Greenwood, J.S. 1989. Seasonally fluctuating bark proteins are a potential form of nitrogen storage in three temperate hardwoods. Planta 178. 275-281.
- Wilson, R.G., Martin, A.R., Kachman, S.D. 2003. Seasonal changes in carbohydrates in the root of Canada thistle (Cirsium arvense) and the disruption of these changes by herbicides. Weed Science 51(3): 299-304.
- Zimmermann, M.H., Ziegler, H. 1975. Appendix Ⅲ: List of sugars and sugar alcohols in sieve-tube exudates. Volume 1. 408-504 in M.H. Zimmermann and J.A. Milburn(eds). Transport in Plants. Ⅰ. Phloem transport. In A. Pirson and M.H. Zimmermann(series ed). Encyclopedia of Plant Physiology. New Series. Springer-Verlag. Berlin.

제9장 식물호르몬

- Abe, H., and S. Marumo. (1991) Brassinosteroids in leaves of *Distylium recemosum Sieb. et Zucc*. The beginning of brassinosteroid research in Japan, In Brassi-nosteroids: Chemistry, Bioactivity, and Applications, H. G, Cutler, T. Yokota, andG. Adam, eds., American Chemical Society, Washington, D. C., pp. 18-24.
- Akiyoshi, D. E., D. A. Regier, and M. P. Gordon. (1987) Cytokinin production by *Agrobacterium* and *Pseudomonas spp*. J. Bacteriol. 169: 4242-4248.
- Akiyoshi, D. E., R. O. Morris, R. Hinz, B. S. Mischke, T. Kosuge, D. J. Garfinkel, M. P. Gordon, and E. W. Nester. (1983) Cytokinin/auxin balance in crown gall tumors is regulated by specific loci in the T-DNA. Proc. Natl. Acad. Sci. USA 80: 407-411.
- Alder, A., M. Jamil, M. Marzorati, M. Bruno, M. Vermathen, P. Bigler. et al. (2012). The path from β-carotene to carlactone, a strigolactone-like plant hormone. Science 335: 1348-1351.
- Allan, A. C., M. D. Fricker, J. L. Ward, M. H. Beale, and A. J. Trewavas. (1994) Two transduction pathways mediate rapid effects of abscisic acid in Commelina guard cells. Plant Cell 6: 1319-1328.
- Aloni, R. (1995) The induction of vascular plant tissue by auxin and cytokinin . In Plant Hormones and Their Role in Plant Growth Development, 2nd ed. P. J. Davies, ed., Kluwer, Dordrecht, Netherlands. pp. 531-546.
- Alonso, J. M., T. Hirayama, G. Roman, S. Nourizadeh, and J. R. Ecker. (1999) EIN2, a bifunctional transducer of ethylene and stress responses in *Arabidopsis*. Science 284: 2148-2152.
- Anderson, B. E., J. M. Ward, and J. I. Schroeder. (1994) Evidence for an extracellular reception site for abscisic acid in *Commelina* guard cells. Plant Physiol. 104: 1177-1183.
- Bartel, B. (1997) Auxin biosynthesis. Annu. Rev. Plant. Physiol. Plant Mol. Biol. 48: 51-66.
- Beardsell, M. F., and D. Cohen. (1975) Relationships between leaf water status, abscisic acid levels, and stomatal resistance in maize and sorghum. Plant Physiol. 56: 207-212.
- Behringer, F. J., D. J. Cosgrove, J. B. Reid, and P. J. Davies. (1990) Physical basis for altered stem elongation rates in internode length mutants of Pisum. Plant Physiol. 94: 166-173.

- Bennett, M. J., A. Marchant, H. G. Green, S. T. May, S. P. Ward, P. A. Millner, A. R. Walker, B. Schulz, and K. A. Feldmann. (1996) *Arabidopsis* AUX1 Gene: A Permease-Like Regulator of Root Gravitropism. Science 273: 948-950.
- Besserer, A. V. Puech-Pages, P. Kiefer, V. Gomez-Roldan, A. Jauneau, S. Roy, et al. (2006). Strigolactones stimulate arbuscular mycorrhizal fungi by activating mitochondria. PLoS Biology 4: e226.
- Bouwmeester, H. J., C. Roux, J. A. Lopez-Raez, and G. Becard. (2007). Rhizosphere communication of plants, parasitic plants and AM fungi. Trends in Plant Science. 12: 224-30.
- Burg, S. P., and E. A. Burg. (1965) Relationship between ethylene production and ripening in bananas. Bot. Gaz. 126: 200-204.
- Campbell, N. A., J. B. Reece, and L. G. Mitchell. (1999) Biology, 5th ed. Benjamin Cummings, Menlo Park, CA.
- Cary, A. J., W. Liu, and S. H. Howell. (1995) Cytokinin action is coupled to ethylene in its effects on inhibition of root and hypocotyl elongation in *Arabidopsis thaliana* seedlings. Plant Physiol. 107: 1075-1082.
- Catinot, J., A. Buchala, E. Abou-Mansour, and J. P. Metraux. (2008) Salicylic acid production in response to biotic and abiotic stress depends on isochorismate in *Nicotiana benthamiana*. FEBS Lett. 582: 473-478.
- Clarke, S. M., S. M. Cristescu, O. Miersch, F. J. Harren, C. Wasternack, and L. A. Mur. (2009) Jasmonates act with salicylic acid to confer basal thermotolerance in *Arabidopsis thaliana*. New Phytol. 182: 175-187.
- Cleland, R. E. (2010). Auxin and Cell Elongation. In Plant Hormones and Their Role in Plant Growth and Development, 2nd ed. Davies, P. J. ed., Kluwer, Dordrecht, Netherlands. pp. 214-227.
- Clouse, S. D., and J. M. Sasse. (1998) Brassinosteroids: Essential regulators of plant growth and development. Annu, Rev. Plant Physiol, Plant Mol, Biol, 49: 427-451.
- Cook, C. E., L. P. Whichard, B. Turner, M. E. Wall, and G. H. Egley. (1966). Germination of Witchweed (*Striga lutea* Lour.): Isolation and Properties of a Potent Stimulant. Science 154: 1189-1190.
- Coquoz, J. L., A. Buchala, and J. P. Metraux. (1998). The biosynthesis of salicylic acid in potato plants. Plant Physiol. 117: 1095-1101.
- Davies, P. J. (1995) The plant hormones: Their nature, occurrence, and functions. In Plant Hormones: Physiology, Biochemistry and Molecular Biology, P. J. Davies, ed., Kluwer, Dordrecht, Netherlands, pp. 1-12.
- Davies, W. J., and J. Zhang. (1991) Root signals and the regulation of growth and development of plants in drying soil. Annu. Rev. Plant Physiol. Plant Mol. Biol. 42: 55-76.
- Dixon, R. A., and N. L. Paiva. (1995) Stress-induced phenylpropanoid metabolism. Plant Cell 7: 1085-1097.
- Djamei, A., K. Schipper, F. Rabe, A. Ghosh, V. Vincon, J. Kahnt, et al. (2011) Metabolic priming by a secreted fungal effector. Nature 478: 395-398.
- Dun, E. A., P. B. Brewer, and C. A. Beveridge. (2009). Strigolactones: discovery of the elusive shoot branching hormone. Trends in Plant Science 14: 364-372.
- Elzen, G. W. (1983) Cytokinins and insect galls. Comp. Biochem. Physiol. 76: 17-19.
- Farmer, E. E., and C. A. Ryan. (1990) Interplant communication: Airborne methyl jasmonate induces synthesis of proteinase inhibitors in plant leaves. Proc. Natl. Acad. Sci. 87: 7713-7716.
- Fukuda, H. (2004) Signals that control plant vascular cell differentiation, Nat. Rev. Mol. Cell Biol, 5: 379-391.
- Gaffney, T., L. Friedrich, B. Vernooij, D. Negrotto, G. Nye, S. Uknes, et al. (1993) Requirement of salicylic Acid for the induction of systemic acquired resistance. Science 261: 754-756.
- Gan, S., and R. M. Amasino. (1995) Inhibition of leaf senescence by autoregulated production of cytokinin. Science 270: 1986-1988.

참고 문헌

- Geldner, N., J. Friml, Y. D. Stierhof, G. Jürgens, and K. Palme. (2001) Auxin transport inhibitors block PIN1 cycling and vesicle trafficking. Nature 413: 425-428.
- Gilroy, S., and R. L. Jones. (1994) Perception of gibberellin and abscisic acid at the external face of the plasma membrane of barley (Hordeum vulgare L.) aleurone protoplasts. Plant Physiol. 104: 1185-1192.
- Gilroy, S., N. D. Read, and A. J. Trewavas. (1990) Elevation of cytoplasmic calcium by caged calcium or caged inositol trisphosphate initiates stomatal closure. Nature 343: 769-771.
- Gocal, G. F. W., R. P. Pharis, E. C. Yeung, and D. Pearce. (1991) Changes after Decapitation in Concentrations of Indole-3-Acetic Acid and Abscisic Acid in the Larger Axillary Bud of *Phaseolus vulgaris* L. cv Tender Green. Plant Physiol. 95: 344-350.
- Grbić, V., and A. B. Bleeker. (1995) Ethylene regulates the timing of leaf senescence in *Arabidopsis*. Plant J. 8: 595-602.
- Guo, H., and J. R. Ecker. (2004). The ethylene signaling pathway: New insights. Current Opinion in Plant Biology, 7(1), 40-49.
- Gupta, A., H. Hisano, Y. Hojo, T. Matsuura, Y. Ikeda, I. C. Mori, and M. S. Kumar. (2017) Global profiling of phytohormone dynamics during combined drought and pathogen stress in *Arabidopsis thaliana* reveals ABA and JA as major regulators. Sci Rep 7, 4017 (2017).
- Hardtke, C. S. (2007). Transcriptional auxin-brassinosteroid crosstalk: Who's talking? BioEssays, 29, 1115-1123.
- Hedden, P., and A. L. Phillips. (2000). Gibberellin metabolism: New insights revealed by the genes. Trends Plant Sci. 5: 523-530.
- Hedden, P., and Y. Kamiya. (1997) Gibberellin biosynthesis: Enzymes, genes and their regulation. Annu. Rev. Plant Physiol. Plant Mol. Biol. 48: 431-460.
- Heil, M., and J. Ton. (2008) Long-distance signaling in plant defense. Trends Plant Sci. 13: 264-272.
- Hirayama, T., and K. Shinozaki. (2007). Perception and transduction of abscisic acid signals: Keys to the function of the versatile plant hormone, ABA. Trends in Plant Science, 12, 343-351.
- Hooley, R., M. H. Beale, and S. J. Smith. (1991) Gibberellin perception at the plasma membrane of *Avena fatua* aleurone protoplasts. Planta 183: 274-280.
- Hua, J., and E. M. Meyerowitz. (1998) Ethylene responses are negatively regulated by a receptor gene family in *Arabidopsis thaliana*. Cell 94: 261-271.
- Itai, C., and Y. Vaadia. (1971) Cytokinin activity in water-stressed shoots. Plant Physiol. 47: 87-90.
- Jacobsen, J. V., F. Gubler, and P. M. Chandler. (1995) Gibberellin action in germinated cereal grains. In Plant Hormones: Physiology, Biochemistry and Molecular Biology, P. J. Davies, ed., Kluwer, Dordrecht, Netherlands, pp. 246-271.
- Jacobs, M., and P. H. Rubery. (1988) Naturally Occurring Auxin Transport Regulators. Science 241: 446-349.
- Jiang, J., C. Zhang, and X. Wang. (2013) Ligand perception, activation, and early signaling of plant steroid receptor brassinosteroid insensitive 1. J. Integr. Plant Biol. 55: 1198-1211.
- Li, J. (2005). Brassinosteroid signaling: From receptor kinases to transcription factors. Current Opinion in Plant Biology, 8, 526-531.
- Li, J., and S. M. Assmann. (1996) An abscisic acid-activated and calcium-independent protein kinase from guard cells of fava bean. Plant Cell 8: 2359-2368.
- Lovegrove, A., and R. Hooley. (2000) Gibberellin and abscisic acid signalling in aleurone. Trends Plant Sci. 5: 102-110.
- Malone, M. (1996) Rapid, long-distance signal transmission in higher plants. Adv. Bot. Res. 22: 163-228.

- Mansfield, T. A., and M. R. McAinsh. (1995) Hormones as regulators of water balance. In Plant Hormones: Physiology, Biochemistry and Molecular Biology, 2nd ed., P. J. Davies, ed., Kluwer, Dordrecht, Netherlands, pp. 598-616.
- McKeon, T. A., J. C. Fernández-Maculet, and S. F. Yang. (1995) Biosynthesis and metabolism of ethylene. In Plant Hormones: Physiology, Biochemistry and Molecular Biology, 2nd ed., P. J. Davies, ed., Kluwer, Dordrecht, Netherlands, pp. 118-139.
- Milborrow, B. V. (2001) The pathway of biosynthesis of abscisic acid in vascular plants: A review of the present state of knowledge of ABA biosynthesis. J. Exp. Bot. 52: 1145-1164.
- Morgan, P. W. (1984) Is ethylene the natural regulator of abscission? In Ethylene: Biochemical, Physiological and Applied Aspects, Y. Fuchs and E. Chalutz, eds., Martinus Nijhoff, The Hague, Netherlands, pp. 231-240.
- Mur, L. A., P. Kenton, R. Atzorn, O. Miersch, and C. Wasternack. (2006) The outcomes of concentration-Specific interactions between salicylate and jasmonate signaling include synergy, antagonism, and oxidative stress leading to cell death. Plant Physiol. 140: 249-262.
- Mussig, C. (2005) Brassinosteroid-promoted growth, Plant Biol. (Stuttg.) 7: 110-117.
- Nambara, E., and A. Marion-Poll. (2005). Abscisic acid biosynthesis and catabolism. Annual Review of Plant Biology, 56, 165-185.
- Neill, S. J., R. Desikan, A. Clarke, and J. T. Hancock. (2002) Nitric oxide is a novel component of abscisic acid signaling in stomatal guard cells. Plant Physiol. 128: 13-16.
- Normanly, J., J. P. Slovin, and J. D. Cohen. (1995) Rethinking Auxin Biosynthesis and Metabolism. Plant Physiol. 107: 323-329.
- Ollas, C., B. Hernando, V. Arbona, and A. Gomez-Cadenas. (2013) Jasmonic acid transient accumulation is needed for abscisic acid increase in citrus roots under drought stress conditions. Physiol. Plantarum. 147: 296-306.
- Park, S. W., E. Kaimoyo, D. Kumar, S. Mosher, and D. F. Klessig. (2007) Methyl salicylate is a critical mobile signal for plant systemic acquired resistance. Science. 318: 113-116.
- Phinney, B. O. (1983) The history of gibberellins. In The Biochemistry and Physiology of Gibberellins, A. Crozier (ed.), Praeger, New York, pp. 15-52.
- Razem, F. A., A. El-Kereamy, S. R. Abrams, and R. D. Hill. (2004). Purification and characterization of a barley aleurone abscisic acid-binding protein. Journal of Biological Chemistry, 279, 9922-9929.
- Reinhardt, D., E.-R. Pesce, P. Stieger, T. Mandel, K. Baltensperger, M. Bennett, J. Traas, J. Friml, and C. Kuhlemeier. (2003) Regulation of phyllotaxis by polar auxin transport. Nature 426: 255-260.
- Ritchie, S., and S. Gilroy. (1998b) Tansley Review No. 100: Gibberellins: Regulating genes and germination. New Phytol. 140: 363-383.
- Rock, C. D. (2000) Pathways to abscisic acid-regulated gene expression. New Phytol. 148: 357-396.
- Ross, J. J., and D. P. O'Neill. (2001) New interactions between classical plant hormones. Trends Plant Sci. 6: 2-4.
- Ryan, C.A., and D. S. Moura. (2002) Systemic wound signaling in plants: A new perception. Proc. Natl. Acad. Sci. 99: 6519-6520.
- Sachs, R. M. (1965) Stem elongation. Annu. Rev. Plant Physiol. 16: 73-96.
- Santner, A., and M. Estelle. (2009) Recent advances and emerging trends in plant hormone signaling. Nature 459: 1071-1078.
- Schroeder, J. 1, Allen, G. J., Hugouvieux, V., Kwak, J. M., and Waner, D. (2001) Guard cell signal transduction. Annu. Rev. Plant Phys. Plant Mol. Biol. 52: 627-658.

- Schurr, U., T. Gollan, and E-D. Schulze. (1992) Stomatal response to drying soil in relation to changes in the xylem sap composition of *Helianthus annuu*s. II. Stomatal sensitivity to abscisic acid imported from the xylem sap. Plant Cell Environ. 15: 561-567.
- Schwartz, A., W-H. Wu, E. B. Tucker, and S. M. Assmann. (1994) Inhibition of inward channels and stomatal response by abscisic acid: An intracellular locus of phytohormone action. Proc. Natl. Acad. Sci. USA 91: 4019-4023.
- Seto, Y, and S. Yamaguchi. (2014). Strigolactone biosynthesis and perception. Current Opinion in Plant Biology. 21: 1-6.
- Shimazaki, K., M. Iino, and E. Zeiger. (1986) Blue light-dependent proton extrusion by guard cell protoplasts of Vicia faba. Nature 319. 324-326.
- Sievers, A., B. Buchen, and D. Hodick. (1996) Gravity sensing in tip-growing cells. Trends Plant Sci. 1: 273-279.
- Silverstone, A. L., and T. P. Sun. (2000) Gibberellins and the green revolution. Trends Plant Sci. 5: 1-2.
- Sisler, E. C., and M. Serek. (1997) Inhibitors of ethylene responses in plants at the receptor level: Recent developments. Physiol. Plant. 100: 577-582.
- Steber, C. M., and P. McCourt. (2001) A role for brassinosteroids in germination in Arabidopsis. Plant Physiol. 125: 763-769.
- Tanimoto, M., K. Roberts, and L. Dolan. (1995) Ethylene is a positive regulator of root hair development in *Arabidopsis thaliana*. Plant J. 8: 943-948.
- Turner, J. G., C. Ellis, and A. Devoto. (2002) The jasmonate signal pathway. Plant Cell. 14: 53-164.
- Verslues, P. E., and J. K. Zhu. (2007). New developments in abscisic acid perception and transduction. Current Opinion in Plant Biology, 10, 447-452.
- Vert, G., and J. Chory. (2006) Downstream nuclear events in brassinosteroid sig-naling. Nature 441: 96-100.
- Wasternack, C., and B. Hause. (2013) Jasmonates: Biosynthesis, perception, signal transduction and action in plant stress response, growth and development. An update to the 2007 review in Annals of Botany. Ann. Bot. 111: 1021-1058.
- Waters, M. T., C. Gutjahr, T. Bennett, and D. C. Nelson. (2017) Strigolactone Signaling and Evolution. Annual Review of Plant Biology. 68: 291-322.
- Werner, T., V. Motyka, M. Strnad, and T. Schmülling. (2001) Regulation of plant growth by cytokinin. proc. Natl. Acad. Sci. 98: 10487-10492.
- White, C. N., W. M. Proebsting, P. Hedden, and C. J. Rivin. (2000) Gibberellins and seed development in maize. I. Evidence that gibberellin/abscisic acid balance governs germination versus maturation pathways. Plant Physiol. 122: 1081-1088.
- Wilkinson, S., and W. J. Davies. (1997) Xylem sap pH increase: A drought signal received at the apoplastic face of the guard cell that involves the suppression of saturable abscisic acid uptake by the epidermal symplast. Plant Physiol. 113: 559-573.
- Xie, X. K. Yoneyama, and K. Yoneyama. (2010). The strigolactone story. Annual Review of Phytopathology. 48: 93-117.
- Yamaguchi, S., and Y. Kamiya. (2000). Gibberellin biosynthesis: Its regulation by endogenous and environmental signals. Plant Cell Physiol. 41: 251-257.
- Yang, S. F. (1987) The role of ethylene and ethylene synthesis in fruit ripening. In Plant Senescence: Its Biochemistry and Physiology, W. W. Thomson, E. A. Nothnagel, and R. C. Huffaker, eds., American Society of Plant Physiologists, Rockville, MD, pp. 156-166.
- Yoneyama, K., X. Xie, H. Sekimoto, Y. Takeuchi, S. Ogasawara, K. Akiyama, H. Hayashi, and K. Yoneyama. (2008). Strigolactones, host recognition signals for root parasitic plants and arbuscular

mycorrhizal fungi, from Fabaceae plants. The New Phytologist. 179: 484-94.
- Zhang, Y., and Li, X. (2019) Salicylic acid: biosynthesis, perception, and contributions to plant immunity. Curr. Opin. Plant Biol. 50: 29-36.
- Zheng, H. Q., and L. A. Staehelin. (2001) Nodal endoplasmic reticulum, a specialized form of endoplasmic reticulum found in gravity-sensing root tip columella cells. Plant Physiol. 125: 252-65.

제10장 환경스트레스와 수목의 적응

- Bauer, H., Wiener, R., Hatheway, W.H., Larcher, W. 1985. Photosynthesis of *Coffea arabica* W. after chilling. Physiologia Plantarum 64(4): 449-454.
- Bourgine, B., Guihur, A. 2021. Heat shock signaling in land plants: from plasma membrane sensing to the transcription of small heat shock proteins. Front Plant Science 9(12): 10801.
- Hashim, M., Ahmad, B., Drouet, S., Hano, C., Abbasi, B.H., Anjum, S. 2021. Comparative effects of different light sources on the production of key secondary metabolites in plants in vitro cultures. Plants 2021 10(8): 1521
- Joshi-Saha A., Valon, C., Leung J. 2011. A Brand New START: Abscisic acid perception and transduction in the guard cell. Science Signaling 201(4): re4.
- Kappen, L. 1989. Field measurements of carbon dioxide exchange of the antarctic lichen *Usnea sphacelata* in the frozen state. Antarctic Science 1: 13-34.
- Khatun, M., Sarkar, S., Era, F.M., Islam, A.K.M.M., Anwar, M.P., Fahad, S., Datta, R., Islam, A.K.M.A. 2021. Drought stress in grain legumes: effects, tolerance mechanisms and management. Agronomy 11: 2374.
- Krbez, J.M., Shaout, A. 2013. Fuzzy nutrition system. International Journal of Innovative Research in Computer and Communication Engineering 7(1): 1360-1371.
- Kubler, H. 1988. Frost cracks in stems of trees. Arboricultural Journal 12(2): 163-175.
- Lee, J.K., Kwak, M.J., Jeong, S.G., Woo, S.Y. 2022. Individual and interactive effects of elevated ozone and temperature on plant responses. Horticulturae 8(3): 211.
- Ogorek, L.L.P., Gao, Y., Farrar, E., Pandey, B.K. 2024. Soil compaction sensing mechanisms and root responses. Trends in Plant Science https://doi.org/10.1016/j.tplants.2024.10.014
- Sasidharan, R., Boesenek, L.A.C.J. 2015. Ethylene-mediated acclimations to flooding stress. Plant Physiology 169(1): 3-12.
- Salibury, F.B., Ross, C.W. 1992. Plant Physiology, 4th. eds. Wadsworth Publ Co. California. p. 682
- Steponkus, P.L. 1984. Role of the plasma membrane in freezing injury and cold acclimation. Annual Review of Plant Biology 35: 543-584.
- Taiz, L., Zeiger, E., Møller, lan M., Murphy, A. 2018. Plant Physiology and Development 6th eds.
- Tyagi, A., Ali, S., Park, S., Bae H. 2023. Exploring the potential of multiomics and other integrative approaches for improving waterlogging tolerance in plant. Plantes 12(7): 1544.
- Wang, C.Y. 1982. Physiological and biochemical responses of plant to chilling stress. Hort Science 17: 173-186.
- Xiao, L., Herve, M.R., Carrillo, J., Ding, J., Huang, W. 2019. Latitudinal trends in growth, reproduction and defense of an invasive plant. Biological Invasions 21(1): 189-201.
- Yang, L., Chen, Y., Liu, Y., Xing, Y., Miao, C., Zhao, Y., Chang, X., Zhang, Q. 2021. The role of oxidative stress and natural antioxidants in ovarian aging. Front Pharmacol 14(11): 617843.
- 한국목재신문. [목재과학카페] 목재의 이상조직과 상해조직1. https://www.woodkorea.co.kr/news/articlePrint.html?idxno=21309

국문 색인

ㄱ

가급태	196
가뭄스트레스	352
가수분해	259
가시광선	216
가종피	135
가지	95
가축형 수간	103
각괴상구조	210
각피	54, 73, 86
갈락탄	262
감수분열	123
개방형 눈	103
개재 분열조직	52
건과	147
건물	184
겉씨식물	24
격벽형성체	19
결정체	50
경계층 저항	178
경사근	97
경운 반층	211
경재	92
경화 토양 피막	211
곁가지	91
고무	303
고온스트레스	357
고정생장	100, 101, 106
고조도반응	223
골지체	34, 265
공변세포	54, 74, 90, 179
공생 질소 고정	288
공유 결합	159
과피	146
관다발	116
관다발식물	47
관다발 조직	73, 76, 82
관다발초 세포	240
관다발형성층	52, 57, 60
관상중심주	59
관세포	136
관속식물	21, 22
광가역 반응	222
광계 I	233
광계 II	233
광도	217, 243
광발아종자	143
광보상점	243
광수용체	221
광수확복합체	232
광엽	86
광주기	149, 218
광질	216
광평형상태	222
광포화점	244
광합성	228
광합성 보조색소	231
광합성 유효광선	216
광합성 탄소 산화 회로	242
광합성 탄소 환원 회로	242, 238
광형태형성	221
광호흡	242
광호흡 질소 순환	282
교란	103
교체근	118
교환성 양이온	196
교환성 염기	196
구과	133
구과식물	25
구형기	153
굴광성	219, 314
굴중성	315
굴지성	220
규산염 광물	199
균근	192, 279
균근균	115, 118, 192
균투	193
그라나	33, 228
극성 분자	159
극성 수송	106, 313
극성 이동	101
극핵	145
근계	96, 115
근관	54, 116
근단 분열 조직	312
근모	56, 63, 118
근압	118, 170, 171
글레이화	208
글루타민 합성효소	280
글루타싸이온	188
글리세르알데하이드	259
기계적 휴면	142
기계조직	46
기공	54, 74
기공 복합체	179
기공 저항	178
기관	85
기본분열조직	54, 56
기본 조직계	73, 83
기저 속씨식물군	26
기질퍼텐셜	164
기형	186
기화열	160
기후 품종	364
길항작용	193
꽃	144
꽃가루관	25
꽃눈	91, 143, 149
꽃받침	144
꽃밥	145
꽃잎	144
꽃턱	146
꿀	50

ㄴ

나선상호생	86
낙과	154
난세포	125, 145
난접합	125
난접합식물	19
남세균	12, 287
내과피	146
내동성	94
내벽	137
내분비조직	70
내생균근	192
내수피	92
내재적 반복생장	104, 106
내재휴면	94
내종피	148
내초	57, 60, 116, 117
내피	56, 88, 116, 169
내한성	366
냉해	363
넓은 잎	77
녹색식물	14, 17, 19

녹색식물아계	18, 19	
녹조식물	19	
농도 기울기	191	
눈	92	
뉴클레오타이드	187	
능동수송	49, 162, 191	

ㄷ

다당류	261
다량원소	114, 184
다배종자	141
다배현상	141
다화과	147
단계통군	26
단과	147
단당류	259
단립구조	210
단백질 인산분해효소	278
단백질 인산화효소	278
단상	125
단성화	146
단순대배	141
단순조직	64, 65
단순 지질	295
단엽	90
단위 결실	318
단위생식	124
단일수정	140
단일주피	145
단지	86, 95
답압스트레스	370
당분 통도세포	48
당지질	228, 296
대사	13
대사 중개 물질	275
대생	87
대엽	22
대체 산화효소	251
대포자	129
대포자엽	134
덩이줄기	124
델피니딘	189
도장	186
동계 피소	363
동반세포	49

동해	364
동형 이량체	222
동형접합	125
동형포자성	22, 129
동화	190
동화산물	154
두상화서	146
떡잎	28, 89, 138

ㄹ

라이소솜	37
라이신	276
라텍스	50
라피노스	153
레피도덴드론속	22
루멘	33, 228
루비스코	33
루카	15
류신	276
리그닌	34, 305
린네	16

ㅁ

마그네슘(Mg)	187
마디	20, 52, 91
마이토콘드리아	12, 252
마황문	25
말산	192
망상맥	28, 78
맥아당	260
맹아	93
메싸이오닌	188, 276
명반응	233
모래	209
모세관력	202
모세관 현상	160
모용	73, 90
목련계 식물군	27
목질화	25, 36
무기양분	184
무기화	197
무로플라스트	18
무배유종자	148
무성생식	123

무성세대	127
무효수분	204
물관부	22, 67, 109, 171
물관세포	25, 47, 67
물리적 휴면	142
물부추속	22
미량원소	185, 188
미소섬유	35, 261
밀폐형 눈	101
밀폐형 정아	105

ㅂ

반복생장	100, 103, 104
반족세포	145
반환공재	113
발린	276
발색단	222
발생적 휴면	142
발육기	154
방사조직	68, 113
방추조직	68
배	21, 50, 148
배낭	130, 145
배우자	20, 123
배우체	21, 124
배위결합	229
배유	148
배주	130, 134, 145
배축	138
백색체	31
번식	128
벽공	36
변이	33
변재	81, 158
병층분열	61
보강세포	46, 66
보조인자	188
보호층	283
복상	125
복엽	90
복합조직	64, 66
복합 지질	296
부세포	179
부식	195
부정근	96, 116

국문 색인

부정아	93	상동기관	95	소철문	24
부착력	160	상렬	363	소포자	129
부처손속	22	상면표피	90	소포자엽	136
분리층	283	상배축	138	속간형성층	60
분비세포	50	상승작용	193	속내형성층	60
분비조직	70, 83	상 전이	365	속명	16
분열구역	55	상피	87	속생	87
분열다배	141	색소체	30	속성 활엽수	119
분열정지중심	55	생리적 휴면	142	속씨식물	23, 26
분열조직	51	생리 조절 메커니즘	356	솔이끼눈	21
분화구역	55	생식	123, 128	수	54, 57
불규칙 생장	108	생식기관	134, 144	수간	91
불포화지방산	94, 295	생식생장	123	수간압	170
비관속식물	21	생식세포	136	수고생장	100
비기능적 변재	81	생육최저온도	360	수관	95
비대생장	62	생장 절흔	101	수근	97
비열	159	생장점	267	수근계	28, 96, 116
비종자 관속식물	48	생장 정지	352	수련목	26
B층	206	생장 호흡	254	수렴진화	239
빛	114	생존최저온도	360	수베린	34, 63, 169, 298
뿌리	96	생태적 지표	76	수베린화	36
뿌리생장	115	석송강	22	수분	114, 140
뿌리줄기	124	선구식물	22	수분굴성	192
뿌리혹	197	선태류	21	수분스트레스	352
뿔이끼문	21	선택적 투과막	161	수분액	140
		선형 DNA	33	수분 이용 효율	180
ㅅ		설탕	260	수분 통도세포	47, 67
사상체	19	섬유세포	46, 66, 67	수분퍼텐셜	163
사이아노플라스트	18	섬유소-합성효소	20	수산화물	200
사이토카이닌	95, 112, 324	성숙기	133, 154	수상분열구역	53
사토	209	성토지	207	수소 결합	159
산공재	113	세근	97, 115, 118	수술	145
산방화서	146	세대교번	126	수술대	145
산소성 광합성	13	세린	242	수액	110
산소 혁명사건	12	세맥	78	수요기관	48
산화철	207	세포내 공생설	12	수정	21, 123
산화환원 반응	188	세포벽	34	수지	50, 303
살리실산	346	세포벽분해효소	151	수지구	50, 303
삼투 보호 물질	366	세포질	33, 47	수지 분비세포	50
삼투스트레스	355	세포질 분열	34	수지상체	192
삼투압	34, 164	세포판	34	수직근	97
삼투압계	163	셀룰레이스	36	수층분열	61
삼투 조절 메커니즘	356	셀룰로스	19, 34	수평근	97
삼투퍼텐셜	163	소과	147	수피	36, 92
삼투 현상	161	소낭	34, 37, 192	숙주세포	12, 13
		소엽	22, 90	순	92

순 양자수율	244
슈트	51
스테롤	303
스테아르산	295
스트레스	350
스트로마	33
스트로마 타이라코이드	228
스트리고락톤	347
스포로폴 레닌	137
습과	147
시길라리아속	22
시듦	354
C_3 식물	239
시스테인	188
CAM 식물	241
COP1	223
COP1-SPA복합체	223
시원세포	52
C층	206
시트르산	192
C_4 식물	240
cpDNA	33
식물호르몬	62, 111, 310, 345
신장구역	55
신장생장	51
신초	91
실트	209
심근성근계	119
심장근	97
심장형기	153
심재	81, 158
심플라스트	57, 169

ㅇ

아라반	262
아르카이옵테리스	24
아린	92
아미노기 전이 반응	282
아밀로스	261
아밀로펙틴	261
아브시스산	112
아우스트로바일레야목	26
IBA	312
아이소류신	276
IAA	312

아질산 환원효소	278
아쿠아포린	37, 165
아포믹시스	124
아포플라스트	57, 169
안토사이아닌	38
알부민세포	48
R층	206
알칼로이드	38
α-프로테오박테리아	12
암모니아화 작용	290
암보렐라목	26
암술	144
암술대	144
암술머리	144
암형태형성	221
암호흡	243
압력퍼텐셜	164
압류설	273
압축재	374
액아	93
액포	37
액포막	37
양분저장조직	130, 135
양성화	146
양이온 교환	196
양이온 교환 용량	196
양치식물	22, 23
양토	210
어뢰형기	153
SOD	154
에스터	155
A층	206
ATP 생성	237
APL	112
APG IV	26, 89
에티오플라스트	31
에틸렌	112
엔도솜	37
LEA 단백질	153
연륜	111
연재	92
열개과	147
열매	146
열충격 단백질	358
염기포화도	196
염류스트레스	355

엽록소	30, 229
엽록체	13, 30, 31, 32, 228
엽맥	45, 76, 79, 80
엽면시비	191
엽병	45, 76, 89
엽속	87
엽신	89
엽원기	85
엽육	30, 45
엽초	87
영구위조점	168, 204
영구조직	64, 83
영양굴성	192
영양생식	124
영양생장	100
영양세포	136
영양아	131
오존스트레스	367
옥신	62, 93, 111, 312
온도	113, 245
온실 효과	216
올리고당류	260
올리고펩타이드	188
왁스	296
외과피	146
외떡잎식물군	28
외벽	137
외분비조직	70
외생균근	193
외수피	92
외재휴면	93
외종피	136, 148
용량-반응 곡선	350
용액의 정수압	164
용존산소	205
용질	37
용질퍼텐셜	163
용탈	291
우산이끼문	21
우상맥	78
우상복엽	90
운모류	199
원기	53, 101, 138
원생동물	17
원생물관부	68
원생중심주	58

국문 색인

원시색소체생물	14, 18	이중주피	145	자유생활 박테리아	279
원시종자식물	24	2차 대사	154	자유생활 질소 고정	287
원절	172	2차 물관부	61, 68, 80	자일란	262
원표피	53, 56, 73	2차 분열조직	52, 59	잔토필	31, 302
원핵생물	12, 286	2차 세포벽	36	잔토필 회로	232
원형질	19	2차 체관부	61, 70	잠아	93
원형질막	32, 161	이형접합	125	장란기	130
원형질연락사	19, 35	이형포자성	22, 129	장상맥	78
원형질유동	32	인(P)	187	장상복엽	90
원형질체	161	인광석	199	장석류	199
유근	138	인산가수분해효소	192	저광량반응	223
유기물	184	인 순환	198	저온 보호 단백질	366
유기물층	207	인엽	77, 88	저온스트레스	360
유기태	191	인장력	160	저온요구도	140, 150
유년기	132	인장재	374	저장근	97, 117
유당	260	인지질	94, 296	전구체	30
유배식물	21, 14, 124	인지질 이중층	37	전기전도도	208
유배식물상문	19, 21	인편	101, 134	전류	154, 186, 193
유배유종자	148	인회석	198	전배	153
유사분열	123	일시위조점	204	전분립	261
유색조류	14	일액	118, 171	전분열조직	52
유색조식물	15, 17	일중항 산소	232	전분체	116
유색체	31	1차 대사	50	전사조절인자	222
유생식체	148	1차 물관부	68	전색소체	30
유성생식	125	1차 분열조직	51	전엽세포	136
유성세대	126	1차 세포벽	34	전자공여체	12
유세포	44, 67	1차 체관부	69	전자전달계	249
유용원소	185, 189	입경	209	전충세포	75
유전인자	112	입단구조	210	전형성층	54, 57, 60
유전체 중복 사건	28	입도 분석	209	절토지	207
유전형	126	입상구조	210	점액	50
유조직	65, 76, 83	잎	85	점토	209
유지 호흡	251	잎눈	91	접합자	125
유효수	169, 202, 204	잎차례	87	접합조류	20
윤생	88, 102			접합포자	20
윤조식물	14, 17, 19, 20	**ㅈ**		정단 분열조직	51, 53, 314
은행나무	24			정단우성	93, 106, 317
음지 회피	224	자가포식	38	정세포	125
응집력	160, 173	자갈	209	정아	93, 101
이명법	16	자매군	20, 89	정유	50, 301
이산화탄소	244	자발휴면	94	정자	20
이상재	373	자방	144	제아잔틴	232
이생심피	27	자외선스트레스	368	조기 분화형	150
이열호생	87	자웅동주	146	조류	17
이엽지	105	자웅이주	146	조부식	279
이입조직	88	자유생장	100, 103, 106	조세포	145

조직계	72	질산화 작용	290	침수스트레스	352
종린	134	질산환원	277	침엽	77, 86
종소명	16	질산 환원효소	278		
종자	130, 137, 148	질소(N)	185	**ㅋ**	
종자고사리	24	질소 고정	284		
종자구과	134	질소 고정 미생물	286	카로티노이드	19, 231, 302
종자식물	23	질소고정세균	197	카로틴	31, 304
종피	131	질소기아	213	카스파리 띠	57, 88, 116, 169
주공	130	질소 순환	197, 289	카탈레이스	154, 242
주근	96, 115	질소포화	198	칼륨(K)	186
주근계	96, 116	집단 유동	161, 172	칼슘(Ca)	186
주맥	77			캘러스	45
주변구역	53	**ㅊ**		캘빈 회로	238, 263
주심	130, 135, 145			코르크층	36, 62
주피	62, 75, 109, 130, 135, 138, 145	차상맥	77, 86	코르크피층	62
주피 조직	75	참열매	146	코르크형성층	52, 62, 109
줄기	91	채널 단백질	32	큐틴	298
줄기세포	53	책상조직	77, 86	크라슐라세산 대사	180
중간 박막층	34	천공	47	크레브스 회로	249
중과피	146	천공판	47, 172	크리스테	252
중기 분화형	150	천근성근계	119	크립토크롬	221
중력굴성	55, 116	체공	49	클론	123
중력수	204	체관	49	키네틴	326
중력퍼텐셜	164	체관부	22, 69, 109		
중복수정	25, 130	체관세포	48, 69	**ㅌ**	
중심주	56, 58, 116	체세포	48, 69		
중앙구역	53	체지역	48	타감작용	115
중앙세포	145	체판	49	타닌	38, 50, 306
증산	176	초살도	373	타이라코이드	32, 228
증산율	180	초저광량반응	223	탁엽	89
증산 작용	352	촉진 확산	191	탄소 반응	238
증식	128	총상화서	146	탄수화물	260
지방산	294	총생	86	탈리	317
지베렐린	111, 319	최소량의 법칙	185	탈수	355
지지근	97	추재	110	탈수소효소	249
지질	63	축	20	탈질작용	198, 291
지질 대사	293	춘엽	101, 103	테르페노이드	155
직경생장	109	춘재	110	테트라졸륨 염색법	84
직근	97	충매수분	151	토성	209
직전 분화형	150	충적층	208	토심	207
진정쌍떡잎식물군	28	취과	147	토양	114
진정중심주	59	측근	57, 96, 115, 117	토양경도	211
진핵생물	12, 13	측맥	77	토양구조	210
진핵세포	12	측생 분열조직	52, 59	토양 삼상	201
질산화 과정	277	측아	93	토양 오거	206
질산화세균	197, 277	층상	102	토양 입단	210

국문 색인 395

국문 색인

토양층	207
토양층위	206
통기 조직	352
통수세포	171
통수요소	171
트레오닌	276
트립토판	276
특수 다당류	262
TCA 회로	249

ㅍ

파이토크로모빌린	222
파이토크롬	221, 222
파이톨	229
팔미트산	295
팽압	35, 73
퍼옥시솜	282
페닐알라닌	276
펙틴	20
펩티도글리칸	14
편모	20
편심생장	374
평행맥	28, 79
평형석	220, 315
평형세포	55, 116, 220, 315
폐과	147
포르피린	229
포린	32, 165
포복경	124
포자	124
포자생식	124
포자식물	129
포자엽	134
포자체	21, 124
포장용수량	168, 204
포토트로핀	224, 314
표면 장력	160
표피	53, 56, 72, 73, 90, 116
표피 조직계	72, 73

풍매수분	151
풍해	371
퓨린	274
프사로니우스속	23
플라보노이드	306
플라보단백질	221, 314
피리미딘	274
피목	75
PAA	312
피층	45, 54, 56, 116
피코빌린	18
피코에리트린	18
필수 무기원소	184
필수원소	184

ㅎ

하면표피	90
하배축	138
하엽	103
하피	87
학명	16
항동결단백질	366
항산화물질	94
항산화 효소	154
해당과정	248
해독효소	377
해면조직	77, 86
해성토	208
해캄	20
핵	14, 47
핵산	276
핵심 속씨식물군	26
헛물관세포	47, 67, 69
헛뿌리	21
헛열매	146
헤미셀룰로스	34
현화식물	89
혐기성 생물	12
혐기성 호흡	352

형성층	60, 109
형태형성	84
호기성 호흡	247, 352
호르몬 조절 메커니즘	357
호상맥	79
호흡	247
호흡근	253
홍조식물	14, 17, 19
화분	127
화분관	130
화분구과	134, 136
화분낭	136, 145
화서	146
화학굴성	192
화학적 휴면	142
화학퍼텐셜	162
확산	161
환경스트레스	350
환경 의존적 반복생장	104, 106
환경휴면	94
환공재	113
환형 DNA	14, 33
활성산소종	154
활엽수	89
황(S)	188
황백화	186, 221
황철석	208
회청조식물	14, 17, 18
후각세포	45
후각조직	65, 83
후벽세포	46
후벽조직	66, 76, 83
후생물관부	68
후숙	143
후숙기	155
휴면	93
휴면아	94
흡수근	97, 118
히스티딘	276

영문 색인

A

abscission	317
abscission layer	283
absorptive root	97, 118
accessory pigment	231
active transport	49, 162, 191
adaxial epidermis	90
adhesion	160
adventitious bud	93
adventitious root	96, 116
aerenchyma	352
aerobic respiration	247, 352
afterripening	143
aggregated structure	210
aggregate fruit	147
albuminous cells	48
algae	17
alkaloid	38
allelopathy	115
alluvium	208
alternation of generations	126
alternative oxidase, AOX	251
Amborellales	26
Amborella trichopoda	27
ammonification	290
amylopectin	261
amyloplast	116
amylose	261
anaerobic organism	12
anaerobic respiration	352
Angiosperm Phylogeny Group IV	26, 89
Angiosperms	23, 26
angular blocky structure	210
anisogamy	125
annual ring	111
antagonism	193
anther	145
Anthocerotophyta	21
anthocyanin	38
anticlinal division	61
antifreeze proteins, AFPs	366
antioxidant enzymes	154
antioxidants	94

B

antipodal cells	145
apatite	198
apical bud	93
apical closed bud	105
apical dominance	93, 106, 319
apical meristem	51
apocarpous	27
apomixis	124
apoplast	57, 169
apparent quantum yield	244
aquaporin	37, 165
araban	262
arbuscule	192
Archaeopteris	24
Archaeplastida	14, 18
archegonium	130
arcuate venation	79
aril	135
asexual reproduction	123
assimilates	154
assimilation	190
Austrobaileyales	26
autophagy	38
autumn wood	110
auxin	62, 93, 314
available water	169, 202, 204
axillary bud	93
axis	20

bark	36, 92
Basal Angiosperms	26
beneficial elements	185, 189
binomial nomenclature	16
bitegmic	145
boundary layer resistance	178
bract scale	134
branch whorl	102
broad leaf	77, 86
broadleaf tree	89
Bryophyta	21
Bryophytes	21
bud scale	92, 101
bulk flow	161, 172

C

callus	45
Calvin cycle	238, 263
calyx	144
cambium	60, 109
capillarity	160
capillary force	202
capitulum	146
carbohydrate	258
carbon reaction	238
carotene	31, 302
carotenoid	19, 231, 302
Casparian strip	57, 88, 116, 169
catalase	154, 242
cation exchange	196
cation exchange capacity, CEC	196
cell plate	34
cell wall	34
cell wall degrading enzyme	151
cellulase	36
cellulose	19, 34
cellulose microfibril	35
central cell	145
central zone	53
channel protein	32
Charophytes	14, 17
chemical dormancy	142
chemical potential	162
chemotropism	192
chilling injury	361
chilling requirement	140, 150
chlorophyll	30, 229
Chlorophyta	19
chloroplast	13, 30, 31, 32, 228
chloroplast DNA	33
chlorosis	186
Chromista	15, 17
circular DNA	14, 33
citric acid	192
clay	209
cleavage polyembryony	141
climatic race	364
clone	123
closed bud	101

clustered phyllotaxis	86	
cofactor	188	
cohesion	160, 173	
cold hardiness	364	
cold stress	360	
collenchyma	65, 83	
collenchyma cell	45	
companion cell	49	
complementary cell	75	
complex tissue	64, 66	
compound leaf	90	
compound lipid	296	
compression wood	374	
concentration gradient	191	
cone	133	
convergent evolution	239	
Core Angiosperms	26	
cork cambium	52, 62, 109	
cortex	45, 54, 56, 116	
corymb	146	
cotyledon	28, 89, 138	
covalent bond	159	
crassulacean acid metabolism, CAM	180	
cristae	252	
crown	95	
crust	211	
cryoprotectant proteins	366	
cryptochrome	221	
crystal	50	
current shoot	91	
cuticle	54, 73, 86	
cutin	298	
Cyanobacteria	12, 287	
cyanoplast	18	
Cycadophyta	24	
cysteine	188	
cytokinesis	34	
cytokinin	95, 112, 324	
cytoplasm	33, 47	
cytoplasmic streaming	32	

D

dark respiration	243
deep root system	119
degree of base saturation	196
dehiscent fruit	147
dehydration	355
dehydrogenase	249
delayed differentiation type	150
delphinidin	189
denitrification	198, 291
dermal tissue system	72, 73
detoxification enzymes	377
developmental stage	154
diameter growth	109
dichotomous venation	77, 86
differentiation zone	55
diffuse-porous wood	113
diffusion	161
dioecism	146
diploid	125
dissolved oxygen	205
distichous	87
disturbance	103
division zone	55
dormancy	93
dormant bud	93, 94
dose-response curve	350
double fertilization	25, 130
drought stress	352
dry fruit	147
dry matter	184

E

early differentiation type	150
early leaves	101, 103
eccentric growth	374
eco-dormancy	94
ecological indicator	76
ectomycorrhizae	193
egg cell	125, 145
electrical conductivity, EC	208
electron donor	12
elongation zone	55
embryo	21, 50, 148
embryonic axis	138
Embryophyta	21, 14, 124
embryo sac	130, 145
endocarp	146
endodermis	56, 88, 116, 169
endo-dormancy	94
endomycorrhizae	192
endosome	37
endospermic seed	148
endosymbiotic theory	12
epicotyl	138
epidermis	53, 56, 72, 73, 90, 116
essential element	184
essential oil	50, 301
ester	155
etiolated	221
etioplast	31
eustele	59
exchangeable base	196
exchangeable cation	196
exendospermic seed	148
exine	137
exocarp	146

F

facilitated diffusion	191
fascicle	87
fascicle sheath	87
fasciculate	87
fast-growing deciduous tree	119
fatty acid	294
feldspar	199
fertilization	21, 123
fiber cell	46, 66, 67
fibrous root	97
fibrous root system	28, 96, 116
field moisture capacity	168, 204
filament	145
fine root	97, 115, 118
fixed growth	100, 101, 106
flagellum	20
flavonoid	306
flavoprotein	221, 314
fleshy fruit	147
flooding stress	352
floral bud	91, 143, 149
flowering plant	89
foliar application	191
foliar bud	91

foliar fertilization	191	
free growth	100, 103, 106	
free-living bacteria	289	
free-living nitrogen fixation	287	
freezing injury	362	
freezing resistance	94	
frost crack	365	
fruit abscission	154	
fruitlet	147	
fungal mantle	193	
fusiform tissue	68	

G

galactan	264
gamete	20, 123
gametophyte	21, 124
generative cell	136
genotype	126
genus name	16
gibberellin, GA	111, 319
Ginkgo biloba	24
glaucophyta	14, 17, 18
gleization	208
globular stage	153
glutamine synthetase, GS	280
glutathione	188
glyceraldehyde	259
glycolipid	228, 296
glycolysis	248
Gnetophyta	25
Golgi body	34, 265
grana	33, 228
granular structure	210
gravel	209
gravitational water	204
gravitropism	55, 116, 315
gravity potential	164
Great Oxidation Event, GOE	12
greenhouse effect	216
ground meristem	54, 56
ground tissue system	73, 83
growth inhibition	352
growth regulation mechanism	356
growth respiration	254
growth scar	101
guard cell	54, 74, 90, 179
guttation	118, 171
gymnosperm	24

H

haploid	125
hardwood	92
heart root	97
heart-shaped stage	153
heartwood	81, 158
heat shock proteins, HSPs	358
heat stress	357
height growth	100
hemicellulose	34
hermaphrodite flower	146
heterophyllous shoot	105
heterospory	22, 129
hexameric cellulose synthase	20
high irradiance response, HIR	223
histidine	276
homodimerization	222
homologous organ	95
homospory	22, 129
horizontal root	97
hormonal regulation mechanism	357
host cell	12, 13
humus	195
hydrogen bond	159
hydrolysis	259
hydrostatic pressure	164
hydrotropism	192
hydroxide	200
hypocotyl	138
hypodermis	87

I

immediate flowering type	150
indehiscent fruit	147
inflorescence	146
initial cell	52
inner bark	92
inorganic nutrient	184
integument	130, 135, 138, 145
intercalary meristem	52
interfascicular cambium	60
intine	137
intrafascicular cambium	60
iron oxide	207
irregular growth	108
Isoetes	22
isogamy	125
isoleucine	276

J

juvenile phase	132

K

kinetin	326
Krebs cycle	249

L

lactose	262
Last Universal Common Ancestor, LUCA	15
late leaves	103
latent heat of vaporization	160
lateral branch	91
lateral bud	93
lateral meristem	52, 59
lateral root	57, 96, 115, 117
lateral vein	77
latex	50
law of minimum	185
leaching	291
leaf blade	89
leaf hair	73, 90
leaflet	90
leaf primordium	85
leaf stomatal resistance	178
leaf vein	45, 76, 79, 80
lenticel	75
Lepidodendron	22
leucine	276
light compensation point	243
light-harvesting complex, LHC	232
light intensity	217, 243
light quality	216

light saturation point	244	
lignification	25, 36	
lignin	34, 305	
lineages of colored algae	14	
linear DNA	33	
Linné, C.	16	
lipid	63	
loam	210	
lower epidermis	90	
low fluence response, LFR	223	
lumen	33, 228	
Lycopodiophytina	22	
Lycopodiopsida	22	
Lyginopteridopsida	24	
lysine	276	
lysosome	37	

M

maintenance respiration	253	
malformation	186	
malic acid	192	
maltose	260	
Marchantiophyta	21	
marine soil	208	
mass flow	161, 173	
mature phase	133	
mechanical dormancy	142	
mechanical tissue	46	
megaphylls	22	
megaspore	129	
megasporophyll	134	
meiosis	123	
meristem	51, 267	
mesocarp	146	
mesophyll	30, 45	
metabolic intermediate	275	
metabolism	13	
metaxylem	68	
methionine	188, 276	
metric potential	164	
mica	199	
microfibril	261	
micronutrient	185, 188	
microphylls	22	
micropyle	130	
microspore	129	
microsporophyll	136	
middle lamella	34	
mineral element	184	
mineralization	197	
minimum growth temperature	360	
minimum survival temperature	360	
minor vein	78	
mitochondria	12, 252	
mitosis	123	
monoecism	146	
monophyletic group	26	
monosaccharides	261	
mor humus	289	
morphogenesis	84	
morphological dormancy	142	
mucilage	50	
multiple flush growth	104, 106	
multiple fruit	147	
multiplication	128	
muroplast	18	
mycorrhizae	192, 277	
mycorrhizal fungi	115, 118, 192	

N

nectar	50	
needle leaf	77, 86	
netted venation	28, 78	
nitrate reductase, NR	278	
nitrate reduction	277	
nitrification	279, 290	
nitrifying bacteria	197, 277	
nitrite reductase, NiR	278	
nitrogen cycle	197, 289	
nitrogen fixation	284	
nitrogen-fixing bacteria	197	
nitrogen saturation	198	
nitrogen starvation	213	
node	20, 52, 91	
nodule	197	
non-functional sapwood	81	
non-vascular plants	21	
nucellus	130, 135, 145	
nucleic acid	274	
nucleotide	187	
nucleus	14, 47	
Nymphaeales	26	

O

oblique root	97	
oligopeptide	188	
oligosaccharides	260	
oogamy	125	
open bud	103	
opposite	87	
organic compound	184	
organic-form	191	
organic layer	207	
osmometer	163	
osmoprotectants	368	
osmosis	161	
osmotic adjustment mechanism	356	
osmotic potential	163	
osmotic pressure	34, 164	
osmotic stress	355	
outer bark	92	
ovary	144	
over growth	186	
ovule	130, 134, 145	
ovuliferous scale	134	
oxidation-reduction reaction	188	
oxygenic photosynthesis	13	

P

palisade tissue	77, 86	
palmately compound leaf	90	
palmate venation	78	
palmitic acid	295	
paradormancy	93	
parallel venation	28, 79	
parenchyma	65, 76, 83	
parenchyma cell	44, 67	
parthenocarpy	318	
parthenogenesis	124	
particle size	209	
particle size analysis	209	

pectin	20	
peptidoglycan	14	
perforation	47	
perforation plate	47, 172	
pericarp	146	
periclinal division	61	
pericycle	57, 60, 116, 117	
periderm	62, 75, 109	
peripheral zone	53	
permanent tissue	64, 83	
permanent wilting point	168, 204	
peroxisome	282	
petal	144	
petiole	45, 76, 89	
phase transition	365	
phellem	36, 62	
phelloderm	62	
phenylalanine	276	
phloem	22, 69, 109	
phosphatase	192	
phosphate rock	199	
phospholipid	94, 296	
phospholipid bilayer	37	
photoblastic seed	143	
photomorphogenesis	221	
photoperiod	149, 218	
photoreceptor	221	
photorespiration	242	
photorespiratory nitrogen cycle	282	
photostationary state	222	
photosynthetically active radiation, PAR	216	
photosynthetic carbon oxidation, PCO	242	
photosynthetic carbon reduction, PCR	242, 238	
phototropin	224, 314	
phototropism	219, 314	
photoversibility	222	
phragmoplast	19	
phycobilin	18	
phycocyanobilin	222	
phycoerythrin	18	
phyllotaxis	87	
physical dormancy	142	
physiological dormancy	142	
phytochrome	221, 222	
phytochromobilin	222	
phytohormone, plant hormone	62, 111, 312, 345	
phytol	229	
pinnately compound leaf	90	
pinnate venation	78	
Pinophyta	25	
pioneer plants	22	
pistil	144	
pith	54, 57	
plant-available form	196	
plant stem cell	53	
plasma membrane	32, 161	
plasmodesmata	19, 35	
plastid	30	
plow pan	211	
pneumatophore	253	
polar molecule	159	
polar nucleus	145	
polar transport	101, 106, 313	
pollen	127	
pollen cone	134, 136	
pollen sac	136, 145	
pollen tube	25, 130	
pollination droplet	140	
polyembryony	141	
Polypodiophytina	22	
polyspermic seed	141	
porin	32, 165	
porphyrin	229	
post-ripening stage	155	
precursor	30	
pressure flow hypothesis	273	
pressure potential	164	
primary meristem	51	
primary metabolism	50	
primary phloem	69	
primary root	96, 115	
primary vein	77	
primary xylem	68	
primordium	53, 101, 138	
procambium	54, 57, 60	
proembryo	153	
Progymnosperms	24	
prokaryote	12, 286	
promeristem	52	
propagation	128	
proplastid	30	
prop root	97	
protective layer	283	
protein kinase	278	
protein phosphatase	278	
prothallial cell	136	
protoderm	53, 56, 73	
protoplasm	19	
protoplast	161	
protostele	58	
protoxylem	68	
Protozoa	17	
Psaronius	23	
pseudocarp	146	
purine	274	
pyrimidine	274	
pyrite	208	

Q

quiescent center	55

R

raceme	146
radicle	138
raffinose	153
ray tissue	68, 113
ray tracheid	69
reaction wood	373
reactive oxygen species, ROS	154
receptacle	146
replacement root	118
reproduction	123, 128
resin	50, 303
resin duct	50, 303
rhizoids	21
rhizome	124
Rhodophyta	14, 17, 19
rhythmic growth	100, 103, 104, 106
rib zone	53

영문 색인

ring-porous wood	113
ripening stage	154
root apical meristem	312
root cap	54, 116
root growth	115
root hair	56, 63, 118
root pressure	118, 170
root system	96, 115
rubber	303
RuBisCO	33

S

salicylic acid, SA	346
sapwood	81, 158
scale leaf	77, 88
scientific name	16
sclereid	46, 66
sclerenchyma	66, 76, 83
sclerenchyma cell	46
secondary meristem	52, 59
secondary metabolism	154
secondary phloem	61, 70
secondary xylem	61, 68, 80
secretory cells	50
secretory tissue	70, 83
seed	130, 137, 148
seed coat	131
seed cone	134
seedless vascular plant	48
Selaginella	22
selective permeable membrane	161
semi-ring-porous wood	113
serine	242
sexual reproduction	125
shade avoidance	224
shallow root system	119
shoot	51
shoot apical meristem	53, 314
short shoot	86, 95
sieve area	48
sieve cell	48, 69
sieve plate	49
sieve pore	49
sieve tube	49
sieve tube element	48, 69
Sigillaria	22
silicate mineral	199
silt	209
simple fruit	147
simple leaf	90
simple lipid	295
simple polyembryony	141
simple tissue	64, 65
single fertilization	140
single-grained structure	210
singlet oxygen	232
sink organ	48
siphonostele	59
sister group	20, 89
skotomorphogenesis	221
softwood	92
soil aggregate	210
soil auger	206
soil depth	207
soil hardness	211
soil horizon	206
soil layer	207
soil structure	210
soil texture	209
solute	37
solute potential	163
specific heat	159
specific name	16
spermatophyte	23
sperm cell	125
spiral phyllotaxis	86
spongy tissue	77, 86
spontaneous dormancy	94
spore	124
spore formation	124
sporic plant	129
sporophyll	134
sporophyte	21, 124
sporopollenin	137
spring wood	110
sprout	92, 93
stalk cell	136
stamen	145
starch grain	261
statocyte	55, 116, 220, 315
statolith	220, 315
stearic acid	295
stele	56, 58, 116
stem	91
stem pressure	170
sterol	303
stigma	144
stipule	89
stolon	124
stoma	54, 74
stomatal complex	179
storage root	97, 117
storage tissue	130, 135
Streptophyta	19
stress	350
strigolactone	347
stroma	33
stroma thylakoid	228
suberin	34, 169, 298
suberization	36
Subkingdom	18, 19
subsidiary cell	179
sucrose	260
sugar-conducting cells	48
Superoxide Dismutase	154
Superphylum: Embryophyta	19, 21
surface tension	160
symplast	57, 169
sympodial stem	103
synergids	145
synergism	193

T

tannin	38, 50, 306
tapering	373
taproot	97
taproot system	96, 116
tegmen	148
temporary wilting tensile strength	160
tension wood	374
terminal bud	101
terpenoid	155
testa	136, 148
three phases of soil	201

threonine	276
thylakoid	32, 228
tonoplast	37
torpedo stage	153
trace element	185, 188
tracheids	47, 67
Tracheophyta	21, 22
transamination	282
transcriptional regulatory factor	222
transfusion tissue	88
translocation	154, 186, 193
transpiration	176, 352
transpiration ratio	180
tricarboxylic acid cycle	249
true fruit	146
tryptophan	276
tube cell	136
tuber	124
turgor pressure	35, 73

U

unavailable water	204
unisexual flower	146
unitegmic	145
unsaturated fatty acid	94, 295
upper epidermis	90

V

vacuole	37
valine	276
variation	33
vascular bundle	116
vascular bundle sheath cell	240
vascular cambium	52, 57, 60
vascular plant	47
vascular tissue system	73, 76
vegetative bud	131
vegetative reproduction	124
vertical root	97
very low fluence response, VLFR	223
vesicle	34, 37, 192
vessel elements	25, 47, 67
Viridiplantae	14, 17, 19
visible light	216

W

water-conducting cells	47, 67
water potential	163
water use efficiency	180
wax	296
Whole Genome Duplication, WGD	28
whorled	88
whorled arrangement	102
wilting	352
wind damage	371
winter sun scald	363

X

xanthophyll	31, 302
xylan	262
xylem	22, 67, 109, 171
xylem sap	110

Z

zeaxanthin	232
zygnematophyceae	20
zygospore	20
zygote	125

GENERAL TREE PHYSIOLOGY
일반 수목생리학

초판 1쇄 발행 2025년 6월 10일

지은이 김판기, 마수모리 마사야(益守眞也),
박영대, 이경철, 이계한
펴낸이 오정화
펴낸곳 교육출판 세종
편집 한면규, 임수현
디자인 배정은
출판등록 2012년 6월 19일 제2024-000023호

주소 08513) 서울시 금천구 디지털로 178 A동 1027호
전화 02-974-7276
팩스 02-6007-9815
홈페이지 www.edusejong.com

ISBN 979-11-990117-1-7
값 29,000원

- 이 책은 저작권법에 따라 보호를 받는 저작물이므로 무단전재와 무단복제를 금합니다.
- 이 책 내용의 전부 또는 일부를 사용하려면 반드시 저작권자와 교육출판 세종의 서면 동의를 받아야 합니다.
- 파본된 책은 구입하신 서점에서 교환해 드립니다.